Una tribu propia

Steve Silberman

Una tribu propia

Autismo y Asperger: otras maneras de entender el mundo

Traducción de Gemma Deza Guil

Ariel

Hans Asperger con niños en la Universidad de Viena, década de 1930.

Sumario

Prólogo

Conocí a Steve Silberman en 2001. Él era entonces un joven periodista a quien le habían encargado hacer un perfil sobre mí previo a la publicación de mi autobiografía, *El tío Tungsteno: recuerdos de un químico precoz*.Enseguida se granjeó mi confianza y pasamos largas horas conversando, viajamos juntos a Londres, donde me crié, y lo presenté a muchos de mis amigos y colegas. Steve siempre buscaba cavar más hondo y formulaba preguntas penetrantes. Reflexionaba sobre las cosas y asociaba ideas.

En torno a aquella época afloró en mí un interés por la creciente «epidemia» de autismo y síndrome de Asperger. A Steve le había picado la curiosidad que yo escribiera acerca de Temple Grandin y del artista y autista prodigio Stephen Wiltshire en *Un antropólogo en Marte*, y se dispuso a hablar con investigadores, médicos y terapeutas, padres de niños autistas y, lo que es más importante, con personas con autismo. No conozco a nadie que haya pasado tanto tiempo simplemente escuchando, intentando entender qué significa ser autista. Espoleado por su instinto y su pericia periodística, Steve emprendió una investigación ingente y arrojó luz como nadie había hecho hasta entonces sobre la historia de Leo Kanner, Hans Asperger y sus clínicas, así como acerca de quienes les siguieron, y ha plasmado el impresionante cambio de actitud con respecto al autismo y el síndrome de Asperger acaecido en las últimas décadas.

Una tribu propia es una historia extensa y profunda de todo ello, expuesta con una compasión y una sensibilidad extraordinarias. Es una lectura fascinante que cambiará su modo de entender el autismo y, junto con las obras de Temple Grandin y Clara Claiborne Park, debería formar parte de la librería de cualquier interesado en el autismo y en el funcionamiento del cerebro humano.

Oliver Sacks

Introducción

Más allá del síndrome *geek*

> Hay más de una forma de hacerlo.
>
> LARRY WALL

Una luminosa mañana de mayo de 2000 me hallaba en la cubierta de un barco que avanzaba agitándose hacia el Pasaje Interior de Alaska, con más de cien programadores informáticos a bordo. Los rascacielos resplandecientes de Vancouver retrocedían a nuestra espalda a medida que nos deslizábamos bajo el puente de Lions Gate rumbo al mar Salish. Se celebraba el primer «crucero de *geeks*» —o de genios de los ordenadores—, una apuesta de un emprendedor por reemplazar las conferencias sobre tecnología en centros de convenciones anodinos por trayectos oceánicos a destinos exóticos. Yo había reservado un pasaje en el barco, un transatlántico de la compañía Holland America llamado *Volendam,* para cubrir aquel viaje iniciático para la revista *Wired.*[1]

Entre los numerosos programadores legendarios que viajaban a bordo, la estrella incontestable era Larry Wall, creador de Perl, uno de los primeros lenguajes de programación de código abierto del mundo y también uno de los más usados. Miles de sitios web que visitamos a diario, incluidos entre ellos Amazon, Craigslist y la Internet Movie Database, no habrían visto la luz sin Perl, la conocida «motosierra del Ejército suizo»*, [2] de los agobiados administradores de sistemas de todo el planeta.

Hasta un extremo insólito y colorido, dicho lenguaje es un reflejo de la mente de su autor, un apuesto exlingüista de aspecto juvenil con un bigote a lo Sam Bigotes. Algunos fragmentos del código abren con los epigramas de la trilogía literaria favorita de Larry, *El señor de los anillos*, como «*a fair jaw-cracker dwarf-language must be!*».** Se han inventado toda suerte de ridículos retroacrónimos para explicar el nombre (incluidos entre ellos «Pathologically Eclectic Rubbish Lister» o «lista de chorradas patológicamente eclécticas»), pero Larry afirma que lo extrajo de la parábola de la «perla del gran príncipe»[3] del Evangelio según san Mateo. Me explicó que su deseo era que el código fuera una especie de Jesús en cuanto a humildad: «Libre, que cambiara la vida y estuviera disponible para todo el mundo». De hecho, un comando que se utiliza con bastante frecuencia se llama *bless* («bendecir»).

Con todo, el secreto de la versatilidad de Perl radica en que también es una expresión de las mentes de la extensa red de colaboradores de Larry: la comunidad internacional de *hackers* de Perl. El código está concebido para instar a los programadores a desarrollar su propio estilo y se invita a todo el mundo a mejorarlo; el lema oficial de esta comunidad es: «Hay más de una forma de hacerlo».

* En los primeros tiempos de Unix, un conocido documento técnico estableció una analogía entre el generador y analizador léxico lex y una navaja del Ejército suizo, con la que pretendía destacar la asombrosa variedad de usos más generales descubierta para un programa concebido originalmente como un generador de código específico para programar compiladores. Dos décadas después, el conocido *hacker* Henry Spencer describió el lenguaje de *sprits* Pirl como una «motosierra del Ejército suizo» con la intención de comunicar que se trataba de un lenguaje de una potencia y flexibilidad asombrosas, pero feo. Hubo dos resultados: por un lado, los fans de Perl adoptaron el epíteto como una placa de honor y, por el otro, la expresión se incorporó al uso general para describir el software versátil pero poco elegante. *(N. de la T.)*

** «Bonito lenguaje éste el de los enanos —dijo Sam—. ¡Para romperse uno la mandíbula!» *(N. de la T.)*

En este sentido, la cultura de Perl se ha convertido en una floreciente meritocracia digital donde las ideas se juzgan por su utilidad y originalidad, en lugar de por el carisma personal o la influencia. Estos valores de flexibilidad, democracia y apertura han permitido que el código se haga ubicuo, la «cinta de embalar que mantiene unida Internet», tal como la describen los *hackers* de Perl. A medida que el *Volendam* ponía rumbo a aguas abiertas, observé con admiración cómo los otros pasajeros sacaban de sus mochilas cables de Ethernet, *routers* y otra parafernalia para trabajar en red con el fin de actualizar los sistemas de comunicación del barco. En lugar de amodorrarse en tumbonas junto a la piscina, mis compañeros de pasaje estaban ansiosos por saber cómo iba a desarrollarse el evento y por contribuir a que todo saliera rodado. A mitad de semana habían convencido al capitán para que les guiara en una excursión por la sala de máquinas.

Cada tarde, mientras el trasatlántico ascendía hacia el círculo polar Ártico, Larry hacía una entrada espectacular en el comedor del barco del brazo de su esposa, Gloria, ataviado con una camisa con volantes y un esmoquin fluorescente. Vestía un esmoquin de un color distinto cada noche, en tonalidades lima, naranja, azul cielo y mostaza que hacían daño a la retina, todos ellos adquiridos por obra y gracia de una tienda de ropa en liquidación de su población natal. Contradiciendo el estereotipo de los programadores como conversadores sosos y torpes, Larry y mis otros compañeros en la Mesa de los Magos desplegaron un don asombroso para los juegos de palabras, los chistes lingüísticos y la cháchara en tono de sorna. Una noche, el tema de conversación fue la física teórica; la siguiente, los tonos deslizantes de la ópera cantonesa, seguidos por reflexiones acerca de por qué tantos programadores y matemáticos son también jugadores de ajedrez y músicos. La curiosidad insaciable de aquellos hechiceros de mediana edad les confería una encantadora actitud juvenil, como si hubieran hallado la manera de convertir la búsqueda adolescente de conocimientos esotéricos en carreras profesionales gratificantes. Los fines de semana programaban por placer, de manera recreativa, y ponían en marcha proyectos paralelos que asentaban los cimientos de nuevas tecnologías o empresas noveles.

Tras unos cuantos días a bordo de aquel barco, empecé a percibir que los otros pasajeros no eran sólo un grupo de expertos en tecnologías de la información que, por casualidad, utilizaban las mismas herramientas. Eran más bien una tribu de nativos digitales con sus propias tradiciones orales, historia, rituales, ética y formas de juego. Pese a que el núcleo de sus vidas era el trabajo que hacían en soledad, era evidente que disfrutaban en compañía de otras personas que vibraban en la misma frecuencia. Eran una sociedad de ermitaños sociables.

Sus antepasados medievales podrían haber pasado sus días copiando manuscritos, afinando instrumentos musicales, tejiendo o intentado transmutar metales comunes en oro. Sus equivalentes de mediados del siglo XX apuntaban telescopios hacia las estrellas, construían radios a partir de piezas encargadas por correo o soplaban matraces en el garaje. En los últimos cuarenta años, algunos miembros de esta tribu han migrado de los márgenes de la sociedad a los cauces más convencionales y en la actualidad trabajan en empresas como Facebook, Apple y Google. A lo largo del camino, han rehecho la cultura pop a su imagen y semejanza y ahora se considera *guay* estar obsesionado con los dinosaurios, las tablas periódicas y *Doctor Who*... a cualquier edad. Los muchachos a los que en el pasado se ridiculizaba tachándolos de cerebritos o pirados de la informática han acabado por convertirse en los arquitectos de nuestro futuro.

Cuando el *Volendam* llegó a la bahía de los Glaciares, en el punto medio de nuestro periplo, avanzamos a la deriva a través de una catedral natural de hielo con los motores apagados. El atronador sonido de los glaciares partiéndose a unos cuantos centenares de metros resonaba en la cubierta. A las tres de la madrugada, el sol apenas había tenido tiempo de posarse en el horizonte antes de volver a elevarse.

Justo antes de que el barco regresara a Vancouver, le pregunté a Larry si podría realizarle una entrevista de seguimiento en su hogar en Silicon Valley. «Claro —contestó—, aunque debes saber que tenemos una hija autista.» Tomé nota del comentario, pero no le di más importancia. Todo lo que sabía sobre el autismo lo había aprendido en *Rain Man*, la película de 1988 en la que Dustin Hoffman interpretaba a un autista prodigio llamado Raymond Babbitt capaz de memorizar listines telefónicos y contar mondadientes a simple vista. Desde luego, era un personaje memorable, pero las posibilidades de conocer a una persona de tales características en la vida real parecían escasas. Por lo que yo sabía, el autismo era un trastorno neurológico poco frecuente y exótico, y los sabios como Raymond eran más raros aún.

Larry se mostró simpático y comunicativo durante nuestra entrevista mientras me explicaba que Perl había nacido como un proyecto de alto secreto para la Agencia Nacional de Seguridad estadounidense. Su jefe le solicitó que diseñara una herramienta de software para configurar dos redes de ordenadores de manera remota, una situada en la Costa Este y otra en la Costa Oeste. Pero Larry, quien una vez escribió que las tres grandes virtudes de los programadores eran su vagancia, su impaciencia y su arrogancia,[4] se mostró reacio a pasar un mes codificando un *widget* que fuera a utilizarse para una única tarea. En su lugar, programó Perl y se guardó una cinta con el código fuente en el bolsillo antes de salir por la puerta.

Mientras charlaba con Larry acerca de su ilustre invento, se encendió una bombilla en la pared que había a nuestra espalda. Larry había sustituido la alerta sonora de la secadora de la ropa por una silenciosa bombilla, porque el repique a la conclusión de cada ciclo lo desconcertaba. Tal apaño parecía normal para un hombre cuyo código había posibilitado a Bruce Winter, *hacker* de Perl, automatizar todos los dispositivos de su hogar y hacer que su teléfono le leyera los correos electrónicos... en 1998. No se me ocurrió hasta mucho después que la sensibilidad de Larry al ruido podía ser un vínculo entre la enfermedad de su hija y la tribu de diligentes ermitaños que inventaron el mundo digital moderno.

Pocos meses después empecé a elaborar un perfil de una de las tecnólogas más reputadas de Silicon Valley, una emprendedora llamada Judy Estrin. Como estudiante de posgrado en Stanford en la década de 1970, ayudó a Vint Cerf a desarrollar los protocolos TCP/IP que componen la columna vertebral de Internet.[5] Judy logró forjarse una carrera profesional de éxito, como parte de la cual lanzó empresas noveles en un sector tecnológico dominado por los hombres. Para completar los detalles de la historia personal de Judy, me puse en contacto con su cuñado, Marnin Kligfeld, y le pregunté si podía entrevistarlo en su hogar. «Por supuesto —contestó—, pero, sólo a título informativo, tengo una hija autista.»

La coincidencia no me pasó por alto: ¿dos familias expertas en tecnologías del Silicon Valley cuyas hijas tenían un trastorno neurológico poco habitual? Al día siguiente le comenté a un amigo aquella curiosa sincronicidad en una cafetería del barrio. De repente, una joven esbelta de cabello moreno que estaba sentada en la mesa contigua espetó: «Soy profesora de educación especial. ¿Se dan cuenta de lo que está sucediendo? Hay una epidemia de autismo en Silicon Valley. Algo espantoso les está ocurriendo a nuestros hijos».

Sus palabras eran escalofriantes. ¿Serían ciertas?

Empecé a leer todos los artículos acerca del autismo que cayeron en mis manos y a descargarme artículos especializados a mansalva. Al poco me quedó claro que el misterioso auge de diagnósticos no se circunscribía al Silicon Valley. Sucedía algo parecido en todo el mundo.

Para poner las elevadas cifras en contexto, me familiaricé con la cronología básica de la historia del autismo y averigüé que había sido un psiquiatra infantil llamado Leo Kanner quien había descubierto aquel desconcertante trastorno en 1943, al percatarse de que once de sus jóvenes pacientes parecían habitar en mundos privados e ignorar a las personas que los rodeaban. Tenían la capacidad de divertirse durante horas con rituales insignificantes como hacer girar tapaderas de tarros en el suelo y, sin embargo, entraban en pánico ante la menor alteración en sus entornos, como que se cambiara de sitio una silla o su juguete favorito sin su conocimiento. Algunos de aquellos niños no hablaban, mientras que otros se limitaban a repetir las cosas que escuchaban a su alrededor o hablaban de sí mismos con distancia, en tercera persona. Kanner, quien afirmaba que el trastorno difería «de manera clara y exclusiva» de todo lo diagnosticado previamente en la literatura clínica, bautizó aquella enfermedad con el nombre de *autismo*, del término griego para el yo, *autos*, puesto que cuando más felices parecían aquellos niños era cuando se encontraban aislados.

Un año más tarde, en un aparente sincronismo, un médico clínico vienés llamado Hans Asperger descubrió que cuatro de sus jóvenes pacientes parecían estar extrañamente desconectados del resto de las personas, incluidos sus progenitores. A diferencia de los jóvenes pacientes de Kanner en Baltimore, aquellos niños se expresaban con frases poéticas y elaboradas y daban muestras de precocidad en el manejo de la ciencia y las matemáticas. Asperger los llamaba afectuosamente sus «pequeños profesores». También denominó su condición «autismo», si bien sigue siendo objeto de disputa si lo que vio en su clínica era el mismo síndrome descrito por Kanner.

Durante décadas, las cifras de la prevalencia del autismo habían permanecido estables en torno a cuatro o cinco de cada diez mil niños. Sin embargo, dicho número empezó a agrandarse como una bola de nieve en las décadas de 1980 y 1990, lo cual había planteado la temible posibilidad de que una generación de niños fuera presa de una epidemia de origen desconocido. Tras exponerle a mi editor la aterradora afirmación de la profesora de la cafetería acerca de lo que estaba sucediendo en el Silicon Valley, el grueso de los lectores avezados en tecnología de *Wired*, obtuve autorización para seguir aquellas enigmáticas pistas.

Mi investigación se vio facilitada por el hecho de que nuestro propio apartamento en San Francisco se ubica justo a los pies del monte de la Universidad de California, que alberga una de las mejores bibliotecas médicas del país. Me convertí en un explorador habitual de aquellas estanterías y leí con detenimiento artículos sobre epidemiología, pediatría, psicología, genética, toxicología y otros temas relevantes. Entre tanto, las estanterías de mi librería en casa empezaban a llenarse con libros como *The Siege* de Clara Claiborne Park, *Un antropólogo en Marte* de Oliver Sacks o *Pensar con imágenes: mi vida con el autismo* de Temple Grandin. Cada uno de ellos ofrecía una perspectiva del diverso mundo del autismo desde un punto de vista único.

The Siege, publicado en 1967, fue el primer relato en formato libro en el que se explicaba cómo una madre cariñosa y devota había criado a una hija autista. En una época sombría en la que los psiquiatras culpaban equivocadamente a las «madres nevera» de ser las causantes del autismo de sus hijos por haberlos criado de manera inadecuada, Park narró un retrato cándido de la vida con su joven hija Jessy (llamada Elly en el libro), que permanecía largas horas sentada sola, tamizando arena entre los dedos. Con la visión meticulosa de una exploradora que cartografía territorios ignotos, Park describió todas y cada una de las cosas que Jessy había aprendido a hacer en sus primeros años, incluso las más nimias, normalmente con gran esfuerzo, y que luego, sin venir a cuento, había desaprendido.

> Tumbada en la cama en las ociosas mañanas del verano en que tenía dos años, la escuché pronunciar su nombre. «El-ly, El-ly», repetía riendo a carcajadas por lo bajini, una y otra vez. Pronunciaba los sonidos, incluso las consonantes, con una claridad exquisita. Me alegro de haber tenido

la oportunidad de escucharla. Durante un mes aproximadamente dijo su nombre. Luego dejó de hacerlo por completo. Tardó al menos otros dos años en volver a pronunciarlo.

Los libros de Sacks examinaban el autismo desde el punto de vista de un médico clínico compasivo que encarnaba la tradición de observadores astutos como Jean-Martin Charcot, el fundador de la neurología moderna, y Alexander Luria, quien escribió casos de estudio de sus pacientes con tal grado de conocimiento de la condición humana que se leen cual novelas. En retratos matizados de personas autistas como el artista Stephen Wiltshire y la diseñadora industrial Temple Grandin, Sacks ilustra los desafíos que afrontan en sus vidas cotidianas al tiempo que rinde tributo a su manera de aplicar los puntos fuertes de sus mentes atípicas a su trabajo. «No hay dos personas autistas iguales: la forma precisa o la expresión del autismo es distinta en cada caso —escribió Sacks—. Es más, puede darse una interacción intricada (y potencialmente creativa) entre los rasgos autistas y las otras cualidades del individuo. De manera que, mientras que un simple vistazo puede ser suficiente para emitir un diagnóstico clínico, si pretendemos entender al individuo autista, es imprescindible conocer toda su biografía.»[6]

Pensar con imágenes fue una de esas biografías escritas desde dentro. A Grandin, que no aprendió a hablar hasta los cuatro años, le diagnosticaron inicialmente una lesión cerebral, un error habitual en los tiempos en los que el autismo era un gran desconocido incluso entre los profesionales médicos. Alentada por su madre, Eustacia Cutler, y por un profesor de ciencias de instituto muy comprensivo llamado Bill Carlock, Grandin desarrolló su amistad instintiva por los animales y la transformó en un conjunto de habilidades prácticas que le permitieron prosperar en el exigente empleo de diseñar instalaciones para el sector ganadero. En lugar de la típica fábula inspiradora acerca de una persona extraordinaria que «triunfa» por encima de una condición médica trágica, *Pensar con imágenes* relataba cómo Grandin había llegado a contemplar su autismo como una incapacidad, pero también como un don, y a concebirse a sí misma como «diferente, no inferior».

Entonces dio comienzo mi verdadera cobertura informativa. Entrevisté a un niño de once años llamado Nick, quien me explicó que estaba construyendo un universo imaginario en su ordenador. Rollizo, con las mejillas sonrosadas y una elocuencia precoz, me informó de que ya había proyectado su primer planeta: un mundo con forma de yunque llamado Denthaim donde habitaban gnomos, dioses y una raza con tres géneros llamada *kiman*. Mientras se explayaba acerca de la civilización que estaba creando en su escritorio, alzaba la vista hacia el cielo y tarareaba fragmentos de una melodía una y otra vez. La musicalidad de su discurso tenía un tono agudo, y alternaba entre la poesía y la pedantería, como si el alma de un catedrático de Oxford se hubiera reencarnado extrañamente en el cuerpo de un chaval. «Me estoy planteando convertir la magia en una forma de física cuántica, pero aún no me he decidido», comentó. Me cayó bien al instante.

Sin embargo, la madre de Nick rompió a llorar al explicarme que su hijo no tenía ni un solo amigo de su edad. Recordaba un espantoso día en el que sus compañeros de clase lo habían sobornado para que llevara un disfraz ridículo a la escuela. Debido a que las personas autistas luchan por hallar sentido a las señales sociales en tiempo real, Nick no se había percatado de que sus compañeros pretendían humillarlo. Me pregunté qué sería de aquel muchacho brillante, imaginativo y confiado al hacerse mayor, cuando sus compañeros se obsesionaran con el estatus social y salir con chicas.

Otros padres me explicaron las ingeniosas estrategias que habían concebido para ayudar a sus hijos a aprender a bregar con un mundo repleto de cambios y sorpresas ineludibles. Un evento familiar como un primer viaje en avión requería meses de planificación y preparación esmeradas. Marnin me explicó los pasos que él y su esposa, Margo, internista en la zona de Bay Area, habían adoptado para ayudar a su hija Leah a sentirse cómoda en su primera visita a una nueva dentista. «Tomamos fotografías de la consulta y del personal y pasamos en coche con Leah varias veces por delante de allí —me indicó—. La dentista nos programó la cita para última hora del día, cuando no había más pacientes, y entre los tres fijamos una serie de objetivos. El objetivo de la primera sesión era que mi hija se sentara en la silla. En la segunda visita ella ensayaría los pasos necesarios para realizar el tratamiento, sin ejecutarlos realmente. La dentista asignó a sus herramientas nombres especiales para Leah. Durante todo aquel proceso, utilizamos un gran espejo para que mi hija pudiera ver exactamente lo que se estaba haciendo, con el fin de evitar sorpresas.»

Como muchos padres, Marnin y Margo se habían convertido en investigadores *amateur* sobre el tema del autismo y cada semana invertían horas de su valioso tiempo a solas en leer detenidamente los últimos estudios y evaluar las terapias que podrían ser de ayuda para Leah. Descubrí que no era infrecuente que padres que pasaban estrecheces económicas debido al coste de las intervenciones conductuales tuvieran que abandonar carreras profesionales que adoraban para convertirse, a efectos prácticos, en coordinadores de los servicios de sus hijos y responder a equipos de terapeutas mientras batallaban con juntas directivas escolares, centros regionales y compañías de seguros para garantizar que sus chicos recibieran la educación y los servicios que merecían.

Una de las cosas más duras de tener un hijo con autismo, me aseguraron los padres, era luchar por conservar la esperanza frente a las terribles predicciones que emitían los médicos, el personal administrativo de las escuelas y otros profesionales que, supuestamente, deberían estar de su lado. Cuando se diagnosticó a Leah, un especialista en autismo dijo a Marnin: «Hay muy poca diferencia entre su hija y un animal. No tenemos ni idea de lo que será capaz de hacer en el futuro». (Con veinticinco años, Leah es una joven brillante, encantadora y afectuosa que recuerda los nombres de todos los profesores y de sus compañeros de clase, incluso de preescolar, y canta sus canciones favoritas en el tono perfecto.) En ciertos aspectos, las cosas no han cambiado demasiado desde la época en que recomendaron a Clara Claiborne Park y Eustacia Cutler internar a sus hijas en instituciones y proseguir con sus vidas.

Para llegar al fondo de la cuestión de lo que está sucediendo en Silicon Valley, solicité a Ron Huff del Departamento de Servicios de Desarrollo de California que aislara los datos de los centros regionales del organismo en el condado de Santa Clara de los datos de otras zonas del estado. Confirmó que existía una demanda desproporcionadamente elevada de servicios para el autismo en la cuna de la industria tecnológica.

En la fecha en la que escribí mi artículo, la idea de que los puntos calientes de la tecnología más avanzada como el Silicon Valley y la Ruta 128, en las afueras de Boston, eran refugios de programadores e ingenieros brillantes pero socialmente incompetentes se estaba convirtiendo en un cliché de la cultura popular. En el sector solía bromearse diciendo que los programadores más extremos de los bastiones de TI como Intel, Adobe y Silicon Graphics, quienes llegaban a trabajar temprano, salían de trabajar tarde y se pasaban el día sorbiendo refrescos de tamaño colosal en sus cubículos, residían en algún punto de los dominios de Asperger. Kathryn Stewart, directora de la Orion Academy, un instituto para jóvenes autistas en Moraga, California, afirmó que llamaba al síndrome de Asperger «el trastorno de los ingenieros».[7] En su popular novela *Microsiervos*, Douglas Coupland bromeaba: «Creo que todas las personas que saben de tecnología son un poco autistas».

Una posible explicación del auge del autismo en las comunidades centradas en las tecnologías como el Silicon Valley, me sugirió el neurogenetista de la UCLA Dan Geschwind, podía ser que la cultura de estos lugares había generado posibilidades sociales para hombres y mujeres en un espectro inexistente en el pasado. Una logopeda llamada Michelle Garcia Winner me indicó que muchos padres que acudían a verla cobraban consciencia de sus propios rasgos autistas tras el diagnóstico de sus hijos. Temple Grandin observó en *Pensar con imágenes*: «Los matrimonios funcionan mejor cuando se casan dos personas autistas o cuando una persona desposa a un cónyuge minusválido o excéntrico [...] Se atraen porque sus intelectos funcionan en una longitud de onda similar».

La atracción entre personas con rasgos genéticos similares se denomina apareamiento selectivo. En 1997, el psicólogo cognitivo Simon Baron-Cohen descubrió que existían altas probabilidades de que los padres y abuelos de niños con autismo fueran ingenieros. ¿Podría el apareamiento selectivo entre hombres y mujeres que transmiten genes del autismo ser el responsable del número creciente de diagnósticos en el Silicon Valley?

El artículo en el que yo exploraba dicha hipótesis, titulado «The Geek Syndrome» («El síndrome *geek*») se publicó en el número de diciembre de 2001 de *Wired*. El mundo seguía tambaleándose por el horror de los ataques contra el World Trade Center y el Pentágono del once de septiembre, pero empecé a recibir mensajes de correo electrónico en el buzón de entrada incluso antes de que la revista hubiera llegado oficialmente a los quioscos. Me escribían padres que afirmaban que el artículo les había hecho sentir menos aislados al conocer que otras personas afrontaban idénticos desafíos con sus hijos; médicos que habían detectado la misma dinámica en acción en las comunidades tecnológicas en las cuales trabajaban, y también lectores que llevaban lidiando con situaciones sociales difíciles toda su vida sin saber por qué. Tal riada de respuestas fue a la par inspiradora y aleccionadora.

> Tengo un hijo de doce años. Asiste a cursos de matemáticas y ciencias aceleradas. Su pasatiempo es memorizar datos y cifras acerca de la aviación civil y militar que se remontan hasta la Primera Guerra Mundial. Siempre ha sentido fascinación

por los relojes de pulsera y de pared. Como seguramente habrá adivinado, tiene síndrome de Asperger. Siempre me he preguntado: «¿Por qué mi hijo es como es?». Nadie me había dado una respuesta plausible hasta que he leído su artículo. Me explico: mi esposo es ingeniero. Tras leer su artículo, he tenido la sensación de que todas las piezas del rompecabezas encajaban. [...]

***

Su artículo arroja luz sobre mi primer profesor de informática, el cual es capaz de jugar cuatro partidas de ajedrez simultáneamente e imponerse a todos sus rivales. Siempre sabe cuál será el coste total de la compra en el supermercado, incluidos los impuestos sobre el valor añadido, antes de ponerse en cola para pagar. En cambio, a su hijo le cuesta establecer contacto visual. [...]

***

A los cinco años de edad me dedicaba a desmontar los juguetes electrónicos para averiguar cómo funcionaban. (También intentaba volverlos a montar, con resultados variados.) Siempre he sido un lector voraz. En segundo de primaria leía libros de física de instituto que adquiría en las ventas de segunda mano en garajes. Solía incordiar a mi padre hasta el hastío con mis propuestas constantes de construir maquetas a escala de reactores nucleares, submarinos, trenes y todo lo imaginable. Sólo he tenido grupos muy reducidos de amigos íntimos. Siempre me había extrañado, pero nunca supe cómo corregirlo. Si he de ser sincero, la mayoría de las personas se me antojan bastante molestas e ilógicas..., probablemente otro rasgo Asperger común. :)

***

Es de vital importancia que el público general y las empresas de contratación entiendan a este grupo de personas. Muchas de ellas se colarán por las grietas del sistema debido a su «extraño» comportamiento. Pero tienen mucho que aportar, si se les brinda la oportunidad de hacerlo.

Por suerte, recibí pocos mensajes de correo electrónico como este:

> Como mucha gente, me estoy empezando a hartar de la multiplicación de trastornos psicológicos como el trastorno por déficit de atención y el síndrome de Asperger. Antiguamente, si no prestabas atención, en casa te daban una bofetada, y eso solía bastar a la mayoría de los niños.

También recibí una llamada telefónica de un supervisor de Microsoft que me dijo: «Todos mis depuradores principales tienen síndrome de Asperger. Son capaces de retener en la cabeza centenares de líneas de código a modo de imagen visual. Buscan defectos en el patrón, que es donde suelen producirse los errores».

En una conferencia que di unos meses después de la publicación, la madre de una niña me pidió que le firmara una fotocopia del artículo, reproducido tantas veces que el texto apenas era visible.

Han transcurrido años y sigo recibiendo correos electrónicos acerca de «El síndrome *geek*» prácticamente cada semana. Sin embargo, con el tiempo me convencí de que al haberme concentrado en la dinámica del autismo en una comunidad sumamente especializada, se me había pasado por alto la historia de mayor alcance y dimensiones.

«El pirateo definitivo para un equipo de programadores de Silicon Valley —escribí en 2001— podría consistir en descifrar el código genético que los hace tan buenos en su trabajo.» La primera década del nuevo siglo fue una época de esperanza para muchas familias, según me confesaron muchos padres, quienes me aseguraron que contemplaban con optimismo el hecho de que la ciencia se encontrara por fin al filo de desvelar el misterio del trastorno que aquejaba a sus hijos. En paralelo, prácticamente todos los debates públicos acerca el autismo estaban dominados por una rencorosa gresca acerca de las vacunas, fundamentada en los polémicos hallazgos de un gastroenterólogo inglés llamado Andrew Wakefield, quien afirmaba haber descubierto un vínculo potencial entre la vacuna contra el sarampión, las paperas y la rubeola (conocida popularmente como triple vírica) y una forma de regresión que denominó «enterocolitis autista».

Los padres que buscaban asesoramiento acerca de cómo criar a su hijo recién diagnosticado vagaban por un campo de minas de información contradictoria acerca de la seguridad de las vacunas infantiles rutinarias y el papel potencial que los metales pesados como el mercurio (del cual hay trazas en los conservantes de las vacunas como el timerosal) pueden desempeñar en los retrasos en el desarrollo de sus hijos. A medida que se propagaban por la recién difundida Internet los temores acerca de la existencia de una conspiración a gran escala entre las grandes farmacéuticas y Gobiernos corruptos con el fin de tapar los efectos de una oleada de lesiones provocadas por las vacunas, las tasas de vacunación en todo el mundo empezaron a decrecer y reapareció el fantasma de una resurgencia de plagas como la tos ferina, que en el pasado había segado la vida a miles de niños al año. La explicación oficial para las disparadas cifras de prevalencia era que los criterios para el diagnóstico del autismo habían ido ampliándose de manera paulatina a lo largo de los años. Pero, si tal era el caso, ¿por qué los criterios iniciales habían sido tan acotados? ¿A qué se debía que un síndrome en el pasado inusual y desconocido y supuestamente arraigado en la genética de repente pareciera omnipresente?

A instancias del clamor popular por el aumento de los diagnósticos, la investigación en materia de autismo, largamente desatendida por los organismos de financiación como los Institutos de Sanidad Nacionales estadounidenses (NIH por sus siglas en inglés) precisamente debido a que se consideraba una enfermedad rara, se hallaba en el umbral de una edad dorada. Entre 2000 y 2011, las subvenciones de los NIH en la materia aumentaron en un promedio de cincuenta y un millones de dólares al año, incluida una inyección de mil millones de dólares en 2006 derivada de la Ley Estadounidense para la Lucha contra el Autismo.[8] Grupos de financiación privada como la Simons Foundation también se subieron al carro, a consecuencia de lo cual la inversión total en la investigación del autismo alcanzó su nivel más elevado de la historia.[9] En 2011, Autism Speaks, la principal organización de recaudación de fondos para el autismo del mundo, anunció una inversión colectiva de cincuenta millones de dólares en combinación con el Beijing Genomics Institute destinada a cartografiar los genomas completos de diez mil individuos procedentes de familias con dos o más hijos autistas.[10] El vicepresidente de asuntos científicos de la organización, Andy Shih, prometió que el proyecto generaría «una cantidad transformadora de información».

A finales de la década quedó claro que los científicos habían hecho justo aquello por lo que habían cobrado. Los biólogos moleculares habían identificado más de mil genes candidatos y centenares de mutaciones *de novo* relacionadas con el autismo. También habían logrado entender mejor la epigenética, la ciencia de los factores que median en las interacciones entre los genes y el entorno. La lista de supuestos desencadenantes ambientales del autismo parecía ampliarse día tras día, y abarcaba decenas de sustancias químicas de uso frecuente, lo cual impulsó a la autora científica de *Forbes* Emily Willingham, madre de un niño autista, a escribir una publicación con el titular: «This Just In... Being Alive Linked to Autism» («Últimas noticias... Estar vivo causa de autismo»).[11] No obstante, para familias como la de Willingham, el momento transformador tan esperado que mejoraría la calidad de vida de sus hijos no acabó de llegar.

Los autores de un importante estudio publicado en *Nature* admitieron que incluso los factores genéticos más habituales sacados a relucir por su investigación se detectaron en un porcentaje inferior a un uno por ciento de los niños de su muestra de población. «Es probable que la mayoría de las personas con autismo tengan una genética bastante única», afirmó Stephen Scherer, del Hospital for Sick Children de Toronto.[12] El neurogenetista de la UCLA Stanley Nelson añadió: «En cien niños con autismo habría cien causas genéticas distintas».[13] El irónico dicho popular entre la comunidad autista —«Si conoces a una persona con autismo, has conocido a una persona con autismo»— resulta ser certero incluso al nivel de la biología molecular.

En 2010 hablé con uno de los padres a quienes había entrevistado nueve años antes. Me dijo que ya no le preocupaba saber cuál era la causa del autismo de su hija. Lo que le inquietaba ahora era su futuro. Estaba a punto de «rebasar la edad» para recibir el modesto nivel de servicios que el estado de California proporcionaba a la familia. Pese a haber recibido años de terapia conductual, aún no había desarrollado sus habilidades hasta el punto en que su esposa y él pudieran sentirse seguros de que alguna vez podría arreglárselas sola. «Lo que me mantiene en vilo por las noches —añadió— es qué le sucederá a nuestra querida hija cuando muramos.»

Ahora que los Centros para el Control de Enfermedades (CDC por sus siglas en inglés) calculan que uno de cada sesenta y ocho niños en edad escolar en Estados Unidos se enmarca en el espectro autista, millones de familias padecerán noches en vilo en las décadas venideras. Muchos adultos autistas no están aprovechando los puntos fuertes de sus atípicas mentes en empresas como Apple o Google; en su lugar, un número desproporcionado de ellos se encuentran desempleados y batallan por conseguir una paga por incapacidad. Dos décadas después de la aprobación de la Ley para la Educación de Personas con Discapacidades (IDEA por sus siglas en inglés), los padres siguen teniendo que denunciar de manera rutinaria a las comisiones escolares locales para obtener una plaza adecuada para su hijo o hija. Más aún, una porción exigua de los fondos recaudados por organizaciones de apoyo como Autism Speaks se destina a cubrir las necesidades del día a día de las personas autistas y sus familias. Al concentrarse primordialmente en financiar la investigación de las posibles causas y factores de riesgo, estas organizaciones refuerzan la idea de que el autismo es una anomalía histórica, un problema característico de los tiempos modernos que podría solventarse si se descubriera la causa, que parece hallarse perpetuamente a la vuelta de la esquina.

Mientras el mundo general sostenía un prolongado debate en torno a las vacunas, los adultos recién diagnosticados de autismo mantenían una conversación muy distinta acerca de las dificultades de moverse y sobrevivir en un mundo no construido para ellos. Compartiendo las historias de sus vidas, descubrieron que muchos de los desafíos a los que se enfrentan a diario no son «síntomas» de su autismo, sino penurias impuestas por una sociedad que rehúsa realizar los ajustes básicos para acomodar a las personas con discapacidades cognitivas, como lo hace en el caso de las personas con discapacidades físicas, como la ceguera o la sordera.

En mi mente empezó a formularse una cuestión aparentemente sencilla: tras setenta años de investigación en torno al autismo, ¿cómo es posible que sigamos sabiendo tan poco sobre este trastorno?

Con vistas a hallar la respuesta a tal pregunta para este libro, decidí empezar mi investigación periodística por el principio, incluso antes de los supuestos descubrimientos individuales del autismo que Kanner y Asperger realizaron en la década de 1940. Sin dar nada por sentado, descubrí que la cronología estándar de la historia del autismo (el mito de su creación, por llamarlo de alguna manera) está plagada de errores, de tal modo que las personas autistas de generaciones previas resultan difíciles de detectar. Hasta que no se corrijan, estas imprecisiones históricas continuarán obstaculizando nuestra capacidad para adoptar decisiones óptimas relativas al tipo de investigación y adaptaciones sociales que resultarían más beneficiosas para las personas autistas y sus familias.

Uno de los avances más prometedores desde la publicación de «El síndrome *geek*» ha sido la aparición del concepto de *neurodiversidad*: la idea de que trastornos como el autismo, la dislexia o el trastorno de hiperactividad con déficit de atención (THDA) deberían considerarse variantes cognitivas naturales con grados diversos que han contribuido a la evolución de la tecnología y la cultura, en lugar de como meras listas de comprobación de déficits y disfunciones. Aunque por lo general se cree que el modelo de espectro autista y el concepto de la neurodiversidad son productos del mundo posmoderno, en realidad son ideas muy antiguas, propuestas por Hans Asperger en su primera conferencia pública acerca del autismo en 1938.

La idea de la neurodiversidad ha impulsado la creación y la rápida evolución de un movimiento de defensa de los derechos civiles amparado en la sencilla idea de que los intérpretes más astutos del comportamiento autista son otras personas autistas, en lugar de sus padres o médicos. En 2007, una mujer llamada Amanda (ahora Amelia) Baggs publicó un extraordinario vídeo en YouTube titulado *In My Language* («En mi idioma»), el cual cuenta con más de un millón de visualizaciones, tras haber tenido repercusión en importantes medios de comunicación como la CNN y el *New York Times*.[14] Al principio, la cámara sigue a Baggs (a quien le cuesta emplear el lenguaje oral, pero es capaz de teclear ciento veinte palabras por minuto) mientras ésta hunde la cara en un libro, recorre el teclado con los dedos, aletea las manos, canturrea por lo bajini y juega a pasarse de mano en mano un muelle Slinky. Un médico afirmaría que está exhibiendo su comportamiento autoestimulatorio, uno de los signos clásicos del autismo. Pero, en la segunda parte del vídeo, titulada «A Translation» («Una traducción»), Baggs aclara que no comparte estos atisbos de su vida íntima para implorar compasión. Su objetivo es más subversivo: celebrar la alegría de la existencia tal como ella la conoce. «Mi idioma no consiste en diseñar palabras o símbolos visuales para que los interpreten los demás —explica—, sino en mantener una conversación constante con todos y cada uno de los aspectos de mi entorno y reaccionar físicamente a todos los elementos de mi ambiénte. Lejos de ser aleatorio, mi modo de moverme es una respuesta constante a lo que me rodea.» Sus palabras las articula un programa informático de texto a habla, como si hablara una máquina, y, sin embargo, pocos vídeos en YouTube permiten asomarse a una mente de una manera tan hondamente humana.

Otro estímulo para escribir este libro fue asistir a Autreat, un retiro anual organizado por personas autistas para personas autistas, en un entorno social construido con esmero para eliminar las fuentes de sobrecarga sensorial y ansiedad, al tiempo que se maximizan las oportunidades de las personas en el espectro de relajarse, disfrutar y conectar entre sí. Mis conversaciones en Autreat, algunas de ellas mediadas por teclados u otros dispositivos de comunicación aumentada, me enseñaron más acerca de las realidades cotidianas de ser autista de lo que habría aprendido leyéndome un centenar de casos de estudio. Y también me brindaron la oportunidad de encontrarme entre una minoría neurológica por primera vez en mi vida, lo cual arrojó luz sobre algunos de los desafíos que las personas autistas afrontan en una sociedad no construida para ellos, al tiempo que me abrió los ojos ante estereotipos perniciosos, como la idea de que las personas autistas no tienen sentido del humor ni imaginación creativa. Tras sólo cuatro días en Autismolandia, el ancho mundo se me antojaba un asalto sensorial constante.

Durante generaciones, padres de personas autistas han llegado a la conclusión de que la cura para la mayoría de los aspectos incapacitantes del autismo no procederá de una píldora, sino del establecimiento de comunidades comprensivas. En su último libro, *Exiting Nirvana*, Clara Claiborne Park relataba cómo sus vecinos habían ayudado a su hija a disfrutar de una vida feliz y plena en Williamstown, Massachusetts, donde Jessy continúa viviendo a día de hoy, años después de la muerte de su madre. Con cincuenta y cinco años, continúa trabajando en la oficina de clasificación de la correspondencia del Williams College, empleo que combina con la pintura de imágenes luminosas y de una precisión meticulosa del mundo tal como ella lo ve, como viene haciendo desde que su maestro de dibujo del instituto la alentó a asir un pincel hace cuarenta años.

«El hecho de que la sociedad le haya hecho un hueco a Jessy es lo que, por encima de todo lo demás, le ha permitido vivir en la comunidad en la que nació e incluso aportar su granito de arena a ella —escribió Park en 2001—. Escribo estas palabras con fe en un futuro que no llegaré a ver.»

STEVE SILBERMAN
San Francisco
Agosto de 2010-2015

1

El mago de Clapham Common

En tanto que experimentador, no aceptaba la naturaleza tal como venía dada, sino que la adaptaba para responder a sus preguntas.

CHRISTA JUNGNICKEL y RUSSELL MCCORMMACH,
Cavendish: The Experimental Life

Cada noche en los años postreros del siglo XVIII, exactamente a la misma hora, una figura solitaria salía de la casa más extravagante de Clapham Common para dar su paseo nocturno diario. Con el fin de evitar las indiscretas miradas de sus vecinos, caminaba por el medio de la carretera y nunca se detenía a saludar a quienes lo reconocían ni se llevaba la mano al sombrero en gesto de reconocimiento de otros transeúntes.[1] Vestido con remilgadas ropas que habían estado de moda décadas antes, caminaba encorvado, con unos andares característicos y con la mano izquierda siempre a la espalda. Su ruta, como su hora de salida, jamás variaba. Descendía por Dragmire Lane hasta Nightingale Lane y continuaba paseando un kilómetro y medio, recorriendo las hileras de tranquilas casas apareadas, robles y espinos blancos hasta llegar a Wandsworth Common. Y desde allí desandaba el camino por el que había venido.

Únicamente había realizado una modificación en su itinerario en el transcurso de un cuarto de siglo, tras atraer la atención de dos mujeres que se apostaban en una esquina desde la que podían verlo. Al detectarlas desde cierta distancia, giró abruptamente en dirección perpendicular y protagonizó una huida indigna pero efectiva a través del fango de un campo recién arado.[2] Después de aquello, programó sus paseos tras el ocaso, cuando era menos probable que lo divisaran.

Protegía su preciada soledad entre los límites de su finca con el mismo rigor que hacía fuera de ellos, comunicándose con el personal de su hogar mediante notas que dejaba en una mesa del vestíbulo. En una ocasión, una criada que estaba barriendo cometió el error de sorprenderlo en la escalera y la respuesta inmediata del caballero fue encargar la construcción de unas segundas escaleras en la parte posterior de la residencia para evitar que pudiera volverse a producir un incidente como aquel en el futuro.[3]

Sus vecinos en aquella rústica zona residencial de Londres sabían muy poco acerca del solitario trabajo que desempeñaba en el cobertizo que había junto a su casa, salvo que un día haría inmortal el nombre de aquel caballero. Corría por Clapham el rumor de que era una especie de mago. Ciertamente, el rasgo más llamativo de su propiedad no ayudaba a disipar tales rumores. En la cima de una pequeña loma en el patio, un poste de veinticinco metros se proyectaba hacia el cielo cual mástil de un barco que se elevase desde tierra seca.

Al declinar posar para un retrato formal, por lo común una concesión de rigor para un hombre de su posición, prácticamente consiguió bloquear todas las miradas inquisitivas de los historiadores futuros. La única imagen de Henry Cavendish captada en vida muestra a un hombre de aspecto aristocrático con levita, puños de camisa con volantes y calcetines blancos y tocado con una peluca con una coleta posterior con forma de aldaba bajo un sombrero de tres picos. Se trataba de un atavío carente de toda elegancia incluso en las postrimerías del siglo XVIII, que no obstante él vistió durante todos y cada uno de los días de su vida adulta. Cada año, cuando su levita, siempre del mismo tono verde grisáceo o morado, estaba a punto de desteñirse, encargaba a su sastre que le cosiera otra idéntica.

Era igualmente coherente en sus hábitos alimenticios. Pese a que su fortuna personal le habría permitido disfrutar de un banquete siempre cambiante de exquisiteces exóticas enviadas desde los rincones más lejanos del imperio, subsistió durante décadas a base del mismo plato humilde en casi todas las comidas: un muslo de cordero. Una vez a la semana, cuando cenaba con sus colegas en el Royal Society Club, se sentaba invariablemente en la misma silla, tras colgar su sombrero y su levita de una percha que bien podría haber tenido al lado una placa con su nombre grabado.

Así fue como un taimado joven dibujante llamado William Alexander finalmente logró captar su retrato, actuando como el equivalente georgiano de un *paparazzo.* Tras convencer a los gerentes del club de que lo dejaran entrar, Alexander se apostó de manera discreta en un rincón de la estancia y esbozó el sombrero y la levita de Cavendish colgados de la inevitable percha. En una comida posterior, dibujó la cara del hombre mientras se preparaba para atacar su plato de cordero. Y luego el artista combinó ambas imágenes y produjo un retrato compuesto de un hombre completo.

Las rutinas inflexibles y los horarios invariables de Cavendish no estaban más sujetos a enmienda que las mareas en el puerto Portsmouth. En las contadas ocasiones en que invitaba a cuatro colegas de la Royal Society a cenar con él en Clapham, si el cocinero osaba insinuarle que un muslo de cordero difícilmente serviría para proveer un ágape adecuado a cinco hombres, él respondía con su acostumbrado laconismo: «Bien, entonces sirva dos».

Pese a su excéntrica indumentaria y al extraño tótem que se elevaba en su patio trasero, Henry Cavendish no era ningún mago. Era, en términos dieciochescos, un filósofo natural, o lo que hoy llamamos un científico. (El término *científico* no se acuñó hasta el siglo XIX, cuando el oceanógrafo y poeta

William Whewell lo propuso como contrapartida de *artista*.) Y no fue sólo uno de los filósofos naturales más ingeniosos que hayan existido, sino que, además, fue uno de los primeros científicos verdaderos en la acepción moderna de la palabra.

Sus incansables exploraciones abarcaban un abanico de disciplinas propio de toda una universidad: química, matemáticas, física, astronomía, metalurgia, farmacia y unos cuantos ámbitos en los que fue pionero. En una época en que hacer minería de datos en la creación del Señor todavía no se contemplaba como una profesión legítima, sino más bien como un pasatiempo de iluminado, definió el alcance, la conducta y la ambición del método científico para siglos venideros.

El primer informe de su trabajo en el laboratorio que nos ha llegado, un fardo de papeles fechado en 1764, detalla su estudio del arsénico y su metamorfosis en un polvo blanquecino denominado «sal arsénica», ahora conocido como arseniato de potasio. Como la mayoría de sus colegas, Cavendish creía por error que el agente oculto en esta transformación era el flogisto, un elemento parecido al fuego. Entendiendo este elemento esperaba descubrir una clave para múltiples tipos de reacciones químicas. La hipótesis del flogisto resultó ser errónea, y no tardó en abandonarla, pero sus observaciones en el laboratorio fueron tan perspicaces que anticipó la síntesis del arseniato de potasio en diez años utilizando un método más sencillo que el hombre al cual suele acreditarse tal descubrimiento, el farmacéutico Carl Wilhelm Scheele. No obstante, a diferencia de Scheele, Cavendish descuidó publicar el equivalente a una nota de prensa, de manera que no se llevó nada del crédito, mientras que Scheele se hizo famoso popularizando un método de síntesis inferior.

Los siguientes avances importantes de Cavendish tuvieron lugar en el estudio de la atmósfera. Tardío en su florecimiento en la literatura especializada en comparación con sus colegas, no presentó su primer artículo para su publicación hasta los treinta y cinco años de edad. En él explicaba su descubrimiento de un gas inestable que denominó «aire inflamable», el elemento que hoy conocemos como hidrógeno, una pieza clave en el engranaje del universo. Más adelante determinó la composición del agua empleando una chispa eléctrica para combinar este nuevo gas con aire «deflogisticado», u oxígeno. Al eliminar el nitrógeno y el oxígeno en un matraz de su laboratorio, apreció que permanecía una burbuja diminuta de un tercer gas. En dicha burbuja estaba el elemento argón, que no se descubriría oficialmente hasta un centenar de años después.

Siguieron multitud de experimentos igual de osados. Cavendish analizó la matemática de los intervalos musicales, formuló la teoría del potencial eléctrico y fue el primer científico en constatar que la conductividad eléctrica de una solución varía con su concentración. Expuso que un pez de cola larga llamado torpedo era capaz de generar su propia corriente cual una batería viva, y luego lo demostró esculpiendo un pez artificial con piel de zapatos, placas de peltre, tubos de cristal y piel de borrego en su laboratorio y conectándolo a botellas de Leyden, creando con ello una simulación perfecta de los órganos eléctricos del pez.[4]

En 1769, un relámpago alcanzó el campanario de la iglesia de San Nazaro en Brescia, una antigua ciudad romana construida a los pies de los Alpes. Las paredes del santuario condujeron aquella descarga masiva de alto voltaje hasta el sótano, donde, de modo muy poco seguro, el ejército veneciano había almacenado cien toneladas de pólvora. El estallido subsiguiente segó la vida a tres mil personas y arrasó una sexta parte de la ciudad.[5] Para evitar que algo así acaeciera a las provisiones de pólvora del ejército británico en su arsenal en Purfleet, la Royal Society designó a lord Henry parte del «Comité de Relámpagos» creado para estudiar maneras de aislar dicho arsenal. Entre los dignatarios extranjeros que participaron en aquel viaje figuraba un filósofo natural de las trece colonias que tenía «conocimientos someros» acerca de la electricidad: Benjamin Franklin.

El Comité de Relámpagos concibió un astuto plan basado en las teorías clarividentes acerca de la electricidad de Cavendish, consistente en rodear un almacén con varillas metálicas con conductores de cobre en las puntas con el fin de alejar las descargas inoportunas de la inestable pólvora.[6] Si bien su artículo acerca de la teoría eléctrica fue descartado por ser demasiado abstruso en vida, dos años después de su deceso, un historiador de la Royal Society lo declaró «la explicación más sólida y satisfactoria de los fenómenos de la electricidad [...] sin duda, el tratado más importante en la materia publicado jamás».[7]

Cavendish presentó sólo una fracción de su trabajo a la revista de la Royal Society, *Philosophical Transactions*. No obstante, fue un exhaustivo cronista de sus propias investigaciones y generó un flujo infinito de tablas, gráficas, esquemas y cuadernos de notas con anotaciones puntillosas que sólo un reducido círculo de sus colegas tuvo oportunidad de ver. Cavendish abogaba por compartir la información de manera franca e igualitaria, pero no sentía la compulsión de acreditarse sus descubrimientos. Prefería eludir la competencia y la polémica y dedicarse a realizar sus experimentos en paz.

A resultas de ello, la fórmula que describe la circulación de la corriente eléctrica como una función de la resistencia se conoce como ley de Ohm, en lugar de como ley de Cavendish, pese a que este último se anticipó al físico bávaro en un siglo. En la misma línea, la ley que describe la interacción electroestática entre partículas cargadas (los cimientos de la teoría electromagnética moderna) lleva el nombre del físico francés Charles Augustin de Coulomb, pese a que Cavendish fue el primero en formularla. Su principal descubrimiento, que el agua no es un elemento monolítico, sino que se compone de hidrógeno y oxígeno, suele atribuirse a Antoine Lavoisier. De nuevo, Cavendish lo había desentrañado antes, pero no se dedicó a darle bombo, a diferencia del pomposo Lavoisier, quien invitó a miembros de la Royal Academy a presenciar una demostración pública. De ahí que sea a Lavoisier y no a Cavendish a quien se encumbra como padre de la química moderna, si bien fueron los métodos experimentales del último los que posibilitaron esa revolución.[8]

Cavendish vestía como un hombre del pasado, pero vivió como un hombre del futuro. De haber nacido tres siglos después, se lo habría ensalzado como un «creador» visionario, alguien a quien no le importa ensuciarse las manos en un taller mecánico.

II

Afirmar que el rechazo que Cavendish sentía por la moda y el autobombo se extendía a su vida personal sería quedarse corto. El estadista lord Henry Brougham observó en 1845 que su taciturno colega «pronunció en vida menos palabras que cualquier hombre que hubiera vivido hasta la cuarentena, incluidos los monjes de La Trappe».[9]

El origen de esta aparente timidez era una fobia social tan intensa que casi lo paralizaba en determinadas situaciones. Brougham describió su rostro como «inteligente y apacible, aunque, a juzgar por la irritación nerviosa que parecía sentir, su expresión no podía tildarse de calmada».[10] En las reuniones semanales de sus colegas auspiciadas por el presidente de la Royal Society, Joseph Banks, Cavendish solía hacer una pausa en la escalera de entrada, dudando entre si llamar o no a la puerta, hasta que la llegada o la marcha de otro invitado prácticamente le obligaba a entrar.

En una de tales ocasiones, le presentaron a un admirador procedente de Austria, quien lo halagó obsequiosamente.[11] Cavendish permaneció de pie en silencio, con la vista baja, hasta que detectó un hueco entre la multitud, momento en el que salió disparado de la estancia y saltó a su carruaje, que lo transportó directamente a casa. Su fobia tal vez se viera exacerbada por el hecho de que la entonación de su voz sonaba extraña y desagradable a los demás, como si «chirriara», según comentó el químico Humphry Davy, quien añadió que «incluso parecía tener dificultades para articular las palabras».[12] Otros colegas afirmaban que lanzaba un «chillido estridente» en las reuniones de la Royal Society mientras «iba de estancia en estancia arrastrando los pies» para no participar directamente en nada. En particular, a Cavendish le incomodaba que alguien intentara mirarle a los ojos.[13]

No obstante, no es cierto que quisiera aislarse por completo de la compañía de sus colegas; simplemente quería quedarse al margen, asimilándolo todo. Dos científicos que conversaran acerca de un tema interesante en el Club de los Lunes de la Royal Society podían detectar a una figura encorvada con un abrigo de color gris verdoso acechando entre las sombras, escuchándolos furtivamente con suma atención. Ansiosos de solicitar la opinión de Cavendish acerca de su trabajo, los demás filósofos naturales concibieron un método ladino pero eficaz de obligarlo a participar.

«La manera de hablar con Cavendish es no mirarlo nunca —explicó el astrónomo Francis Wollaston—, sino hablar como si se dirigiera al vacío, y es probable que así se le dé pie a intervenir.» Y una vez se le daba pie a intervenir, resultaba que Cavendish tenía muchas aportaciones que hacer. «Si os habla, dadle conversación —aconsejaba Wollaston—. Es un pozo de información, sobre todo en temas de química.»

Una de las pocas personas a quienes lord Henry permitió acceder a los ámbitos más íntimos de su vida fue Charles Blagden, un joven científico a quien conoció a través de la Royal Society y con quien tenía varias cosas en común. Blagden era un joven de una curiosidad insaciable, escrupuloso en la ejecución de sus experimentos y con una memoria indeleble para los hechos. Además, era un ávido lector, lingüista y conversador que mantenía una floreciente correspondencia con investigadores y exploradores de todo el mundo. «Es poco probable que se produzca ningún descubrimiento filosófico en Inglaterra —alardeó en una ocasión— sin que llegue a mi conocimiento por un canal u otro.»

Juntos, ambos forjaron una alianza mutuamente indispensable. Cavendish se convirtió en el Google humano de Blagden, a quien respondía a cualquier pregunta que le surgiera en su trabajo. La mano guiadora del eminente científico era visible en seis de los diez artículos que Blagden publicó en *Philosophical Transactions.* A cambio, el huraño lord podía estar al tanto de las últimas novedades sin tener que codearse con el equivalente dieciochesco de las conferencias TED. A través de Blagden, su vida quedó entretejida con las vidas y la obra de una comunidad de pensadores mundial que se mantuvieron a una distancia cómoda y segura.

III

En parte gracias a la enorme riqueza de Cavendish, su preferencia por la soledad se confundió a menudo con arrogancia, egoísmo o desdén. Otro científico lo describió en su día como «el más frío e indiferente de los mortales», mientras que había quien lo caracterizaba como un hombre insensible, ciego a las emociones del prójimo o malvado. Sin embargo, no era ni un hombre desagradable ni rencoroso; sencillamente no sabía cómo comportarse en público. Tras una conversación que mantuvo con Blagden acerca del Club de los Lunes, Cavendish explicó su comportamiento afirmando que a algunos hombres les faltan «ciertos sentimientos», si bien declinó entrar en detalle. En su diario, Blagden describió compasivamente a su mentor como un hombre «sin afectos» mas «bienintencionado».

La incursión más inquisitiva en el alma de este genio esquivo la proveyó el químico George Wilson, quien escribió la primera biografía completa de Cavendish en 1851 basándose en los relatos de sus coetáneos. Wilson, que reflejó el aparente desinterés de su retratado por todo salvo la ciencia, pintó la vida emocional de Cavendish como una serie de negaciones: «No amó; no odió; no albergaba esperanza; no tenía miedo [...] Su cerebro parece haber sido únicamente un motor de cálculo [...] No era un poeta, ni un sacerdote ni un profeta, simplemente una inteligencia fría y prístina que emitía una luz blanca y pura que alumbraba aquello sobre lo que incidía, pero no calentaba nada».[14]

Ahora bien, Wilson también reconocía que la introspección de Cavendish le posibilitó llevar a cabo su investigación con tamaña intensidad y determinación. No fue un hombre ensimismado, sino todo lo contrario. Se involucró por completo en el estudio de la naturaleza, lo cual le proporcionó su propia forma de comunión, si no ya con las almas de otras personas, al menos sí con las fuerzas ocultas tras el rostro visible de las cosas.

> Sabiamente, por tanto, se apartó y, tras despedirse del mundo, adoptó los votos autoimpuestos del anacoreta científico y, cual los monjes del pasado, se encerró en su celda. Era un reino suficiente para él y, desde su ventanuco, contempló la parte del Universo que le interesó ver.[15]

El reino de la filosofía natural que Cavendish construyó en Clapham Common seguramente fuera más que «suficiente» (habría sido un recurso extaordinario para cualquier científico de cualquier siglo). Los colegas a quienes invitaba a disfrutar de un muslo de cordero debieron de ver algo asombroso: una casa transformada en un inmenso aparato para interrogarse acerca de los misterios de la existencia.

Lo primero que habría divisado un visitante que llegara desde Londres en carruaje habría sido el mástil de veinticinco metros alzado hacia el cielo y apuntalado con varias riostras en la base. En contra de los rumores locales, no era ningún instrumento de adivinación, sino un montículo elevado para ubicar uno de los telescopios de Cavendish. Inmediatamente después de arrendar la finca en 1785, esbozó un diseño para aquel impresionante equipamiento, un anexo fundamental a su plan de convertir la planta superior de su vivienda en un observatorio astral, con estación de tránsito incluida para registrar las posiciones de las estrellas al atravesar el meridiano.

Convirtió el salón principal de la planta baja en un laboratorio, donde instaló un alto horno, un crisol y una campana para vapores, y lo equipó con cientos de matraces, vasos de precipitación, tubos y básculas. En una sala contigua, construyó una forja. La pasión de Cavendish por la precisión quedó patente en la asombrosa variedad de instrumentos de medición (barómetros, relojes de pared, relojes de sol, brújulas y pluviómetros) que tenía repartidos por toda la casa y los terrenos. Cuando salía de viaje con Blagden (nunca por vacaciones, sino, por ejemplo, para visitar una fábrica y tomar notas acerca de la producción del hierro), acoplaba un odómetro primitivo denominado «buscacaminos» a las ruedas de su carruaje, con el fin de conocer con exactitud cuántos kilómetros habían recorrido. También llevaba consigo un termómetro para tomar la temperatura de todos los pozos que hallaran en el trayecto.

Siendo un joven novicio en la Royal Society, Cavendish quedó consternado al saber que los termómetros de su época podían diferir en dos o tres grados en las lecturas del punto de ebullición del agua. A la lista de sus sirvientes en Clapham, añadió una persona dedicada exclusivamente a fabricar instrumental. Sus armarios se llenaron así de reglas, balanzas, triángulos, mapas y otras herramientas de medición hechas a medida en madera y latón. Un andamio situado en la parte exterior de la casa servía para enganchar instrumentos meteorológicos. No se desperdiciaba ninguna fuente de datos potencial en la finca: ni el viento, ni la lluvia, ni el paso de la luz solar por el jardín, ni el peso del aire húmedo que impregnaba las ramas de los robles que se alzaban alrededor de la casa cual centinelas.

Incluso el patio delantero se puso al servicio de su musa cuantificadora. Según Wilson, la hierba «estaba invadida por un escenario de madera, desde el cual se podía acceder a un gran árbol, a cuya cima Cavendish trepaba ocasionalmente en el transcurso de sus investigaciones astronómicas, meteorológicas, eléctricas o de otro tipo». Seis años después de su muerte, cuando las últimas piezas de su material salieron a subasta tras haber sido saqueado a conciencia por sus colegas, seguían disponibles once telescopios y cuarenta y cuatro termómetros.

El contenido de un armario de un laboratorio no sirve de inventario de la vida emocional de un hombre. Pero en este aspecto, Cavendish también se mantuvo apartado de la vista. Entre sus documentos no ha aflorado ninguna entrada de diario, confesión o admisión reveladora de un anhelo no correspondido. Como era predecible, su correspondencia se concentraba en la ciencia y en las minucias de sus asuntos mundanos. Humphry Davy, una figura carismática a lo Byron cuyas conferencias llenaron salones de actos hasta los topes, con el público en pie, se esmeró por entablar amistad con el hombre a quien consideraba su mentor, si bien todo lo que trascendiera una relación laboral quedó siempre fuera de su alcance. «Me daba unos trocitos de platino para mis experimentos y luego acudía a comprobar los resultados de la descomposición de los alcalinos —recordaba Davy—. Pero no intimaba con nadie.» Tras el fallecimiento de Cavendish, Davy dijo a Wilson que consideraba a Cavendish «un gran hombre, con unas singularidades extraordinarias».[16]

Con todo, la vida de aquel científico que trepaba a los árboles no podría tildarse de yerma o despojada de satisfacciones. Transformó todo su entorno en un terreno de juegos para sus avezados sentidos e intelecto. En una ocasión, Charles Darwin describió su propio cerebro como una máquina de fabricar hipótesis como churros. El de Cavendish era un motor para generar distinciones finamente calibradas: «esto, pero no aquello». Su análisis de una única sustancia podía generar volúmenes de eufóricas descripciones. Sus biógrafos actuales, Christa Jungnickel y Russell McCormmach, escribieron en *Cavendish: The Experimental Life*:

> Era capaz de distinguir por el olor diversos ácidos y sus productos. Notaba y observaba las texturas: seca, dura, como la gelatina fina, pegajosa, densa, como el barro seco, abultada. Y en los colores era donde más distinciones hacía: lechoso, nebuloso, amarillo, amarillo paja, amarillo rojizo, madeira claro, rojo, marrón rojizo, rojo sucio, verde, verde

azulado, color perla, azul, y transparente, turgente y turbio. Ningún poeta prestó mayor atención a sus sensaciones que Cavendish a la suyas.[17]

Un único laboratorio del tamaño de una casa resultó ser insuficiente para satisfacer sus necesidades de investigación, de manera que también convirtió una bonita residencia de ladrillos de tres plantas situada en el número once de la Bedford Square de Londres en una biblioteca privada propia de su *alma mater*, Cambridge. Contradiciendo su fama de hombre avaro, Cavendish puso a disposición de los otros eruditos toda su biblioteca, de manera gratuita. A los visitantes se les entregaba un catálogo y un libro de registro donde se anotaban los artículos que se sacaban en préstamo, y un bibliotecario interno les ayudaba a explorar las pilas de libros. (El propio Cavendish anotaba debidamente en ese registro los libros que él mismo se llevaba a su hogar.) Decorada de manera íntegra con el color verde del célebre abrigo de su fundador, con cortinas de color jade, fundas para los libros verde jade y las pantallas de la chimenea de color esmeralda, aquella biblioteca albergaba incluso un prototipo de máquina fotocopiadora diseñado por James Watt. Las paredes estaban decoradas con grabados de la superficie lunar, como si se tratara de una exposición del siglo XX. Incluso había una sala de «museo» especial donde Cavendish exponía su valiosa colección de minerales poco habituales.

Como es previsible, lo que no se ofrecía en el número once era audiencia con el propietario en persona. De hecho, se instruía a los visitantes potenciales de que, en caso de divisarlo explorando las estanterías, no molestaran a Cavendish y se apresurasen a regresar a casa con sus selecciones. Obviamente, Cavendish no sentía excesivo interés por las personas, tal como otro genio socialmente inepto, Albert Einstein, constató sobre sí mismo.[18]

Ahora bien, describir a Cavendish como un hombre sin afectos o un hombre desapasionado tampoco es atinado.

Dedicó su vida a una única pasión que le consumía todo el tiempo disponible: el lento y paciente aumento de la suma de conocimientos humanos. Su mente era como un espejo sostenido frente a la naturaleza al que no nublaban ni los prejuicios, ni la racionalización, ni la lujuria, ni los celos, ni la competencia, ni la mezquindad, ni el rencor, ni el ego ni la fe. En palabras de Wilson:

> Su teoría sobre el universo parece haber sido que éste consistía *solamente* de una multitud de objetos que podían pesarse, enumerarse y medirse; y la vocación cuya llamada sentía consistía en pesar, enumerar y medir tantos de aquellos objetos como le permitieran sus sesenta y pico años de vida.[19]

El virtuoso acto de la medición que inscribió su nombre en los anales de la historia se denomina simple y llanamente «el experimento de Cavendish». Su objetivo era tan noble como sencillo era el aparato para llevarlo a cabo. Con cuatro esferas de plomo, unas cuantas varillas y un trozo de alambre, construyó un dispositivo para medir la densidad de la Tierra. La clave para su ingenioso diseño, concebido en una forma rudimentaria por el geólogo John Michell, que falleció antes de poder llevar a cabo el experimento, era la correspondencia entre la masa de un objeto y su fuerza gravitacional.

Dos de las esferas pesaban 158 kilos, mientras que las otras eran comparativamente livianas, con 725 gramos cada una. Uniendo las esferas más ligeras a los extremos de una varilla de madera colgada de un alambre, montando las esferas más pesadas separadas a unos centímetros de distancia y activando la varilla con el movimiento de un péndulo, Cavendish planeaba calibrar el par de torsión del alambre mientras oscilaba. Ello, esperaba, le permitiría calcular la magnitud de la fuerza que actuaba sobre las esferas aplicando la ley de la gravitación universal de Newton y, por ende, determinar la densidad del planeta. Era un objetivo ambicioso; de hecho, el propio Newton dudaba de si lograría realizarlo con éxito. La atracción entre las esferas, predijo, sería tan mínima que quedaría anulada por la atracción de las mareas de la masa terrestre.

Newton acertó al predecir que la atracción entre las esferas sería muy leve (sólo una décima parte de la gravedad terrestre), pero subestimó lo que un hombre como Cavendish era capaz de obtener gracias a su obcecación y persistencia. Primero construyó un cobertizo independiente en el patio trasero de su propiedad para aislar las delicadas oscilaciones del mecanismo de corrientes y vibraciones extraviadas. Luego selló el propio aparato en una caja de caoba y armó un sistema de poleas para poder accionar el péndulo sin necesidad de tocarlo. Con el fin de calcular las fuerzas que actuaban sobre las esferas, instaló telescopios en ambos extremos de la caja y los enfocó en las escalas de los pies de rey instalados en el interior de la cámara, las cuales le permitieron calcular el par de torsión del alambre con una precisión de 0,25 milímetros.

Trabajando en soledad, inició sus rondas de medición en el punto álgido del verano, el 5 de agosto de 1797. (A la sazón tenía sesenta y seis años.) Una y otra vez, inició la oscilación de los péndulos, tomó posiciones en los telescopios y anotó sus observaciones en un cuaderno. Durante meses, se aplicó con diligencia esta única tarea, hasta acabar por redondear su épica serie de pruebas en mayo.

Por ironías de la vida, Cavendish cometió un error menor de adición en su informe en *Philosophical Transactions*, que desvió sus resultados publicados en una fracción de un porcentaje. Pero la cifra que determinó era tan próxima a la densidad de la Tierra que ningún otro investigador pudo mejorarla durante otros cien años. Como beneficio secundario, su experimento proporcionó de manera indirecta el primer cálculo de la constante gravitacional, conocida por los físicos como «la gran G», que también resultó ser de una precisión asombrosa. El experimento de Cavendish se considera en la actualidad el momento inaugural de la física moderna, pues estableció el trabajo preliminar para los avances de siglos venideros, incluidas las teorías de la relatividad de Einstein.

También fue su última gran incursión en la ciencia. El 24 de febrero de 1810, Cavendish sucumbió a una inflamación de colon sin pánico ni dramatismo. Legó la mayor parte de su fortuna a su sobrino, George. Incluso en la muerte salvaguardó la soledad que le había permitido realizar tantos logros. Sus últimas instrucciones a sus sirvientes fueron que emplazaran a su joven heredero después de que él hubiera exhalado el último hálito y que lo dejaran a solas para poder pasar sus últimos momentos en paz.[20]

Pocos días después del deceso de Cavendish, Blagden homenajeó a su mentor describiéndolo como una «verdadera ancla» que «siempre supo lo que le sentaba bien».[21] Era un panegírico adecuado para un hombre que se rigió por sus propias reglas durante toda su vida, lo cual no fue óbice para que su trabajo redundara en beneficio de todos.

En el presente, la magnífica mansión de Clapham ha desaparecido, sepultada bajo hileras de villas de ladrillo construidas en 1905.[22] Nightingale Lane acoge hoy a jóvenes emprendedores que toman la línea de metro Northern en dirección al centro de Londres cada mañana, que pasan apresurados frente a restaurantes de *kebabs* y freidurías mientras conversan por sus teléfonos móviles, un mundo que zumba sin cesar, repleto de información e íntimamente interconectado que Cavendish hizo posible sirviendo a su musa cuantificadora en soledad.

Su último experimento le reportó más fama a título póstumo de la que jamás buscó en vida. Durante décadas tras su sepultura en la cripta familiar de la iglesia de All Saints, en el norte de Londres, las madres se detenían con reverencia ante el patio de su casa, señalaban hacia el cobertizo abandonado y les decían a sus hijos: «En este lugar, un hombre llamado Henry Cavendish pesó el mundo».

IV

Las extraordinarias singularidades de este pionero solitario fueron una fuente de asombro y frustración perpetuos entre sus colegas. En su diario, Wilson recogía la indicación: «Hablar sobre el señor Cavendish y explicar su personalidad».[23] Sin embargo, las teorías propuestas para explicar sus excentricidades en el transcurso de los años a menudo se han antojado provisionales o incompletas, como si faltara algún dato crucial.

El adjetivo que suele invocarse con más frecuencia para describir su comportamiento es *tímido*. Sus contemporáneos lo describían como «excesivamente tímido», «peculiarmente tímido» o incluso «tímido en un grado enfermizo». Pero la mera timidez no explica la singularidad general de su conducta, como su adherencia a horarios estrictos, su insistencia en vestir sólo un atuendo durante décadas o su costumbre de escuchar de manera oblicua las conversaciones, en lugar de dialogar cara a cara. La introducción de la magistral biografía de Jungnickel y McCormmach se titula «El problema de Cavendish», como si el hombre en sí fuera uno de los complejos enigmas que pasó su vida intentando resolver. En un libro posterior, McCormmach confesó que aún no había descifrado el misterio:

> Transcurridos tantos años, sigo esforzándome por entenderlo plenamente, buscando una explicación [...] Sin una explicación que ayude a entender su comportamiento, Cavendish simplemente se antoja un hombre raro, un objeto de curiosidad en el mejor de los casos y de juicio moral en el peor, digno de compasión o víctima de menosprecio. Dejarlo de tal modo de manera innecesaria es una lástima. Fue un científico sobresaliente y una de las personalidades más desconcertantes de la historia de la ciencia. Un entendimiento más pleno de su ser no sólo iría en beneficio de su biografía, sino también de la historia de la ciencia.[24]

Circula una famosa anécdota según la cual, en una ocasión, Cavendish vio a sus colegas filósofos apiñados junto a una ventana y pensó que estaban contemplando la luna. Pero, tras «avanzar afanosamente hacia ellos a su extraña manera», comprobó que estaban contemplando a una bella mujer y se dio la vuelta exclamando: «¡Puf!».[25] Armados con pocas más pruebas además de ésta y su tropiezo con la criada, algunos de sus colegas se aventuraron a sugerir que tenía un miedo patológico de las mujeres. Sin embargo, la duquesa Georgiana de Devonshire, que sentía un vivo interés por la química, fue una de las pocas personas a quien Cavendish mantuvo al corriente de sus experimentos.[26]

Especialistas en psicoanálisis han especulado con que Cavendish quedó traumatizado de niño por la muerte de su madre, lady Anne de Grey. Pero lo cierto es que su madre falleció antes de su segundo cumpleaños y que su hermano, Frederick, de mayor fue un hombre afable y extrovertido. En palabras de Wilson:

> Centenares de niños han sido [...] huérfanos de madre, como Cavendish, y, sin embargo, de adultos han sido hombres cariñosos, generosos e incluso entusiastas. Frederick Cavendish estuvo expuesto a las mismas influencias que su hermano Henry y, en cambio, fue un hombre asombrosamente alegre, simpático y benevolente, aunque también un tanto excéntrico. Las peculiaridades de un personaje como Henry Cavendish responden más a una personalidad original que a ninguna otra cosa.[27]

Para poder efectuar una valoración completa de su «personalidad original», se requeriría un informe detallado de su desarrollo psicológico, pero apenas existen informes de sus primeros años de vida. Blagden sostenía que la preferencia de Cavendish por la soledad se había establecido a una edad muy temprana: «Desde muy niño había tenido tendencia a aislarse».[28] Una de las pocas cosas que sí sabemos acerca de su infancia es que su inscripción en la Hackney Academy, un internado en el norte de Londres, se pospuso cuatro años; la edad habitual de matriculación eran los siete años, pero Cavendish estudió en casa con tutores hasta los once, un estilo de educación que las clases altas habían abandonado décadas antes.

Algunos historiadores han planteado que Henry no se llevaba bien con su padre, lord Charles, un destacado político liberal y célebre filósofo natural también. Pero Charles, el experto en termómetros de la Royal Society, siempre dio muestras de ser un padre cariñoso y devoto con su hijo. Cuando Henry era niño, lo invitaba a realizar mediciones del campo magnético de la Tierra en el jardín de la casa que compartieron durante treinta años en Great Marlborough Street, Londres. Y tras el retorno de Henry de Cambridge, su padre le construyó un laboratorio para que pudiera iniciar la labor de su vida de manera seria. Charles lo rodeó de mentores potenciales celebrando cenas en la Royal Society y canalizando el intelecto de su hijo hacia la ciencia, que se convirtió en el único amor verdadero de su vida. Y su último regalo, una fortuna considerable, permitió a Henry vivir el resto de su vida en un mundo privado perfectamente adecuado a sus necesidades.

Es evidente que Cavendish fue un hombre extraordinario que tuvo la fortuna de nacer en una familia con unos medios extraordinarios. De haber sido su padre guardafrenos o minero, uno de los grandes científicos de la historia podría haber acabado ingresado en un manicomio como el Bethlem Royal Hospital (conocido comúnmente como «Bedlam» o «frenopático») y sometido al régimen de baños con agua fría para el tratamiento de los pacientes «introvertidos» en boga en aquella época.[29]

Pocos premios Nobel de cualquier género se asemejan al ideal renacentista del *Uomo Universale*, el ser humano cortés y completo en grado supremo tan consagrado en los rigores del laboratorio como en la estética del atelier y en el arte de la conversación brillante. En su lugar, suelen ser bichos raros puntillosos que visten trajes hechos a medida, vestidos recatados y rebecas arrugadas y que se abren camino en oscuros dominios de conocimientos con reglas de cálculo y un compromiso inquebrantable con la precisión. En muchos aspectos, el padre de la física moderna y el incómodo prodigio que ayudó a alumbrar el camino hacia el quantum fueron almas gemelas nacidas con dos siglos de diferencia.

V

Criado en circunstancias más humildes que su predecesor georgiano de alto copete, Paul Dirac creció en Brighton, hijo de un librero y de una maestra de francés estricta hasta la tiranía.[30] Sus compañeros de clase lo recordaban como un muchacho alto, callado y «sin aspecto de inglés» que vestía pantalones bombachos pasados de moda, prácticamente vivía en la biblioteca, sentía una «pasión monomaníaca» por la ciencia y buscaba refugio de la pedantería de su padre en las novelas de aventuras y los cómics.

Su asombrosa aptitud para las matemáticas salió a relucir a una edad muy temprana. En una ocasión, el maestro envió al joven Dirac a casa con una serie de problemas concebidos para mantenerlo ocupado toda la tarde y quedó atónito al comprobar que los había resuelto todos a mediodía. Incluso de niño, Dirac prefirió la vida contemplativa frente al alboroto del patio de la escuela. A los nueve años, sus profesores en la Bishop Road School lo galardonaron con un premio revelador: un ejemplar del libro de Daniel Defoe *Robinson Crusoe*, la autobiografía ficticia de un náufrago que permaneció abandonado durante veintiocho años en una isla remota.

A falta de un padre aristócrata que lo presentara a mentores potenciales en el mundo de la ciencia, Dirac estudió en una escuela técnica para convertirse en ingeniero eléctrico. En su primer año, se distinguió de tal manera que Cambridge le ofreció una beca para su prestigioso programa de matemáticas. En St. John's College, su timidez y su carácter taciturno se convirtieron en «origen de leyendas», escribe Graham Farmelo en una biografía del físico titulada

The Strangest Man.[31] El recién matriculado Dirac se sentaba envarado en el comedor, dubitativo incluso de solicitar al comensal sentado a su lado que le pasara la sal, y respondía a todas las preguntas que le formulaban con un silencio indiferente o unos escuetos sí o no. Incapaz de fingir para abrirse camino en los protocolos de la educación, acabó por parecer frío, maleducado, desinteresado o indiferente, cosa que no pretendió nunca.

En una ocasión, un compañero de clase intentó romper el hielo de manera informal, con el comentario: «Parece que llueve, ¿no?». La respuesta estrictamente empírica de Dirac consistió en acercarse a la ventana, asomarse, regresar a su silla y responder: «No, ahora mismo no llueve». Inspirados por su extrema parquedad verbal, sus compañeros en St. John's inventaron una unidad de medición para el número de palabras que una persona podía pronunciar en una conversación y bautizaron la unidad mínima con el nombre de un «dirac»: una palabra por hora. Pero al igual que Cavendish acechaba en las sombras en el Club de los Lunes, Dirac solía escuchar a hurtadillas de manera discreta mientras sus compañeros explicaban anécdotas.

Ajeno a los códigos de vestimenta de su época, Dirac vestía trajes baratos y poco elegantes en todas las estaciones del año, hasta que estaban andrajosos, incluso después de ganar un salario generoso como catedrático lucasiano de matemáticas en Cambridge (cátedra que más tarde ocupó Stephen Hawking). Su madre prácticamente tuvo que suplicarle que se comprara un abrigo en invierno para no tener que preocuparse por su salud. Ahora bien, mientras que parecía insensible a las gélidas temperaturas, era asombrosamente sensible a los ruidos, sobre todo a los ladridos de los perros, que prohibió de manera permanente en su hogar. Dirac era célebre por sus escasas habilidades motrices; un compañero de clase describió su método de empuñar un palo de críquet como «peculiarmente inepto». Y, sin embargo, le gustaba tanto como a Cavendish dar largos paseos siguiendo un programa estricto, con las manos enlazadas a la espalda, mientras registraba el kilometraje de sus pasos «metronómicos».[32]

En una época en la que físicos como Einstein y Max Planck eran agasajados como héroes internacionales en la prensa, Dirac no sentía interés alguno en ser una figura pública. Declinó de manera rutinaria títulos honoríficos porque consideraba que únicamente había que premiarlo por sus méritos y rehusó ser ascendido a caballero porque no quería que los extraños se refirieran amistosamente a él como «sir Paul» en lugar de «señor Dirac». Al ganar el Premio Nobel de Física junto con Erwin Schrödinger en 1933, comentó a un periodista de un diario sueco: «Mi trabajo no tiene relevancia práctica».

Su senda vital divergió de la de Cavendish en al menos un aspecto importante: contrajo matrimonio con una jovial y extrovertida belga llamada Margit Wigner, apodada «Manci», quien lo instó a suplementar su dieta de cultura popular a base de cómics y dibujos animados de Mickey Mouse con novelas y alguna incursión esporádica en el ballet. (En palabras de Farmelo: «Se casó con su antipartícula».)

Los recién desposados pasaron la luna de miel en Brighton, donde el enamorado novio armó una cámara con una cuerda para poder accionar el disparador él mismo. En una fotografía, el desgarbado físico se reclina junto a su novia en la playa, vestido con su habitual atuendo de tres piezas y un montón de lápices le asoman por el bolsillo. «Has ocasionado una alteración maravillosa en mi vida. Me has hecho humano», le espetó con entusiasmo Dirac a Manci poco después de la boda. Y resultó ser una misión infinita. Cuando Manci se lamentaba de que Dirac tenía la costumbre de no responder a sus preguntas, él las pegaba en una hoja de cálculo que rellenaba con las respuestas.

Al ser un físico teórico, Dirac no necesitaba un laboratorio para llevar a cabo su trabajo; lo único que precisaba era un lápiz, porque su instrumento calibrado más preciso era su inteligencia. De niño, una maestra le había dicho que tenía la sensación de que meditaba no en palabras, sino en «otro medio de formas y cifras». En una ocasión, Dirac describió sus propios pensamientos como esencialmente «geométricos». Mientras visitaba una galería de arte en Copenhague, se volvió hacia el también nobel Niels Bohr y le comentó que le gustaba una determinada pintura porque «el grado de imprecisión es idéntico en todas partes». Y contestó a los periodistas que le solicitaban que hiciera bocetos de sus conceptos abstractos para sus lectores que se derretirían cual «copos de nieve» si lo intentaba.

El descubrimiento que le granjeó un lugar epónimo en la historia se conoce como la ecuación de Dirac. Resuelta en trozos de papel en un escritorio de escolar en su habitación parcamente amueblada en St. John's en menos de un mes en 1927, su fórmula tendió un puente sobre una ensenada aparentemente insalvable en la física, al reconciliar la mecánica cuántica con la relatividad especial de Einstein en una única línea concisa de variables. Su ecuación también implicaba la existencia de una forma de partícula previamente insospechada, la antimateria, tres años antes de que el científico Carl Anderson columbrara los arcos fantasmales de los positrones que atravesaban una placa de plomo en su laboratorio.

Dirac sólo incurrió en un error de cálculo de peso a lo largo de su carrera: subestimar la aplicabilidad práctica de su obra. Las relaciones entre la materia y la energía que describió posibilitaron la invención de los semiconductores, transistores, circuitos integrados, ordenadores, dispositivos de mano y otras innovaciones de la microelectrónica que nos adentraron en la era digital. Al condensar los efímeros copos de nieve de su mente en el lenguaje universal de las matemáticas, este hombre a quien la comunicación le resultaba tan ardua facilitó enormemente la comunicación para el resto de las personas.

Ahora bien, incluso en un campo en el que los profesores distraídos son más la regla que la excepción, el comportamiento de Dirac descolocaba y confundía a sus colegas. Einstein confesó: «Me cuesta entender a Dirac. Ese equilibrio en la vertiginosa senda entre la genialidad y la locura es espantoso». Bohr afirmó que Dirac era «el hombre más extraño» que había conocido nunca, y al hacerlo proporcionó a Farmelo un título para su biografía.[33] Como Cavendish, fue un misterio con patas para todo aquel que se cruzó en su camino.

VI

Cuesta imaginar cómo sería el mundo moderno de no haber existido estos dos científicos excelsos. Muchos aspectos de la vida que hoy en día damos por sentados tal vez no habrían sido inventados. Ambos hombres debieron de preguntarse en alguna ocasión si no habrían nacido en el planeta equivocado, entre seres conversadores y bien intencionados que desperdiciaban su valioso tiempo intentando impresionarse, alabarse o seducirse, cuando no demostrar que eran más listos que los demás. Con todo, sus mentes atípicas fueron asombrosamente adecuadas para la misión que les deparaba el destino. Vivieron sus vidas de un modo tan preciso, ritual y metódico como sus experimentos.

En 2001, el neurólogo Oliver Sacks afirmó haber desvelado la solución esquiva al problema de Cavendish como un trastorno que lo había fascinado durante décadas.[34] En un artículo especializado publicado en la revista *Neurology*, observó que los relatos acerca de las idiosincrasias en apariencia inexplicables del huraño noble, «sus asombrosas literalidad y rectitud mentales, su extrema capacidad para mantenerse enfocado y su pasión por el cálculo y la exactitud cuantitativa [...], combinados con la práctica incomprensión del comportamiento social y las relaciones humanas», recordaban mucho a las descripciones de los adultos con un tipo de autismo denominado síndrome de Asperger y descrito por primera vez en Estados Unidos en la edición de 1994 del *Manual diagnóstico y estadístico de trastornos mentales*. Ahora bien, Sacks también señaló que eran justamente estas cualidades las que habían hecho de Cavendish un investigador tan brillante y prolífico. Sus singularidades eran inextricables de su genialidad.

Cuando Sacks expuso esta provocadora hipótesis, costaba recordar una época en que el autismo no fuera un tema frecuente de conversación, incluso entre las personas que no tenían ninguna conexión personal con él. Y es que en un periodo de tiempo asombrosamente breve se habían registrado cambios abismales. Apenas quince años antes, las madres de niños autistas con frecuencia tenían que corregir amablemente a sus vecinos, quienes creían por error haber escuchado que su hijo o hija era «artista».[35] Los pocos pediatras, psiquiatras y profesores que leían acerca de este trastorno desconocido en un manual podían asumir sin temor a equivocarse que podrían transitar toda su carrera profesional sin tener que diagnosticar ni un solo caso. El propio Sacks había desempeñado un papel en este cambio de marea al propiciar que sus colegas identificaran los rasgos definidores del autismo gracias a sus sensibles retratos del artista Stephen Wiltshire, los «gemelos calculadores» George y Charles Finn y la diseñadora industrial Temple Grandin en *Un antropólogo en Marte* y *El hombre que confundió a su mujer con un sombrero.* Y también ejerció de asesor de Dustin Hoffman mientras preparaba el papel de Raymond Babbitt para *Rain Man,* personaje que permitió al público de todo el mundo contemplar por primera vez a un adulto identificado como autista.

Para cuando el corpulento neurólogo británico posó su ojo clínico en el padre de la física moderna, aquel trastorno otrora desconocido se hallaba en camino a convertirse en una obsesión nacional. Diseccionar las señales más imperceptibles de aversión a las miradas y balanceos autoestimulantes en personas famosas del ámbito de la tecnología como Bill Gates se había convertido en una suerte de juego de salón moderno, mientras que la expresión «en el espectro», de uso cada vez más extendido, telegrafiaba toda una constelación de peculiaridades y excentricidades. En la fecha de la publicación de su artículo acerca de Cavendish, no obstante, Sacks aclaraba de forma vehemente que su intención no era subirse al carro de retrodiagnosticar un trastorno de moda a los personajes excéntricos célebres de toda la historia. «Recientemente, ha habido una cierta tendencia a afirmar que Einstein, Wittgenstein y Bartok, entre otros, eran ejemplos de autismo», escribió, tras lo cual desestimó las justificaciones para ello como «muy livianas, en el mejor de los casos». Sin embargo, en el caso de Cavendish, las pruebas de un diagnostico de Asperger le resultaban «casi abrumadoras».

El biógrafo de Dirac, Graham Farmelo, llegó a una conclusión similar tras un proceso de sopesar esmeradamente las alternativas. «Casi todas las anécdotas sobre Dirac que han circulado entre los físicos durante años —escribió en *The Strangest Man*— podrían considerarse "anécdotas de un autista".»[36] Farmelo aclara que no tenía intención de aventurarse a emitir un diagnóstico cuando empezó a investigar la biografía de este prohombre.[37] «Tras entrevistar a unas treinta personas que conocían bien a Dirac (incluidos dos miembros de su familia más cercana), llegué a la conclusión de que su comportamiento era tan singular que era mi obligación comentarlo —me explicó—. Y mi conclusión es que habría dado positivo claramente en todos los criterios de un comportamiento autista.»

El físico Freeman Dyson reprendió a Farmelo en *New York Review of Books* por su diagnóstico especulativo acerca de un hombre a quien su esposa encontraba «amistoso y divertido» cuando salía a pasear con él por Princeton. «Hasta hace poco, el autismo era una enfermedad rara, caracterizada por trastornos mentales que incapacitaban al paciente para llevar una vida normal —escribió—. El síntoma principal era la incapacidad de establecer o entender las relaciones sociales con otros seres humanos. Si Dirac fue autista, entonces ese término *debería* significar otra cosa.»[38]

Tenía derecho a mostrarse escéptico. Pero lo cierto es que el término «autismo» efectivamente había adquirido un significado distinto al que él conocía. Sucedía que esta redefinición del diagnóstico se había negociado en la bibliografía especializada y en reuniones a puerta cerrada de subcomisiones de la American Psychiatric Association, a espaldas de la población general. Y las repercusiones de aquellas decisiones trascendentales se propagaban por un mundo que no estaba preparado para entenderlas.

Una cosa es segura: si el mago de Clapham Common que había logrado construir una máquina del tiempo en su patio trasero hubiera entrado de cabeza en la sala de espera del psiquiatra infantil Leo Kanner tras su anuncio del descubrimiento del autismo en 1943, el brusco terapeuta fumador de puros lo habría enviado derechito a otra clínica. Los adultos no entraron en el radar de Kanner hasta mucho después, y la idea de que sus jóvenes pacientes pudieran ser físicos o químicos de mayores se le habría antojado absurdamente optimista. La prognosis más probable era una vida de cuidados tutelados en un hospital estatal: el destino de Raymond Babbitt en *Rain Man.*

Incluso ahora, pocas personas fuera de un reducido círculo de psicólogos cognitivos saben que la adopción del modelo del espectro autista por parte del *establishment* del campo de la psiquiatría en la década de 1980 supuso una derrota decisiva para el padre del diagnóstico. Durante décadas, Kanner mantuvo que su síndrome era monolítico por definición, limitado a la infancia y cada vez menos frecuente. La idea de que un economista influyente como Tyler Cowen cantara las alabanzas de tener un «estilo cognitivo autista»,[39] de que una estrella de Hollywood como Daryl Hannah confesara su diagnóstico a mediana edad[40] o de que un matemático galardonado con la medalla Fields como Richard Borcherds reflexionara sobre sus rasgos autistas[41] en la prensa le habría parecido una irresponsabilidad, por no decir ya un delirio sin contemplaciones. (Incluso el cómico Jerry Seinfeld llegó a ponerse en el papel de un autista al comentarle al presentador del programa *Nightly News,* Brian Williams: «En una escala muy extensa, creo que estoy en el espectro. Las relaciones sociales básicas me resultan una batalla. Sin embargo, yo no lo considero algo disfuncional. Simplemente creo que se trata de una mentalidad alternativa».)[42] Para Kanner, el autismo no era un mero estilo cognitivo excéntrico o una mentalidad alternativa. Era una forma trágica de psicosis infantil, equiparable a la esquizofrenia, provocada por una crianza inadecuada. Desde luego, no era algo de lo que sentirse orgulloso.

La arquitecta del modelo del espectro autista, la psicóloga británica Lorna Wing, era madre de una niña autista. Kanner habría identificado al instante a su hija Susie como miembro de su peculiar tribu, pero ello no era óbice para que Wing entendiera plenamente los desafíos que afrontaban las familias de niños que habían quedado excluidos del diagnóstico aplicando los criterios de Kanner. Al derrocar la idea de Kanner de que el autismo era un trastorno poco frecuente, inevitablemente devastador y homogéneo, posibilitó que miles de niños, adolescentes y adultos pudieran acceder por primera vez en la historia a la educación y los servicios sociales que merecían.

Ahora bien, la victoria sin aspavientos de Wing sobre el terapeuta que había dominado la materia durante más de cuarenta años tuvo consecuencias imprevistas. Una fue la emergencia en la vida pública de adultos autistas con un don como Temple Grandin. A medida que empezaron a articular sus experiencias sobre hacerse adultos, hallaron puntos en común que desafiaban las asunciones relativas al autismo que Wing había mantenido durante largo tiempo, como la idea de que las personas como su hija carecen de empatía. En lugar de contemplarse como personas psicóticas o con un trastorno intrínseco, optaron por enorgullecerse de sus excentricidades y aprendieron a concebir sus mentes como «diferentes, no inferiores», en palabras de Grandin.

Otra repercusión inesperada de la adopción del modelo del espectro autista fue la reacción de los padres preocupados por el acentuado aumento de las cifras de prevalencia del autismo en todo el mundo. Pocos niños diagnosticados según los nuevos criterios de Wing parecían destinados a convertirse en huraños premios nobeles, estrellas de Hollywood con dificultades sociales o el próximo Bill Gates. Muchos de ellos bregaban por adquirir las más simples habilidades del lenguaje oral y los cuidados personales rudimentarios y solían tener convulsiones y brotes de comportamiento autolesivo. Incluso crecer y convertirse en el equivalente en la vida real de Raymond Babbitt —a quien se describió de manera invariable como un «sabio idiota» o «autista prodigio» extraño y extraordinariamente capaz y, pese a ello, se lo juzgó incapaz de sobrevivir fuera de un psiquiátrico— parecía quedar fuera del alcance de muchos niños, sobre todo en los primeros y difíciles años de sus vidas.

Y pese a que el alcance y la comprensión del diagnóstico cambiaron de manera drástica, las actitudes de muchos médicos y educadores siguieron siendo obsoletas. El autismo seguía considerándose ampliamente un trastorno devastador en todos los casos y se aconsejaba a los padres que se prepararan para el día inevitable en el que su hijo o su hija deberían ser internados.

A la sombra de las cifras crecientes empezaron a circular historias por Internet acerca de bebés que parecían estar creciendo con normalidad hasta que los habían vacunado de sarampión, paperas, difteria o tos ferina, siguiendo el calendario habitual. Los padres relataban que a sus hijos se les había apagado la chispa de los ojos en el momento en el que la aguja les había atravesado la piel y a continuación se habían desencadenado unas convulsiones violentas, acompañadas de unos gritos desgarradores, fiebre y la repentina aparición de trastornos digestivos graves. Los rumores de una nueva y aterradora forma de autismo, caracterizadas por una dramática regresión, se propagaban como la pólvora por los foros en línea. Los padres aseguraban que les habían secuestrado a sus hijos, como si un ladrón, disfrazado con una bata blanca de pediatra, se los hubiera usurpado en la noche. Entre tanto, las autoridades sanitarias públicas, sorprendidas con la guardia baja por la progresiva cifra de prevalencia y alarmadas por el número creciente de padres que decidían no someter a sus hijos a los programas de vacunación obligatorios, intentaban contener el pánico con términos cautelosos y prudentes como «ampliación de los criterios diagnósticos», «mayor concienciación pública» y «mejora en la detección de casos». Pero a una madre preocupada que buscara en el rostro de su hijo un fallo revelador en el contacto visual, todo eso le sonaba a latín.

Los padres de niños nacidos en la última década del siglo XX tuvieron que abrirse camino por un laberinto de información conflictiva. ¿Era el autismo un trastorno del desarrollo congénito e incurable anclado en las complejidades del genoma humano o el subproducto tóxico de un *establishment* médico corrupto que buscaba obtener réditos a todo coste? ¿Deberían invertir sus energías en librar batallas diarias con las juntas directivas de las escuelas locales, las compañías aseguradoras y otras burocracias bizantinas o internarse por la miríada de sendas de «recuperación» para sus hijos, auspiciadas por grupos como Defeat Autism Now! y Talk About Curing Autism?

Los padres que se afiliaban a estos grupos solían caricaturizarse como «personas» mal informadas y contrarias a la ciencia que negaban una realidad, si bien, por lo general, estaban más al corriente de las investigaciones en torno al autismo que los extraños que se tomaban la licencia de juzgarlos. Rastreaban de manera obsesiva los avances en la materia en listas de correos electrónicos y sitios web. Y prácticamente transformaron sus hogares en laboratorios, donde llevaron registros meticulosos de las reacciones de sus hijos a los tratamientos alternativos más prometedores. Creían que el destino de la salud de sus hijos era demasiado importante para dejarlo en manos de los supuestos expertos que durante décadas habían traicionado y guiado erróneamente a las familias. Motivados por la determinación de aliviar los padecimientos de sus hijos, se convirtieron en investigadores aficionados, como el hombre solitario que calculó la densidad de la Tierra en su patio trasero con la ayuda de su red mundial de amigos por correspondencia.

2

El niño de las cañitas verdes

En una habitación encaramada a un alto promontorio con vistas a las montañas de Santa Cruz, en California, Leo Rosa se está despertando. Los rayos de sol atraviesan un banco de neblina litoral y dibujan en su ventana vetas naranjas y carmesí. Un muchacho de once años con pinta de querubín y ojos almendrados bajo un mechón de rizos pelirrojos sale de la cama para abrazar a su padre.

El padre de Leo, Craig, produce vídeos de ciencia para KQED, un canal de la televisión pública de San Francisco. Shannon Rosa es bloguera, editora y asesora de software. Cada mañana se turnan para ayudar a su hijo a prepararse para la escuela. Lo primero que Leo hace cada día es leer una lista de iconos que tiene pegados en la puerta de su habitación y que Shannon le diseñó descargando y laminando imágenes predefinidas de Internet. Esta lista, su «agenda visual», está redactada en un lenguaje visual que a la mente de Leo le resulta más fácil de asimilar que las palabras. Una imagen de un niño calzándose impulsa a Leo a vestirse, y luego están la ilustración de un cepillo de dientes y el icono de un niño haciendo la cama.

La agenda visual de Leo disecciona la imprevisibilidad descontrolada de la vida de un niño de once años en una serie de eventos separados y manejables. Ello le ayuda a regular su ansiedad, cosa que supone un desafío para las personas en el espectro de cualquier edad. Las huellas físicas de su lucha por canalizar la energía rebelde que circula por su interior son visibles en todo el hogar de los Rosa, pero sólo si se sabe dónde buscar. Los postes blancos de la barandilla de la segunda planta están recién pintados, porque Leo los astilló un día en que experimentó una reconfortante sensación de presión profunda metiéndose como una cuña entre la barandilla y la pared. Y también hay finas grietas en la tapa de un baúl antiguo de madera que descansa a los pies de la cama de Craig y Shannon, porque el baúl servía de trampolín perfecto para los vuelos experimentales hacia el colchón.

Los Rosa han adaptado sus vidas y su espacio vital con vistas a crear un entorno lo más cómodo y seguro posible para Leo. La vivienda se ubica en una calle sin salida en la frondosa cumbre de una montaña apenas pavimentada en una zona no incorporada de Redwood City, lo bastante lejos del tráfico para no tener que preocuparse demasiado si Leo se escapa y hace una salida no programada. La configuración del edificio, una casa de estilo rancho con un espacio de doble altura en el centro que los Rosa mantienen sin mobiliario, permite a Leo caminar furiosamente en círculos, saltar o impulsarse por el suelo en su monopatín especial* sin golpearse en las paredes ni chocar con cantos afilados. Y para cuando lo único que puede calmarlo es una hora de actividad física intensa de aporreo hay una cama elástica en el patio trasero. (Algunos amigos en la ciudad han hecho adaptaciones similares para sus hijos, pero dando rienda suelta a la creatividad y optando por pufs y trapecios baratos.)

La disposición de planta abierta de la casa permite a los Rosa vigilar a su hijo y a Leo saber dónde están sus padres. Tumbada en la cama junto a Craig por la noche, Shannon puede escuchar los sonidos que Leo hace en la habitación

* En inglés, *scooter board*: una especie de monopatín diseñado específicamente para niños con problemas de aprendizaje que se usa para desarrollar la capacidad motriz. *(N. de la T.)*

contigua. Si lo oye canturrearse en voz baja para dormirse, sabe que está bien.

Junto a la puerta principal hay una hoja de papel enmarcada titulada «Preguntas para Leo». Shannon diseñó esta lista —*¿Cómo te llamas? ¿Cuántos años tienes? ¿Dónde vives? ¿Cómo se llama tu hermana mayor? ¿Cómo se llama tu hermana pequeña?*— con una finalidad doble: animar a los visitantes tímidos a iniciar una conversación con su hijo y ayudar a Leo a aprender a verbalizar cosas que sabe, pero que no siempre es capaz de comunicar. Leo entiende muchas de las frases que sus padres le dicen (en términos clínicos, tiene un buen lenguaje receptivo), pero tiene problemas con el lenguaje expresivo.

En un día bueno, Leo puede pronunciar unas cuarenta palabras, en su mayoría sustantivos.[1] «Pizza para cenar —exclama alegre—. Costco.» Algunos días, Leo apenas dice nada, aunque nadie podría calificarlo de inexpresivo. Tiene su propio léxico versátil de sonidos no verbales, fragmentos de canciones y frases pegadizas que emplea para comunicarse con las personas a quienes conoce y en quienes confía.

Cuando está feliz, Leo canta a ráfagas palabras sin sentido y compone pequeñas melodías sobre la marcha. Cuando está contento, pero inquieto, hace un sonido parecido a «tica, tica, tica». Y cuando está un poco más nervioso, emite un sonido similar a «acha-chá». Un estallido repentino de felicidad puede estimularlo a agitar los brazos y galopar en círculos gritando «¡guup! ¡guup! ¡guup!». Cuando está cansado emite un sonido agudo en voz baja. Y cuando tiene hambre, gime sin parar. Después de una visita a un acuario en Seattle con su familia, añadió los gorjeos de una ballena beluga a su repertorio de ecolalia (el término científico que describe cómo las personas autistas adoptan muestras del lenguaje que escuchan a su alrededor y le dan un uso personal).

Cuando Leo va en el coche con su madre y no sabe adónde se dirigen, puede decir: «*No* vamos a recoger a Kianna», el nombre de una niña de preescolar con quien compartió el vehículo hace muchos años. Y cuando le apetece trepar a algún sitio donde sabe que no debería trepar (aunque seguramente ya haya trepado), anuncia: «¡No trepar!». Cuando Leo está tan enfadado que le apetece empujar a alguien pero quiere demostrarle a su madre que sabe controlarse, dice: «No quiero empujar».

Y cuando Shannon pasa con el coche por delante de la tienda de rosquillas favorita de Leo, éste se prepara para la decepción con una frase que su madre murmuró por lo bajini hace mucho tiempo: «Hoy no vamos a comprar ninguna puñetera rosquilla». Shannon no suele utilizar ese vocabulario delante de sus dos hijas, Zelly e India. Pero la primera vez que le escuchó a Leo la frase cayó en la cuenta de que su hijo siempre está atento, incluso cuando parece estar en su propio mundo.

En una habitación abarrotada al final del pasillo, las hermanas de Leo también se preparan para el día. Zelly (el nombre cariñoso derivado de Gisela, el nombre de la tía de Craig) ya tiene el aire sereno de la joven pensativa y dueña de sí misma en que se está convirtiendo a sus trece años. En el seno de una familia de excéntricos redomados, ha aceptado ser «la normal». India, cinco años más pequeña, exuda su potente carisma personal, pero es más payasa y subversiva, y sus vivaces ojos verdes tras unas gafas gruesas parecen estar siempre pensando en la próxima travesura o el próximo acto teatral. Mientras que Zelly es reservada, India es capaz de aproximarse a una desconocida en un restaurante y decirle: «¡Qué vestido tan bonito!». De manera instintiva, sabe cómo ser el centro de atención y seducir a una multitud. Tal como las niñas Rosa informan a cualquiera sin tapujos, ya son demasiado mayores para dormir en la misma habitación. «Mi hermana es un incordio», susurra India cuando nos quedamos a solas. Pero cinco minutos más tarde, Zelly y ella están haciendo gimnasia juntas en el suelo. Su anhelo de más espacio personal queda superado por su lealtad inquebrantable a su hermano.

Mientras desayuna con sus hermanas en la cocina, Leo salta de súbito de su silla con una expresión de alarma, entre terror y alborozo. Sale disparado hacia la puerta, pero su padre no se inmuta; en su lugar, Craig le pregunta con voz suave: «¿Dónde vas, amiguito?».

Leo vuelve a sentarse de inmediato y sigue comiendo como si no hubiera ocurrido nada. Su primera cucharada de yogur esa mañana contiene una pastilla machacada de Risperdal, un antipsicótico atípico desarrollado para el tratamiento de la esquizofrenia en adultos. A sus padres no les agrada la idea de suministrarle este medicamento tan potente, pero por ahora parece estarle ayudando a controlar su comportamiento más preocupante, que es incordiar a India. A decir verdad, Leo nunca la ha acabado de perdonar por ser una intrusión inesperada en un mundo al cual apenas empezaba a acostumbrarse. (El día que Shannon volvió del hospital con India en brazos, la respuesta de Leo fue acercarse hasta su madre a grandes zancadas y exclamar: «¡Adiós, pequeña!».) Uno de los efectos secundarios de este fármaco es que amplifica el ya de por sí considerable apetito de Leo. Su asombrosa habilidad para hurtar comida de los platos de los demás le ha valido el apodo familiar de «la Cobra». Cuando Shannon pone boles de gachas en la mesa, India lo coloca con disimulo fuera del alcance de la Cobra y murmura en voz baja: «Es mío».

Desde la cocina llega flotando el aroma a café y tostadas. Leo empieza a golpear su bol contra la encimera, pero India ni siquiera levanta la vista. Sentada a la mesa con un vestido blanco con volantes y unas bailarinas brillantes («Me gustan las cosas brillantes —susurra—. ¡Soy una urraca!»), India parece una princesa en miniatura de una civilización superior que acepta la hospitalidad de unas personas normales que lo hacen lo mejor que saben.

Leo vuelve a saltar de la mesa y le pregunta a su padre: «¿Cañita verde?». Aún no ha llegado el momento de su primera cañita verde del día, pero le darán una antes de que el autobús escolar se detenga en la entrada de casa, una de las decenas de miles de anchas cañitas verde intenso de Starbucks que Leo ha utilizado a lo largo de los años para autoestimularse, una de las cosas que las personas con autismo hacen para regular su ansiedad. Además, es algo que disfrutan claramente. Cuando las personas no autistas se comportan así, decimos que están inquietas, pero rara vez lo consideramos una conducta patológica.

Una cañita roja del Burger King o una azul de Peet's pueden dar el pego de manera esporádica. En cambio, las cañitas transparentes de las pizzerías Costco no funcionan. Eso sí, una cañita verde de Starbucks es el estímulo platónico de Leo. Si Shannon se lo permitiera, se acostaría con una o, mejor aún, con dos, una entre los labios y otra entre los dedos de los pies. Se estimularía en el cuarto de baño, en el lavabo e incluso saltando en la cama elástica.

Contemplar la fascinación que Leo siente por esas cañitas maravilla. Para empezar, saca su codiciado objeto del envoltorio de papel; luego se humedece los labios y empieza a mordisquearla a todo lo largo y reblandece el plástico rígido hasta dejarlo maleable, y, por último, mastica la cañita hasta darle forma de una sutil curva en L. Durante todo ese rato, juguetea con sus dedos con el otro extremo y hace bailar la cañita con una delicadeza que se consideraría virtuosa si estuviera realizando un truco de prestidigitación. Observar el ritual de las cañitas de Leo es como ver una de las rutinas de vodevil de W. C. Fields con un sombrero y un bastón reproducidas a hipervelocidad.

Los Rosa dejan que su hijo disfrute de su pasión por las cañitas verdes dentro de unos límites. De hecho, Shannon no tardó en darse cuenta de que llevarse en el bolso unas cuantas de la cafetería que hay en el centro comercial no serviría para satisfacer las necesidades de su hijo. Entonces hizo lo que suele hacer cuando lidia con algún aspecto del comportamiento de Leo que resulta inesperadamente difícil de gestionar: conectarse a Internet. Difundió en su blog el mensaje de que buscaba voluntarios para una acción colectiva que apodó L.U.S.T., siglas en inglés de «Liga de Ladrones Contumaces de Cañitas».

> Los furtivos agentes de L.U.S.T. son muy diligentes. Mantienen a Leo bien provisto con sus operaciones de contrabando. Son expertos en salir de los restaurantes con una cuenta abultada (y una propina generosa) para distraer a los empleados y que no vean las cañitas extra que llevan en los bolsillos. Los agentes de L.U.S.T. no tienen problema en saltar al coche conmigo y con Leo, ni siquiera la tarde del Día de Acción de Gracias, y explorar el puesto de Starbucks en una tienda del vecindario para hacerse con unos cuantos ejemplares de «material del bueno», porque saben que esas cañitas pueden suponer la diferencia entre una cena agradable y una explosiva.[2]

Las tropas encubiertas de L.U.S.T. descendieron en masa a las cafeterías de la zona de South Bay. Los propietarios de las franquicias locales de Starbucks debieron de preguntarse por qué la demanda inexplicable de Frappuccinos no se reflejaba en la caja total del día. Un camarero especialmente simpático permitió a Shannon *liberar* un puñado de «salvadoras verdes» de sus gobernantes supremos corporativos abriéndole un armarito de material en una cafetería de Seattle.

La operación L.U.S.T. fue un éxito sensacional. Leo obtuvo lo que necesitaba y tener un alijo abundante de «material del bueno» por la casa desató en él una avalancha de lenguaje expresivo sin precedentes. Cierto es que tal lenguaje era monotemático: «¡Cañita nueva! ¡Cañita VERDE nueva! ¡Quiero una cañita nueva! ¡Mamá, quiero una cañita nueva, POR FAVOR! ¡Mamá! ¡MAMÁ!». Trabajando con la supervisora del programa en casa de Leo, Shannon averiguó que era posible llegar a un equilibrio con su hijo asegurándole que tendría su dosis de cañitas verdes a intervalos regulares. Enseguida se añadió un icono con forma de L verde a la agenda visual de Leo.

Hace unos años, Shannon aparcó el monovolumen familiar frente a la entrada del campamento de verano de Zelly, cuando Leo, con su cronometraje exquisito, dejó claro que tenía que orinar. No había ningún lavabo cerca, de manera que Shannon escoltó a su hijo detrás de un arbusto y lo urgió a hacer sus necesidades mientras India y su amiga Katie fingían no mirar. Shannon aseguró a las niñas que orinar en los terrenos de la escuela estaba tolerado en determinadas circunstancias, y añadió que incluso era *guay*. «A veces, ser niño es genial —les dijo—. ¡Puedes hacer pipi en los arbustos de cualquier lugar del mundo!»

«Y a veces, si eres niña, tienes un hermano autista —replicó India—. Y entonces todo tu mundo cambia.»

II

Criar a Leo ha transformado el mundo de los Rosa de un modo que jamás habrían imaginado. Uno de los errores que se cometen con más frecuencia con respecto al autismo es pensar que separa a las familias. (De hecho, es una leyenda perniciosa que perpetúan los medios de comunicación: las tasas de divorcio no son superiores en familias como los Rosa.)[3] Ayudar a Leo a ser la mejor versión de sí mismo ha aunado a la familia y ha hecho que creen un círculo estrecho de amor y apoyo alrededor del niño. A los diez años, Zelly escribió el poema siguiente:

Leo
Mi hermano
Leo es diferente,
pero yo lo quiero
igual. Pega, se agarra los codos
y mastica cañitas. Pero yo sé manejarlo
porque soy su hermana mayor.

El esfuerzo cotidiano de asegurarse de que Leo reciba el respeto y el apoyo que merece también ha acercado a los

Rosa a otras familias. Muchos de sus amigos son bien padres de niños con retrasos en el desarrollo, bien personas dentro del espectro autista, o ambas cosas. Estos amigos no se estremecen cuando Leo se sale de la cola en un museo para golpearse el pecho y aullar como Tarzán ni lanzan miradas fulminantes a Shannon cuando el pequeño tiene un colapso en el centro comercial. Entienden por qué, en el cine, Shannon y Leo siempre se sientan en la última fila, cerca de la puerta.

Estas amistades hablan el lenguaje iniciado de los padres de niños con necesidades especiales, una sopa de letras integrada por acrónimos como TO (terapeuta ocupacional) y LGP (logopeda), y emplean frases hechas a las que se han habituado, como «tener una pataleta» o «ir al lavabo». Saben cómo colaborar de manera efectiva con los profesores para aplicar un PEI, un programa de educación individualizado, es decir: un plan que esboza una serie de objetivos de aprendizaje para un único niño. Hasta que el Congreso de los Estados Unidos aprobó la Ley para la Educación de Todos los Niños con Discapacidades en 1975 (rebautizada como Ley para la Educación de Personas con Discapacidades en 1990 y citada por sus siglas en inglés: IDEA), a los niños con cualquier discapacidad solía denegárseles de manera rutinaria el acceso a la educación. Los niños con autismo eran especialmente vulnerables a los prejuicios institucionalizados, ya que la mayoría de los psicólogos creían que eran incapaces de aprender nada, ni siquiera por memorización. Esta teoría se desacreditó en la década de 1970, si bien persisten formas más sutiles de discriminación. Varias parejas del círculo social de los Rosa se han visto obligadas a demandar a las juntas directivas de sus escuelas locales para conseguir que sus hijos obtengan la educación a la que tienen derecho de acuerdo con la ley IDEA.

Con todo, criar a Leo ha obligado a los Rosa a modificar algunos sueños que tenían de jóvenes. A sus veinte años, mientras creaba atlas digitales para la empresa Electronic Arts and The Learning Company, el trabajo ideal para una «pirada de la cartografía» confesa, Shannon fantaseaba con zambullirse en culturas extranjeras y climas exóticos con un novio a quien le gustara holgazanear junto a la piscina mientras ella buceaba por las cuevas de Chandelier. El pago de decenas de miles de dólares al año para la terapia conductual de Leo, que no estaba cubierto por el seguro médico de Craig hasta recientemente, hizo que algunos destinos se alejaran cada vez más en el horizonte. Sin embargo, los Rosa decidieron desde buen principio que no dejarían de ir a museos, al cine y a restaurantes por tener un hijo exuberante que en ocasiones siente la necesidad de arrancarse la ropa. Y han hecho saber a sus amigos que se apuntan a participar en actividades familiares, aunque tengan que hacer algunos ajustes, salir a hurtadillas por la puerta trasera en algún momento u, ocasionalmente, incluso decir que no.

Los camareros de su restaurante indio favorito en Redwood City saben que servirles un plato humeante de pan naan (la comida favorita de Leo) en la mesa nada más llegar es buena idea. En la cafetería donde Craig y Shannon desayunan juntos los sábados desde que nacieron sus hijos, los empleados alientan a Leo a practicar sus habilidades de comunicación social preguntándole: «¿Cómo estás?» y escuchándolo con atención cuando responde. Los dueños de una panadería local no permiten que los Rosa se disculpen por los gritos que Leo emite cuando el aroma a mantequilla de los cruasanes recién salidos del horno lo sumen en un paroxismo de alegría. Se limitan a encogerse de hombros y decir: «Los niños son así».

Al final de una larga jornada en la sala de edición de KQED, Craig se acomoda en el sofá al lado de Leo para ver la fascinante cinta de animación de Hayao Miyazaki *Mi vecino Totoro.* No es la primera vez que ven la película juntos ni la quincuacentésima; de hecho la han visto prácticamente cada noche durante la última década. Leo ha concluido sus actividades del día diciendo: «*¡Totoro!*».

Es la pista para que Craig encienda el viejo reproductor de vídeo VHS y se una a Leo en el sofá. Hace unos años, Disney adquirió los derechos de la película y editó una versión en DVD con un doblaje más fiel a los diálogos japoneses originales. Como era de esperar, a Leo la nueva versión le pareció inaceptable, de manera que los Rosa han conservado su antiguo vídeo VHS mientras la tecnología a su alrededor ha evolucionado en un cine en casa que habría parecido ciencia ficción cuando la película se estrenó en 1988.

«Si hay que engancharse a algo, al menos esta película es bastante buena», comenta bondadoso con una risa entre dientes Craig mientras su hijo permanece absorto mirando las escenas que han visto juntos miles de veces. Para no perder el interés, cada noche Craig intenta buscar un detalle que se le haya pasado por alto antes.

Pero la película también ha demostrado ser una herramienta valiosa para ayudar al desarrollo lingüístico de su hijo. Cuando Leo era más pequeño, si le presentaban a alguien nuevo, exclamaba a voz en grito «¡Soy Mei!», como la niñita que anuncia su llegada en la cinta. Con el tiempo empezó a hacer comentarios que no figuran en el metraje, como decir «cortar brócoli» durante una escena de cocina. Ahora, cuando su madre entra en la cocina, Leo anuncia que es hora de cortar brócoli. Lo que surgió como un mero eco evolucionó en una interacción pautada por un guion y ese guion se convirtió en el modo que Leo tenía de comunicarse con el mundo.

Esta noche, la reposición de *Totoro* es breve porque Leo está somnoliento tras un día en el Morgan Autism Center, la escuela en San José donde asiste a clases reducidas impartidas por profesores consagrados a su trabajo. Se levanta del sofá de un salto y dice: «¡Arriba!». Craig responde: «¿Qué quieres decir con "arriba", amiguito?». Y leo gorjea: «¡Cama!». El intercambio de palabras es tan familiar que despliega los ritmos reconfortantes de una letanía. Y desaparecen.

Hace unos años entrevistaron a Shannon en la radio junto con un experto en autismo de una escuela médica local. Cuando los micrófonos se apagaron, la psicóloga la miró con socarronería y le dijo: «Parece usted muy feliz para ser la madre de un niño autista». (El comentario sorprendió a Shannon, que siempre se ha tenido por una cascarrabias.) En la actualidad, tanto ella como su esposo en efecto parecen contentos, aunque alcanzar este punto de ecuanimidad no ha sido fácil. Lo han conseguido en el transcurso de un largo viaje que ha incluido muchos desvíos y reveses desalentadores, además de kilómetros de continuar avanzando entre tinieblas hacia un destino incierto.

III

Durante los primeros meses tras su nacimiento, Leo parecía un niño que se desarrollaba con normalidad, si bien excepcionalmente alegre. Mamaba con normalidad, dormía de manera regular y establecía un contacto visual frecuente con las personas que lo rodeaban. A menudo, sin razón aparente, se echaba a reír. Como una semilla que brotaba en un lugar donde nadie podía verla, en un principio la diferencia de Leo fue invisible. Su diagnóstico fue el producto de una lenta y meticulosa acumulación de observaciones e intuiciones, como el proceso gradual de enamoramiento que vivieron sus padres.

Craig y Shannon se conocieron a finales de la década de 1980 a través de un amigo común de la Universidad de California en Los Ángeles (UCLA). Craig era un futbolista sociable y amante del arte de la *performance* que se había formado consumiendo ciencia ficción a destajo, leyendo la revista *Omni* y escuchando música new wave. Shannon era una enigmática muchacha gótica e inaccesible con el pelo lila, medias de red y chirucas que preparaba bocadillos en la cafetería de la residencia de estudiantes. Transcurrieron un par de años antes de que mantuvieran siquiera una conversación.

En el ínterin, Shannon superó una relación tormentosa apuntándose en un programa de intercambio con otra escuela para estudiar geografía. Con el fin de alejarse lo máximo posible de los recuerdos de aquella relación, escogió una escuela situada en una costa oeste muy distinta: la antigua Costa del Oro africana. Tras matricularse en la Universidad de Ghana, Shannon se sumergió de pleno en la cultura local y pasó largas horas revisando los puestos textiles del bazar local, donde podías llevar rollos de extravagantes telas coloridas (batik, Dutch Wax y tejidos desteñidos) a una modista o un sastre, que te diseñaba un atuendo único según tus indicaciones en uno o dos días. La aromática cocina local la sedujo de inmediato: albóndigas pegajosas de *fufu* machacadas en un mortero con un estofado de cacahuete molido picante; bolas de masa *kenkey* fermentada hechas al vapor y envueltas en hojas de plátano, como una versión de Ghana de la masa fermentada; y correosos *kelewele* (plátanos) caramelizados fritos con especias que ni siquiera tienen nombre en Estados Unidos.

En una sociedad que valora las bromas amables, Shannon descubrió lo divertido que puede ser tomar el pelo sin malicia. Se burlaban de ella por hablar sólo inglés, mientras que sus compañeros de clase hablaban tres o más idiomas ghaneses. Si sacaba un excelente en un examen, su maestro decía a sus compañeros de clase: «Bueno, la mujer os ha vuelto a superar». Ni siquiera un muchacho con muletas que había sobrevivido a una epidemia de polio se libraba de las bromas; sus compañeros de clase le increpaban: «¿No puedes correr más?», y él les respondía con sorna. A Shannon la sorprendió ver cómo las discapacidades se trataban como una parte natural de la vida, sin la compasión o la solemnidad pomposa habituales. «Me encantaba estar en una realidad completamente distinta donde todas mis piedras de toque habían desaparecido —recuerda—. Todo era nuevo y distinto, y ser distinto era algo bueno.»

A su regreso a Los Ángeles, Shannon volvió a cruzarse en el camino de su futuro esposo en la cena del día de San Valentín, pero él acabó pidiéndole una cita a una de las amigas de ella. Sin dejarse amedrentar, Shannon empezó a bombardear a Craig con notitas y flores firmadas por una admiradora secreta. Tras varias semanas de jugar al gato y al ratón, Shannon le envió una novela gráfica original con una versión imaginaria de ella buscando en los anuncios de contactos hasta encontrar uno que describía al hombre perfecto, el cual guardaba un parecido asombroso con Craig. Él respondió presentándose en la cafetería de la universidad sin previo aviso con un ramo de flores. Se casaron en 1995.

El nacimiento de Zelly no fue fácil. Tras un amago de parto prematuro, Shannon tuvo que guardar reposo en cama durante semanas. Y los primeros meses de maternidad fueron duros, porque Zelly no se agarraba bien al pecho, a diferencia de los bebés que mamaban como benditos en las páginas de revistas como *Mi bebé y yo*. Shannon se convirtió en una máquina ordeñadora: se levantaba cada dos horas durante toda la noche para extraerse leche, embotellarla y esterilizarla.

Pero luego su hija cogió el ritmo. De repente, ser madre era tal como vendían los anuncios. Zelly se convirtió en una bebé tan alegre y buena que Shannon hoy la describe como un «bebé señuelo», el tipo de bebé que tiende a otras parejas jóvenes la trampa de pensar que tener hijos es pan comido.

En comparación con su experiencia con Zelly, el embarazo de Leo transcurrió sin sobresaltos. Su parto en el hospital, con la ayuda de Craig y una *doula*, se desenvolvió con tranquilidad. El 9 de noviembre de 2000, cuando su hijo Leonel (bautizado así en honor al tío abuelo de Craig, un virtuoso guitarrista portugués) asomó su cabeza resbaladiza y llegó al mundo, Shannon lo recibió diciéndole: «Hola, Leo, ¿cómo estás? Me alegro tanto de verte. ¡Bienvenido!».

Leo aprendió a mamar de inmediato. Shannon empezó a confiar tanto en sus habilidades para la maternidad que incluso era capaz de ayudar a cuidar de los hijos de otras personas. Aun así, se preguntaba cómo podían las parejas tener más de dos hijos. ¿Cuándo tenían tiempo para leer novelas fantásticas o darse largas duchas?

Su hijo empezó a sentarse solo a los siete meses, según el calendario normal. Un mes más tarde gateaba; dio sus primeros pasos titubeantes cuatro meses más tarde, todo dentro de la agenda del desarrollo típico. Los Rosa no notaron que le pasara nada raro hasta su primer cumpleaños. Entonces Leo empezó a agarrar sus juguetes favoritos y a lanzarlos por el suelo de un lado a otro, una y otra vez. No parecía siquiera interesado en jugar con ellos, sólo en transferirlos de uno a otro sitio, como si ejecutara una especie de ceremonia privada.

Y cuando Leo comenzó a explorar la casa en serio, trazó una ruta predilecta por el salón de estar que recorría de manera invariable cual peregrino siguiendo el Via Crucis. Tocaba las mismas sillas y mesas en exactamente los mismos puntos cada vez que atravesaba la estancia y concluía de manera invariable dicha secuencia arrojándose al sofá. Al principio, a Craig y Shannon les pareció un ritual simpático; lo apodaron «el circuito de Leo». Pero, con el tiempo, «verlo recorrerlo tantas veces se volvió un poco incómodo», confiesa Craig.

Cuando Leo tenía un año y medio, los Rosa disfrutaron de unas vacaciones familiares en Sonoma con un amigo pediatra. Leo no tardó en trazar un nuevo circuito personal en la casa de invitados. El amigo pediatra lo observó hacer sus rondas: «tocar, correr, tocar, correr, tocar, correr, caer» y probó a llamarlo por su nombre, pero Leo no le hizo caso y continuó a lo suyo. «A su edad, debería prestar más atención —comentó su amigo a Craig—. Yo haría que lo examinaran.»

Lo primero que los Rosa comprobaron fue la audición de su hijo, porque había tenido varias infecciones de oído los meses previos. Hubo que detener la prueba porque Leo no soportaba que le hurgaran en los oídos, pero su audición resultó estar bien. El médico le recetó un antibiótico llamado Augmentine para evitar infecciones futuras. Sin embargo, la trayectoria general de Leo se desviaba cada vez más de la de los niños normales. Los esfuerzos de Shannon por enseñarle a utilizar el orinal fueron infructuosos, pese a que lo intentó durante años.

Leo había pronunciado sus primeras palabras, *dada* y *ball*, a los diez meses de edad. Pero luego, de repente, dejó de decirlas, como si los primeros brotes verdes de su lenguaje se hubieran marchitado en el silencio. Uno a uno, sus otros logros empezaron a quedar en la cuneta. El pediatra de los Rosa les aseguró que el hecho de que Leo fuera con retraso en llegar a estas marcas evolutivas no indicaba que tuviera nada serio. Era un osezno alegre y afectuoso a quien le encantaba que lo abrazaran y le hicieran cosquillas, y «los niños con autismo no son así», insistía el pediatra.

«Además, Leo me mira a los ojos», añadió el doctor, intentando poner punto final al asunto. Estaba claro que su hijo no era un «Rain Man» en potencia. Sin embargo, había algo en Leo que lo hacía inconfundible e innegablemente «diferente», y cada día resultaba más evidente. En los meses venideros, habría muchas más citas, más pruebas, más trayectos en coche, más entrevistas y más evaluaciones por parte de profesionales.

«Da tirones de las manos, gruñe y usa jerga personal para satisfacer sus necesidades», anotó un médico en el gráfico de Leo. (Los Rosa empezaban a familiarizarse con el vocabulario iniciado.) «Los terapistas lo llamaron por su nombre durante la sesión, pero Leo rara vez reaccionó», escribió otro. Una tercera doctora destacó que Leo había tardado quince minutos en darse cuenta siquiera de que estaba sentada en la estancia.

Los Rosa tendieron una extensa red para averiguar qué le pasaba a su osezno. Siempre había comido con entusiasmo, si bien de manera escrupulosa. Su dieta consistía casi en exclusiva en emparedados de mantequilla de cacahuete y gelatina, plátanos, guacamole, *crackers* Goldfish y tortitas de maíz Veggie Booty, pese a los intentos de Shannon por diversificarla. Empezó a sufrir episodios frecuentes de diarrea y vómitos. Shannon llevó a Leo a un alergólogo, que le analizó la sensibilidad a la soja, el maíz, la clara de huevo, los cacahuetes, la leche, las setas, la caspa de gato, la caspa de perro, la vegetación autóctona (árboles y arbustos) y los ácaros del polvo. Todos los resultados a las pruebas fueron negativos.

Entre tanto, las ceremonias privadas de Leo se tornaban cada vez más elaboradas. En lugar de ir a buscar él mismo un juguete, le daba un golpecito en el codo a su madre para que ella se lo diera. Se quedaba embelesado con los patrones de la acera, pero el sonido de dos personas cantando al unísono, como por ejemplo sus hermanas, a quienes les encantaba cantar, desencadenaba en él ataques de ira. Investigaba los objetos con los que no estaba familiarizado metiéndoselos en la boca; si Shannon le daba un gajo de naranja, se la frotaba por los labios y los párpados. También estaba desarrollando una curiosa fascinación por las cañitas, que se presionaba contra el labio superior una y otra vez.

Para entonces, la palabra empezada por A comenzaba a aparecer con frecuencia en sus evaluaciones. El director de un centro regional indicó a Craig y Shannon que, si su hijo fuera mayor, lo diagnosticaría inmediatamente como autista o «retrasado mental». No tenía sentido seguir negando la evidencia.

Shannon estaba devastada, en parte porque le gusta pensar en sí misma como una persona capaz. «Ayudar, arreglar, cerrar el encargo, pulsar la tecla Enviar, comprobar la caja y pasar a la tarea siguiente es lo que me hace sentir satisfecha y feliz», explica. Pero no sabía cómo arreglar el autismo de Leo. Tras años de dormir como un tronco, se sorprendió mirando al techo a las tres de la madrugada, noche tras noche. Mientras hacía recados en su coche, de repente tenía que detenerse porque las normas de tráfico habían dejado de tener sentido.

Buscando información en Internet para padres que afrontan el diagnóstico de un hijo, tropezó con un artículo del autor de *Salon* Scot Sea, quien afirmaba que su experiencia con su propia hija autista le había ayudado a entender por qué un californiano llamado Delfin Bartolome había matado a su hijo de un tiro y luego se había volado los sesos.

«La peste ha llegado finalmente hasta el salón. Cuando ves los pantalones hechos una pena y el pañal en el suelo, sabes que es demasiado tarde —empezaba Sea de manera agorera—. Una mancha rojo intenso en el suelo, en la moldura, en la pared. Al doblar la esquina, la habitación se ha convertido en una escena del crimen. ¿Un asesino con un hacha? De hecho, no es más que tu hija en su peor momento. —Describía una escena digna de una película *gore*—. Sangre salpicada resplandeciente como pintura, coágulos negros, heces de color marrón amarillento y un charco de vómito de casi un metro de diámetro en medio del cual se alza tu hija..., mojándose las manos y con el rostro pintado como una caníbal.»[4]

Los padres de otras épocas se ahorraban presenciar estos horrores, explicaba, porque los niños «idiotas» se «arrojaban a un pozo o se mataban a golpes contra un poste». En tiempos más recientes, las familias «educadas», añadía, tenían al menos una salida: el internamiento. Pero en la actualidad, los padres desesperados tenían que hallar su propia salida, tal como Bartolome había hecho con una pistola cuando no le había quedado más alternativa. Aquella era la cruda realidad de criar a un hijo con autismo, según Sea. (Obvió mencionar que semanas antes de la tragedia, Bartolome, a quien sus parientes describían como un padre amoroso y devoto, había sido despedido justo antes de jubilarse, lo cual lo había empujado a aceptar una serie de empleos temporales y había puesto los cuidados futuros de su hijo en riesgo.)[5]

Shannon tuvo la sensación de estar enfermando físicamente mientras leía el artículo de Sea. ¿Era ése el futuro que aguardaba a su familia?

IV

Shannon puso a todo trapo sus habilidades como investigadora *freelance*. Pasó horas incontables en Internet, en librerías, en bibliotecas y hablando con otros padres, en busca de cualquier pedacito de información que pudiera utilizar para ayudar a su hijo.

Dos libros en concreto le causaron una gran impresión: *Let Me Hear Your Voice: A Family's Triumph over Autism* de Catherine Maurice y *Understanding the Mystery of Autism and Pervasive Developmental Disorder: A Mother's Story of Research and Recovery* de Karyn Seroussi. Ambos defendían la idea de que es posible criar a niños autistas hasta el punto de la recuperación y ofrecían dos hojas de ruta distintas para conseguirlo. «Aquellos libros me dijeron lo único que yo quería oír —afirma Shannon—: que mi hijo podía volver a ser normal.»

El libro de Maurice se centraba en el análisis conductual aplicado (ACA), una forma de modificación del comportamiento fundamentada en teorías del aprendizaje animal de B. F. Skinner y aplicada de manera pionera a modo de intervención temprana para el autismo en la década de 1960 por el psicólogo Ivar Lovaas en la Universidad de California en Los Ángeles (UCLA). En los primeros capítulos del libro, la hija de dos años de la autora, Anne-Marie, está atrapada en un vértice arremolinado de regresión, como una secuencia de desarrollo invertida. Tras perder unas cuantas palabras que había aprendido a pronunciar meses antes, Anne-Marie pareció retirarse a una existencia hermética, solitaria e inalcanzable.

> Sus actividades cada vez se volvían más extrañas, más extravagantes. Yo la observaba, muy cerca de caer presa del pánico, mientras clasificaba repetitivamente las piezas de un rompecabezas y luego las levantaba de dos en dos, siempre colocadas en ángulo recto una contra la otra, y las contemplaba fijamente. Por favor, cariño. Por favor, no hagas eso. ¿Por qué haces eso?[6]

El comportamiento cada vez más autista de Anne-Marie generó en Catherine y su esposo, Marc, una sensación de fatalidad, como si estuvieran observando cómo un monstruo devoraba a su hija ante sus ojos. «Corríamos a contrarreloj —escribió Catherine—, en una carrera por encontrar un modo de detener su regresión inexorable.» Llorando por la hijita a la que sentía que estaba perdiendo, Catherine cayó de rodillas y rezó. «Por favor, que el diagnóstico sea erróneo. Por favor, que no sea autista —imploró—. Dios, por favor, que no lo sea. Devuélveme a mi niñita. No permitas que esto suceda. Páralo, por favor. ¡Devuélvemela!»

Dispuestos a probarlo prácticamente todo, Catherine y Marc exploraron una serie de intervenciones en boga a la sazón, incluida la llamada «terapia del abrazo forzado», basada en las observaciones de aves del ornitólogo Nikolaas Tinbergen.[7] El experto holandés en comportamiento animal, que no tenía experiencia previa trabajando con niños, insistía en que el autismo lo provocaban «experiencias traumáticas en la infancia más temprana» y unos progenitores «muy serios», en vez de deberse a factores genéticos o de otro tipo. «No *culpamos* a esos desafortunados padres —declaró al recibir el Premio Nobel de Medicina en 1973—. Los padres de autistas merecen tanta compasión, y posiblemente tanta ayuda, como los propios autistas.»[8]

La terapia del abrazo forzado requería que las madres «domesticasen» a sus hijos abrazándolos durante una hora cada día (a la fuerza, si era preciso), mientras les miraban fijamente a los ojos y les confesaban sus sentimientos más profundos.[9] El objetivo de este proceso era lograr un cambio emocional llamado «resolución», que Tinbergen vendía como una «nueva esperanza» para los padres, una «cura» para sus hijos.[10] Catherine buscó a una especialista reputada de la terapia del abrazo forzado llamada Martha Welch, que afirmaba contar con una tasa de recuperación del cincuenta por ciento entre sus clientes.

Cuando la presionó para que le proporcionara pruebas de la eficacia de la terapia, Welch la reprendió por estar obsesionada con «las cifras y las estadísticas». En uno de sus vídeos de formación, una madre está tumbada encima de su hija autista en la cama, explicándole lo enfadada que está porque su hija no la escucha.

—¿Cómo te sientes? —pregunta la madre.

—¡No puedo respirar! —gruñe la hija.

—Bueno, eso no me importa ahora mismo —le espeta la madre—. No vas a levantarte hasta que resolvamos esto.[11]

Buscar asesoramiento de un experto que te culpaba por haber causado de manera involuntaria el autismo de tu hijo representaba un dilema común para los padres en aquellos tiempos, pero un elemento clave del atractivo de la terapia del abrazo forzado para Catherine era que Welch parecía comprender su angustia. En cambio, el análisis conductual aplicado era estrictamente empírico: se recompensaba al niño con M&Ms, sorbos de zumo de manzana y expresiones como «¡Bien hecho!» por hacer cosas como establecer contacto visual o sentarse a una mesa, y se lo castigaba con un sonoro «¡No!» por agitar las manos y autoestimularse. Desoyendo el consejo de Welch, los Maurice también contrataron los servicios de una joven terapeuta de análisis conductual aplicado llamada Bridget Taylor, quien no ofrecía teorías psicológicas sobre el autismo y rehusaba hacer promesas de recuperación milagrosa. «Yo nunca he visto a un autista recuperarse», le espetó sin rodeos a Catherine, pese al hecho que el propio Lovaas afirmaba que casi la mitad de los niños que se registraban en su programa más inmersivo adquirían un funcionamiento «normal». Si bien Catherine al principio dudó del análisis conductual aplicado, por antojársele robótico y mecánico en comparación con el énfasis en «reparar el vínculo» emocional que proponía Welch, Taylor acabó por convertirse en un miembro más de la familia, que aparecía todas las tardes entre semana para trabajar pacientemente con su hija.

En los meses que siguieron, Anne-Marie se mostraba más alerta y participativa, y Catherine escribió que parecía disfrutar del «entorno sumamente predecible, estable y estructurado» que Taylor le proporcionaba durante sus sesiones. Con el tiempo se sintió traicionada por Welch, quien la presionó para que la recomendara a la BBC para un programa que atribuía los progresos de su hija a una hora semanal de terapia del abrazo forzado. Cuando el programa se emitió, familias de toda Europa se sumieron en una búsqueda desesperada de terapeutas del abrazo forzado para sus propios hijos, y Catherine se sintió en parte responsable de haberlos confundido. En cambio, en el análisis conductual aplicado, los Maurice creían haber encontrado un auténtico motivo para estar esperanzados. Se volcaron en el papel de ser los coterapeutas de Anne-Marie con el fervor de los conversos religiosos. Dejaron de tolerarse incluso los signos más leves de comportamiento autista. «Día tras día nos volvimos más implacables y exigentes con ella —escribió Catherine—. Nada de miradas perdidas, nada de rechinar los dientes, nada de jugar con las manos, nada de tocar las superficies de manera peculiar, nada que pareciera autista.»

A medida que el comportamiento de Anne-Marie se volvió más «normal», Catherine admitió que no había modo de saber a qué atribuirlo: si a la terapia del abrazo forzado, al análisis conductual aplicado o al propio proceso de maduración de su hija. Poco a poco, Anne-Marie empezó a recuperar el protolenguaje que aparentemente había perdido: *Ba-ba* (de *bye-bye*, «adiós»), *ju* (de *juice*, «zumo») y *ka* (de *cookie*, «galleta»). Al final del libro, Anne-Marie tiene cuatro años y su médico declara que «claramente ha dejado de ser autista». Mientras regresan a casa tras el examen médico en su coche, Christine se vuelve hacia Marc y le dice: «Dios ha respondido a nuestras plegarias».

Tras acabar el libro, Shannon inscribió a Leo en un programa intensivo de ortofonía, terapia ocupacional y sesiones de análisis conductual aplicado. El programa costó a los Rosa varios miles de dólares al mes, que pudieron costearse gracias a la ayuda de los padres de Craig. El matrimonio tenía la sensación de que no había tiempo que perder. La creencia prevaleciente entre los médicos especializados en autismo era que, si los niños como Leo perdían la estrecha ventana para el desarrollo en la que sus cerebros aún podían arreglarse reconectándolos mediante la experiencia (un proceso que hoy se sabe que dura toda la vida), jamás podrían alcanzar el objetivo de, tal como Lovaas lo había descrito, ser indistinguibles de los niños no autistas.[12]

Mientras que Catherine Maurice buscó una cura para el autismo modificando el comportamiento de su hija, es decir: trabajando de fuera adentro, el libro de Karyn Seroussi *Understanding the Mystery of Autism and Pervasive Developmental Disorder* narra la historia de una madre que persigue el mismo objetivo trabajando de dentro afuera.

El libro empieza en una sala de urgencias, donde el hijo de dieciocho meses de la autora, Miles, sufre temblores y 41°C de fiebre. La mañana del día anterior le habían administrado al niño la vacuna DPT (para la difteria, tos ferina y tétano). ¿Estaban relacionadas ambas cosas? El médico no lo sabía. Miles había tenido un episodio igual de aterrador después de la primera dosis de la DPT y también tras la inyección de vacuna triple vírica, la vacuna que se aplica de manera rutinaria en la infancia contra el sarampión, las paperas y la rubeola. Un mes después, un psicólogo había dado a los Seroussi un diagnóstico preliminar de trastorno en el espectro autista a causa del retraso del niño en la adquisición del lenguaje. Para Seroussi, el temido término *autismo* invocaba una única imagen: «un niño profundamente perturbado que se balancea en un rincón». Más adelante, una evaluación formal les confirmó el diagnóstico.

No les tomó exactamente por sorpresa. Miles siempre había sido un niño más distante y solitario que su hermana, Laura. Cada mañana, Laura trepaba a la cama de sus padres para que le hicieran arrumacos; en cambio, a Miles no le gustaban los mimos. Si se hacía un arañazo en la rodilla en el parque, corría junto a su madre en busca de consuelo, pero la esquivaba cuando ella intentaba abrazarlo. En lugar de limitarse a jugar con los juguetes, parecía «experimentar sistemáticamente» con ellos, observaba Seroussi, como si hubiera heredado ese rasgo de su padre, Alan, un brillante químico dedicado a la investigación que no sabía comportarse en sociedad. La noche en que Alan propuso matrimonio a Karyn, la agarró por la mano y le dijo: «Yo puedo enseñártelo todo sobre el mundo y tú puedes enseñarme a vivir en él».

A lo largo del libro, Karyn acude a la biblioteca local, en cuyas estanterías sólo encuentra dos libros sobre el autismo. En el primero, un médico escribe acerca de su propio hijo, «a quien le gusta comer con las manos», cosa que aterroriza a Karyn. El otro es *Let Me Hear Your Voice.* Karyn inscribe a Miles en un programa inmersivo de análisis conductual aplicado. Pero no se detiene ahí. Hablando con su suegra, descubre que Alan también dio muestras de graves retrasos de desarrollo de bebé. Permanecía sentado en silencio en su cuna, dando una vuelta tras otra al mismo juguete y alineando sus cochecitos en filas. Se había especulado con que tuviera alguna discapacidad intelectual, cosa que se había demostrado incierta. Tales especulaciones se atajaron cuando su madre le prohibió que bebiera leche, uno de los dos únicos alimentos que estaba dispuesto a comer (el otro era compota de manzana), siguiendo el consejo de un médico que temía que se estuviera volviendo autista. Poco después de aquello, Alan empezó a caminar y a hablar de manera espontánea.

Seroussi se internó por una senda para curar a su hijo conocida como intervención biomédica, ideada por una red de padres, médicos y profesionales de la medicina alternativa encabezados por uno de los expertos más respetados entre la comunidad de los padres de niños autistas, el psicólogo de la Marina estadounidense Bernard Rimland. Esta terapia se basa en la llamada dieta GFCF, un régimen estricto sin rastros de gluten ni caseína, dos proteínas que habitualmente se encuentran en el trigo y los productos lácteos. Rimland creía que las vacunas como la DPT y la triple vírica dejan a algunos niños incapaces de digerir de manera adecuada estas proteínas, al tiempo que las paredes de sus intestinos se vuelven anormalmente permeables («síndrome del intestino permeable»). Las proteínas no digeridas son transportadas por el torrente sanguíneo hasta el cerebro, donde pueden causar estragos en el desarrollo normal. Además de la dieta GFCF, Seroussi puso en práctica un programa agresivo de dosis altas de vitaminas, minerales, enzimas y suplementos desarrollado por la red Defeat Autism Now!* (DAN!) de Rimland.

Seroussi describía la batalla contra el autismo de su hijo en términos bíblicos, como una lucha decisiva primordial entre el bien y el mal. «La sombra de la bestia había caído sobre mi hogar y mi puerta había quedado oscurecida por su temible expresión —escribe—. Miles será padre algún día y existen muchas posibilidades de que también temerá por sus propios hijos. Para entonces, necesito saber que la bestia ha sido abatida.» Como *Let Me Hear Your Voice*, el libro concluye con una nota triunfal. Un miembro de la red de DAN! asegura a Seroussi: «No queda ni rastro de autismo en ese niño».

En su introducción al libro de Seroussi, Rimland proclamaba que había encontrado «lo que todos los padres esperan: una cura para su hijo». Con su respaldo, la idea de que los niños autistas podían curarse introduciendo cambios en su dieta desató oleadas de esperanza en la comunidad de padres, en una época en la que el temor a una epidemia mundial provocada por las vacunas estaba alcanzando su punto álgido.

Tras leer el libro de Seroussi, Shannon decidió poner fin a los días en que Leo mascaba *crackers* Goldfish con gluten y comía emparedados de mantequilla de cacahuete y gelatina con azúcares. Para compartir su propio relato de la recuperación de su hijo, lanzó un blog titulado *Las aventuras de Leelo, el niño que pronto dejará de ser autista, y su madre malhablada.*

A través de un grupo de Yahoo para madres de niños con necesidades especiales, Shannon encontró a un médico de DAN! en la cercana población de Los Altos. Las paredes de su consulta estaban forradas de testimonios de docenas de madres y padres agradecidos que rendían tributo a la efica-

* ¡Derrota al autismo ya! *(N. de la T.)*

cia de sus terapias para el autismo, la enfermedad de Lyme, la exposición al moho, la fatiga y otros trastornos diversos. Sus protocolos de tratamiento incluían algunos de los que Craig y Shannon habían oído hablar, como la terapia con infrarrojos. Sin embargo, les tranquilizó que su consulta no fuera un lugar turbio y poco de fiar, sino un inmenso y ajetreado despacho en un complejo médico moderno situado en la calle principal de la ciudad.

El médico, un indio aniñado de unos cuarenta años con unos ojos sabios y ávidos y una forma de proceder competente que inspiraba confianza, se mostró confiado acerca del potencial de Leo para curarse. Había visto a «centenares de niños» como él recuperarse en su propia consulta, les aseguró. La vieja concepción del autismo como una enfermedad intratable, añadió, estaba siendo reemplazada por una nueva ciencia esperanzadora fundamentada en una nueva concepción del autismo como una disrupción reversible de múltiples sistemas en el organismo, los sistemas que atacaba el protocolo DAN!

Cada niño dentro del espectro es distinto y requiere una estrategia de tratamiento individualizada, les explicó. No obstante, había ciertos pasos fundamentales: implementar una dieta más saludable y eliminar los alimentos problemáticos; detectar y tratar alergias no tratadas; tomar suplementos de vitaminas y minerales en dosis altas; suministrar antifúngicos y probióticos para crear un entorno más saludable en los intestinos; tomar antioxidantes para reducir el estrés oxidativo, que afecta a todo, desde la permeabilidad intestinal hasta la síntesis de neurotransmisores, y, por último, purgar todo el organismo de metales pesados como el mercurio y el aluminio, que, según habían detectado los expertos en DAN!, dificultaban la función cerebral en los niños autistas. A los Rosa se les antojaba todo un poco abrumador, pero tenía sentido: se trataba de aplicar un planteamiento sólido, agresivo y de amplio espectro a su hijo en el espectro. Por fin habían hallado la promesa de un futuro más feliz para Leo y su familia.

«Empezaremos con unos análisis —les propuso el médico—. Podemos hacerle a Leo análisis de sangre y cabello y medir con concreción la presencia de mercurio, anticuerpos, antígenos y otros desequilibrios. Y, a partir de los resultados, introduciremos cambios en su dieta. Incluso aunque los análisis no arrojen resultados exagerados, el niño estará más sano.» Sonaba a propuesta ganadora desde todos los puntos de vista, pero luego la conversación se adentró por una senda que daba más que pensar. «Por descontado, si los análisis indican que Leo tiene mucho mercurio en el organismo, habrá que plantearse optar por la quelación.»

Como buenos amantes de la ciencia que eran, los Rosa tenían conocimientos someros acerca de la quelación, el proceso de eliminar metales pesados del organismo empleado después de los accidentes industriales. Durante la Primera Guerra Mundial (que algunos historiadores apodan «la guerra química»), los alemanes empezaron a utilizar gases venenosos como el cloro a modo de mensajeros de la muerte aerotransportados que segaban vidas de una manera particularmente truculenta. Los soldados aliados a quienes sorprendían en las trincheras sin sus máscaras de gas solían ser hallados con los puños apretados, el rostro azul y los labios negros. Posteriormente, un equipo de investigación británico descubrió que determinados compuestos podían combinarse con el gas tóxico y eliminarlo a través de la orina. Estos compuestos se bautizaron como *agentes quelantes*, del término griego para «garra», que describía la acción de «agarrar» las moléculas tóxicas presentes en el torrente sanguíneo y aislarlas para su excreción. Con el paso de los años, los profesionales de medicinas alternativas han vendido la quelación como la solución a un amplio abanico de enfermedades, incluidas las cardiopatías y el cáncer ovárico.

Durante la visita por las instalaciones, los Rosa vieron la clínica de quelación, cuyas paredes estaban forradas de cartas de padres que describían los beneficios que aquel procedimiento había tenido para sus hijos. Craig se anotó mentalmente investigar más en Internet acerca de la quelación y ponerse al día con el estado de la investigación sobre el autismo en general. Lo más atractivo del enfoque biomédico a ojos de los Rosa era que les ofrecía opciones de actuar con relación a la enfermedad de su hijo, a diferencia de la medicina tradicional, que tenía pocas sugerencias prácticas para criar a niños como él. «Comprobamos que otros padres asumían un papel proactivo, se hacían cargo de la situación e intentaban hacer algo bueno por sus hijos», explica Craig.

Al poco se enviaron muestras de sangre, cabello, heces y orina de Leo a una red de laboratorios para su análisis, incluidos los laboratorios Doctor's Data en Illinois y Great Plains Laboratory en Kansas, que funcionaban como nexo central de analíticas para toda la red DAN! A diferencia de los laboratorios médicos convencionales, éstos no proporcionan los resultados cuantificados directamente a los médicos, sino que los imprimen y los entregan a los pacientes, e incluyen comentarios interpretativos y «franjas de referencia» de la línea base para cada parámetro. El Great Plains Laboratory, por ejemplo, sugería que los niños con niveles «anormales» de péptidos en la orina debían someterse a una dieta GFCF y había que practicarles análisis de alergias alimenticias.

El efecto general era reforzar la idea de que se habían establecido vínculos definitivos entre las alergias alimenticias, los metales pesados y el autismo, pese a que dichos vínculos, de hecho, aún eran meramente especulativos. Una nota de exención de responsabilidad en la parte inferior de la página reconocía que el análisis de péptidos «no había recibido aún la autorización ni la aprobación de la Food and Drug Administration estadounidense», si bien añadía alegremente que «la FDA ha determinado que tal autorización o aprobación no es necesaria».[13]

Los resultados de los análisis de Leo, ilustrados de manera imponente con gráficos y barras de vivos colores, no eran alentadores. «Lo que me temía», comentó el médico con aire solemne, antes de explicar a Craig y Shannon las listas y los gráficos y exponerles el plan de ataque para la recuperación de su hijo.

La alergóloga que le había practicado análisis a Leo meses antes no había alzado ninguna bandera roja, pero la red de laboratorios de DAN!, aparentemente más especializada en los problemas de los niños del espectro, parecía mucho más exhaustiva. Resultaba que Leo era sumamente «reactivo» a los cacahuetes y la soja, altamente alérgico al gluten y la cebada y moderadamente sensible a las lentejas, la avena y el trigo. No era raro que su hijo llevara años batallando con la diarrea, pensó Shannon.

Asimismo, los resultados del laboratorio indicaban que las cantidades masivas de azúcar en su gelatina de fresa favorita (no le gustaba ninguna otra) habían desencadenado una explosión de candidiasis en sus intestinos a expensas de la flora intestinal saludable. Las consecuencias de esta candidiasis podían incluir falta de atención crónica (*verificado*), mojar la cama (*verificado*), dolor estomacal (*verificado*), enfado y agresión (*verificado*), anhelo de azúcar (*verificado*), autoestimulación (*verificado*), mesetas en el desarrollo de habilidades (*verificado*), trepar a objetos y saltar de ellos (*verificado*), incapacidad para hacer sus necesidades en el lavabo (*verificado*), risas inoportunas (*verificado*), ataques de llanto inexplicables (*verificado*) y hábitos puntillosos de comida (*verificado*) o, lo que es lo mismo: muchas de las manifestaciones clínicas del autismo. Leo era un caso clásico de *Candida* desmesurada, explicó el médico. Sus queridos emparedados de mantequilla de cacahuete y gelatina lo estaban envenenando.[14]

Además, añadió, los marcadores inmunológicos e inflamatorios de Leo eran extremadamente elevados, muestra de que su organismo se estaba rebelando contra aquella arremetida tóxica: prácticamente estaban fuera de los gráficos, a juzgar por las agoreras barras negras. Su nivel de un anticuerpo llamado inmunoglobulina A, que desempeña un papel fundamental en la capa de la mucosa intestinal, una de las primeras líneas de defensa del organismo, multiplicaba por quince el baremo de referencia indicado por el laboratorio. El tracto gastrointestinal de Leo estaba liberando de manera clara cantidades ingentes de anticuerpos en un intento fútil de repeler una tormenta de alérgenos y patógenos.

El perfil de metales pesados de Leo también era sumamente problemático, de acuerdo con el doctor. El análisis de laboratorio de su muestra capilar indicaba que su organismo contenía elevados niveles de aluminio, los cuales pueden provocar la acumulación de amoníaco en las células y causar una disrupción del metabolismo del ADN y de la síntesis proteínica. Los análisis revelaban asimismo elevados niveles de boro, que a menudo se consideran un aviso de la presencia acechante de elementos neurotóxicos como el mercurio, el cadmio y el plomo. El médico explicó a Craig y Shannon que deberían plantearse seriamente la quelación para iniciar el proceso de recuperación de su hijo... y cuanto antes, mejor.

Mientras tanto, los Rosa podían introducir numerosos cambios para mejorar la calidad de vida de su pequeño de manera inmediata. El primer paso era erradicar incluso cantidades trazas de gluten y caseína de su dieta, tal como Seroussi describía en su libro. (Los análisis de Leo no indicaban ninguna reactividad aguda a la caseína, pero el doctor advirtió a Craig y Shannon que los resultados no reflejaban todas sus sensibilidades.) La evaluación de los alérgenos que él mismo había realizado incorporaba un gráfico detallado en el que describía una elaborada dieta de eliminación y rotación considerada apropiada para un niño con su perfil de reactividad. (Mientras repasaba el listado, Shannon intentó acallar sus dudas acerca de convencer a un niño que subsistía a base de galletas Goldfish y tortitas de maíz Veggie Booty de que empezara a engullir ostras, pomelo, arenques y judías pintas.) No podían seguir tolerando la preferencia de Leo por comer lo mismo cada día, añadió el médico, porque la exposición continua a alimentos concretos podía engendrar nuevas sensibilidades.

El doctor tranquilizó a los Rosa explicándoles que, mientras preparaban a Leo para la quelación, podían adoptar otros varios tratamientos para ayudar a corregir sus desequilibrios sistémicos. Una de esas terapias, llamada BioSET, la había concebido un quiropráctico para liberar los bloqueos energéticos «disonantes» del cuerpo mediante terapia de enzimas, acupresión, homeopatía y quiropraxis.[15] Se trataba de una terapia especialmente relevante para las personas con enfermedades crónicas como el autismo, aseguraba el inventor de BioSET, ya que sus sistemas devienen «caóticos» y dejan «infraalimentados a los sistemas de los órganos vitales, que requieren proteínas, carbohidratos y ácidos grasos para funcionar correctamente».

Casualmente, el médico de Leo conocía a una especialista experimentada en BioSET que tenía una consulta en la misma manzana y les dijo a los Rosa que podía derivarlos. También les proporcionó una lista de suplementos vitamínicos y minerales que se ofreció a venderles directamente en su consulta. Este enfoque de comprarlo todo en el mismo sitio es bastante habitual en la comunidad de la biomedicina. El fundador del Great Plains Laboratory, por ejemplo, también regenta una empresa de suplementos llamada New Beginnings Nutritionals, especializada en productos con nombres como BrainChild, Spectrum Support II y Bio-Chelat. Si los resultados de Great Plains arrojan deficiencias de determinados minerales, pueden obtenerse los suplementos relevantes con un simple clic del ratón. El sitio web de New Beginnings incluye asimismo un videoclip de una madre llamada Lori Knowles que explica cómo su hijo Daniel se recuperó del autismo, recuperación que atribuye a su dieta GFCF, la quelación y un amplio programa de suplementos. (Una voz en *off* menciona brevemente que el muchacho recibió también análisis conductual aplicado intensivo y ortofonía durante muchos años.)[16] «El hijo con el que habías soñado se desvanece como el humo de un cigarrillo» tras el diagnóstico de autismo, afirma Knowles, pero, desde su recuperación, Daniel «se comporta y vuelve a parecer un niño normal», añade orgullosa, antes de que la cámara muestre una escena de él inmerso en un videojuego. Knowles es la directora general de New Beginnings.

Los Rosa salieron de la consulta del médico tambaleándose pero decididos: se habían acabado las *crackers* llenas de gluten, la mantequilla de cacahuete hiperalergénica y las gelatinas que producían candidiasis; había llegado la hora del pan de arroz, la mantequilla de almendras, la mezcla para panqueques de GFCF, el aceite de hígado de bacalao, el K-Mag Aspartate, los probióticos, CoQ10, B_{12}, zinc, selenio, enzimas digestivas, crema de glutaminas, el ácido fólico, los antifúngicos y el extracto de setas con propiedades potenciadoras del sistema inmunitario. La factura mensual de estos alimentos y suplementos era enorme, muy por encima de los miles que los Rosa pagaban cada mes por varias terapias, como el análisis conductual aplicado. Pero consideraban aquellos gastos inversiones fundamentales para el futuro de Leo.

La popularidad de los tratamientos biomédicos del autismo reflejaba el auge generalizado del interés en la llamada medicina complementaria y alternativa en las décadas recientes. Durante los primeros años del siglo XX, el comercio de elevadas dosis de vitaminas y suplementos se convirtió en un potente motor económico, con unas ventas anuales que superaban los treinta y tres mil millones de dólares.[17] Los estadounidenses consultan ahora a sus homeópatas, naturópatas, herboristas, acupuntores, quiroprácticos y maestros Reiki con más frecuencia de la que acuden a visitarse con sus médicos de cabecera.[18] Hasta tres de cada cuatro niños autistas en Estados Unidos reciben algún tipo de tratamiento alternativo, con intervenciones dietéticas que suelen anteceder al diagnóstico.[19]

Poco después de visitar al médico en Los Altos, Shannon sostenía a su escurridizo hijo en su regazo mientras el terapeuta de BioSET le liberaba los bloqueos energéticos de sus meridianos aplicándole corrientes eléctricas en la columna vertebral. El terapeuta les prometió que, una vez eliminados tales bloqueos, las sensibilidades de Leo a docenas de alimentos problemáticos quedarían reducidas, si bien había que irlos eliminando uno a uno, a un coste de setenta dólares por sesión. Nada de todo esto habría sido posible sin todavía más ayuda de los padres de Craig. Cuando Craig le explicó a su padre, Marty, la pauta de tratamientos de Leo, Marty pidió ver algo de la literatura médica que estaban leyendo que la avalara. Craig le envió un listado de sitios web. Tras leerlos con atención, Marty le dijo a su hijo con voz serena: «Ésta no es la ciencia que yo aprendí en la facultad de medicina».

Pero de eso se trataba precisamente. Tras estudiar el autismo durante décadas, la medicina general no había encontrado un tratamiento estándar útil. Normalmente, tras pronunciar un diagnóstico difícil, el médico te dedica una mirada tranquilizadora y añade: «Vamos a hacer lo siguiente. Éstos son los pasos que podemos dar». Para los padres de niños como Leo, ese momento nunca parece producirse. En cambio, en la comunidad de la biomedicina, hay docenas de pasos que pueden darse a continuación.

Una de las primeras cosas que Shannon y Craig decidieron hacer fue dejar de vacunar a sus hijos. Tras haber vivido en Ghana, donde había sido testigo de primera mano del terrible coste humano de las grandes pandemias, Shannon tenía conflictos acerca de dar la espalda a lo que hasta entonces había considerado el triunfo más incontestable de la sanidad pública del siglo XX. Sin embargo, al contemplar a Leo luchar por expresarse y por aprender habilidades vitales básicas, decidió no infligir el mismo destino a sus dos hijas. Accedió a dar a luz a India en el hospital sólo después de que su *doula* le asegurara que nadie intentaría inmunizar a su bebé sin su permiso.

Cuando su madre le preguntó si le preocupaba tener otro hijo autista, Shannon se hizo la valiente, pero, más tarde, al encontrarse sola en el coche, rompió a llorar. Mientras Leo atravesaba uno de sus ciclos de comportamiento particularmente difíciles, escribió una entrada en su diario para la hija que llevaba en su útero:

Intento ser optimista. Bichito, me alegra que estés ahí. Estamos de 8½, tú y yo. Aguanta hasta el final. Te amamantaré hasta la guardería y te mantendré alejada de esas desagradables vacunas. Serás perfecta.

En paralelo lanzó una guerra contra la vacunación obligatoria en su blog. Frente al incendiario debate público acerca de las vacunas suscitado por las polémicas declaraciones del gastroenterólogo Andrew Wakefield, quien aseguraba que la vacuna triple vírica había desencadenado una epidemia mundial del síndrome del «intestino permeable», los medios de comunicación intentaban proporcionar una visión justa y comedida. Cuando la revista *People* publicó un artículo titulado «Medidas desesperadas» que citaba a la activista antivacunas Lyn Redwood en paralelo a un médico que había tratado a un niño que había fallecido a causa del sarampión —al tiempo que señalaba que las tasas de diagnóstico seguían aumentando en Suecia, donde la triple vírica se había eliminado del calendario de vacunación en 1993—, Shannon despedazó a la periodista en Internet por «suscitar el miedo y desinformar».

Tras el nacimiento de India, el pediatra de los Rosa intentó que Shannon desestimara su plan de no vacunar a sus hijos y le propuso incluso administrar la triple vírica por separado. Pero ella se mantuvo firme y, al final, el médico acabó expulsando a la familia de su consulta. Por otro lado, Shannon registró a India es un estudio de hermanos de niños autistas en el MIND Institute de la UC Davis. Posteriormente encontró a una pediatra que le dijo que le permitiría aplicar el calendario de vacunas modificado sugerido por el instituto.

V

Sustituir los emparedados de mantequilla de cacahuete y gelatina por panqueques de GFCF sin sirope entristeció a

Leo. El pequeño respondió a este nuevo régimen aullando en la mesa de la cocina mientras Shannon soñaba despierta con raptarlo y llevárselo a una casa colgante en las montañas donde sólo comiera alimentos de la lista aprobada. Se consolaba pensando que para ser un niño que comía un menú drásticamente limitado por elección propia, ahora se alimentaba mucho mejor y su diarrea crónica por fin había cesado. De hecho, en ocasiones Leo sorprendía a su madre bebiéndose de un trago pociones que ella jamás había pensado que toleraría, como cócteles de aceite de hígado de bacalao mezclado con zumo de pera aguado. Eso era lo más dulce que tenía permitido consumir.

Como generaciones de padres de niños autistas antes que ellos, Shannon se convirtió en una observadora meticulosa del comportamiento de su hijo y se dedicó a rellenar cuadernos de notas y gráficos con sus reacciones a cada cambio en su programa de recuperación y a atrapar los hilos esquivos de causa y consecuencia en una densa maraña de correlaciones. Consignó las pastillas, elixires, cápsulas, cremas e inyecciones de Leo en una retícula, que a la sazón contenía la friolera de veinticinco elementos.

El médico de Leo se alegraba del aparente descenso de su hiperactividad, pero advirtió a los Rosa que, si no comenzaban al menos con la quelación oral pronto para eliminar el mercurio de su cerebro, podía quedar impedido de manera permanente. Ahora bien, para adentrarse por este sendero, Leo debería empezar a tomar cantidades ingentes de suplementos, ya que la quelación drena los minerales esenciales de los metales pesados. El problema era que la especialista en BioSET de Leo había detectado sensibilidades a varios de sus suplementos y había que solucionarlas primero, con sesiones semanales dobles, antes de empezar a reforzar sus minerales.

La lista de deberes de Shannon no dejaba de ampliarse, y eso sin contar las muchas horas a la semana requeridas para coordinar las sesiones de logopedia y OT de su hijo, que a menudo tenía que cancelar o acortar para acomodar el calendario de BioSET del niño. Le costaba creer cuánto trabajo entrañaba tener un hijo autista, pero si todo aquello redundaba en su recuperación, se decía, habría merecido la pena.

Durante uno de los tratamientos de BioSET de Leo, Shannon vio de reojo una fotografía en el escritorio de la terapeuta y recordó que el médico con quien se visitaban unos números más arriba en la calle tenía una foto idéntica del mismo niño en su escritorio. Resultó que el médico y la terapeuta eran pareja y que el niño de la fotografía era su hijo. El médico no había mencionado nada acerca de su relación cuando los había derivado a ella, y la terapeuta tampoco lo había sacado a colación. Tenían un pequeño tinglado montado y se remitían pacientes entre sí para los costosos tratamientos que Leo parecía necesitar cada vez más si no quería afrontar una vida discapacitada. Por el bien de Leo, Shannon intentó apartar aquel pensamiento incómodo de su mente.

Unos meses más tarde, los Rosa regresaron a la consulta del médico en Los Altos para recibir una nueva tanda de resultados de laboratorio y consultas. Por desgracia, el nuevo lote de analíticas demostraba que la *Candida* en los intestinos de Leo estaba más descontrolada que nunca, a lo cual se sumaban colonias florecientes de *Lactobacillus, Streptococci* gamma y beta y una infestación de *E. coli* incapaces de fermentar la lactosa. A resultas de ello, explicó el médico, el tracto gastrointestinal de Leo presentaba una grave inflamación, motivo por el cual habría que someterlo a una nueva ronda de probióticos y enzimas. Había que suprimir también la mantequilla de almendras, un insulso sustituto de la mantequilla de cacahuetes que tanto le gustaba, pero mejor eso que nada.

Y había más malas noticias. El último análisis capilar de Leo demostraba que su organismo estaba excretando «bajos» niveles de mercurio. El médico explicó que eso significaba que las neurotoxinas volvían a estar acumulándose en su organismo y amenazaban con revertir todos los progresos que había realizado en el año anterior. Tal evolución convertía a Leo en un candidato urgente para la quelación intravenosa, que el médico se ofreció a proporcionar él mismo en la trastienda.

Craig había intentado apartar sus dudas sobre la quelación durante meses. «Invertí mucho tiempo esforzándome por llegar a la raíz de aquella investigación —explica—. Sonaba a ciencia: polimorfismos, desencadenantes ambientales, estrés oxidativo, moléculas que atravesaban la barrera hematoencefálica, glutación, metilación y la constante vía directa de desintoxicación de mercurio. Al leer aquellos informes no podía dejar de pensar: "Madre mía, tengo que entender todo esto".»

Lo que más le confundía era el tema de las vacunas, porque había estado leyendo un nuevo lote de estudios que ponían en entredicho la validez del documento de Wakefield y la hipótesis de la relación entre el mercurio y el autismo en general. Un estudio en Japón había revelado que las tasas de diagnóstico por autismo continuaban aumentando de manera pronunciada incluso después de sustituir la combinación de la vacuna triple vírica por vacunas aisladas.[20] Otro estudio en Hong Kong había detectado que los niveles de mercurio en el torrente sanguíneo de los niños con autismo no eran significativamente más elevados que los de los niños normales.[21]

Incluso pasando por alto el hecho de que la correlación entre la exposición al mercurio y el autismo aún no se había demostrado, era imposible determinar a partir de la lectura de los resultados de las analíticas de Leo si los niveles detectados eran verdaderamente peligrosos o significativamente elevados con respecto a una exposición secundaria normal. Puesto que los laboratorios también especificaban los supuestos niveles básicos, los padres entendían que cualquier nivel por encima de dicho baremo era una prueba de toxicidad, asunción que los médicos de DAN! alentaban de manera activa.

Entre tanto, las tasas de infección por sarampión se disparaban en Inglaterra, Irlanda, Gales, Estados Unidos e Italia, entre otros países. En cuestión de pocos años, la cobertura de la vacuna triple vírica en algunas zonas de Londres caería en un cincuenta por ciento, desde el elevado noventa y dos por ciento justo antes de que Wakefield copara los titulares con su artículo. El sarampión volvió a declararse endémico en Inglaterra por primera vez en años, con 1.348 casos registrados en 2008, en relación con los escasos 56 casos en 1998.[22] Y uno de cada diez niños caía lo bastante enfermo como para requerir hospitalización.[23]

Pero Leo era su hijo, y los Rosa querían hacer lo mejor para él. Craig le explicó a su padre que estaban planteándose administrarle quelación intravenosa por consejo de su médico y le envió un artículo donde se resumía el consenso en torno a la toxicidad de los metales pesados en DAN![24] Marty respondió con una carta extensa en la que expresaba su preocupación. «Insinuar que existen síntomas similares entre el envenenamiento con mercurio y el autismo puede ser cierto, pero no significa necesariamente que sean lo mismo —escribió—. Muchos de los médicos del simposio tienen hijos autistas. Creo que estas personas pueden ser parciales y aferrarse a algo que parece posible, y hacerlo ahora. Es perfectamente comprensible, tal como todos nosotros esperamos que exista un tratamiento mágico que cure a nuestro niñito, Leo. Sin embargo, tras leer muchos artículos más científicos, no creo que podamos depositar nuestras esperanzas en la quelación y los suplementos alimenticios.»

Y añadía que, en tanto que profesional médico, le desconcertaban la cantidad de notas de exención de responsabilidad que contenía el informe de DAN!, las cuales iban desde una admisión de que «las teorías y modelos médicos en los cuales se basan estas terapias no están aceptados universalmente», pasando por el hecho de que «todavía no se han realizado estudios de resultados bien controlados» hasta la indicación de que las terapias descritas «pueden redundar en un empeoramiento de algunos niños autistas». Marty concluía su carta afirmando que creía que el riesgo para Leo era demasiado elevado.

Craig y Shannon continuaron leyendo historias alentadoras en Internet acerca de niños que se habían recuperado hasta el punto de que su diagnóstico se hubiera anulado, pero la trayectoria de su hijo parecía ser mucho menos uniforme. En ocasiones, hacía grandes avances, pero parecían más relacionados con los progresos en sus otras terapias que con los suplementos que le hubieran añadido a la lista ese mes. Otros días, Leo parecía retroceder tres pasos.

Con tantas intervenciones simultáneas, les resultaba difícil evaluar con precisión la eficacia de cada una de ellas. Shannon tuvo que revisar sus informes para determinar que el cese abrupto de la diarrea de Leo no se debió a los cambios introducidos en su dieta, sino a que había dejado de tomar el antibiótico para las infecciones de oído. Pero continuó adelante, aterrorizada ante la idea de renunciar a la oportunidad de las intervenciones biomédicas que podían afectar positivamente al futuro de su hijo.

VI

Había algo incontestable: la nueva dieta de Leo lo hacía infeliz. Siempre había parecido expectante a las horas de comer con su familia y, en cambio, ahora se arrastraba hasta la mesa con una mirada desconsolada en el rostro. En ocasiones se limitaba a tirar la comida al suelo. Eso sí, en cierto modo aquella dieta aceleró su adquisición del lenguaje expresivo: empezó a suplicarle a Shannon que le diera alimentos específicos cuyo nombre ella ni siquiera sabía que conocía, como yogur y sandía.

Siempre había sido un niño excepcionalmente alegre, incluso ante los múltiples desafíos prácticos que afrontaba en el día a día. Ahora, por el contrario, parecía hallarse en un estado continuo de rebelión contra la ingesta de pastillas cada hora, la revisión interminable de los contenidos de sus pañales y la administración nocturna de la inyección de vitamina B_{12}. Parecía tan exhausto como se sentían sus padres.

Con ocasión del siguiente peregrinaje de los Rosa a Los Altos, el médico inevitablemente sacó a colación el tema de la quelación. Pero, en esta ocasión, Craig lo desafió. «Aguarde un segundo —le dijo—. ¿Me está diciendo que el plan de acción recomendado para disminuir los niveles de toxicidad por mercurio es la quelación?» «Así es», respondió el doctor. «¿Y que el plan de acción recomendado para una elevada toxicidad por mercurio es la quelación?» El médico volvió a asentir con la cabeza. Por último, Craig le preguntó: «¿Hay algún resultado que pudiera contraindicar la quelación?». Y el médico respondió: «No».

Llegados a aquel punto, Craig y Shannon le dijeron: «Muchas gracias», salieron por la puerta de la consulta y no regresaron nunca más a Los Altos.

Leo estaba lejos de recuperarse, pero prosperaba a su propia manera. Había establecido una conexión profunda con su terapeuta de análisis conductual aplicado, Fiona, una pelirroja australiana alegre y sensata que sabía ser dulce a la par que firme. Durante veinticuatro horas, trabajó con él en dominar tareas sencillas como saludar a las personas cuando entraban en una estancia, nombrar correctamente las partes de su cuerpo (Leo conocía veintiuna) y ser capaz de vestirse y desnudarse por sí mismo.[25] En lugar de proponerse erradicar el comportamiento autista de Leo, tal como había hecho la terapeuta de los Maurice, Fiona se centraba en enseñarle habilidades que le permitirían cuidar de sí mismo y expresar sus deseos y preferencias de manera más efectiva.

El principio de la autonomía empieza por ser capaz de comunicar *sí* y *no*, algo que Leo había sido incapaz de hacer meses antes. Ahora, si le apetecía salir a jugar al patio trasero, les pedía a su padre o a su madre que abrieran la puerta. Y también aprendió a realizar peticiones sencillas como: «Quiero sentarme en puf», «ver Tubbies» o «Dame gorro». Y este vocabulario fue su puerta de acceso a una interacción social más recíproca. Leo aprendió a decir «mi turno» cuando le tocaba jugar con un juguete y blandía en alto el juguete cuando escuchaba a otro niño decirlo. Y también aprendió a concentrar su atención en una tarea durante quince minutos seguidos, todo un logro para cualquier niño a esa edad.

En ocasiones, cuando le apetecía abandonar una actividad, seguía lanzándose de cabeza al sofá, echándose a galopar por la estancia o empezaba a cantar. Pero Fiona entendía y alentaba su exuberancia natural, tal como hacía Shannon. Si se frustraba y se descargaba con Fiona, ella lo reconducía con amabilidad explicándole qué podía hacer para liberar su frustración. Cuando se sentía abrumado, Fiona le permitía realizar una actividad menos estresante para que se relajara y lo intentara de nuevo más tarde. En el seno de este marco comprensivo, Leo realizó rápidos progresos y acabó por dominar docenas de tareas en poco tiempo.

Nada de ello fue fácil. Cada día requería una nueva curva pronunciada de aprendizaje tanto para Leo como para su familia. Sin embargo, criarlo dejó de ser la pesadilla desmoralizante que el autor del artículo de *Salon* y docenas como él habían predicho. Entrañaba más bien una serie de desafíos prácticos, como saber qué buscar en un terapeuta ocupacional, encontrar una escuela para Leo que se concentrara tanto en descubrir sus puntos fuertes como en manejar su comportamiento, y aprender a caminar con orgullo cuando los miraban de soslayo en público. Algo que no parecía ayudar era excavar en la causa del autismo o compadecer a Leo por ser la víctima desafortunada de una conspiración farmacéutica.

Entonces Shannon leyó un libro que la inspiró a cambiar su forma de pensar acerca de Leo y de su propio sino como madre. Era la historia que Susan Senator explicaba en *Making Peace with Autism* acerca de cómo había criado a su hijo autista, Nat, y a sus dos hermanos, Max y Ben, con su esposo, Ned, un programador de software. Con candor y compasión, Susan describía los pasos prácticos del día a día que ella y su esposo tenían que dar para manejar el comportamiento de su hijo, cómo nutrían su inteligencia y cómo habían peleado por el derecho del pequeño a recibir educación. No había nada encubierto: describía los períodos sombríos en los que ella y Ned se hallaban en «modo asedio» porque su hijo parecía concentrado en comportarse de manera destructiva. Sin embargo, en colaboración, ambos habían hallado modos de adaptarse al comportamiento de Nat, a menudo teniendo que improvisar, porque nada parecía ser un buen manual para criar a un hijo como él.

Para preparar a Nat para las cenas festivas con parientes y otras salidas familiares, Susan empezaba por crear lo que denominaba «guiones de crisis», ilustrados con imágenes recortadas de revistas, para poderle ofrecer previsualizaciones detalladas de lo que podía esperar... como la agenda visual de Leo. Tales guiones gráficos se revelaron un éxito asombroso. En una cena navideña con la familia de Ned, Nat echó un vistazo alrededor de la mesa y exclamó con aprobación: «¡Cristianos!».

El libro no promovía ninguna teoría sobre las causas del autismo y no prometía ninguna recuperación fascinante. El clímax de la historia era muy distinto: en medio de una de las tormentas de carcajadas inexplicables de Nat, Susan cayó en la cuenta de que, incluso en sus momentos más difíciles, su hijo intentaba comunicarse con ella. «Me miraba con ternura —escribió—. Se me atragantó el llanto. Aquella mirada me desmontó. "Madre mía. Sí que intenta conectar con nosotros. Simplemente no sabe cómo hacerlo si no es incordiándonos."»

Aquella revelación fue un momento de inflexión para toda la familia: «Mi epifanía acerca de la risa de Nat conllevó un cambio profundo y positivo en cómo lo tratamos y en cómo él empezó a respondernos». En lugar de ser una historia acerca del triunfo de una familia sobre el autismo, el libro de Susan era un relato de los primeros pasos de un viaje de descubrimiento con su hijo que les llevaría toda la vida. «Ayudamos a Nat a ser la mejor versión de sí mismo y, en el proceso, él nos convierte en quienes somos —escribió—. No podemos ser la típica familia. No somos una familia normal. Pero hay algo cierto: estamos bien.»

Making Peace with Autism también marcó un punto de inflexión en la historia de los Rosa. «Fue el primer libro sobre cómo criar a un hijo con autismo práctico y positivo —recuerda Shannon—. Susan no vendía ninguna cura, ni un milagro ni nada de eso. Lo que la movía era la necesidad de hacer saber a otras familias que no estaban solas y les ofrecía consejos basados en su experiencia personal para allanarles el camino. Fue la primera vez que encontré a un padre de un niño autista que había adoptado una posición de aceptación, en lugar de una de resignación o martirio. El libro me ayudó a entender que el autismo sería siempre una parte de quien es mi hijo.» En lugar de referirse a Leo como un niño «de bajas capacidades», «gravemente afectado» o «profundamente impedido», los términos clínicos estándar para niños como él, Shannon empezó a llamarlo su «chico de alto octanaje» para no definirlo siempre en términos de sus déficits.

Los abuelos tanto por parte paterna como materna se sintieron aliviados al ver que Shannon dejaba de tratar a su hijo «como un experimento científico», en palabras de ella misma, y las salidas familiares resultaron mucho más fáciles, puesto que ya no tenía que llevar encima un arcón lleno de suplementos y alimentos especiales. Tal como la familia de Susan había hecho por Nat, los Rosa empezaron a improvisar modos creativos de conectar con Leo y colmar sus necesidades. Ahora bien, abandonar la esperanza de su recuperación también tuvo un coste. Los amigos que habían celebrado los esfuerzos de Shannon por curar «al niño que pronto dejaría de ser autista» marcaron distancias. Los lectores de su blog la acusaron de poner en peligro el futuro de Leo al tirar la toalla con él demasiado pronto. Los Rosa volvieron a sentirse aislados y de nuevo tuvieron la sensación de aventurarse con su hijo en territorio ignoto.

Muchos de sus amigos avanzaban en la dirección opuesta, acudiendo en masa a conferencias en las que los ponentes vendían las asombrosas propiedades curativas de la leche de camello, los enemas de cloro, las cámaras hiperbáricas en el hogar, todo lo cual podían suministrar de manera conveniente los comerciales que hacían cola en los pasillos. En casi todos los nuevos foros en Internet para padres con niños recién diagnosticados predominaban las preocupaciones acerca del mercurio y las vacunas; quienes expresaban su escepticismo ante el hecho de que la vacuna triple vírica fuera la responsable de desencadenar una epidemia mundial de autismo eran acusados de «tener la cabeza enterrada en la arena» y de «complicidad con las grandes farmacéuticas». Los padres atormentados apodaron estos debates en bucle aparentemente infinitos «las guerras contra el autismo».

Entonces Shannon tropezó con un blog de una profesora de literatura clásica llamada Kristina Chew, cuyo hijo Charlie tenía la edad de Leo y se le parecía mucho en muchos aspectos. De niño pasaba horas solo contemplando los rayos de sol desplazarse por el suelo y hojeando libros ilustrados. Si sus ensoñaciones se interrumpían, Charlie empezaba a golpearse la cabeza con las manos y a gritar. Sin embargo, también era un muchacho atlético y con una energía inacabable a quien gustaba nadar, ir en bicicleta y practicar otras actividades al aire libre. El veredicto que sobre él solían emitir otros padres solía ir en la línea de «Es un niño difícil».

Cuando diagnosticaron a Charlie poco después de su segundo cumpleaños, Kristina y su esposo, James Fisher, probaron por todos los medios a su alcance evitar el trágico futuro que predecían para él. Eliminaron todos los rastros de trigo y productos lácteos de su dieta, leyeron detenidamente libros como *Tratamientos biológicos para el autismo y el PDD* y *Niños con cerebros hambrientos*, solicitaron kits de análisis en laboratorios afiliados a DAN!, lo atiborraron a suplementos y megavitaminas, lo sometieron a un régimen de antifúngicos y lo llevaron a un sanador en Staten Island que aseguraba poder redirigir la circulación del fluido cerebroespinal de Charlie masajeándole los huesos del cráneo.

Tras tres años de terapias intensivas, además de cuarenta horas semanales de análisis conductual aplicado, Charlie seguía prácticamente sin hablar y era incapaz de cuidar de sí mismo. Un día Kristina constató que la especialista en DAN! que los visitaba parecía tener poco interés en conocer siquiera a su hijo y que lo único que parecía preocuparle era ampliar la lista de tratamientos.[26] «Caí en la cuenta de que yo no estaba pensando tanto en lo que Charlie necesitaba como en lo que yo creía que tenía que hacer como madre —escribió Kristina en su blog—. Tenía una imagen de cómo "debería" ser Charlie. No había mirado al niño real que tenía delante de mí. Supe entonces que en mi interior se libraban las "guerras contra el autismo".»

Como Susan, Kristina decidió que le convenía más aplicar sus esfuerzos a combatir por la educación de su hijo. Y esa misión resultó ser todavía más desmoralizante que perseguir su recuperación. Kristina y su familia tuvieron que mudarse ocho veces en diez años, renunciando a un puesto permanente en la St. Peter's University de la ciudad de Jersey, donde había construido un próspero Departamento de Literatura Clásica, para encontrar la escuela adecuada para Charlie. Sin embargo, lo más duro era la escasez de información acerca de cómo criar a niños en el espectro que, en vez de contemplar el autismo como el problema principal, abordara las barreras prácticas que se interponían en el desarrollo de su potencial.

¿Cómo se las habían apañado los padres en el pasado para conseguir que sus hijos recibieran la ayuda y los recursos necesarios? ¿Qué sucedía con los niños como Charlie y Leo cuando crecían? ¿Los internaban a todos como a Raymond Babbitt? ¿Cómo acababan compartiendo el espectro con ingenieros de software locuaces y científicos excéntricos como Temple Grandin? Incluso los expertos prominentes en este campo bregaban por hallar respuesta a estas preguntas básicas. Parecían *faltar* capítulos enteros acerca de la historia del autismo.

Y en consecuencia, más de medio siglo después de que Leo Kanner anunciara su descubrimiento de un «"síndrome" único y, por ende, sin documentar» entre los jóvenes pacientes de su clínica en Baltimore,[27] padres como Shannon, Susan y Kristina se descubrieron en el Año Cero, intentando improvisar futuros esperanzadores para sus hijos a partir de fragmentos recopilados de folletos de centros regionales e hilos de mensajes en listas de correo de Yahoo, con pocos modelos de autistas en la edad adulta visibles que les permitieran adoptar decisiones documentadas. La actriz y modelo Jenny McCarthy, que se convirtió en el rostro público de un ejército de «madres guerreras» al publicar un trío de ensayos superventas sobre cómo «salvó» a su hijo Evan del autismo mediante la quelación, los probióticos y otros tratamientos, insistía en que «en el pasado no había» adultos autistas.[28] «Sólo pasa ahora.»[29]

A la sombra de las cifras crecientes, hacer las paces con el autismo, contemplándolo como una incapacidad para toda la vida que requiere apoyo, en lugar de cómo una enfermedad infantil que puede curarse, se antojaba una idea novedosa y radical. De hecho, era la idea más antigua en la investigación acerca del autismo. Pero había caído en el olvido, junto con la historia de un valiente médico que intentó rescatar a los niños a su cuidado del experimento de ingeniería social más macabro de la historia de la humanidad.

3

Lo que sabía la hermana Viktorine

Una vez que uno aprende a prestar atención a las manifestaciones características del autismo, aprecia que no son en absoluto raras.

Hans Asperger[1]

Gottfried K. Tenía nueve años y medio cuando su abuela lo llevó a la Clínica Pediátrica del Hospital Universitario a que lo examinaran. Larguirucho para su edad, era un niño guapo, con unos ojos castaños de una belleza pasmosa. Por desgracia, su descoordinación física era tal y sus expresiones faciales resultaban tan difíciles de interpretar, que la primera doctora que le hizo una exploración, una joven psicóloga llamada Anni Weiss, dio por sentado que era «débil mental».[2]

No era la primera vez que ocurría, le explicó a la doctora la abuela de Gottfried. La gente solía juzgar erróneamente a su nieto como lento y bobo. Sus crueles compañeros de clase lo habían bautizado con un apodo que la hacía sonrojarse de rabia: Gottfried *el Tonto*. Sabía que se equivocaban con respecto a él, porque era un niño muy listo y aplicado en sus estudios. Sin embargo, ella misma debía admitir que con frecuencia su comportamiento también la confundía.

En casa y en compañía de adultos, Gottfried parecía alegre y conforme, pero los cambios más nimios en su rutina lo desconcertaban. Cuando estaba triste, empezaba a moverse con nerviosismo, a soltar risitas y a hablar por lo bajini. Y como se comportaba de la misma manera cuando estaba contento, a su abuela le resultaba difícil determinar cómo se sentía en cada momento. A Gottfried le aterrorizaban los otros niños, lo cual no era de extrañar, a juzgar por cómo se metían con él. Sin embargo, también parecía extrañamente incapaz de desenvolverse en la vida. Solía olvidarse de cepillarse los dientes y de bañarse y requería ayuda incluso para atarse los cordones de los zapatos. Además, sentía miedos infantiles a cosas que la mayoría de los niños de su edad se tomaban con calma, como los perros, los estruendos, las nubes y el viento.

Weiss la escuchaba con atención mientras tomaba notas. La abuela de Gottfried le cayó bien desde el principio. La describió como «una mujer sencilla en la sesentena, de buen corazón y con sentido común». Y el muchacho también le despertaba ternura, aunque entendía por qué a su abuela le desconcertaba su comportamiento. Weiss la creía cuando insistía en que su nieto no era travieso o desobediente a propósito. Al contrario, era un niño bondadoso e ingenuo y se sentía terriblemente avergonzado cuando le señalaban sus fallos. Pero parecía incapaz por naturaleza de comportarse de manera apropiada en público.

Su abuela había acertado de pleno al llevarlo a aquel lugar, quizá la única clínica en el mundo donde podía recibir el tipo de cuidados y atención que requería. Weiss esperaba analizar aquel caso con sus colegas, en concreto con un pediatra de voz suave que recientemente se había unido al personal y parecía sentir un interés especial por los niños sensibles y dotados que habían sido desterrados por sus iguales. Su nombre era Hans Asperger.

En una de las escasas fotografías de la clínica que nos han llegado, el tímido doctor y un niño aparecen sentados frente a frente en una mesa, enzarzados en una conversación.

De aspecto infantil, esbelto y con gafas de montura redonda, Asperger viste de manera más formal que sus colegas al otro lado de la estancia, con el cuello de la camisa almidonado y corbata bajo su bata blanca de médico. Su director de tesis, un influyente especialista de enfermedades infecciosas infantiles, Franz Hamburger, le había aconsejado que realizara su trabajo de posgrado en la clínica.[3]

La Universidad de Viena albergaba uno de los hospitales más prestigiosos de una ciudad conocida en todo el mundo por la calidad de su sistema sanitario. Viena era el hogar de Sigmund Freud, el antiguo neurólogo cuyas teorías de la psique dominaron la concepción popular de la mente durante casi un siglo. También era la ciudad de Carl von Rokitansky, el forense que revolucionó la medicina en el siglo XIX sistematizando los análisis de los síntomas al tiempo que recordaba a sus colegas que debían contemplar siempre a sus pacientes con respeto, en lugar de verlos como simples conejillos de Indias para sus investigaciones.

Médicos procedentes de toda Europa acudían en grandes números a la ciudad para observar cirugías en las inmensas salas de operaciones y consultar con los expertos más destacados del momento. Cada septiembre, Hamburger ofrecía un curso popular sobre enfermedades infantiles en la clínica, al cual asistían pediatras llegados en barcos a vapor desde Estados Unidos.[4] Apodada la «Viena Roja» en los años posteriores a la Primera Guerra Mundial debido a su Gobierno socialista,[5] del cual se sentía orgullosa, a su tradición anticlerical y a los proyectos de viviendas sociales para familias trabajadoras financiados con impuestos aplicados a las clases pudientes, la vibrante capital austríaca albergaba docenas de salones animados donde médicos y científicos se mezclaban con artistas y músicos y se enfrascaban en debates de amplio espectro que abordaban desde política hasta arte, ciencia y filosofía.[6]

Gran parte de esta agitación cultural se originaba en la animada comunidad judía de la ciudad, cuyos orígenes se remontaban al siglo XII. La música de Gustav Mahler sonaba en radios y auditorios, mientras que los mecenas judíos encargaban las exquisitas pinturas de Gustav Klimt y Egon Schiele que exponían en sus galerías locales.[7] En los años posteriores a la Primera Guerra Mundial, uno de cada cinco habitantes de la ciudad era judío, como también lo eran muchos de los miembros de las facultades que impartían clases en la universidad.

Asperger y Weiss trabajaban en una sala de la Clínica Pediátrica fundada en 1911 por un médico, maestro y reformista social llamado Erwin Lazar. Su concepción de la educación especial sigue considerándose innovadora a día de hoy. En lugar de contemplar a los niños a su cuidado como personas defectuosas, incompletas o enfermas, consideraba que eran víctimas de la dejadez de una cultura que no había logrado proporcionarles los métodos de enseñanza adecuados para sus estilos de aprendizaje individuales. Lazar tenía un don especial para detectar señales de potencial en cualquier niño o niña, por muy difícil o rebelde que supuestamente fuera.

Lazar se volvió adicto a intuir qué carrera podía ofrecer a un niño las mejores posibilidades de vivir una vida plena al tiempo que realizaba aportaciones relevantes a la sociedad. Contemplaba a cada niño como la personificación de un arquetipo concreto, como si la masa de la humanidad estuviera organizada por una predisposición innata a dividirse en clanes o tribus, cada uno de ellos con sus propios atributos característicos. En lugar de pensar en los niños como «pacientes», los veía como futuros panaderos, barberos, agricultores, profesores e ingenieros. Algunos parecían pertenecer a otro tiempo, como si fueran personajes extraídos del Gótico o del Renacimiento y transportados al siglo XX. Otros parecían mayores o menores que sus edades cronológicas, o de clases o razas distintas a sus padres. A los consagrados miembros del personal de Lazar les maravillaba su capacidad para evaluar con precisión la situación de cada niño y resumirla en una única frase:

Sus nombres para los distintos tipos siempre eran bastante incisivos y rezumaban buen humor, sin ser en ningún caso irrespetuosos con el niño.[8] Cuando caracterizaba a los niños con una sola palabra, ésta era invariablemente el modo más claro posible de describir sus capacidades, talentos y perspectivas de futuro particulares. Uno entendía al instante los problemas del niño y en qué sentido eran la consecuencia natural de su personalidad; comprendía los conflictos del niño y sabía qué aspecto de su personalidad debía manejar con cuidado, qué desafíos podía afrontar y cómo se podía dar forma a su trayectoria futura.

Combinando elementos de la psicología, la medicina y la pedagogía progresista, Lazar concibió una estrategia para ayudar a cada niño a materializar su potencial basándose en el concepto decimonónico de la *Heilpädagogik*, «la pedagogía terapéutica». En lugar de tratar los supuestos problemas psicológicos de manera aislada, Lazar pretendía transformar su clínica en un microcosmos de una sociedad más humana en la cual los niños pudieran aprender a interactuar en un contexto de respeto y aprecio mutuos. Una instalación de tales características, solía decir, nunca debe ser demasiado pequeña: «Debe brindar a cada niño la posibilidad de encontrar un camarada como él».[9]

Lazar desarrolló estas teorías compasivas en colaboración con un maestro y psicoanalista llamado August Aichhorn, quien dirigía un internado en Viena para niños problemáticos en los años posteriores a la Primera Guerra Mundial. «Jamás se nos ocurrió a ninguno verlos [a los niños] como delincuentes o criminales de los cuales había que proteger a la sociedad», escribió Aichhorn en un manifiesto titulado *Juventud desamparada.*[10] «A nuestros ojos, eran personas en quien la vida había puesto una carga excesiva y cuyo odio y actitud negativa hacia la sociedad estaban justificados; de ahí que fuera preciso crear para ellos un entorno en el que pudieran sentirse cómodos.» La idea del entorno terapéutico de Aichhorn tuvo una gran influencia y sirvió de modelo para instituciones progresistas de todo el mundo.

La unidad de educación especial de Lazar, conocida como la Unidad Heilpädagogik o de Pedagogía Terapéutica, estaba en sintonía con una tradición de innovaciones osadas en el hospital. El cofundador de la Clínica Pediátrica, un inmunólogo llamado Clemens von Pirquet, quien desarrolló el concepto moderno de las alergias, era un firme defensor de la igualdad de las mujeres. Elevó el estatus de las enfermeras de la planta al nivel de colaboradoras y transformó la cocina del hospital en un laboratorio para el estudio de la nutrición, lo cual permitió alimentar a cien mil niños hambrientos de la ciudad en los años posteriores a la Primera Guerra Mundial. Y construyó un alegre pabellón al aire libre en la azotea para los jóvenes pacientes con tuberculosis. Cada mañana, una procesión de aquellos niños descendía una escalera serpenteante mientras cantaba música coral, de camino a recibir sus clases en el jardín del hospital.[11]

Asperger se sumó al unido personal de la Unidad de Pedagogía Terapéutica que contaba entre sus activos a Weiss, el psiquiatra Georg Frankl, el psicólogo Josef Feldner y la hermana Viktorine Zak, una monja que tenía una manera especial de trabajar con niños especiales. También había entre el personal un joven médico especializado en tratar trastornos gastrointestinales, Erwin Jekelius.[12] Asperger y sus colegas se reunían en sus apartamentos personales para mantener mesas redondas varias veces a la semana. Allí hablaban en profundidad acerca de sus jóvenes pacientes, analizando cada caso desde tantas perspectivas como fuera posible. Prescindiendo del entusiasmo de Aichhorn por el psicoanálisis, alimentaban las mentes en desarrollo de sus pacientes involucrándolos en un programa integrado de música, literatura, estudios naturales, teatro, arte, ortofonía y gimnasia, coordinado por la hermana Viktorine, a quien Asperger consideraba el «verdadero genio» de su clínica.[13]

Para emitir un diagnóstico aplicaban un método de intensa observación concebido por Lazar. Lazar consideraba que sólo observando a un niño durante su vida diaria, en clase, mientras juega, en la mesa a la hora de cenar y cuando descansa, podían calibrarse las auténticas dimensiones de su enfermedad. Someter a los niños a una batería de pruebas o meterlos a rastras en una sala de observación no bastaba. La hermana Viktorine, que trabajó codo con codo con Lazar hasta la muerte de éste, acostumbraba a decir que era fundamental observar el comportamiento de los pequeños «hasta los dedos de los pies». Nadie dominaba este estilo íntimo de observación mejor que Georg Frankl, un checo que comenzó a trabajar en la clínica en 1927 tras licenciarse por la universidad.[14] Frankl se convirtió en el especialista en diagnóstico jefe de Asperger.

Asperger solía sentarse con los niños y les leía poesía y cuentos de sus libros preferidos.[15] «No me interesa "forzar desde fuera" y darles instrucciones, ni observarlos con frialdad y distanciamiento —afirmaba—. Prefiero jugar y hablar con el niño y tener los ojos bien abiertos tanto para observarlo a él como a mí con vistas a detectar las emociones que afloran en reacción a todo lo que sucede en el curso de la conversación entre ambos.»

Los relatos previos de la vida en la clínica de Asperger se han basado en un informe publicado en 1991 por la psicóloga cognitiva Uta Frith,[16] si bien un artículo que suele pasarse por alto escrito por el psiquiatra estadounidense Joseph Michaels, que visitó la Unidad de Pedagogía Terapéutica mediada la década de 1930, proporciona valiosos conocimientos acerca de cómo llevaba a la práctica el personal de Asperger sus ambiciosas teorías.[17]

Las mañanas daban comienzo con una hora de gimnasia y ejercicio dirigida por la hermana Viktorine, a menudo al son de música. Luego se daban lecciones académicas a los niños. Los lunes, la clínica albergaba clases de matemáticas; los martes había cursos de lectura; los miércoles se centraban en la caligrafía y la redacción, y los jueves se impartían lecciones de geografía e historia. Los viernes por la mañana, los pequeños salían a pasear al jardín y los sábados hacían manualidades. Las tardes se consagraban a descansar y jugar, incorporando tiempo de ocio en abundancia en el horario para que los niños pudieran relacionarse y disfrutar de sus propias aficiones. Los domingos, después de misa, pasaban la tarde organizando juegos colectivos e interpretando obras teatrales.

En un principio, a Michaels le desconcertó la aparente carencia de una metodología sistematizada para tratar a los jóvenes pacientes. Al inquirir acerca de las estructuras psicoanalíticas que guiaban la conducta de Asperger y sus colegas, le respondieron que «no ofrecían tales fórmulas». En una época en la que la psicología se esforzaba por demostrar su validez empírica adoptando pruebas estandarizadas como la escala de inteligencia Stanford-Binet (conocida popularmente como «examen de coeficiente intelectual»), el énfasis de la clínica en «observar con los ojos bien abiertos», en palabras de Asperger, se antojaba un retroceso al siglo XIX, cuando médicos como Jean-Martin Charcot alentaban a sus pacientes a crear arte. A Michaels le sorprendió ver a niños felices jugando y chutando la pelota, en lugar de sentados «fijos en asientos numerados aguardando su turno, como estamos acostumbrados a verlos en Estados Unidos».[18]

Sin embargo, tras unos cuantos días en Viena estaba persuadido. En un artículo publicado en el *American Journal of Orthopsychiatry*, Michaels escribía maravillado: «En esta "era tecnócrata", con su énfasis desmedido en los procedimientos técnicos, resulta harto insólito encontrar un enfoque altamente personal caracterizado por una ausencia notoria de lo que habitualmente se consideran métodos rígidos, aparatos, estadísticas, fórmulas y eslóganes».[19] En su lugar «se deposita un gran valor en la intuición obtenida [...] a partir de la experiencia de trabajar, o mejor aún, de convivir con los niños».

Incluso los estándares de conducta «normal» en aquella ala hospitalaria parecían sorprendentemente laxos. El criterio para clasificar un comportamiento de normal o anormal eran los desafíos que dicho comportamiento entrañaba a cada niño, y no si se desviaba de una plantilla ideal de salud psicológica. «Fundamentalmente, no parece existir un especial interés en diferenciar entre lo normal y lo anormal

—escribió Michaels—, pues se considera que en la teoría dicha distinción no está clara y en la práctica no reviste mayor importancia.»

Weiss nos abre otra ventana valiosa para atisbar la personalidad de los trabajadores de la clínica en un artículo sobre cómo realizar «entrevistas de juego» con niños en una guardería.[20] La terapia del juego fue una moda de la década de 1930 defendida por psicoanalistas como Hermine Hug-Hellmuth, Anna Freud y Melanie Klein, quienes sometían la conducta de sus jóvenes pacientes a interpretaciones toscas al estilo freudiano. (Para Klein, por ejemplo, la fascinación de un niño por las puertas y los picaportes en realidad tenía que ver con «la penetración del pene en el cuerpo de la madre. [...] Las puertas y las cerraduras representaban los modos de entrar y salir del cuerpo de la madre, mientras que los picaportes representaban el pene de su padre y el suyo propio».)[21]

Weiss, por su parte, adoptó un planteamiento más sutil. En lugar de establecer un programa estricto de citas con los niños, sencillamente les hizo saber que tenía juguetes si querían jugar. La respuesta de cada niño a tal ofrecimiento le revelaba mucho acerca del pequeño incluso antes de dar comienzo las sesiones de entrevistas formales.

> Algunos niños solían ofrecerse voluntarios para turnos de juego cuando era evidente que no era posible; otros tendían a elegir el momento oportuno para solicitar ser admitidos.[22] Los había que se presentaban de manera esporádica para preguntar si podían jugar un rato y, al parecer, estaban preparados para aceptar cualquier alternativa. Se marchaban sin entristecerse ni enojarse cuando averiguaban que otro niño se les había adelantado, o bien decidían esperar. Por el contrario, otros niños se presentaban movidos sólo por el deseo de jugar y les molestaba no poder hacerlo.

Las sesiones de juego de Weiss estaban diseñadas para ofrecer a los niños la máxima libertad de expresión.[23] Los niños podían escoger a placer entre un tentador surtido de bloques de construcción, ceras y papel para pintar, arcilla, muñecas, utensilios de cocina, cochecitos de juguete, camiones, animales de peluche, trapos y pañuelos. Observando como cada niño actuaba en esta situación, Weiss era capaz de calibrar su capacidad para la adaptación social, la imaginación y el disfrute espontáneo. A continuación introducía una regla en cada sesión (como «Hay que guardar los juguetes en la bolsa al acabar de jugar») para analizar cómo reaccionaban a los límites y la autoridad. No se desperdiciaba ninguna posibilidad de aprender del comportamiento de los niños.

Michaels confesaba que la estrategia de la clínica parecía «más un arte que una ciencia», sin embargo, también reconocía que las ambiciones de aquel arte trascendían con creces la mera formulación de un diagnóstico. En su lugar, escribió, el objetivo de Asperger y sus colegas no era otro que «determinar las capacidades innatas del niño, los componentes alterables de su personalidad, las causas de su conducta patológica, aquello que mejor garantizará su felicidad personal, seguridad y bienestar social, cuál es su lugar adecuado en la familia y la sociedad, cuáles son sus objetivos y ambiciones personales y cómo puede todo ello hacerse realidad».[24]

Incluso la configuración física de la Unidad de Pedagogía Terapéutica, con sillas y mesas cómodas y frisos decorativos en las paredes, dejaba claro que aquella ala hospitalaria no pretendía ser una institución de custodia donde se encerraría a pacientes desmoralizados para apartarlos de los ojos de la sociedad educada.[25] Era un lugar donde los niños y los adolescentes tenían la oportunidad de redescubrir el potencial de su humanidad.

II

En su primer día en la clínica, Gottfried no hizo más que llorar. Sus lágrimas fueron remitiendo, pero seguía entristeciéndolo tener que permanecer allí durante un mes, atrapado en un entorno desconocido junto a desconocidos. Algunos niños de la clínica, en especial los remitidos a ella por juzgados de menores, tenían ataques de rabia cuando se daban cuenta de que no podían salir por la puerta a su antojo. En cambio, Gottfried reaccionó a tal lance con una sobriedad y una prudencia inusitadas.

En lugar de tener un berrinche, intentó razonar con el personal. Les explicó con paciencia lo infeliz que se sentía y trató de apuntalar su argumento informándoles de que su madre estaba enferma, lo cual implicaba que su abuela estaba en casa sola y seguramente estaría desesperada. El domingo siguiente era festivo y esperaba realizar una procesión con su parroquia. Por ello, debían dejarlo regresar a casa sin dilación.

Sus intentos de persuasión cayeron en saco roto, pero arrojaron luz sobre la esencia insólitamente lógica de la mente de Gottfried. Para ser un niño que se tenía por inmaduro, desplegaba una madurez de comportamiento sorprendente. A menudo parecía más cómodo entre adultos que entre niños de su edad, pero incluso sus interacciones con el personal resultaban extrañamente impersonales. Si un médico o una enfermera dedicaba un momento a escucharlo, el rostro de Gottfried parecía iluminarse y llenarse de alegría, pero no parecía importarle qué adulto le prestara atención. En cambio, la mayoría de los otros niños solían desarrollar un vínculo apasionado con uno u otro miembro del personal.

Poco a poco, Gottfried se adaptó a su nueva vida en el hospital. Los ritmos repetitivos del programa diario parecían serenarlo. Estudiaba con diligencia, como si estuviera aprendiendo las costumbres locales mientras se hallaba exiliado en una tierra foránea. Donde mejor parecía estar era en clase, donde resplandecía de orgullo cuando un maestro le formulaba alguna pregunta. Ahora bien, ante la disyuntiva de relacionarse con otros niños o estar solo, siempre prefería deambular solo, a menos que los niños estuvieran organizando un juego. Y entonces convencía a un miembro del personal adulto compasivo de que se integrara en el grupo.

Por desgracia, cuando no había adultos cerca, los compañeros de Gottfried se burlaban de él con la misma maldad que en casa, sobre todo cuando descubrían que podían mortificarlo diciéndole que había hecho algo indebido. Mientras que algunos niños disfrutaban desobedeciendo las reglas de la clínica, a Gottfried parecía horrorizarlo la idea de hacerlo, pero las quebrantaba de todos modos sin darse cuenta, como si sencillamente se le hubieran olvidado.

La compleja relación de Gottfried con las reglas y las expectativas también salió a colación durante un test de asociación libre de ideas. Weiss lo preparó de la manera habitual, presentándole el test como un juego: «Cierra los ojos y dime lo que te venga a la mente. Lo único que buscamos son palabras, sustantivos comunes; no te preocupes por formar oraciones completas».

Mientras el muchacho intentaba hacer lo que pensaba que se esperaba de él, despacio, vacilante, efectuando largas pausas tras cada respuesta, a Weiss le quedó claro que haberle sugerido que se concentrara en sustantivos había sido un error. No estaba asociando libremente ideas en absoluto; en su lugar, estaba sometiendo a escrutinio interno cada palabra para verificar si era un sustantivo antes de pronunciarla en voz alta y se esforzaba con tal intensidad que se le olvidaba cumplir la instrucción de mantener los ojos cerrados. De ahí que su puntuación en la prueba fuera media, pese al hecho de que se había esforzado mucho más que la mayoría de los niños. Sin embargo, Weiss era una observadora demasiado astuta como para tomar los mediocres resultados de Gottfried por su valor nominal. «No debe interesarnos tanto el resultado concreto, por muy estándar que sea, como la dirección concreta que adoptó durante la realización de la prueba —puntualizó—. Conociendo la forma de pensar y actuar del muchacho, es imposible creer que se internó en esa dirección por casualidad. Sabemos lo importantes que son las reglas y las normas para el mantenimiento de su equilibrio psíquico, de ahí que sea natural que sienta un interés peculiar en ellas.»[26]

A continuación entregó al niño una serie de imágenes desordenadas que retrataban la captura y domesticación de un oso bailarín. Le pidió que pensara una historia que encajara con las imágenes y que las colocara en la secuencia apropiada. La mayoría de los niños sencillamente se divertían haciendo aquella prueba, convencidos de que les estaban brindando una oportunidad de descifrar el secreto de lo que le había sucedido realmente al oso. En cambio, Gottfried se quejó de que le era del todo imposible ordenar correctamente la secuencia de imágenes sin conocer primero la historia. «G. es incapaz de escapar de su actitud lógica —observó Weiss—.[27] Es capaz de reconocer los hechos, pero no de fabular lo que puede haber sucedido entre ellos. Muchos niños más pequeños o simples que él presentan un rendimiento muy superior. Para ellos, la imagen cobra vida enseguida, como un cuento de hadas, y empiezan a interpretar, sin preocuparse de lo que contienen realmente las imágenes o de lo que tienen que añadirles. Pero, para G., la imagen refleja la realidad tal como es o bien resulta ininteligible.»

Este mismo hábito de interpretar las cosas de manera literal dictó las respuestas a todas pruebas a las que Weiss lo sometió. Cuando le solicitó que recordara un relato breve que acababa de leer, repitió el texto casi palabra por palabra, pero no embelleció la narración con cosas de su propia cosecha. Obtuvo buena puntuación en un texto de caligrafía (de hecho, Weiss describió su ortografía como «peculiarmente homogénea»), pero le preocupaban las reglas gramaticales y el hecho de que su lámina tuviera una arruga. Gottfried tenía una precisión aguda para detectar detalles que pasaban por alto a los demás niños, pero siempre se perdía en el bosque intentando asimilar cada árbol.

Detectar este patrón ayudó a Weiss a entender por qué tantas personas creían que era bobo o tonto mientras que su abuela sabía que era un niño muy inteligente. En efecto, Gottfried era muy inteligente, pero su inteligencia no quedaba consignada en las pruebas estándar que se realizaban en la clínica. A medida que Weiss lo fue conociendo mejor a lo largo del mes, logró entrever al niño serio de nueve años que luchaba tras la máscara de indignación que adoptaba para superar las situaciones sociales a las cuales no encontraba sentido. Cuando le pidieron que comparara pares de palabras como *arbusto* y *árbol* o *escalera de mano* y *escalera*, por ejemplo, añadía a sus respuestas a modo de prefacio la arrogante frase: «¡Menuda pregunta!». Al principio, su altanería molestó a Weiss, pero con el tiempo acabó por entender que Gottfried no pretendía ser maleducado. Comparar las escaleras de mano con unas escaleras normales sencillamente le parecía un ejercicio carente de sentido.

Gottfried tenía una inteligencia precoz, pero al parecer no era consciente de algunas cosas que otros niños saben de manera instintiva. Era capaz de vislumbrar el respeto hipócrita y los intercambios sociales que se desplegaban a su alrededor, pero no sabía cómo manejarlos en beneficio propio.

III

En el transcurso de una década, Asperger y su personal examinaron a más de doscientos niños que mostraban un compendio igual de asombroso de torpeza social, habilidades precoces y fascinación por las reglas, las normas y los programas.[28] También visitaron a muchos adolescentes y adultos que encajaban en el mismo perfil. Los niños con discapacidades más graves habían sido etiquetados como «deficientes» e internados en psiquiátricos. Otros eran prodigios que fracasaban en la escuela porque sus profesores interpretaban su manierismo pedante y su incapacidad de acatar órdenes como una insurrección deliberada. Incluso a los más talentosos de entre estos niños les costaba aprender habilidades básicas para la vida como vestirse, bañarse y comportarse con buenos modales en la mesa. Asimismo, tendían a ser torpes e ineptos en los deportes, cosa que los hacía el blanco perfecto de burlas en una cultura que exaltaba el vigor atlético como una señal de salud espiritual.

A Asperger le fascinaba que muchos de aquellos niños tuvieran, además, una belleza excepcional, con rasgos delicadamente cincelados y aspecto maduro. Sin embargo, todos tenían una expresión grave y seria, como si sus preocupaciones constantes los hubieran envejecido de manera prematura. Parecían alterarlos en especial los cambios no anticipados en su entorno y los eventos que discurrían por cauces que desafiaban sus expectativas. («Si había algo ligeramente distinto a lo que él había imaginado o a lo que estaba acostumbrado —escribió Asperger acerca de un niño—, se sentía molesto y confundido y comenzaba una larga diatriba.»)[29] Su comportamiento tendía a volverse muy reglamentado, como si el hecho de hacer las cosas de manera rutinaria pudiera salvaguardarlos del caos.

En sus ejemplos más extremos, aquel furor por el orden adoptaba la forma de movimientos repetitivos y estereotipados, como mecerse adelante y atrás, golpear mesas y paredes, toquetearse los cordones de los zapatos durante horas o repetir la misma frase una y otra vez. Los niños alineaban sus juguetes en filas de acuerdo con leyes y patrones que sólo resultaban evidentes a sus ojos y estallaban en pataletas si sus padres interrumpían tales secuencias. Sin embargo, también eran capaces de transformar tal necesidad de repetición y simetría en una fuente de placer. Recopilaban inmensas colecciones de objetos atesorados, que podían ser tan mundanos como hebras de hilo de algodón o tan esotéricos como una provisión de sustancias químicas para un laboratorio en casa. Asperger informó de un niño decidido a coleccionar mil cajas de cerillas, «objetivo que perseguía con fanatismo».[30]

Algunos niños tenían una capacidad fascinante para el lenguaje, incluso resultaban poéticos en su discurso, y eran observadores perspicaces de su propia experiencia. Un niño describió a Asperger cómo se calmaba cuando añoraba su hogar por las noches: «Si apoyas la cabeza en la almohada, se escucha un sonido extraño en la oreja y, si permaneces tumbado muy quieto durante un rato largo, te sosiega».[31] En ocasiones, en cambio, sus floridas construcciones despojaban a las palabras de su significado literal y hablaban con un sonsonete poco natural, como si estuvieran recitando en verso. Tendían a pronunciar monólogos, con un afluente verbal desembocando en el siguiente, tanto si la persona a quien se dirigían les escuchaba como si no. Les costaba utilizar bien los pronombres. Un niño empezó a hablar a una edad muy tempana, pero nunca fue capaz de aprender a usar el *Sie*, la forma educada de dirigirse a los demás («usted») y, en su lugar, empleaba el *Du* («tú») más informal, lo cual resultaba presuntuoso.

Aquellos niños eran cúmulos de paradojas: precoces mas infantiles, sofisticados mas ingenuos, torpes mas formales, distantes mas aislados y capaces de armonizar con la música del lenguaje pero insensibles al ritmo de la interacción recíproca. Eran, en palabras de Asperger, «un tipo de niño interesante y fácil de identificar».[32] Asperger acabó por creer que eran representativos de un síndrome característico que «no era en absoluto raro», pero que de alguna manera había pasado desapercibido a sus predecesores.

De hecho, una joven psiquiatra rusa llamada Grunia Sukhareva había escrito acerca de un grupo casi idéntico de personas jóvenes en Moscú dos años antes. El foco de su trabajo era un campo emergente de la psiquiatría: la psicosis adolescente. Sukhareva defendía que sus pacientes habían nacido con un trastorno parecido a la esquizofrenia, pero con una diferencia esencial. Mientras que los esquizofrénicos adultos declinaban de manera casi invariable, estos jóvenes extraños solían realizar mejoras espectaculares a lo largo del tiempo.[33]

Los padres de un muchacho de trece años a quien Sukhareva llamaba M. Sch. habían percibido que era distinto a sus hermanos ya de bebé. Era sensible en grado sumo a los sonidos y se estremecía en su cuna ante cualquier ruido.

A medida que fue creciendo, fue desarrollando fobias intensas a la oscuridad, a estar solo, a las puertas cerradas, a los monstruos que parecían esconderse por todas partes y, la principal de todas, a los demás niños. Estaba obsesionado con la enfermedad, con la muerte y con los ataúdes. Si M. Sch. oía hablar de alguien que había muerto joven, en lugar de expresar su compasión por el difunto y sus seres queridos, suspiraba y decía: «Yo no viviré mucho tiempo».

No costaba imaginar por qué los otros niños le tenían miedo. M. Sch. tenía unos andares muy peculiares y los niños se burlaban de él sin piedad por ello. Sin embargo, también incorporaba reflexiones asombrosamente maduras en su discurrir. Le explicó a Sukhareva que sus compañeros de clase «son muy buenos jugando y no me dejan jugar. Los niños tienden a escoger siempre a los más fuertes». Tal vez notaba que su cuerpo era débil, pero no así su mente. Aventajaba en dos años a sus compañeros en una escala de desarrollo intelectual y mostraba un don natural para la música. Tras empezar a tocar el violín a los siete años de edad, había realizado progresos a tal velocidad que lo habían admitido en el reputado Conservatorio de Moscú. No obstante, le costaba encontrar la autodisciplina necesaria para convertirse en un violinista concertista de éxito.

Preocupados por su futuro, sus padres lo apuntaron al programa de pacientes internos de Sukhareva en el hospital. Allí, M. Sch. adoptó el papel de payaso, contando chistes verdes y persiguiendo a las chicas por las salas. Sabía que estaba siendo travieso, pero parecía incapaz de controlarse. Una vez que M. Sch. empezaba a hacer algo o incluso a pensar en algo, le resultaba prácticamente imposible desviar la atención de ello. «A veces tengo la sensación de que una palabra revolotea en mi cabeza y, si no actúo de una u otra manera, me pasará algo —explicó—. Para empezar algo, tengo que realizar extensos preparativos y, después, me cuesta parar.»

Como Gottfried, sonaba más a un adulto quisquilloso de mediana edad que a un chaval de poco más de diez años. Si se le preguntaba si le había gustado un libro, vacilaba, exclamaba un ¡ejem! y respondía: «Me parece que sí me ha gustado el libro, pero no estoy del todo seguro. El principio de la lectura es tal que uno debe sentirse predispuesto a vincularse». Por su parte, su profesora de arte lo consideraba un prodigio. Cuando se dejaba llevar por la música, «se transformaba por completo —afirmaba Sukhareva— y transmitía la impresión de ser un músico seguro y sensible».

Otro niño, M. R., había estudiado de manera autodidacta la guerra de 1812 antes de los diez años y era capaz de narrar con detalle los acontecimientos que habían desembocado en el conflicto. Sin embargo, si estas dilatadas peroratas se interrumpían, se ponía nervioso y volvía a empezar desde el principio. Cuando la niñera de un tercer niño le dijo que se sentara recto a la mesa, respondió: «Tengo mis principios y soy pedante, de manera que no lo haré».

A. D. sentía fascinación por los números y la contabilidad. Mientras esperaba a que diera comienzo un partido, calculaba el número total de espectadores que había en el estadio y luego salía disparado hasta el vestíbulo de entrada para sumar a los que llegaban tarde. Con frecuencia realizaba encuestas entre sus compañeros de clase, disparando preguntas como «¿Qué partido obtuvo más votos en las recientes elecciones en Inglaterra?» o «¿Cuáles son las mejores razas de conejo?». (Le pusieron el cruel apodo de «la máquina parlanchina».) A los trece años de edad tenía ya unos conocimientos amplísimos acerca de la política en la emergente Unión Soviética.

Dos de los pacientes de Sukhareva empezaron a rapear con rima de manera espontánea a los tres años de edad. Todos ellos parecían sentir un apetito insaciable por los juegos de palabras, las ocurrencias y las frases pegadizas. Un niño llamado K. A. explicó a sus niñeras que tenía previsto impartir una conferencia sobre «el valor nutritivo de la lana de algodón» y, en una ocasión, metió a hurtadillas una nota en el maletín del médico en la cual lo declaraba miembro de «la Sociedad de Perros Fritos».

Pese a sus caóticos exteriores, estos niños tenían unas prolíficas vidas interiores. Rehuían los juegos con otros niños, pero devoraban cuentos de hadas y novelas de fantasía en soledad. Con sólo tres años de edad, P. P. dejó atónitos a sus padres al sentarse ante el piano y reproducir sus melodías favoritas nota a nota. Sukhareva lo describía como un niño sensible con «hondos sentimientos por la belleza de la naturaleza» que estallaba en llanto a la menor reprimenda. Pero su única amiga era su hermana. Al preguntarle por qué evitaba a sus compañeros de clase, respondía: «Los niños hacen demasiado ruido y perturban mi pensamiento». A los doce años se desplazaba por el mundo como un monje de una orden contemplativa unipersonal.

Para describir este curioso síndrome, Sukhareva propuso el término «trastorno de personalidad esquizoide». No estaba segura de si tenía alguna relación real con la esquizofrenia (que literalmente significa «la división de la mente»), a la cual el psiquiatra suizo Eugen Bleuler había dado nombre quince años antes. Estos niños no parecían estar atravesando un proceso de enfermedad similar al trágico arco de la esquizofrenia, sino que parecían constitucional y profundamente distintos de los demás niños, más parecidos a uno de los arquetipos de Lazar que a pacientes que podrían recuperarse en el futuro. Si encontraban un profesor que los protegía de las burlas de sus amigos y los estimulaba a cultivar sus talentos personales, podían florecer, si bien siempre serían unos excéntricos. «Todos los pacientes afectados estuvieron bajo mi observación durante varios años y parecieron realizar progresos considerables», informó Sukhareva. M. Sch. «tuvo logros excelentes en música y arte». M. R. «presentó un buen rendimiento escolar y su personalidad se ajustó para mejor de manera significativa». A. D. «realizó un buen progreso técnico en música», aunque no dejó de ser un niño sumamente reservado.

Sukhareva advirtió a sus colegas que el término «esquizoide» podía conducir a «confusión conceptual y mala interpretación» si al final resultaba que no existía ninguna conexión entre ambas condiciones. El tiempo demostró que sus inquietudes eran justificadas.

Aunque al parecer Asperger desconocía el trabajo de Sukhareva, él también percibía paralelismos entre la condición de sus pacientes y la esquizofrenia, en particular una tendencia hacia lo que Bleuler denominó «el pensamiento autista», definido como una reflexión interna y el embaucamiento en la fantasía.[34] Aquellos niños perseguían sus objetivos con tenacidad, como el crío decidido a recopilar mil cajas de fósforos, pero parecían inmunes a las expectativas de los demás. «En todos los aspectos, estos niños siguen sus propios impulsos e intereses —observó—, al margen del mundo exterior.»

Por lo común, los pacientes esquizofrénicos experimentan una pérdida de contacto progresiva con el mundo social que da comienzo en la adolescencia; los pacientes de Asperger, por su parte, parecían haber llegado al mundo siendo ajenos al contacto interpersonal, si bien el psiquiatra recalcó con sagacidad que sus padres y los profesionales médicos no parecían detectarlo hasta que tenían dos o más años. Puesto que claramente no eran psicóticos, Asperger acuñó el término *Autistischen Psychopathen* («psicopatía autista») para describir su trastorno, empleando un término decimonónico para ese nebuloso terreno fronterizo entre la salud y la enfermedad mentales.[35] Asimismo empleó el término más simple *Autismus* y aludió a él como una «entidad natural», cual biólogo de campo describiendo una forma de vida que hubiera descubierto floreciendo a simple vista.

Destacó que las peculiaridades de esta entidad natural resultaban familiares, gracias a algunos personajes habituales de la cultura popular, como el «profesor distraído» y el conde Bobby, un aristócrata ficticio que era la diana de muchos chistes austríacos. Sin embargo, lo fundamental fue que Asperger también describió el *Autismus* como una afección que permanecía «de manera inconfundible y constante durante toda la vida» y aseguró que abarcaba a un espectro asombrosamente amplio de personas, desde las más dotadas hasta las más incapacitadas. Parecía haber tantas variedades de *Autismus* como personas autistas.

> El abanico [de este tipo] engloba todos los niveles de capacidad, desde el genio original, pasando por el excéntrico extraño que vive en su propio mundo y apenas logra nada hasta el individuo con el retraso mental más grave y con menos capacidad de contacto que se comporta como un autómata. [...] Las personas autistas se diferencian entre sí no sólo por el grado de alteración del contacto y de capacidad intelectual, sino también por su personalidad e intereses especiales, que acostumbran a ser de lo más variopintos y originales.[36]

A entender de Asperger, no cabía duda de que el autismo era hereditario. «Hemos logrado detectar rasgos incipientes relacionados en progenitores o parientes —escribió— en todos y cada uno de los casos en que nos ha sido posible conocer a la familia de cerca.» Ahora bien, advertía a sus colegas que sería absurdo buscar un único gen responsable de una gama tan compleja de conductas y rasgos. «Es vano esperar que pueda existir un único factor hereditario claro —afirmó—. Estos estados son profundamente poligenéticos.»

En una tesis doctoral presentada en Hamburgo en 1943, Asperger describía cuatro «casos prototípicos» llamados Fritz V., Harro L., Ernst K. y Hellmuth L., todos ellos niños con edades comprendidas entre los siete y diez años. Se disculpaba por no haber incluido a ninguna niña en su cuarteto de prototipos alegando que en su consulta nunca había tratado a ninguna niña en estado avanzado:

> Si bien nunca hemos visto a una niña con un cuadro global de autismo, sí ha habido varias madres de niños autistas cuyo comportamiento presentaba rasgos a todas luces autistas.[37] Resulta difícil explicar esta observación. Podría ser mera casualidad que no haya habido niñas entre nuestros casos o podría ser que los rasgos autistas en las mujeres se hagan evidentes sólo tras la pubertad. Lo desconocemos.

Llegó incluso a caracterizar el *Autismus* como «una variante extrema de inteligencia masculina», idea de la que hizo eco cuarenta años después el psicólogo británico Simon Baron-Cohen, quien vinculó el desarrollo del autismo con la exposición a niveles elevados de testosterona en el útero.[38] Sin embargo, es más probable que uno de los factores principales que contribuyeran a la ausencia de niñas en el hospital de Asperger fuera el hecho de que la mayoría de los casos llegados a su clínica los derivaban maestros y juzgados de menores. La socialización de las *junge Wienerinnen* para que fueran obedientes y humildes (para que se desdibujaran tímidamente en el fondo) sin duda condujo a las jóvenes a esforzarse más por reprimir los comportamientos que hicieron que sus contrapartidas masculinas llamaran la atención de las autoridades. Dinámicas similares podrían haber contribuido a subestimar la prevalencia del autismo en las mujeres hasta el siglo XXI.[39]

La decisión de Asperger de exponer cuatro casos prototípicos en su tesis ha llevado a muchos críticos (incluidos los autores de las preguntas más frecuentes sobre el Asperger de varios institutos de sanidad nacionales) a afirmar que su trabajo en torno al autismo se basaba en exclusiva en las observaciones de cuatro niños.[40] Sin embargo, Asperger aclaró este punto de un modo que no induce a error: «Queremos enunciar brevemente que, en el transcurso de diez años, hemos observado a más de doscientos niños que mostraban autismo en mayor o menor grado». A partir de dichas observaciones (incluido el estudio en profundidad que Weiss hizo de Gottfried, el cual se ha subestimado desde su publicación en 1935),[41] esbozó a esos personajes, tan memorables como cualquier personaje de una novela popular.

El primer niño, Fritz, un desgarbado vástago de poetas y ermitaños, desplegó un vocabulario y un dominio de las matemáticas prodigiosos desde una edad muy precoz, pero lo expulsaron de la guardería al cabo de sólo unos días por pasear distraídamente por la clase y «derribar los percheros». Harro era un niño bajito y musculoso con un rostro marchito y una voz resonante que recitaba de carrerilla observaciones de un humor socarrón como: «Soy terriblemente zurdo» pese a contar sólo con ocho años de edad. «En ocasiones parecía absorto en sus pensamientos —observaba Asperger—, luego fruncía el entrecejo y adoptaba una extraña y cómica pose de dignidad.» Ernst parecía estar siempre estupefacto, como si «acabara de caer del cielo». Explicaba sin cesar sus acciones, como si fuera una voz *en off* que narrara su propia vida: «Sentía la necesidad imperiosa de comunicarles a los demás cualquier cosa que llamara su atención. Algunos de estos "apartes" resultaban asombrosos, no sólo por su dicción adulta, sino porque daban fe de un gran sentido de la observación.» Por último, estaba el pobre Hellmuth, tan regordete y torpe que era incapaz de jugar al pillapilla en el patio de la escuela y se quedaba de pie rígido entre sus compañeros, «como un gigante congelado». Sin embargo, si se le solicitaba que hablara de su tema favorito, la poesía, Hellmuth podía ser asombrosamente elocuente y original, «como si tuviera profundos conocimientos y superioridad».

Como Cavendish, que escuchaba de refilón las conversaciones de sus colegas en la Royal Society, aquellos cuatro niños contemplaban el mundo de las personas de soslayo, con miradas fugaces y periféricas. Ahora bien, Asperger determinó que incluso de ese modo interiorizaban mucha información: «De vez en cuando queda claro que han percibido y procesado una cantidad sorprendentemente extensa de información acerca del mundo que los rodea». Asperger fue clarividente en cuanto a tal percepción; con el tiempo, casi todos los médicos convinieron que los niños autistas evitaban de manera deliberada mirar a los ojos a las personas.

Al igual que los pacientes de Sukhareva, solían tener talentos que no resultaban aparentes al espectador normal. Algunos eran capaces de asombrosas proezas memorísticas, como conocer los nombres de los santos de cada día del año y ser capaces de recordar todas las rutas de las líneas de los tranvías en Viena. Otros habían concebido métodos personales de cálculo rápido, como si hubieran inventado sus propias matemáticas de cero. Fritz, por ejemplo, aprendió a hacer quebrados por sí solo. Entendía las propiedades de los números negativos y era capaz de resolver problemas de lógica con facilidad. Asperger sospechaba que habría obtenido una alta puntuación en los tests de inteligencia, pero se negaba a colaborar. En su lugar, saltaba de la silla y le daba una palmada en la mano al examinador.

Harro no sólo era capaz de realizar complejas operaciones matemáticas mentalmente, sino que además era un ávido lector con un modo vívido y original de hablar acerca de las cosas. Al solicitarle que comparara las palabras «mosca» y «mariposa», se sumió en una ensoñación etimológica: «La mariposa es colorida y la mosca es negra. La mariposa tiene grandes alas, bajo cada una de las cuales cabrían dos moscas. Sin embargo, la mosca es mucho más habilidosa y puede caminar por vidrio resbaladizo y ascender por las paredes. [...] El microscopio explica qué permite a las moscas subir por las paredes: justo ayer vi que tenían unas garras diminutas en los pies con unos ganchos minúsculos en los extremos».

Con todo, Harro no se integraba en la escuela, porque, al igual que Fritz, perturbaba el desarrollo de las clases. Recorría a gatas los cuatro rincones y alegaba que la lección era «demasiado tonta» para él. Rara vez hacía los deberes y, si un profesor le encargaba hacer una redacción, le respondía con desprecio: «Ni soñarlo». Se pasaba los días inmerso en los libros que le gustaban, ajeno a los niños que lo rodeaban.

IV

Tal como a Sukhareva la habían impresionado las prodigiosas habilidades para la música y para las artes de sus pacientes, a Asperger le fascinaba la aptitud natural para la ciencia de estos muchachos:

Conocemos a un niño autista con un interés particular en las ciencias naturales.[42] Sus observaciones dan fe de un ojo insólito para detectar lo esencial. Ordena los datos en un sistema e infiere sus propias teorías, pese a que en ocasiones éstas resulten abstrusas. Apenas ha escuchado hablar ni ha leído nada de esto, y siempre se remite a su propia experiencia. También hay un niño «químico». Emplea todo su dinero en experimentos que a menudo horrorizan a su familia, e incluso roba para financiárselos. Algunos niños tienen intereses más especializados si cabe, como realizar experimentos que generan sólo ruidos y olores. Otro niño autista estaba obsesionado con los venenos. Tenía un conocimiento inusitado en este ámbito y poseía una amplia colección de venenos, algunos de los cuales había preparado él mismo con toda su ingenuidad. Llegó a nuestra tutela porque había robado una cantidad sustancial de cianuro del almacén de química bajo llave que había en su escuela.

Un niño se refugiaba de los abusones del barrio enfrascándose en conversaciones con un viejo relojero que le tenía cariño. Otro tenía «unos conocimientos asombrosos acerca de maquinaria compleja» y bombardeaba a los adultos con complicadas preguntas técnicas «prácticamente imposibles de esquivar». Este muchacho tenía, además, una fértil imaginación y soñaba despierto con cohetes y otras «invenciones fantásticas» antes de que se hicieran realidad. Este hecho inspiró a Asperger a comentar: «Aquí observa uno cuán ajenos a la realidad suelen ser los intereses de los autistas». Sin embargo, el advenimiento de la exploración espacial en la década de 1950 le exigió retractarse de sus palabras y sugerir que los diseñadores de las naves espaciales eran autistas.[43]

Además, Asperger reconocía que la indiferencia evidente que sus pacientes mostraban por la autoridad podía evolucionar en el escepticismo indispensable para cualquier científico. Ante la pregunta de si era religioso, un niño de once años le contestó: «No querría decir que no soy religioso, pero no tengo pruebas de la existencia de Dios».

El pediatra concluyó que los dones innatos de aquellos pequeños eran tan centrales para la enfermedad que estaba describiendo como sus dificultades sociales. Estaba convencido de que aquellos niños tenían el potencial de convertirse en innovadores en su campo de interés precisamente porque por constitución son incapaces de aceptar las cosas por mera fe.

> Los niños autistas tienen la capacidad de ver las cosas y los eventos que los rodean desde un punto de vista novedoso, que a menudo suele reflejar una madurez pasmosa.[44] Esa capacidad, que perdura toda la vida, puede conducir, en los casos favorables, a logros excepcionales que otras personas jamás alcanzarían. La capacidad de abstracción, por ejemplo, es un requisito previo para el trabajo científico. De hecho, encontramos a muchos autistas entre los científicos destacados.

Bautizó este cúmulo característico de aptitudes, habilidades, actitudes y capacidades con el nombre de *inteligencia autista,* atreviéndose a sugerir que las personas autistas habían desempeñado un papel poco reconocido en la evolución de la cultura:

> Parece que para triunfar en la ciencia y las artes es esencial ser un poco autista.[45] Para alcanzar el éxito, el ingrediente necesario puede ser una capacidad de alejarse del mundo cotidiano, de lo meramente práctico, una capacidad de replantearse un tema con originalidad para concebir de modos nuevos e inexplorados.

Ello suponía un distanciamiento significativo de la concepción tradicional de los llamados «idiotas sabios» en psicología, que acostumbraba a enmarcar sus extraordinarias habilidades como una mera compensación por las enormes carencias en otras áreas del desarrollo. El médico y educador francés del siglo XIX Édouard Séguin, que acuñó el término *idiota sabio,* describía los fascinantes talentos de sus pacientes como más beneficiosos que un tumor maligno. «Entre las clases opulentas, la idiotez no sólo se ve agravada con más frecuencia por enfermedades accesorias, sino además complicada por instintos desordenados o semicapacidades anormales, que producen tipos heterogéneos de una variedad prácticamente ilimitada —explicó en 1869—. De esta clase proceden, de manera casi exclusiva, los idiotas sabios músicos, matemáticos, arquitectos y de otra índole; la protrusión inútil de una única facultad, acompañada por una lamentable impotencia general.»[46]

Asperger no era un iluso que creyera que todos sus pacientes eran Beethovens o Newtons en potencia. «Por desgracia, en la mayoría de los casos, los aspectos positivos del autismo no compensan los negativos», reconocía. Sin embargo, la misión de la Unidad de Pedagogía Terapéutica, en sintonía con la visión original de Lazar, era dar con enfoques personalizados de la educación que permitieran a estos niños sacar el máximo partido a sus dones innatos a la par que se les garantizaba contar con los recursos para afrontar los desafíos de sus incapacidades. Tal como describía Weiss en su caso de estudio de Gottfried:

> En el caso de las dificultades de aprendizaje, la cuestión nunca es «si el niño aprende bien o mal», sino «por qué aprende mal el niño» y «cuál es el mejor método de enseñarle».[47]

El personal de la clínica no declaró si estos niños habían logrado integrarse o no en la sociedad al curarse de sus rasgos autistas. Asperger escribió acerca de un antiguo paciente que había obtenido malos resultados en la escuela, demostraba una escasa atención a su higiene y aspecto y parecía tan ajeno al prójimo que ni siquiera reconocía a sus conocidos cuando se los cruzaba por la calle. Pese a ello, había logrado aprovechar al máximo sus capacidades gracias al apoyo y al aliento de su madre. Consciente de que ya a los tres años le fascinaba la geometría, su madre le había dibujado un triángulo (un *Dreieck* o figura de tres esquinas), un cuadrado (una figura con cuatro vértices) y un pentángulo (una figura de cinco vértices) en la arena. Inmediatamente, él trazó una línea y un punto y proclamó que la línea era una *Zwei-eck* (una figura de dos esquinas), y el punto, un *Ein-eck* (una figura de una esquina). Al poco, el pequeño calculaba raíces cúbicas mentalmente.

Le había costado incluso cursar la escuela elemental debido a su comportamiento zafio, pero se había salvado de la expulsión específicamente por sus habilidades para las matemáticas. Rogó a sus profesores que le dieran clases avanzadas y logró aprobar el examen de acceso a la universidad. Durante el primer año, se interesó por la astronomía teórica. Al no dar nada por sentado, no tardó en detectar un error en una de las demostraciones de Newton. Escribió una disertación sobre el tema y con el tiempo pasó a ser profesor adjunto de astronomía en una prestigiosa universidad, si bien Asperger describía su comportamiento como aún «torpe y cohibido en grado extremo».

El trabajo del personal de la Unidad de Pedagogía Terapéutica, tal como Asperger lo entendía, era enseñar a estos niños a aprovechar su inteligencia autista. Empezó a llamarlos «mis pequeños profesores». En lugar de tratarlos como meros pacientes, los contemplaba como aliados indispensables para concebir los métodos pedagógicos más apropiados y efectivos para ellos.

Uno de sus mentores en esta búsqueda fue Harro, quien se comportaba de manera extravagante en la escuela. «Aunque el niño se mostraba frío y distante con las cosas y personas, o quizá precisamente debido a ello, tenía experiencias plenas y sus propios intereses independientes —observó Asperger—. Era posible hablar con él como con un adulto y aprender de verdad de él.»

Una de las cosas que aprendió fue que intentar atajar la presión de sus compañeros en el aula no funcionaba, porque estos niños ya estaban alienados de sus compañeros. Los elogios eran igual de inefectivos, pues parecían curiosamente inmunes a ellos. Sin embargo, lo que fascinaba a los niños como Harro era la lógica. Sentían un deseo innato, rayano en una compulsión, por detectar leyes universales y principios objetivos. (Paradójicamente, eso podía conllevar la aparición de una deficiencia, como ocurrió cuando Gottfried se distrajo en el test de asociación libre de ideas a causa de la sugerencia de Weiss de pensar sólo en sustantivos.)

La motivación principal para aprender en los niños típicos era su identificación emocional («afectiva») con el maestro. Sin embargo, los niños autistas querían «aprender porque sí», mientras satisfacían sus apasionados intereses personales. No les importaba lo que sus maestros sintieran por ellos; simplemente querían recibir información. Los mejores profesores para estos niños, observó Asperger, eran quienes se mostraban dispuestos a llegar a un compromiso, en lugar de insistir en que actuaran como todos los demás.

> El maestro debe mostrarse siempre tranquilo y templado y retener el control.[48] Debe dar las instrucciones de manera fría y objetiva, sin resultar intrusivo. Impartir una lección a un niño de estas características puede antojarse fácil y transcurrir de una manera sosegada y evidente. Incluso podría parecer que al niño se le permite salirse con la suya en todo y que la enseñanza es meramente incidental. Nada más lejos de la verdad. En realidad, la guía de estos niños requiere un elevado nivel de esfuerzo y concentración.

Lo expresó de manera aún más sucinta en un manual que redactó en 1953 y que nunca se ha traducido al castellano. «En suma —escribió Asperger—, el maestro tiene que volverse también un poco "autista".»[49]

¿Quién era este hombre tan capaz de identificarse con unos niños que nadie más quería tratar?[50] Como puede inferirse,

Asperger había sido también un niño dotado, excéntrico y solitario. Nacido en 1906 en la población de Hausbrunn, en la Baja Austria, fue el primogénito de tres hijos varones. Sin embargo, sus hermanos murieron de niños y acabó siendo hijo único. La madre de Asperger, una mujer pía y cariñosa, consintió al único hijo que le sobrevivió. Su padre, en cambio, era un hombre de una disciplina férrea que detestaba trabajar como contable, un empleo tedioso que consideraba por debajo de sus capacidades. Asperger atribuía su propio deseo de sobresalir en sus estudios a la frustración que su padre sentía por haber sido demasiado pobre para estudiar en la universidad.

Mientras estudiaba a los clásicos en la escuela elemental, el pequeño Hans era capaz de enfrascarse en un libro durante todo un día y no darse cuenta hasta la noche, con nerviosismo, de que aún tenía deberes por hacer. Exasperaba a sus compañeros recitando poesía sin fin, en particular versos de Franz Grillparzer, el niño prodigio que escribió la oración que se leyó en el funeral de Beethoven ante una multitud de veinte mil dolientes.

Después del fracaso de su sátira en cinco actos de las clases altas de Viena, Franz Grillparzer escribió su propio panegírico:

> Incomprendido como ser humano,
> subestimado como funcionario
> y, en el mejor de los casos, tolerado como poeta,
> arrastro mi monótona vida.

Cual gótico decimonónico, Grillparzer *el Miserable* se convirtió en un héroe para Asperger *el Paria,* quien atribuía su interés por los niños autistas a su obsesión juvenil con el poeta. (Resulta tentador especular con que el pariente de Fritz al cual Asperger describió como «uno de los mayores poetas austríacos» fuera el propio Grillparzer.) «La lectura está íntimamente ligada con la suerte y el destino de uno —reflexionaba Asperger en una entrevista radiofónica concedida en 1974—. Cada persona encuentra lo que necesita o, dicho de otro modo, lo que necesita la encuentra a ella.»[51]

El joven Hans se rescató a sí mismo de una vida de pedantería tediosa al dar con un grupo de almas gemelas que se autodenominaban los Eruditos Errantes. Los Eruditos Errantes, uno de las varias docenas de grupos de «renovación católica» existentes en Austria que pretendían reavivar el respeto por los valores teutónicos tradicionales en el período de entreguerras, realizaban excursiones de un mes de duración por la naturaleza, donde disfrutaban de caminatas y recitales de poesía mientras respiraban aire alpino, cosa que comportaba el beneficio añadido de alejarlos de los ojos entrometidos de sus progenitores teutones. Asperger conoció a la que sería su esposa, Hanna Kalmon, en una de aquellas excursiones mientras tomaba notas de campo y perfeccionaba los poderes de la observación que tanto le servirían como sucesor de Lazar en la Unidad de Pedagogía Terapéutica. Asperger opinaba que los Eruditos Errantes eran «unos de los florecimientos más nobles del alma alemana».[52]

El segundo punto de inflexión en su temprana vida fue una disección en la clase de biología, cuando detectó un bulto de color marfil sobre la superficie roja del hígado de un ratón.[53] Al rasgar el bulto con su escalpelo, Asperger quedó conmocionado al ver a un largo gusano blanco escurrirse de él. Fascinado por la asombrosa intimidad entre ambos animales, decidió consagrar su vida a la medicina. «¿No deberíamos llegar al fondo de cómo una vida puede vivir dentro de otra vida?», se preguntaba.

Tras matricularse en la Universidad de Viena, Asperger atrajo la atención de su futuro mentor, Franz Hamburger, un carismático pediatra que escribió un artículo revelador acerca de las repercusiones que unas condiciones de vida antihigiénicas podían tener en la prevalencia de la tuberculosis entre las familias más pobres vienesas. En aquel médico extraordinariamente capaz, Asperger vio una personificación del lema de los Eruditos Errantes: «Guiar y ayudar». En 1931, Hamburger asignó a su entusiasta y joven protegido a la Clínica Pediátrica, donde trabajaría durante las dos décadas siguientes.

Hacia el final de su tesis, que se publicó con el título de *Die «Autistischen Psychopathen» im Kindesalter* («Psicopatía autista en la infancia») en una publicación alemana de neurología en 1944, Asperger incluía un comentario extraño y llamativo:

> El ejemplo del autismo demuestra particularmente bien que las personalidades anormales pueden lograr desarrollarse y ajustarse. Y en el transcurso de ese desarrollo pueden aflorar posibilidades de integración social con las que uno nunca habría osado soñar. Este conocimiento determina nuestra actitud hacia las personas complejas de este y otro tipo. Y también nos confiere el derecho y el deber de hablar en nombre de estos niños con toda la fuerza de nuestra personalidad.

Es fácil leer este pasaje como un homenaje anodino al valor de la educación especial. Sin embargo, el auténtico significado de estas líneas se hace evidente cuando uno examina el contexto histórico y político en el que se escribieron. Probablemente, esta declaración de Asperger fuera una súplica desesperada a su antiguo mentor, que se había adentrado por una senda muy distinta desde sus días como defensor de las familias más desafortunadas de Viena.

Cuando Asperger presentó su tesis en Hamburgo en 1943, la Universidad de Viena era una sombra del prestigioso centro de enseñanza que había sido cinco años atrás. De los cerca de doscientos miembros sénior de la facultad médica, menos de cincuenta permanecían entre el personal y habían sido sustituidos por fanáticos ineptos. Los colegas de Asperger, Anni Weiss y Georg Frankl, se habían visto obligados a huir del país, y muchos otros antiguos miembros de la facultad se hallaban en el exilio, encarcelados en centros de concentración o bien se habían suicidado. La bella ciudad de Viena se había convertido en un matadero de una brutalidad surrealista.

Asperger hablaba con «toda la fuerza de su personalidad» en defensa de los niños de toda Europa que aún no habían sido asesinados por una idea monstruosa de la perfección humana, una idea que sus supervisores, nazis fervientes, habían importado de Estados Unidos.

V

En octubre de 1921, el Consejo Nacional de Investigación estadounidense, bajo los auspicios de la Academia Nacional de Ciencias, albergó una gala de una semana de duración en el Museo Norteamericano de Historia Natural, en pleno corazón de Manhattan.[54] El Departamento de Estado había enviado invitaciones durante meses y al majestuoso edificio situado en la zona oeste del Central Park llegaron entusiastas delegados procedentes de todos los rincones del mundo.

El Segundo Congreso Internacional sobre Eugenesia tenía por objetivo ser mucho más que otra conferencia científica llena de personajes célebres. Respaldado por la autoridad moral de los museos más prestigiosos de Estados Unidos y publicitado en revistas como *Science* y *Scientific Monthly*,[55] el congreso pretendía ser nada menos que el punto de inflexión en la historia en el que la especie humana asumía el control de su propio destino, en lugar de confiarlo al proceso gradual de la selección natural. En los folletos destacaba el icono de un árbol con raíces en la biología, la psiquiatría, la política, la economía, la estadística, la genealogía, las pruebas de inteligencia y otros campos, junto con el eslogan de índole progresista: «La eugenesia es la dirección propia de la evolución humana».

La dirección del museo destinó dos plantas del edificio a tal acontecimiento, durante el cual cambiaron de manera temporal los nombres de la Sala Darwin y la Sala de Ciencias Forestales por el de Sala de Eugenesia y forraron sus paredes de piezas sobre herencia genética, psicología, cambio climático, migración humana, «gestión institucional de lo socialmente inadecuado» y cría de animales.[56] Se dedicaron dos exposiciones a contrastar los linajes familiares *aristogénicos* (aquéllos que daban pruebas de talentos específicos) con los *cacogénicos* (los que daban muestras de «cualidades degeneradas» específicas). Una sección transversal de una secuoya ancestral presidía la muestra y enmarcaba los hechos en el orden natural de las cosas. Se presentaron ponencias sobre «Diferencias raciales en las habilidades musicales», «Distribución y aumento de negros en los Estados Unidos», «Herencia de enfermedades mentales» y «Apuntes sobre el problema judío».[57]

En una de las salas dedicadas a la eugenesia se alzaba una estatua de un «varón americano joven medio» y se recordaba que cien mil veteranos blancos habían fallecido en las trincheras de Europa dos años antes.[58] En el extremo opuesto de la sala, otra estatua representaba el ideal platónico del deportista, compuesto a partir del físico de los «Cincuenta hombres más fuertes de Harvard».

Henry Fairfield Osborn, el director del museo y encargado de pronunciar el discurso de bienvenida, tenía muy presente la reciente guerra en Europa. Osborn, de pecho fuerte y grueso y ojos azules, era hijo de un magnate ferroviario y había concebido la teoría de la aristogénesis para explicar las tendencias a largo plazo en la evolución que, según él, no se debían a una mutación aleatoria ni a las presiones de la selección natural. En un intento por reconciliar su honda fe presbiteriana con la ciencia, Osborn defendía una *evolución consciente*, la idea de que Dios puso en movimiento el universo para engendrar el nacimiento de genios en las líneas familiares genéticamente superiores. Antiguo decano de ciencia en la Columbia University, rehusaba creer que una criatura tan noble como el *Homo sapiens* pudiera haber evolucionado de algo tan bajo como un mono.[59] En su lugar, defendía la teoría de un predecesor aristocrático llamado el Hombre del Amanecer, basado en el supuesto hallazgo del Hombre de Piltdown, que posteriormente se reveló como el mayor fraude de la historia de la arqueología británica.[60]

Osborn abrió su discurso con una nota agorera. «Europa, en un autosacrificio patriótico en ambos flancos de la Guerra Mundial, ha perdido una gran parte del legado de siglos de civilización, que ya nunca podrá ser recuperado.» Como resultado, afirmaba, «en determinadas partes del Viejo Continente, los peores elementos de la sociedad han cobrado ascendencia y amenazan a los mejores». Se mostraba vago acerca de la identidad de esos «peores elementos», pero confiado en que sus colegas científicos estaban adoptando una nueva apreciación del «valor espiritual, intelectual, moral y físico de la raza nórdica».

Simultáneamente, insistía en que en tanto que hombre de ciencia no abogaba por nada tan bárbaro como el odio racial. «En la selección de los mejores no deberíamos tener prejuicios. No anotamos nada con malicia», aseguraba Osborn. Lo que sucedía era sólo que «500.000 años de evolución humana [...] habían impreso determinadas virtudes distintivas así como defectos en cada raza». Adoptando una pose magnánima, continuó: «Mientras que el negro no tiene dotes para el Gobierno, puede ser un buen agricultor o un excelente mecánico». Por su parte, los chinos y japoneses mostraban una facilidad asombrosa por la poesía y el arte, en especial, la cerámica. El concepto democrático estadounidense de que «todos los hombres nacen con los mismos derechos», advertía, no debe confundirse con la «sofistería política de que todos los hombres nacen con el mismo carácter y las mismas capacidades para gobernarse a sí mismos y a los demás».

Una de las fuerzas más insidiosas que socavaban la viabilidad de la especie humana, añadió Osborn, era el fracaso de las instituciones gubernamentales y religiosas en la salvaguarda de la familia «monógama» (que él describía como «un marido y una mujer») frente al individualismo descontrolado espoleado por formas artísticas decadentes que exaltaban impulsos egoístas por encima de una autodisciplina sobria. Concluyó su discurso afirmando que sus colegas científicos tenían el deber de «iluminar al Gobierno en la prevención de la propagación y multiplicación de miembros inútiles de la sociedad, la propagación del retraso mental, de la idiocia y de todas las enfermedades morales e intelectuales, además de físicas».[61]

Estas ideas acerca de la raza y la incapacidad no eran una ciencia marginal vociferada por un extremista trastornado en el equivalente académico de un mitin del Ku Klux Klan. Eran la perspectiva de una extensa franja de la corriente científica principal en Estados Unidos tras la Primera Guerra Mundial, respaldada por investigaciones en curso en Estados Unidos y Europa financiadas por importantes fundaciones como la Carnegie Institution y la Rockefeller Foundation. De las cincuenta y tres ponencias presentadas en la conferencia, cuarenta y una corrieron a cargo de científicos estadounidenses.[62]

El presidente honorario del congreso era Alexander Graham Bell, inventor del teléfono y el telégrafo. Bell tenía sus propias teorías acerca de la amenaza que las personas con discapacidades suponían para el futuro de la especie. Su madre y esposa eran sordas de nacimiento y, en 1883, advirtió a la Academia Nacional de Ciencias estadounidense que, a menos que se desalentara enérgicamente el uso del lenguaje de signos en las escuelas para sordos, la sociedad corría el riesgo de generar una «raza de sordomudos».[63]

Fue un primo segundo de Charles Darwin, Francis Galton, quien acuñó el término «eugenesia» (que significa «bien nacido») en 1887. Niño prodigio, con un don fascinante para extraer datos, popularizó la idea de la regresión hacia la media en la investigación estadística, inició la ciencia forense al descubrir que cada persona posee unas huellas dactilares únicas y cartografió los primeros mapas climatológicos. Tal como Edwin Black describió a Galton en su historia de la eugenesia en Estados Unidos, *War Against the Weak*:

> Aplicó alegremente sus proezas aritméticas y su sagaz capacidad de observación a la vida cotidiana, en busca de correlaciones. Galton se distinguió por su capacidad para identificar patrones, cosa que lo convirtió en un experto de la naturaleza casi único, quien se dedicaba a tomar muestras, probar y discernir nuevos caracteres en tonalidades del caos aparentemente aleatorias.[64]

El hijo de Darwin, Leonard, era el ponente estrella en el congreso. Haciéndose eco de las condenaciones de Osborn acerca del inminente declive de la república, advirtió a los congregados: «Las cualidades innatas de las comunidades civilizadas se están deteriorando y este proceso conllevará de forma inevitable un declive general». Para evitar tal catástrofe, proponía un aumento de los impuestos a las personas solteras y a las parejas sin hijos, al tiempo que defendía la procreación como un deber patriota para las familias «dotadas por naturaleza». En cuanto a los cientos de miles de «idiotas» confinados en sanatorios, defendía los experimentos con esterilización mediante rayos X de la American Stock Breeders' Association como una evolución prometedora, sobre todo puesto que la cirugía obligatoria multiplicaba los «prejuicios» del público general contra esta práctica.

El último día del congreso, los delegados subieron a autobuses que los condujeron a realizar una exploración sobre el terreno en la Eugenics Record Office (ERO), en Cold Spring Harbor, Long Island.[65] Inaugurada en 1910, la ERO era una organización con una influencia proverbial financiada por la viuda del barón del ferrocarril Union Pacific, E. H. Harriman, la familia Rockefeller y la Carnegie Institution. Hasta su cierre en 1939, la organización publicó como churros centenares de artículos sobre temas como «apareamientos adecuados e inadecuados» y el cuidado y la formación de «las clases mental y físicamente deficientes». Equipos de investigadores de la ERO recopilaron voluminosos «archivos de rasgos» con el fin de desentrañar el papel de la herencia genética en características como el pelo rizado, las narices protuberantes y la incidencia de zurdos. También trazaron los pedigrís de personajes destacados como Thomas Edison, Abraham Lincoln, Theodore Roosevelt y Johann Sebastian Bach.[66]

Uno de los principales intereses del instituto eran los trastornos congénitos de la psique. Investigadores de campo desplegados por toda la Costa Este recorrieron prisiones e instituciones mentales revisando expedientes médicos, en un esfuerzo general por hacer un censo de los portadores de raíces genéticas de enajenación mental, delincuencia, perversión, demencia, melancolía, alcoholismo, tartamudez, ceceo, vértigo, migraña, incontinencia urinaria nocturna, sonambulismo, espíritu viajero y otras supuestas formas de degeneración.

Las campañas para esterilizar a los residentes de los asilos mentales y prisiones recibieron un impulso importante por parte de los expertos, quienes declararon que las personas con trastornos del comportamiento no sólo eran impedidas en el plano cognitivo, sino también en el *moral*. Martin Barr, el médico jefe de la Pennsylvania School for Feeble-Minded Children, insistió en que sus estudiantes padecían «impulsos sexuales exagerados» que eran incapaces de controlar y los describía como «meras criaturas del momento» esclavas de la tentación. «De hecho, están tan corrompidos que son igual que nada —declaró Barr— y cuesta entender cuán proteicos son los antojos de los deficientes mentales.»[67] Haciendo aflorar el espectro de las cárceles y los reformatorios repletos de retrasados mentales que esperaban a salir de su encarcelamiento para poder regresar a sus vidas de disipación, aseguraba que las «idiotas» y las «imbéciles» tenían tendencia a acabar prostituyéndose y «a reproducir su especie entre dos y seis veces más rápidamente que las personas normales». Acto seguido, arremetió contra las leyes destinadas a proteger de la explotación y los malos tratos y abusos a los niños discapacitados:

> Si bien disponemos de algunas leyes para la protección de los deficientes mentales, no hemos logrado contener la marea de degeneración y contaminación de nuestra población normal. [...] Debemos afrontar el hecho de que la savia de la nación está siendo envenenada por la rápida producción de deficientes mentales y morales, y lo único que contendrá la inundación de degeneración y garantizará la supervivencia de los más fuertes es la abrogación de todo poder de procrearse [...] De manera inconsciente, estos envenenadores inocentes de una raza normal son el peor enemigo de ésta.[68]

Las aterradoras predicciones de «suicidio racial» efectuadas por médicos como Barr ejercieron una influencia decisiva en la concepción que la opinión pública tenía de la discapacidad. En 1937, una encuesta en *Fortune* indicaba que dos tercios de los lectores de la revista, gente influyente del mundo de los negocios, estaba a favor de la esterilización forzosa de los pacientes mentales.

Tal iniciativa se hallaba ya en un estadio avanzado. En 1909, se había aprobado en California un estatuto que otorgaba a los funcionarios de la sanidad pública el derecho a castrar de manera forzosa a convictos y a los residentes de la California Home for the Care and Training of Feebleminded Children, sito en el condado de Sonoma. Treinta estados de los Estados Unidos acabaron aprobando leyes similares, y una oleada de esterilizaciones barrió los asilos y las cárceles de costa a costa.

Ahora bien, por muy influentes que fueran en su propio territorio, donde más calurosamente se recibió a los eugenetistas norteamericanos fue en Alemania. Hallaron así un apoyo entusiasta a sus ideas en un país que acababa de sufrir la pérdida en la guerra de una generación de hombres jóvenes brillantes y físicamente preparados. Ante el temor de que aquel diezmo de la población actuara como una suerte de selección natural invertida, los ambiciosos líderes de aquella nación orgullosa y herida acometieron un plan para garantizar el futuro de la raza eliminando para siempre de la faz de la Tierra a los «deficientes mentales».

VI

Un día de 1920, Ewald Meltzer, director de la Casa Estatal de Katharinenhof para Niños Deficientes Mentales No Educables de Sajonia, envió una encuesta a los padres y tutores varones de casi doscientos niños bajo su tutela.[69] Dicha encuesta estaba redactada de manera escrupulosa, porque Meltzer no estaba seguro de cómo reaccionarían los padres a una estrategia para reducir una carga sobre la sociedad que ganaba rápidamente terreno entre sus colegas:

1. ¿Daría su consentimiento bajo cualquier circunstancia para un acortamiento indoloro de la vida de su hijo, después de que un experto haya determinado que su deficiencia mental es incurable?
2. ¿Daría su consentimiento sólo en el caso de que ya no pudiera hacerse cargo de su hijo, por ejemplo, si se le avecina la muerte?
3. ¿Daría su consentimiento si su hijo estuviera sufriendo una importante angustia física y mental?
4. ¿Qué opina su esposa de las preguntas 1 a 3?

Tras asegurar a los destinatarios que aquellas preguntas eran puramente teóricas, a Meltzer le sorprendió descubrir cuántos de ellos respondieron de manera favorable a la idea de «acortar sin dolor» las vidas de sus hijos. De hecho, algunos contestaron que las autoridades relevantes deberían hacer lo que consideraran oportuno, sin molestarse en pedirles su consentimiento.

«Habría preferido que no me lo hubiera preguntado, que hubiera dormido al niño para siempre», respondió una madre. «Habría preferido que no me molestaran con esta pregunta —contestó otra—. Si hubiéramos recibido la noticia de una muerte repentina, la habríamos aceptado sin más.» Meltzer llegó a la conclusión de que a aquellas madres y padres «les gustaría librarse de una carga, y quizá al niño también, pero preferían hacerlo con la conciencia tranquila».[70]

Los resultados de la encuesta de Meltzer apuntalaron el apoyo popular por las polémicas teorías del psiquiatra Alfred Hoche y el experto en derecho penal Karl Binding, coautor de un libro publicado en 1920 y titulado *The Liberation and Destruction of Life Unworthy of Life* («Liberación y destrucción de vidas que no merecen vivir»). Ambos argumentaban que la alimentación y los cuidados médicos no son derechos de nacimiento, sino que se adquieren realizando una labor productiva. Describían a las personas incapacitadas como *Lebensunwertes Leben* («vidas que no merecen vivir») y las llamaban «bocas inútiles que alimentar» y «lastres humanos» que consumían valiosos recursos sin retornar su deuda a la sociedad. Acabar con las vidas de estas «cáscaras vacías humanas», quienes ni siquiera eran conscientes de la miseria que infligían en los demás, no sólo era un acto beneficioso para la sociedad, aseguraban Hoche y Binding, sino que además era lo más compasivo que se podía hacer bajo tales circunstancias.

> Su vida carece de sentido, pero para ellos no resulta insoportable. Son una carga pesada y terrible para sus parientes y la sociedad en su conjunto. Su muerte no provocaría ni el más mínimo vacío, salvo quizá en los sentimientos de sus madres y leales enfermeras.[71]

Una de las organizaciones que podía objetar era la Iglesia católica. Pero, en 1927, el teólogo romano apostólico Josef Mayer proporcionó cobertura clerical a Hoche y Binding con la publicación de un libro que defendía que la esterilización forzosa de las personas «discapacitadas mentalmente» estaba en total acuerdo con la ética y la tradición católicas. De manera inoportuna, el papa Pío XI emitió una encíclica tres años después en la que condenaba la práctica de la esterilización salvo cuando se realizaba por «usos terapéuticos». Sin embargo, el concepto de «vida que no merece vivir» dejó una impronta duradera en una cultura que luchaba por salir de la depresión de la posguerra, y es probable que aquella encíclica desempeñara algún papel en la posterior persecución del clero católico.

La retórica de Hoche y Binding caló hondo en un político aspirante al que habían condenado por alta traición por dar un golpe de Estado infructuoso contra los dirigentes de la República de Weimar, inspirado por la toma del poder de Benito Mussolini en Roma. Mientras los nervios lo devoraban en la fortaleza de Landsberg, en Baviera, aquel joven de nombre Adolf Hitler soñaba con liderar a su pueblo hacia la gloria en contra de las fuerzas corrosivas de la democracia liberal.

Hitler se refería a Landsberg como la «universidad» donde le impartieron un curso intensivo en eugenesia.[72] (Más adelante permitió que su nombre se utilizara en la publicidad del libro de Hoche y Binding.) Su biblia sobre este tema fue *La caída de la gran raza*, una mezcolanza de pseudociencia racista, sermones antiinmigración y necedades arqueológicas escrita por un licenciado por Yale atildado y con mostacho llamado Madison Grant.[73] A lo largo de todo el libro, Grant se refiere a los descendientes de las familias del *Mayflower* como los «estadounidenses nativos». El sentido de tal argumento era que la «raza» nórdica (una amalgama ficticia de suecos, daneses y otros europeos del norte) estaba en peligro de extinción, apartada a codazos por «enjambres» de negros ignorantes, orientales «serviles» y judíos polacos que ya habían «expulsado literalmente» a los blancos «con solera [...] de las calles de Nueva York».

Grant concluía afirmando que las estrategias de Galton para alentar a los hombres y las mujeres de las «clases que producían genios» a crecer y multiplicarse no bastarían para contener la marea creciente de idiocracia. En su lugar, instó a sus colegas eugenistas a desarrollar medios más expeditivos para echar por la borda a los usurpadores foráneos y otras formas de lastres humanos:

> Un método de selección rígido mediante la eliminación de los débiles o no aptos (en otras palabras, los fracasos sociales) resolvería toda esta cuestión en el plazo de un siglo,

además de permitirnos librarnos de los indeseables que se amontonan en nuestras cárceles, hospitales y manicomios. [...] Se trata de una solución práctica, misericordiosa e inevitable al problema en su conjunto y puede aplicarse a un círculo cada vez más amplio de deshechos sociales.[74]

Aquello sonó a música marcial a los oídos del joven Hitler, quien compartía la repulsión visceral de Grant por los fracasos sociales, los deficientes y los enclenques, pese al hecho de que, con su cabello moreno y sus ojos oscuros, escasa semejanza guardaba él con los tipos nórdicos exaltados en el libro. En *Mi lucha*, el manifiesto que Hitler dictó a su adjunto Rudolf Hess mientras estaba encarcelado en Landsberg, el futuro Führer situó la esterilización forzosa en el núcleo de su concepción de una nueva sociedad, publicitándola como una defensa compasiva de las vidas de los niños no nacidos aún. El Estado, escribió, «debe declarar no apta para la procreación a toda persona visiblemente enferma o que haya heredado una enfermedad y, por consiguiente, pueda pasársela a generaciones venideras y, para ponerlo en práctica [...], las personas física o mentalmente enfermas e indignas no deben perpetuar su sufrimiento en el cuerpo de sus hijos».

Un manual aparecido en 1913 escrito por Géza Hoffman y titulado *Die Rassenhygiene in den Vereinigten Staaten von Nordamerika* («Higiene racial en los Estados Unidos») se convirtió en un libro de referencia de eugenesia aplicada para los estudiantes de biología alemanes.[75] Cuando el Partido Nacionalsocialista se alzó con el poder en la década de 1930, aquel manual de leyes eugenésicas estadounidense se convirtió en el anteproyecto de las políticas nazis por defender a los nórdicos (rebautizados como «arios») en *Blut und Rasse* («sangre y raza») de influencias disgénicas.

«No permitiremos que nos conviertan en negros —se vanaglorió Hitler ante el editor de un diario alemán conservador en 1931—. La sangre nórdica de Inglaterra, el norte de Francia y Norteamérica acabará acompañándonos a reorganizar el mundo.»[76]

A diferencia de sus homólogos estadounidenses, los eugenistas alemanes no tenían previsto limitar sus esfuerzos a los manicomios, prisiones y escuelas para deficientes mentales, sino que pretendían llevar las implicaciones de la teoría eugenésica a su extremo entre la población general.

En julio de 1933, el ministro del Interior del Reich, Wilhelm Frick, puso en vigor la Ley para la Prevención de Descendencia con Enfermedades Hereditarias.[77] Cualquier ciudadano alemán que mostrara signos de esquizofrenia, trastorno bipolar, epilepsia, ceguera o sordera hereditaria, enfermedad de Huntington o alcoholismo podía ser esterilizado a la fuerza. La ley imponía asimismo la creación de los Tribunales de Salud Genética, que no sólo dictaban sentencia con respecto a los casos individuales, sino también en relación con las apelaciones (que no siempre se garantizaban).[78] Sólo en 1934 se juzgaron 84.600 casos, que desembocaron en 62.400 esterilizaciones forzosas. Con el tiempo, más de cuatrocientos mil hombres, mujeres y niños fueron esterilizados contra su voluntad por el régimen nazi.[79]

Entre los profesionales médicos austríacos que contemplaban el ascenso del nazismo con alarma figuraba el propio Hans Asperger. Desde abril hasta finales de mayo de 1934 participó en un seminario en Leipzig y Potsdam con los psiquiatras infantiles Hans Heinze y Paul Schröder, dos de los eugenistas más destacados en Alemania. El 10 de abril, Asperger escribió en su diario de viajes: «Todo un pueblo avanza en una única dirección, con fanatismo, con una visión estrecha de miras, sin duda, pero también con entusiasmo y dedicación, con una disciplina y un control férreos, y con una capacidad de persuasión terrible. Son como soldados de un ejército, el pensamiento militar, el etos, del paganismo alemán».[80]

Con todo, el profundo desconcierto que le provocaba la rápida militarización de la cultura alemana no le impidió desviar la vista hacia otro lado y alabar de modo desapasionado el trabajo clínico de Heinze y Schröder, tal como elogiaría los esfuerzos de otros especialistas en el campo. Acerca de sus experiencias en el seminario escribió: «Las enseñanzas no me parecen tan nocivas. En un sentido amplio, la estructura general encaja en nuestras perspectivas, desde luego en muchos de los detalles. [...] Es una estructura bien fundamentada, con conceptos claros y útiles desde el punto de vista del diagnóstico. Se puede aprender mucho y trabajar bien. Pero también pienso acerca de los esfuerzos que el doctor Frankl destina al diagnóstico de la educación con necesidades especiales».

Incluyó asimismo una observación que probablemente sea el primer comentario desenfadado con respecto al autismo de la historia. «Manejamos muy buenos conceptos derivados de nuestro trabajo, pero tendemos a expresarlos en una jerga que las personas ajenas a la materia entienden de manera muy distinta (¡hablan sobre el autismo!),[81] lo cual nos dificulta comunicarlo.» Pero Asperger no podría darse el lujo de seguir mirando para otro lado durante demasiado tiempo.

Dos meses después de que Asperger regresara de aquel seminario, agentes de la Schutzstaffel (SS) de Hitler irrumpieron por la fuerza en el edificio de la Cancillería de Viena disfrazados de oficiales de policía. Asustados, los miembros del gabinete se ocultaron tras delgadas puertas que demostraron no ser obstáculo para los hombres de las SS, quienes las derribaron a culatazos de rifle mientras avanzaban hacia el apartamento donde el canciller Engelbert Dolfuss se había refugiado. Simultáneamente, ocho nazis se apoderaron de la principal emisora radiofónica de la ciudad. Dispararon al director de la emisora, mataron a un actor de la radio con una granada de mano y obligaron al reportero del noticiario a salir en antena y anunciar que Dolfuss había dimitido.

Entre tanto, en la Cancillería, los hombres de Hitler arrinconaron a Dolfuss, le descerrajaron un tiro en la cabeza y lo arrojaron sangrando a un sofá, donde pidió entre súplicas un médico, luego un vaso de agua y finalmente un cura. No puede decirse que Dolfuss fuera un liberal; más bien era un fascista orgulloso que tenía como referencia a Mussolini y había lanzado su propio partido de ala derecha, el Frente Patriótico, el cual tenía como símbolo una cruz parecida a la esvástica, la *Krückenkreuz*. El dictador italiano tuvo noticia del asesinato de Dolfuss mientras firmaba el anteproyecto de un nuevo hospital mental y comunicó las malas noticias a la mujer del canciller, quien, embarazada, se hallaba de vacaciones en su villa en Riccione junto con sus dos hijos.[82]

El descarado intento de golpe de Estado acabó fracasando, pero el hecho de que los nazis estuvieran asesinando a fascistas por no ser suficientemente leales al Führer da una indicación de la situación política en Austria a la sazón. El sucesor de Dolfuss, Kurt von Schuschnigg, presidió un Gobierno de ala derechista que se volvió más proalemán y antisemita cada día. Por su parte, los nazis multiplicaban su guerra propagandística contra los residentes de las instituciones mentales austríacas. El periódico oficial del NSDAP, el partido nazi, incluía dobles páginas de «idiotas» sonrientes, lunáticos «como zombis» y bebés dismórficos bajo titulares acerca de la «crueldad de la compasión» y cantando las alabanzas de la esterilización forzosa.[83] Aparecieron carteles en «exposiciones raciales» que mostraban a corpulentos obreros arios soportando la carga de gruñones pacientes mentales columpiándose en balancines sobre sus hombros, con pies de foto donde se aseguraba que el coste de albergar a tales pacientes hasta que eran ancianos ascendía a cincuenta mil marcos.

En una época en la que pertenecer al NSDAP era prácticamente obligatorio en la universidad, Asperger no se afilió al partido, según sostiene su hija.[84] Es probable que se opusiera a hacerlo debido a su lealtad a los Eruditos Errantes. La red de organizaciones juveniles católicas, conocida como la Neuland-Bund, se inclinó en un principio por apoyar al partido, pero cambió de sentido más adelante, cuando los nazis empezaron a perseguir sin disimulo a los miembros de la

Iglesia.[85] Con el tiempo, los grupos de juventudes progresistas como el Neuland-Bund acabaron prohibiéndose en Austria, mientras sus equivalentes de derecha se asimilaron en las Hitlerjugend (las juventudes nazis de Hitler) y proporcionaban al Reich soldados adoctrinados. En el ínterin, tanto el antiguo mentor de Asperger, Franz Hamburger, como su colega de confianza en la Unidad de Pedagogía Terapéutica, Erwin Jekelius, se convirtieron en miembros fervientes del partido.

En 1935, cuando Weiss publicó su artículo sobre Gottfried en el *American Journal of Orthopsychiatry*, Austria vivía ya un éxodo masivo, espoleado por nuevas leyes que despojaban a los judíos de sus propiedades, empleos y derechos de ciudadanía básicos. Negocios, hogares y atracciones turísticas propiedad de judíos en toda la ciudad se hallaban en proceso de «arianización» y se transfirieron a propietarios no judíos. En los bancos de los parques de toda la ciudad aparecieron rótulos donde se leía «NUR FÜR ARIER» («sólo para arios»), mientras los niños cantaban canciones burlonas sobre cómo el único espacio verde que se dejaría a los judíos sería el cementerio.[86]

Cientos de familias se apiñaban a diario en el organismo de emigración para judíos, desesperadas por salir del país, dejando tras de sí prácticamente todas sus posesiones.[87] Muchos judíos huyeron a Palestina, donde sus padres y abuelos habían buscado refugio de las sucesivas oleadas de pogromos. Otros se dirigieron a los Estados Unidos, donde las políticas de inmigración liberal que Osborn había condenado en el Segundo Congreso de Eugenesia les ofrecían un puerto seguro, a condición de que demostraran que tenían un empleo. Incluso la comunidad de pediatras, cirujanos, psicoanalistas y especialistas en otros ámbitos que había convertido la «Viena Roja» en un faro mundial de experiencia médica se hallaba bajo asedio. De los cerca de cinco mil médicos que trabajaban en la ciudad, tres mil doscientos eran judíos, un legado de la Edad Media, cuando la medicina fue una de las pocas profesiones que se permitió desempeñar a los judíos, porque ejercer de doctor en la época de las grandes pestes era una profesión de alto riesgo nada envidiable.[88]

La pérdida de Austria conllevó una ganancia para el mundo. Anni Weiss fue la primera integrante del equipo de Asperger en emigrar; llegó a Estados Unidos en 1934. El experto en diagnósticos de la clínica, el talentoso Georg Frankl, voló en 1937 a Maryland con la ayuda de un médico judío que había abandonado Austria años antes. No obstante, a medida que el poder y la influencia del NSDAP fueron aumentando, las carreras de los verdaderos creyentes florecieron. Erwin Jekelius, cuya única aportación perdurable a la literatura pediátrica en inglés fue acuñar el término *paradoxal obstipation* («obstipación paradójica») para describir cualquier fuga de heces e inflamación intestinal provocada por un tapón de materia fecal obturado en el recto, se convirtió en la máxima autoridad de sanidad pública de la ciudad, a instancias del presidente del Consejo Eclesiástico Evangélico, que se dedicó a llenar el Gobierno local de funcionarios leales al Reich.[89] La venerable Sociedad Médica de Frankgasse, donde Freud había realizado sus primeros estudios de la psique, se purgó de judíos y se rebautizó con el nombre de Sociedad Médica Vienesa.[90]

En 1938, el mentor de Asperger, Hamburger, impartió una conferencia ante la Sociedad titulada «Nacionalsocialismo y Medicina» que no dejó dudas acerca de sus lealtades. Fue un discurso extraño para un médico de su talla, más una arenga acerca del poder de sanación de la fe (que denominó «curación natural») por encima del trabajo de los «llamados científicos», en sus propias palabras. Empezó por explicar en aquella sala repleta de médicos eminentes que los deportes y el turismo hacían «más por la salud que todos los médicos juntos». A continuación, ensalzó las virtudes del «médico rural práctico» (un ario rubicundo, claro está), que difundía «el valor y la confianza» entre los enfermos e inspiraba una fe ciega e incuestionable en sus pacientes.

«La fe, en todos los casos —afirmó— conlleva una mejoría, a menudo incluso la eliminación de los síntomas de la enfermedad.» Hitler desempeñaba un papel similar para todo el Reich, explicó. «Debemos afrontar el hecho de que un solo hombre, un hombre que no es médico, gracias a sus atributos superiores, ha abierto nuevas vías de salud para los ochenta millones de habitantes de Alemania.»[91]

Una de estas vías era el rechazo del Führer a «mimar» a los enfermos mentales en instituciones «lujosas». Sólo un «paciente judío hiperintelectualizado» cuestionaría la sabiduría del diagnóstico de su médico, añadió Hamburger enfáticamente, implicando con ello que sólo los judíos y otros indeseables osarían desafiar el diagnóstico de Hitler sobre los males de la sociedad. Era una visión del *reichsführer* como el «gran placebo» que curaría a la población (*«Volk»)* de toda suerte de enfermedades y trastornos mediante la fuerza abrumadora de sus «atributos superiores». Hamburger enunció a continuación su apoyo a la Ley para la Prevención de Descendencia con Enfermedades Hereditarias y ensalzó a las mujeres arias que se alejaban de las «múltiples distracciones de la vida» para concentrarse en su deber patriótico de alumbrar un hijo cada año para el Reich. «El nacionalsocialismo es el verdadero instrumento para garantizar la salud de nuestro pueblo —bramó—. Bajo el nacionalsocialismo, los médicos son, casi de manera oficial, los Führer del pueblo, llamados a liderar su salud.»

La sombra de la muerte se cernía de manera inexorable sobre los pequeños profesores de Asperger.

VII

El 11 de marzo de 1938, mientras miles de austríacos se acurrucaban junto a sus radios, Von Schuschnigg finalmente dimitió y declaró que había dado instrucciones al Ejército para que no opusiera resistencia a las tropas de la Wehrmacht que atravesaban la frontera.[92] Los últimos acordes del himno nacional apenas se habían desvanecido en las ondas de radio antes de ser reemplazados por otro sonido procedente de las calles:[93] miles de austríacos cantaban la *Canción de Horst Wessel*, el grandilocuente himno nazi que el Gobierno de Von Schuschnigg había prohibido de manera explícita:

> ¡La calle libre para los batallones marrones,
> la calle libre para los guardias de asalto!
> Millones llenos de esperanza miran la esvástica;
> el día rompe para el pan y la libertad.[94]

El tan esperado día de la *Anschluss*, la «unión» de Austria y Alemania, se perfilaba en el horizonte. Al poco, la antigua Primera República de Austria se bautizaría con el nombre de *Ostmark*, «la Marca del Este». Para celebrar el regreso a casa del Führer (austríaco de cuna) y sus tropas, banderas y estandartes con esvásticas ondeaban en los balcones y ventanas de toda la ciudad. Austríacos llenos de júbilo flanqueaban las calles mientras las mujeres y los niños lanzaban cigarrillos a los convoyes entrantes.

El órgano oficial de la Wehrmacht describió los acontecimientos del día como un renacer general extático, desplegando la vena de paganismo germano que Asperger había mencionado en su diario:

> En todas partes y sin excepción se produjo un contacto espontáneo e invisible de corazón a corazón, ese misterioso flujo de conexión natural: en las montañas del Tirol, en las colinas de Salzburgo, en la Alta Austria, en el Danubio y en el Inn, y luego más allá, en los rincones más remotos de Steiermark, Kärnten, en los bosques vieneses y en la Burgenland. Fue más que una mera atracción; fue amor a primera vista. ¡Ninguno de aquellos soldados vestidos de gris o azul podrá olvidar nunca la alegría que emanaban los ojos de todos los austríacos que bordeaban las calles de las ciudades y los pueblos! ¡No olvidarán los gritos entusiastas de quienes los recibieron hasta el fin de sus días![95]

Por su parte, el veterano corresponsal de guerra británico G. E. R. Gedye lo veía desde una perspectiva muy distinta:

> Mientras cruzaba el Graben para dirigirme a mi oficina, la marea marrón barría las calles. Fue un *sabbat* de brujas indescriptible: tropas de asalto, muchas de ellas integradas por soldados apenas salidos de la escuela, con cananas y carabinas, y cuya única otra muestra de autoridad eran unos brazaletes con la esvástica, marchaban junto a agentes de policía chaqueteros; hombres y mujeres aullaban y gritaban histéricos el nombre de su líder, abrazaban a los policías y los arrastraban en un remolino de humanidad; camiones cargados de soldados de asalto aferrados a sus armas antes ocultas ululaban con furia, intentando hacerse oír por encima de la algarabía, y hombres y mujeres brincaban, gritaban y bailaban bajo la luz de las antorchas humeantes que no tardaron en aparecer, entre un pandemonio de ruidos en los que se entremezclaban gritos de: «¡Abajo los judíos! *Heil Hitler! Heil Hitler! Sieg Heil!*».[96]

Pandas de civiles autodenominadas *Rollkommandos* se dirigieron bramando hasta los grandes almacenes y comercios del barrio judío, derribaron puertas, hicieron pedazos ventanas y escaparates, y arrojaron el inventario en los camiones que aguardaban, en muchos casos con ayuda de la policía. Muchedumbres deambulaban por las calles, robaban cuanto encontraban y sacaban a rastras de sus hogares a familias enteras aterrorizadas aún en pijama. Una forma particularmente brutal de humillación que se sirvió a los judíos fue la organización de los *Reibpartien* («partidas barrenderas»), que obligaron a hombres y mujeres a caminar a cuatro patas con cepillos de dientes y cubos de ácido corrosivo para borrar los eslóganes anti-*Anschluss* del pavimento. Gedye vio cómo una falange de soldados de asalto obligaron a un hombre y una mujer ancianos a bajar a la calle a borrar un dibujo ofensivo del pedestal de una estatua. Mientras una multitud cantaba «¡Al fin hemos encontrado un empleo para los judíos! ¡Por fin, un empleo para los judíos!», el viejo le daba palmaditas en la mano a su esposa, que lloraba en silencio.[97]

El *establishment* médico nazi ultimaba el castigo definitivo para quienes amenazaban al Reich desde dentro por el hecho de transmitir sus atributos inferiores a generaciones futuras. En un seminario nocturno para médicos impartido por las SS, el neurólogo vienés Walter Birkmeyer sostuvo ante sus colegas: «Sólo la pureza de nuestra raza y la salud de nuestros genes pueden salvar a nuestro pueblo de la decadencia. Es nuestro deber como adeptos fanáticos exterminar todo lo morboso, impuro y corruptor».[98]

La Universidad de Viena se transformó en el centro intelectual de un movimiento académico que situó la *Aufartung* («mejora racial») y la *Rassenforschung* («investigación racial») como prioridades de su programa médico. Cuando el campus reabrió sus puertas tres semanas después de la *Anschluss*, el nuevo decano de Medicina, el anatomista Eduard Pernkopf, pronunció un entusiasta discurso con un sombrío retrato del Führer vestido con su uniforme de soldado de asalto y acordonado por hombres de la SS como telón de fondo.[99] Pernkopf promocionó el nazismo como una concepción del mundo global que trascendía la medicina y la ciencia, abogó por el uso de la «selección negativa» mediante la extinción (*Ausmerzung*) y ensalzó a Hitler como el «mayor hijo de nuestra patria»,[100] tras lo cual concluyó su arenga exclamando tres veces en tono triunfal «*Sieg Heil!*».

Al nuevo decano le faltó tiempo para arianizar la escuela médica más prestigiosa de Europa. Solicitó a todos los miembros de la facultad que presentaran los certificados de nacimiento de sus padres, abuelos y esposas para «demostrar» que descendían de arios. También se les exigió que juraran lealtad por escrito a Hitler y se obligó a quienes se negaron a hacerlo a prejubilarse de inmediato. En el plazo de unas semanas, el ochenta por ciento de la Facultad de Medicina había sido destituido.[101] (Entre los despedidos de otros departamentos se encontraba Erwin Schrödinger, quien en 1933 compartió el Premio Nobel de Física con Paul Dirac, y el brillante matemático Kurt Gödel.) Banderas con la esvástica ondeaban en el edificio principal de la universidad y se exigió a los pocos alumnos judíos a quienes se permitió continuar estudiando que presentaran «permisos de entrada» para acceder al campus.[102]

Antes de la *Anschluss,* ejercían en Viena más de cinco mil médicos. Aquel otoño quedarían menos de setecientos cincuenta. Muchos de los antiguos profesores de la universidad, las mentes más brillantes de su generación, perecieron en campos de concentración.[103] Otros se quitaron la vida. Los fanáticos que ocuparon sus puestos denostaron a sus antiguos mentores y colegas tildándolos de «charlatanes».[104]

El Reich premió a sus leales siervos con generosidad. Pernkopf fue designado rector (*Rektor Magnificus*) de la universidad y se le concedió una exención especial para que trabajara en su *magnum opus,* un atlas anatómico titulado *Topographische Anatomie des Menschen* («Anatomía Topográfica del Hombre»). Aquella obra épica de varios volúmenes contenía espléndidas placas a acuarela de cada órgano, hueso y vaso sanguíneo del cuerpo humano, dibujos de una precisión extrema tanto por lo que a color como a detalle concierne. Elogiada por el *Journal of the American Medical Association* como «una obra de arte», la *Anatomía* de Pernkopf se convirtió en el manual de referencia para los cirujanos de todo el mundo que necesitaban desempolvar sus conocimientos de los órganos internos antes de acometer una intervención peliaguda. En 1996, cuando un cirujano judío que trabajaba con un experto en el Holocausto solicitó una investigación en la columna de cartas del *JAMA*, la profesión médica no tuvo más remedio que admitir que llevaba casi sesenta años enseñando a los estudiantes a convertirse en cirujanos con pinturas de los cuerpos despellejados de niños discapacitados y presos políticos.[105]

Un decreto emitido por el ministro alemán de Educación aseguró a Pernkopf una provisión adecuada de material de referencia para su atlas, provisión que resultó tan efectiva que hubo que posponer algunas ejecuciones, pues los cadáveres recientes se amontonaban a las afueras de sus salas de disección. Las simpatías de los pintores que colaboraron en este esfuerzo masivo jamás se pusieron en duda: sus firmas aparecían engalanadas con esvásticas y relámpagos de las SS, que la editorial eliminó mediante retoque en ediciones posteriores del atlas.

En medio de este clima de fanatismo rabioso, el 3 de octubre de 1938, Asperger pronunció la primera conferencia pública sobre el autismo de la historia, en un salón de actos del Hospital Universitario.[106] Es probable que Hamburger se hallara entre el público, un rostro imponente en medio de un mar de esvásticas, y seguramente tuviera a los niños de la Kinderklinik en su radar; un año antes, la Asociación Neurológica y Psiquiátrica de Viena había promulgado un decreto mediante el cual los «psicópatas» que no fueran declarados dementes oficialmente debían someterse a una supervisión continua por suponer una amenaza permanente para la sociedad.[107]

Asperger comenzó por enunciar lo evidente: «Nuestra vida intelectual registra en la actualidad un cambio profundo que ha afectado a todos los aspectos de esta vida, uno de ellos, el ámbito de la medicina. [...] Nos encontramos aquí para tratar el bien más preciado de la nación: su salud».[108] Reconoció que «el cambio riguroso en nuestra actitud» reclamado por el Führer exigía a los profesionales de la medicina valorar la salud del *Volk* por encima de las necesidades (e implícitamente, de las vidas) de los pacientes individuales. «Muchos de los casos que tratamos aquí son trastornos genéticos.» Y a continuación habló con la boca pequeña acerca de la obligación de informar de tales casos a los comités pertinentes: «En tanto que médicos, debemos asumir las tareas que afloren en esta área con plena responsabilidad». (Tras una afirmación similar en 1940, el colega de confianza de Asperger en la clínica, Josef Feldner, le advirtió que tal retórica «era un poco demasiado nazi para su reputación. Yo omitiría el agradecimiento al Führer».)[109]

Sin embargo, a continuación Asperger viró de rumbo de manera inesperada: «No pretendo hoy abordar el problema desde el punto de vista de la salud pública, ya que entonces tendríamos que abordar las leyes para la prevención de la transmisión hereditaria de enfermedades; en su lugar, lo acometeremos desde el punto de vista de los niños anormales. ¿Qué podemos hacer por estas personas? Eso es lo que deberíamos plantearnos». Y prosiguió con una aseveración radical que debió hacer que su mentor arqueara la ceja en gesto de desaprobación: «No todo lo que se desvía de la línea y, por consiguiente, es "anormal", tiene que ser necesariamente "inferior"».[110]

Asperger admitió que su afirmación podía «provocar inicialmente algunas reticencias». Pero acto seguido hizo algo artero: analizó los expedientes de sus pacientes y con ello consiguió llevarse al público a un territorio familiar en el que se sentía cómodo. En primer lugar describió a un niño a quien su padre había llevado a la clínica que presentaba un conjunto desconcertante de síntomas. Tenía berrinches frecuentes y ataques de ira y se describía como una persona nerviosa y «bastante melancólica». El niño tenía un sentido de la audición de una agudeza asombrosa y se desvelaba con el menor sonido en su habitación. Además, estaba obsesionado con comer alimentos agrios, a consecuencia de lo cual su dieta era sumamente limitada.

Sin embargo, aquel niño presentaba otra cara, explicó el pediatra. Su vocabulario y sintaxis eran de una madurez fascinante para su edad y le encantaba analizar en profundidad cuestiones filosóficas. Además, tenía un ojo clínico para detectar defectos en otras personas y en sí mismo, lo cual indicaba que tenía un agudo poder de observación. Asperger planteó entonces una pregunta provocadora: ¿Eran las habilidades de aquel niño meramente el producto de una «hipercompensación», como había ocurrido en el caso de Demóstenes, que se convirtió en el mejor orador de Grecia impulsado por el deseo de vencer su tartamudeo, cosa que consiguió aprendiendo a hablar con la boca llena de guijarros? No, contestó Asperger. «No creemos que así sea. Afirmamos, basándonos no sólo en la teoría, sino también en nuestra experiencia con muchos niños como él, que los atributos positivos y negativos de este muchacho son dos aspectos naturales, necesarios e interconectados de una personalidad armoniosa y bien tramada. Podríamos expresarlo de la manera siguiente: las dificultades de este niño, que afectan de manera particular a su relación con otras personas, son el precio que debe pagar por sus dones especiales».

A continuación, Asperger propuso un modo radical de concebir las discapacidades cognitivas, el cual se situaba en oposición directa al dogma de la higiene racial. «Lo bueno y lo malo en una persona, el potencial para el éxito o el fracaso, sus aptitudes y déficits, son mutuamente condicionantes y emergen de la misma fuente —aseguró—. Nuestra meta terapéutica debe ser enseñar a la persona a sobrellevar sus dificultades. No consiste en eliminarlas, sino en enseñarle a afrontar sus desafíos especiales con estrategias especiales y a hacer que cobre conciencia no de estar enferma, sino de que es responsable de su vida.»

Y continuó describiendo a un joven paciente que bien podría haberle servido de base para su descripción de Harro. Se trataba de un niño que perturbaba el funcionamiento de las clases y era como «un capote rojo para un toro» en el patio de la escuela. Era incapaz de vestirse sin ayuda de su madre y parecía tan ajeno al prójimo que el personal de Asperger al principio creyó que era sordo. Pero descubrieron que incluso aquel «niño tosco y grosero» era plenamente consciente de su comportamiento y se expresaba de modos muy creativos cuando se le brindaba la oportunidad de hacerlo. Todas aquellas cualidades en su conjunto componían la imagen clínica de la psicopatía autista, explicó. Los dones especiales de aquellos niños eran inextricables de sus impedimentos.

«¿Quién no reconoce al científico autista —preguntó Asperger—, cuya torpeza y falta de instinto lo han convertido en una caricatura familiar, pero el cual es capaz de logros extraordinarios en un campo extremadamente especializado?» Y suplicó a sus colegas que «nunca se rindieran» con tales niños, porque al hacerse mayores podían aflorar en ellos «fortalezas y capacidades» que no resultaban aparentes de manera inmediata. Contribuyendo a que hagan realidad plenamente su potencial, sus colegas estarían beneficiando a la sociedad en su conjunto, un objetivo que incluso un ferviente eugenista podía respaldar.

Y luego Asperger hizo un comentario que permite atisbar por qué basó sus casos prototípicos en sus parlanchines pequeños profesores en lugar de en los niños más profundamente impedidos a quienes trató en instituciones. «Se me antojó más gratificante escoger dos casos no demasiado severos y más prometedores —afirmó— y explicar, en referencia a ellos, por dónde discurre nuestro planteamiento terapéutico.» Por desgracia, su estrategia de acentuar lo positivo ante sus superiores nazis, informada por el conocimiento de que las vidas de sus jóvenes pacientes estaban en juego, propiciaría una confusión generalizada en las décadas venideras.

Basándose en los cuatro muchachos prototípicos de la tesis de Asperger, muchos médicos e historiadores han asumido que sólo atendía a niños «de alto funcionamiento» en su consulta, cosa que acabó ensombreciendo su descubrimiento más importante. El autismo que él y sus colegas aprendieron a identificar en la Viena de preguerra «no era en absoluto raro», sino que se detectaba en todos los grupos de edad y presentaba un amplio abanico de manifestaciones, desde la incapacidad de hablar hasta una elevada capacidad de concentrarse en un único tema de interés durante un período de tiempo prolongado, sin distracciones.

En otras palabras, era un espectro. Y una vez se sabía lo que buscar, se detectaba en todas partes.

Aquella noche, el sol se ocultó tras las cafeterías desiertas de las calles de Viena, marcando el inicio del Yom Kippur, el día más sagrado del calendario judío.[111] Durante las veinticuatro horas siguientes, tropas de asalto y *Rollerkommandos* perpetraron brutales ataques contra los vecindarios otrora prósperos, dejando en su estela un reguero de robos, incendios, saqueos y asesinatos.

Este paroxismo de la violencia callejera no fue más que un anticipo del horror que se desató un més después durante la *Kristallnacht* o Noche de los Cristales Rotos, cuando se incendiaron noventa y cinco sinagogas en Viena y se demolieron con almádenas hogares, hospitales, escuelas y comercios judíos. En Berlín, más de treinta mil judíos fueron conducidos a la fuerza hasta Dachau, Buchenwald y otros campos de concentración, y a la mayoría de ellos no se los volvió a ver.

Entre tanto, el antiguo colega de Asperger, Erwin Jekelius, medraba con celeridad en las filas del partido. A finales de aquel año fue designado director de una antigua instalación de rehabilitación para alcohólicos llamada Am Spiegelgrund (previamente conocida como Am Steinhof). Allí ayudó a oficiales nazis a esbozar un plan secreto para liberar al mundo de niños como Gottfried, Fritz y Harro, esbozo que se convertiría en el anteproyecto de Hitler para la Solución Final contra los judíos. Aquel programa monstruoso, que Jekelius y sus cohortes pusieron en práctica con una eficiencia brutal, comenzó con el asesinato de un hijo único a quien los médicos habían declarado deficiente mental.

VIII

El 20 de febrero de 1939, nació en la población de Pomssen, en el sudeste de Leipzig, donde Bach tocó una vez el órgano en un funeral, un niño llamado Gerhard Kretschmar. El nacimiento de un niño en la Sajonia rural solía ser causa de celebración, pero Gerhard nació ciego, intelectualmente discapacitado, con un solo brazo y media pierna y, además, padecía convulsiones. Sus padres, Richard y Lena, eran nazis acérrimos. Richard llevó a su hijo a la Universidad de Leipzig, donde imploró al neurólogo jefe, Werner Catel, que «lo pusiera a dormir».[112]

Era probable que el eminente neurólogo se mostrara compasivo ante tal súplica. En su libro titulado *Grenzsituation des Lebens* («Situaciones vitales extremas»), Catel decía de los niños como Gerhard «tales monstruos... que no son más que una *massa carnis*», el término que el teólogo Martín Lutero había utilizado para describir a las personas que eran como un montón de carne insensible carente de alma. Sin embargo, informó a los Kretschmar de que no podía ayudarlos, ya que la eutanasia misericordiosa de niños era ilegal. Con todo, insinuó que, si Richard enviaba una carta directamente al Führer, quizá le concederían una exención especial.

El nacimiento de Gerhard Kretschmar brindó la oportunidad que Hitler había estado aguardando desde sus días en la prisión de Landsberg. Envió a Karl Brandt, uno de sus médicos personales, a Leipzig para examinar al niño.[113] «Si los hechos explicados por el padre eran correctos, debía informar a los médicos de que [en nombre de Hitler] podían practicarle la eutanasia —testificó posteriormente Brandt—. Lo importante era que los padres no tuvieran la sensación de ser responsalbes de la muerte del niño.» También indicó a Catel y a sus colegas que, si se presentaban cargos contra ellos en un tribunal, el Führer en persona intervendría en su favor.

Los médicos de Leipzig contestaron que la eutanasia era una práctica habitual en las salas de maternidad; lo que sucedía era que no se hablaba de ello abiertamente.[114] Mientras que Catel se hallaba casualmente de vacaciones, uno de sus subordinados asesinó al bebé administrándole una inyección mientras las enfermeras disfrutaban de la pausa para el café.[115]

Aquel verano, otro de los médicos de Hitler, Theo Morel, preparó un memorándum en el que detallaba la carga financiera que suponía para el Reich el cuidado a largo plazo de personas con discapacidades: «5.000 deficientes a un coste de 2.000 RM [marcos del Reich] cada uno por año = 100 millones al año».[116] (Hasta sus cálculos eran erróneos, ya que 5.000 × 2.000 = 10 millones, no 100.) Y subrayaba que este balance era sólo una fracción del auténtico coste del

Reich, porque aquellas «criaturas» horrorizaban a las personas normales y debilitaban su resistencia en una época en la que necesitaban prepararse para la guerra.

En agosto, la Comisión para el Registro de Enfermedades Hereditarias Graves emitió un decreto que exigía registrar a todos los niños nacidos con anormalidades congénitas de cualquier tipo. Se exigía a médicos y comadronas que informaran de todos los casos de sordera, ceguera, síndrome de Down, hidrocefalia, tics y otras afecciones ante la comisión. A cambio, recibirían una pequeña suma por cada informe.

Con el pretexto de que soldados polacos habían realizado incursiones en territorio alemán, la Wehrmacht invadió Polonia el 1 de septiembre, fecha de inicio oficial de la Segunda Guerra Mundial. Un mes más tarde, Hitler firmó una orden secreta que autorizaba la creación de un programa llamado *Aktion* T-4, abreviatura de Tiergartenstrasse 4, la dirección de la Fundación Benéfica para el Cuidado Curativo e Institucional en Berlín. El objetivo del programa era convertir los hospitales, las clínicas y las instituciones a largo plazo en fábricas de muerte para los portadores de discapacidades crónicas y enfermedades hereditarias. Para proporcionar cobertura legal a los médicos y enfermeras que ya habían empezado a asesinar a sus pacientes, Hitler dató aquella orden con fecha de un mes antes.

Se celebraron reuniones a puerta cerrada en toda Alemania y Austria para educar a los estudiantes de Medicina en eutanasia infantil y el T-4, destinado primordialmente a los adultos discapacitados. La tranquila adopción de estos programas se vio propiciada por la aparición de un léxico clínico saneado para debatir actos en el pasado inenarrables. Así, las personas con discapacidades pasaron a ser *casos terapéuticos refractarios.* Las leyes que promovían la eutanasia pasaron a llamarse *políticas de población negativa.* El acto de matar se bautizó como *provisión de asistencia médica final.* Y las clínicas para niños discapacitados se bautizaron con el nombre de *Kinderfachabteilungen,* «hospitales infantiles especializados».[117]

Una tormenta de burocracia oficial procedente de Berlín resaltaba el aura de respetabilidad que rodeaba estos programas. El Comité del Reich formuló cuestionarios para determinar qué pacientes eran candidatos a la asistencia médica final y distribuyó miles de ellos. Se exigió a los médicos que rellenaran por triplicado un formulario sobre cada paciente. Un comité de tres médicos expertos en Berlín revisaba tales informes y rellenaba una casilla en cada uno de ellos: un símbolo de más significaba que el niño debía morir y un menos significaba que se le permitía vivir; los casos que precisaban un análisis más en profundidad se indicaban con un interrogante.

Basándose exclusivamente en estos formularios y sin ver siquiera a los niños, el comité hacía las disposiciones necesarias con los funcionarios sanitarios locales para que se transfiriera a los jóvenes pacientes marcados con un signo más a las *Kinderfachabteilungen*. A menudo, la diferencia entre obtener un más o un menos radicaba, simple y llanamente, en la puntuación obtenida en un test de inteligencia. Se habían abierto las compuertas.

Bajo el liderazgo de Jekelius, Am Spiegelgrund se convirtió en el principal hospital de asesinatos infantiles de toda Austria. La institución tenía seiscientas cuarenta camas cuando él llegó y añadió otras doscientas cuarenta en un ala del hospital a la que Jekelios se refería como la Clínica de Pedagogía Terapéutica, pese a que la educación terapéutica no figuraba en su programa.[118]

En el transcurso de los cinco años siguientes, Jekelius y sus sucesores, Ernst Illing y Heinrich Gross, asesinaron a 789 niños en las instalaciones, incluidos 336 de la sala de neonatos. A la mayoría de aquellos niños se les había diagnosticado deficiencia mental, epilepsia o esquizofrenia, tres diagnósticos que con toda probabilidad se emitían a los niños autistas en una época anterior a que el autismo fuera una categoría diagnóstica establecida. Se daba prioridad para el exterminio a los pacientes incapaces de comunicarse verbalmente, porque daban más trabajo a las enfermeras; con el tiempo se añadieron a la lista los niños que «simplemente molestaban».[119]

El equipo de Jekelius y el personal médico de otras instituciones aplicaron diversos métodos de asesinato, todos ellos igual de bárbaros. A algunos niños se les administraba una inyección de ácido carboxílico, a otros una sobredosis de barbitúricos y a otros sencillamente se los dejaba a la intemperie, expuestos al crudo invierno austríaco, hasta que contraían pulmonía. Los padres solían recibir una nota por correo informándoles de que su hijo o hija había muerto por causas naturales. (La lección de las encuestas que Meltzer había realizado en 1920 entre los padres no se le había pasado por alto a Hitler.)[120] A menudo, aquellas notas también incluían una factura por los gastos de incineración y sepelio.

El T-4 y el programa de eutanasia infantil se convirtió en terreno abonado para una investigación médica que no podría haberse realizado en otros contextos donde se procuraba mantener a los pacientes con vida. Un médico de la Clínica Psiquiátrica de Maria Gugging en Viena se especializó en matar a los niños a su cuidado con dosis masivas de terapia electroconvulsiva,[121] un método recién introducido en la psiquiatría por el neurólogo italiano Ugo Cerletti, quien se había inspirado al ver a un carnicero inmovilizar a los cerdos con un electrochoque antes de degollarlos.[122] A otros niños se los sometió a procedimientos elaborados como punciones lumbares o a un proceso atroz denominado pneumoencefalografía, que comportaba la sustitución de los fluidos craneales por aire o helio antes de radiografiar sus cerebros y, finalmente, permitírles morir. Tras la guerra, Gross basó su carrera como prominente psiquiatra y neurólogo en sus investigaciones en cientos de cerebros recopilados durante el programa, que se guardaron en tarros en el sótano de Am Spiegelgrund durante décadas.[123]

Otro participante entusiasta en el programa de eutanasia infantil fue un psiquiatra llamado Hermann Pfannmüller, director de la clínica Eglfing-Haar de Múnich, quien realizó visitas guiadas por su hospital para instruir a los estudiantes de psiquiatría acerca de la apremiante necesidad de liberar al mundo de aquellas «cáscaras vacías humanas». Aseguraba haber recibido docenas de cartas de padres agradeciéndole que hubiera puesto fin a los padecimientos de sus hijos e hijas.

Su método preferido de proporcionar asistencia médica final consistía en someter a los niños a su «dieta especial».[124] Pfannmüller explicó en una ocasión la razón fundamental de su dieta a un estudiante de Medicina llamado Ludwig Lehner, que nunca la olvidó. «Para mí, en tanto que nacionalsocialista, estas criaturas, como es obvio, sólo representan una carga para nuestro organismo sanitario nacional —informó el psiquiatra a Lehner—. No matamos con veneno, inyecciones ni nada por el estilo, pues eso sólo proporcionaría material propagandístico a la prensa extranjera. [...] No, nuestro método es, como puede ver, mucho más sencillo y más natural.» Explicó que su dieta consistía en dar a los niños raciones de comida cada vez más reducidas (siempre sin grasas) hasta que no recibían sustento en absoluto. Mientras el obeso psiquiatra pronunciaba aquellas palabras, una enfermera levantó a un bebé esquelético de su cuna. «A éste —ronroneó Pfannmüller— le quedan dos o tres días.»

Más de doscientos mil niños y adultos discapacitados fueron asesinados durante las fases oficiales de los programas de eutanasia infantil y T-4, y otros varios miles fueron exterminados en actos de «eutanasia salvaje» a manos de médicos y enfermeras por iniciativa propia. Evidentemente, la idea de transportar cientos de cadáveres por carreteras que debían mantenerse despejadas para los convoyes militares no resultaba práctica. Mientras clínicas, hospitales y escuelas de todo el Reich dedicaban sus recursos a estos programas, se construyeron crematorios junto a todas estas instituciones, con cintas transportadoras para conducir los cadáveres desde las *Kinderfachabteilungen* hasta los hornos.[125] En algunas instituciones se improvisaron hornos sobre ruedas para deshacerse de los cadáveres.[126]

Lo que empezó en secreto acabó siendo de manera inevitable pasto de rumores y cotilleos generalizados. Los ancianos explicaban a sus parientes con un guiño cómplice que una vez se hubieran acabado los deficientes mentales, ellos serían las siguientes «bocas inútiles que alimentar» a las que se daría estoque. A los niños les aterraba ir al médico. Cuando un autobús paraba junto a una clínica, decían: «Aquí llega la caja asesina otra vez». Cuando las madres supieron que sus hijos no morían por causas naturales, algunas de ellas realizaron intentos frenéticos por interceder ante las autoridades. Una enfermera llamada Anny Wödl comenzó a temer por el destino de su hijo, Alfred, a quien había internado en Gugging al detectar que no empezaba a hablar. (Como la abuela de Gottfried, Wödl intuía que su hijo era muy inteligente y «lo entendía todo», pese al hecho de no saber comunicarse verbalmente.) En primer lugar, tomó un tren hasta Berlín para exponer su caso ante el Comité del Reich, pero allí le aclararon que estaban a favor de la eutanasia y le señalaron la puerta.[127]

Finalmente, Wödl concertó una cita con Jekelius para exponerle en persona el caso de su hijo. «El doctor Jekelius era plenamente consciente de lo que estaba sucediendo —testificó Wödl en los Juicios de Núremberg—. Sus comentarios no dejaban ambigüedad alguna con respecto a su total apoyo a aquella operación contra "la vida indigna de vivir" y a su voluntad de actuar según las exigencias del Gobierno nazi.» Wödl suplicó a Jekelius que al menos garantizara a su hijo una muerte rápida e indolora, cosa que él le prometió. El 22 de febrero de 1941, Alfred, con seis años, murió de «pulmonía» en Am Spiegelgrund. Cuando Wödl vió el cadáver de su hijo, tenía señales evidentes de haber muerto agonizando.[128]

El más funesto de aquellos intentos de intervención tuvo que ver con una paciente algo mayor que padecía esquizofrenia, Aloisia Veit. Aloisia se había pasado gran parte de la vida encadenada a una cama de hierro, acosada por visiones de una calavera que le sonreía. Un día, mientras estaba en su despacho, informaron a Jekelius de la llegada de una visitante distinguida, la cual había acudido a conocerlo: era la hermana del Führer en persona, Paula Hitler. Paula Hitler defendía que Aloisia, prima segunda suya, merecía vivir. Cuesta imaginar a Jekelius rechazando su petición sin recibir la aprobación de Berlín, pero los esfuerzos de Paula cayeron en saco roto. (Sin duda, a su hermano Adolf no debía de interesarle que se supiera que él también tenía influencias «cacogénicas» en su linaje familiar.) A los cuarenta y nueve años, Aloisia falleció en una habitación llena de monóxido de carbono en el centro de homicidios de Hartheim.

Con todo, las sentidas súplicas de Paula afectaron hondamente a Jekelius en otro sentido: se enamoró de ella. El sentimiento era mutuo y Paula solicitó a su hermano permiso para casarse con él. Pero las cosas no salieron bien. Poco después de la solicitud por parte de Paula, Heinrich Himmler, *Reichsführer* de las SS, mantuvo una conversación telefónica con Reinhardt Heydrich, otro oficial nazi de alto rango a quien Hitler alababa por ser «un hombre con un corazón de hierro». Entre las notas que Himmler garabateó en un bloc durante la llamada figuraban tres palabras: «Arrestar a Jekelius».

Tras una breve temporada entre rejas, Jekelius fue reclutado por la Wehrmacht y enviado al frente ruso, donde al poco cayó preso de soldados del Ejército Rojo y fue trasladado al campo de prisioneros de Lubianka, en Moscú. Allí se valió su última nota al pie en la historia al entablar amistad con un prisionero de guerra que posteriormente se convirtió en paciente de Viktor Frankl, el psiquiatra que escribió *El hombre en busca de sentido*, una autobiografía acerca de cómo sobrevivió tres años en Auschwitz, Theresienstadt y Dachau. En un apartado del libro acerca de la redención, Frankl escribió:

> Permítanme mencionar el caso del doctor J., el único hombre a quien he conocido en toda mi vida a quien me atrevería a definir como un ser mefistofélico, una figura satánica. Por aquel entonces se lo apodaba «el asesino en masa

de Steinhof» (el mayor hospital mental de Viena). Cuando los nazis pusieron en práctica su programa de eutanasia, él movió todos los hilos y puso todo su empeño en que ni una sola persona psicótica se librara de la cámara de gas. [...]

Pese a ello, recientemente acudió a mi consulta un ex-diplomático austríaco que había estado encarcelado tras el Telón de Acero durante muchos años, primero en Siberia y luego en la famosa cárcel de Lubianka, en Moscú. Mientras le practicaba un examen neurológico, de súbito me preguntó si por casualidad conocía al doctor J. Al responderle yo de manera afirmativa, prosiguió: «Lo conocí en Lubianka. Falleció allí, con unos cuarenta años de edad, de un cáncer de vejiga. Pero antes de morir demostró ser el mejor camarada que uno pueda imaginar. Consolaba a todo el mundo. [...] ¡Fue el mejor amigo que tuve durante mis largos años en prisión!».

Ésta es la historia del doctor J., el «asesino en serie de Steinhof». ¿Quién puede atreverse a predecir el comportamiento de un hombre?

IX

Si bien las declaraciones de Maria Asperger-Felder según las cuales su padre nunca se afilió al partido nazi son creíbles, pues Asperger debía su lealtad a los Eruditos Errantes, es inviable que se le hubiera permitido conservar su puesto en la universidad sin firmar un juramento de lealtad a Hitler, de acuerdo con el decreto de Pernkopf de 1938.[129]

Con todo, al parecer Asperger se negó a informar acerca de sus jóvenes pacientes al Comité del Reich, lo cual creó lo que en una entrevista concedida en 1974 él mismo definió como «una situación verdaderamente peligrosa» para él.[130] La Gestapo se presentó en dos ocasiones en su clínica para arrestarlo. No obstante, en ambos casos Franz Hamburger utilizó su influencia como destacado miembro del NSDAP para intervenir en su favor.[131] «¿Quién puede atreverse a predecir el comportamiento de un hombre?»

En un momento determinado, Asperger insinuó a sus superiores que sus pequeños profesores serían excelentes descodificadores que el Reich podía emplear en su beneficio.[132] Para cuando presentó su tesis en Hamburgo en octubre de 1943, no obstante, debía de saber ya que niños como ellos en toda Austria y Alemania habían sido enviados a una muerte segura. Quizá la afirmación con la que concluyó, acerca del «deber de hablar en nombre de estos niños con toda la fuerza de nuestra personalidad» la escribiera en beneficio de las generaciones futuras. Su tesis se publicó el mes de junio siguiente en una revista titulada *Archiv für Psychiatrie und Nervenkrankheiten.*[133]

A aquellas alturas, el Reich necesitaba más médicos en las líneas del frente que en las clínicas psiquiátricas, y Asperger fue reclutado por la Wehrmacht. Primero ejerció como conductor de ambulancia y luego como cirujano en un hospital de campo en Croacia. Mantuvo correspondencia con la hermana Viktorine y los miembros restantes de su personal en la Unidad de Pedagogía Terapéutica, donde continuó participando de manera remota en las mesas redondas acerca de sus pacientes. Asimismo, anotó sus observaciones acerca de la cultura croata en su omnipresente cuaderno de notas de bolsillo. Cuando su unidad se perdió en las montañas, empleó las habilidades de orientación que había aprendido durante sus años con los Eruditos Errantes para guiarlos a buen puerto con ayuda de una brújula y las estrellas. «El hecho de que nunca me hayan obligado a asesinar a nadie —escribió en su diario— es un gran regalo del destino.»[134]

El verano de 1944 castigó a las tropas británicas y estadounidenses que luchaban por penetrar en Viena. La capital austríaca recibió el apodo de «refugio antiaéreo del Reich» porque quedaba fuera del radio de los bombarderos de largo alcance procedentes de Inglaterra, y la *Flaktürme* de hormigón conformaba un anillo protector alrededor de la ciudad similar a las torres de Sauron que se alzan en el valle de Mordor. Entre la artillería terrestre y los pilotos expertos de la Luftwaffe, uno de cada diez aviones aliados fue abatido.

Sin embargo, la guerra por fin se volvía de manera decisiva contra Hitler. La invasión con éxito de Italia finalmente colocó el refugio antiaéreo del Reich dentro del alcance de la flotilla estadounidenses estacionada frente a la costa de Foggia y la colocación de minas en el Danubio perturbó de manera crucial las líneas de aprovisionamiento de combustible nazis. Aquel otoño, las tropas aliadas penetraron por fin las defensas de la ciudad, si bien se perdieron muchas vidas en el intento.

Gritando en su avance hacia la ciudad a una altura de veinticinco mil pies, con tormentas de proyectiles de pequeño calibre astillándoles el fuselaje desde abajo, los jóvenes pilotos apilaban chalecos antibalas en el suelo de sus aviones, rezaban una oración y se encaminaban allí para dejar caer sus cargas letales. Un día de septiembre, mientras Asperger aún servía en Croacia, la Universidad de Viena se convirtió en objetivo por vez primera. Bombas aliadas llovieron atravesando el tejado de la Clínica Pediátrica y redujeron la Unidad de Pedagogía Terapéutica a escombros.

Mientras el cielo se desplomaba, la hermana Viktorine abrazó a uno de sus niños para protegerlo. Los enterraron juntos.[135]

4

Peculiaridades fascinantes

Los dinosaurios no lloran.

Elaine C.

Asperger sobrevivió a la guerra, pero su concepción del autismo en tanto que espectro amplio e inclusivo —un «*continuum*», según la designación que empleaba el especialista en diagnóstico Georg Frankl— que «no era algo raro» quedó sepultada bajo las cenizas de su clínica y los recuerdos inenarrables de aquella época siniestra, junto con sus expedientes clínicos. Se impuso entonces una idea muy distinta del autismo.

En la fecha en que diagnosticaron a Leo Rosa, ese modelo de autismo, inventado por Leo Kanner, era el predominante desde hacía medio siglo y prácticamente nadie en la profesión médica lo cuestionaba. De hecho, los profesionales médicos consideraban al psiquiatra infantil de Baltimore el pionero solitario en el campo de la investigación sobre el autismo. La tesis de Asperger, publicada en alemán un año después del artículo de Kanner «Trastornos autistas del contacto afectivo», se convirtió en una mera acotación de su gigantesco logro. En todo el mundo, el autismo pasó a ser conocido como «síndrome de Kanner». El hecho de que dos médicos que trabajaban de manera independiente a ambas orillas del Atlántico descubrieran este trastorno de manera casi simultánea sigue considerándose una de las mayores casualidades de la medicina del siglo XX.

Los anales de la ciencia están repletos de episodios de descubrimientos múltiples, cuando un patrón de la naturaleza que hasta entonces permanecía oculto se revela de manera simultánea a varios investigadores independientes. Isaac Newton y Gottfried Leibniz inventaron el cálculo de manera paralela en las postrimerías del siglo XVII y mantuvieron una amarga guerra dialéctica con respecto a quién lo había descubierto antes, guerra que se prolongó hasta la muerte de Leibniz.[1] De no haber sido por el astrónomo August Ferdinand Moebius, esos bucles de papel retorcidos de manera ingeniosa se habrían conocido como «las cintas de Listing», en honor a Johann Benedict Listing, el primero en publicar un artículo sobre ellas.[2] «Cuando llega el momento —reflexionó el matemático Farkas Bolyai—, estas cosas aparecen en distintos lugares cual violetas brotando a principios de la primavera.»[3]

El propio Kanner dio pábulo a la noción de que la obra de Asperger no merecía una consideración seria manteniendo un silencio de esfinge con respecto a su homólogo vienés, silencio que sólo rompió en una ocasión en toda su carrera. El hecho de que la noción del autismo de Asperger languideciera en la penumbra y de que la mayor autoridad mundial en la materia nunca la mencionara suele explicarse alegando que, en la estela de las atrocidades cometidas por el Reich, los médicos de Estados Unidos y Europa no mostraban demasiado entusiasmo por leer artículos traducidos del alemán. Pese a ello, Kanner, hablante nativo, no habría requerido los servicios de ningún traductor y sus otras citas sí demuestran que conocía bien casi toda la literatura publicada acerca del campo emergente de la psiquiatría infantil en aquella época, tanto en alemán, inglés y ruso como en cualquiera de los otros doce idiomas que hablaba con fluidez.

Al relatar la historia de cómo había realizado su famoso hallazgo ante sus colegas, Kanner se comparó con el legendario príncipe persa de Serendipia, quien «un día salió a pasear sin tener nada concreto en mente y, por casualidad, hizo acopio de tesoros», según él mismo explicó.[4]

Era una anécdota acertada, en sintonía con su imagen, cultivada con esmero, de un hombre destinado desde una edad temprana a hacer una aportación duradera a la sociedad. Sin embargo, no era toda la verdad. El pecado de omisión de Kanner tuvo graves consecuencias para las personas autistas y sus familias, y en muchos casos continúa afectándoles en la actualidad. Y el único médico de Estados Unidos que conocía toda la verdad no podía revelarla en público porque debía a Kanner la deuda máxima: su vida.

II

Leo Kanner llegó al mundo en contexto cultural y espiritualmente rico, erudito y humano. Había nacido con el nombre de Chaskel Lieb Kanner en 1896, en Klekotów, un pueblecito ucraniano situado cerca de la frontera con Rusia. Los sonidos melifluos del yiddish, la querida *mame-loshn* («lengua materna») de los *shtetls* («pueblecitos») de Europa del Este, lo despertaban cada mañana, lo alentaban cuando actuaba como un *mensch* (una persona honorable), lo amonestaban cuando hacía travesuras y lo enviaban a dormir por la noche.[5]

A los cinco años de edad, su padre, Abraham, le enseñó hebreo al recabar su ayuda para traducir la Torá. Mientras reflexionaban sobre el significado de las sílabas sagradas, Kanner escuchaba a Meir, su abuelo, preparar el té en un samovar gigante en la estancia contigua. Abraham era un hombre tímido y cándido que escribía con meticulosidad libros con referencias cruzadas sobre la ley judía sin la intención de publicarlos, hecho al que Kanner se refería afectuosamente como «su manera de jugar al solitario».[6]

El historiador Adam Feinstein especula con que Abraham, a quien se elogiaba en Klekotów por su memoria prodigiosa, tenía más que un poco del síndrome cuyo descubrimiento haría famoso a su hijo.[7] En contraposición, la madre de Kanner, Klara, era una mujer extrovertida y descarada que se burlaba sin tapujos de la beata ortodoxia de su marido. (Su hermano y sus hermanas la apodaban «Klara, la Cosaca».)[8] Kanner aseguraba que su madre contemplaba a su padre como «una especie de juguete mecánico al que pensaba que podía dar cuerda para dirigirlo en cualquier dirección, una enciclopedia con patas de conocimientos que ella consideraba inútiles pero que la hacían regodearse en la gloria del prestigio reflejado».[9]

Pese a los sentimientos encontrados que le provocaba la actitud terrenal de su madre, Kanner también sentía inclinación por una vida seglar. De adolescente descubrió que *Lieb* es la palabra yiddish para el nombre hebreo *Aryeh*, que significa «león». Y empezó a llamarse Leo, que sonaba más moderno, en lugar de Chaskel Lieb.[10] En paralelo, su crianza judía tradicional alimentó un ávido sentido de justicia social en él. Durante años le persiguió la historia de un anciano sordo con un hijo discapacitado a quien un centinela abatió de un tiro cuando, sin darse cuenta, cruzaron por una de las fronteras locales, que cambiaban de continuo, por no prestar atención al grito de «¡Alto!». Kanner libraba batallas heroicas en su imaginación contra el zar Nicolás II y otros funcionarios rusos corruptos por lanzar espantosos pogromos contra los judíos.

A causa de una transacción comercial fallida, los Kanner tuvieron que trasladarse a Brody, la mayor ciudad de la región. Allí, Leo sufrió en persona el antisemitismo por vez primera. Uno de los maestros polacos de su nueva escuela abría de par en par la ventana de la clase entre exclamaciones de: «¡Apesta! Debe de ser cosa de judíos». Kanner empezó entonces a hacer novillos para asistir a reuniones de agnósticos y otros librepensadores, ansioso por escuchar ideas para construir una sociedad más humana y libre de conflictos entre sectas religiosas rivales.

Tras familiarizarse con los textos sagrados del budismo, el islam y el protestantismo, se zambulló con entusiasmo en la literatura secular. Empezó leyendo historias de Sherlock

Holmes en revistas y se inscribió en la compañía teatral del barrio, que interpretaba obras de Shakespeare en alemán. Apasionado de la poesía de Goethe, empezó a escribir poemas y a enviarlos a revistas literarias. También empleó su talento innato para las formas complejas de juegos de palabras, heredado de su padre, para lustrar su posición social escribiendo versos y acrósticos que sus amigos utilizaban para seducir a muchachas. Con el tiempo, Kanner comentaría que, de haber conocido el éxito como poeta, habría muerto en un campo de concentración.

A partir de lo que escuchaba en las reuniones de librepensadores y de sus conversaciones con un muchacho algo mayor, brillante y rebelde, Kanner desarrolló una filosofía personal que a partir de entonces consideró su concepción fundamental de la vida. La mayoría de los hombres y las mujeres, creía, se hallaban atrapados en una fase intermedia de evolución, aún esclavizados a los crudos símbolos y supersticiones primitivas que acechaban tras los principios de todas las grandes religiones. Por su parte, un puñado de audaces visionarios habían logrado desembarazarse de los grilletes de las antiguas creencias y vivían en el estado de liberación en el que todo el mundo viviría en el futuro.

Kanner estaba seguro de formar parte de este grupo elitista, destinado a tener un papel transformador en la sociedad. Consciente del consejo del poeta Horacio según el cual las verdades profundas a menudo suelen disfrazarse de chistes («*Ridentem dicereverum quid vetat?*» o «¿Qué impide a un hombre entre risas decir la verdad?»), decidió hacer de las ocurrencias irónicas, las frases elaboradas con doble sentido y los comentarios agudos divertidos su sello personal, la señal exterior de su liberación interior.

Kanner había heredado también las versadas habilidades sociales de su madre y su deseo de aprobación pública. En una ocasión, durante un examen final del instituto, en el que era el mejor alumno de su clase, le sobrevino un dolor de cabeza tan intenso que no fue capaz de acabar su redacción. Sin embargo, cuando le devolvieron el examen, le sorprendió descubrir que su maestro le había puesto una nota excelente, y ello lo convenció de que, si hubiera podido acabarlo, seguramente lo habría convertido en una obra maestra. «No hay nada mejor que tener buena reputación», concluyó.[11]

Además de compartir la pasión de su padre por las complejidades del lenguaje, tenía una memoria igual de prodigiosa que él. Para cuando Kanner se matriculó en la Universidad de Berlín, en 1913, dominaba el alemán antiguo, el alemán de la Alta Edad Media, el alemán moderno, el polaco, el francés, el latín, el griego, el ruteno y hacía sus pinitos en sánscrito, si bien aún no hablaba inglés.[12] Haciendo caso omiso del consejo de su abuelo de convertirse en rabino, se dispuso a estudiar Medicina, a la par que continuaba escribiendo poemas, cosa que no dejaría de hacer en toda su vida.

Inmerso en sus estudios, contemplaba la situación tumultuosa de la política alemana desde una distancia cómoda. Pero cuando Austria-Hungría entró en la Primera Guerra Mundial en el verano de 1914, fue reclutado y destinado al cuerpo médico del Ejército. De camino hacia su despliegue, se apeó del tren para dar un paseo por los bosques y tropezó con los cadáveres de una docena de sus conciudadanos junto a sus caballos muertos en un claro, abatidos en un ataque sorpresa perpetrado por soldados rusos.[13] Al llegar a las líneas del frente, se le ordenó que montara un nuevo hospital de campo con una mesa de operaciones improvisada. La morfina siempre escaseaba y, cuando el tétanos barrió las filas, la tasa de mortalidad fue del cien por cien. Desde luego, aquello era educación médica, pero no del tipo que él tenía en mente. Tras meses de enfrentarse a la muerte y la agonía a una escala masiva, se notaba insensibilizado.

Entonces, en un momento de bendición pura, todo cambió. En una pequeña población de Galitzia, Kanner conoció a Dziunia Lewin, una muchacha de catorce años y rostro dulce con largas trenzas rubias, que era la hija del primo de su madre, Chaim. Pese a la diferencia de seis años existente entre ellos, se enamoró de ella al instante. Permanecía de pie frente a la casa de Dziunia durante horas, con la esperanza de verla, aunque fuera brevemente, cuando la mandaban a hacer recados. «De súbito, una noche invernal, bajo la aguanieve —recordaba Kanner—, el mundo donde gobernaban la sinrazón, los pogromos y las guerras se convirtió en un paraíso delicioso iluminado por la existencia de una niña.»[14] Cuando Kanner retomó sus estudios tras la guerra, escribió cartas a Dziunia cada día, con un cómputo total de más de dos mil páginas. Tras obtener la bendición del padre de la joven, contrajeron matrimonio en 1921.

Desde todos los puntos de vista, Kanner se hallaba de camino a una carrera brillante… en cardiología. Por ironías de la vida, la única nota meramente satisfactoria que obtuvo en la universidad fue en un curso de Psicología impartido por uno de sus héroes, Karl Bonhoeffer, un neurólogo pionero.[15] Bonhoeffer se había alejado del padre de la psiquiatría diagnóstica, Emil Kraepelin, al señalar el poder engañosamente seductor de dar nombre a una enfermedad. El problema con las etiquetas, aseguraba, es que parecen corresponder a entidades de enfermedades que viven de manera independiente del paciente, como si fueran virus o bacterias. Sin embargo, en psiquiatría, las etiquetas describen constelaciones de comportamientos que pueden guardar relación con un número indeterminado de aspectos subyacentes. Bonhoeffer otorgó a Kanner sólo un aprobado, porque éste malinterpretó los síntomas de un paciente con tabes dorsal, una forma de degeneración neuronal provocada por una infección de sífilis no tratada.[16] No sería la última vez que Kanner cometería un error de interpretación.

Tras licenciarse, colgó su placa de médico de cabecera en Berlín, donde abrió una consulta en el diminuto apartamento que compartía con su esposa y su hija recién nacida, Anita. Allí cosía cortes, pinchaba furúnculos, aliviaba estómagos con náuseas y desempeñaba otras humildes tareas de un médico de cabecera. En su biografía inédita, describió a una paciente anciana como una agobiante solterona que le hacía perder el tiempo hablándole de sus aflicciones mientras él la examinaba. «Debo confesar que, cuando le concedía unos minutos de mi atención —escribió— me sentía un poco como John D. Rockefeller debía de sentirse al detenerse para darle una moneda a un niño pobre vagabundo.»[17]

En una época de inflación desenfrenada, Kanner claramente aspiraba a algo más que consolar a pacientes viejos que sólo podían permitirse pagar su experiencia con el seguro médico. Kanner desplegó su capacidad para reinventarse cuando el Gobierno emitió un decreto que permitía a los dentistas, por tradición el escalafón más bajo de la medicina alemana, doctorarse escribiendo una tesis. Después de que un amigo mencionara que le habían rechazado varias veces sus propuestas de escribir sobre cavidades y encías sangrantes, Kanner le sugirió que recopilara anécdotas y el folclor relacionado con la dentadura entre los campesinos de las poblaciones rurales para enmarcar la profesión de la odontología en el contexto más amplio de la antropología y la psicología. La propuesta siguiente que hizo el amigo de Kanner fue aceptada de inmediato. Cuando corrió la voz, los estomatólogos de toda la ciudad empezaron a encargarle que obrara la misma magia con sus solicitudes.

Kanner puso en marcha entonces un improbable negocio paralelo que se convirtió en una pequeña mina de oro para su familia: «La oficina literaria para odontólogos». (Dziunia acabó realizando la mayor parte del trabajo, redactando todos los resúmenes de las tesis y mecanografiando los textos, al tiempo que se ocupaba de Anita.) Con el objetivo de potenciar aún más su perfil público, Kanner organizó eventos para destacados sionistas que visitaban Berlín, incluidos entre ellos Albert Einstein y Sholem Aleichem. Kanner tenía un don para cultivar amistades al cual no tardaría en sacar beneficio social y profesional. En una ocasión se catalogó como un «coleccionista de personas».[18]

Una de las amistades que cultivó le abrió las puertas a una vida completamente nueva. Mientras impartía un curso en electrocardiografía como profesor suplente en 1923, Kanner conoció a un médico estadounidense visitante llamado Louis Holtz, quien se convirtió en un compañero frecuente en sus cenas. Holtz entretenía a Leo y Dziunia con anécdotas de su vida en Estados Unidos, pero también confesaba que se sentía muy solo tras la muerte repentina de su esposa. Kanner no sentía ningún deseo ardiente de abandonar Alemania, pero la economía estaba hecha trizas y sus oportunidades de progresar eran limitadas. Incluso antes de que los nazis llegaran al poder, los médicos judíos tenían que trabajar mucho más duro que sus colegas para obtener puestos en la facultad y rara vez se les permitía ser catedráticos de sus departamentos.[19]

Un mes después del Beer Hall Putsch que llevó a Hitler a la prisión de Landsberg, Holtz dijo a Kanner que, si alguna vez quería trasladarse a Estados Unidos, él podía proporcionarle la garantía de un empleo que requerían las autoridades de inmigración para solicitar un visado. Dos semanas después, Holtz le encontró un puesto como psiquiatra adjunto en el Yankton State Hospital de Dakota del Sur, con alojamiento y comida para toda la familia. Si a Kanner le interesaba obtener aquel empleo, toda la familia debería reubicarse de inmediato.

Tras consultar una enciclopedia, el primo de Kanner le advirtió que Yankton era un «centro comercial indio». Pero tal argumento no resultó lo bastante disuasorio. Una multitud de parientes y amigos acudieron a la estación de tren a despedir a los Kanner y, en Cuxhaven, éstos subieron a bordo del SS *Albert Ballin*, un transatlántico de lujo bautizado en honor al magnate naviero judío que inventó los cruceros de placer. El buque encontró un mar agitado durante la travesía, pero Kanner se sentía absolutamente tranquilo de aventurarse en lo desconocido con su amada esposa y su hijita junto a él.

«Habíamos dejado atrás el pasado y cada nudo nos apartaba más de él —escribió—. Todo estaba teñido de belleza.»[20]

III

La serenidad de Kanner sufrió un revés al llegar a Nueva York, donde el hijo de un colega alemán lo acompañó en su primer viaje en metro. Al ver a otros pasajeros apretar los dientes y mover las mandíbulas con un movimiento rotatorio, Kanner se aventuró a diagnosticar que aquellos pobres diablos habían contraído un trastorno de tics tras la epidemia mundial de encefalitis letárgica iniciada en 1918.[21] Su joven anfitrión le indicó con amabilidad que los otros pasajeros se hallaban en las garras de otra plaga muy distinta: la fiebre de mascar chicles Wrigley's, que aún no había llegado a Berlín. A Kanner le mortificaba haber cometido aquel error de novato. «Durante muchos años —confesó—, me avergoncé sólo de pensar en aquella metedura de pata.»[22]

Tras atravesar las Grandes Llanuras en tren, Kanner descubrió que el Yankton State Hospital, una institución en expansión decorada con una reproducción de la *Madonna Sixtina* en su vestíbulo de mármol, estaba rodeada por más de seiscientas hectáreas de tierras de labranza destinadas a la cría de cerdos y ganado vacuno y el cultivo de trigo para alimentar a los pacientes. Escribió a un amigo de Berlín explicándole que era como trabajar en un parque. Sin embargo, en las semanas siguientes le consternó descubrir que sólo uno de sus nuevos colegas, su supervisor, el superintendente del hospital, George Adams, tenía formación reglada en psiquiatría. El personal de enfermería estaba compuesto por jubiladas que buscaban un modo productivo de emplear el tiempo y los auxiliares hospitalarios eran los hijos e hijas de los agricultores que buscaban obtener algún estipendio.

El estilo de psiquiatría practicado en el hospital se le antojaba asombrosamente primitivo. Se diagnosticaba a los pacientes por votación popular tras realizar tareas triviales como contar hacia atrás desde cien hasta siete y repetir trabalenguas como «tres tristes tigres» o «metodista episcopal». Kanner quedó horrorizado al contemplar el espectáculo que ofrecían sus colegas sénior, quienes «intentaban parecer eruditos al emitir su voto sobre si un paciente "padecía" *dementia praecox*, psicosis maniacodepresiva, paranoia, paresia general o psicosis senil, alcohólica, epiléptica o "no diagnosticada"».[23] Concluyó que la única virtud de este proceso era apuntalar los inseguros egos del personal: «Se te consideraba inteligente si eras capaz de distinguir de manera certera entre una *dementia praecox* y una psicosis maniacodepresiva, tal como se espera de un bebedor experto que sea capaz de diferenciar un Old Forester de un Old Grand Dad».

Mientras Kanner realizaba sus rondas por la Sala de Piedra, como el personal llamaba al ala M, reservada a los casos más intratables de psicosis, un granjero llamado Charlie Miller que había permanecido mudo, catatónico y postrado en cama durante años se sentó y dijo: «Doctor Kanner, me gustaría tener una entrevista con el doctor Adams».[24] A la mañana siguiente, Miller se levantó de la cama y se vistió con ayuda de un enfermero. Conversó largo y tendido con Adams acerca de realizar los arreglos pertinentes para garantizar la seguridad económica de su esposa y sus hijos. Durante las dos semanas siguientes, Miller se levantó cada mañana, desayunó en el comedor y ayudó al personal a ocuparse de otros pacientes a quienes se había descrito como «sin esperanza». Después de aquello, de un modo igual de abrupto, se negó a volver a levantarse de la cama y no volvió a pronunciar ni una sola palabra en su vida.

Un día, Kanner dio a un granjero esquizofrénico lo que pensaba que sería una noticia perturbadora: a su hijo también le habían diagnosticado esquizofrenia y pronto lo internarían con él en el hospital. Sin embargo, el granjero, que se ocupaba de la imprenta del hospital y meditaba en silencio durante una hora al día, ni se inmutó. Cuando su hijo llegó al hospital, le enseñó con paciencia a colocar las letras. A partir de entonces, trabajaron codo con codo, se diría que satisfechos en su silencio compartido.

Kanner acabó por creer que el observador clínico más astuto del personal era un voluntario discapacitado de la Sala de Piedra, quien trataba a los pacientes con respeto, como personas. Aquel hombre se pasaba horas escuchándolos, sin más, mientras le relataban sus historias acerca de cómo habían crecido y cuáles eran sus esperanzas y aspiraciones antes de que los declararan dementes. Pese a no ser uno de los residentes «expertos», aquel hombre tuvo un efecto decisivo en la concepción de la psiquiatría de Kanner. En lugar de acribillar a los residentes de Yankton con cuestionarios vanos, empezó a sondear el trasfondo familiar de sus pacientes para encontrar las raíces profundas de sus enfermedades.

En su primera Nochebuena en el hospital, Kanner propuso despojar a los pacientes no violentos de sus camisas de fuerza y otras formas de restricción.[25] Ante la objeción de un supervisor, se ofreció a vigilar las salas él mismo el día de Navidad. Aquel experimento humano fue todo un éxito y, a partir de entonces, se permitió a los pacientes moverse con libertad por las instalaciones.

Tras leer un artículo acerca del valor terapéutico del arte, Kanner distribuyó pinturas, ceras, lápices y papel por el hospital y estableció una galería en el edificio de la administración donde expuso las obras de los pacientes de manera rotativa. (A su propia manera, Kanner estaba llevando una dosis de la *Heilpädagogik* a las Grandes Llanuras.). También invitó a los cocineros, jardineros y vigilantes del ala hospitalaria a jugar a cartas en su casa. Tal hecho escandalizó a sus colegas, pues transgredía una regla tácita del sistema de castas entre el personal, pero le permitió entablar amistades en todo el hospital. A raíz de ello, una cocinera checa empezó a regalar a Kanner y a su esposa pastas y pasteles de tomates verdes al estilo del Viejo Mundo, mientras que un jardinero polaco les proporcionaba vino de cereza y ruibarbo casero.

Agradecidos de que hablara en su lengua materna, un grupo de esquizofrénicos menonitas bautizaron a Kanner como «el doctor de Alemania». Sin embargo, él aspiraba a que sus colegas lo aceptaran como «un tipo normal», en sus propias palabras. Se afilió a los masones y empezó a jugar al golf; por su parte, Dziunia se cambió el nombre por June. Kanner fue perfeccionando con diligencia su inglés mediante la lectura atenta de los títulos que adquiría en el Club del Libro del Mes, así como rellenando los crucigramas del *New York Times* y memorizando entradas en el diccionario. Pese a que nunca ocultó su acento de *mitteleuropäische*, adquirió un vocabulario formidable, ayudado por su fino oído para los dialectos regionales.

En 1925, Kanner debutó profesionalmente en el *Journal of Abnormal and Social Psychology*, donde publicó un «estudio psiquiátrico» del poema de Henrik Ibsen *Peer Gynt*.[26] Inmediatamente después de publicar el artículo, lamentó haberlo escrito y prometió no volverse a aventurar jamás en el pantanoso género de la crítica psicoliteraria. Con todo, aparecer en una publicación importante le abrió el apetito de hacer aportaciones más significativas en su campo.

Se le presentó la oportunidad de hacerlo más adelante, aquel mismo año, cuando vio en un diario una noticia que anunciaba la llegada inminente de Emil Kraepelin, quien tenía previsto recorrer Norteamérica, Cuba y México junto a un serólogo llamado Felix Plaut con el fin de investigar la incidencia de la paresia, una forma de demencia causada por una infección de sífilis no tratada, entre los negros y amerindios en las instituciones mentales.[27] Al descubrir que Kraepelin y Plaut pasarían cuatro días en el Asylum for Insane Indians de la cercana población de Canton, Kanner propuso a Adams que solicitara una invitación para ellos y sus esposas al director del asilo, Harry Hummer.[28]

Kraepelin y Plaut estaban convencidos de que la paresia era muy infrecuente entre los negros y amerindios, pese al hecho de que las tasas de infección por sífilis en estos grupos eran elevadas. (Mientras, la demencia sifilítica entre la población blanca institucionalizada era tan elevada que pasó a llamarse «paresia general de los locos».) Cuando

Kanner informó a Kraepelin de que uno de sus pacientes en Yankton era un «indio de sangre casi pura» con paresia, este se mostró fascinado y le recomendó que realizara una investigación en detalle del caso.

Un año después, Kanner y Adams publicaron un artículo en el *American Journal of Psychiatry* basado en su estudio de aquel paciente supuestamente inusitado.[29] La redacción lleva el sello inconfundible de Kanner. Informa de que la incidencia de la paresia es tan exigua entre los amerindios que «hasta la fecha no se ha informado de ni un solo caso en la literatura», una frase que repetiría casi palabra por palabra en su primer artículo acerca del autismo. De hecho, declara, «este caso es tan raro que debe contemplarse como una curiosidad, hecho que decididamente exige una explicación».

Desplegando su gusto por la narrativa dramática, Kanner relata que el paciente, un anciano sioux llamado Thomas Robertson, había sido un líder orgulloso de su tribu con esposa, seis hijos y un harén de bellas «esposas jóvenes». Ahora trémulo y tambaleante, Robertson se había convertido en un pulidor del suelo del manicomio a tiempo completo.

Al sondear el trasfondo familiar de Robertson, Kanner descubre que no es un sioux de pura sangre; de hecho, su padre era un escocés «corpulento e imponente» de «buena raza». Kanner osa proponer que el motivo por el cual su paciente sufre los estragos de la paresia es que la sífilis era desconocida en el Viejo Mundo en tiempos ancestrales, mientras que en las Américas ya estaba bien establecida, cosa que permitió a los habitantes nativos del Nuevo Mundo desarrollar inmunidad a los aspectos más debilitantes de la enfermedad. En otras palabras, Robertson había heredado su inusual susceptibilidad a la paresia de su padre, mientras que sus hermanos y hermanas de pura sangre habían salido indemnes.

La atrevida tesis de Kanner según la cual el origen de la sífilis se sitúa en Nueva York ha sido respaldada en el pasado reciente mediante análisis filogenéticos de una familia de enfermedades conocidas como *treponematosas*, que engloba la sífilis y una enfermedad cutánea infantil denominada pian.[30] En la actualidad, los epidemiólogos barajan la teoría de que el pian mutó en la forma venérea de sífilis en las Américas y la tripulación de Colón lo llevó a Nápoles en el siglo xv. A partir de allí, las espiroquetas mutadas se propagaron por todo el planeta.

Kanner y Adams deberían haberse detenido ahí, pero añadieron que era probable que el estatus de Robertson como «figura dominante entre los indios» fuera resultado de su infusión de sangre anglosajona, especulación que se acercaba de manera incómoda a las teorías racistas que se afianzaban a la sazón entre sus colegas.

Además, en el Asylum for Insane Indians acaecía una tragedia que Kanner decidió pasar por alto. Inspecciones subsiguientes realizadas por el Instituto de Investigación Gubernamental estadounidense y un psiquiatra llamado Samuel Silk revelaron que Hummer había convertido de manera tácita aquella institución en una prisión para los hombres y las mujeres de las reservas a quienes los agentes federales calificaban de problemáticos.[31] Diagnosticados como dementes por Hummer sin un ápice de evidencia médica, se los confinaba con grilletes, cadenas y chaquetas de fuerza, sin posibilidad de salir en libertad condicional para visitar a sus familias, a menudo para el resto de sus vidas.[32] Normalmente, los pacientes comían en el suelo, se los encerraba por la noche sin acceso a los aseos y se les negaban los cuidados médicos básicos. Hummer, el único médico en las instalaciones durante veintitrés años, no guardaba expedientes de los pacientes y ni tan sólo se anotaban los accidentes graves y suicidios. Silk describió las condiciones del asilo como «muy por debajo del estándar de cualquier prisión moderna».[33] Carentes de medios legales para rebatir su confinamiento, la mayoría de los pacientes admitidos en el manicomio fallecían entre sus cuatro paredes, mientras Hummer publicaba anuncios en la prensa invitando al público a «acudir a ver a indios locos» en la zona adecentada del hospital.[34] El secretario del Interior acabó por clausurar la institución en 1934, bajo una polvareda de escándalo.

¿Era realmente el caso de Thomas Robertson tan singular como afirmaba Kanner? Fuentes históricas insinúan que maquilló la verdad. En un simposio sobre la sífilis celebrado en 1902, el guardián del Binghamton State Hospital destacó «una preponderancia asombrosa» de la paresia en sus pacientes nativos. Una evaluación general del estado de los cuidados sanitarios brindados a los amerindios realizada por la doctora Anne Perkins en 1927 puso al descubierto numerosos problemas que interferían con los datos precisos recabados en este segmento desatendido y empobrecido de la población. Pocos médicos empleados por el Bureau of Indian Affairs tenían formación en psiquiatría y muchas tribus se oponían a someterse a los análisis sanguíneos de Wasserman en busca de sífilis y a autopsias por motivos religiosos o sociales. En concreto, Perkins desafió a Hummer por su «insatisfactoria» labor de registro de expedientes clínicos en el Asylum for Insane Indians.[35]

En cualquier caso, el artículo de Kanner consiguió colocarlo en el panorama de la psiquiatría estadounidense. Con el caso de Thomas Robertson, Kanner descubrió una fórmula ganadora para captar la atención de sus colegas, consistente en escribir un relato vívido e interesante de un caso tan supuestamente infrecuente que «exigía explicación».

IV

Ahora que Kanner había dejado su impronta en una publicación destacada, le avergonzaba haber obtenido su licencia médica simplemente rellenando un cuestionario gubernamental. «Me preocupaba haber entrado en el mundo de la psiquiatría por la puerta trasera —escribió—. Consideraba que, dadas las circunstancias, mis esfuerzos carecían de coherencia y dirección.»[36]

Disfrutaba de su vida en Yankton, con su calle principal de comercios pintorescos, sus tiendas de baratijas y su cine. Se pasaba los fines de semana jugando al póker toda la noche con su esposa y algunos colegas del hospital y, entre semana, invitaba a su hija, que por entonces tenía cuatro años, a visitar su consulta. Anita, que era ya una pequeña observadora, aprendió a distinguir a los médicos de los pacientes porque los médicos siempre llevaban llaves. Cuando visitaba a su padre en el trabajo, le decía a cualquiera que se le acercara: «Enséñame tus llaves».

Sin embargo, la joven esposa de Kanner se sentía desgraciada. June era una mujer brillante y culta que había dejado a sus amistades de la infancia en Berlín sin haber tenido apenas tiempo para reflexionar sobre ello. En su nueva vida, ni siquiera le permitían limpiar su propia casa, porque las ubicuas auxiliares del hospital se encargaban de lavar y limpiar el polvo. La familia comía tres veces al día en la larga mesa comunitaria del comedor del personal médico bajo el ojo observador de la esposa del director, una entrometida mandona que desterró la trona de Anita al extremo siberiano de la mesa. Tras cuatro años, June quería progresar. Advirtió a su esposo que, a menos que hallara un nuevo empleo pronto, muy lejos de Dakota del Sur, ella se mudaría a Chicago y se llevaría a Anita con ella.

Entonces el destino intervino en su favor. Kanner vio un anuncio en el *American Journal of Psychiatry* para una beca de investigación en el Johns Hopkins bajo la dirección del neurólogo suizo Adolf Meyer, presidente de la American Psychiatric Association (APA). «Preferentemente —estipulaba el anuncio—, los solicitantes deberían tener un conocimiento básico de alemán y francés» y aportar «espontaneidad y energía al trabajo, además de tener capacidad para realizar investigaciones de manera independiente». Kanner tuvo la sensación de estar leyendo un anuncio hecho a su medida. Solicitó audiencia con Meyer en una convención de la APA que iba a celebrarse en breve en Minneapolis. Mientras se encontraba en el mostrador de recepción, Kanner vio cómo todas las cabezas de la estancia se volvían para mirar a un hombre bajito y ágil con una perilla repeinada que acababa de entrar. Kanner detectó rastros de un acento *mitteleuropäische* en el habla del hombre y le preguntó a un colega si, por casualidad, sabía quién era. «¡¿Cómo dice?! ¡Es Adolf Meyer!», respondió el hombre.

El neurólogo entrevistó a Kanner para la beca de investigación durante largo rato el día siguiente y también departió con George Adams acerca de su rendimiento en Yankton. No obstante, Kanner no recibió noticias de Baltimore en los tres meses siguientes y se reprendió a sí mismo por no estar a la altura. Finalmente recibió una nota críptica de Meyer en la que le decía que, si albergaba dudas, era porque Kanner parecía «más inclinado hacia la obra literaria que hacia la profesión concreta con datos específicos». Consciente de que tenía su destino al alcance de los dedos, Kanner envió un telegrama a Meyer preguntándole si podía trasladarse al Johns Hopkins al mes siguiente para dar comienzo a la investigación de inmediato.

La respuesta de Meyer fue rápida y profética: «Hemos estado esperándolo».

Nada más llegar a Baltimore con su familia, Kanner se registró en un hotel, sacó un listín telefónico y seleccionó una agencia inmobiliaria al azar para inquirir por las casas que tenían en alquiler. «¿Cuáles son sus creencias?», le preguntó el agente inmobiliario. Al principio, Kanner no entendió la pregunta. El agente le informó como si tal cosa de que los hebreos no eran bienvenidos en determinados barrios y algunos propietarios fuera de esas zonas restringidas preferían no tenerlos como inquilinos.

Kanner quedó estupefacto. En Yankton no había percibido antisemitismo, probablemente porque casi no había allí judíos. (Un reverendo le había asegurado que, si matriculaba a Anita en la escuela dominical, no intentaría convertirla.) En cambio, en Baltimore, la misma discriminación que lo había impulsado a huir de Alemania se manifestaba sin reservas.

Descubrió que la ciudad que él consideraba un faro de democracia, el hogar de librepensadores como H. L. Mencken, también estaba segregada por razas. Los niños negros quedaban excluidos de muchas escuelas públicas y a sus familias se les vetaba la entrada a los cines, teatros, centros comerciales, restaurantes, hoteles, piscinas e iglesias. Con todo, los lugareños aceptaban esta situación como algo inevitable, «como si fuera un fenómeno tan natural como que el sol salga y se ponga»,[37] en palabras de Kanner. Ni siquiera sus nuevos jefes eran inmunes a esta enfermedad insidiosa. La facultad del Departamento de Psiquiatría del Johns Hopkins había sido un ámbito estrictamente blanco durante años, pese a que muchos de los pacientes que se trataban allí eran negros.

Con todo, Kanner prosperó bajo la firme tutela de Meyer, en parte debido a que tenía mucho en común con su nuevo mentor, que también había pagado sus deudas en Estados Unidos trabajando en un frenopático en medio de los maizales del país. A finales de la década de 1890, la oferta de formación psiquiátrica en las escuelas médicas estadounidenses era mínima o nula, y la mayoría de los empleos disponibles eran estrictamente de custodia: supervisar almacenes humanos llenos de pacientes con limitaciones que «habían perdido incluso el recuerdo de la esperanza, sentados en hileras, demasiado decaídos para sentir desespero, vigilados por auxiliares: máquinas silenciosas y horripilantes que comían y dormían, dormían y comían», tal como el neurólogo Silas Weir Mitchell lo describió en una crítica mordaz de sus colegas en 1894.[38] En una de tales instituciones, Mitchell fue incapaz incluso de encontrar un estetoscopio para examinar a sus pacientes.

El Illinois Eastern Hospital for the Insane en Kankakee, donde Meyer empezó a trabajar tras llegar al país procedente de Zúrich, no era ninguna excepción. Para establecer un conocimiento básico de la relación entre la función cerebral y la enfermedad mental, realizó una serie de autopsias a pacientes, pero tiró la toalla al caer en la cuenta de lo fútil que era tal ejercicio en la ausencia de expedientes médicos generales. Ofreció clases de neurología al personal, pero renunció a hacerlo cuando supo que sus alumnos no tenían formación ni siquiera en las técnicas más elementales de la observación clínica.[39] Incluso bajo tales condiciones fue pionero en la forma moderna de historia psiquiátrica al solicitar que un taquígrafo lo acompañara mientras realizaba las rondas por el hospital.[40]

Meyer medró con celeridad por las filas de la profesión hasta acceder al puesto de director del Pathology Institute of the New York State Hospitals, la red de instituciones mentales más extensa de Estados Unidos. Defendió que era imposible entender ningún aspecto del comportamiento humano de manera aislada: en su lugar, era preciso tener en cuenta la neurología, la genética, el trasfondo familiar y las dinámicas sociales para evaluar de manera adecuada el estado mental de un paciente. En 1908 lo invitaron a supervisar la recién dotada Henry Phipps Psychiatric Clinic en el Johns Hopkins, construida de manera expresa tomando como referencia el modelo vienés de combinar enseñanza y práctica en una misma institución. En tanto que personificación de la tradición europea, Meyer acabó por tener una influencia enorme. En un momento dado, uno de cada diez psiquiatras académicos en los Estados Unidos se habían formado directamente bajo sus auspicios, lo cual dio lugar a una escuela de psiquiatría que se conoció como «meyeriana».[41] También introdujo en este campo su tema experimental estándar: la rata albina.[42] Tras acuñar el término *psicobiología*, exhortó de manera reiterada a sus alumnos a dejar las teorías a un lado e indagar en los hechos.

Durante su primera visita al despacho de Meyer, una tarde de octubre de 1928, Kanner quedó atónito.[43] Una secretaria con unos modales impecables lo invitó a esperar en una biblioteca contigua que parecía extenderse varios kilómetros, dotada con un práctico sistema de escaleras de mano para llegar a los volúmenes de los estantes superiores. Transcurridos veinte minutos, la secretaria inclinó la cabeza en gesto de deferencia y lo invitó a entrar en el santuario de Meyer, donde el mobiliario era escaso pero elegante y el aire estaba impregnado de la presencia del hombre sentado tras el escritorio.

Kanner tuvo la sensación de haber encontrado por fin su elemento. Su nuevo jefe era un campesino que compartía su fascinación por la lingüística, la semántica y la filología, así como su escepticismo con respecto al psicoanálisis.[44] Meyer era también una figura elegante y carismática (descrita por un exalumno como dotado de una «grandeza épica y sosegada»),[45] con unos ojos que podían subirte el ánimo o aniquilarte con una sola mirada. Sin duda, Kanner era menos atractivo, con las orejas caídas, los ojos saltones, una dentadura desordenada y la expresión apesadumbrada de un Beagle tristón,[46] pero Meyer hizo cuanto estuvo en su mano por que aquel joven se sintiera como en casa y le sugirió que alquilara una vivienda en un vecindario donde habitaban otros médicos del Johns Hopkins. (Al recibir su solicitud para una casa en Lake Avenue, el propietario dijo a Kanner: «Enseguida me di cuenta de que eran ustedes judíos, pero me caen bien, y nadie pondrá ninguna objeción».)[47]

El programa diario en el Phipps comenzaba con una conferencia en la biblioteca de Meyer que discurría con la solemnidad de un ritual sagrado. Mientras la taquígrafa ponía a punto sus cuadernos y lápices, los asistentes tomaban asiento, dejando tres sillas vacías. Entonces entraba el eminente neurólogo con un residente y el ayudante de éste, y los presentes se ponían en pie hasta que Meyer se sentaba. El silencio reverente se quebraba cuando Meyer volvía la vista hacia el residente y le preguntaba, con su habitual aire de calma inexpugnable: «¿Qué tenemos esta mañana?».

Kanner aprendió el precio de vulnerar esta santidad cuando un distinguido invitado procedente de Viena, un socio de Freud llamado Paul Schilder, se sumó a las reuniones matinales durante un semestre. Kanner se quedó de piedra cuando su héroe, Meyer, mostró deferencia por un hombre que no parecía tener ni siquiera conocimientos básicos en neurología. Después de que Schilder mencionara que había tratado a un adolescente esquizofrénico con psicoanálisis porque el «centro sexual» y el «centro del miedo» del cerebro son adyacentes, Kanner no pudo contenerse más y le preguntó si las personas llamaban a sus cónyuges «honey»* porque el centro sexual y el centro del azúcar del cerebro también estaban cerca. Un silencio punzante se cernió sobre la estancia, y Meyer instruyó por lo bajini a la taquígrafa para que borrara el comentario de Kanner de las actas.[48]

En otra ocasión, Meyer escarmentó a su joven discípulo por expresarse de un modo «antagónico a un sector de la profesión». Kanner aprendió así una lección de peso: la manera de abrirse camino en la psiquiatría era atarse la lengua, incluso cuando tus estimados colegas decían tonterías.

Cuando finalizó el período de la beca de investigación de Kanner, Meyer movió hilos entre bambalinas para conseguir financiación adicional y poder retener a su entusiasta protegido entre su personal. Tenía en mente una misión de mayor alcance para él: establecer una nueva clínica conductual infantil que sirviera de puente entre los ámbitos de la pediatría y la psiquiatría en el Johns Hopkins.[49] Ambos departamentos estaban ubicados en edificios adyacentes y la puerta que los comunicaba se mantenía cerrada con llave. A finales del primer año de Kanner, ya a nadie se le ocurría cerrarla.[50]

La clínica conductual, llamada Behavior Clinic, estaba emplazada en el Harriet Lane Dispensary, un edificio que otrora había sido impresionante, pero se había dejado deteriorar desde 1911, fecha en que se erigió para albergar a niños inválidos. La nueva consulta de Kanner se hallaba en una despensa del antiguo anexo para enfermedades infecciosas y contaba con un fregadero, un techo con goteras y ratas que se aventuraban a subir desde el sótano para mor-

* Literalmente, «miel», empleado aquí como «cariño» o «cielo». *(N. de la T.)*

disquear su almuerzo. Pese al deslucido entorno, Kanner se sentía pletórico con su nueva misión. «Se me concedió libertad para proceder de acuerdo con mis propias convicciones y a mi propio ritmo —escribió—. Nosotros moldeábamos nuestros planes, métodos y prácticas. [...] Estábamos agradecidos por el magnífico regalo que lo contrarrestaba todo: la oportunidad de trabajar sin restricciones, de guiarnos por nuestra propia curiosidad, de comprobar nuestras teorías y, en todo momento, de ser honestos con nosotros mismos.»[51]

Por una extraña coincidencia, el dispensario se había construido de acuerdo con las especificaciones de Clemens von Pirquet, el inmunólogo pionero que también diseñó la clínica de Asperger en Viena. Reclutado de la Clínica Pediátrica en 1908 para asumir la dirección de pediatría en el Johns Hopkins, había ampliado el recién creado departamento de tres camas a la formidable instalación que Kanner heredó veinte años después. Sin embargo, un año y medio en Baltimore fueron suficientes para Von Pirquet, quien, cuando le ofrecieron otro puesto prestigioso en Viena, lo aceptó. En 1929, tras una larga depresión, se suicidó junto con su esposa, dejando tras de sí un curioso legado: dos edificios en dos continentes distintos cuyos médicos afirmarían haber descubierto el autismo de manera independiente.[52]

Con el aliento de Meyer, Kanner se embarcó en su proyecto más ambicioso hasta entonces: redactar su primer manual sobre psiquiatría infantil en inglés. En términos prácticos, no sólo estaba escribiendo un libro, sino que estaba creando un nuevo campo de la medicina valiéndose de elementos de otras disciplinas, incluidas la psiquiatría, la pediatría e incluso una pizca de *Heilpädagogik*.[53]

La primera edición de *Psiquiatría infantil*, publicada en 1935, estaba esculpida según un molde característicamente meyeriano. La esencia del enfoque de su mentor, tal como Kanner la enmarcaba, era contemplar al niño como una globalidad, en lugar de como un batiburrillo de síntomas y disfunciones. Su objetivo con aquel manual era establecer modos prácticos y aprovechables a nivel pedagógico para ayudar a los niños sin padecer las limitaciones del dogma de ninguna escuela de psiquiatría concreta.

Había un aspecto enternecedor en el acto de Kanner de canalizar a su mentor que resultaba invisible a todos los alumnos de Meyer. Pese a que el neurólogo suizo era un pensador brillante, prácticamente ha quedado relegado al olvido porque era un escritor y conferenciante abstruso que no produjo libros propios. (Kanner tuvo la gentileza de observar que como mejor enseñaba Meyer era con los ojos.)[54] El regalo que el joven psiquiatra hizo a su mentor fue destilar sus tediosas protestas en directrices claras que incluso los lectores legos pudieran acatar: «Trabaje con el niño. Trabaje con la familia. Trabaje con la comunidad».[55]

Psiquiatría infantil fue elogiado de inmediato como «un logro destacable» y se convirtió en un superventas desbocado.[56] Se publicaron cinco reimpresiones de la primera edición, a la cual siguieron tres ediciones revisadas que se tradujeron a múltiples idiomas. Con cada nueva iteración, el texto se volvía menos meyeriano y más kanneriano. Fórmulas rimbombantes como «Diferencias de la personalidad que se expresan en la forma de disfunciones parciales involuntarias» (que suena a traducción de Google del suizo) cedían el paso a títulos directos como «Inteligencia», «Emoción» y «Problemas del habla y el lenguaje».[57] El libro se consideró la última palabra en la materia hasta finales de la década de 1960 y se imprimió durante la asombrosa cifra de sesenta y siete años.[58]

Kanner aprovechó su nueva visibilidad para airear opiniones acerca de temas candentes como la educación sexual, chuparse el dedo y las fobias. «¿Cómo podemos culpar a los niños de tener miedo de las tormentas si la madre grita y tiembla cuando ve un relámpago o escucha un trueno? ¿Cómo podemos culpar a un niño de ser inquieto o impaciente si su padre muestra los mismos rasgos?», declaró en el *Washington Post.*[59] Ocupaba una situación privilegiada para ofrecer consejos a una generación de padres a quienes los psicólogos habían convencido de que su papel era ser «prácticamente gestores intermediarios en lo que se concebía como un proyecto nacional de crianza de niños, [...] empleando las herramientas que proporcionaban los profesionales», tal como explicó el crítico cultural Nicholas Sammond.[60]

Cuando el psicólogo conductual John B. Watson hizo cundir el pánico entre los lectores de su popular manual para la crianza insistiendo en que «la profesión más vieja de la raza humana, la paternidad, hoy en día está abocada al fracaso»,[61] Kanner respondió escribiendo un libro tranquilizador y ameno titulado *En defensa de las madres*.[62] En él se burlaba veladamente de sus colegas freudianos por adorar «al Gran Dios del Subconsciente», al tiempo que aconsejaba a los padres aparcar todos los «miedos y espantajos míticos que teóricos entrometidos habían puesto en circulación».

Predicando desde el intimidatorio púlpito de la principal escuela médica del país, ya no le preocupaba haberse colado en la psiquiatría por la puerta trasera. Ahora ocupaba el escenario principal.

Kanner ocupó los titulares de la prensa de costa a costa de los Estados Unidos en 1937 al revelar un escándalo en Baltimore. Actuando a partir de una pista que le había dado el tutor de un centro vocacional para discapacitados llamado Rosewood State Training School, averiguó que un abogado local había amasado una fortuna ofreciendo a las internas «deficientes mentales» de la escuela como ayuda doméstica barata a familias adineradas previa obtención de una orden judicial de manos de un letrado servicial.

Las matronas de la alta sociedad de la ciudad habían acabado por ver a aquellas niñas como productos desechables a quienes pagaban poco o nada por sus servicios y dejaban abandonadas en la calle antes de tomarse unas largas vacaciones. Un cliente había despedido a trece jóvenes seguidas sin que el juez formulara ni una sola pregunta. Las secuelas de aquellos actos para las víctimas eran enormes: once niñas habían fallecido, seis de ellas cumplían largas sentencias de cárcel y veintinueve ejercían como prostitutas, mientras que otras se habían casado con maridos alcohólicos que las habían abandonado poco después. Después de maltratar físicamente a una niña y expulsarla de su casa, una clienta se quejó de que: «En lugar de ser miembro del reino animal, era un vegetal».

Tras llevar a cabo una investigación, Kanner presentó su informe ante la convención anual de la APA en mayo y desencadenó una oleada de titulares. El *New York Times* elogió al psiquiatra por revelar «La "esclavitud" de 168 deficientes», «Descubierto un programa para emplear a taradas como empleadas domésticas», anunciaba con estridencia el *Evening Sun* de Baltimore. «Récord de maldad en la liberación de niñas deficientes», se hacía eco el *Washington Post.* El escándalo brindó a Kanner la rara oportunidad de colocar el foco nacional sobre la vulnerabilidad de las personas discapacitadas en las instituciones, así como sobre la ausencia generalizada de supervisión en el sistema de salud mental.

Pero no fue eso lo que él hizo, sino que retrató a las víctimas inocentes de aquel abominable programa como una amenaza para la comunidad. Al explicar a un periodista del *New York Times* que más de cien niños nacidos de aquellas muchachas presentaban una «debilidad mental evidente e incontestable», puso su autoridad moral al servicio del argumento clásico para justificar las leyes de esterilización forzosa. «El tiempo nos dirá cuántos más niños deficientes, ilegítimos y desatendidos nacidos de este grupo de pacientes liberadas quedarán en el futuro a cargo de una Commonwealth que no puede hacer más que observar y pagar el castigo por las autorizaciones indiscriminadas emitidas por sus tribunales.»

Acto seguido, Kanner añadió que la Commonwealth no podía hacer nada por sancionar a los culpables y rehusó revelar sus nombres ante la American Bar Association. Afirmaba que hacerlo era superfluo, porque el magistrado se había jubilado y el abogado había sido inhabilitado, acusado de un «comportamiento incluso menos ético que el descrito por mí» (significara eso lo que significase). Manifestó su esperanza en que «la publicidad [...] contribuirá a impedir incidentes similares en el futuro».[63]

El asunto de Rosewood estableció a Kanner en la mente del público como una voz para los sin voz y un defensor de los indefensos. Sin embargo, su negativa a revelar los nombres de los responsables y sus declaraciones a la prensa no esclarecían a quién defendía exactamente. Mantuvo su apoyo a la esterilización de «las personas intelectual o emocionalmente incapacitadas para cuidar a sus hijos» durante años, si bien se opuso a la eutanasia en un debate público con el eminente neurólogo Foster Kennedy, quien abogó por liquidar a «los inútiles, a los errores de la naturaleza» que «abarrotaban nuestros hospitales psiquiátricos» en un editorial publicado en el *American Journal of Psychiatry*.[64]

Aún así, la opinión de Kanner de las vidas que las personas «deficientes mentales» podían llevar era muy agorera. Su principal enfrentamiento con Kennedy era que tales personas son capaces de desempeñar papeles útiles en la sociedad:

> Tratar aguas residuales, cavar zanjas, pelar patatas, fregar suelos y otras ocupaciones por el estilo son tan indispensables y esenciales para nuestro modo de vivir como la ciencia, la literatura y el arte. La recolecta de algodón es una parte integral de la industria textil. Y desbullar ostras es una parte importante de la cadena de aprovisionamiento de marisco. La recogida de basuras es una parte esencial de las medidas de higiene públicas.[65]

«¿Realmente queremos privarnos de personas a quienes necesitamos desesperadamente para diversas ocupaciones esenciales?», concluía.

En otoño de 1937, la máquina eugenésica del Reich se aceleraba y el éxodo forzoso de los judíos avanzaba. Mientras los partidarios de Hitler arrasaban en la patria de Kanner, el apuro de sus familiares y colegas devino un asunto de gran preocupación. Al tiempo que algunas de las mejores mentes médicas en Europa clamaban por huir de la tormenta que se avecinaba, incluido el propio Freud, la modesta cuota anual de inmigrantes alemanes a quienes se permitía entrar en Estados Unidos (menos de veintiséis mil) ni siquiera se cubría, en parte porque el Departamento de Estado daba instrucciones a los funcionarios consulares para que denegaran visados a los solicitantes que pudieran requerir asistencia pública.[66] Sólo se concedían visados a los judíos que presentaban declaraciones juradas de ciudadanos estadounidenses en las que proporcionaban prueba de un empleo futuro, tal como Holtz había hecho con Kanner.

Los empleados médicos sin parientes o un cónyuge ario y aquéllos a quienes el régimen del Führer consideraba poco obedientes también podían ser expulsados. Kanner contemplaba con resentimiento la aquiescencia de los funcionarios estadounidenses, que no tenían reparos en apartar la vista hacia otro lado mientras una catástrofe humana sin precedentes cobraba forma.

> Las reconfortantes palabras de invitación de Emma Lazarus, escritas en 1886 e inscritas en la Estatua de la Libertad, dejaron de aplicarse plenamente a las personas exhaustas, a los pobres, a los sin techo y a los azotados por aquella tempestad. Únicamente los pocos afortunados que encontraron declarantes a tiempo para salvarles la vida pudieron colarse por la estrecha ranura en la puerta dorada y acceder al santuario.[67]

Los grupos formados específicamente para asistir a los médicos que buscaban refugio en los Estados Unidos, como la Comisión Nacional para la Reubicación de Médicos Extranjeros, tuvieron que afrontar numerosos obstáculos, más allá de las cuotas y los requisitos para los visados. Temerosos de la competencia que suponían los refugiados, los consejos médicos estatales erigieron un dédalo de resoluciones que exigían a los solicitantes de licencias tener la ciudadanía estadounidense, diplomas expedidos por escuelas norteamericanas o proporcionar múltiples justificantes de su educación en Europa. Las universidades dirigidas por los nazis se limitaron a hacer caso omiso de tales solicitudes. E incluso los médicos que consiguieron reubicarse e intentaron poner en práctica su profesión tuvieron que lidiar con rumores de ser espías a quienes habían enviado al extranjero a envenenar a sus pacientes.[68]

Los Kanner se alzaron frente a este desafío histórico actuando de manera ejemplar. A partir de aquel otoño actuaron como una agencia de inmigración extraoficial para médicos, enfermeras e investigadores judíos, a quienes proveyeron la documentación que necesitaban para obtener visados al tiempo que les ayudaban a buscar empleos. Mientras Kanner acorralaba a los directores de hospitales en las conferencias para interrogarlos acerca de ofertas de trabajo para médicos, June trabajaba en red con un cardiólogo local para encontrar puestos domiciliarios a enfermeras. Además, Kanner convenció al consejo médico de Maryland de rebajar sus requisitos relativos a las licencias. En total, Leo y June rescataron a cerca de doscientos colegas de los nazis mientras abastecían a las clínicas, los hospitales y los laboratorios de investigación de todo el país de personal con una formación impecable. E incluso abrieron las puertas de su hogar en Baltimore para ayudar a los emigrados a adaptarse a la vida en una nueva cultura.[69]

También le salvaron la vida a los hermanos de Kanner, Max, quien contrajo matrimonio con una muchacha de Iowa y se convirtió en peletero, y Josef, que emigró a Palestina. Por desgracia, su madre, Klara, de setenta años, fue sacada a rastras de su hogar y gaseada. Su hermano Willy murió de un disparo en Polonia y su tía y su tío fueron asesinados en Holanda. Su hermana Jenny tuvo la fortuna de ponerse a salvo junto con su familia ocultándose entre el cargamento de un camión de carbón que los llevó al otro lado de la frontera con Suiza.[70] Su población natal, Brody, había sido antaño una efervescente comunidad de diez mil judíos célebre en toda Europa por ser un centro de enseñanza, filosofía, arte y cultura. Tras la guerra, sólo quedaban ochenta y ocho judíos con vida.[71]

Kanner vio recompensados sus esfuerzos altruistas cuando uno de los colegas a quienes rescató de los nazis le proporcionó una ayuda crucial en el momento en el que realizó el descubrimiento que le granjeó el lugar en el destino que siempre había anhelado: un lugar perdurable en los anales de la medicina.

V

Un día de septiembre de 1938, un abogado llamado Oliver Triplett Jr. se sentó en su despacho de Forest, Misisipí, a dictarle una carta a su secretaria. La carta, que se extendió treinta y tres páginas a un solo espacio, guardaba relación con su primogénito, un niño de cinco años llamado Donald. Iba dirigida al único hombre en Estados Unidos que pensaba que podía ayudarlo: Leo Kanner.

Oliver y su esposa, Mary, eran una pareja de una inteligencia excepcional y con éxito en la vida, y sus familias habían desempeñado papeles destacados en Forest durante tres generaciones. La economía de la región padecía su propia secuela de la Gran Depresión: los pinares en los que los propietarios de molinos habían invertido sus fortunas estaban exhaustos.[72] Pero los Triplett mantenían su estabilidad económica. El padre de Mary era el presidente de la junta directiva del Bank of Forest y ella era una mujer de órdago. En una época en la que pocas mujeres tenían licenciaturas universitarias, Mary había sido presidenta de la Belhaven University e impartía inglés en una universidad local. Oliver, a quien en Forest conocían por su segundo nombre, Beaman, se licenció por la Facultad de Derecho de Yale con matrícula de honor, fue admitido en el Colegio de Abogados del Tribunal Supremo de los Estados Unidos y se convirtió en el fiscal municipal. La pareja habitaba en una acogedora casa en una parcela de tres hectáreas a las afueras del centro urbano, con un porche acristalado y grandes ventanales con vistas a un extenso prado.[73]

Conocido por ser un hombre intenso y meticuloso, Beaman quizá fuera *demasiado* trabajador. Para cuando nació su hijo, había sufrido dos crisis nerviosas. Era proclive a dar largos paseos sumido en una suerte de fuga disociativa: al regresar a casa, no recordaba nada ni a nadie a quien hubiera visto por el camino. Sin embargo, tales cosas no eran más que meras excentricidades en comparación con el comportamiento de su hijo.

Donald había sido un niño a todas luces solitario y ausente desde el momento en que nació. Los rostros de sus padres mirándolo en la cuna nunca inspiraron las habituales cascadas de alegres sonrisas y gorjeos. Mary le dio el pecho siete meses, suplementando su dieta con leche de fórmula, pero nada parecía caerle bien en el estómago. Cuando más feliz se lo veía era cuando estaba solo y ni siquiera parecía percatarse de si alguien entraba en la estancia. Cuando sus abuelos acudían a verlo, no les hacía ningún caso. Ni siquiera le sorprendía ver a un hombre disfrazado de Papá Noel.[74]

No obstante, Donald era también un niño brillante, un prodigio en algunos aspectos. Bendecido con el extraño don del tono absoluto, al año de edad ya era capaz de tararear y cantar muchas de sus canciones preferidas.[75] Además, tenía una memoria retentiva inusitada. A los dos años contaba hasta cien, recitaba el alfabeto con normalidad y en orden inverso, rezaba el Padre Nuestro, recitaba las veinticinco preguntas y respuestas del catecismo presbiteriano y era capaz de nombrar a todos los presidentes y vicepresidentes de los Estados Unidos.[76] Se entretenía durante horas con la *Compton's Encyclopedia*, que hojeaba hasta localizar las imágenes que más le gustaban, cosa que hacía al instante. También memorizó las ubicaciones de muchas casas de Forest, como si estuviera cartografiando un mapa mental. En su carta a Kanner, Beaman observó que «parece estar siempre sumido en sus pensamientos y, para captar su atención, parece preciso derribar una frontera mental entre su conciencia interior y el mundo exterior».

Para forzarlo a salir de su cascarón, los Triplett buscaron a un guapo niño en un orfanato y lo invitaron a hospedarse en su casa durante un verano. Pero Donald simplemente hizo caso omiso de aquel añadido inesperado a la familia y no le formuló al muchacho ni una sola pregunta. Sus padres intentaron enseñarle a montar en bicicleta, pero le daba pánico; le compraron un bonito tacataca, pero se negó en redondo a utilizarlo. Por último, instalaron un tobogán en el patio de atrás e invitaron a los niños del vecindario a jugar, pensando que Donald podría aprender de su ejemplo. Pero cuando lo sentaron en la parte superior del tobogán y lo empujaron, quedó aterrorizado. (La mañana siguiente se escapó en silencio de la casa y se deslizó por el tobogán solo.)

La asombrosa memoria de Donald también tenía un lado negativo. Solía repetir las frases tal cual las escuchaba, sin modificar los pronombres debidamente. Así, cuando quería un vaso de leche, decía: «Donnie, ¿quieres leche?». Y a la hora de cenar le decía a su madre: «Di "Si bebes hasta aquí, reiré y sonreiré"», reproduciendo las entonaciones originales de Mary de manera fiel, como si estuviera tomando muestras de la voz de su madre, en lugar de comprender de verdad el significado de sus palabras.[77]

Como Gottfried, Donald también sentía una atracción curiosa por las reglas y el orden. Una vez aprendió a leer, no le parecía correcto que *bite* no se escribiera *bight*, como *light*.* Alineaba sus juguetes en secuencias estrictas y montaba una pataleta si alguien los cambiaba de orden. Pero lo que más le gustaba era hacer girar sus juguetes en el suelo cual peonzas. Ver prácticamente cualquier cosa dando vueltas, incluso la tapa de un pote de la cocina, lo hacía brincar de emoción.

* Las terminaciones «*ite*» y «*ight*» en inglés suenan prácticamente igual. *(N. de la T.)*

El médico de cabecera de los Triplett planteó que la causa del extraño comportamiento de Donald era que sus padres lo habían «sobreestimulado» y les prescribió un cambio radical de entorno.[78] Deseosos de hacer cualquier cosa por ayudar a su hijo, Mary y Beaman lo internaron por un período indefinido en el Mississippi Tuberculosis Sanatorium, a sesenta y cinco kilómetros de distancia. Tenía tres años.

Erigida junto a un lago, la enorme instalación victoriana, una reliquia del tiempo en el que la tuberculosis se achacaba a la pobreza, la inmigración y la sobrepoblación de las ciudades, debía antojarse un refugio prometedor para un niño abrumado por la vida cotidiana. Era célebre por la asistencia compasiva de sus enfermeras.[79] Internaron a Donald en un ala especial llamada *preventorium*, por lo común reservada a pacientes con tuberculosis que aún no habían desarrollado una forma activa de la enfermedad. Siguiendo los consejos de su médico, sus padres lo visitaban sólo dos veces al mes.[80] Sin embargo, privado de su entorno y de sus rutinas familiares, Donald empeoró. Desarrolló un nuevo hábito de negar con la cabeza y se recluyó en si mismo hasta el punto de apenas comer y permanecer sentado en la misma posición durante horas, «sin prestar atención a nada».[81]

Poco a poco, aprendió a adaptarse a su nuevo y extraño entorno. Empezó a comer de nuevo e incluso se sentaba cerca de otros niños. Pero transcurrido casi un año, Mary y Beaman decidieron llevarse a Donald a casa, haciendo caso omiso de las vigorosas protestas del director del sanatorio. Les recomendó que dejaran al pequeño en paz, asegurándoles que: «Parece que ahora estará perfectamente bien».[82]

Cuando los Triplett le solicitaron que les proporcionara un informe detallado de la evolución de Donald, el director del centro se limitó a garabatear una nota concluyendo que su hijo padecía alguna «enfermedad glandular». Con todo su dolor y frustración, Mary hablaba de Donald como su «hijo demente sin esperanza».[83] Llegados a aquel punto, el pediatra de Donald los remitió a Kanner, por entonces el psiquiatra infantil más destacado del país.

El caso de Donald intrigó de inmediato a Kanner, a quien fascinó el volumen de información que Beaman había incluido en su carta. Kanner invitó a los Triplett a llevar a Donald al Johns Hopkins para someterlo a una evaluación clínica exhaustiva. En octubre, la familia se subió a un tren para acudir a ver a aquella eminencia en Baltimore.[84]

Al principio, Kanner no sabía cómo tratar el comportamiento de Donald. Tras someterlo a un examen preliminar en el Harriet Lane, derivó a los Triplett al Child Study Home de Maryland, una filial del Johns Hopkins inaugurada aquel mismo año bajo su supervisión. A aquellas alturas, sólo un puñado de médicos podrían haber entendido la enfermedad de Donald y la mayoría de ellos trabajaban en Viena, en la Unidad de Pedagogía Terapéutica. Sin embargo, Kanner había hecho venir recientemente a uno de ellos desde Austria y lo había designado pediatra psiquiátrico a jornada completa en el Child Study Home.[85] Se trataba del antiguo experto en diagnósticos de Asperger, Georg Frankl.

Este vínculo crucial entre ambos pioneros en el tema del autismo había pasado desapercibido a los historiadores hasta ahora, en gran medida porque Kanner se cuidó mucho de aludir a él. Jamás reconoció las aportaciones de Asperger en este campo, un hecho que ha desconcertado a los expertos en autismo durante décadas. En su autobiografía inédita, escrita en la décadas de 1950, menciona a Frankl como uno de los muchos médicos a quienes ayudó a migrar a los Estados Unidos en los años previos a la guerra, pero la narración se interrumpe de una manera sospechosamente abrupta justo antes del descubrimiento que lo hizo famoso. Los colegas de Kanner sostenían que, sencillamente, desconocía la labor paralela que se estaba llevando a cabo en Viena de manera simultánea, y él nunca lo desmintió.[86]

De hecho, Frankl no era el único miembro del equipo nuclear de Asperger que trabajaba en Baltimore en la época en la que Kanner hizo su descubrimiento trascendental.

Tras llegar a Nueva York en noviembre de 1937, el antiguo experto en diagnósticos de la Clínica Pediátrica se reunió con su colega Anni Weiss, la joven psicóloga que redactó el caso de estudio de Gottfried. En una enternecedora afirmación de la vida por parte de dos supervivientes, la pareja contrajo matrimonio un par de semanas después. En abril del año siguiente, ambos pasaron a formar parte del círculo más estrecho de Kanner en el Johns Hopkins y se trasladaron a una pintoresca casa con tejado de madera a un par de manzanas del Child Study Home.[87]

Durante dos años, Kanner y Frankl acogieron «clínicas mentales» juntos en las poblaciones cercanas, en las que grupos como la Children's Aid Society presentaron niños a su evaluación ante un público de padres atraídos por artículos aparecidos en la prensa local.[88] Entre tanto, Weiss (cuyo apellido de casada pasó a ser Weiss-Frankl) se convirtió en una participante entusiasta de los seminarios de Meyer en el Phipps y confesó al psiquiatra que sus seminarios eran lo más iluminador que había encontrado desde que había dejado Austria.[89]

Es posible que Kanner no hubiera escuchado el nombre de Asperger antes de contratar a Frankl, pero no cabe duda de que estaba familiarizado con la labor de Erwin Lazar, el fundador de la Clínica Pediátrica. En una carta dirigida a Meyer en 1939, Kanner promocionaba el «sólido bagaje de Frankl en la pediatría y su estrecha relación durante once años con la Clínica Lazar de Viena».[90] Con personal docente, un departamento de terapia ocupacional y cuartos para cerca de cincuenta niños de edades diversas, el Child Study Home era lo más parecido a la Unidad de Pedagogía Terapéutica que se ofrecía en los Estados Unidos.[91] Allí, Frankl aplicó el estilo de observación íntima que había desarrollado con sus colegas en Viena para dar visibilidad médica al autismo por segunda vez.

A lo largo de dos semanas en octubre de 1938, Frankl y una psiquiatra llamada Eugenia Cameron realizaron un retrato detallado del comportamiento de Donald que resultó indispensable para Kanner, quien bregaba por entender las «fascinantes peculiaridades» del niño.[92]

> [Donald] se paseaba por la clínica sonriendo y realizando movimientos estereotipados con los dedos, cruzándolos en el aire. Sacudía la cabeza de lado a lado, susurrando o tatareando la misma tonadilla de tres notas. Hacía girar con enorme placer cualquier objeto que pudiera utilizar como peonza. Y arrojaba objetos al suelo sin cesar, sintiendo un aparente deleite al escuchar los sonidos que hacían. [...]
>
> La mayoría de sus acciones eran repeticiones que realizaba exactamente del mismo modo en el que habían acontecido en un origen. Si hacía girar un bloque de madera, siempre empezaba con la misma cara hacia arriba. Cuando enhebraba botones, los disponía en una determinada secuencia que parecía no seguir ningún patrón pero que se correspondía con el orden en que los había colocado su padre la primera vez que se los había mostrado.[93]

Mientras hacía tales cosas, el niño repetía frases crípticas para sí mismo, como «El derecho está encendido; el izquierdo está apagado», «Qué los nubarrones brillen» o «Dahlia, dahlia, dahlia». Al principio, Kanner desestimó tales frases, calificándolas de «expresiones irrelevantes», pero a menudo revelaban ser más relevantes de lo que parecía a simple vista. Mientras dibujaba con ceras, Donald repetía una y otra vez «Annette y Cécile hacen violeta». Kanner tardó un tiempo en caer en la cuenta de que el niño había bautizado cada uno de sus cinco potes de acuarela con el nombre de una de las quintillizas Dionne;[*, 94] así, el rojo se llamaba «Annette» y el azul, «Cécile». Al mezclarlos, se obtenía el violeta.

Además de tener una memoria de una precisión extraordinaria para los números, las fechas, las direcciones y las entradas enciclopédicas, Donald obtuvo mejores resulta-

* Las quintillizas Dionne, nacidas en 1934 en Ontario, fueron las primeras quintillizas de las cuales se tenga conocimiento que sobrevivieron a la infancia. *(N. de la T.)*

dos que los niños de su edad en un test de correspondencia visual y destreza conocido como «el tablero de formas de Séguin».[95] Asperger y sus colegas habrían detectado las capacidades superiores del muchacho, su memoria excepcional y sus intentos precoces de ordenar el mundo como aspectos de su inteligencia autista. Valoraban el hecho de que un niño fascinado por los triángulos dibujados en la arena algún día podría convertirse en profesor de astronomía. Sin embargo, Kanner no dirigía una escuela para niños con necesidades especiales. Alumbraba el camino de un nuevo ámbito de la psiquiatría.

En tanto que médico especializado en las perturbaciones emocionales de los niños, sentía un interés particular por el hecho de que Donald pareciera tener un mayor vínculo con objetos inanimados que con su propia madre, aspecto que parecía incumplir los instintos más básicos de la especie humana.

> No prestaba atención a las personas que había a su alrededor. Cuando entraba en una habitación, obviaba por completo a las personas y enseguida iba en busca de objetos, preferiblemente de los que pudiera hacer girar. Cumplía a regañadientes las órdenes o acciones que no podía ignorar, como si fueran intrusiones inoportunas. Sin embargo, nunca se enojaba con la *persona* que interfería. Apartaba de malas maneras la mano que se encontrara en su camino o un pie que pisara uno de sus bloques, y en una ocasión aludió al pie que se cernía sobre sus piezas de madera como un «paraguas». Pero, en cuanto se eliminaba el obstáculo, se olvidaba por completo del asunto. No hacía caso de la presencia de otros niños, sino que continuaba con sus pasatiempos preferidos, y se alejaba de los niños que se atrevían a juntarse con él.[96]

A Kanner le fascinaban especialmente que Mary y Beaman aseguraran que su hijo *nunca* había respondido a las personas de una manera normal, ni siquiera de bebé. Aquello sugería que el trastorno de Donald era innato y congénito, en lugar de una respuesta a un trauma psicológico infligido por el entorno. En el caso de «Donald T.» detectó el perfil de un gran avance en su campo: el descubrimiento de la primera forma de psicosis importante endémica de la infancia.

VI

Si alguna vez Frankl propuso el término *Autistischen Psychopathen* como designación para el trastorno de Donald, es probable que Kanner lo rechazara por dos motivos. El término *autismo*, tal como Eugen Bleuler lo empleó en un origen, implicaba un retiro gradual a una vida privada de fantasía. Pero Donald no mostraba signos de tener una imaginación hiperactiva y no se había *retirado* del mundo social: había nacido fuera de él. Además, Kanner detestaba el término *psicopatía* tanto como los términos *introvertido, extrovertido* y *neurótico,* todos ellos palabras de moda en los cócteles en una época en la que el psicoanálisis estaba en boga. En su libro sobre las madres, definía en tono de burla al *psicópata* como «un amigo a quien el experto no quiere molestarse en tratar».[97] De ahí que su informe acerca de la primera visita de los Triplett concluyera con una nota de incertidumbre clínica: «¿Esquizofrenia?».[98]

Si bien este diagnóstico preliminar puede antojarse ahora un palo de ciego, Kanner tenía razones de peso para sospechar que el comportamiento de Donald estaba relacionado con la esquizofrenia, en concreto, la aparición temprana del trastorno propuesta por Sukhareva en referencia a sus jóvenes pacientes, un concepto que ganaba rápida aceptación entre sus colegas de profesión.

El primer informe de «esquizofrenia infantil» en los Estados Unidos, publicado en 1933 por Howard Potter, del New York Psychiatric Institute, esbozaba una serie de comportamientos que se solapaban en gran medida con las descripciones posteriores del autismo, incluidos entre ellos un «defecto de vinculación emocional», alteraciones en el desarrollo lingüístico, «disminución del afecto» y «comportamiento extraño con tendencia a la perseveración y la estereotipia».[99]

Potter describía a un muchacho que podría haber sido el hermano de Donald. De niño, se negaba a acudir cuando su madre lo llamaba y se inquietaba y lloraba con frecuencia, cosa que ella achacaba a una infección de oído continuada. En la guardería, vagaba sin rumbo por la clase, riéndose y hablando consigo mismo e ignorando al resto de los niños. No parecía cansarse de jugar con los interruptores de la luz y con los trozos de papel que recopilaba y alineaba formando hileras, y realizaba «movimientos estereotipados con la mano en el aire, como si escribiera», parpadeando al tiempo que repetía de manera monótona: «cucú, cucú». Las únicas actividades que captaban la «atención indiferente» del niño, según Potter, eran «cantar y bailar en el gimnasio».

Pronto resultó evidente que los pacientes de la consulta de Potter no eran más que la punta de un iceberg. Un año antes de que los Triplett hicieran su peregrinaje a Baltimore, Louise Despert, de la Payne Whitney Psychiatric Clinic, expuso en el Primer Congreso Internacional de Psiquiatría Infantil, celebrado en París, los casos de los niños a quienes visitaba en su consulta y cuya «relación afectiva con el entorno» o bien estaba atenuada o «completamente cercenada». Un muchacho del grupo, S. K., era capaz de recitar más de cien nanas en la fecha de su segundo cumpleaños, mientras que manejaba un vocabulario expresivo muy limitado.[100] Su niñera lo sacaba cada día al parque, donde se divertía, hasta que su padre fue despedido del trabajo y la familia tuvo que mudarse a un pequeño apartamento con los abuelos de S. K. La pérdida abrupta de su entorno familiar y de sus salidas con su querida niñera desencadenaron una regresión dramática. A menos que sus padres lo llevaran exactamente al lugar específico del parque donde jugaba cada día, movía los dedos en el aire mientras repetía una y otra vez, como si fuera un mantra con el que tranquilizarse, «El niño jugaba, el niño en el parque». Los padres de S. K. lo llevaron a un instituto neurológico para que lo evaluaran, pero allí su trastorno se agravó de manera precipitada, lo cual hizo que lo internaran en el New York Psychiatric Institute, donde desarrolló «graves compulsiones» y su coeficiente intelectual descendió en picado en setenta puntos. A los once años de edad estaba ya internado bajo custodia.

En las postrimerías de la década de 1930, Despert se había consagrado como la principal figura en el ámbito de los «trastornos afectivos» en la infancia por el hecho de haber identificado una serie de conductas y rasgos que podían haberse extraído directamente de los archivos de Asperger. Describía a niños (de ambos sexos) que parecían más interesados en la forma de las palabras que en su función comunicativa; demostraban poco afecto hacia sus progenitores y no tenían compañeros de juego habituales; hojeaban diccionarios y enciclopedias mientras aún llevaban pañal; sentían una fascinación precoz por temas «abstractos», como las matemáticas, la arqueología y la astronomía; «se fascinaban en exceso» con los calendarios, las matrículas de vehículos y los números telefónicos, realizaban «extraños» movimientos repetitivos y tenían arranques de «comportamiento intenso y sin propósito». «La esquizofrenia en los niños —concluía— probablemente no sea tan rara como se creía hasta ahora.»[101]

Kanner conocía el trabajo de Despert y su profundo arraigo en la historia de la psiquiatría. El último capítulo de su manual estaba dedicado a los niños «presicóticos» que, supuestamente, se convertirían en adultos esquizofrénicos. En él mencionaba las descripciones de Kraepelin de «niños callados, tímidos y retraídos» que acababan llevando vidas solitarias. Describía a niños que repetían sin cese frases que quedaban «despojadas de su significado original», a la par que presentaban «movimientos anormales de índole rítmica». Citaba a Meyer con respecto a los niños «inusitadamente precoces» con una «tendencia marcada a la timidez» y que tendían a desarrollar «fijaciones complejas» e «inquietudes unilaterales». (Meyer consideraba que estos niños merecían todos los esfuerzos terapéuticos de los que sus colegas pudieran hacer acopio.)

No obstante, desde la perspectiva de Kanner, el modelo de la esquizofrenia infantil que se estaba estableciendo en su campo a marchas forzadas presentaba diversos problemas. El más evidente era que la teoría según la cual esta enfermedad era una fase prodrómica de psicosis adulta aún no se había demostrado. En la mayoría de los casos de esquizofrenia, los primeros síntomas se manifiestan después de la pubertad. La idea de que existieran psicóticos en edades de jardín de infancia no sólo ponía en tela de juicio el arco del curso natural del trastorno demostrado con el tiempo, sino que, además, subvertía las teorías psicodinámicas en boga a la sazón para explicar su causa, que se inclinaban de manera acentuada por el supuesto papel de las madres «esquizofrenógenas». El caso de estudio de S. K. expuesto por Despert, por ejemplo, empezaba con una referencia agorera a la madre del niño, a quien describía como una «mujer judía de cuna estadounidense agresiva y solícita en grado sumo que tiene a su marido dominado», una descripción clásica de ese tipo de mujeres.

Si bien la invención de esta Medusa devoradora suele atribuirse a Freud, en realidad supuso un alejamiento por parte de los psiquiatras estadounidenses de la creencia de Freud en que la etiología de la esquizofrenia arraigaba en la biología y no en la psicología. A decir verdad, el concepto de la madre esquizofrenógena floreció en un invernadero de ansiedades culturales en la época posterior a la Primera Guerra Mundial, cuando mujeres que en el pasado habían sido modestas y serviles empezaron a cortarse el pelo corto, a fumar cigarrillos, a exigir el derecho al voto y a asumir empleos en sectores como la educación, hasta entonces reservados a los hombres, y en muchos casos los reemplazaron como sostén de la familia.[102] Uno de los psicoanalistas que asentó las bases para la instauración del concepto de la madre esquizofrenógena fue Harry Stack Sullivan, otro destacado meyeriano del Johns Hopkins.

Sin embargo, si el trastorno de Donald estaba presente desde el nacimiento, argumentar que la personalidad de Mary Triplett había tenido algún influjo en él carecía de sentido. Es probable que, además, a Kanner lo desalentara el estilo de interpretación clínica de Despert, que parecía concebido para encasillar a sus pacientes en categorías predefinidas. Por ejemplo, los clasificaba en los epígrafes de «comienzo agudo», «comienzo insidioso» y «comienzo insidioso con un episodio agudo». La psiquiatra clasificaba a S. K. como un caso de comienzo agudo debido a su espectacular regresión, si bien está claro que su desarrollo del habla era atípico ya antes de eso. Por otro lado, Despert solía atribuir los «extraños» movimientos de sus pacientes a alucinaciones, aunque admitía que no era más que una especulación por su parte con respecto a los niños menores de seis años, puesto que nunca decían ver o escuchar cosas imaginarias.[103]

Más aún, el concepto de esquizofrenia infantil de Despert parecía ampliarse año tras año y asimilar una masa de pacientes cada vez más heterogénea, lo cual representaba una complicación para todo el campo de investigación de niños supuestamente esquizoides. En su manual, Kanner recogió la siguiente frase pronunciada por un médico: «Si quisiéramos, podíamos formar tantos grupos como personas hay». Ello no resultaba demasiado útil para un hombre que luchaba por establecer la psiquiatría infantil como un campo de la medicina rigurosamente empírico.

En abril de 1939, Kanner envió a una niña a Frankl y Cameron para su evaluación: Elaine C. tenía siete años y le habían diagnosticado deficiencia mental y una posible sordera.[104] Seguramente no tuviera ninguna de las dos cosas. Elaine corría hasta el garaje tapándose las orejas con las manos cuando su madre limpiaba la casa, aterrorizada por el bramido del aspirador. Al cumplir el año de edad, pronunciaba ya un puñado de palabras, pero no aprendió ninguna nueva en los cuatro años siguientes. Los médicos tranquilizaron a sus padres, asegurándoles que acabaría por madurar y abandonar sus excentricidades, pero no lo hizo. Durante una lección de arreglos florales en la guardería, se comió las plantas y se bebió el agua.

A Elaine le encantaban los animales y, en ocasiones, se ponía a cuatro patas para imitar a sus aullidos. Su madre llenó su habitación con perros y conejos de peluche, que Elaine trataba como a sus amigos. Sin embargo, cuando la obligaban a estar con otros niños, se movía entre ellos «como un ser extraño, como uno se mueve entre las piezas de mobiliario de una estancia», observaron Frankl y Cameron. En lugar de sumarse a los juegos en el Child Study Home, Elaine prefería pasear sola y se pasaba las horas contemplando las imágenes de elefantes, cocodrilos y dinosaurios de los libros. Y aunque en apariencia no prestaba atención a los demás niños, logró aprender muchas cosas acerca de ellos, incluidos sus nombres, su color de ojos y dónde dormían por la noche. No obstante, en lugar de intentar hacer amigos, lo único que quería era permanecer sentada a solas en su habitación, sumida en una ensoñación de actividades familiares y sencillas como dibujar, ensartar cuentas o jugar con bloques de construcción. Mientras hacía tales cosas, pronunciaba aforismos que sonaban a poesía surrealista: «Las mariposas viven en los estómagos de los niños, y también en su ropa interior. Las gárgolas tienen bolsas de leche. Los hombres cortan las patas de los ciervos. Los dinosaurios no lloran».

En mayo, los Triplett regresaron a Baltimore para acudir a una nueva visita. Donald trepó a las mesas, se manchó el cabello con comida y arrojó libros al inodoro. Pero en casa estaba registrando progresos significativos, a pesar de no estar recibiendo ningún «tratamiento» concreto.

Durante los tres años siguientes, Mary mantuvo el contacto con Kanner por correo y le envió informes regulares de la evolución de su hijo.

Septiembre de 1939. Continúa comiendo, aseándose y vistiéndose sólo por insistencia mía y con mi ayuda. Cada vez tiene más recursos, construye cosas con los bloques de madera, fabula historias e intenta lavar el coche, riega las flores con la manguera, juega a tiendas con los productos del supermercado e intenta recortar imágenes con las tijeras. Le siguen atrayendo mucho los números. Si bien su juego está mejorando a todas luces, nunca ha formulado preguntas acerca de las personas y no muestra ningún interés en nuestra conversación. [...]

Marzo de 1940. La mejora más destacable que percibo es que ahora parece ser consciente de las cosas que lo rodean. Habla mucho más y formula muchas más preguntas. No suele contarme de manera voluntaria lo que sucede en la escuela, pero, si le hago yo las preguntas, las responde adecuadamente. Y ha empezado a jugar de verdad con otros niños. Un día nos hizo jugar a toda la familia a un juego que acababa de aprender y nos dio instrucciones exactas sobre qué hacer. Se alimenta un poco mejor y es más capaz de hacer cosas por sí mismo...

Kanner se disculpó ante Mary por no haber hallado aún un nombre para el trastorno de su hijo. «Nadie es más consciente que yo —afirmó— de que no les hemos proporcionado a usted y a su marido un término diagnóstico claro e inequívoco.»[105]

Con todo, pese a seguir devanándose los sesos en busca de la designación correcta, Kanner empezaba a reconocer el patrón con rapidez. Poco después de que le llegara la carta de Beaman desde Misisipí, alguien en su consulta solicitó a la madre de un niño llamado Alfred L., a quien habían visitado en la clínica en 1935, una actualización de los progresos de su hijo.[106] ¿Estaría Frankl revisando expedientes antiguos en busca de casos similares que se hubieran pasado por alto? Tras examinar a Donald y Elaine, Kanner invitó a Alfred y a su madre a acudir a una visita de seguimiento. El muchacho, que por entonces contaba ya con once años de edad, reconoció al instante al médico que lo había examinado en el pasado y empezó a bombardearlo a preguntas acerca de las ventanas, las persianas y la sala de rayos X de la clínica. Le perturbaba el hecho de que en cada una de las hojas de papel donde se consignaba el historial del paciente se hubiera estampado el membrete del *Johns Hopkins Hospital.* ¿Acaso no sabían los médicos dónde estaban?

Cuando se difundió entre el círculo social de Kanner su interés por aquellos niños insólitos, su colega Wendell Muncie le solicitó que evaluase a su hija Bridget (a quien Kanner cambió el nombre por «Barbara K.» en sus escritos para velar por la privacidad de los Muncie).[107] Como Donald, Bridget nunca había manifestado afecto hacia las personas. Cuando sus padres se inclinaban sobre su cuna y le hacían arrumacos cariñosos, no gorjeaba ni encogía los hombros ante la expectativa de que la auparan en brazos. A los ocho años, era una niña brillante que quería saberlo todo acerca de los péndulos, las chimeneas y los transportes militares. Sin embargo, su padre, psiquiatra de profesión, lamentaba su falta de «espíritu competitivo» y «su deseo nulo de complacer a su maestro». Cuando Kanner pinchó de manera intencionada a Bridget con un alfiler, ella miró con horror el alfiler y exclamó: «¡Duele!». Pero no pareció conectar la causa de su dolor con el hombre que sostenía el alfiler.

Kanner descubrió que Donald no era el único niño de aquel grupo con una memoria portentosa. Antes de cumplir los dos años, Charles N. era capaz de distinguir correctamente entre dieciocho sinfonías. Cuando su madre ponía uno de sus discos preferidos, él anunciaba: «Beethoven». John F. tenía un don similar para reconocer melodías. Cuando su padre empezaba a silbar una tonada, la identificaba como un concierto de violín de Mendelssohn. Además, era capaz de recitar multitud de plegarias y canciones de cuna de memoria y recordaba las letras de las canciones en varios idiomas, de lo cual su madre se enorgullecía. No obstante, a ambos niños les costaba usar correctamente los pronombres. Por ejemplo: si una cera de pintar se le partía por la mitad, Charles podía decir: «*Tú* tenías una bonita cera lila y ahora tienes dos piezas. Mira lo que has hecho», refiriéndose a sí mismo. Hasta los cuatro años y medio, John habló de sí mismo de manera habitual en segunda persona del singular, «tú». Si sus padres le pedían que hiciera algo, no les prestaba atención. Era reacio a decir adiós con la mano y a jugar a juegos de palmas, en los que además se manejaba con torpeza.

Por muy distantes e inaccesibles que se antojaran a otras personas, aquellos niños eran plenamente conscientes de los cambios y las asimetrías de su entorno, incluso de los más nimios. John prefería tener todas las puertas y ventanas cerradas y, si su madre insistía en abrir una puerta para «que se le quitara la obsesión», la cerraba con violencia y rompía a llorar si ella volvía a abrirla. Cuando los padres de un niño llamado Frederick W. tuvieron el atrevimiento de reordenar los adornos de una estantería en casa, él los volvió a colocar todos en su sitio de inmediato. Las grietas del viejo techo de la consulta de Kanner solían distraer a Susan T., que preguntaba una y otra vez: «¿Quién ha resquebrajado el techo?» y «¿Cómo se ha agrietado solo?».[108]

Fumador de cigarros puros empedernido, Kanner no tenía miramientos en soltar el humo delante de sus jóvenes pacientes. Un día, mientras exhalaba una larga bocanada de humo, un niño llamado Joseph C. le arrebató el puro barato de entre los dedos y se lo colocó de nuevo entre los labios, donde «tenía que estar».

Era como si aquellos niños generasen de continuo reglas acerca de cómo «deberían ser» las cosas basándose únicamente en cómo «eran» la primera vez que ellos las habían visto. Si un día se daba un paseo siguiendo un recorrido determinado, en lo sucesivo siempre había que tomar la misma ruta. Una secuencia aleatoria de acciones, como tirar de la cadena en el lavabo y apagar las luces antes de ir a dormir, se convertía al instante en un ritual reiterado hasta el infinito. Dotaban a los actos más humildes y ordinarios de una relevancia aterradora.

Incluso en su extravagancia, irritabilidad e intransigencia, Kanner detectaba una belleza excepcional en aquellos niños. Sentía predilección por sus «fisionomías asombrosamente inteligentes», como si el rostro no fuera sólo un espejo del alma, sino el circuito cerebral en sí. Su confianza en el potencial cognitivo de aquellos niños resultaba un consuelo tremendo para sus progenitores, que a menudo habían invertido años en buscar de manera infructuosa al pediatra, psiquiatra, neurólogo o especialista que les emitiera un veredicto acerca de la conducta de su hijo o hija. Algunos de aquellos padres y madres eran psiquiatras y buscaron la opinión de Kanner en concreto porque se negaban a creer que tenían un hijo retrasado mental, un diagnóstico históricamente asociado con la clase obrera, los inmigrantes y las personas de color.[109]

Kanner no creía bajo ningún concepto que el patrón que identificaba en aquellos niños fuera un producto derivado de los tiempos modernos, como afirmarían más tarde los activistas antivacunas, quienes señalaron la invención de fungicidas y conservantes de las vacunas con contenido en mercurio, como el Tiomersal en las décadas de 1920 y 1930, como la supuesta causa del trastorno que él describió.[110] Estudioso de la historia médica, Kanner detectó alusiones a predecesores de sus jóvenes pacientes diseminadas por toda la literatura mundial, que a menudo los retrataba como agentes involuntarios del mal y fuerzas malévolas. Recogió esta descripción que el poeta suizo Gottfried Keller hizo en el siglo XVIII como un ejemplo de cómo se debía de concebir a un niño de estas características en generaciones previas:[111]

> Aquella niña de siete años, nacida en el seno de una familia aristocrática, cuyo padre se casó en segundas nupcias tras un primer matrimonio infeliz, ofendía a su madrastra

«noble y temerosa de Dios» con su peculiar conducta. Lo peor de todo es que no se unía a las plegarias y le daba pánico que la llevaran ante el predicador vestido de negro en la lúgubre capilla. Evitaba el contacto con las personas escondiéndose en armarios y escapándose de casa. La única respuesta que el médico local les ofrecía era declarar que debía de estar loca. La dejaron al cuidado de un pastor célebre por su rígida ortodoxia. El pastor, que vio en su comportamiento las maquinaciones de una fuerza «perniciosa e infernal», utilizó diversos aspirantes a instrumentos terapéuticos. La tumbó en un banco y la azotó con un látigo de nueve colas. La encerró en una bodega a oscuras. La dejó pasar hambre durante un tiempo. La vistió con un vestido de arpillera. Bajo tales circunstancias, la niña no duró demasiado. Falleció al cabo de escasos meses y todo el mundo respiró aliviado. Al pastor le llovieron congratulaciones por sus esfuerzos.

En tiempos de Kanner, en lugar de dejarlos morir de hambre y flagelarlos con látigos, a aquellos niños se los conducía cual rebaños a las cámaras de gas de Alemania, mientras que en Estados Unidos se los apartaba a los márgenes de la sociedad, como en el caso de Virginia S., la esbelta y emperifollada hija de once años de un psiquiatra a quien confinaron a un hospicio para deficientes mentales a los cinco años. Un día, la directora del programa de pacientes ambulatorios del Phipps, Esther Richards, observó cómo Virginia bajaba tranquilamente una caja en la que estaban guardadas las piezas de dos rompecabezas. La niña separó con paciencia las piezas y luego ensambló con destreza ambos puzles. El personal de la escuela le aseguró que Virginia era muda y con toda probabilidad sorda, pero Richards la escuchó tararear una canción navideña mientras pegaba guirnaldas de papel.

Kanner era consciente de que debía de haber muchos más niños como Virginia, pasando horas infinitas en las salas de estar para los internos y en alas de sanatorios cerradas bajo llave sin que nadie supiera quiénes eran en realidad. Tras visitar a ocho niños que encajaban en el patrón, estaba listo para anunciar al mundo su descubrimiento.

VII

En enero de 1942, Ernest Harms, el editor de una nueva publicación titulada *The Nervous Child*, invitó a Kanner a escribir un editorial en el número en preparación. Kanner, que detectó la oportunidad de colocar su obra en la vanguardia de una nueva ola de investigación en torno a los trastornos afectivos en la infancia, le dio a entender que estaba a punto de hacer un gran descubrimiento. «He realizado el seguimiento de varios niños que presentan un trastorno muy interesante, único y aún no catalogado, el cual me interesa y fascina desde hace largo tiempo —afirmó—. De hecho, tengo previsto utilizar el material recopilado para hacer una presentación monográfica.»[112] Harms mordió el anzuelo.

La afirmación de Kanner de que el trastorno de sus pacientes era «único» y «aún no [estaba] catalogado» era una exageración, a tenor del volumen de artículos publicados con relación a la esquizofrenia infantil. De hecho, apenas un par de meses después, Despert publicó un artículo en el número inicial de la publicación de Harms en el que describía a niños de una soledad implacable, a quienes aterrorizaban los cambios y las situaciones nuevas y eran proclives a gestos y rituales rígidos, les fascinaban las matemáticas y la astronomía y tenían una memoria prodigiosa.[113] Incluso mencionaba su «autismo» en la acepción del término de Bleuler. Sin embargo, como de costumbre, sus descripciones de los casos estaban enfangadas por sus asunciones de que los pacientes sufrían alucinaciones o se hallaban en las fases iniciales de la psicosis adulta.

En comparación, el artículo de Kanner, «Trastornos autistas del contacto afectivo», publicado en el número de junio de 1943 de *The Nervous Child*, era un modelo de claridad clínica. Entrelazando las meticulosas observaciones de Frankl y Cameron, extractos de diarios y cartas de padres, y sus propias reflexiones con respecto al comportamiento de los pacientes, sacó la *gestalt* del síndrome del fango psicoanalítico y lo hizo visible en tanto que entidad diagnóstica aparte de la masa indiferenciada de niños «prepsicóticos». Sus vívidos retratos de sus once primeros pacientes se consagrarían como el rostro humano del autismo durante otro medio siglo.

Con un tono tan seguro de sí mismo que podría haber hablado en plural mayestático, Kanner comenzaba anunciando: «Desde 1938 han llegado a nuestra atención una serie de niños cuyo trastorno difiere de un modo tan marcado y único de cuanto hasta ahora se haya informado, que cada caso merece (y espero que con el tiempo reciba) una consideración detallada de sus fascinantes peculiaridades».

Recurrió sin dudarlo a su bagaje literario para escribir. Como un poeta o un novelista que revelara verdades universales en la humilde particularidad de una vida, Kanner permitió que la imagen clínica del autismo emergiera de un cúmulo de detalles observados con minuciosidad.

> Tenía la costumbre de decir, casi a diario: «No tires el perro por el balcón». Su madre recordaba que le había dicho tales palabras con referencia a un perro de peluche mientras vivían aún en Inglaterra. Al ver un cazo exclamaba de manera invariable: «Cucú-rana». La madre recordaba que aquella asociación particular había dado comienzo cuando, a los dos años de edad del niño, un día a ella se le había caído un cazo mientras le cantaba «Cucú, cantaba la rana».
>
> Su gramática es inflexible. Pronuncia las frases tal cual las ha escuchado, sin adaptarlas gramaticalmente a la situación del momento. Cuando dice: «Quieres que te pinte una araña», quiere decir: «Quiero que me pintes una araña». Afirma repitiendo una pregunta de manera literal y niega no obedeciendo.
>
> Entre una prueba y otra, caminaba por la sala examinando diversos objetos o pescando en la papelera sin prestar atención alguna a las personas presentes. Hacía ruidos de succión frecuentes y de vez en cuando se besaba en el dorso de la mano. Le fascinaba el círculo del tablero de formas, lo

echaba a rodar sobre el escritorio e intentaba, y en ocasiones lograba, atraparlo antes de que cayera de la mesa.

Kanner consideraba que, a aquellas alturas, era prematuro proponer una serie de criterios para diagnosticar el trastorno que describía; de momento, sólo intentaba destilar los aspectos más destacados del comportamiento de sus pacientes. Para que el patrón conductual resultara visible a sus colegas, propuso dos «características comunes esenciales» que compartían todos los niños con aquel síndrome.

El primero era el aislamiento voluntario, presente desde el nacimiento, que él denominó *soledad autista extrema.*

> El trastorno fundamental, sobresaliente y «patognomónico» es la incapacidad de los niños para relacionarse de manera normal con las personas y las situaciones desde el inicio de la vida. Sus padres los describían afirmando que los pequeños siempre habían sido autosuficientes, metidos en su caparazón, que cuando eran más felices era cuando los dejaban en paz, que actuaban como si no hubiera nadie, que eran perfectamente ajenos a todo lo que tuviera que ver con ellos, que transmitían la impresión de una sabiduría silenciosa, que no habían desarrollado una conciencia social normal, que actuaban como si estuvieran hipnotizados. [...][114]
>
> Desde el principio se da una soledad autista extrema que, siempre que es posible, se manifiesta de tal modo que el niño hace caso omiso y se cierra a cualquier cosa que proceda del exterior. El contacto físico directo o un movimiento o ruido que amenacen con interrumpir tal soledad se trata «como si no ocurriera» o, cuando ello no basta, con un resentimiento palpable, como una interferencia perturbadora.

La segunda característica común era el temor al cambio y a la sorpresa, que Kanner bautizó con la memorable designación de *deseo ansiosamente obsesivo de imperturbabilidad.* Dicho deseo, teorizaba, reflejaba una ansiedad hondamente arraigada que sólo podía mantenerse a raya preservando el *statu quo.*

> Su mundo debe parecerles compuesto de elementos que, una vez experimentados en una disposición o una secuencia determinadas, resultan intolerables en cualquier otra disposición o secuencia; dicha disposición o secuencia también les resulta intolerable sin todos los ingredientes originales colocados en idéntico orden espacial o cronológico.[115]

Kanner no designaba el síndrome en todo el artículo, por mucho que se haya dado por sentado que así fue. A aquellas alturas, aún intentaba cartografiar una constelación conductual característica. (En otras palabras, lo que llamaba «autista» era el *comportamiento* de los niños, no a los niños en sí.) Fue en 1944, cuando Kanner produjo una versión condensada de su artículo para *Pediatrics*, una publicación con muchos más lectores, cuando bautizó su síndrome con el nombre que prevaleció: *autismo infantil precoz*.[116]

La concepción del autismo de Kanner divergía radicalmente del modelo concebido por Asperger y sus colegas en Viena. Dado que Kanner se centraba de manera exclusiva en los primeros años de la infancia, los adultos y adolescentes quedaban excluidos del panorama. En lugar de presentar su síndrome como un amplio espectro con manifestaciones muy diversas, Kanner enmarcaba a sus pacientes como un grupo monolítico y estrictamente definido, hasta el punto de mostrarse dispuesto a pasar por alto diferencias significativas entre ellos.

Así por ejemplo, sorprende que afirmara: «No existe ninguna diferencia fundamental entre los ocho niños que hablan y los tres mudos». Kanner aseguraba que los aforismos surrealistas de Elaine, las preguntas reiteradas de Alfred acerca de las persianas y la sala de rayos X, y el hecho de que Donald hiciera girar como peonzas los juguetes en el suelo eran, esencialmente, lo mismo: formas solipsísticas de autoestimulación y nada más. Presentaba la fascinación de Donald por las cantidades como un ejercicio puramente tedioso y, de hecho, entrecomillaba con ironía el término *conversación*:

> La mayor parte de su «conversación» consistía en preguntas de índole obsesiva. Era incansable generando variantes: «¿Cuántos días hay en una semana, años en un siglo, horas en un día, horas en medio día, semanas en un siglo, siglos en medio milenio?», etc., etc. «¿Cuántas pintas hay en un galón, cuántos galones hacen falta para llenar cuatro galones?». En ocasiones, preguntaba: «¿Cuántas horas tiene un minuto, cuántos días tiene una hora?», etc. Se mostraba pensativo y siempre exigía una respuesta.[117]

Por su parte, la concepción que Frankl tenía del autismo no había cambiado desde su época en la Unidad de Pedagogía Terapéutica. Las diferencias de planteamiento de ambos hombres quedaron plasmadas de manera espectacular en el número de *The Nervous Child* en el que se publicó el artículo emblemático de Kanner. En un caso de estudio propio titulado «Lenguaje y contacto afectivo», Frankl exponía el caso de un niño llamado Karl K., a quien claramente consideraba autista, refiriéndose a él como «*carente de contacto con personas* en su forma más extrema».[118] Al igual que el retrato que Anni realizó de Gottfried, el artículo de Frankl, que también se ha pasado por alto durante décadas, abre una pequeña ventana a la amplia concepción vienesa del autismo que acabó quedando ensombrecido por el modelo más restringido de Kanner.

Para trazar una línea clara entre su síndrome y el retraso mental, Kanner hablaba de la «inteligencia aparente» de sus jóvenes pacientes como una prueba de su «gran potencial cognitivo», una noción con claros rastros de la teoría eugenetista, según la cual las altas capacidades mentales se expresan en el exterior a modo de atractiva simetría física. Karl, por su parte, tenía «rasgos faciales primitivos» y una «expresión apagada», señaló Frankl. El niño no había pronunciado ni una sola palabra en su vida, pero era capaz de entender el lenguaje: «Se acercaba cuando se le ofrecía algo interesante y se marchaba corriendo cuando se le solicitaba que hiciera algo que le desagradaba [...] Incluso en medio de una multitud, se comportaba como una persona solitaria».

La primera vez que Frankl vio a Karl en un hospital infantil, estaba atado a una cama. Sus días transcurrían en un «vacío monótono», balanceándose adelante y atrás y realizando otros movimientos rítmicos puntuados por incursiones esporádicas en la sala para internos, donde corría «con una velocidad apabullante», arrojando al suelo carritos e interrumpiendo de otros modos las rutinas del personal. Para conocer mejor las verdaderas capacidades del muchacho, Frankl lo visitó en su casa, al estilo clásico de la Kinderklinik. Allí, donde Karl «tenía una rutina diaria bien establecida», Frankl observó que se mostraba más relajado y enfocado:

> Había cosas que quería hacer y hacía de manera regular. Le gustaba sentarse en un estante elevado; sabía dónde estaba permitido y prohibido trepar y dónde podía encontrar comida. Su madre incluso le permitía salir de casa solo, siempre que se quedara por los alrededores, no se metiera en líos ni se pusiera en peligro.[119]

Sin duda, el niño mostraba los dos rasgos esenciales (soledad autista y comportamiento ritual elaborado) del síndrome que Kanner presentaba al mundo en el mismo número de *The Nervous Child*. Sin embargo, es probable que Kanner hubiera desestimado un diagnóstico de autismo en su caso porque Karl también sufría esclerosis tuberosa, una enfermedad genética que genera tumores en el cerebro, y, para Kanner, estos signos de daño cerebral orgánico eran descalificantes.[120] Además, Karl padecía ataques epilépticos, otra bandera roja para Kanner. En la actualidad, la epilepsia se considera una comorbilidad habitual del autismo que afecta a casi un tercio de la población diagnosticada.[121]

Frankl recalcaba que Karl representaba sólo un punto en una línea continua que se extendía desde niños con una discapacidad intelectual profunda hasta niños prodigio «asombrosos». Sin embargo, su concepción inclusiva del autismo estaba a punto de ser relegada al ostracismo por el hombre que le había salvado de morir en una cámara de gas. En tanto que psiquiatra infantil más destacado en los Estados Unidos, Kanner ocupaba una posición privilegiada para popularizar su propia idea del autismo a través de su extensa red de contactos personales y profesionales. Tras publicar una versión condensada de su artículo en *Pediatrics,* versión que más tarde se incluyó en la antología de *The Year Book of Neurology, Psychiatry and Endocrinology*, un resumen anual del mundo del ámbito de la investigación ampliamente leído por la profesión médica, un crítico de *Quarterly Review of Biology* lo encomió como el artículo «más trascendente» en el campo de la psiquiatría infantil de aquel año.[122] Casualmente, el crítico en cuestión era Wendell Muncie, padre de Barbara K., la paciente de Kanner.[123]

Cuatro meses después de que Kanner publicara su artículo, Asperger presentó su tesis sobre *Autistischen Psychopathen* a su director, Franz Hamburger. Sus superiores habían desviado el foco de atención del exterminio de niños discapacitados a *die Endlösung der Judenfrage* —la aniquilación de los judíos—. Cuando la tesis de Asperger finalmente apareció impresa aquel año, su clínica había quedado reducida a ruinas.

5

La invención de la crianza tóxica

> A uno nunca deja de sorprenderle lo que llamaría una mecanización de las relaciones humanas.[1]
>
> Leo Kanner

Cuando Kanner se sentó a escribir «Trastornos autistas del contacto afectivo», Georg y Anni Frankl hacía tiempo que se habían marchado de Baltimore. Aspiraban a ocupar un puesto permanente en el Johns Hopkins, donde sus años de experiencia habrían resultado de gran ayuda para la investigación en curso. Pero era una aspiración vana.

El 4 de diciembre de 1940, Anni se disculpó ante Meyer por no poder continuar asistiendo a su seminario y le explicó que ello se debía a que no se había «materializado» ningún puesto para ella en la universidad, cosa que la obligaba a aceptar un trabajo en el estado de Washington como trabajadora social psiquiátrica. «Lo lamento muchísimo —escribió Anni— porque [el seminario] me ha enseñado y habría continuado enseñándome más que nada en los últimos años.»[2] En paralelo, Kanner recababa la ayuda de Meyer para encontrarle un puesto a Georg en otra institución donde cobrara más de lo que podía ofrecerle el Child Study Home.[3] Los Frankl acabaron enseñando en el Departamento de Psicología de la Universidad de Kansas, lejos del epicentro de la investigación en torno al autismo en que se convirtió el despacho de Kanner en la década de 1950.

Así pues, Kanner se hallaba solo cuando formuló la concepción de su síndrome. Acreditó a Georg el hecho de haber conducido sus observaciones de Donald y Elaine, pero no mencionaba su labor en ningún otro punto. En declaraciones posteriores acerca de su descubrimiento trascendental, se concentró en exclusiva en la «feliz casualidad» de la llegada de los Triplett desde Forest.[4]

Con la partida de los Frankl, Kanner perdió algo más que los años de perspectiva de Georg y Anni con respecto a sus pacientes en tanto que ejemplares vivos de puntos diversos de un extenso *continuum* que se prolonga hasta la edad adulta. También perdió la clarividente visión vienesa de las excentricidades de los padres y parientes de aquellos niños. Allá donde Asperger detectó hebras de genialidad e incapacidad entretejidas de manera inextricable en los historiales familiares de sus pacientes, las cuales atestiguaban las complejas raíces genéticas del trastorno y del «valor social de este tipo de personalidad»,[5] según sus palabras, Kanner percibía la sombra de la silueta siniestra que se haría tristemente famosa en la cultura popular como la «madre nevera».

Kanner era un astuto observador clínico y un escritor convincente, pero, en este caso, sus errores de interpretación relativos al comportamiento de sus pacientes tuvieron implicaciones de amplio alcance. Al culpar a los padres de haber provocado de manera involuntaria el autismo de sus hijos, Kanner convirtió su síndrome en causa de vergüenza y estigma para familias de todo el mundo, además de encauzar la investigación sobre el autismo por una senda errónea durante décadas.

En la mayoría de los casos, las parejas que se abrían camino hasta la consulta de Kanner en busca de una segunda, tercera o cuarta opinión acerca de sus hijos se parecían mucho a Kanner: académicos de clase media-alta, eruditos y bien conectados. Al menos cuatro de los padres de sus once pacientes originales eran psiquiatras, incluido Wendell Muncie.[6] La madre de Alfred L. era psicóloga y su padre era un químico licenciado en Derecho que trabajaba en la Oficina de Patentes de los Estados Unidos. El padre de Frederick W. era fitopatólogo y el de M., profesor de ciencias forestales. Las madres de aquellos pacientes también eran eminencias. En una época en la que menos de una de cada cuatro mujeres en Estados Unidos completaba sus estudios de secundaria, nueve de las madres tenían diplomaturas o licenciaturas universitarias.[7] Incluso los abuelos, tíos y tías de aquellos niños eran inusitadamente brillantes.

El retrato conciso que Kanner hizo del abuelo de Frederick W. podría parecer una película épica en Technicolor protagonizada por Laurence Olivier. Tras estudiar medicina tropical en Inglaterra y organizar misiones médicas en África, el hombre se hizo experto en minería de manganeso en Brasil, mientras trabajaba como director de museo y decano de una escuela médica. A continuación se fugó a Europa con la novelista que fue su amante durante veinticinco años. «Todas las familias, salvo tres —se maravillaba Kanner— figuran ya sea en el *Quién es quién en Estados Unidos* o en *Hombres de Ciencia en Estados Unidos*, cuando no en ambos.»

Asperger también había tomado nota del hecho de que un número insólito de los progenitores y la parentela de sus pacientes eran personas consagradas en sus esferas profesionales. La madre de Fritz V. no sólo descendía de uno de los mejores poetas de Austria, sino que su tío abuelo era un pedagogo «brillante» a la par que solitario. En muchos casos, afirmaba Asperger: «estos niños descienden de generaciones de intelectuales». Sin duda influido por la costumbre de Lazar de predecir la futura profesión de cada niño, Asperger añadió que, en el caso de encontrar a un obrero manual entre los parientes de aquellos pacientes, probablemente se trataba de alguien que «no había materializado su vocación», como el padre de Harro, un pintor y escultor que se vio obligado a fabricar escobas y cepillos para ganarse la vida cuando la economía austríaca se derrumbó.

No obstante, sus dones heredados también tenían un coste. Asperger describía a la madre de Fritz como una mujer pasada de moda y nerviosa, «extraña y bastante solitaria» y con un «entendimiento social intuitivo limitado». Cuando la abrumaban las exigencias prácticas de la vida, se refugiaba en soledad en las montañas durante una semana y dejaba que su marido y su hijo se las apañaran solos. Un día, Asperger la vio llevar a su hijo hasta la clínica, caminando con las manos enlazadas a la espalda, tensa, mientras Fritz correteaba a su alrededor «haciendo travesuras», cada uno de ellos aparentemente ajeno al otro. Con todo, Asperger recalcó que el hecho de compartir ambos algunas peculiaridades de su personalidad les proporcionaba una base emocional para relacionarse entre sí. «La madre conocía a su hijo a la perfección y entendía muy bien sus dificultades —observó—. Intentaba detectar rasgos similares en sí misma y en sus relaciones, y hablaba sobre ello con elocuencia.»

Kanner acabó por adoptar una perspectiva a todas luces más lúgubre. Las teorías acerca de la paternidad tóxica empañaban el aire en el Johns Hopkins, donde Meyer servía de mentor también a Theodore y Ruth Lidz,[8] los dos máximos exponentes de la hipótesis de la madre esquizofrenógena.[9] Los Lidz recelaban de las mujeres con ambiciones profesionales; si sus sueños se veían empequeñecidos por la maternidad, predecían, reaccionarían mostrando hacia sus vástagos una honda hostilidad disfrazada de una preocupación arrogante por su bienestar.

Estas teorías tuvieron un impacto perentorio y devastador en la concepción de Kanner acerca de las insólitas fascinaciones y la extraordinaria memoria de sus pacientes. Le resultaba inconcebible que aquellos niños pudieran interesarse de verdad por las rarezas y minucias de las que hablaban sin parar con tal intensidad y fervor. Allá donde Asperger y sus colegas identificaban como una forma especializada de inteligencia que recababa datos de manera sistemática en un mundo confuso, Kanner veía una demanda desesperada de afecto paternal. «Para un niño de dos o tres años —escribió—, todas esas palabras, números y poemas ("preguntas y respuestas del catecismo presbiteriano", "el concierto de violín de Mendelssohn", el "Vigésimotercer salmo", una nana francesa o una página de un índice enciclopédico) no podían tener más significado que conjuntos de sílabas sin sentido para los adultos.»[10] Conforme a su teoría, los padres con una ambición desmedida, como los Triplett, habían «llenado» las impresionables cabezas de sus hijos con información inútil para proyectarse en una luz cultural favorable y alimentar su propio ego.

Uno de los dones de Kanner en tanto que médico era su asombrosa habilidad para sonsacar información a las personas, abatir sus defensas y conseguir que explicaran los detalles más íntimos de sus vidas, habilidad que había aprendido del voluntario discapacitado de la Sala de Piedra de Yankton. «Su entrevista con los padres destaca por su capacidad de sacar a la luz un relato secuencial de las vicisitudes de la evolución del niño —recordaba Leon Eisenberg, el psiquiatra que se convirtió en su principal discípulo en el Johns Hopkins—. Escucha con atención y rara vez interrumpe. Y sus preguntas son de una amabilidad desarmante combinada con una sagacidad penetrante.»[11] Durante el desarrollo de su teoría sobre las causas del autismo, Kanner convirtió las notas detalladas que los padres le habían proporcionado, tan útiles para configurarse una imagen clara de la evolución de los niños, en un arma arrojadiza y las mencionó como una «ilustración reveladora de la obsesión de los padres».

Aplicó el término «obsesivo» a sus pacientes y parientes cerca de una docena de veces en su artículo, empezando con la descripción de la carta de treinta y tres páginas de Beaman Triplett. Sin embargo, su actitud condescendiente con las familias en su consulta trascendía ese hecho. Presentándose como el único narrador fiable de las vidas de sus pacientes, describió a la madre de uno de sus hijos como una «supuesta licenciada universitaria» y retrató a la madre de Alfred como una mujer «a quien le gusta considerarse "psiquiatra" y emitir diagnósticos "psiquiátricos" de su hijo». (Tal hecho debía de resultar especialmente mortificante a Kanner, quien aparcó su propia inseguridad acerca de calificarse como «psiquiatra» después de que Meyer lo contratara.) Describió a la madre de un muchacho llamado Richard M. como sigue:

> Su madre trajo consigo copiosas anotaciones que revelaban su preocupación obsesiva por los detalles y una tendencia a aplicar toda suerte de interpretaciones peculiares a la conducta del niño. Observaba (y consignaba) todos sus gestos y «miradas», en un intento por hallar un significado específico antes de establecer una explicación concreta y, en ocasiones, inverosímil. Así, acumuló un informe que, pese a ser muy elaborado y estar ilustrado con profusión, en su conjunto revelaba su propia versión de lo ocurrido en cada caso, en lugar de narrar los hechos tal cual habían acontecido.[12]

Prácticamente la única pareja que escapó a su condescendencia fueron Wendell Muncie y su esposa, una enfermera del Johns Hopkins llamada Rachel Cary, a quien aludía como una «psiquiatra destacada» y una «mujer culta y amable».[13] Muncie le devolvería el favor haciendo una elogiosa reseña de su artículo en *Quarterly Review of Biology*.[14]

«En la mayoría de los casos —concluía Kanner—, los padres, abuelos y colaterales son personas con una inquietud pronunciada por abstracciones de índole científica, literaria o artísticas y con un interés en las personas limitado. Se trata de un dato contrastado [...] En todo el grupo, son muy pocos los padres y las madres verdaderamente cariñosos. Incluso algunos de los matrimonios más felices son relaciones bastante frías y formales.»

Y así concluyó el artículo que presentó su síndrome al mundo con una emotiva nota ambivalente. Al tiempo que recalcaba la probabilidad de que el autismo fuera un trastorno innato y congénito, dejaba la puerta abierta a una posibilidad más inquietante: que estos niños habían sido abocados a la enfermedad mental por sus progenitores egoístas, compulsivos y emocionalmente gélidos, quienes intentaban sustituir con poemas, sinfonías, catecismos y enciclopedias la crianza con apego que eran incapaces de brindarles.

Con respecto al progreso del campo de la psiquiatría infantil, ambas teorías tenían pros y contras. El descubrimiento de la primera forma de psicosis importante presente desde el nacimiento desencadenó una urgencia sin precedentes por estudiar la evolución, la genética y la neurología prenatales y posnatales, todo lo cual Kanner integró con entusiasmo con la psicología. Sin embargo, también socavó el papel que sus muchos colegas en el campo de la «guía infantil» se habían forjado para sí: la prevención de la delincuencia y la enfermedad mental en la edad adulta. Un trastorno innato no podía prevenirse, sólo podía paliarse.

Por otro lado, implicar el estilo de crianza en la etiología de su síndrome situó con firmeza a los psiquiatras infantiles en el núcleo de la vida familiar y les otorgó un papel incluso más importante que el de los propios progenitores: la capacidad de intervenir terapéuticamente por el bien del niño. Por razones obvias, esta manera de contemplar el problema gozó de más popularidad entre los colegas de Kanner con un pensamiento psicoanalítico, para quienes el autismo se convirtió en una plataforma ideal para promocionar sus últimas teorías de desarrollo psíquico.

El agnosticismo de Kanner con respecto a este asunto era tan estratégico como inevitable, a tenor de su bagaje y formación. Permanecer abierto a todas las posibilidades era la opción más sensata y meyeriana, la menos dogmática. También era la elección políticamente correcta cuando los vientos predominantes en la psiquiatría estadounidense soplaban en una dirección decididamente freudiana, en parte porque muchos freudianos acababan de desembarcar en las orillas de Estados Unidos huyendo de la Europa del Este. En sus cálculos, Kanner pasó por alto el hecho de que los progenitores de sus pacientes pagaran de manera injusta un pesado precio si su teoría resultaba ser errónea. Dejó la cuestión pendiente, a la espera de atraer la atención de otros investigadores que le ayudaran a dar con una respuesta.

Pero, por desgracia, Kanner cometió otro error al interpretar sus datos, a consecuencia del cual se limitó el interés en el estudio del autismo en su conjunto durante las cuatro décadas posteriores. Al especular sobre la prevalencia del síndrome, sugirió que era «bastante raro»,[15] si bien aceptaba que «era posible que estos niños hubieran sido considerados hasta entonces como deficientes mentales o esquizofrénicos».

Teniendo en cuenta la cantidad de casos similares que ya habían salido a relucir en la literatura sobre la esquizofrenia infantil y el hecho de que casi todos sus pacientes hubieran sido diagnosticados previamente como deficientes mentales, su propuesta de que se descubrirían nuevos casos volviendo a someter a evaluación a los niños con tales diagnósticos era una apuesta segura. Sin embargo, su insistencia en que su síndrome era raro fue a todas luces prematura. Kanner era uno de los poquísimos psiquiatras infantiles que había en el país por aquel entonces y ya había detectado trece casos que encajaban en el patrón (los once originales y dos más mencionados en una nota al pie) y no tardaría en encontrar siete más.[16] Además, las familias con recursos limitados, que no podían costearse las rondas de pediatras, psicólogos y neurólogos previas a ser remitidas a un especialista como él, ni siquiera quedaban bajo su radar.

Es más, en el caso de que su síndrome hubiera presentado formas incapacitantes menos evidentes (como ocurre en la mayoría de los trastornos del desarrollo), es probable que a Kanner se le hubiera pasado por alto, porque había establecido su red de derivaciones en el Harriet Lane de tal modo que sólo llegaran hasta él los casos más desconcertantes, inmanejables y complicados. Tras la publicación de su manual, los pediatras de la clínica se sintieron capacitados para tratar los casos menos desalentadores en persona, derivándolos a una extensa red de organismos de servicios sociales, como la Children's Aid Society, la Visiting Nurses' Association y la Baltimore Division of Special Education. Cuando Kanner visitó a Donald, sólo uno de cada diez niños examinados en el Harriet Lane requería consulta con un psiquiatra y únicamente los casos considerados «demasiado complicados» o con demasiada trayectoria como para que otra persona pudiera ocuparse de ellos se derivaban a Kanner o a uno de sus socios.[17]

En esencia, estaba sentado en el ápice de una pirámide diseñada para descartar como pacientes suyos a todos los niños discapacitados procedentes de las familias mejor conectadas de los Estados Unidos, salvo a los más graves. Desde esta perspectiva exclusiva, no resulta sorprendente que su síndrome se antojara excepcionalmente raro y asombrosamente monolítico. Los casos más leves entre los doscientos niños que Asperger visitó en Viena jamás habrían ascendido a la cúspide de su pirámide. Lo más fascinante es lo lejos que Kanner estaba dispuesto a llegar para asegurarse de que otros investigadores vieran su síndrome como un trastorno excepcionalmente raro y monolítico, incluso después de que empezaran a aflorar evidencias en sentido contrario.

II

Tres meses después de la aparición de la monografía de Kanner en *The Nervous Child*, recibió una carta punzante de Louise Despert, a quien no impresionaban sus aseveraciones de que el trastorno que describía fuera «único» y «hasta entonces desconocido».[18] ¿Acaso no había leído la prensa? «En mi opinión, la mayor aportación de este artículo es su descripción meticulosa, precisa e iluminadora de los casos clínicos —escribió Despert—. Sin embargo, si me permite decírselo, me opongo al acuñamiento de nueva terminología para entidades de las que sí se ha informado en el pasado, pese a no describirse con tal meticulosidad.»

Despert tenía razón. Kanner había intentado suprimir con donaire a la competencia potencial haciendo ver que no existía. La alusión casual en su artículo al hecho de que aquellos niños estuvieran «mal diagnosticados» como esquizofrénicos era especialmente ofensiva, ya que muchas de las descripciones de casos de Despert se solapaban casi por entero con las suyas. Lo único que justificaba que reclamara la unicidad de su síndrome era su idea de que era aparente «desde el principio», desde el nacimiento, mientras que la principal preocupación de Despert era encontrar categorías relativamente arbitrarias de aparición del trastorno.

Existían multitud de problemas en ambos lados de esta línea divisoria. ¿Podía considerarse que un niño como el paciente de Despert llamado S. K. —el cual sólo tenía un vocabulario expresivo limitado y una «capacidad por encima de lo normal para retener palabras y utilizarlas de modo mecánico», así como un repertorio de más de cien canciones infantiles que se sabía de memoria—, se había desarrollado de un modo normal antes de su regresión? (Despert admitía que esto indicaba la «dificultad previa de adaptación» de S. K.)[19] ¿Estaba Kanner en disposición de afirmar legítimamente que su síndrome siempre era aparente en el nacimiento cuando sus pacientes tenían de media cinco años la primera vez que los había visitado?

La respuesta era negativa en ambos casos. En 1955 se retractaría de su afirmación, alegando que: «El material de casos disponibles se ha ampliado e incluye a numerosos niños que presentaron un desarrollo normal hasta los dieciocho o veinte meses de vida».[20] Saltaba a la vista que las fronteras entre el síndrome «único» de Kanner y lo que otros médicos llamaban «esquizofrenia infantil» eran más borrosas de lo que él intentaba que parecieran.

La extralimitación de Kanner podría explicar por qué su artículo apenas tuvo repercusión en un principio. A su peculiar manera grandilocuente, más tarde insistió en que «recibió de inmediato la atención de la profesión», si bien también admitió que «las primeras reacciones al número no se publicaron durante varios años».[21] (Aparte de la entusiasta reseña de Muncie, quien omitió cualquier referencia al hecho de que su propia hija hubiera participado en el estudio.) En efecto, en la década posterior sólo se publicaron otros dos artículos sobre aquel tema, y no salieron de la pluma de Kanner, mientras que el volumen de investigación en torno a la esquizofrenia infantil contaba con su propia bibliografía anotada del grosor de un libro.[22]

En 1946, Lauretta Bender, la jefa de psiquiatría del Bellevue Hospital de Nueva York, describió a cien niños diagnosticados con esquizofrenia de aparición precoz que exhibían diversos comportamientos hoy considerados signos clásicos del autismo, incluidos entre ellos caminar describiendo círculos, la autoestimulación, la ecolalia y una aparente falta total de conciencia del prójimo.[23] Bender caracterizó este trastorno como generalizado y aseguraba que afectaba a todos los aspectos de la mente y el cuerpo del niño, incluidos sus sistemas nervioso y digestivo. No obstante, también señaló que incluso algunos de los niños más profundamente discapacitados, «infradesarrollados, infantiles en su juego motor y físicamente dependientes, ajenos a sus excrementos corporales y a su vestimenta, inseguros acerca de su propia identidad, sin capacidad lingüística, hasta el punto de la mudez, y absolutamente incapaces de amoldarse a la escuela o a la sociedad», daban muestras de una «creatividad acelerada» asombrosa y eran capaces de realizar «experimentos a lo Picasso» tanto en el ámbito de la música como en el del arte. Ciertamente, su descripción de la esquizofrenia infantil se acercaba más a la de Asperger y Frankl de la psicopatía autista que a la concepción limitada que Kanner tenía de su síndrome.

En un inquietante heraldo de la «epidemia» de autismo que acontecería cuatro décadas después, la prevalencia de la esquizofrenia infantil aumentó de manera acentuada a mediados del siglo XX. En 1954, Bender visitó a 850 pacientes jóvenes con tal diagnóstico sólo en Bellevue, incluidos 250 casos añadidos a sus archivos en los tres años previos.[24] Y Bellevue no era ninguna excepción: entre 1946 y 1961, uno de cada siete niños admitidos en el Langley Porter Neuropsychiatric Institute de San Francisco se diagnosticaron como «psicóticos» y en la mayoría de los casos el trastorno se había manifestado antes de cumplir los tres años de edad.[25]

Sus expedientes clínicos contenían descripciones de múltiples tipos de conductas que pasarían a formar parte de la sabiduría popular del autismo, incluidos gestos «rituales», «movimiento circular de objetos», preferencias dietéticas estrictas (un niño «sólo comía espaguetis cocidos en una olla concreta») y fascinación por desmontar juguetes y pequeños electrodomésticos. Ninguno de aquellos jóvenes pacientes daba muestras de alucinaciones, delirios o el resto de manifestaciones fulminantes que suelen relacionarse con el término *psicótico*. La mayoría de ellos eran niños incapaces de comunicarse oralmente y con una sensibilidad sensorial inusual que rehuían a las personas.

Los investigadores del campo de la esquizofrenia infantil eran plenamente conscientes de que el trastorno que estaban estudiando no era monolítico, sino que tenía una gama asombrosamente diversa de manifestaciones. «Por motivos diversos, la experiencia nos indica que el concepto de una *gradación* de la gravedad del trastorno o el de un espectro psicopatológico es uno de los que mejor encaja», escribió S. A. Szurek en 1956.[26]

De hecho, mientras que la descripción del síndrome de Kanner era demasiado delimitada, la esquizofrenia infantil presentaba el problema opuesto: sus fronteras eran tan difusas que incluía tipologías muy dispares de pacientes. En 1958, Hilde Mosse, de la Lafargue Clinic de Harlem, informó de que niños con este diagnóstico «atestaban los hospitales y las escuelas estatales para deficientes mentales».[27] La esquizofrenia infantil caminaba como un pato y graznaba como un pato, pero no era un pato. Era más bien el ganso psicótico que de repente parecía estar en el patio trasero de todos los hogares.

Kanner detectó la señal de advertencia muy pronto. Mientras seguía insistiendo en que su síndrome era un trastorno sui géneris, lo incluyó de manera tácita en el apartado de esquizofrenia de la edición revisada de su manual en 1948. Un año después agitó oficialmente la bandera blanca. «El autismo infantil precoz podría [...] considerarse como la manifestación más temprana que existe de la esquizofrenia infantil»,[28] escribió en *American Journal of Orthopsychiatry*. «Considero altamente improbable que el autismo infantil precoz tenga que diferenciarse en el futuro de las esquizofrenias.»

En esencia, Kanner intentaba negociar una tregua con investigadores como Despert y Bender: si le permitían tener su síndrome poco frecuente y definido de manera muy delimitada, entregaría el resto del «espectro» de Szurek al campo en ampliación constante de la esquizofrenia infantil. Como maniobra profesional, funcionó. Kanner fue recompensado con ponencias en conferencias sobre la esquizofrenia y por un interés renovado en su trabajo. Sin embargo, en retrospectiva, aquella tregua tuvo un coste oculto. A partir de aquel momento, los términos *autismo*, *esquizofrenia infantil* y *psicosis infantil* se utilizaron de manera intercambiable en la literatura clínica (la antología publicada por Kanner en 1974 acerca de los escritos sobre el autismo se tituló *Psicosis infantil*). A consecuencia de ello, la confusión nubló la investigación en este campo, porque casi todas las muestras de niños «psicóticos» incluían a niños con una amplia variedad de trastornos heterogéneos. Y a ello se añade que hacer cualquier evaluación retrospectiva precisa de la prevalencia del autismo a mediados del siglo xx resulta prácticamente imposible, ya que muchos niños autistas acabaron ocultos tras otras etiquetas.

Tratando de aprovechar en su favor los cambios de tendencia en la psiquiatría, Kanner también cedió al consenso de sus colegas con respecto al papel que la crianza desempeñaba en el autismo. Tras la jubilación de Adolf Meyer en 1941, el predominio de su escuela de psiquiatría en Estados Unidos, con su énfasis en investigar «los hechos» de la vida de cada paciente, en lugar de elaborar teorías unificadas sobre la psique, quedó en breve eclipsado por el auge del psicoanálisis. Para una generación de intelectuales eruditos que se habían salvado por los pelos del exterminio, la sugerencia de Kanner de que el destino de aquellos niños estaba sellado desde el nacimiento se antojaba casi una traición a la profesión. En cambio, si el autismo estaba arraigado en dinámicas familiares disfuncionales, entonces aún tenía cabida la esperanza.

La capitulación de Kanner ante sus poderosos colegas fue tan presurosa como brutal para los padres. En abril de 1948, cuando *Time* publicó un artículo titulado «Niños congelados» (y subtitulado: «Esquizoides en pañales»),[29] quedó claro que Kanner no iba a mostrarse tiquismiquis en su insistencia de que su síndrome estaba presente desde el nacimiento. Durante una conferencia ante colegas en Manhattan, Kanner describió a los progenitores de sus pacientes como fríos perfeccionistas que apenas tenían tiempo para abrazar a sus hijos antes de salir pitando para el laboratorio o acudir a la inauguración del momento en otra galería de arte. No es que pretendieran hacer daño a sus hijos de manera intencionada, añadió, sino que su idea de una paternidad responsable consistía en proporcionar «un servicio mecanizado del tipo que provee un empleado puntilloso en una gasolinera». (*Time* informaba, a modo de dato agorero, de que todas las madres de los pacientes de Kanner, salvo cinco, tenían una licenciatura universitaria.) Kanner añadió que el motivo por el que aquellos niños habían dado la espalda al resto de las personas es que buscaban solaz en la soledad, tras haber «permanecido aislados en un frigorífico que no se descongelaba».

La imagen de la madre nevera caló de manera indeleble en la imaginación popular, si bien, en opinión de Kanner, los padres eran igual de culpables. Su entusiasta protegido, Leon Eisenberg, publicó su propia serie de casos centrada en los padres de sus pacientes, como si llevar a tu hijo o a tu hija al Harriet Lane para someterlo a evaluación fuera equivalente a admitir que tenías una enfermedad mental.[30] Con una prosa deletérea, describió a un acaudalado cirujano que «trataba con vesículas biliares infectadas, intestinos enfermos o tumores sin mostrar ninguna curiosidad acerca de la persona que padecía tales problemas anatómicos». Otro padre, informaba, leía «tratados matemáticos» antes de hacerle el amor a su esposa «de una manera inepta», dejándola insatisfecha y resentida. Eisenberg aseguraba que tales características se reiteraban «con una regularidad monótona» entre los padres que acudían a su consulta y citaba como un ejemplo icónico a un hombre a quien, tras el descarrilamiento de un tren, habían hallado en un vagón preocupadísimo por su manuscrito extraviado.

En 1956, Kanner y Eisenberg publicaron un resumen de su investigación de los doce años previos. El artículo constaba de un estudio de prácticas de crianza en los *kibbutzim* israelíes, donde maestras de guardería «cálidas y expresivas» asumían muchas de las funciones de la educación de los niños que por tradición desempeñaban los progenitores. Las familias de sus pacientes autistas, explicaban, eran como *kibbutzim* «a la inversa».[31] Los niños solían criarse junto a sus padres, pero no en un «ambiente cálido y flexible que estimulara el crecimiento». En su lugar, «las necesidades físicas se satisfacían de manera mecánica y programada, con acuerdo a los preceptos rígidos de un conductismo ingenuo aplicado con rabia». Así, los niños eran recompensados cuando se comportaban «de manera "impecable", con inteligencia y "autosuficiencia"», en lugar de ser valorados por el mero hecho de existir. «El ser capaces de repetir como loros retahílas largas y reverberantes de palabras sin sentido podría considerarse una medida de la aptitud intelectual de estos niños

—añadían—, si bien refleja de manera aún más evidente el énfasis que en sus hogares se pone en actividades tan inservibles como éstas, que los padres exhiben como causa de orgullo.»

Pese a que Kanner se abstuvo de hacer recomendaciones en cuanto al tratamiento, el resultado predecible de sus afirmaciones fue la adopción generalizada de un enfoque de intervención terapéutica para el autismo que incluía años de psicoanálisis para los padres y el ingreso de los niños en una institución como Bellevue o Langley Porter «por su propio bien». El defensor más destacado de este planteamiento, que la prensa bautizó con el nombre de *parentectomía*, fue otro emigrado procedente de Europa del Este que había accedido a la psiquiatría por la puerta de atrás.

III

«Tu madre es así: fría y dura», le espetó el director mundialmente famoso de la Escuela Ortogénica Sonia Shankman a un niño autista que tenía a su cuidado, mientras señalaba una estatua de piedra que decoraba el jardín. La escuela, englobada en la Universidad de Chicago, se concibió para ser lo opuesto al tipo de lugar en el que el director, Bruno Bettelheim, afirmaba haber tenido sus primeros contactos con el comportamiento autista: los campos de concentración de Dachau y Buchenwald, donde permaneció encarcelado durante once meses.

Las paredes de la escuela estaban cubiertas de cuadros y tapices escogidos por el propio Bettelheim. Los niños pintaron sus habitaciones de los colores que les gustaban y comían en porcelana fina en mesas con mantelería de lino, un toque de civilización pensado para fomentar su autoestima y autocontrol. Las puertas de la clínica permanecían cerradas con llave, pero no para que los pacientes no salieran, sino para que no entrara en ella el mundo exterior. En particular, se disuadía a las madres de visitar a sus hijos, si bien éstos podían entrar y salir a su antojo.

Para diseñar este entorno terapéutico, Bettelheim se inspiró en el modelo de roles de August Aichhorn, el mismo hombre que inspiró a Erwin Lazar a poner en funcionamiento la Unidad de Pedagogía Terapéutica en Viena. Sin embargo, a diferencia de la Clínica Pediátrica, la Escuela Ortogénica se cimentaba en los principios y la práctica del psicoanálisis. En su conjunto, el entorno de la escuela estaba concebido para cumplir un único propósito: permitir a los niños reiniciar el proceso de desarrollo del ego (con Bettelheim en el papel de superego colectivo), que había quedado frenado por influencias familiares tóxicas, con la ayuda y la guía de los integrantes del personal, quienes se convertirían en su familia postiza.

Hijo de un comercial maderero, Bettelheim llegó a la edad adulta en la ciudad que le gustaba describir como «la Viena de Freud». Bettelheim tenía catorce años la primera vez que oyó hablar del psicoanálisis.[32] Lo hacía Otto Fenichel, un muchacho algo mayor que ya asistía a los seminarios de Freud y con el tiempo se convertiría en un destacado analista. Siempre que le era posible, el joven Bettelheim se desviaba de su camino para descender por la pronunciada pendiente de Bergasse y pasar por el número 19 de la calle, donde habitaba el padre del psicoanálisis en persona.[33]

Al principio le costaba entender por qué Freud había elegido residir en una calle tan anodina y en una zona tan deprimente de Viena, pero con el tiempo Bettelheim se convenció de que a Freud la calle Bergasse —que comenzaba en un laberinto de comercios baratuchos propiedad de judíos pobres y culminaba en la cima de una montaña en la Universidad de Viena—, debió de antojársele una representación externa de la andadura de su vida. Es posible que no fuera la verdad, pero era una historia que tejía un significado con los hilos desiguales de la experiencia. Estas narrativas simbólicas —completadas con sus propios adornos— se convirtieron en la manera de Bettelheim de relacionarse con el mundo.

Bettelheim se matriculó en la universidad, donde pasó seis años y acabó doctorándose con honores en teoría del arte (y no obteniendo un doctorado *summa cum laude* en psicología, como él afirmaría en el futuro). Cuando su padre falleció a causa de la sífilis en 1926, se vio obligado a abandonar su sueño de una vida académica y a asumir el negocio familiar, un aserradero.[34] Cuatro años más tarde se casó con Gina Alstadt, una joven brillante, atractiva y con pensamiento independiente que lo consideraba «feúcho» (era un hombre bajito y extravagante con unas orejas enormes y gafas de culo de botella), pero encantador y elocuente. Al poco tiempo de empezar a convivir, su relación entró en declive. Gina acabó por despreciar la costumbre de su marido de leer sólo las doce primeras y últimas páginas de un libro y hojear unas cuantas páginas centrales para después pontificar sobre él como si se lo hubiera leído de cabo a rabo.[35] Más adelante aseguraría que nunca estuvo enamorada de él.

En parte espoleada por su sentimiento de insatisfacción en el matrimonio, Gina se sometió a psicoanálisis y su esposo acabó haciéndolo también. (Incluso se visitaron con el mismo equipo de analistas, Richard y Editha Sterba, marido y mujer.) En una época en la que gente adinerada procedente de todos los rincones del mundo acudía a pasar unos meses en el diván, Gina se implicó hondamente en la cultura del psicoanálisis y asistió a seminarios con Anna Freud mientras trabajaba como maestra voluntaria en una escuela Montessori. En 1932, Editha Sterba le solicitó ayuda para buscar una escuela a una niña estadounidense llamada Patsy que parecía ser terriblemente tímida. Al conocer a Gina, Patsy la miró por debajo del flequillo de su peinado a lo paje con ojos aterrorizados y una expresión inescrutable, mientras entrelazaba los dedos de manera compulsiva. Para tranquilizarla, Gina le dio unas ceras para pintar y quedó sorprendida al comprobar que Patsy hacía bonitos dibujos de animales. De inmediato se sintió emocionalmente vinculada a aquella pequeña extraña, reservada y atormentada.

Creyendo que Patsy podía tener algún trastorno emocional grave, Gina acudió a August Aichhorn en busca de consejo. «Cuando uno no sabe si un niño está trastornado o no, lo que hay que hacer es pedirle su opinión sobre el asunto a otro niño», le aconsejó éste. Gina descubrió que los compañeros de Patsy la rechazaban por considerarla una persona extraña. Durante largo tiempo había intentado sin éxito convencer a Bettelheim de tener un hijo, de manera que acabó acogiendo a Patsy en su hogar y tratándola con la misma devoción que le habría profesado a su propia hija. Bajo su afectuoso cuidado, Patsy aprendió a leer y escribir y se volvió más relajada y sociable. Si bien no está claro qué tipo de dificultades concretas tenía Patsy, Bettelheim afirmaría más adelante que había sido su primer caso de éxito en el tratamiento del autismo, anotándose el crédito de la evolución de Patsy, que en realidad correspondía a su esposa.

El 28 de mayo de 1938, la policía, cumpliendo órdenes procedentes de Berlín, se personó ante la puerta de Bettelheim para arrestarlo y meterlo en un tren destinado a Dachau acusado de los delitos de ser judío y abogar por la independencia de Austria.[36] Gina ya había huido a los Estados Unidos, pero la solicitud de visado de su marido había quedado enfangada en trámites burocráticos. En el tren hacia el campo, le hicieron añicos las gafas, le golpearon en la cabeza y lo apuñalaron con una bayoneta. A su llegada, le asignaron el número de prisionero 15.029. En el libro de registros se introdujo otra pequeña *J* (de *Jude*).

La brutalidad y la tortura gratuitas, tanto física como emocional, eran realidades cotidianas en el campo de concentración. Bettelheim se esforzó por no perder la cordura aplicando sus capacidades de interpretación para extraer algún significado de los horrores de los cuales era testigo. Interrogó a los otros presos y escuchó las historias de sus vidas, tomando nota mental de los detalles. Siguió el consejo de un viejo comunista que había logrado sobrevivir en el campo durante cuatro años y tomaba con deleite la asquerosa sopa que los nazis servían directamente con un cucharón a los presos porque no le habían *ordenado* saborear aquella sopa y hacerlo se había convertido en una reafirmación consciente de su libertad.

Bettelheim también puso en práctica las lecciones que había aprendido del psicoanálisis. Revisó con atención sus propias reacciones emocionales a medida que se adaptaba a las rutinas deshumanizadoras del campo y observó los cambios en la personalidad que experimentaban los demás cautivos a medida que la naturaleza surrealista de su existencia los iba trastornando. Vio a hombres honestos convertirse en embusteros y a hombres fuertes derrumbarse hasta convertirse en histéricos llorones. Tenía la sensación de que el apreciar tales cambios e inferir de ellos lecciones útiles en lugar de someterse sin más al proceso le permitía recuperar su orgullo y su concepción de sí mismo en tanto que ser humano.

Lo que más le sorprendía era el comportamiento deplorable de los presos emancipados conocidos como *Muselmänner* porque de repente se tumbaban en el suelo como musulmanes inclinándose hacia La Meca durante la oración. Parecían haber perdido por completo la voluntad de vivir, como si se hubieran derrumbado por dentro y se hubieran sumido en un estado de insensibilidad, languidez y apatía absolutos. Se había percatado de que aquellos prisioneros solían fallecer poco después llegar a ese punto, como si sus muertes físicas hubieran estado precedidas por sus muertes psicológicas. Avanzaban fatigosos en las colas infinitas de la comida, las duchas y las letrinas, cual fantasmas, apenas capaces de poner un pie delante del otro.

Entonces, el 14 de abril de 1939, después de pasar lista por la mañana, Bettelheim escuchó que anunciaban su número y le informaban de que debía presentarse ante la administración. Temía que fueran a fusilarlo, pero descubrió que aquel día iban a liberarlo del campo gracias a los esfuerzos de sus parientes y amigos influyentes, quienes habían estado presionando al Departamento de Estado para obtener su libertad. (Más adelante se jactaría de que la propia Eleanor Roosevelt en persona había intervenido en su favor, cosa que podría ser o no cierta.) Los oficiales de las SS le advirtieron que, si no abandonaba el país en el plazo de una semana, volvería a ser arrestado o fusilado.

Bettelheim llegó a Nueva York en un barco de vapor a comienzos de mayo y allí Gina le informó de que su matrimonio se había terminado. Al cabo de pocos meses se trasladó a Chicago, donde empezó a reinventarse para convertirse en el hombre que sería conocido en la Escuela Ortogénica como «Dr. B», adornando el relato de su vida según fuera preciso. Su doctorado en teoría del arte pasó a ser un doctorado en psicología, o dos o tres licenciaturas distintas, todo ello *summa cum laude*. Patsy había sido su proyecto especial; con el paso de los años, se metamorfosearía en diversos niños autistas que él había acogido en su hogar y transformado por completo. Había recibido formación integral en psicoanálisis y el propio Freud lo había ensalzado como «justo la persona que necesitamos para que el psicoanálisis se extienda y evolucione». (Lo más cerca que estuvo de conocer a Freud fue al pasar por delante de su casa.) Entre tanto, sus años al frente del aserradero familiar pasaron a ser un mero recuerdo que dejó en Austria, junto con su antigua identidad como hombre torpe. ¿Quién iba a atreverse a poner en entredicho la veracidad de un superviviente de un campo de concentración?

Desplegó su encanto personal y su don para la confabulación estratégica para conseguir que lo contrataran como director de la Escuela Ortogénica, aspecto que formó parte de su proceso de reinvención. Fundada por el Rush Medical College en 1912 como un lugar para que los estudiantes de medicina examinaran a niños con «una mentalidad dudosa», la escuela se había aliado con la Universidad de Chicago y había ampliado su misión para abarcar el estudio y el tratamiento de niños con un amplio espectro de «dificultades de ajuste» tanto educativas como emocionales y sociales. La escuela brindó a Bettelheim una plataforma ideal para poner en práctica sus propias versiones de la teoría psicoanalítica y la psicología del ego y para convertirse en la influyente figura que siempre había anhelado ser.

Poco después de ocupar aquel cargo, publicó una reflexión sobre la conducta de los prisioneros en Dachau y Buchenwald titulada «Comportamiento individual y colectivo en situaciones extremas». Si la hubiera contextualizado como unas memorias personales, probablemente jamás habría aparecido en una publicación erudita, de manera que la moldeó como el trabajo de un investigador independiente con buena formación que casualmente había compartido los mismos habitáculos que las personas a quienes había estudiado y aseguró que había entrevistado a más de mil quinientos prisioneros para obtener sus datos, si bien esto se antoja inverosímil. Ampliamente reeditada en publicaciones para lectores legos como *Politics*, atrajo la atención y suscitó elogios por parte de varias figuras destacadas, como Meyer Schapiro, Theodor Adorno y Dwight D. Eisenhower.[37]

Bettelheim describió la estructura social de los campos de concentración como un laboratorio para llevar a cabo un experimento diabólico de producir ciudadanos serviles ideales para la sociedad nazi forzando a los adultos a hacer una regresión a estados primitivos e infantiles:

> Los prisioneros desarrollaron tipos de comportamientos característicos de la infancia y de la primera adolescencia [...] Se los obligaba a ensuciarse con fango. Su defecación estaba estrictamente regulada. Los presos que necesitaban evacuar tenían que obtener el permiso de la guardia. Parecía como si tuvieran que someterse a una reeducación de la higiene. Los guardias disfrutaban ostentando el poder de conceder o denegar el permiso para visitar las letrinas. [...]
>
> Los prisioneros vivían como los niños, sólo en el presente inmediato; perdían la sensación de un tiempo secuencial; se volvían incapaces de proyectar nada o de renunciar a satisfacciones inmediatas para obtener otras más placenteras en el futuro próximo.[38]

En esencia, Bettelheim concebía el comportamiento de los niños autistas como este mismo fenómeno, pero a una escala individual. Y donde Kanner veía una nevera, Bettelheim veía un campo de concentración cuyo *Kommandant* era la madre.

En el momento álgido de la fascinación popular por el psicoanálisis, el trabajo de Bettelheim en la Escuela Ortogénica, sus libros, como *Con el amor no basta* y *El peso de una vida*, su acento vienés y su forma de ser paternalista lo convirtieron en una figura carismática. En una serie de artículos para publicaciones generales como *Parents* y *Popular Science*, expresó su opinión acerca de una amplia variedad de temas sociales, desde el impacto del antisemitismo en los niños hasta el arte esquizofrénico.

En 1956, cuando la Ford Foundation otorgó a la Escuela Ortogénica una beca de 342.500 dólares para un estudio de cinco años de duración sobre el autismo, se situó camino de convertirse en el primer «loquero» famoso de los Estados Unidos, el equivalente psicoanalítico del Dr. Oz. Bettelheim mencionaba el artículo de Kanner en su solicitud para la beca y el modelo de autismo empleado en la escuela se basaba en las descripciones de casos y comentarios acerca de los progenitores «nevera» que éste había aportado en 1943. «Considerábamos que los niños autistas tenían un atractivo especial, una inteligencia probablemente superior a la media y que no mostraban ni siquiera "señales tenues" de daño orgánico»,[39] recordaba Jacqueline Seevak Sanders, quien trabajó como ayudante de Bettelheim durante catorce años y con el tiempo lo reemplazó al frente de la Escuela Ortogénica. Mientras que muchos miembros del personal barajaban a título personal la posibilidad de que aquellos niños tuvieran algún tipo de diferencia neurológica innata que los hacía particularmente vulnerables a las influencias de su entorno psicológico, en la práctica asumían que la causa principal del autismo era una crianza negligente y que años de terapia en un entorno satisfactorio podían desembocar en una sanación completa.

Tal asunción no se cuestionaba, al menos en público. El destacado teórico psicoanalítico estadounidense David Rapaport, miembro del equipo de evaluación de la escuela, creía en ella; el reputado psicólogo evolutivo Erik Erikson, que visitó la escuela, también la refrendó, y, lo que tal vez sea más relevante, los padres que llevaban a sus hijos ante Bettelheim (normalmente remitidos por psicoanalistas) estaban convencidos asimismo de que «su manera de tratar a su hijo había ocasionado el problema», en palabras de Sanders. A ello se añadía que proporcionaban historias evolutivas que parecían confirmar tal creencia. Era un círculo cerrado. Los psicólogos que se habían apuntado a este carro con entusiasmo se limitaban a hacer caso omiso de las investigaciones que apuntaban a una etiología orgánica, como los artículos de Bender acerca de la esquizofrenia infantil.[40]

Para los jóvenes psicólogos y terapeutas (en su mayoría mujeres) que eran la savia de la Escuela Ortogénica y que se implicaban de manera más íntima en las vidas diarias de los niños, se trataba de un lugar tremendamente inspirador para embarcarse en una carrera profesional. Tal como Kanner había hecho en Yankton, Bettelheim instituyó múltiples reformas para humanizar la institución que había heredado. Ordenó que cambiaran las cerraduras de las puertas para que todas ellas se abrieran con la misma llave,[41] cosa que despojaba a los terapeutas del aspecto de guardias carceleros con llaves colgando del cinturón. E hizo desmontar las funerarias cortinas negras que cubrían las ventanas y las sustituyó por bonitas telas, además de sustituir la máquina de electroencefalogramas y la camilla de quirófano por una mesa de *ping-pong*. A los niños con incontinencia nocturna no se los castigaba ni se los abochornaba, y él en persona rasgó la gráfica del cuarto de baño que servía para llevar un seguimiento de la administración de laxantes. El diseño de la instalación debía adecuarse a las necesidades psicológicas de los niños, no a la conveniencia logística del personal. En lugar de en literas institucionales, los niños dormían en camas de madera artesanales con cómodas a conjunto, y sus dibujos decoraban las paredes.[42] Sanders describió el tiempo que pasó allí en términos deslumbrantes, reiterados por muchos de los antiguos miembros del personal: «Todo ello era característico del ambiente de la escuela: mentes brillantes en busca de una nueva frontera de mayor significado humano y con grandes expectativas».

Richard Pollak ofreció una perspectiva más siniestra de la vida en la escuela en su biografía de Bettelheim, *The Creation of Dr. B*, donde lo describía como un tirano déspota que castigaba a los niños por cometer infracciones sin importancia, los azotaba con cinturones, los sacaba a rastras de la ducha y los humillaba verbalmente. El exalumno Ronald Angres, diagnosticado como autista por Bettelheim, escribió que, durante los doce años que pasó en la escuela, vivió con el terror de escuchar el crujido de los zapatos con suela de crepé de Bettelheim en los dormitorios, «un terror abyecto, animal».[43]

Al margen de su conducta en la escuela, el mayor daño que Bettelheim infligió a toda una generación de niños autistas y sus familias fue difundir las teorías de Kanner de la crianza tóxica en la cultura popular con mucha más repercusión de la que habría podido tener Kanner por sí solo. Aparte de alguna mención esporádica en *Time*, las observaciones de Kanner quedaron en gran medida confinadas a la literatura profesional. En cambio, en la década de 1960, Bettelheim parecía ser omnipresente, publicaba artículos en *Harper's* («Crecer siendo mujer»), *Redbook* («Por qué las madres trabajadoras se sienten culpables»), *The New York Times Magazine* («Los niños deben aprender a temer»), *Life* («¿Por qué el hombre odia?») y *Ladies' Home Journal*, donde tenía una columna regular («El peligro de enseñar al bebé a leer», «¿Le estoy arruinando la vida a mi hijo para siempre?»). Expuso su elaboración de la teoría de Kanner en los términos más crudos posibles en *La fortaleza vacía*, el libro que redactó a partir de sus informes de progresos presentados ante la Ford Foundation, que se convirtió en un superventas. «El factor precipitante del autismo infantil es el deseo de los padres de que el niño no exista —escribió—. Si se abandona a un bebé por completo antes de que se haya desarrollado lo suficiente como para moverse por sí mismo, muere. Y, si se le proporcionan cuidados físicos suficientes para su supervivencia pero se lo abandona en el plano emocional o se lo empuja más allá de sus capacidades, deviene autista.»[44]

El libro se reseñó por extenso y con grandes elogios y constituyó el primer contacto de muchos lectores legos con esta materia. Aludiendo al autismo como «una enfermedad, en realidad un suicidio, del alma», Eliot Fremont-Smith del *New York Times* calificó *La fortaleza vacía* de «libro extraordinario» y lo seleccionó como uno de los mejores títulos de no ficción del año. En esencia, sirvió a Bettelheim para demostrar a la Ford Foundation que había aprovechado bien su dinero. Aseguraba haber tenido respuestas «buenas» o «satisfactorias» en el noventa y dos por ciento de los niños que había incluido en su muestra, y afirmaba que «los diecisiete niños cuya mejora se clasificó como "buena" pueden considerarse "curados" a todos los efectos».

No obstante, tras la luminosa puerta amarilla de la Escuela Ortogénica, el personal de Bettelheim sabía que sus declaraciones eran, cuando menos, hiperbólicas. Sanders admitiría más tarde que Bettelheim había «exagerado [...], de tal modo que el éxito pareciera mayor en calidad y en cantidad de lo que en realidad era». El tratamiento de su primera población base de once niños autistas, que concluyó en 1958, no se había saldado con nada que se pareciera siquiera a una cura. «Ninguno de ellos podía considerarse "un éxito", en el sentido de que no albergábamos ninguna esperanza en que ninguno de ellos fuera capaz de vivir de manera independiente nunca —informó Sanders—. Para nosotros, aquello suponía un fracaso, puesto que creíamos que todos los niños admitidos en la Escuela Ortogénica tenían el potencial de llevar una vida independiente plena. Yo, y probablemente mis colegas también, lo consideraba un fracaso mío y del personal. —Ahora bien, añadió—: No lo considerábamos una prueba de que podíamos estar partiendo de premisas erróneas para desempeñar nuestro trabajo.»[45]

Sanders aseguraba haber constatado mejoras significativas en algunos de los niños autistas admitidos posteriormente en la escuela, lo cual debió de resultar alentador, teniendo en cuenta que la duración promedio de su inmersión de veinticuatro horas en un entorno dedicado por entero a su bienestar era de diez años. No obstante, cuando asumió la dirección de la Escuela Ortogénica en la década de 1970, se volvió «muy reacia» a admitir a este tipo de niños en las instalaciones, pues dejó de creer que el personal «pudiera tener los mismos objetivos para ellos» que para el resto de los alumnos. Le rompía el corazón ver a los niños que no aparecían en los relatos heroicos de Bettelheim regresar a alas hospitalarias bajo llave. Pese a que el enfoque para tratar el autismo en la Escuela Ortogénica se fundamentaba en un complejo entramado de errores de concepción y falsedades que provocaron a los padres un dolor inenarrable, por lo general allí los niños recibían un mejor trato —al menos por parte del personal de Bettelheim— que en las brutales instituciones que la escuela pretendía sustituir.

IV

Una vez se internaba a un niño diagnosticado de autismo o esquizofrenia infantil en un hospital estatal, dejaba de ser tratado como un niño. En su lugar, a aquellos niños se los acribillaba con un arsenal de potentes medicamentos, métodos de último recurso y tratamientos experimentales que el *establishment* terapéutico suele reservarse para los psicóticos adultos más intratables.

El método de tratamiento preferido por Bender en Bellevue era la terapia electroconvulsiva (TEC).[46] Sus pacientes jóvenes solían recibir un mínimo de veinte sesiones de TEC, lo cual, según afirmaba ella, aumentaba su coeficiente intelectual, «estabilizaba» sus electroencefalogramas, mejoraba su imagen corporal, los volvía «más normales» en general y propiciaba una «remisión» completa en algunos casos. Como complementos de la TEC, Bender también empleaba el subcoma insulínico y el Metrazol, un fármaco que causa convulsiones.

Su farmacopea para tratar el «pensamiento autista» incluía clorpromazina y procloroperazina, antipsicóticos de primera generación que, tristemente, pasaron a la fama por provocar un trastorno de tics irreversibles conocido como «agitación de la Thorazine». También empleaba bencedrina, la clásica píldora estimulante de los *beatniks*, que le resultaba especialmente útil con los adolescentes autistas con «inquietudes sexuales». Opinaba que otro antipsicótico llamado reserpina figuraba «entre los mejores fármacos» para tratar a niños, pese a su larga lista de efectos secundarios, que incluía pesadillas, vómitos y pensamientos suicidas.

Otro medicamento que Bender consideraba muy prometedor era el LSD, que obtenía de manera legal de la farmacéutica Sandoz Pharmaceuticals bajo el nombre comercial Delysid.[47] Cada día durante dos meses, administró dosis de este potente alucinógeno a cincuenta y cuatro niños autistas de entre seis y quince años de edad. Informaba de que el fármaco hacía que sus pacientes se mostraran más atentos, locuaces y «orientados en la realidad», si bien también detectaba un refuerzo en sus «actitudes ansiosas y depresivas». Mantener a sus pacientes en un régimen diario de Delysid, afirmaba, le permitía deshabituarlos de su dieta habitual de tranquilizantes.

En una época anterior al consentimiento informado, el uso de estos tratamientos y fármacos por parte de Bender prácticamente no se sometía a ninguna supervisión, sobre todo porque ella era la jefa de psiquiatría del hospital. Ni siquiera se le exigía que presentara los diseños de sus avances sin control para que un comité ético los revisara antes de autorizarlos.

Uno de los niños que tuvo la desgracia de ser sometido a sus experimentos fue Guy Susann, hijo de la célebre novelista Jacqueline Susann, autora de *El valle de las muñecas*, y su esposo, Irving Mansfield. Durante sus tres primeros años de vida, Guy había sido un bebé afectuoso y juguetón, pero una tarde su niñera lo llevó de regreso a casa del parque porque había empezado a chillar sin motivo aparente. Sus chillidos desconsolados se prolongaron durante el resto de aquella noche y el día siguiente. Siguiendo el consejo de un pediatra, sus padres lo llevaron a Bellevue, donde Bender sometió a Guy a una semana de tratamientos de choque que lo dejaron «destruido [...], apagado, sin expresión, casi inerte», recordaba Mansfield en su autobiografía.

El pequeño no volvió a pronunciar otra palabra en toda su vida, con una única excepción desgarradora. «¿Cuándo vas a hablar?», le preguntó angustiada su madre un día en el coche. «Cuando esté preparado», respondió él.

Susann y Mansfield lo internaron en un psiquiátrico y dijeron a sus amigos más íntimos que lo habían enviado a unos especialistas en Arizona para tratarle el asma. Mansfield atribuía la inclinación de su esposa a producir como churros obras comerciales de poco valor como *La máquina del amor* y *Una vez no basta* a la desazón que le provocaba quedarse sin dinero para pagar los cuidados de Guy.

Entre tanto, destacados analistas neofreudianos como Rudolf Ekstein hacían tumbarse a sus pacientes en el diván durante años sin interrupción. Dado que el «espectro» de la esquizofrenia infantil era mucho más inclusivo que la concepción de Kanner de su síndrome, los niños que mostraban múltiples rasgos hoy considerados señales clásicas del autismo, pero no mostraban retraso en la adquisición del lenguaje, a menudo acababan con tal diagnóstico.[48]

En una convención de la American Psychiatric Association en Atlantic City en 1952, Ekstein describió a un niño de estas características: un muchacho de once años llamado Tommy, quien aseguraba a sus terapeutas que sabía más de geología y biología que sus maestros y que soñaba con convertirse en un sabio y poderoso general con cinco estrellas al mando de una flota de naves espaciales. Ekstein describió su capacidad para las relaciones interpersonales como «casi nula». Con el apodo de «el Niño del Espacio», convirtió a Tommy en su afición favorita y escribió como churros artículos sobre él durante más de una década.[49]

Al igual que Bettelheim, Ekstein era un producto de la escuela vienesa. Por el hecho de haber crecido en la capital austríaca en la década de 1930, hablaba de filosofía con un amigo que vivía frente a la consulta de Freud y le emocionaba vislumbrar la silueta de aquel prócer de vez en cuando pasando por delante de la ventana. El psicoanálisis épico que Ekstein hizo del Niño del Espacio reveló más acerca del estado de deterioro del legado de Freud en la década de 1950 que de la psique de su paciente.

Ekstein planteaba que el interés precoz de Tommy en la ciencia probablemente fuera el resultado de «intensos traumas sexuales en la primera infancia» provocados por la seducción de su madre o una niñera. Ponderó el significado de las erecciones del niño durante las sesiones con una terapeuta. El tema dominante de su análisis era que las fantasías de los viajes espaciales de Tommy representaban un esfuerzo inconsciente para distanciarse de sus padres «compulsivos». La inspiración para esta «fantasía desbordada y destructiva», conjeturaba, cabía buscarla en la obsesión de Tommy por la «ciencia ficción, las películas de ciencia ficción y otras producciones literarias similares».

Durante los primeros años de su análisis, Tommy permaneció confinado en la Southard School para niños con trastornos emocionales, emplazada en Topeka, Kansas. Ubicada en una granja al estilo de la pradera, con un puesto de vigilancia en el tejado para disuadir a los pequeños de realizar salidas no programadas, la escuela estaba afiliada a la Menninger Clinic, donde Judy Garland y Marilyn Monroe pasaron temporadas en rehabilitación.[50] La escuela Southard promocionaba su programa entre los padres como «una mezcla de Freud y cordialidad»,[51] respaldada por la amenaza perpetua de encerrar a los pequeños bajo llave en una habitación. (Un paciente adolescente llamado Dick permaneció encerrado durante tres meses por buscar «exclusivamente la compañía de personas de clase baja y de color».)[52] Los primeros meses del análisis de Tommy se dedicaron a mitigar el nerviosismo que le provocaban actividades como cruzar la calle. Lo que aquel «niñito asustadizo» de verdad necesitaba, observó Ekstein con sarcasmo, era un «policía personal que lo protegiera de la ira del mundo».

Entre las cuatro paredes de aquella instalación bucólica, las fantasías de ciencia ficción de Tommy no hicieron sino volverse más imaginativas. En un momento dado anunció a sus médicos que «Tommy» ya no estaba en la institución, sino que había escapado a Arizona, donde estaba ayudando a unos físicos a actualizar el diseño de la bomba atómica. Informó a su terapeuta de que había construido una máquina que le permitía retroceder en el tiempo, hasta el momento en el que había comenzado la vida, y se visualizaba como un pez que podía ser devorado por otro pez más grande si no huía nadando. Avanzando en el tiempo, Tommy fue testigo de la invasión de Inglaterra por parte de Guillermo el Conquistador e hizo un recorrido turístico por la Europa medieval. Cuatro siglos más tarde, escapó por los pelos de ser juzgado por brujería.

Tommy explicó que el objetivo de sus viajes a través del tiempo era intervenir en momentos decisivos y salvarse de la misteriosa desgracia que lo había hecho decepcionar a sus padres. Pero Ekstein interpretó que tales fantasías le permitían «negar su indefensión, su soledad, su miedo a la castración, su miedo a ser devorado y su miedo a morir o matar a alguien». Cuando Tommy empleaba una expresión como «cientos y miles de años luz», en realidad no hablaba de ciencia, explicó Ekstein a sus colegas en Atlantic City, sino que «aludía a problemas psicológicos que no era capaz de exponer de ningún otro modo». Cuando Tommy compartió una nueva serie de fantasías acerca de retirarse a una granja en el campo para criar dinosaurios e invitó a la terapeuta que lo asistía a ir con él, se consideró un avance trascendente en su análisis.

Tras dos años en la Southard School, se autorizó el traslado de Tommy a un pensionado, donde vivió con una familia de acogida. Su recién descubierto interés en el béisbol se amplió a la fantasía de gestionar un equipo femenino que jugaba «siguiendo estrictamente las reglas del béisbol nacional». Tras calcular las estadísticas de cada jugadora para la temporada, reconoció ante sus terapeutas que el béisbol fantástico no era tan estimulante como librar batallas intergalácticas mentales. Pero había decidido que, a partir de entonces, sus fantasías debían ser «lógicas» y «científicas» por encima de todo. Estaba creciendo, como incluso los niños del espacio tienen la costumbre de hacer.

Se matriculó en una universidad local y empezó a asistir a cursos de ciencia. Ekstein percibió que la familia de acogida de Tommy había acabado por comprender y aceptar su comportamiento a su manera. Afirmó que estaban encantados de observar cómo se convertía en una persona madura e independiente, a pesar de que sus modales con ellos eran «bruscos y distantes» y «podría no expresarles nunca de manera directa afecto o gratitud por sus esfuerzos». Añadió que a sus padres de acogida les resultaba muy gratificante «ver a Tom mejorar y ser conscientes del papel que ellos mismos desempeñaban en permitirle aplicar tales modificaciones».

Al cumplir los veintitrés años, Tommy se había sometido ya a 1.236 horas de psicoanálisis. Con el apoyo de su familia adoptiva, consiguió licenciarse en física e impartía cursos de ciencia en una universidad local. Ekstein lo describía como un joven «afable, tímido y algo tenso» que seguía obsesionado con el «espacio» (entrecomillado sarcástico) y se sentía más cómodo entre personas que compartían sus extraños intereses.

«Desconocemos si los logros que ha obtenido hasta la fecha y los que alcanzará en años venideros ni si su propio avance en el trabajo con jóvenes justifican el tremendo compromiso de tratamiento y tiempo de investigación invertido», reflexionó Ekstein. Pero descartó la idea de que había avanzado por la senda equivocada en todo momento al someter a Tommy a una década de psicoanálisis. «No sería posible tratar con éxito a niños como él —concluyó Ekstein— si uno se cuestiona de continuo si el tratamiento merece la pena o no.»

Tommy (que por entonces se hacía llamar «Tom») explicó a su antiguo terapeuta que tenía un nuevo sueño: trabajar en la institución de investigación que con el tiempo se convertiría en la NASA. Para entonces, los viajes espaciales habían dejado de ser una «fantasía». Eran una obsesión nacional.

El *establishment* psiquiátrico acabaría por acuñar un término diagnóstico para los niños como Tommy: *síndrome de Asperger*. Pero el trabajo de Asperger, que nunca había contado con un público lector generalizado fuera de Europa del Este, había caído prácticamente en el olvido. Incluso el puñado de médicos que leyeron su artículo original en alemán asumieron que Kanner lo había pasado por alto por algún motivo.

Con todo, los genios solitarios acerca de los cuales escribió Asperger seguían brotando, cual tribu perdida que se desplazaba por el sotobosque de la psiquiatría y a la que de vez en cuando se divisaba desde el aire. En 1953, dos psiquiatras de Pensilvania, J. Franklin Robinson y Louis J. Vitale, describieron a un grupo de jóvenes pacientes de un centro de acogida situado en Wilkes-Barre llamado The Children's Service Center que presentaban «patrones de interés circunscritos».[53] Las fascinaciones de dichos niños solían concentrarse en «temas bastante extravagantes», como la astronomía, la química, los horarios de los autobuses, los calendarios y los mapas. Todos ellos presentaban un vocabulario precoz y una memoria extraordinaria y eran unos apasionados de la ciencia y la ciencia ficción. Sin embargo, les costaba hacer amistades de su misma edad.

A un niño llamado Tom se le despertó el interés por la química en la escuela elemental, lo cual llevó a su padre a resolver que se estaba «refugiando» en los libros. Para instarlo a ser más social, su madre empezó a seguirlo desde cierta distancia hasta la escuela, donde le gritaba que fuera más extrovertido, con lo cual sólo consiguió convertirlo en un paria entre sus compañeros. En el Children's Service Center, Tom empezó a estudiar economía empresarial, física nuclear y botánica. Daba largos paseos por los bosques para aprender los nombres de las plantas y los árboles autóctonos. (En el caso de Tom, al parecer los intereses «circunscritos» se manifestaban mostrando curiosidad por prácticamente todo salvo los demás niños, que lo apodaban *Sabandija* y *Cerebrito*.)

En la primera entrevista con uno de los psicólogos del centro, reaccionó brevemente al detectar un quemador Bunsen en un estante del despacho. «¿Aquí hay un laboratorio científico?», preguntó Tom, con el destello de una sonrisa en el rostro. El psicólogo le dijo que debía reflexionar acerca de por qué sus padres lo habían internado en un centro de acogida. «Se supone que es una escuela agradable», respondió Tom en tono amable. El psicólogo le recordó que aquello no era una escuela agradable, sino un hogar para jóvenes con trastornos emocionales. «Eso es», reconoció el muchacho, con un tono de voz descrito como «plano».

Un psiquiatra le preguntó a otro muchacho del centro, John, qué quería ser de mayor. El niño le contestó que le interesaba la astronomía y que había impartido una conferencia de cuatro horas de duración sobre ese tema en octavo curso. El psiquiatra quiso indagar acerca de aquella ponencia, pero John le indicó que la ciencia en la que se sustentaba era «bastante compleja». A continuación, John solicitó al doctor que nombrara los nueve planetas del Sistema Solar. El psiquiatra fue incapaz de hacerlo, incluso después de que Tom le diera la pista de que uno se había bautizado en honor al dios griego del mar. Al poco, John empezó a sentirse incómodo con la entrevista y comenzó a dibujar naves espaciales. Transcurridos varios meses desde su llegada al centro, un coordinador de los internos le preguntó qué tal le iba. «Muchos niños quieren jugar afuera, mientras que a mí me gusta más jugar dentro —contestó él—. Saben mucho de vaqueros. Yo sé astronomía. Podríamos saber un poco de cada uno, pero eso es algo que nunca se ha resuelto.» Cuando los miembros del personal intentaban que John participara en los juegos, él se escabullía a las duchas para dar charlas acerca de «los misterios de los planetas» ante un público entusiasta de niños más pequeños. El personal consideraba que John tenía un problema de conducta.

Robinson y Vitale destacaron que a los niños como Tom y John se los diagnosticaba como esquizofrénicos de manera rutinaria, cuando tales niños «traen a la mente el síndrome descrito por Kanner bajo la designación de "autismo infantil precoz"», con ciertos matices. A diferencia de los Triplett y los Muncie, a sus padres les habían parecido «niños normales» durante sus primeros años de vida; había sido al hacerse mayores y no conseguir entablar amistades de su misma edad (y preferir la compañía de los adultos) cuando sus excentricidades habían aflorado. Eran capaces de dar «respuestas emocionales satisfactorias» a otras personas, pero tendían a enfrascarse en sus intereses peculiares hasta el punto de dejar de lado actividades más sociales. Robinson y Vitale observaron que la persecución de tales intereses no parecía estar motivada por un deseo de aprobación y refuerzo por parte de los demás, sino por un sentimiento de «satisfacción interior del niño». Disfrutaban aprendiendo porque sí, tal como Asperger había observado una década antes.

Es más, a diferencia de los pacientes de Kanner, no sufrían retrasos en la adquisición del lenguaje y no hablaban con aforismos surrealistas, neologismos opacos o referencias ecolálicas refiriéndose a ellos mismos en tercera persona del singular. De hecho, tendían a desarrollar el lenguaje de manera precoz, sobre todo cuando se los exponía a los temas que les fascinaban. («Un muchacho de trece años, justo después de conocerlo, quería hablar de hipotecas», informaron.) Aquellos niños sólo dejaban de interactuar de manera decisiva con los adultos del centro cuando se daban cuenta de que, en realidad, no les interesaba lo que les explicaban.

En un epílogo, Kanner insistía en que la diferencia entre los niños que Robinson y Vitale describían y los que padecían su síndrome radicaba en que «en el grupo autista, los intereses circunscritos solían inculcárselos sus padres». Mencionaba un artículo de un diario alemán acerca de un amplio grupo de niños en Tel Aviv «adictos a la lectura compulsiva, hasta el punto de excluir cualquier otro interés y actividad» y atribuía su desinterés en la interacción social a la «sobreprotección maternal». Era otro círculo cerrado: si los niños desarrollaban intereses personales en lugar de que se los inculcaran los padres, no podían ser verdaderamente autistas, *QED*.

Aquel mismo año, tras una mesa redonda especialmente descorazonadora acerca de la esquizofrenia infantil celebrada en Cleveland, Georg Frankl intentó explicar a sus colegas lo que se había desatendido en los inacabables debates acerca de la nomenclatura clínica y la crianza tóxica.[54] En un borrador de un artículo inédito titulado «El autismo en la infancia: un intento de análisis»,[55] describía a un «niño prodigio autista y brillante», a un «genio esquizoide» adulto y a un niño que dejó de hablar de manera abrupta a los dos años, y planteaba que «parece extenderse una continuidad» entre los tres casos. «Conocemos dicha continuidad y podemos señalar algunas de sus características comunes —añadía—. Sin embargo, en este ámbito queda mucha investigación por hacer.»

Transcurrirían otros veinticinco años antes de que dicha investigación echara a rodar. En el ínterin, los investigadores del autismo llegaron por consenso a la idea de que el motivo por el que Kanner nunca analizó el trabajo de Asperger fue que ambos habían descrito a dos grupos muy dispares de niños, unos con un «funcionamiento alto» (Asperger) y otros con un «funcionamiento bajo» (Kanner). Pese a que Asperger había dejado claro que había visto a niños (además de adultos) con todos los niveles de capacidades, su artículo aún no se había traducido al inglés y aún se desconocía el hecho de que, si destacó intencionadamente sus casos «más prometedores», fue para eludir la cólera de los nazis.

Sin embargo, en torno a 1955, Kanner empezaba a detectar por fin el espectro de variación en esa continuidad por sí mismo, gracias al seguimiento de sus pacientes originales. Incluso los niños con «bajo funcionamiento» podían convertirse en adultos con «alto funcionamiento», aunque sólo si lograban mantenerse al margen de una institución y se les brindaba la oportunidad de desarrollar sus talentos innatos, tal como Asperger había predicho ya en 1938.

Uno de los pacientes de Kanner, Robert S., había mostrado de manera «incuestionable» las señales características del autismo infantil precoz a los ocho años de edad. Sin embargo, a los veintitrés ya había servido dos años en la Marina como meteorólogo, estudiaba composición musical y estaba felizmente casado y tenía un hijo. «Algunas de sus composiciones las han interpretado orquestas de cámara», informaba Kanner, alardeando como un padre orgulloso.[56] Su descripción de otro de los niños bien podría haberse extraído de los archivos de Asperger:

> Jay S., que por entonces contaba ya casi 15 años, presentaba en los cursos inferiores dificultades considerables para sus maestros, que se mostraron excepcionalmente comprensivos con él y lo aceptaron tal como era. Vagaba sin rumbo por el aula, se masturbaba a la vista de todos y tenía rabietas. Aprendió a adaptarse al entorno, tuvo un rendimiento fenomenal en matemáticas, fue enviado a una escuela acelerada y en la actualidad está finalizando tercero de bachillerato con las máximas calificaciones. Es un joven peculiar, algo obeso, que dedica su tiempo libre a coleccionar mapas y sellos postales y se relaciona con las personas lo estrictamente necesario para mantener una relación superficial. En el test de inteligencia Binet, obtuvo un coeficiente superior al 150.[57]

Un tercer niño había obtenido una beca para estudiar en Columbia, donde «destacaba en física matemática». Por desgracia, falleció al ser atropellado por un coche mientras cruzaba Broadway, en Nueva York.

A Donald T. también le iba bien la vida en aquellos momentos. En 1942, los Triplett lo habían enviado a vivir a una granja a quince kilómetros de su hogar, donde progresaba bajo los cuidados de una afectuosa pareja, el señor y la señora Lewis. Tres años más tarde, Kanner viajó de Maryland a Misisipí para visitar la granja.

> Me maravilló la sabiduría de la pareja que cuidaba de él. [...] Le habían hecho poner en práctica su interés en las medidas haciéndolo excavar un pozo e informar de su profundidad. Y cuando se había dedicado a recoger pájaros y bichos muertos, le habían cedido un lugar para que lo utilizara como «cementerio» y le habían hecho señalar las tumbas con postes indicadores; en cada uno de ellos, Donald había escrito el nombre del animal, el tipo de animal como segundo nombre y el nombre de la granja como apellido, por ejemplo: «John Caracol Lewis. Nacido: fecha desconocida. Fallecido (fecha en la que había encontrado el animal)». Y cuando se empeñó en contar las hileras de maíz una y otra vez, se las hicieron contar mientras las araba. [...] Era asombroso lo bien que manejaba el caballo y el arado y arreaba al primero para dar la vuelta. Saltaba a la vista que los señores Lewis le profesaban mucho cariño y también que lo trataban con una firmeza amable. Estudiaba en una escuela rural, donde sus peculiaridades se aceptaban sin más y donde registró un buen progreso académico.[58]

Tal como el equipo de Asperger había hecho con sus pacientes, los Lewis habían encontrado maneras de dar una salida práctica a la inteligencia autista de Donald, en lugar de tratar su afición por contar y coleccionar como obsesiones patológicas infligidas por sus padres. «Si un factor resulta de especial utilidad es la recepción compasiva y tolerante por parte de la escuela —concluía Kanner—.

Entre nuestros niños, quienes más han progresado han contado con una consideración extraordinaria y ampliada por parte de sus maestros.»[59]

En 1958, Donald se había diplomado en francés y había empezado a trabajar como cajero en un banco local, donde «trata al público muy bien», informaba su madre. Jugaba a golf cuatro o cinco días a la semana en un club de campo y había obtenido seis trofeos en torneos locales. Participaba de manera activa en un club de inversores, los Jaycees, y también en la iglesia presbiteriana a la que acudía, donde había ejercido durante un trimestre como presidente del Club Kiwanis local. Poseía dos automóviles, le gustaba leer y escuchar música en el tocadiscos y jugaba al *bridge* (si bien él rara vez iniciaba las partidas). El principal lamento de su madre era que le gustaría saber «de verdad qué sentía su hijo por dentro».

No obstante, los informes de seguimiento de Kanner también recogían historias admonitorias de qué podía sucederle a un muchacho que acabara en cuidados bajo custodia. Elaine C. logró integrarse durante los primeros años en una escuela privada. Su padre informaba de «cambios asombrosos» y la describía como «una muchacha alta y fortachona de ojos claros elocuente en prácticamente cualquier tema» y poseedora de «amplia información de multitud de materias» y una memoria «infalible». Sin embargo, seguían inquietándolo sus conversaciones «inconexas» («con frecuencia en tono divertido»), su «extraña entonación» y su falta de «énfasis real» en el discurso, de manera que la había internado en la Letchworth Village State School para epilépticos y personas deficientes mentales, situada a las afueras de Nueva York. Allí experimentó un rápido declive, se volvió «distraída» y «violenta» y comenzó a hablar de una «manera irracional y en tono anodino». Corría desnuda por el hospital, gruñendo como un animal y golpeándose la cabeza contra las paredes.

Pese a que la escuela Letchworth se publicitaba a las familias como una institución progresista y humana, tras su fachada revestida de hiedra era un Bedlam para niños. En la década de 1950, cuando internaron a Elaine, había allí hacinados cuatro mil niños y niñas en lóbregos dormitorios concebidos para albergar a mil doscientos pacientes.[60] Una fotografía de los residentes disfrazados para interpretar una obra de Navidad parece un macabro retablo vivo extraído de una ilustración de Edward Gorey. El público general conoció al fin las horripilantes condiciones de aquella escuela gracias a un reportaje televisivo realizado por Geraldo Rivera en 1972, el cual destapó unas condiciones igual de atroces en Willowbrook, una institución estatal sita en Staten Island. Las protestas públicas lograron clausurar ambas instalaciones. Para Elaine, aquel cierre llegó demasiado tarde. Duró seis meses en Letchworth antes de ser transferida al Hudson Valley State Hospital, donde la alimentaron con un cóctel de tranquilizantes, antipsicóticos y otros fármacos. A sus treinta y nueve años de edad, el personal la describía como incapaz de «participar en la conversación, salvo para satisfacer sus necesidades inmediatas».

Un destino igual de trágico sobrevino a Virginia S., la ordenada cría de once años que había pertenecido al grupo original de Kanner. En 1970 también había sido confinada a un hospital estatal, un antiguo hogar para tuberculosos en Maryland, donde la internaron en un ala para «adultos retrasados mentales». El personal de la institución informaba de que era capaz de dar la hora y de «ocuparse de sus necesidades básicas, pero había que indicarle que lo hiciera». Al menos sus cuidadores habían dejado de creer que era sorda: era evidente que entendía lo que le decían y utilizaba «ruidos y gestos» para comunicarse. A los cuarenta años de edad, se pasaba los días haciendo rompecabezas, tal como hacía de pequeña. El personal destacó que prefería «estar sola a relacionarse con otros internos».

«Cuesta no llegar a la conclusión de que la admisión en una institución estatal era equiparable a una sentencia de muerte», concluía de manera razonable Kanner. Incluso las habilidades y destrezas precoces de sus antiguos pacientes se habían marchitado en tales entornos.[61]

> Richard M., Barbara K., Virginia S. y Charles N. (los casos 3, 5, 6 y 9), que vivieron la mayor parte de sus vidas en una institución, perdieron todo su encanto poco después de ser internados. Si bien en un principio velaron por su soledad y se regodearon en el solaz que les aportaba, se mantuvieron atentos a los cambios poco gratos y, a su modo, se esforzaron por mantener el *statu quo*, asombrando inicialmente a los observadores con sus fenomenales hazañas memorísticas, no tardaron en ceder al aislamiento ininterrumpido que se autoimpusieron y en acomodarse a una vida no demasiado distinta a una existencia en el nirvana. En los casos en los que respondieron a las pruebas psicológicas, su coeficiente intelectual descendió a cifras que por lo general corresponden a retrasados mentales o imbéciles.[62]

Las espectaculares diferencias en las evoluciones vitales de sus pacientes acabaron por impulsar a Kanner a replantearse su convicción en que su síndrome respondía a una definición muy acotada y era monolítico. «Es bien sabido en el campo de la medicina que cualquier enfermedad puede presentar distintos grados de gravedad, desde la llamada *forme fruste* hasta la manifestación más fulminante —escribió en 1971—. ¿Podría aplicarse esto mismo al autismo infantil precoz?»

Georg Frankl podría haber contestado a dicha pregunta afirmativamente ya en 1938. Pero Kanner parecía reacio a ceder ni siquiera un ápice de su autoridad a sus colegas vieneses, pese a que ello conllevara relegar a su antiguo ayudante al ostracismo histórico. Cuando Kanner se convirtió en el editor de una publicación trimestral llamada *Journal of Autism and Childhood Schizophrenia* en 1971, el número de estreno incluyó un artículo del psiquiatra holandés Dirk Arn Van Krevelen que corroboraba su mito de la casualidad fortuita:

Los nuevos descubrimientos están vinculados a un período en lugar de a un tiempo; suelen aflorar de manera simultánea en distintos puntos geográficos. La historia del autismo recoge un ejemplo asombroso. En Baltimore, Kanner publicó su artículo acerca de los trastornos innatos del contacto afectivo en 1943, en el cual aludía a un grupo de pacientes que había venido observando durante los cinco años previos. Un año más tarde, el pediatra vienés Asperger informó de diversos casos de niños que describió como psicópatas autistas. Podemos dar por sentado que ninguno de ellos conocía el trabajo del otro.[63]

Varios meses después, Kanner mencionó el nombre de Asperger por escrito por primera y última vez, en una reseña asombrosamente despectiva de un libro titulado *The Autistic Child,* obra del pediatra Isaac Newton Kugelmass. Por el hecho de atreverse a acreditar a Asperger (escrito erróneamente «Ansperger») la confirmación independiente del descubrimiento de Kanner, Kugelmass suscitó un torbellino en Baltimore. Calificando el libro de «empresa laboriosa», Kanner despachó la posible competencia en una única frase demoledora redactada en tercera persona:

> Se llama Asperger y ese hombre, en aquel momento, no podía tener conocimiento de la publicación de Kanner; en su lugar, describió de manera independiente lo que él denominó «psicopatía autista», que, en el caso guardar relación con el autismo infantil, es su pariente lejano, el cual merece y ha recibido una atención seria por parte de los investigadores.[64]

De hecho, el trabajo de Asperger era aún prácticamente desconocido en Estados Unidos, sobre todo debido a que Kanner obviaba mencionarlo en sus artículos y conferencias. Puesto que las concepciones del autismo que ambos hombres tenían eran tan dispares, había mucho más en juego que la típica disputa de prioridades sobre las minucias del trastorno. Desde la cúspide de su pirámide en Harriet Lane, Kanner declaró en 1957 que sólo había consultado a ciento cincuenta casos auténticos de autismo en toda su carrera, lo cual equivale a ocho pacientes por año, bien que había recibido referencias desde puntos tan distantes como Sudáfrica.[65] También explicó al investigador Bernard Rimland que había descartado a nueve de cada diez niños que otros médicos habían remitido a su consulta por no encajar en un diagnóstico de autismo.[66]

Por lo que al mundo real concierne, no encajar en un diagnóstico solía implicar que te vetaran el acceso a educación, terapia oral y ocupacional, asesoramiento, medicación y otras formas de apoyo. Para los adultos no diagnosticados, la insistencia de Kanner en que el autismo era un trastorno que se daba en la infancia implicó décadas de vagar en la jungla sin contar con una explicación para su lucha incesante con el mundo laboral, las relaciones amorosas o la amistad o, lo que es lo mismo, navegar sin rumbo por el caos de la vida diaria.

No obstante, mientras que la clase establecida psiquiátrica debatía teorías de crianza tóxica y psicosis infantil, la tribu perdida de Asperger aplicaba su inteligencia autista para asentar los cimientos de una sociedad más acorde a sus necesidades e intereses. Como Henry Cavendish, se negaban a aceptar sus circunstancias sin más. Al inventar modos de socializar a su propia manera, esbozaron un plan de acción para el mundo moderno conectado en red.

6

Príncipes del aire

Escribe para mí sobre un ser que piense tan bien como el hombre, o mejor, pero no como un hombre.

John W. Campbell

La curiosa fascinación que sienten las personas autistas por los datos cuantificables, los sistemas sumamente organizados y las máquinas complejas discurre cual hilo semioculto por el tejido de la investigación en torno al autismo, desde el científico adolescente de Asperger que hurtaba sustancias químicas para hacer experimentos caseros hasta la preocupación de Donald T. por las mediciones y la costumbre de A. D. de calcular el número de personas que asistían a una función teatral. Asperger tal vez fuera el primer médico que se percató de que las imaginaciones de sus pacientes en ocasiones se *anticipaban* en décadas a evoluciones científicas, lo cual lo obligó a enmendar su afirmación de que los intereses de sus pequeños profesores eran «alejados» de las preocupaciones del mundo real.[1] Incluso su broma de que los creadores de los cohetes espaciales tenían que ser un poco autistas resultó clarividente.

Tommy, el Niño del Espacio, no fue el único miembro de la tribu olvidada de Asperger que transformó su obsesión juvenil por la ciencia ficción en una carrera profesional científica. En los años en los que aún eran invisibles para la medicina, muchas personas del espectro encontraron en el mundo de los aficionados a la ciencia ficción a una comunidad en la que por fin se sintieron como entendidos nativos, tras años de sufrir el acoso y las burlas de sus compañeros por parecer ingenuos, singulares y estar en las nubes. Otra comunidad que permitió a las personas autistas sacar el máximo partido a sus puntos fuertes naturales a principios y mediados del siglo XX fue el mundo de los radioaficionados. Al desviar la interacción cara a cara que tanto las desalentaba, incluso aquellas personas a quienes les resultaba casi imposible comunicarse mediante el habla lograron dar con almas gemelas, encontrar mentores potenciales y obtener las habilidades y la confianza necesarias para convertirse en miembros productivos de la sociedad.

Sorprende que ambas comunidades las lanzara el mismo hombre, un hombre que probablemente se englobara también en el espectro autista: un empresario visionario llamado Hugo Gernsback, quien vislumbró la naturaleza descentralizada e íntimamente interconectada de la sociedad del siglo XXI antes que nadie con la ayuda de su amigo, el prolífico inventor Nikola Tesla, tan excéntrico como él. En el proceso, Gernsback y Tesla anticiparon el desarrollo de la televisión, de las noticias en línea, de los servicios de contactos personales informatizados, de los teléfonos con vídeo y de numerosas comodidades que un siglo después damos por supuestas.

Nacido con el nombre de Hugo Gernsbacher en 1884, Gernsback era hijo de un mercader de vino judío de Luxemburgo.[2] Empezó a sentir fascinación por la electricidad en su octavo cumpleaños, cuando el empleado de mantenimiento de la finca de su padre le regaló una alarma con timbre, una batería húmeda y un trozo de cable. Al conectar el cable a los electrodos de la batería, el timbre sonó en medio de una ducha de chispas, y Gernsback quedó fascinado.[3] El joven Hugo envió a París un pedido de varias bombillas y teléfonos con baterías e instaló el cableado eléctrico del hogar familiar. También empezó a mejorar el diseño de las baterías mediante la invención de células secas con núcleos sólidos de electrólitos, las cuales presentaban la ventaja de ser portátiles, pues no contenían líquidos corrosivos que pudieran derramarse. Pese a estudiar aún en la escuela elemental, ya había detectado uno de los factores que frenaba la adopción generalizada de los dispositivos electrónicos portátiles.

Dos años después, mientras asistía a clases técnicas en la École Industrielle, vivió otra experiencia que le cambió la vida: la lectura de una traducción de un libro del astrónomo estadounidense Percival Lowell titulado *Mars as the Abode of Life*. El libro, que fusionaba de manera provocadora la planetología y la teoría de la evolución, estaba ilustrado con los bocetos del propio astrónomo, que era toda una eminencia. Lowell se expuso a que sus colegas lo ridiculizaran al plantear que algún día se descubrirían restos de agua en nuestro vecino de color óxido del Sistema Solar (una predicción confirmada en 2009 por la sonda espacial *Phoenix* en Marte).[4] Además, planteó la hipótesis de que había habido allí vida inteligente y que las condiciones extremas del planeta, sus inmensos Saharas de polvo con concentraciones estacionales de hielo en los polos, habían exigido a los nativos ingeniar un sofisticado sistema de acueductos controlado por una infraestructura de datos planetaria para dotarse de agua potable todo el año.

Lowell especuló también con que el sombreado con rayas de la superficie del planeta que divisó por primera vez Giovanni Schiaparelli en 1877 (y que parecía «haberse trazado con regla y compás», en palabras del astrónomo italiano) era un intrincado sistema de canales que conectaba una red de oasis artificiales en los que los habitantes del planeta habían buscado refugio de los vientos marcianos deshidratantes.[5] A continuación declaró que estos hábiles seres probablemente fueran «de un orden al que merecería la pena conocer», en el caso de que los humanos fuéramos capaces de crear la tecnología para comunicarnos con ellos.[6] El libro tuvo un impacto decisivo, casi devastador, en el futuro empresario. Tal como lo expresó el historiador Sam Moskowitz:

> Al joven Hugo jamás se le había ocurrido que pudiera existir vida inteligente en otros mundos. [...] Pasó dos días con sus dos noches delirando y desvariando acerca de criaturas extrañas, ciudades fantásticas y canales de Marte de una ingeniería magistral, mientras el médico permanecía a su lado sin separarse de él. La dirección del pensamiento futuro de Hugo Gernsback estuvo en gran medida condicionada por tal experiencia. Nunca se daría por satisfecho con el conocimiento científico acumulado de su tiempo. A partir de entonces buscaría en bibliotecas libros que inauguraran escenarios imaginativos que trascendieran los conocimientos científicos de la época.[7]

Mientras refinaba sus diseños de baterías, Gernsbacher se zambulló en las fascinantes historias de aventuras de Julio Verne y H. G. Wells. A los trece años de edad, el precoz muchacho instaló un sistema de portero automático en un convento de carmelitas local. A la sazón casi nadie había oído hablar de la posibilidad de dotar un hogar privado de un servicio de dicha índole, por no hablar ya de un convento; el papa León XIII le concedió una exención especial para visitar a las hermanas una vez al año, con el objetivo de que mantuviera el sistema en funcionamiento, y la madre superiora le entregó un certificado en el que lo elogiaba como un «electricista en ciernes».

Pese a contar con el reconocimiento de los adultos desde una edad temprana, Gernsbacher se sentía como un paria de la sociedad. A los diecisiete años de edad escribió una novela de sesenta mil palabras titulada *Ein Pechvogel* (que vendría a traducirse como «una persona maldita o torpe») acerca de un muchacho desventurado y cándido cuyos pasatiempos obsesivos, que incluían un intento de utilizar energía solar para tostar granos de café, lo hacían meterse en líos continuamente.[8]

No obstante, también descubrió de un modo emocionante que podía emplear sus conocimientos especializados para *salirse* de esos líos. Un gélido día de invierno, mientras sus padres estaban de vacaciones, se hallaba explorando un sótano vacío cuando una ráfaga de viento cerró la puerta a su espalda.[9] La única ventana del sótano estaba abierta, pero enrejada por fuera, lo cual lo ponía en riesgo de morir congelado. Por suerte, se había llevado consigo una linterna alimentada por dos baterías secas. Extrajo un fino cable de cobre de la linterna y lo utilizó para cortocircuitar las baterías y calentar el cable hasta que se puso blanco. Entonces tocó con él un trozo de papel, que se prendió en llamas. Luego utilizó ese papel para prender un fuego con restos de madera y quemar la puerta del sótano para poder escapar. ¡Ciencia!

Tras la muerte de su padre en 1903, los pintorescos encantos de Luxemburgo no fueron capaces de retener a Gernsbacher durante mucho tiempo. Tomó prestados cien dólares de la fortuna familiar y zarpó en un buque a vapor desde Hamburgo hasta Hoboken, atraído a los Estados Unidos por el ingenio de Mark Twain, la música marcial de John Philip Sousa y la idea de que Norteamérica era un lugar donde un joven inventor diligente podía reinventarse. Al desembarcar, se gastó veinte de los cien dólares que llevaba encima en un sombrero de seda para parecer un hombre distinguido y encargó un montón de tarjetas de negocios en las que se anunciaba como «Huck» Gernsback, en honor al protagonista de la odisea picaresca de Twain por el río Misisipí. Para obtener piezas para su negocio de baterías, montó una empresa llamada Electro Importing Company, el primer proveedor por correo de artículos electrónicos para el hogar del país. A los diecinueve años de edad ya gestionaba dos empresas noveles.

Además de su pericia técnica, Gernsback era un genio del marketing. En lugar de exhibir los contenidos del amplio catálogo de Electro Importing al mercado como un batiburrillo de artilugios raros, Gernsback los enmarcó como accesorios de moda para un estilo de vida propio del siglo XX inspirados en los descubrimientos científicos y en la emoción. «Esta máquina le aportará más diversión que nada de lo que haya tenido», prometía un anuncio de un generador electrostático. «Carga botellas de Leyden, dispara pólvora, activa transistores inalámbricos y pone los pelos de punta.» Este tipo de presentación demostró ser un estimulante para los cerebritos marginados, que se convirtieron en audaces jóvenes «experimentadores» en las páginas de sus catálogos.

En el comercio al por menor que abrió en la animada intersección de las calles Wall Street y Broadway, Gernsback demostró un don precoz para las ventas al ofrecer detectores de cristal a diez céntimos capaces de detectar cualquier señal de radio de la zona. Al cabo de poco vendía mil de ellos al día y tenía dificultades para satisfacer la demanda.[10]

Aquellos sencillos dispositivos semiconductores no eran más que una tentación, un incentivo para el producto real: el primer kit de transmisor radiofónico y receptor diseñado para aficionados, el Telimco Wireless Telegraph. (En la actualidad se expone uno de estos telégrafos Telimco en el Henry Ford Museum de Dearborn, Michigan.) Los representantes de la empresa, vestidos con elegancia con cuellos altos y rígidos y bombín, eran tan adeptos a suscitar el interés de jóvenes accionistas por las ondas inalámbricas durante sus pausas para comer (el precio de todo el kit era de 7,50 dólares, frente a los 50.000 dólares de un equipo comercial estándar) que el alcalde de Nueva York prohibió las demostraciones públicas que atraían a la muchedumbre a la tienda.[11] Un día, un policía irrumpió en el despacho de Gernsback en Park Place para investigar una queja contra su empresa por publicitar un dispositivo que era imposible que funcionara al precio anunciado.[12] Una sencilla demostración bastó para evitar las acciones legales, si bien el policía manifestó su escepticismo. «Sigo pensando que son farsantes —gruñó mientras echaba un vistazo con recelo a la estancia—. Su anuncio dice que es un equipo inalámbrico. Entonces, ¿para qué son todos estos cables?»

La primera versión del Telimco era relativamente primitiva, si bien ello no obstaba para que fuera la radio más avanzada disponible para los aficionados en aquella época.

Permitía a un operador radiofónico aficionado transmitir y recibir fragmentos de código Morse (aún no señales de voz) en un radio de un kilómetro y medio. Pero la noción de comunicarse desde la distancia, sin que existiera una conexión visible, era tan mágica que los kits de Gernsback desaparecían volando de los estantes, y no sólo en su comercio, sino en grandes almacenes como Macy's, Gimbels y Marshall Field's.[13] «Estamos convencidos —se regocijaba en uno de los primeros catálogos— de que cualquier niño estadounidense despierto y todos los jóvenes sentirán la necesidad de dotarse de uno de estos equipos, porque todos ellos son conscientes de que la telegrafía inalámbrica desempeñará un papel relevante en el mundo empresarial en el futuro inmediato.»[14] Dicho futuro se volvía más inmediato cada día que pasaba, creía Gernsback, precisamente porque la demanda de los aficionados estaba impulsando el desarrollo de la tecnología. En menos de un año, el Telimco transmitiría y recibiría señales de voz, además de puntos y rayas.

Al enriquecerse, Gernsback cultivó el aire de un *bon vivant*, envolviéndose con la misma maña que sus equipos de cristal, vistiéndose con trajes hechos a medida y corbatas de seda. Pese a ello, seguía sorprendiendo a los demás por antojarse un hombre raro, grosero, egocéntrico e incluso desalmado. En los viajes en tren a Chicago para recoger piezas para su empresa, hacía una parada en Cleveland para visitar a su prima de siete años, Hildegarde. El empresario aterrorizaba a la niña sometiéndola a interminables soliloquios acerca de una sociedad en la que ciudades con cúpula en órbita, robots médicos y colonias de retiro en Marte eran moneda corriente. (Entre tanto, las calesas tiradas por caballos seguían llenando las calles.) Si un teléfono sonaba y lo sacaba de su ensimismamiento, alzaba un dedo de advertencia y le decía a su prima con su adusto acento germánico: «Hildegarde, péinate. No tardaremos mucho en que quien llama pueda vernos la cara a través de los cables».[15]

II

A Gernsback le costó un tiempo digerir el incidente con el policía escéptico. «Me exasperaba que pudiera existir tanta ignorancia con respecto a la ciencia —explicó a un público de radioaficionados e ingenieros reunido en Michigan cincuenta años después—. Me propuse cambiar la situación en la medida de mis posibilidades.»[16] Tramó entonces un plan para educar a la siguiente generación de científicos de tal modo que también le proporcionara un potente vehículo para promocionar su negocio: lanzaría la primera revista para operadores de radio aficionados.

Abrir la llamativa portada roja y naranja de *Modern Electrics*, que apareció en los quioscos en 1908, equivalía a adentrarse en un mundo donde las maravillas del futuro podían soldarse en un garaje utilizando piezas a la venta (disponibles, claro está, en la empresa Electro Importing Company). Publicaciones más formales como *Scientific American* se dirigían a científicos e inventores y desvelaban irregularidades de la Oficina de Patentes de los Estados Unidos, mientras que Gernsback orientaba su revista a un público lector mucho más extenso formado por aspirantes a genios y reparadores de fin de semana. Su lema, «La revista eléctrica para todo el mundo», se anticipó ochenta años al eslogan populista de Apple para el Macintosh: «Informática para el resto de nosotros». Como Steve Jobs, Gernsback no sólo dominó los mercados: los inventó.

Con una curiosa amalgama de entusiasmo por las últimas tecnologías y una sofisticación *mitteleuropäische*, *Modern Electrics* abarcaba una amplia gama de innovaciones más allá de la radio para aficionados, con artículos, editoriales y números especiales sobre aeronaves, fotografía electrónica, radiotelegrafía, creación de maquetas de ferrocarril y un programa para «mecanografiar por cable» que podría considerarse una proto-Internet.

El número de diciembre de 1909 estaba dedicado a una tecnología que por entonces se hallaba aún en su infancia experimental: la televisión. La red internacional de corresponsales con la que contaba Gernsback también abordaba temas tan remotos como el potencial para domeñar las mareas y la luz solar en tanto que fuentes de energía ilimitadas, y la investigación acerca de si las señales de radio afectaban a la capacidad de orientación de las palomas durante sus migraciones.[17]

La revista también celebraba un concurso fotográfico mensual para el suscriptor que construyera el equipo inalámbrico más interesante, merced a lo cual convertía a los lectores en una comunidad informada, parte del «producto» que Gernsback vendía. Era el enfoque perfecto para el tipo de lector que probablemente se dedicaba a reparar generadores electrostáticos y botellas Leyden a solas en el sótano de su casa, en lugar de irse de juerga con sus amigos.

En abril del año siguiente, Gernsback adentró la revista por una senda radicalmente nueva y pasó de especular acerca de la tecnología del futuro a imaginarla a partir de sus fabulaciones. La críptica secuencia de caracteres en la portada, «*Ralph 124C 41+*», supuso el debut del editor jefe como novelista. Alzándose sobre los hombros de sus héroes, Wells y Verne, inauguró un género de relatos populares que mezclaban las ciencias exactas con la ficción especulativa, poniendo un marcado énfasis en los artefactos. Bautizó este género con el nombre de *ciencificción*, e incluso patentó el extraño término, que no tardó en ser desbancado por *ciencia ficción*.[18]

Ralph 124C 41+ anticipaba una amplia oleada de maravillas tecnológicas, incluidas entre ellas la televisión, los radares, la iluminación fluorescente, el acero inoxidable, los teléfonos con vídeo, los partidos de béisbol nocturnos, los programas informáticos con conversión de voz en texto y noticias que se actualizaban de continuo. (También predijo el desarrollo de aspectos del futuro que aún no han acontecido, como la transmisión inalámbrica de energía, un «menógrafo» para transcribir pensamientos y un control climático electrónico.) Su extravagante título era un juego ortográfico de Gernsback con la idea que el autor tenía de la cienciﬁcción como profeta cultural: «Uno que predice para más de uno».[*, 19]

El hecho de que las profecías de Gernsback presentaran una precisión inusitada respondía a su amistad con alguien que ya vivía en el futuro: Nikola Tesla, el brillante inventor serbio cuyos experimentos inalámbricos precedieron a los del «padre de la radio», Guglielmo Marconi. Antiguo ayudante de laboratorio de Thomas Edison, Tesla realizó una investigación pionera en un asombroso abanico de campos, entre los cuales figuraron la robótica, la iluminación del hogar, los rayos X, los prototransistores, el control remoto y la corriente alterna. Incluso predijo el escalofriante rostro de la guerra en el siglo XXI: los drones semiautónomos, que el denominó Telautomata.[20]

«Cuando las conexiones inalámbricas se apliquen a la perfección, la Tierra en su conjunto se convertirá en un inmenso cerebro —aventuró Tesla en una entrevista en 1926—.[21] Seremos capaces de comunicarnos al instante, independientemente de la distancia a la que nos encontremos. Y no sólo eso, sino que a través de la televisión y la telefonía nos veremos y escucharemos igual de bien que si estuviéramos cara a cara, pese a encontrarnos a miles de kilómetros de distancia, y los instrumentos que nos permitirán hacerlo serán asombrosamente sencillos, en comparación con el teléfono actual. Un hombre podrá llevar uno de esos instrumentos en el bolsillo de la chaqueta. Podremos presenciar y escuchar eventos, como el discurso inaugural del presidente de los Estados Unidos, un partido de un campeonato de béisbol, los estragos provocados por un seísmo o el terror de una batalla como si los viéramos en primera persona.» Gernsback, veintiocho años más joven, se convirtió en el defensor más

* En inglés esta combinación de letras y números se lee: «*One to foresee for more than one*». *(N. de la T.)*

destacado de Tesla. El primer número temático de *Modern Electrics* se consagró por entero al trabajo de éste.

Comoquiera que fuese Tesla, la palabra *típico* no lo describía. La genialidad excéntrica corría por las venas de su familia: su madre era una tejedora experta descendiente de un largo linaje de inventores que diseñó sus propias herramientas de costura. Su hermano mayor fue un niño prodigio que falleció cuando Tesla asustó al caballo en el que montaba, cosa que provocó en Tesla un sentimiento de culpa durante toda su vida. El inventor futurista padeció una «peculiar aflicción» de niño que probablemente hoy se diagnosticaría como epilepsia, caracterizada por visiones de «potentes destellos de luz» y complejas alucinaciones. Como los pequeños profesores de Asperger, podía ser honesto hasta el paroxismo y cuando sus dos ancianas tías le pidieron que les dijera cuál de las dos era más guapa, Tesla respondió que una «no era tan fea como la otra».[22] Se le antojaba imperativo calcular el volumen preciso de las tazas de café, los cuencos de sopa y los bocados de comida que había sobre la mesa, y contaba el número exacto de pasos que daba cuando salía a pasear. (Al igual que Cavendish y Dirac, cultivó la costumbre de dar largas caminatas siguiendo un horario preciso, recorriendo entre trece y dieciséis kilómetros cada día por Manhattan.) De adolescente, Tesla desarrolló aversiones y hábitos rígidos, así como una fascinación por formas determinadas. La mera visión de una perla lo hacía ponerse enfermo, mientras que el brillo de los objetos con superficies planas lo hipnotizaba.

Se enfrascó en su carrera como inventor cuando descubrió que era capaz de visualizar máquinas teóricas con un detalle minucioso e incluso ponerlas en funcionamiento mentalmente, y modificar su diseño a medida que las piezas se iban desgastando. «No necesitaba maquetas, dibujos ni experimentos —recordaba Tesla en su autobiografía, publicada por Gernsback—. Lo visualizaba todo como si fuera real. [...] Para mí es indiferente si pongo en funcionamiento una turbina en mi pensamiento o la pruebo en mi taller.

Incluso noto si está desequilibrada. No hay diferencia alguna: el resultado es el mismo.»[23] (El relato del proceso de diseño que aportó Temple Grandin es casi idéntico: «Antes de acometer una construcción, pruebo a poner en funcionamiento el equipo en mi imaginación. Visualizo mis diseños utilizados en todas las situaciones posibles, con distintas dimensiones y razas de ganado y en condiciones climáticas diversas. Hacerlo me permite corregir errores antes de construirlos».)[24] Juntos, el inventor y el editor forjaron una alianza mutuamente beneficiosa.

Con todo, por clarividente que fuera Gernsback con respecto a la tecnología, imaginar una historia de amor creíble quedaba fuera de su alcance. A lo largo de todo el relato *Ralph 124C 41+*, el protagonista epónimo (un «gran inventor estadounidense» huraño) y su musa, una radioaficionada suiza llamada Alice 212B423, se comunican entre sí como si estuvieran leyendo manuales técnicos, con abundancia de nombres comerciales y cálculos con varios decimales. «Tanto el poste de electricidad como el de comunicaciones cayeron por la fuerza del viento el mismo día y me he quedado sin medio de comunicación alguno», informa Alice a Ralph cuando se conocen por casualidad debido al equivalente de lo que sería un error de Skype. Ralph rescata a Alice canalizando de manera remota los rayos de su microondas para fundir una avalancha inminente. *Vive l'amour!*

Si bien los conatos de Gernsback de escribir ficción adolecían de manera invariable de torpeza y anquilosamiento, fue brillante en su fomento de la formación de comunidades con intereses compartidos. Empezó a publicar los nombres de sus suscriptores, sus números de teléfono por radio y sus direcciones en un registro de radioaficionados que aparecía en la contracubierta de *Modern Electrics* y, en cuestión de tres años, su base de circulación había ascendido de ocho mil lectores a la vertiginosa cifra de cincuenta y dos mil.[25] Con la creación de una red descentralizada de entusiastas de la radio que pudieran comunicarse entre sí directamente mediante ondas hertzianas o correo, proporcionó a sus revistas y artilugios un mercado en expansión continua. Esta comunidad también demostraría ser indispensable una vez que los burócratas federales empezaron a dar pasos por regular las ondas hertzianas a favor de las comunicaciones militares y los retransmisores comerciales.

Mediada la década de 1920, Gernsback concentró toda su atención en expandir el mercado de la ciencia ficción. Empezó a publicar anuncios que publicitaban el lanzamiento de una nueva publicación dedicada al género que llevaría por título *Amazing Stories*. Y también dio con una fórmula infalible para que su nueva publicación gozara de popularidad entre su grupo demográfico objetivo, dotándola de vistosas ilustraciones en portada que retrataban a alienígenas vengadores, robots saqueadores y mujeres escasas de ropa perpetuamente a su merced. *Amazing Stories* no sólo supuso la emergencia de una nueva forma de literatura popular, sino el amanecer de una nueva sensibilidad, personificada por protagonistas fríos y racionales, sardónicos y expertos en tecnologías del tipo que más adelante encarnaron con un estilo consumado Harrison Ford y Patrick Stewart (y, en contadas ocasiones, mujeres imponentes como Sigourney Weaver y Kate Mulgrew). El atrevido eslogan «Ficción extravagante hoy, fría realidad mañana» prácticamente retaba a sus lectores a construir laboratorios en sus garajes y contribuir a la invención de un futuro maravilloso.

En menos de una década, las estanterías de las librerías, los quioscos y los pequeños comercios de todo Estados Unidos y Europa rebosaban de títulos de imitación como *Air Wonder Stories*, *Science Wonder Quarterly* y *Astounding Stories of Super-Science*. Impresos en papel basto, aquellos asequibles refugios en el sobrecogimiento y el misterio (a un precio de diez centavos) pasaron a conocerse de manera colectiva con el nombre de *pulp fiction*.

El fenómeno contemporáneo de los fans en Estados Unidos —el floreciente multiverso de adoradores de *Star Trek*, *The Who*, *Crepúsculo* y *Harry Potter*— tuvo su humilde comienzo en la columna de cartas al editor de *Amazing Stories*. Allí, Gernsback continuó la tradición de su registro de radioaficionados imprimiendo los nombres y las direcciones de sus lectores junto con sus cartas. Los intercambios en dicha columna a menudo eran mucho más sofisticados que los relatos que los rodeaban. Había un debate más ferviente en torno a la teoría de la relatividad de Einstein en la columna de cartas de *Amazing Stories* que en las publicaciones científicas generalistas.[26]

En breve, entre los aficionados a estas revistas baratas empezaron a tejerse redes de amigos por correspondencia, lo cual condujo a la formación de organizaciones como el Science Correspondents Club en Chicago y los Scienceers, un grupo de adolescentes neoyorquinos[27] que se reunían en el apartamento de Harlem de su primer presidente, un afroamericano amante del espacio llamado Warren Fitzgerald,[28] alentados por uno de los editores de Gernsback. Con métodos de reproducción tempranos, como la mimeografía y la hectografía, estos grupos producían sus propias publicaciones grapadas a mano con títulos como *The Comet* y *The Planet*, los primeros *fanzines* de la historia.

Los devotos de las novelas de quiosco no inventaron el término *fan* (derivado del latín *fanaticus*, «poseído por la locura divina»), pero sí fundaron el primer fenómeno de fans en el sentido moderno, con sus propias costumbres elaboradas, formas de arte, jerga especializada, convenciones y guerras internas de una grandilocuencia absurda. (La crónica que Sam Moskowitz hizo en 1954 de los primeros tiempos del fenómeno de los aficionados, *The Immortal Storm*, inspiró a un crítico a bromear: «Si se lee directamente tras un relato de la Segunda Guerra Mundial, no parece un anticlímax».)[29] Este entorno díscolo y fértil alimentó las carreras profesionales de numerosos escritores que pasaron a disfrutar de fama entre el público general, incluido el crítico de cine Roger Ebert y la guionista Leigh Brackett, célebre por su trabajo en *El sueño eterno*, *El largo adiós* y *El imperio contraataca*. Otros fans se convirtieron en nombres inmortales de la ciencia ficción, incluidos entre ellos Ray Bradbury, Isaac Asimov, Frederick Pohl y Ursula K. LeGuin.

Lo más importante, no obstante, fue que revistas como *Amazing Stories* y *Weird Tales* encendieron las imaginaciones de quienes convirtieron las extravagantes visiones de sus escritores favoritos en realidades. Los integrantes originales de la British Interplanetary Society, fundada en 1933 con el fin de promover la exploración espacial, eran ávidos lectores de las novelas de quiosco. Arthur C. Clarke observó en 1948 que muchos científicos estadounidenses también eran fans fervientes de este tipo de literatura y que «la aeronáutica nunca habría llegado al estadio en el que se encuentra de no haber sido por la ciencia ficción, que ha contribuido en gran medida a derribar las barreras psicológicas que retardan el progreso». El propio Clarke hizo circular copias de *Thrilling Wonder Stories*, otro título de la lista en expansión continua de Gernsback, en el Cavendish Laboratory de Cambridge.[30]

Darko Suvin, un destacado erudito del género, describió el impulso subversivo que palpitaba en el corazón de la ciencia ficción como una expresión de «distanciamiento cognitivo» del público general.[31] El fenómeno de los aficionados comulgaba con un profundo anhelo de elevarse por encima de las circunstancias de una existencia rutinaria y convertirse en parte de algo noble, profundamente informado y no entendido por todo el mundo. La emoción de pertenecer a algo que pocas personas eran capaces de apreciar resultaba especialmente seductora para aquellas personas a quienes los demás habían ridiculizado toda su vida. Nadie podía hacerte fan o impedir que lo fueras, y nadie podía juzgarte, salvo las personas a quienes tú escogías: tus amigos *fans*. Los primeros aficionados se regodearon en estos sentimientos recién descubiertos de seguridad y superioridad hasta el final, refiriéndose a los no aficionados legos en la materia que dirigían el mundo con el término *mundanos*.

A diferencia del seguimiento de culto a figuras del deporte o estrellas del rock, el fanatismo por la ciencia ficción arraigaba en una actividad en esencia solitaria: la lectura. Los rasgos considerados normalmente como patológicos o patéticos por la población general (como obsesionarse con trivialidades y acumular ingentes provisiones de recuerdos atesorados) se contemplaban en aquella comunidad como señas de «verdadero compromiso». Las comunidades de aficionados ofrecían lo que cualquier niño del espacio con nostalgia de su hogar anhelaba: pertenecer a una sociedad de élite de solitarios unidos por su creencia en el futuro. Para quienes se habían sentido como exiliados toda su vida, forzados a vivir entre extraños, convertirse en fan representaba el regreso a su hogar.

III

En tanto que editor, Gernsback era ante todo un hombre de hardware. Sentía inclinación por las historietas comerciales de poco valor con toques galácticos y artilugios fantásticos, chismes ingeniosos y motores diabólicos del caos (los rayos mortales eran un aspecto favorito perenne). Los maestros más sutiles de este arte ridiculizaban su escuela del género —en la que la tecnología se anteponía a la psicología, y la trama y el argumento eran secundarios a la colocación de productos—, motivo por el cual la denominaban «ficción de artilugios».[32] Leyendo aquellas historias se aprendía mucho acerca de las herramientas del futuro, pero muy poco sobre las personas que las utilizaban. Los matices de la interacción interpersonal eran superfluos; las mujeres era desventurados floreros a quienes había que rescatar, y los protagonistas eran de una castidad monacal. El verdadero protagonista la ciencificcción era la propia ciencia, que conquistaba a las fuerzas oscuras de la irracionalidad y la ignorancia.

Se podían hojear una docena de títulos de Gernsback en un quiosco y no averiguar que aquella era también la época de la Gran Depresión o del Dust Bowl.* Cuando un lector se opuso a que *Wonder Stories* publicara traducciones del alemán después de que Hitler ascendiera al poder, Gernsback (o uno de sus editores) resolló y contestó que la revista se mantenía «perfectamente neutral» en esa cuestión: «Lo que el líder de Alemania haga por los alemanes es algo sobre lo que los alemanes deben reflexionar».[33]

En 1940, un especialista en defensa canadiense llamado A. E. van Vogt publicó una novela por entregas titulada *Slan* en *Astounding Science Fiction* que elevó el rasero de todo el género y llevó el tema del distanciamiento cognitivo a un nuevo nivel, a la par que ayudó a inaugurar lo que los historiadores denominan la era de oro de la ciencia ficción.

Publicada en tres partes, narraba la historia de una raza de humanoides, los «slans» del título, creados mediante ingeniería genética para manejar el ritmo acelerado de una civilización mecanizada. Aquella raza de elegantes mutantes era la creación de un biólogo del siglo XXI llamado Samuel Lann, que inició su proyecto experimentando con sus propios hijos. El hito conceptual de *Slan* consistió en retratar a seres humanos «normales» no como salvadores, sino como el enemigo.

Cuando la historia da comienzo, el protagonista genéticamente modificado del libro, Jommy Cross, y su especie son perseguidos hasta la extinción en las ruinosas calles de una megápolis en expansión llamada Centrópolis. La madre de Jommy sacrifica su vida para que su hijo pueda vivir; con la ayuda de una taimada vagabunda, el muchacho se refugia

* Desastre ecológico ocurrido en la década de 1930 en Estados Unidos en el que la sequía afectó a las llanuras y praderas que se extienden desde el golfo de México hasta Canadá. *(N. de la T.)*

en una sociedad clandestina que sobrevive en los recovecos y las rendijas del paisaje urbano.

Reimpresa en formato de novela tras la Segunda Guerra Mundial, *Slan* causó sensación. Sus tropos reverberan en las generaciones posteriores de la ciencia ficción: las maquinaciones políticas de *Dune*, la consejera medio betazoide de *Star Trek* Deanna Troi, la caza de replicantes solitarios en *Blade Runner* o los superpoderes de los mutantes de *X-Men*. Para los aficionados de la primera generación, *Slan* tuvo una resonancia especial, porque vieron un reflejo de su propio predicamento en aquel relato de mutantes superinteligentes, supersensibles y profundamente incomprendidos que bregaban por sobrevivir en un mundo no construido para ellos. Nadie llevó aquella idea más allá que uno de los fans más extravagantes que hayan existido nunca, un renegado niño del espacio llamado Claude Degler.

El trasfondo de Degler, como todos los demás aspectos de su vida, estaba envuelto en la neblina de su propia hipérbole. De acuerdo con un dosier recopilado por el primer historiador del fenómeno de los fans, un abogado llamado Jack Speer, Degler nació en Misuri en 1920.[34] Al poco, su padre abandonó a la familia y el pequeño Claude y su madre se trasladaron a Indiana. Como Gernsback, Degler se obsesionó por la electricidad desde una edad muy temprana y se zambulló en la ciencia ficción como un pez que redescubre el mar. Devoró novelas de quiosco y se alistó al Buck Rogers Club —un intento temprano de comercializar el fenómeno de los aficionados a la ciencia ficción que ofrecía anillos «repelentes de rayos» en cajas de Crema de Trigo—, pero los muchachos del vecindario se mofaban de él por ser tan raro.

Con una inteligencia precoz, Degler ascendió al cuadro de honor en el instituto, si bien, a los quince años de edad, sus episodios de ansiedad, depresión y brotes violentos, exacerbados por un acoso constante, derivaron en su expulsión. Aconsejaron a su madre que lo matriculara en una escuela para deficientes mentales, pero ella se negó a hacerlo. Sin embargo, después de que Degler prendiera fuego al cobertizo de un fiscal del condado en 1936, lo internó en el Eastern Indiana Hospital for the Insane. El año siguiente, sus médicos emitieron un certificado que ordenaba su esterilización forzosa,[35] pues era probable que procreara niños «mentalmente incompetentes» o «socialmente inadecuados». En lugar de someterse al bisturí, Degler consiguió que lo dieran de alta contraviniendo las órdenes médicas.

Entonces leyó *Slan*. El libro tuvo un efecto electrizante en Degler, a quien de repente le quedó claro su verdadero destino. Él y los otros aficionados a la ciencia ficción eran mutantes «hijos de las estrellas» atrapados tras las líneas enemigas. La ciencia ficción no era una mera diversión para adolescentes que soñaban despiertos y profesores lumbreras; era el primer estímulo de un alzamiento contra los mundanos que durante tanto tiempo los habían oprimido. Y Degler inventó un llamamiento a cerrar filas que se difundió entre los amantes de la ciencia ficción como un *meme* viral: «¡Los fans son *slans*!».

Degler inició un épico viaje en autoestop de costa a costa de los Estados Unidos con el fin de concienciar a los demás «coshombres» y «cosmujeres», y para ello miró las listas de correo de los clubs de aficionados a la ciencia en busca de los nombres de miembros potenciales de una extensa red que bautizó con el nombre de Círculo Cósmico. En 1941 apareció en Denver en una de las primeras convenciones en torno a la ciencia ficción e impartió un discurso que, según afirmó, habían escrito marcianos. Viajó de Los Ángeles a Nueva York, durmiendo en sofás en casas de conocidos y designando a fans como directores de organizaciones con nombres como Círculo de Aztor, Filósofos de Valdosta, Pensadores Cósmicos, Círculo Científico de Rose City, Sociedad Cósmica Florida, Federación Fantástica de Dixie, Slans del Empire State y los Muntantes Muncie.

También abogó por la formación de hogares integrados sólo por aficionados a la ciencia ficción llamados «casas de convivencia *slan*», donde sus camaradas pudieran perseguir sus intereses y pasiones con la mínima interferencia de inoportunos mundanos, y promovió el lanzamiento de un Campamento Cósmico en la meseta de Ozark, donde viriles coshombres y fecundas cosmujeres pudieran procrear la siguiente generación de humanoides genéticamente superiores, un lugar dotado de su propia «biblioteca-laboratorio» para albergar extensas colecciones de recuerdos. «¡Luchad por convertir el mundo en un lugar seguro para la ciencia ficción!», clamaba Degler en un *fanzine* titulado *Voice of the Imagi-Nation*, uno de la vertiginosa multitud de publicaciones en las que colaboró en la década de 1940.

Su Campamento Cósmico nunca despegó, pero la primera cabaña *slan*, promocionada como una «isla para aficionados a la ciencia ficción en un mar de mundanos»,[36] se fundó en Battle Creek, Michigan, en 1943. «Nuestros planes incluían una sala para hacer *fanzines* donde todos los ocupantes compartirían el acceso a un mimeógrafo, y apartamentos con luz del norte para los artistas», recordaba Dalvan Coger, un antiguo residente del lugar.[37] Llegaron fans procedentes de todos sitios, en coche, tren, autobús o a dedo, deseosos de experimentar «la sensación de proximidad, de ser capaces de hablar de manera abierta acerca de nuestras ideas, puesto que, al ser todos aficionados a la ciencia ficción, podíamos expresarnos más fácilmente en compañía mutua». Un letrero sobre la puerta principal rezaba simple y llanamente: «Civilización».

Aparecieron casas de convivencia *slan* por todo Estados Unidos y en el Reino Unido, con nombres como la Casa Oblicua, el Epicentro, Estación X, el Bebedero de Pájaros de Marfil, Base Suprema y Torres Tirabuzón. Se trazó un programa para transformar toda una manzana de bloques de viviendas de Los Ángeles en un centro de convivencia *slan* con todas las de la ley, con habitáculos prefabricados, granjas hidropónicas e instalaciones editoriales comunitarias. Degler aseguraba que el propietario de un gran rancho en Arizona había otorgado al Círculo Cósmico permiso para iniciar experimentos de ingeniería espacial tras la guerra, con el fin de que sus compañeros nacidos de las estrellas pudieran ponerse manos a la obra y transformar ficciones extravagantes en realidad. Proyectos ambiciosos como aquél, prometía, no eran más que el principio de una nueva sociedad intergaláctica: «¡Nuestros hijos heredarán no sólo esta Tierra, sino este Universo! ¡Hoy estamos formados por veintidós estados; mañana, seremos nueve planetas!».[38]

Por desgracia, el centro de convivencia *slan* de Los Ángeles no llegó a materializarse. El propio Degler resultó ser la estrella fugaz más efímera del mundo de los aficionados a la ciencia ficción cuando perdió el favor de sus iguales al hacerse evidente que muchas de las organizaciones del Círculo Cósmico existían sólo en el universo de su cerebro. Incluso el eslogan «¡Los fans son *slans*!» acabó siendo pasto del ridículo y considerado una broma autoparódica, una caricatura de los amantes de la ciencia ficción en su forma más mesiánica y agitada.

Sin embargo, había más que una pizca de verdad en la insistencia de Degler en que los aficionados a la ciencia ficción eran mutantes que luchaban por sobrevivir en los márgenes de una sociedad que no los entendía. Es probable que una minoría importante de sus compañeros, incluido Gernsback, hubieran encajado en el diagnóstico de síndrome de Asperger, de haber existido, afirma el destacado historiador de la ciencia ficción Gary Westfahl. A las personas incluidas en el espectro autista antes de que tuviera una designación, explica, los universos alternativos de la ciencia ficción debieron de antojárseles menos extraños que el desconcertante mar de mundanos en el que navegaban a la deriva.

> La revisión de la ciencia ficción recogida en las novelas de quiosco de la década de 1930, repletas de aventureros solitarios en búsquedas solitarias de planetas remotos y el futuro lejano, permite entender fácilmente que dichas historias sedujeran a los muchachos (y a algunas muchachas) considerados «huraños» o «excéntricos» y que ahora clasificaríamos como casos no diagnosticados del síndrome de Asperger. [...] Para un adolescente con síndrome de Asperger

> que viviera en los años treinta del siglo XX, un relato acerca de un astronauta que se encontraba con alienígenas en Marte seguramente presentaba un cierto aire de familiaridad reconfortante, en contraste con las historias ambientadas en los mundos incomprensibles, inexplicables y completamente socializados de Andy Hardy y los Gemelos Bobbsey.[39]

El variopinto elenco de personajes del libro de Harry Warner *All Our Yesterdays*, un relato de un testigo ocular del incipiente fenómeno de los aficionados a la ciencia ficción, incluye tanto a hombres como a mujeres a quienes describe como «eremitas», «extremadamente introvertidos», «sin habilidades sociales», dotados pero extraños y centrados en su «actividad como aficionados» con una intensidad decidida que podría considerarse obsesiva. En la década de 1940, Jack Speer especuló con que la mayoría de los fans eran «discapacitados» en un sentido que les dificultaba prosperar en el mundo normal.[40]

Muchos de aquellos fans de la ciencia ficción eran también radioaficionados y se registraban importantes intercambios entre ambas subculturas. De haber existido *slans* reales en los albores del siglo XX, seguramente se los habría encontrado revisando con atención los catálogos de Gernsback e intentando ensamblar la tecnología de una civilización más avanzada a partir del material disponible, por primitivo que fuera, como cuando Spock monta un comunicador con los tubos de un aspirador en el sótano de Edith Keeler en un célebre episodio de la serie *Star Trek* original.[41]

Pero el futuro no llegó a tiempo: un número importante de los aficionados a la ciencia ficción de primera generación con un vivo interés en la ciencia y en la ingeniería acabaron desempeñando empleos de baja categoría debido a sus limitadas habilidades sociales. «Los fans de hoy en día no pueden imaginar la desgastada existencia de muchos de sus homólogos en la década de 1930 y principios de 1940, quienes viajaban en furgonetas hasta convenciones mundiales de ciencia ficción y rebuscaban en los contenedores de basura situados tras los hoteles para recuperar copias de *Stories* descartadas por clientes que ya las habían leído —escribió el historiador David B. Williams—. Existe un motivo por el que los fans de aquellos tiempos eran delgados como galgos: la comida costaba dinero.»[42]

La afición a la radio y a la ciencia ficción ofrecía maneras de obtener reconocimiento social al margen de los canales tradicionales. Los fans incluso tenían un término para definir la emoción de ser respetado por tus iguales por tus aportaciones a la comunidad: *egoboo*. A las personas a quienes desalentaba participar en conversaciones no concluyentes, las costumbres y los rituales bizantinos de los aficionados a la ciencia ficción les proporcionaban unos guiones de interacción tranquilizantes. La elaborada jerga acuñada por los fans en los primeros tiempos (que un crítico denominó «una adicción gratuita a un vocabulario abstruso»)[43] prácticamente se convirtió en un dialecto y funcionaba como campo de fuerza verbal que mantenía a raya a los mundanos ignorantes en la materia.

Los aficionados a la ciencia ficción conformaban una comunidad atípica que aceptaba las peculiaridades y diferencias individuales.[44] El término *fanzine* lo acuñó en 1940 un fan sordo llamado Louis Russell Chauvenet, que también había ganado varios torneos de ajedrez y era técnico informático para el Departamento de Defensa de los Estados Unidos. Otro aficionado que alcanzaría el estrellato escribiendo para Gernsback, David Keller, había sido diagnosticado como deficiente mental de niño y hasta los seis años de edad habló en una lengua privada que sólo entendía su hermana. Uno de los compañeros de viaje de Degler fue un hombre físicamente discapacitado llamado Jim Kepner, quien se convirtió en uno de los primeros periodistas en hacer pública su homosexualidad, alentado por «la lectura y las conjeturas acerca de un mundo cuyas costumbres podrían diferir de las nuestras».[45] Kepner pasó de aprovisionarse con compulsión de números de *Amazing Stories* y *Galaxy* a obsesionarse con los boletines informativos de grupos homosexuales pioneros como la Mattachine Society y la Daughters of Bilitis. La biblioteca personal de Kepner constituye hoy el núcleo de ONE, el archivo de la historia de la homosexualidad más extenso del mundo, albergado por la Universidad de California del Sur.

El biógrafo de Gernsback, Gary Westfahl, considera «razonable asumir» que el influyente editor y empresario era un Asperger no diagnosticado.[46] Sus compañeros lo consideraban una figura insociable que mantuvo una distancia fría de las comunidades que creó. Las personas a quienes consideraba amigas tendían a ser científicos reputados, políticos influyentes y otras figuras destacadas con quienes intercambiaba correspondencia por correo; el historiador James Gunn observó en *Alternate Worlds* que era «una curiosa mezcla de reserva personal y arte de vender agresivo».

Después de que sus dos primeros matrimonios acabaran en divorcio, Gernsback decidió que el asunto del matrimonio en su conjunto era un caos y clamaba a gritos por una solución de alta tecnología.[47] Para acometer aquella misión de gran envergadura, un equipo de científicos entrevistaría a miles de parejas que solicitaran licencias matrimoniales y las interrogaría acerca de todos los aspectos de sus vidas: sus historiales de salud, sus aptitudes para la música y el arte, la textura de su cabello y piel, sus olores preferidos, la presencia de enfermedades hereditarias en sus linajes familiares y un centenar de «aspectos vitales» adicionales. A continuación, su ejército de investigadores desplegaría un arsenal de instrumentos diagnósticos (incluidos electrocardiógrafos y detectores de mentiras) para determinar el «C. S.» («cociente sexual») de la persona. Una vez establecido el destino de estos emparejamientos iniciales, se introducirían en un ordenador una serie de algoritmos destinados a maximizar las posibilidades de éxito. A partir de ese momento, el veleidoso Cupido cedería el paso a la objetividad irrefutable de los llamados *big data* o «datos masivos».

Gernsback aplicaba con idéntica ausencia de emociones sus directivas editoriales. «Las frases cortas son más fáciles de leer que las largas —aconsejaba a los colaboradores potenciales de sus revistas—. Ello responde a una conocida ley óptica.»[48] Sus notas de rechazo enumeraban treinta errores comunes de los escritores, con una casilla de verificación junto a cada uno, incluidos entre ellos «argumento manido» y «material ofensivo según los estándares morales».[49] Exigía que todas las teorías científicas de los relatos que publicaba fueran verificables, una insistencia en la precisión literal que su elenco de autores apodó «el delirio de Gernsback». Incluso aplicó esa ley a las viñetas publicadas en el diario dominical y enfurecía si detectaba a un astronauta vestido con un traje espacial mal aislado.

Extremadamente sensible al sonido, se recluía en la estancia de su ático en la West End Avenue que había bautizado con el rimbombante nombre de «sala de pensar»,[50] con el fin de visualizar las formas de objetos futuros en un silencio y una soledad ininterrumpidos. Cuando se aventuraba a dejarse ver en público, lo hacía con un «aire de autoridad ducal» y pronunciaba largas peroratas acerca de sus temas favoritos, como «Bismarck dirigiendo el Congreso de Berlín», según anotó un periodista que esbozó un perfil de Gernsback para *Life*.[51] Era igual de arrogante en el ejercicio de sus preferencias dietéticas. Al llegar a uno de los restaurantes donde comía religiosamente (el Delmonico's era uno de sus favoritos), se colocaba un monóculo y escrutaba el menú del día como si de un cirujano practicando una biopsia se tratara. Jamás dudó en devolver un plato a la cocina si no estaba lo bastante caliente, y una vez descartó tres botellas de vino de un tirón. David Keller, que almorzó con él en el Astor Hotel, recordaba que el multimillonario marcó metódicamente el precio de todo lo que consumían, incluido el café con hielo (ochenta y cinco centavos).

Cada mañana de los días entre semana, a las ocho y media en punto, llegaba a sus inmaculadas oficinas en West Fourteenth Street bañado en su agua de colonia favorita y con aspecto de «cargar el mundo a cuestas»,[52] según recordaba el propietario de un comercio cercano. Su teléfono, los adminículos de su escritorio, su termo y las paredes de su despacho eran exactamente del mismo tono de verde (tal como la biblioteca de la calle Bedford de Cavendish) y a intervalos periódicos a lo largo del día, el atildado editor con pajarita soplaba el tablero de su mesa para mantenerlo limpio del desagradable hollín. Después de que Tesla falleciera en 1943, empobrecido y demacrado en su habitación en el Hotel New Yorker con un cartel de «No molestar» colgado de forma permanente de la puerta,[53] Gernsback colocó su máscara mortuoria en un rincón de su despacho a modo de tributo macabro.[54]

Pese a que la carrera de Gernsback como inventor se vio ensombrecida por la de su mentor serbio (¿cuál no?), registró más de ochenta patentes a lo largo de su vida, con una gama de innovaciones que englobaba desde el primer *walkie-talkie* hasta uno de los primeros audífonos por conducción ósea, pasando por un diseño de gafas con televisión (con una pequeña antena incluida) y una noria sumergible.

Con todo, su creación más manifiestamente autista fue un artilugio para reducir las distracciones sensoriales en las oficinas ruidosas llamado «el Aislador». El número de julio de 1925 de *Science and Invention* incluía una ilustración surrealista del editor modelando su creación, una suerte de traje de escafandra con un casco particularmente engorroso y una provisión de aire personal conectada a una bomba de oxígeno cercana. Con el fin de poder concentrarse en una única frase de texto cada vez, había dos hendiduras taladradas en el casco. «Al eliminar los ruidos externos —anunciaba el pie de foto—, el trabajador puede centrarse con facilidad en el tema que le ocupa.»

Pese a que su Aislador no sedujo al público, la red de radioaficionados de Gernsback demostró ser una bendición para quienes probablemente habrían hecho un buen uso de tal artilugio. Un radioaficionado solo en un garaje con un transmisor de chispas era un chiflado, pero una red de ellos componía una fuerza considerable. Al encadenar distintas emisoras mediante relés, un aficionado de Chicago podía «conectar» con su equivalente en Christchurch, Nueva Zelanda, y transmitir así mensajes alrededor del planeta. De súbito, la Tierra devino en un lugar muy pequeño y sociable para cualquier radioaficionado en una habitación con un par de baterías secas, un transmisor de chispas, un receptor «por palmos» y unos auriculares.

La radio no era algo para todo el mundo, reconocía Gernsback, ya que la curva de aprendizaje era demasiado pronunciada para los pobres lerdos que carecían de una «mente radiofónica».[55] Un muchacho dotado de una mente de tales características (y en la imaginación de Gersback siempre se trataba de un muchacho, aunque la realidad fuera distinta) no sentía la misma compulsión que los otros niños de su edad a perder el tiempo en tonterías; en su lugar, prácticamente había que obligarlo a salir de casa.

Durante la Segunda Guerra Mundial, la agencia de espionaje británica MI8 reclutó en secreto a una serie de radioaficionados adolescentes (a quienes se prohibió hablar de sus actividades incluso con sus familiares) y les encomendó que interceptaran mensajes codificados de los nazis. Al retransmitir dichos mensajes al magnífico equipo de descodificadores de Bletchley Park dirigido por el informático pionero Alan Turing, aquellos jóvenes aficionados a la radio permitieron a los aliados predecir con precisión los movimientos de los ejércitos alemán e italiano. La predicción de Asperger de que los pequeños profesores de su clínica podrían ayudar en el esfuerzo bélico había sido preclara, si bien fueron los aliados quienes cosecharon sus beneficios.

Con el auge de la radio, los miembros diseminados de la tribu al fin hallaron un modo de convertirse en una fuerza colectiva en la esfera pública. La afición a la radio era una actividad que compensaba la fascinación por los aparatos, sistemas y máquinas complejas, y los aficionados con loables capacidades memorísticas contaban con ventaja, porque todos los radioaficionados de Estados Unidos estaban obligados a aprender el código Morse para obtener sus licencias de FCC hasta 1990. Gracias a la posibilidad de adquirir piezas por correo a precios razonables tanto de la empresa de Gernsback como de la competencia, la radio se convirtió en un pasatiempo asequible que podía disfrutarse en soledad. Los radioaficionados a quienes el habla les planteaba trabas podían evitar hablar comunicándose mediante código. (Una fotografía de una de las primeras reuniones de radioaficionados muestra a dos hombres sentados a una mesa, cara a cara, comunicándose mediante puntos y guiones dando golpes en botellas de leche con una cuchara.) Por su parte, quienes disfrutaban de largas charlas también tenían la oportunidad de «darle a la sinhueso» con otros radioaficionados durante horas, empleando un léxico tan ingenioso y ritual como la jerga de los aficionados a la ciencia ficción. La cultura de la radio también era una meritocracia estricta donde a nadie le importaba qué aspecto tuvieras o el desparpajo con que te desenvolvieras en público. Cualquiera que supiera cómo instalar un equipo y mantenerlo operativo era bienvenido a la fiesta.

La biblia de los radioaficionados era un libro titulado *Calling CQ*, obra de un aficionado llamado Clinton DeSoto. (El título era la frase que los radioaficionados habían utilizado desde los días de Marconi para invitar a responder a cualquier operador que se encontrara al alcance del oído.) Su descripción de los valores de la radio aficionada sirvió de anteproyecto para una nueva índole de comunidad ideal destinada a orientar a los jóvenes especialmente dotados y con dificultades de interacción social.

> El neófito no se metamorfosea en un aficionado hecho y derecho de la noche a la mañana. Pero, cuando al fin sale de su crisálida, se extiende ante él un nuevo mundo. En primer lugar, recibe un nuevo nombre: las siglas de identificación de su radio. Y a partir de entonces cuenta con una nueva identidad, incluso con una nueva personalidad y una nueva posición social. No se lo conoce por quiénes son sus amigos o qué ropas viste, sino por las señales que emite. Se interna así en un nuevo mundo cuyas cualificaciones para el futuro están a su alcance. Sin pedigrí, chófer o un maestro de la antigüedad decorando su sala de estar, puede convertirse en un príncipe... del aire.[56]

Uno de los chavales con mente radiofónica que respondió al llamamiento de DeSoto —y a quien más tarde se diagnosticaría síndrome de Asperger— fue Robert Hedin, que recibió la medalla Rensselaer como estudiante de matemáticas y ciencias más destacado del instituto pero nunca congenió con sus compañeros de clase.[57] Según él mismo explica, lo que lo atrajo de la radio para aficionados era que ofrecía «una oportunidad a las personas menos sociables de socializar de un modo no intimidatorio».[58] Además, le proporcionaba una manera de recibir reconocimiento por sus habilidades naturales, mediante concursos mundiales de actividades como «DXing» (hacer nuevos contactos en países extranjeros) y diseñar antenas y equipos de transmisión. El único lenguaje corporal que se requería eran las «pulsaciones», término empleado para definir la velocidad y la precisión con la que se tecleaba.

La radio para aficionados también ofrecía acceso al mercado laboral a las personas que no podían depender de su capacidad de seducir a los entrevistadores o cultivar contactos en persona. Con un transistor que él mismo había construido, Hedin tuvo la oportunidad de contactar a través de las ondas hertzianas con el ingeniero jefe de un canal televisivo local, quien le aseguró que lo contrataría si obtenía su licencia FCC en un plazo de seis meses. (Los radioaficionados se habían infiltrado ya en todo el departamento de ingeniería de aquel canal televisivo.) Hedin pidió en préstamo un manual en la biblioteca pública, se encerró en su cabaña con radio y se sacó la Licencia de Radiotelefonía de Primera Clase (FCC) en menos de seis meses. Trabajó entre bambalinas en emisiones televisivas durante el resto de su vida.

Tras averiguar que tanto él como sus hijos formaban parte del espectro, Hedin se afilió al Global and Regional Asperger Syndrome Partnership (GRASP), uno de los grupos de apoyo para personas con autismo más importantes de los Estados Unidos. Volviendo la vista atrás, está convencido de que varios de los radioaficionados a quienes conoció durante sus cincuenta y cinco años surcando las ondas hertzianas habrían encajado en ese diagnóstico.

La sociedad de radioaficionados también permitía a los tímidos introvertidos estudiar los protocolos de la interacción personal desde una distancia cómoda. «A través de la radio para aficionados [...] he aprendido mucho acerca de la comunicación entre las personas. He tenido la oportunidad de observar y participar en el proceso de dar y recibir, que, en definitiva, es en lo que consiste la comunicación»,[59] recordaba Lenore Jensen, quien cofundó la Young Ladies' Radio League en 1939 para alentar a más mujeres a unirse a esta conversación. Al interactuar con otros radioaficionados, aprendió a comportarse con destreza en situaciones sociales y acabó por convertirse en una actriz aplaudida por sus interpretaciones en *Rústicos en Dinerolandia*, *General Hospital* y *Papá lo sabe todo*.[60]

Para algunas personas autistas, la atracción de la radio era más estrictamente técnica. Lo único que ansiaban era tocar aparatos que les fascinaban. La primera palabra que un radioaficionado llamado Mark Goodman pronunció en su vida, a los cuatro años de edad, fue *ra-io* («radio»). Las tranquilizadoras melodías que surgían de la consola que había en el salón de su hogar se le antojaban menos intimidatorias que las voces de los adultos. «Aquel aparato sonoro de madera barnizada —recordaba— se convirtió en mi compañero inseparable.»[61] El ensamblaje de un kit de radio de cristal que su tío le regaló unas Navidades lo alentó a abordar proyectos más complicados, que le transmitieron un sentido de propósito en un mundo que se le antojaba «en gran medida caótico [y] a menudo indiferente».

Goodman pasó horas en la biblioteca municipal estudiando manuales técnicos y empezó a realizar peregrinajes a tiendas de suministros para radio de la cercana San Francisco. Finalmente logró reparar una consola rota, que volvió a funcionar bien. Tal hecho le infundió seguridad y tuvo un efecto secundario inesperado: se implicó emocionalmente en las historias que escuchaba en la radio.

> En ocasiones sintonizaba episodios concebidos para personas de mi edad de series como *Tom Mix*, *Jack Armstrong* y *Superman*, que hasta entonces no me había detenido a escuchar. Me recostaba, imbuido de una rara alegría, cerraba los ojos y me dejaba llevar por los sonidos que salían de aquel pedazo de madera, hierro, papel, cables, vidrio y lo que quiera que hiciera falta para convertir ondas de radio en palabras y música que se reproducían en mi imaginación. Era pura magia. Aquellos sonidos originados a centenares o miles de kilómetros de distancia llegaban a mis oídos mediante un cono vibrador de papel negro rígido.[62]

Por gratificantes que resultaran tales experiencias, no lograron salvar a Goodman de pasar malos ratos en la escuela, en una época en la que las señales del autismo no eran algo que se identificara de manera rutinaria. Martirizado por un profesor sádico, se refugió en leer «montones de ciencia ficción [...] y me encontraba más a gusto en los mundos imposibles, remotos e imaginarios que en el mundo alienígena en el cual estaba varado». A los doce años de edad, su madre lo llevó a Stanford para que lo examinaran, pero el psiquiatra le dijo que con el tiempo superaría sus problemas de relación con otras personas.

Tras dar con un ejemplar de *Calling CQ* en la biblioteca de la escuela, Goodman quedó impresionado con el relato de un joven radioaficionado llamado Walter Stiles que se convirtió en un héroe tras unas trágicas inundaciones en Pensilvania.[63] Una noche, durante una fuerte tormenta, Stiles detectó una débil señal procedente de un operador cerca de Renovo, Pensilvania, que solicitaba «QRR», el equivalente a SOS. Transcribió el resto del mensaje del operador, en el que describía una población que había quedado sepultada bajo el agua, con más de dos mil personas con necesidades urgentes de rescate y/o atención médica. «Aterrizaje aviones imposible Coma Descenso paracaídas», concluía la desesperada transmisión. Justo entonces la señal se desvaneció. Tras dar la alerta a la Cruz

Roja, Stiles y un grupo de amigos partieron rumbo a Renovo con un camión lleno de medicamentos, alimentos y un transmisor sumergible; al encontrar los puentes arrasados por el agua, transportaron en carretilla su material a lo largo de kilómetros, hasta el lugar de la catástrofe. Allí, Stiles se colocó al mando de su telégrafo durante cuarenta y ocho horas y retransmitió mensajes al mundo exterior mediante cadenas de otros aficionados.

Tras leer las aventuras de aquellos jóvenes héroes, Goodman decidió unirse a sus filas. Al poco había montado su propio equipo y se había sacado la licencia FCC. Sin embargo, comunicarse mediante las ondas hertzianas no le proporcionaba todo el apoyo y la orientación que necesitaba. Pasaría varias décadas acumulando suspensos en la escuela, perdiendo empleos, entrando y saliendo de instituciones psiquiátricas y luchando por sobrevivir a su discapacidad.

Con el tiempo buscó ayuda en más de veinte psiquiatras, psicólogos y terapeutas, pero hasta que el diagnóstico del autismo no se amplió para englobar también a adultos, ninguno de ellos fue capaz de entender los desafíos que afrontaba. Finalmente, a los setenta años de edad, fue diagnosticado y pudo acceder a los servicios que necesitaba. Unirse a un grupo de apoyo para adultos dirigido por la Asperger's Association of New England, afirma, fue «como llegar a tierra tras una vida sumergiéndote y reflotando en un mar que parecía extenderse hasta el infinito en todas direcciones».[64]

IV

Gernsback falleció en 1967, cuando muchas de sus predicciones se hacían realidad. La televisión, que hizo su debut público en 1928, en una emisión experimental albergada por la estación radiofónica de Gernsback WRNY, era ya un electrodoméstico ubicuo, y 172 cohetes despegaron de la superficie terrestre sólo aquel año.[65] Para entonces, una nueva generación de visionarios criados en un mundo de bricolaje electrónico y novelas de quiosco de ciencia ficción allanaba el terreno para una red mundial que haría palidecer a la revolución de la radio.

La era digital moderna empezó en el Massachusetts Institute of Technology (MIT) en las postrimerías de la década de 1950, donde un matemático e ingeniero llamado John McCarthy ofreció la primera licenciatura en programación informática.[66] En lugar de concebir los voluminosos ordenadores centrales del momento como máquinas aditivas glorificadas, sopesó modos de programarlas para que pudieran actuar de modos creativos, aprender a adaptarse a su entorno, enlazarse en complejas redes y evolucionar hasta ir adquiriendo inteligencia por sí mismas. Para describir su visión dinámica de la informática, acuñó el término *inteligencia artificial* (IA).[67]

McCarthy, un hombre pesimista, con gruesas gafas de montura negra, una barba indómita y pelo al rape con una cresta a lo indio, era un excéntrico legendario en un campus abarrotado de excéntricos. Tenía la costumbre de caminar a grandes y furiosas zancadas mientras pensaba; si le formulaban una pregunta, podía largarse sin ni siquiera despedirse y reaparecer días más tarde con una respuesta, como si la conversación no se hubiera interrumpido. Si sus colegas querían que leyera un artículo, en lugar de llevárselo a su despacho, donde inevitablemente se perdería, le dejaban una copia en su propio escritorio y, como McCarthy se dedicaba a deambular por todo el edificio, acababa entrando allí, lo agarraba y se marchaba a leerlo, normalmente sin mediar palabra.[68]

En *Scientific Temperaments*, Philip Hilts calificó de inquietante su primer encuentro con McCarthy:

> Me recibió con una mirada expectante. No pronunció ni una palabra. El discurso por parte de su visitante provocó en McCarthy una serie de farfulleos que fueron aumentando de volumen y claridad, como el sonido de un hombre al salir de una cueva. Sólo cuando su mente afloraba a la superficie se daba algo parecido a una conversación normal. Sus

colegas lo confirmaron: la mente de John McCarthy es un vehículo diseñado para pasar a toda velocidad por el fluido del pensamiento, capaz de maniobrar con escasa fricción externa. Pero, en el terreno social, su aerodinámica concentración se vuelve rara y difícil de manejar.[69]

McCarthy era igual de torpe en el espacio físico y reconocía su «falta acumulada de éxitos» en sus clases de educación física en el instituto. Sin embargo, no permitió que ello lo frenara de escalar montañas, navegar y pilotar aviones privados. Un compañero piloto recordaba a McCarthy dándose instrucciones a sí mismo para comprobar cada paso antes de proceder a aterrizar —«paso de hélice [...] mezcla rica [...] velocidad correcta [...] venga, vamos allá»— y, de repente, darse cuenta de que ya había aterrizado y el avión rodaba por la pista de aterrizaje.[70]

No obstante, su carrera profesional nunca se puso en duda. A los ocho años de edad, McCarthy decidió que quería ser científico, alentado por manuales de Gernsback como *Electricity for Boys*. Su madre era una sufragista y su padre un enlace sindical y miembro del Partido Comunista; el idealismo de sus progenitores daría alas a la esperanza de McCarthy de que los ordenadores fueran los facilitadores de la democracia en una época en la que muchas personas de izquierdas sentían una desconfianza visceral hacia la tecnología. En el instituto, McCarthy aprendió cálculo de manera autodidacta sirviéndose de libros de texto. A los quince años se matriculó en el California Institute of Technology. Allí empezó a pensar en diseñar máquinas capaces de simular la adquisición de conocimientos humana, un interés en el que ahondó durante sus años de posgrado en Princeton.

Además de su rompedor trabajo en el campo de la inteligencia artificial, McCarthy fue una figura decisiva en el desarrollo del concepto del tiempo compartido, que permitía a múltiples usuarios obtener acceso a recursos informáticos centralizados mediante una red distribuida de terminales. Abogó por instalar una terminal en cada hogar, convencido de que algún día todo el mundo utilizaría los ordenadores para leer noticias actualizadas al instante, encargar libros de sus autores preferidos, comprar billetes de avión y reservar habitaciones de hotel, editar documentos de manera remota y determinar la eficacia de tratamientos médicos leyendo las opiniones de los pacientes.[71] Si bien esta concepción de la información como un servicio público centralizado, similar al agua o a la electricidad, con el tiempo quedó ensombrecida por la invención de los ordenadores personales y los dispositivos móviles, sobrevive en las extensas redes de servidores («la nube») que posibilitan la existencia de la Red.

Uno de los garitos que frecuentaban sus alumnos en el MIT era el Tech Model Railroad Club, en el edificio número 20, una instalación temporal de madera contrachapada construida para ayudar en el esfuerzo bélico de la que se habían apoderado los cerebritos ansiosos de descubrir un edificio en el campus donde pudieran serrar agujeros en el suelo sin levantar sospechas. Las filas del TMRC estaban divididas entre los miembros del club con dotes artísticas, que trabajaban en la disposición (una pintoresca réplica de la Norteamérica de pequeños pueblos), y los obsesos que hacían funcionar el fantástico y complejo aparato que operaba todas las cosas, tipos desaseados, que engullían Coca-Cola y se alimentaban de comida china para llevar.[72] La compleja maraña de cables, interruptores y relés bajo la maqueta, obtenidos de piezas de una tienda de electrónica local, se conocía como «el Sistema», y el equipo de personal que lo operaba respondía al nombre de Comisión de Señales y Electricidad (SPC por sus siglas en inglés).

El edificio 20 se apodó «la Incubadora Mágica» y el tipo de magia particular que se incubaba allí en las postrimerías de la década de 1950 era la cultura de los *hackers* o la piratería informática. En el vocabulario de TMRC, un «buen *hackeo*» era una hazaña de virtuosismo técnico emprendida no por necesidad, sino por puro placer, como programar un servidor del tamaño de una docena de frigoríficos para que reprodujera una canción. Al igual que los aficionados a la ciencia ficción más acérrimos, los radioaficionados y los amantes de las películas de monstruos japonesas, los protopiratas informáticos del MIT eran adictos a usar una jerga abstrusa por puro placer, y el léxico acuñado por la SPC (como *mung*, *kluge*, *cruft* y *foo*) proliferó en la cultura informática en décadas venideras.[73] Entre sesiones maratonianas para mejorar el Sistema, los alumnos de McCarthy diseñaron el primer programa que permitió a un ordenador jugar al ajedrez, toda una proeza.

La aportación más perdurable de McCarthy a su campo fue Lisp, un lenguaje de programación de alto nivel que permitía a los investigadores del campo de la IA representar en su código un abanico de eventos del mundo real sin precedentes. A diferencia de la mayoría de los lenguajes de programación de su época (con la única salvedad de Fortran), aún se le da un uso generalizado. Con todo, McCarthy estaba listo para un cambio a principios de la década de 1960 y, cuando Stanford le ofreció un puesto interino como profesor universitario, lo aceptó. Vendió su casa en Cambridge a dos jóvenes profesores de Harvard que promocionaban una herramienta para *hackear* el sistema operativo del cerebro humano: el LSD. Timothy Leary y Richard Alpert convirtieron el rincón de la antigua biblioteca de McCarthy (que contenía «ciencia, ficción y ciencia ficción a partes iguales»)[74] en una madriguera que descendía a una sala de viajes forrada de almohadas, iluminada con luces negras y decorada con cuadros psicodélicos.

McCarthy prosperó en el invernadero de ideas innovadoras y tecnología que no tardaría en ser conocido como Silicon Valley, donde puso en funcionamiento el famoso Stanford Artificial Intelligence Laboratory (SAIL). A principios de la década de 1980, vivía ya en el futuro que había barruntado una década antes. Con sólo introducir unos cuantos comandos en el terminal que tenía en su escritorio, podía leer su correo electrónico, escuchar la radio, revisar y comprobar la ortografía de un documento en un servidor remoto, jugar al ajedrez, imprimir un documento en élfico (escribió una secuela inédita de *El señor de los anillos* compasiva con los orcos), realizar búsquedas de artículos en los medios de Associated Press u obtener una lista actualizada de restaurantes recomendados (llamada «YUMYUM») elaborada por programadores de todo el mundo. Su archivo .sig (firma) en línea y la matrícula de su automóvil lucían el lema datacéntrico: «Haz aritmética o vive condenado a decir chorradas».[75]

¿Formaba McCarthy parte del espectro? Sin duda desplegaba muchos de los rasgos clásicos del síndrome de Asperger: su brusquedad, su focalización hasta el punto de parecer maleducado, su torpeza física y su costumbre de darse instrucciones a sí mismo en voz alta en situaciones de estrés. Además, también presentaba muchas características claramente positivas que Asperger relacionaba con el autismo: la fascinación por las máquinas complejas y la lógica, el don de hacer juegos de palabras y aforismos, una ética personal inflexible y la capacidad de solventar problemas desde perspectivas que a colegas con un enfoque más social se les pasaban por alto. No obstante, McCarthy no tuvo necesidad de buscar un diagnóstico, porque fue capaz de hacerse un hueco en un campo emergente perfectamente adecuado a sus puntos fuertes a la par que tolerante —más aún, apreciativo— con sus múltiples excentricidades.

Sus laboratorios en el MIT y Stanford eran complejos terrenos de juego para su extraordinaria mente, de la misma manera que la finca de Cavendish en Clapham Common lo fue para éste. También se convirtieron en imanes para otros genios desaliñados igual de comprometidos con la visión de un mundo dotado de poder gracias al acceso a la informática, incluidos entre ellos dos jóvenes miembros del Homebrew Computer Club llamados Steve Jobs y Steve Wozniak, que acabarían por convertirse en los fundadores de Apple.

La cultura de Silicon Valley empezó a adaptarse a la presencia de una elevada concentración de personas con rasgos autistas incluso antes de que se inventara el término *síndrome de Asperger*. En 1984, una terapeuta llamada Jean Hollands escribió un popular libro de autoayuda dirigido a mujeres titulado *The Silicon Syndrome,* acerca de cómo lidiar con lo que bautizó como «relaciones de alta tecnología». Hollands describía a una raza específica de hombres amantes de la tecnología y de la ciencia y muy determinados a quienes gustaba juguetear con máquinas, eran lentos captando indirectas emocionales, tenían muy pocos amigos íntimos fuera de sus círculos profesionales, si es que tenían alguno, abordaban la vida con un planteamiento rigurosamente lógico y literal a lo doctor Spock e intentaban lidiar con los problemas en las relaciones íntimas «buscando información». (Holland confesó que su esposo, un influyente hombre de ciencia y tecnología, la contemplaba como un miembro de «una cultura extraterrestre».)

Cuando el libro se publicó, Hollands recibió cartas compasivas de esposas de ingenieros, programadores y profesores de matemáticas y física de todo el mundo. El presidente francés François Mitterrand la visitó en su despacho en Mountain View junto con su esposa, Danielle, para expresarle su preocupación por el hecho de que las parejas francesas pudieran tener que afrontar los mismos desafíos si los ordenadores se volvían populares en Europa.[76] En el libro no se mencionaba el autismo, pero diez años después Hollands podría haber reemplazado el término *síndrome de Silicon Valley* por *síndrome de Asperger* y apenas habría tenido que cambiar ni una coma en el texto.

En última instancia, el futuro de la informática no pertenecería a los servidores de sistemas centralizados «Big Iron» ni a las redes de «terminales adormecidos» que tanto gustaban a McCarthy, sino a las pequeñas e inteligentes maquinitas que los miembros del Homebrew Computer Club andaban soldando en sus garajes.[77] La labor de reclamar el poder de la informática para el público en general la realizarían pioneros de Internet como Vint Cerf y Tim Berners-Lee… y un ingeniero autista que puso en funcionamiento la primera red social para el público en una tienda de discos de Berkeley.

V

A Lee Felsenstein le corría la ingeniería por la sangre. Su abuelo, William T. Price, hizo fortuna reduciendo el diseño de los motores diésel para que cupieran en trenes y camiones. En Cornell, Price era conocido por impartir conferencias en pantalones cortos y lo que sus compañeros de clase describían como una combinación de estilo de Sherlock Holmes y A. J. Raffles, el dandi ladrón creado como antagonista de Sherlock Holmes por el cuñado de Conan Doyle, E. W. Hornung.[78] Tras graduarse, se embarcó en un viaje en bicicleta por Europa, del cual regresó apenas un par de días antes de su boda.[79] A Price le confundió que su prometida estuviera molesta: ¿acaso no había regresado a tiempo, tal como había dicho que haría?

Al igual que McCarthy, Felsenstein era también un «bebé con pañales rojos»: sus progenitores eran miembros del Partido Comunista en la década de 1950, y su padre, Jacob, era un artista comercial que siempre se aseguró de que hubiera multitud de material de arte para que sus tres hijos jugaran con él. En tercer curso, Lee era capaz de esbozar tubos de escape y compresores e idear rediseños de automóviles para reducir la contaminación del aire. En la ocasión en que un maestro lo acusó de estar en las nubes en clase, le respondió: «No estoy en las nubes, estoy inventando».[80]

A los once años de edad, Felsenstein heredó un equipo de radio con cristales a medio ensamblar, le colocó una antena y consiguió ponerlo en funcionamiento. Su primera visión de un ordenador, un UNIVAC que repiqueteaba tras un vidrio en el Franklin Institute Science Museum de Filadelfia, lo cautivó de tal manera que se afilió al museo para poder estar cerca de la máquina todo el día.

Entonces un amigo de su padre le hizo un regalo valiosísimo: un curso por correspondencia sobre reparación de radios y televisores que incluía un voltímetro, un osciloscopio y otros aparatos que Felsenstein creía que nunca podría costearse, junto con lecciones sobre cómo montar tu propio negocio. Comenzó a telefonear a las casas del vecindario para arreglar televisores estropeados mientras el sótano de su casa se llenaba de tubos resplandecientes y consolas averiadas, que él desguazaba para realizar sus experimentos. Empezó a concebir aquel sótano como un santuario, su propio monasterio personal de tecnología.[81] Una noche soñó que había quedado enmarañado en una red luminosa de dispositivos interconectados, todos ellos en pleno rendimiento. Acabó dirigiendo la exposición del UNIVAC en el instituto en el verano previo a acceder a la universidad.

Felsenstein también se inspiró en la labor de su padre de organizar un consejo en el barrio para reformar las leyes de zonificación. Cuando los activistas de los derechos civiles del sur de los Estados Unidos comenzaron a convocar sentadas en cafeterías para protestar contra la segregación, el padre de Felsenstein formó parte de un piquete de un centro comercial Woolworth's para demostrarles su apoyo. Tras matricularse en la Universidad de California en Berkeley, Felsenstein se unió al movimiento en contra de la guerra de Vietnam, que apenas empezaba a despegar. La administración acabó tomando medidas drásticas contra los estudiantes que llenaban los tablones informativos de las avenidas Bancroft y Telegraph, asegurando que las actividades políticas en el campus estaban restringidas a los miembros de los clubes demócrata y republicano. Cuando la policía del campus arrestó a un activista de los derechos civiles por negarse a mostrar su identificación, tres mil estudiantes encolerizados rodearon el coche patrulla y le impidieron que se moviera durante treinta y seis horas, hasta que se retiraron los cargos.

En diciembre de 1964, los estudiantes exigieron que la administración negociara su regulación de actividades políticas en el campus protagonizando una sentada en el Sproul Hall. El dirigente del emergente Free Speech Movement (FSM), Mario Savio, ofreció una arenga ante la multitud tan apasionada que se convirtió en uno de los eslóganes de los manifestantes pacifistas de todo el mundo: «Hay un momento en el que el funcionamiento de una máquina se vuelve tan detestable que te destroza el corazón y es imposible no participar, aunque sea de manera pasiva. Tienes que colocar tu cuerpo sobre los engranajes y las ruedas, sobre las palancas, sobre todo el aparato, y detenerlo». Aquella noche, cerca de ochocientos estudiantes fueron transportados en furgones a la cárcel. El furor resultante estuvo a punto de hacer que la universidad se cerrara.

El Free Speech Movement adoptó a Felsenstein, que a la sazón tenía diecinueve años, como su experto en tecnología interno. (El hecho de saber utilizar un mimeógrafo le granjeó el empleo.) Una noche, un grupo de alumnos irrumpieron en el lugar gritando que la policía había rodeado el campus en preparación de otra oleada de arrestos masivos. Uno de los organizadores se volvió hacia Felsenstein y le dijo: «¡Rápido! ¡Móntanos una radio policial!». Felsenstein sabía que no podía ser tan simple, pero aquel momento fue toda una revelación para él. «Caí en la cuenta de que me había equivocado con respecto a la posición que ocupaba en la sociedad. Hasta aquel momento, esperaba órdenes de personas inteligentes que supieran mucho más que yo acerca de política, sociología y otros temas —explica—. Pero entonces constaté que aquellas personas no tenían ni idea de lo que era factible hacer con tecnología. Ésa era mi misión: determinar qué era viable y decir: "Bueno, eso es imposible, pero prueba con esto". Así que, en lugar de esperar a que me hicieran encargos, empecé a definir lo que era tecnológicamente practicable.»[82]

Los teléfonos de la sede de FSM se convirtieron en el centro neurálgico de la contracultura emergente en Berkeley, pero el sistema de archivo de la organización era muy ineficiente. Si alguien llamaba y se ofrecía a arreglar los vehículos de los activistas de manera gratuita, se colgaba con una chincheta una nota en una pared abarrotada de notas similares. Felsenstein creía que tenía que existir una solución más práctica. También observó que la función de los folletos que se repartían en el campus estaba cambiando.

En 1964, cuando distribuir folletos estaba prohibido, los estudiantes que los repartían hablaban con todas las personas a quienes los entregaban y les informaban acerca de los temas relevantes. En cambio, en 1967 se habían convertido en un simple medio de retransmisión. Los activistas de FSM se dedicaban a encolar los folletos en las paredes, en composiciones atractivas, con la esperanza de que los transeúntes se detuvieran a leerlos.

A Felsenstein se le ocurrió que, si la contracultura abogaba en serio por construir una nueva sociedad no basada en el consumismo y el espectáculo vacuo, tendría que diseñar nuevas formas de medios de comunicación que dieran voz a las personas individuales y las comunidades locales en lugar de confiar en los viejos modelos de retransmisión. El futuro descentralizado y dirigido por el usuario de la informática empezaba a cobrar forma en su mente.

Felsenstein todavía no sabía que era autista. Por lo que al *establishment* psiquiátrico concernía, las personas como él no existían. Lo único que sabía era que sus novias solían quejarse de que no se comportaba de manera apropiada en sociedad y de que nunca se sentía a gusto entre personas. En 1968, el estrés de ser un autista no diagnosticado en plena revolución cultural se había cobrado un alto peaje. Tras caer en una depresión profunda, Felsenstein abandonó sus estudios en Berkeley, comenzó una psicoterapia y consiguió un empleo en Ampex como ingeniero en prácticas.

Leyendo manuales aprendió de manera autodidacta la programación más puntera de la época: perforar agujeros en cinta de papel que correspondían a bits individuales e introducir la cinta en un lector que enviaba comandos a un ordenador. No existían los sistemas operativos ni los programas informáticos, sólo las bobinas de cinta perforada. Felsenstein describe la primera vez que programó con éxito un ordenador para que escribiera la letra *A* como una «experiencia trascendental».

Mientras estaba en Ampex, un investigador de Stanford llamado Doug Engelbart dio una presentación en una conferencia en San Francisco que pasaría a la historia como «la madre de todas las demostraciones». Engelbart y McCarthy trabajaban en lados opuestos del campus y representaban polos opuestos del cisma filosófico. Mientras que McCarthy pretendía diseñar máquinas lo bastante potentes como para sustituir la inteligencia humana, Engelbart quería inventar modos de utilizar los ordenadores para potenciarla.[83] En el transcurso de noventa minutos, Engelbart expuso los elementos fundamentales de la era digital moderna en un único paquete sin fisuras: interfaces de usuario gráficas, pantallas con ventanas múltiples, desplazamiento con ratón, procesamiento de textos, vínculos de hipertexto, videoconferencias y colaboración a tiempo real. Los conceptos de la presentación de Engelbart, refinados por el trabajo de Alan Kay y otros en Xerox PARC, inspiraron a Steve Jobs a construir el Macintosh, el primer ordenador personal (PC) diseñado para el mercado general.

Entre tanto, la contracultura de la Bay Area también evolucionaba, pese a seguir tecnológicamente anclada en la era preinformática y depender de los anuncios clasificados en los diarios clandestinos, los tablones de anuncios, las centralitas telefónicas y el servicio de correos para organizar a la comunidad. A Felsenstein le perturbaba que se perdiera información de manera constante: si alguien recopilaba una lista de nombres esenciales o una caja de tarjetas indexadas útiles y luego se iba a la India en busca de un gurú, los datos que había acumulado tendían a extraviarse. Se le ocurrió entonces que las redes informáticas podían desempeñar muchas de las funciones de los sistemas de archivo personales, pero de una manera más rápida y efectiva... y, además, nunca olvidaban nada.

Le fascinaba también el hecho de que el crítico social Iván Illich fomentara el uso de herramientas que facilitarían la «convivencialidad» o «cordialidad»,[84] uno de los muchos aspectos de la interacción social que Felsenstein siempre había encontrado arduos y confusos. Junto con otros dos programadores llamados Efrem Lipkin y Mark Szpakowski, empezó a explorar maneras de aumentar las centralitas de comunidades que habían brotado en focos de la subcultura como Berkeley y el Haight-Ashbury en San Francisco. El principal obstáculo práctico que debía salvar esta noble empresa era encontrar un ordenador asequible lo bastante potente como para desempeñar esa función. Pero tal problema se solventó cuando un programador de una animada comuna en San Francisco llamada Project One se agenció la cesión a largo plazo de un SDS 940 (precio de venta al por menor: 300.000 dólares) de la Transamerica Corporation.[85] Aquella potente máquina, de siete metros de longitud y que requería una flota de aparatos de aire acondicionado para mantenerse refrigerada, ya tenía una función asignada.[86] Fue el primer ordenador diseñado para soportar el programa de tiempo compartido de McCarthy. También era el ordenador que Engelbart había utilizado para activar la «madre de todas las demostraciones». Era un pedazo de hardware con un karma insólitamente positivo.

La subcultura de la piratería informática incubada en el MIT prosperaba en lugares como SAIL, Xerox PARC y los hoy legendarios garajes de Cupertino y San José. En breve, el empresario del *Whole Earth Catalog* Stewart Brand desataría esta subcultura sobre los habitantes desprevenidos de Greater Mundania con el apoyo incondicional de *Rolling Stone*: «Los ordenadores llegan a las personas. Es una buena noticia, probablemente la mejor desde la psicodelia.» El foco del artículo era *Spacewar*, el trascendental juego informático desarrollado en 1961 por cuatro alumnos de McCarthy consumidores acérrimos de las novelas de ciencia ficción de quiosco. Sin embargo, uno de los aspectos más convincentes del juego, apreció Brand, era el modo insidioso cómo transformaba una trituradora de números glorificada en un «dispositivo de comunicación entre humanos».[87]

Para las personas a quienes les costaba expresarse en situaciones cara a cara como a Felsenstein (y personas sin capacidad de habla), las redes informáticas ofrecían el potencial no ya de «aumentar» la comunicación, sino de posibilitarla, punto, despojándola de los aspectos que solían hacer la conversación tan ardua, como el contacto visual, el lenguaje corporal, el tono y la necesidad de causar buena impresión.

Las limitaciones prácticas de la comunicación en línea también requirieron explicitar muchos aspectos de la interacción social que de común son implícitos. Emoticonos como :-), en un origen propuesto por el *hacker* de Lisp Scott Fahlman en 1982, eran una suerte de anotación social para las personas a quienes costaba detectar el sarcasmo y las indirectas.[88]

Con la colaboración de Lipkin y Szpakowski, Felsenstein creó el primer tablón de anuncios electrónico de la historia, llamado Community Memory. El 8 de agosto de 1973 se instaló la primera puerta abierta al ciberespacio en la parte superior de una escalera de mano en la tienda de discos Leopold's Records en Telegraph Avenue, Berkeley.[89]

Aquel portal al futuro digital no presentaba demasiado atractivo visual: a grandes rasgos, parecía una máquina de escribir hiperbólica (un teletipo ASR-33 diseñado para la Marina estadounidense) metida en una caja de cartón que Felsenstein forró con espuma para amortiguar el repiqueteo de los martillos, con una ventana de vinilo en la parte superior y dos agujeros frontales con solapas de Velcro (como compuertas de gateras) que permitían acceder a las teclas. Cuando alguien subía aquellas escaleras, alguien de la comuna cuya función era evitar que el teletipo se atascara (cosa que de todos modos pasaba de continuo) lo invitaba a sentarse y utilizarlo.

La misión de Community Memory, tal como explicaban sus fundadores en un prospecto, era «un proceso mediante el cual las propias personas utilizan las herramientas tecnológicas, como los ordenadores, para modelar sus propias vidas y comunidades de modos saludables y liberadores. [...] Te invitamos a participar y a dejarnos tus sugerencias».[90] Bautizaron aquella red incipiente (que goteaba al otro lado de la bahía a unos míseros diez caracteres por segundo, a través de un intercambio telefónico con Oakland que permitía efectuar llamadas gratuitas todo el día a San Francisco) con el nombre de «mercadillo informativo».[91]

La sorprendente respuesta a la pregunta de quién podría estar interesado en tal recurso era prácticamente cualquiera que ascendiera sin prisas aquellas escaleras. Puesto que el terminal estaba situado bajo un tablón informativo no virtual (el típico con chinchetas), muchas de las primeras publicaciones en Community Memory fueron del tipo: «Bajista amante de la fusión busca guitarrista que toque ragas». Pero al poco toda suerte de usuarios se conectaban para intercambiar una miríada de ítems y servicios. Un poeta ofrecía poemas de muestra y había quien solicitaba un traslado a Los Ángeles; en un momento dado, incluso se puso a la venta una cabra nubia. Algunos usuarios publicaban arte en ASCII y uno planteó una pregunta que ha irritado a los habitantes de la bahía desde hace décadas: «¿Dónde se puede comer aquí un *bagel* decente?». (Un panadero respondió ofreciéndose a dar lecciones gratuitas para hornear *bagels*.) Otros debatían largo y tendido acerca de Vietnam, la liberación gay y la crisis energética. En lugar de servir sólo de tablón informativo informatizado, la red se convirtió de manera acelerada en «una fotografía instantánea de la comunidad en su conjunto», afirma Felsenstein.

De forma inevitable, la primera red social pública también dio origen al primer trol en línea: un bromista que se hacía llamar «Dr. Benway» (el nombre de un cirujano drogadicto de las novelas de William Burroughs) que ametrallaba las conversaciones en curso con referencias a los Grateful Dead e incongruencias chistosas como «teclas sensuales prohibidas» y «asistencia personal obligatoria: no enviar réplica». La identidad de aquel misterioso pionero del cachondeo en línea nunca se descubrió.

Por desgracia, sin un modelo económico sostenible, la comuna Project One acabó por ser incapaz de hacer frente al coste considerable que suponía el mantenimiento de la SDS 940. Sin embargo, en tanto que prototipo de herramienta para fomentar la convivencialidad, Community Memory fue un éxito arrollador. Su popularidad resultó en especial gratificante para Felsenstein, pues la sensación de pertenencia a una comunidad era lo que siempre le había rehuido, incluso en la contracultura que supuestamente la ofrecía a quienes no encajaban en ningún otro lugar.

«De niño, tenía la sensación de resguardarme en una especie de nicho, tras una pared, y de que la calle era lo que *estaba fuera* —recuerda Felsenstein—. Veía a los transeúntes disfrutar de la vida, pero yo era incapaz de salir. Así que lo que pretendí hacer con Community Memory fue expandir ese nicho.»[92] Se dedicó entonces a otros proyectos, incluido el diseño del Osborne 1, el primer verdadero ordenador portátil, presentado tres años antes que el Macintosh. No obstante, continuaba lidiando con la depresión y con su incapacidad de interpretar las intenciones de los demás pese a los años de psicoterapia.

Finalmente, en la década de 1990, Felsenstein oyó hablar del síndrome de Asperger y no sólo se reconoció a sí mismo en la descripción, sino también a otros miembros de su familia. Estaba su ilustre abuelo, William Price, el talentoso inventor cuya esposa vivía en un desconcierto perpetuo. La hija de Price, Caroline, no se licenció por la universidad, pero aún así se convirtió en una de las mayores expertas en encuadernación y restauración de Nueva York. En sus interacciones con ella, Felsenstein la encontraba opaca y emocionalmente distante. Su hijo Chris, que tenía la misma edad que Felsenstein, también parecía extraño, hablaba de una manera hiperbólica y enfática y tenía una mirada inquietante. A los cincuenta años de edad, Chris se doctoró en Física, pero ni eso le bastó para conservar un empleo a largo plazo, porque le costaba congeniar con las personas. Le diagnosticaron Asperger en la década de 1990 y le sugirieron que Felsenstein también se sometiera a evaluación. Al leer acerca del autismo en Internet, Felsenstein acabó por concebir su Asperger no tanto como un conjunto de déficits, sino como una «ventaja», la ventaja que había heredado de su abuelo y que había aplicado en su carrera en el mundo de la tecnología durante cuarenta años.

La esencia textual de la interacción en línea finalmente asentó los cimientos de algo que Leo Kanner ni siquiera pudo imaginar: el nacimiento de la comunidad autista. Con todo, primero tendrían que suceder dos cosas. En primer lugar, habría que descartar para siempre la idea de Kanner de que el autismo era una forma poco frecuente de psicosis infantil. Y luego, a medida que la tribu perdida de Asperger emergiera de entre las sombras, las personas autistas deberían derrocar la noción de que eran víctimas de una epidemia mundial.

7

La lucha contra el monstruo

> Para que mi hija contribuya de algún modo a arrojar nueva luz sobre este tema, me dispongo a narrar su historia.
>
> PEARL S. BUCK, *The Child Who Never Grew*

En un gesto coherente, el hombre que tiró a la papelera de la historia la teoría de la crianza tóxica fue el cariñoso padre de un niño autista: un cálido y parlanchín psicólogo de la Marina curioso hasta lo obsesivo llamado Bernard Rimland. Con su libro *Infantile Autism,* en tanto que persona autodidacta y ajena a este campo, estableció el autismo como un trastorno innato basado en la genética y en la neurología, antes que en las complejidades de la psique en desarrollo.

La inesperada popularidad del libro inspiró a Rimland a echar a rodar la National Society for Autistic Children, que contribuyó a poner fin a décadas de vergüenza y aislamiento para familias como la suya y presionó para que se aprobara una legislación basada en el principio de que todos los niños tienen derecho a recibir educación, incluso aquellos con discapacidades de desarrollo. Al diversificar las fuentes en las cuales buscar tratamientos efectivos para el autismo, infundió a los padres que formaban parte de su red una sensación de esperanza y progreso en una época en la que la investigación en este campo se hallaba prácticamente detenida porque se consideraba que se trataba de una enfermedad de escasa incidencia. En muchos aspectos, su trabajo allanó el terreno para el redescubrimiento de la tribu perdida de Asperger y el auge actual en la investigación sobre el autismo.

Irónicamente, al principio Rimland se opuso con vehemencia a la idea de que el autismo fuera un *continuum*, tal como había hecho su ídolo, Leo Kanner. Frente a la posibilidad de que niños como su hijo Mark quedaran condenados a vivir sus vidas en instituciones, forjó una alianza con un psicólogo llamado Ole Ivar Lovaas para hallar modos de entrenarlos para hacerse «indiferenciables de sus iguales», en palabras de Lovaas. Con la ayuda de la red de padres, también buscó métodos innovadores para tratar los rasgos más debilitantes del autismo mediante dietas especiales, suplementos megavitamínicos y medicina alternativa.

Las polémicas teorías concebidas por Rimland, como su idea de que el trastorno supuestamente unificado llamado autismo se compone de múltiples subtipos distintos, se anticipó varias décadas a cambios importantes en la ciencia general. Sin embargo, al alentar la esperanza de que niños como Mark podían «recuperarse» plenamente del autismo mediante tratamientos biomédicos, Rimland acabó canalizando la energía de la asociación de padres que creó hacia una búsqueda infinita de una cura.

Bernard Rimland nació en Cleveland en 1928, en el seno de una familia rusa emigrada tras la Primera Guerra Mundial. Pese a que se crió en la tradición judía ortodoxa, acabó por convertirse en un pensador de una independencia vehemente. Pese a no observar la fe judía de manera estricta, su paso por la vida estuvo hondamente marcado por el concepto talmúdico del *tikkun olam*, la sanación y reparación de un mundo fracturado. Cuando tenía doce años de edad, su padre empezó a trabajar en el sector de la metalurgia para un contratista militar llamado Convair en California. La familia se trasladó del norte de Ohio a un vecindario de San Diego llamado Kensington, una acogedora aldea de palmeras y casas al estilo Misión con una pintoresca calle principal, un cine *art déco* y una próspera comunidad judía.

«Cleveland era una ciudad húmeda y sucia —recordó Rimland—. Cuando llegué aquí me dije: "Esto es el paraíso, no me voy a marchar nunca".»[1] Y así fue. Siete décadas más tarde, su despacho en un local en una planta baja de la avenida Adams —que hoy acoge la sede de un grupo llamado Autism Research Institute (ARI), dedicado a dar continuidad a su trabajo— sigue existiendo.

Desafiando el desprecio de sus progenitores por la educación superior (tanto a él como a su hermana Rose les dijeron que la universidad era «para los hijos de los ricos»), Rimland se matriculó en la San Diego State University. Durante su primer año se interesó por la psicometría, la medición cuantitativa de la aptitud y la inteligencia humanas. El intríngulis de su metodología basada en datos («cómo se determina lo que es verdad o lo que podría ser verdad»,[2] en palabras de Rimland) le resultaba infinitamente más fascinante que las especulaciones acerca del subconsciente que ocupaban a la mayoría de sus compañeros en aquel entonces. Se diplomó en psicología experimental en 1950 y se licenció un año más tarde.

Entonces conoció a Gloria Alf, una valiente muchacha judía de ojos azules de su barrio a quien le gustaba ir al parque y ver a jugadores de bádminton de talla mundial mejorar su juego para los campeonatos internacionales, que San Diego acoge cada año.[3] El hermano mayor de Gloria, Eddie, era un atleta conocido en la ciudad. Tenía tantos amigos, que una noche en que tenía que estudiar para un examen, le pidió a su hermana que montara guardia frente a su puerta y anotara los nombres de quienes acudieran a visitarlo. Cuando apareció un amigo llamado Bernie con su raqueta de bádminton, Gloria se negó a dejarlo entrar. Con su tenacidad característica, Rimland la apartó de su camino y subió corriendo las escaleras mientras Gloria intentaba frenarlo.

Cuando su amigo llegó a la puerta, Eddie reprendió a su hermana por no haber sido una buena guardiana. «Pero ¿quién va a estar conmigo mientras le cambio las cuerdas a mi raqueta?», gruñó Rimland. Impresionada por el desparpajo del muchacho, Gloria se ofreció voluntaria a acompañarlo, y aquella se convirtió en su primera cita.[4] Antes de poner rumbo al este hacia Penn State para doctorarse, Bernie contrajo matrimonio con Gloria en una sinagoga local.

La pareja añoraba la Costa Oeste, cuando, en un feliz giro de los acontecimientos, la Marina de los Estados Unidos estableció un laboratorio para personal en Point Loma justo cuando Rimland estaba a punto de doctorarse. Los recién casados regresaron a San Diego y Rimland asumió el cargo de director de investigación en la nueva base naval. Con sueños de formar una familia, la joven pareja adquirió una casa modesta a escasa distancia a pie del San Diego State College. Puesto que les daba igual tener un niño que una niña, pintaron el segundo dormitorio, destinado a la habitación del bebé, de color amarillo. Su hijo, Mark, nació en la primavera de 1956.

En el ala de maternidad del hospital, Rimland era el tercero en cola de la ventana para ver a los recién nacidos.[5] Los padres que había delante de él hacían gestos efusivos, pese a que sus recién nacidos no parecían mucho más conscientes de su entorno que unos muñecos de trapo. Mark, en cambio, era distinto: «Miraba a su alrededor con los ojos como platos, como si se dispusiera a hablar en cualquier momento. Me sentí muy orgulloso de él —recordaba Rimland—. Pensé: "Caramba, que niñito tan precoz"».

Mark no sólo resultó ser precoz por su estado de alerta, sino que también podía serlo con respecto a su volumen, tal como Gloria descubrió incluso antes de regresar a casa del hospital. Entre los chillidos de los otros bebés, Gloria escuchaba el desgarrador llanto de Mark desde el otro lado de la planta de maternidad. Le comentó alegre a su marido, un formidable nadador en sus años jóvenes, que su hijo había heredado sus pulmones.

Sin embargo, en los meses que siguieron, el llanto agudo de Mark se convertiría en la banda sonora incesante de la vida de los Rimland. Su hijito recién nacido casi nunca parecía dejar de llorar, salvo en los raros momentos en los que se dormía de puro agotamiento. Y tomarlo en brazos para mecerlo sólo parecía agravar la situación; de hecho, lloraba con tal virulencia que a Gloria incluso le costaba darle de mamar, y estallaba en un llanto furioso ante la más mínima desviación de la rutina diaria. Si Gloria se atrevía a enjabonarse el cabello, lloraba hasta que se lo secaba y volvía a tener el aspecto de siempre. Con la llegada del verano, los Rimland abrieron la puerta trasera de su casa para que las brisas litorales la refrescaran, pero, cuando volvió a llegar el frío, se vieron obligados a dejar la puerta abierta pues, de lo contrario, su hijo aullaba de forma implacable durante horas. Los vecinos se quejaron del ruido tantas veces que los Rimland acabaron por entablar amistad con los policías locales, quienes suspiraron aliviados por que Mark no fuera su hijo.

Con el tiempo, Gloria decidió cronometrar los aullidos de su hijo para constatar cuánto duraban. Al año de edad, Mark lloraba doce horas al día. «Teníamos la sensación de estar viviendo de verdad otra vez —comentó Gloria—. ¡Era maravilloso: sólo doce horas!»[6]

Entonces Mark empezó a autolesionarse. Se golpeaba la frente contra la pared tan fuerte que llevaba un moretón permanente sobre los ojos. Con sus potentes bracitos, presionó contra los barrotes de la cuna hasta astillarlos. Y cuando no chillaba o aporreaba, se quedaba con la mirada perdida, meciéndose adelante y atrás, como sumido en una ensoñación perpetua. Lo único que parecía sacarlo de su tristeza era el sonido de las máquinas. El zumbido de la aspiradora lo hipnotizaba.

Gloria acabó por sentirse como una prisionera en su propia casa. En un día bueno, podía conseguir sacar el tiempo a solas necesario para cepillarse los dientes. El paraíso, pensaba, sería tener la libertad de darse una ducha. Desesperada por tener un par de horas para sí misma, aceptó la generosa oferta de la señora de la limpieza de hacerle de niñera a Mark. Era una oportunidad tan extraordinaria que Gloria subió de un brinco a su coche y condujo por la ciudad contemplando con aire ausente los escaparates de las tiendas. (Se le había olvidado llevarse el billetero.) Pese a que hacía largo tiempo que anhelaba la oportunidad de escapar, se sentía «como un pez fuera del agua».[7] Cuando regresó a casa, encontró a su hijo y a la niñera en el suelo, sollozando. Gloria no volvió a pedirle ayuda a la mujer.

Con todo, la premonición que Rimland había tenido en la maternidad del hospital de que su hijo sería un prodigio también parecía hacerse realidad. Con sólo ocho meses de edad, Mark empezó a soltar frases como «¡Venga, juguemos a la pelota!», lo cual hizo que su deportista padre se inflara de orgullo. Poco a poco, Rimland cayó en la cuenta de que su hijo se limitaba a repetir las frases que oía a su alrededor. Llamaba «abuelito» tanto a su abuelo como a su abuela. Una noche, antes de que su marido regresara a casa del despacho, Gloria sostuvo en brazos a Mark para que mirara por una ventana y le dijo: «Afuera está oscuro, cielo». Durante meses, *afuera-oscuro-cielo* se convirtió en sinónimo de *ventana* para el pequeño.

El pediatra de la familia, con treinta y cinco años de experiencia, no atinaba a diagnosticar el trastorno de Mark. Rimland solía alardear de que no había hecho los deberes del curso de psicología en la universidad porque supo al instante que lo que le interesaba era la psicometría, pero su experiencia diseñando tests de aptitud tampoco le servía para entender a su hijo. Gloria y él parecían estar solos.

La ecolalia de Mark resultó ser la llave que desbloqueó el misterio de su trastorno. Al oír a su hijo recitar sintonías publicitarias radiofónicas con voz monótona un día, Gloria recordó haber leído algo en la universidad acerca de un trastorno exótico que hacía que los niños repitieran de manera compulsiva canciones infantiles. Por suerte, guardaba sus viejos libros de texto en el garaje. Bernie y Gloria abrieron sin pensárselo aquella caja de cartón y finalmente dieron con un nombre para el trastorno de su hijo: *autismo infantil precoz.* Al menos ahora sabían a qué se enfrentaban.

Los Rimland empezaron a citarse dos veces a la semana con un psicoterapeuta que prometía descifrar los profundos aspectos emocionales que con toda seguridad se hallaban en la raíz de los problemas de Mark.[8] «Díganme, ¿por qué odian a su hijo?»,[9] les preguntaba una y otra vez el terapeuta. Les aconsejó que lo internaran en una institución y continuaran con sus vidas.

Pero Bernie y Gloria no tenían ninguna intención de abandonar a su hijo. Pese a todas las dificultades de criarlo, lo adoraban y lo único que anhelaban era que fuera un bebé feliz. La idea de que de algún modo ellos habían provocado aquel trastorno al ignorar de manera despiadada los sentimientos del pequeño se les antojaba absurda. Pasaban casi todos los momentos de vigilia consintiendo a Mark mientras intentaban hallar modos prácticos de aliviar su aflicción.

Pasear a Mark en su cochecito por el vecindario parecía sosegarlo, sobre todo cuando rodaban por tramos de la acera irregulares o llenos de baches. Para simular los meneos producidos por el basto pavimento, Rimland pegó con cinta adhesiva una regla de medir al suelo para poder empujar sobre ella la cuna de Mark adelante y atrás. La respuesta de Gloria a las sonoras protestas de Mark cuando se quitaba un vestido concreto fue encargar todo un vestuario de vestidos idénticos en Sears para su madre, su suegra y ella misma. Estaba dispuesta a hacer lo que fuera preciso para que su hijo estuviera contento.

Pese a que los Rimland eran personas muy sociables, poco a poco fueron encontrándose aislados. Una de las escasas noches en las que salían, habían quedado con otra pareja. A media cena, la esposa miró a Gloria y le comentó: «¿Sabes? No me pareces una de esas personas, ese tipo espantoso de madres que le provocan todos esos problemas a su hijo». Bernie y Gloria no volvieron a dirigirles la palabra.

Entonces nació su hija Helen. Para su alivio, resultó ser un bebé cariñoso y adorable. Si Bernie y Gloria habían estado tan trastocados como para limitar la mente de su hijo mientras aún estaba en la cuna, ¿cómo era posible que su hija se hubiera salvado? Se dispusieron a desentrañar lo que a los expertos se les había escapado.

De niño, la madre de Rimland solía explicarle un cuento admonitorio acerca de su tío, un genio matemático. Durante la Primera Guerra Mundial, vio a una muchedumbre de soldados alemanes maltratando a un judío anciano. Se interpuso para defender a aquel hombre, pero los soldados lo apalearon salvajemente y lo dejaron desangrarse hasta la muerte en la acera. Su madre le explicaba aquella espantosa historia para enseñarle que no se entrometiera en los asuntos de los demás. Sin embargo, el joven Bernie consideraba a su tío un héroe. Ahora sería él quien libraría una batalla épica por rescatar a su hijo de las misteriosas fuerzas que lo atormentaban.

II

Lo recursos para investigación que Rimland tenía a su disposición en la zona de San Diego eran limitados. No había escuelas médicas en la ciudad ni libros sobre el autismo en las bibliotecas municipales. Por suerte, su trabajo lo obligaba a viajar con frecuencia por el país para visitar bases navales y evaluar sus programas de adecuación del personal. (Con el tiempo publicaría más de cuarenta informes y artículos periodísticos acerca de la psicometría.) En su tiempo libre durante aquellos viajes empezó a rastrear las bibliotecas de las escuelas de medicina en busca de hasta el último retazo de información que pudiera arrojar luz acerca del trastorno de su hijo.

Su búsqueda se convirtió en una obsesión. «Había que verlo por uno mismo para darse cuenta de lo poco que se sabía sobre el autismo en aquella época —recuerda Gloria—, y ese poco era mera especulación. Bernard quería leer hasta la última palabra que se hubiera escrito sobre el tema.» A principios de la década de 1960, tal era aún un objetivo realista. Con todo, la información que Rimland buscaba estaba diseminada en miles de colecciones sueltas. Las fotocopiadoras empezaban a imponerse como máquinas de uso generalizado, y Rimland comenzó a solicitar fotocopias y libros mediante préstamo interbibliotecario. Gran parte de la literatura clínica sobre la materia no estaba escrita en inglés, de manera que organizó a un equipo de traductores de la Marina para que lo ayudaran a explorar las publicaciones internacionales.[10] También se desplazó en varias ocasiones a Washington para leer con detenimiento los volúmenes raros albergados en la Biblioteca Nacional de Medicina.

Cuando la Marina lo envió a Nueva Orleans, declinó las invitaciones de sus colegas a bares y clubes de *strip-tease* y, en su lugar, acudió a la Tulane University Medical Library, donde convenció a un amable guardia para que le permitiera leer las publicaciones de la biblioteca ya cerrada durante la noche.[11] Cuando su esposo regresó de Luisiana, a Gloria le asombró lo demacrado que estaba. Rimland le explicó que no había comido nada en todo el fin de semana, salvo la sopa de pollo que vendía una máquina expendedora.

En sus días como universitario, había logrado no tomar notas durante las clases y confiar en su memoria fotográfica. Pero aquello era distinto: «Era la guerra. Imaginaba el autismo como un imponente monstruo que acechaba a mi hijo. No podía permitirme cometer errores».[12]

Además de leer todo lo que le cayera en las manos sobre aquel asunto, Rimland acudió directamente al padre del diagnóstico y escribió una carta a Kanner en 1959 en la que le describía el comportamiento de su hijo y le anunciaba su intención de escribir un artículo sobre el tema. Un año más tarde anunció a Kanner: «He estudiado la enfermedad a un ritmo intensivo y he concebido mi propia teoría que, a mi parecer, presenta una coherencia sorprendente con casi todo lo que se sabe». También mencionó que había administrado a su hijo de manera experimental un nuevo fármaco llamado Deaner, que se anunciaba en publicaciones médicas como un «energizante psíquico» para niños con problemas.

A Rimland pronto le quedó claro que su proyecto requeriría mucho más que varios meses de investigación. En los años siguientes envió frecuentes actualizaciones a Kanner acerca de los progresos de Mark. El tono de aquellas puestas al día era solícito y crítico consigo mismo, propio de un discípulo serio que se dirige a su maestro; a menudo, las cartas aludían a los artículos que había enviado recientemente a la oficina de Kanner, con la esperanza de conocer su reacción. Pese a que Kanner había sido el originador de la teoría de la madre nevera, Rimland no escatimaba elogios hacia él. «Sólo me viene a la mente Churchill cuando pienso en escritores cuya elección de las palabras y la retórica demuestren un dominio similar del tema y de la expresión», lo halagó.[13] Las respuestas de Kanner acostumbraban a ser sucintas y directas.

La evolución de Mark durante aquella fase fue tan rápida que sorprendió y deleitó a Rimland, quien explicó a Kanner: «Tenemos la sensación de que está progresando de verdad. Ahora habla un poco, aunque sólo fragmentos sueltos en un tono agudo. Nombra las imágenes de los libros por primera vez y también ha avanzado en el control de esfínteres. Su disposición ha mejorado sobremanera. Cuando antes, al regresar del trabajo, lo habitual era que tuviera un berrinche de una hora de duración, ahora suele recibirme abriendo la puerta con una sonrisa».[14] Puesto que la creencia popular era que los niños autistas eran incapaces de aprender, una idea errónea en gran medida causada por el hecho de que se los internara en instituciones para «retrasados mentales», donde la educación no figuraba en el programa, Rimland asumió que su tratamiento experimental era el responsable de la mejora de Mark: «Creemos que se debe sobre todo al Deaner»,[15] informó a Kanner. Incluso canceló los planes de llevar a Mark a Minneapolis para que el propio Kanner lo examinara, «ya que, desde que toma el Deaner, ha experimentado una mejora tan asombrosa que un diagnóstico adicional de autismo podría resultar difícil».[16]

Tras cinco años de investigación, Rimland había rellenado los suficientes cuadernos de notas y fichas de índice como para abrir una biblioteca médica personal. Empezó a recopilar sus observaciones en una monografía que tenía previsto titular «El síndrome del autismo aparente de Kanner».[17] Al irse ampliando el artículo cada vez más, empezó a mimeografiarlo y enviarlo a investigadores avezados en la materia para conocer sus críticas y opiniones. Era consciente de que se internaba en un campo que quedaba fuera de su ámbito de experiencia.

En comparación, a Rimland su trabajo diario en la Marina, complementado por los cursos de formación sobre psicología anormal[18] en universidades locales, empezó a antojársele monótono.[19] Su pluriempleo como investigador del autismo lo llevaba mucho más allá del ámbito de las pruebas de personal y la trituración de números y le permitía explorar las fronteras de disciplinas emergentes como la genética, la neurofisiología, la bioquímica y la antropología médica.[20] Para entender plenamente el trastorno de su hijo se requerían datos procedentes de expertos de una docena de disciplinas. «Un sabio observó en una ocasión que, si estudias un objeto de la naturaleza con el detenimiento necesario, si te centras en él el tiempo preciso con toda tu capacidad de concentración y atención —escribió—, llega un momento en el que el macrocosmos subyacente al objeto acaba por emerger a la luz, más o menos del mismo modo en que la imagen a través de una cerradura se magnifica si uno acerca el ojo.»[21]

Gloria intentó convencer a su marido de transformar su montaña creciente de notas en un libro, en lugar de un mero artículo para una revista. Ahora bien, las posibilidades de que una editorial importante seleccionara el manuscrito de Rimland eran escasas, en particular porque carecía de credenciales relevantes en el campo. Eran pocos los editores dispuestos a arriesgarse con un libro acerca de un trastorno psiquiátrico poco frecuente escrito por alguien no experto en la materia. Pero entonces Rimland oyó que un sello editorial muy respetado llamado Appleton-Century-Crofts celebraba el primero de una serie de premios anuales concedidos a manuscritos destacados en psicología. Un tribunal de editores juzgaba a ciegas los manuscritos presentados, es decir: que no conocerían el nombre del autor hasta que el ganador hubiera sido seleccionado sólo por la valía de su texto.[22] Rimland presentó su manuscrito y unos meses después le otorgaron por unanimidad el primer Century Psychology Series Award, dotado con mil quinientos dólares de honorarios y un favorable contrato editorial. En 1964 se publicó el libro de Rimland *Infantile autism: The syndrome and its implications for a neural theory of behavior*, con un prólogo del propio Kanner.

Kanner destinó la primera parte de dicho prólogo a reafirmar su supremacía en tanto que autoridad prominente en el campo. Tras explicar su habitual relato sobre los descubrimientos fortuitos, lamentaba que su concepto del autismo infantil precoz («No se me ocurrió un nombre mejor», añadía) se hubiera aplicado de manera tan amplia que «el término se utilizaba como cajón de sastre pseudodiagnóstico para diversos trastornos que no tenían relación con él». Concluía caracterizando a Rimland como un «transeúnte» en el campo del autismo que había «permanecido en el banquillo» el tiempo necesario para escribir un libro digno de «un escrutinio respetuoso y serio».

Era una perla de elogios finamente calibrados por parte de una autoridad atrincherada que no estaba dispuesta a ceder ni un milímetro de su parcela a un laborioso advenedizo. Pese a ello, Rimland estaba encantado con la introducción de su mentor y vivió con humildad su propio logro. «Esto es un documento de trabajo —escribió en el prefacio—. Y si no lo es, no sé cuándo dejó de serlo.»

No tenía necesidad de ser tan modesto. Tras décadas de confusión, el libro de Rimland al fin encauzó la ciencia del autismo por el buen camino, al defender con convicción que se trataba de una «incapacidad perpetua» e innata, en lugar de una forma de psicosis provocada por un trauma infantil. Al desacreditar a neofreudianos como Bettelheim, Rimland liberó a los padres de la desmoralizante carga de culpabilidad al tiempo que dejó obsoleta la lógica de proteger a los niños internándolos en instituciones «por su propio bien». Asimismo, desplegó una comprensión más matizada de los talentos y las habilidades especiales de aquellos niños de la que había mostrado Kanner y con ello les garantizó una existencia independiente al margen de sus déficits y disfunciones. «Es interesante conjeturar que el niño autista taciturno e inalcanzable podría estar "sumido en sus pensamientos", reviviendo una experiencia con todo lujo de detalle, escuchando música largamente olvidada o que quizá nunca ha oído nadie o jugando con números u objetos manipulables sólo en los recesos de su cerebro», escribió.[23]

Incluso se permitió, de manera esporádica, ponerse en la piel de los niños acerca de los cuales escribía al hablar «del cansancio y la frustración que experimenta el niño trastornado al intentar bregar con su entorno cuando no está cognitivamente equipado para hacerlo. [...] Imaginen la reacción del niño a la futilidad de vivir en un mundo incomprensible dirigido por lo que a sus ojos deben ser psicóticos exigentes, ritualistas, arbitrarios e incoherentes: ¡nosotros!».[24]

Sin duda, uno de los motivos por los que Kanner se mostró dispuesto a escribir el prólogo al libro era que Rimland en cierta manera los eximía a él y a Eisenberg de originar la teoría de la crianza tóxica y culpaba de ella principalmente a Bettelheim. Se limitaba a afirmar que Kanner y Eisenberg habían «suscrito» la noción de la causa psicogénica, como si fueran meros testigos inocentes.[25] De ahí que Bettelheim pasara a la historia como la fuente primordial de la teoría, pese a que lo único que había hecho era repetir como un loro las ideas de Kanner y Eisenberg, sazonadas con florituras misóginas de su propia cosecha.

III

La exhaustiva revisión de la literatura que hizo Rimland le permitió dialogar con ideas que no circularían de manera generalizada en este ámbito durante décadas. En un punto del libro, incluso se refería al síndrome de Asperger (sin explicarlo), pese a que el concepto seguía siendo prácticamente desconocido fuera de Europa del Este.

El punto crucial del libro era que el autismo es hereditario, en lugar de estar provocado por dinámicas familiares, cosa que docenas de estudios confirmarían en los años venideros.[26] Además, Rimland fue preclaro al sugerir que, en algunos casos, el síndrome estaba provocado por factores ambientales desconocidos que actuaban sobre una predisposición genética. Especulaba con que los padres que tendían a destacar en determinados campos transmitían esta vulnerabilidad a sus hijos junto con los factores genéticos de una inteligencia elevada. Así, el autismo representaba un potencial para la genialidad que se había arruinado en algún punto del recorrido, «la brillantez desviada», en palabras de Rimland. «Debemos considerar seriamente la hipótesis de que el camino de un bebé hacia una inteligencia elevada transita por una senda como el filo de un cuchillo —escribió—, y cuanto mayor es el potencial para la inteligencia, más pronunciada y precaria es la pendiente.»[27]

La génesis de esta idea estaba presente desde el principio en las descripciones de Asperger de los parientes de sus pacientes como excéntricos brillantes, pero pese al equipo de traductores de Rimland, el artículo del austríaco no se citaba en la extensa bibliografía del libro, otra señal de en qué medida había quedado borrado de la historia. La idea de la existencia de un vínculo entre el autismo y una alta inteligencia también estaba implícita en las afirmaciones de Kanner según las cuales los padres de sus pacientes eran personas de gran cultura. Al desvincular la hipótesis de «la brillantez desviada» de la teoría de la crianza tóxica, Rimland sin duda intentaba hacer un favor a su mentor.

Tal hipótesis caería en descrédito en la década de 1970, cuando los estudios de Michael Rutter, entre otros, demostraron que el autismo no discrimina por coeficiente intelectual ni nivel educativo y tiene una prevalencia similar en todos los estratos socioeconómicos. Sin embargo, incluso frente a tal evidencia, ni Kanner ni Rimland repudiaron nunca la teoría, pues sostenían que su experiencia práctica había demostrado de manera sistemática su certeza. Uno de los motivos por los cuales Rimland se resistía tanto a la idea de un espectro es que estaba convencido de que los únicos verdaderos casos del síndrome de Kanner estaban relacionados con el potencial de la genialidad. «La conclusión a la que llegué entonces y que sigo defendiendo hoy —escribió en 1994— es que el hallazgo de Kanner es irrefutable si, pero sólo si, uno aplica la definición estricta y limitada del autismo en la que él insistió.»[28]

Desde entonces han ido apareciendo pistas que corroboran que Rimland se acercaba a la idea correcta. En 2003, Kathrin Hippler, de la Universidad de Viena, acometió un estudio de los expedientes clínicos de los pacientes diagnosticados por Asperger tras la guerra y descubrió un número significativamente más alto de padres que trabajaban en profesiones técnicas,[29] sobre todo en ingeniería eléctrica, que entre los padres de un grupo de control. Investigadores de la Universidad de Edimburgo descubrieron en 2015 que los genes asociados con el autismo también estaban relacionados con niveles más elevados de capacidad cognitiva, con especial mención a las tareas de resolución de problemas que requerían una inteligencia práctica no verbal.[30] El defecto en la idea de Rimland podría estribar en su intento de vincular el autismo con la inteligencia general, que es muy difícil de medir en las personas autistas, antes que con un conjunto específico de aptitudes.

A pesar de que Rimland en ningún momento del libro se identificaba como padre de un niño autista, no escatimó en describir los asoladores efectos de las teorías erróneas sobre el autismo en familias como la suya. «Si el autismo únicamente está determinado por factores orgánicos —escribe—, no es necesario que los padres de estos niños padezcan la vergüenza, la culpa, los inconvenientes, los gastos financieros y los desacuerdos conyugales que con frecuencia acompañan a la asunción de la etiología psicogénica.»[31] Describía cómo las familias llevaban a sus hijos «de clínica en clínica con la esperanza de encontrar a alguien que entendiera la enfermedad».[32] Y para los padres que no podían costearse tal peregrinación médica, sin duda aún era más duro, cosa que se refleja en el número de casos sin diagnosticar en las comunidades minoritarias hasta la fecha.[33]

El aspecto más desfasado del libro es la fe incuestionable de Rimland en la acotada definición del autismo de Kanner. En diversos momentos, parece que incluso intenta superar a su mentor concibiendo maneras de una inventividad creciente de excluir a niños del diagnóstico. Rimland describe a los niños autistas como «niños con una salud casi siempre excelente, apuestos y bien formados, y normalmente de tez oscura» (en contraposición a los niños con esquizofrenia infantil, a quienes retrata como pequeños rubios, de ojos azules, con una piel traslúcida, la barbilla en retrognatia y «un aspecto parecido a un feto»). Se maravilla ante su «capacidad motriz no ya excelente, sino, a menudo, incluso extraordinaria [...] tanto en lo que toca al movimiento del cuerpo general como a la destreza digital», y asegura que destacan por su poca propensión «a las alergias, el asma, los trastornos metabólicos y los problemas cutáneos».

En sintonía con el modelo de Kanner, también enumera otros múltiples factores descalificativos, como los indicios de regresión, los ataques epilépticos, unas lecturas de EEG anormales, piel pálida, un aspecto «apagado y retrasado», un tono muscular «blando», la ausencia de habilidades eruditas, una ansiedad y confusión visibles, la presencia de patologías mentales en el árbol genealógico, la tendencia a dar vueltas como peonzas y a caminar de puntillas. Estos dos últimos comportamientos eran particularmente curiosos, puesto que bastantes de los pacientes de Kanner los exhibían y hoy se consideran síntomas reveladores de autismo.

No obstante, Rimland no toleraría intrusos en el jardín amurallado de su mentor. Incluso se disculpaba de antemano ante el lector: «Podría suceder que algunos de los casos que este escritor cita en este libro para ilustrar los fenómenos del autismo de hecho sean ejemplos donde sólo algunos de los síntomas son compartidos con el autismo infantil, si bien se ha puesto todo el empeño en no incurrir en este tipo de errores».[34] A ojos de Rimland, los auténticos casos de síndrome de Kanner eran casi tan escasos como los escoceses de pura cepa.

Sin embargo, Rimland tenía otra razón de peso para querer que el diagnóstico se definiera de manera estricta. Alimentaba la esperanza de que el autismo resultara ser un error en una única ruta metabólica que podía evitarse interviniendo en la dieta, como otra enfermedad genética llamada fenilcetonuria o PKU.

Cuando Rimland leyó la conmovedora autobiografía de Pearl S. Buck sobre cómo había criado a su hija, Carol, *The Child Who Never Grew*, pensó que se trataba de una historia sobre el autismo. Momentos después de nacer Carol, Buck miró a una enfermera y le preguntó: «¿No parece demasiado lista para su edad?». Incluso de bebé, Carol parecía entrar en éxtasis cuando su madre reproducía sinfonías en el fonógrafo. Pero, a los tres años, era evidente que se estaba quedando rezagada y estallaba en pataletas furiosas. El relato de la recuperación de la PKU se convirtió en una plantilla para Rimland, que, en parte, escribió su libro con la expectativa de que la historia se repitiera.

En la década de 1920, un joven matrimonio de Oslo —Harry y Borgny Egeland— tuvo a su primogénita, Liv.[35]

Como Carol Buck y Mark Rimland, Liv tenía un aura de sabiduría precoz, pero a los tres años de edad aún no había pronunciado ni una palabra. El pediatra familiar aseguró a los Egeland que su hija era una niña sana y acabaría hablando a su debido tiempo. La pareja tuvo un segundo hijo, Dag. Al principio, era un niño valiente y alerta, pero poco a poco pareció perder todo interés por el mundo que le rodeaba.

Entonces Borgny notó que los pañales de sus hijos emitían un extraño hedor a moho. Empezó a preguntarse si aquel olor podía estar relacionado con su incapacidad para prosperar. Los Egeland consultaron a un médico y finalmente llevaron a Dag al Hospital Universitario de Oslo para someterlo a una serie completa de pruebas. Sin embargo, las pruebas no revelaron nada. Desesperada por obtener ayuda, Borgny recurrió a curanderos, herboristas y videntes, que prepararon infusiones y baños sanadores para sus hijos y buscaron la fuente de su dolencia en visiones. Harry recordó que uno de sus profesores en la escuela dental, Asbørn Følling, era especialista en enfermedades metabólicas. Borgny le pidió a su hermana, que pertenecía al círculo social de Følling, que le preguntara acerca del olor de la orina de sus hijos y Følling accedió a realizarles un análisis detallado.

Ahora bien, antes de hacerlo, Følling indicó a Borgny que dejara de dar de inmediato a sus hijos todos los remedios herbales que les había estado suministrando para asegurarse de que la señal de lo que fuera que estuviera causando aquel trastorno no se perdiera en el ruido estadístico. Sólo entonces empezó a realizarles pruebas. Los análisis de sangre, pus, albúmina y azúcar no revelaron ninguna anomalía, pero entonces Følling probó a añadir unas cuantas gotas de solución de cloruro férrico a la muestra de orina de Liv y, en lugar de cambiar al típico color marrón rojizo, que indicaría la presencia de cuerpos cetónicos, se volvió de un agorero color verde intenso que no tardó en palidecer. La adición de gotas de cloruro férrico a la muestra de Dag dio lugar al mismo resultado insólito. Følling, que jamás había visto aquel tipo de reacción, consultó sus libros de texto de química, pero no halló en ellos ninguna pista útil. Durante dos meses, se encerró en el laboratorio y, en total, analizó más de veinte litros de la orina de los pequeños.

Finalmente, tras evacuar el aire de sus tubos de ensayo con nitrógeno, aisló los cristales de un compuesto llamado ácido fenilpirúvico que no suele estar presente en la orina. Entonces se puso en contacto con instituciones mentales de la zona y solicitó que le enviaran muestras de sus pacientes. Ocho de las 430 muestras de niños intelectualmente discapacitados arrojaron el mismo compuesto extraño. Con más investigación, Følling descubrió que los niños producían aquellos cristales porque no metabolizaban un aminoácido habitual llamado fenilalanina, presente en la leche de vaca y en la leche materna. A resultas de ello, el ácido se iba acumulando en su torrente sanguíneo, deterioraba el cerebro en desarrollo de los pequeños y se filtraba en su orina, cosa que producía aquel olor mohoso.

Følling denominó tal síndrome «*imbecillitas* fenipirúvica», si bien con el tiempo se rebautizó con el nombre de fenilcetonuria. Gracias al estudio de las familias afectadas, logró determinar que el síndrome lo transporta un único gen recesivo. Si un niño hereda copias del gen de ambos padres, nace con PKU. Después de la publicación del libro de Buck, los médicos concibieron una sencilla prueba para pañales de PKU que podía administrarse a las pocas semanas de nacer, la cual no tardó en ser reemplazada por un análisis sanguíneo que se realiza al recién nacido antes de abandonar el hospital. Entre tanto, los investigadores elaboraron una dieta con bajo contenido en fenilalanina que podía evitar los efectos incapacitantes de la PKU si se adoptaba en la más tierna infancia. En los países donde la mayoría de los niños tienen acceso a una buena sanidad, la discapacidad intelectual inducida por la PKU es ya un hecho del pasado. Ninguno de aquellos avances habría sucedido, reflexionaba Rimland, si Følling hubiera descartado a Liv y Dag como casos sin esperanza de un trastorno genérico denominado retraso mental.

IV

El mayor anhelo de Rimland al publicar su libro era que desencadenara una nueva era de investigación en torno al autismo. Para propiciar este proceso, se le ocurrió una idea inteligente para solicitar datos a sus lectores, de tal modo que el libro fuera interactivo. En el apéndice incluía un cuestionario titulado la «Lista de comprobación diagnóstica para niños con trastornos de comportamiento (Formulario E-1)», diseñado a modo de plantilla para que los médicos entregaran una copia a los padres.[36] En sintonía con la idea de Kanner de que el autismo era un trastorno de la infancia, la mayoría de las setenta y seis preguntas se centraban en el comportamiento del niño durante los seis primeros años de vida.

- ¿Se quedaba (o se queda) el niño con la mirada perdida durante largos ratos, como si estuviera sumido en sus pensamientos?
- ¿Alguna vez ha sospechado que el niño podía ser sordo?
- ¿Alguna vez su hijo no mira o pasa de largo a otras personas, como si no estuvieran?
- ¿Repetía (o repite) frases como un loro o una reverberación, sin ningún propósito?
- ¿Utilizaba (o utiliza) de manera reiterada la palabra «tú» cuando debería decir «yo»?
- ¿Transmitía (o transmite) la impresión de querer ser apreciado?

Otras secciones del cuestionario se concibieron para nutrir el interés de Rimland en las dimensiones biomédicas del autismo e incluían preguntas acerca de los hábitos alimenticios y la digestión del pequeño, enfermedades cutáneas y su regulación de la temperatura. Rimland se mostró encantado cuando un bioquímico leyó el libro y se ofreció a empezar a buscar indicios de fallo metabólico en el autismo, con la esperanza de elaborar un régimen nutricional similar a la dieta baja en fenilalanina.

Sorprendentemente, el E-1 fue la primera herramienta clínica estandarizada para evaluar el autismo. Hasta ese momento, el diagnóstico se elaboraba estrictamente basándose en la observación subjetiva por parte de médicos formados en los métodos de Kanner y Eisenberg. A los niños que no encajaban con exactitud en la versión de Rimland del modelo de Kanner se les diagnosticaba un «autismo aparente». En su intento de separar el grano de la paja, Rimland volvía a seguir los pasos de su mentor, quien le explicó en una carta que nueve de cada diez niños a quienes habían enviado a su consulta con un diagnóstico de autismo emitido por otros médicos no eran «casos auténticos».[37]

Después de publicar el libro, Rimland no tenía planes concretos de seguir escribiendo acerca de la materia y preveía centrar de nuevo su atención en su empleo diario.[38] Pero el futuro en un anonimato tranquilo en Kensington que había imaginado tanto para él como para su familia no se haría realidad.

Apenas transcurrida una semana de la publicación, empezaron a inundar el buzón de Rimland formularios E-1 arrancados del libro, rellenados por un progenitor (con frecuencia, la madre) y enviados directamente a la dirección del Laboratorio de Investigación de Personal Naval de los Estados Unidos que se recogía en la página de créditos, muchos de ellos acompañados de una carta manuscrita.[39] «Aquello mató a Bernard —recuerda Gloria—. Se lamentaba: "¡Mira lo que le están haciendo a mi libro!".» Con todo, enseguida cayó en la cuenta de que los formularios que se apilaban ante su puerta eran el elogio más entusiasta que podía recibir de otros padres como él. Abrió un expediente en su despacho para cada niño cuya madre o padre contactaban con él directamente. En los meses venideros, centenares de E-1 encontrarían el camino de regreso a Rimland. Tras puntuar las listas de verificación con un algoritmo de su propia creación, Rimland enviaba los resultados a los padres por correo, y normalmente luego les telefoneaba en persona.

Tras años de aislamiento, él y Gloria sabían perfectamente lo solos que podían sentirse unos padres criando a un niño autista. En sus conversaciones con otros padres, Rimland desplegaba su lado más gregario y empático, hasta tal punto que pasó a ser conocido como «el tío Bernie» entre toda una generación de familias, dispuesto a contestar al teléfono a cualquier hora del día o de la noche y a sentarse a escuchar a cualquier madre o padre desconsolado que se plantara en su puerta en busca de ayuda.

Además, utilizó los comentarios que los padres garabatearon en los márgenes del E-1 para refinar su cuestionario.[40] Cuando un par de años más tarde se publicó una segunda edición de *Infantile Autism*, el libro incluía una versión actualizada de la lista de preguntas, titulada E-2 y diseñada para que los padres la enviaran directamente a Rimland. Convencer a padres desesperados por obtener información sobre sus hijos para que rellenaran un formulario resultó ser mucho más sencillo que convencer a otros investigadores de que emplearan los datos que había recopilado. Los estudios de los E-1 y E-2 en la literatura especializada ponían en entredicho su precisión. Un problema era que los cuestionarios dependían de los recuerdos que los padres tenían del comportamiento del niño en la infancia, los cuales podían no ser fiables. Además, los resultados de su algoritmo se correlacionaban sólo moderadamente bien con evaluaciones clínicas por otros medios. Era el resultado inevitable de su selectivo proceso de categorización, pero suscitaba dudas acerca de la precisión de sus métodos, lo cual hería su orgullo profesional.

Al forjar una relación directa con los padres que le escribían, Rimland acabó por internarse por una senda mucho más subversiva que desafió la autoridad del *establishment* psiquiátrico. En lugar de convertirse en el patrón oro de la evaluación del autismo, los cuestionarios de Rimland sembraron las semillas de una revolución.

V

Lo que más les costaba encontrar a los padres de niños como Mark en la década de 1960 era esperanza. Los médicos tenían poco que ofrecer, más allá del consejo estándar de internar al niño e ir eliminando poco a poco sus fotografías del álbum familiar. Y a los padres decididos a criar a sus hijos en casa, como Clara Claiborne Park (madre de Jessy Park) y Eustacia Cutler (madre de Temple Grandin), se los condenaba por poner en peligro el bienestar de los pequeños atrapándolos en un entorno psicológicamente tóxico.

Dos décadas después de que Asperger escribiera su manual acerca de los métodos apropiados para enseñar a niños autistas, la mayoría de los psicólogos de Estados Unidos seguían convencidos de que aquellos niños eran incapaces de aprender por constitución. El libro de Rimland ni siquiera aborda el tema de la educación y, en su lugar, se decanta por usar los términos *formación* y *acondicionamiento*, empleados por los terapeutas conductuales para describir el proceso de adiestrar a un animal para responder a determinados estímulos, al modo de Pavlov. En su descargo hay que decir que Rimland también mencionaba que «eran muy escasas las publicaciones acerca de auténticos casos de autismo en la madurez»,[41] y los pocos estudios disponibles eran a todas luces desalentadores.

En 1956, Eisenberg publicó un artículo titulado «El niño autista en la adolescencia» basado en sus expedientes médicos del hospital Harriet Lane.[42] De los sesenta y tres adolescentes que logró localizar, más de la mitad estaban confinados en instituciones. Dividió al grupo en tres categorías de resultados: *bueno, aceptable* y *pobre*. Un buen resultado se definía como «un paciente que funciona bien a un nivel académico, social y comunitario y a quien sus iguales aceptan, pese a que pueda seguir siendo una persona extraña». Un resultado pobre correspondía a un paciente que «no ha emergido del autismo en ningún grado y cuya función actual claramente está inadaptada y se caracteriza por un retraso mental y/o un comportamiento extremadamente perturbado». Sólo tres pacientes del grupo se englobaban en el resultado bueno, mientras que cuarenta y seis se clasificaron como con un resultado pobre. El factor más predictivo de su resultado, explicaba Eisenberg, era la presencia de «comunicación oral útil».

Incluso Bettelheim había ofrecido a las familias una versión retorcida de la esperanza al asegurar que años de internado en la Escuela Ortogénica podían desenredar los nudos atados en la psique de un bebé por una madre gélida y dominante. A Rimland le atormentaba el pensamiento de que, al reenmarcar el autismo como un trastorno genético en lugar de psicogénico, había eliminado de la ecuación esa reconfortante ilusión y había propiciado una actitud de «desesperanza terapéutica».[43] Y ahora que centenares de padres se dirigían a él en busca de ayuda y consejo, ¿qué podía ofrecerles?

Un día de octubre de 1964, Rimland halló su respuesta en un psicólogo de la Universidad de California en Los Ángeles llamado Ole Ivar Lovaas, que hablaba sin tapujos. En la superficie, ambos hombres eran polos opuestos: Rimland era un osito de peluche cálido y atento procedente del Medio Oeste estadounidense, mientras que Lovaas era un rubicundo amante de la naturaleza nórdico que lanzaba su deslumbrante sonrisa antes de avergonzar a sus colegas en una cena afirmando: «Hay más cerebros en esta ensalada que entre los comensales de esta mesa».[44] Sin embargo, ambos eran hombres resueltos y ambiciosos, desencantados con el estado de la psicología y marginados por sus iguales debido a su fascinación por el mismo trastorno infantil desconocido.

Como tantos otros investigadores del autismo de primera generación, Lovaas, hijo de un periodista y de la hija de un granjero, se hizo adulto a la sombra de Hitler. Nació en 1927 en una población cercana a Oslo llamada Lier, célebre por sus prolíficos huertos y fértiles campos. De niño, Ivar tomaba el tren con su familia para ir a las montañas, donde la nieve acumulada centelleaba como diamantes. Pero todo cambió la mañana del 9 de abril de 1940, cuando, al llegar a la escuela, encontró a sus maestros llorando. Le indicaron que regresara a casa de inmediato porque los nazis habían invadido Noruega por aire y la habían proclamado territorio suyo. Aquella tarde, el joven Ivar vio a «hombres vestidos de verde y con cascos curiosos» gateando por el valle de su familia «como pulgones en el Jardín del Edén».[45]

En junio, las fuerzas del ejército aliado habían sido aplastadas por completo, el rey Haakon se había exiliado y se habían confiscado las radios a todas las familias judías de Oslo, en preparación para la deportación masiva a campos de concentración. Durante los cinco años siguientes, Lovaas y su familia se vieron obligados a trabajar como obreros emigrados y a comer tan sólo lo que cultivaban con sus propias manos, cosechando coles y nabos en el gélido aire diez horas al día hasta que se les adormecían los brazos y las piernas.[46]

A la conclusión de la guerra, se permitió a Lovaas emigrar a Estados Unidos gracias a su maestría tocando el violín. Obtuvo una beca de música en el Luther College de Iowa y se licenció en sólo un año durmiendo tres o cuatro horas por noche.[47] Tras ver una fotografía de la cordillera Olímpica nevada en un diario, se embarcó en un autobús con destino a Seattle y fue llamando a puertas hasta encontrar a una familia dispuesta a alquilarle una habitación a cambio de realizar las tareas domésticas. Entonces fue caminando hasta la Universidad de Washington y consiguió inscribirse en el programa de posgrado de psicología.[48] En otra coincidencia asombrosa de la historia del autismo, uno de sus compañeros de habitación en la residencia de la universidad fue Eddie Alf, el hermano de Gloria Rimland.[49]

Lovaas se propuso convertirse en psicoanalista, como casi todos los estudiantes de psicología de Estados Unidos en aquella época. Sin embargo, no se le daba bien: «Mis clientes me preguntaban: "¿De verdad mejoraré hablando con usted?". Y yo les contestaba: "Sí". Pero con frecuencia no mejoraban, sino que empeoraban».[50] Cansado de fingir interés mientras sus clientes se dedicaban a asociar libremente ideas en el diván, tomó un empleo como auxiliar de psiquiatría en el Pinel Institute, un psiquiátrico privado que albergaba a los vástagos caprichosos de la capa social superior de Seattle. Un verano, dos pacientes se suicidaron arrojándose a la calle desde las ventanas de la segunda planta. «Todos los médicos tenían una orientación médica, de manera que lo denominaron "epidemia de suicidios", como si se tratara de una enfermedad contagiosa»,[51] recordaba con repulsión. No tardó en perder la paciencia con las tendenciosas especulaciones de la psiquiatría con base teórica. Tras escuchar a sus colegas perorar durante horas en un simposio, comentó: «Eran como Nerón, tocando el violín mientras las llamas consumían el mundo. Cuando uno es testigo de una guerra y ve lo horrible que puede ser para las personas, quiere ser relevante, quiere hacer algo por cambiar este mundo».[52]

Por suerte para Lovaas, muchos de sus profesores en la UW tenían la misma sensación. Su asesor no era psicoterapeuta, sino un psicólogo conductista que lo alentó a realizar investigación en laboratorio. Una de las estrellas del departamento era Sid Bijou, un exalumno de B. F. Skinner que había sido el pionero en el uso del condicionamiento operante en niños con discapacidad intelectual.[53] El ejemplo paradigmático del condicionamiento operante eran Skinner y sus ratas. Para adiestrar a una rata a presionar una barra, daba al animal una bolita de comida (la «recompensa») si la presionaba de manera accidental. Si la rata la rozaba con la zarpa, le daba otra bolita y luego otra si la presionaba con firmeza con una pata. Normalmente, el resultado de este meticuloso proceso paso a paso era que la rata acababa presionando con frenesí la barra para recibir más bolitas de comida.

Por el contrario, para condicionar al animal a dejar de presionar la barra, Skinner dejaba de darle bolitas de comida hasta que la rata dejaba de presentar dicho comportamiento (un proceso conocido como *extinción*). Otro modo de extinguir el comportamiento podía consistir en administrarle una descarga eléctrica a la rata en lugar de darle la bolita de comida (el término en este caso era *castigo*). El castigo a los animales era un tema polémico entre los conductistas, pero no porque les pareciera cruel; el estado mental del animal, si es que lo tenía, se consideraba del todo irrelevante, una caja negra. No obstante, en la práctica, el castigo resultó ser un método ineficiente de adiestrar a un animal para que dejara de exhibir un comportamiento porque tendía a incrementar la emisión de conductas no relacionadas con la tarea que se estudiaba. (Dicho de otro modo, el animal, aterrorizado, intentaba escapar de las dolorosas descargas.)

Para adaptar el modelo de Skinner para su uso en seres humanos, Bijou analizó el comportamiento en términos de sus antecedentes (sus desencadenantes en el entorno) y sus consecuencias (que podían incluir recompensas o castigos, dependiendo de si el experimentador quería que el comportamiento se reprodujera o se limitara). Denominó el meticuloso registro y estudio de esta secuencia *análisis conductual*. Al manipular de manera experimental los antecedentes y las consecuencias, Bijou descubrió que el análisis conductual podía ser una potente herramienta para modificar respuestas en los seres humanos. Más aún, en estos casos, las recompensas y los castigos a los que el experimentador tenía acceso no se limitaban a bolitas de comida y electrochoques. Exclamar «¡Buen chico!» podía resultar tan gratificante a un niño como una bolita de comida a una rata de laboratorio, mientras que un «¡No!» tajante podía funcionar igual que una descarga eléctrica de castigo. En el léxico de la disciplina, el lenguaje era un potente *estímulo discriminativo* en los seres humanos.

O mejor dicho, en la mayoría de los seres humanos. Tras doctorarse por la UW, Lovaas permaneció en Seattle otros tres años, impartiendo clases y realizando labor de investigación en el Child Development Institute cercano a la universidad, donde vivió dos experiencias que influyeron de manera decisiva en el devenir de su carrera.[54] En primer lugar, vio a una niña que no hablaba, no establecía contacto visual, rehusaba jugar con juguetes y se pasaba todo el día meciéndose adelante y atrás y aleteando las manos. Supo que el destino más probable que le aguardaba era que la internaran en un hospital estatal, donde viviría el resto de sus días en un ala bajo llave. ¿No era posible hacer nada más por ella?

Entonces presenció un experimento que sugería una posibilidad más prometedora. Al observar cómo se condicionaba a un niño con un desarrollo normal a utilizar el habla para obtener una baratija de juguete, una tarea trivial, a Lovaas se le ocurrió que mejorar las habilidades lingüísticas de los niños con retrasos de desarrollo podía aportarles ciertas ventajas para paliar su conducta problemática.[55] En 1961 aceptó un empleo como profesor auxiliar en el Departamento de Psicología de la UCLA. En los niños con autismo, creyó haber encontrado el caldo de cultivo ideal para poner en práctica su hipótesis, pues eran niños con déficits lingüísticos graves cuyo comportamiento parecía absolutamente fuera de control.

Un psicólogo de la Universidad de Indiana llamado Charles Ferster fue otra influencia clave en el pensamiento de Lovaas. Ferster pertenecía a la corriente psicológica que consideraba que el síndrome de Kanner era una forma de esquizofrenia poco frecuente con una aparición precoz. De hecho, estaba tan convencido de que se trataba de una enfermedad rara que su artículo de 1961 «Refuerzo positivo y déficits conductuales en niños autistas» empieza con una disculpa por ocupar el tiempo del lector con un tema tan arcano. El autismo «no es importante desde el punto de vista epidemiológico —reconocía. Pero concedía que—: Sin embargo, el análisis del niño autista puede tener utilidad teórica, ya que su psicosis puede ser un prototipo de la de los adultos».[56] A continuación, Ferster describía el comportamiento idiosincrásico de los niños autistas en términos conductuales y afirmaba que estaban supeditados al *refuerzo* (la recepción de recompensas), como ocurre en el comportamiento típico de los niños típicos. Un niño que repitiera la palabra *caramelo* una y otra vez acabaría por ver cómo este comportamiento quedaba reforzado por la obtención de un caramelo. Si el mismo niño tenía un berrinche, la recompensa sería ver a su madre, preocupada, acudir corriendo a comprobar qué sucedía. Pero ¿qué ocurría si un niño tenía una pataleta y no aparecía nadie?

Ferster describió un experimento que implicaba encerrar a un niño autista en una habitación pequeña cada día durante un año. Y he aquí que los berrinches del niño finalmente desaparecieron, cosa que el psicólogo interpretó como una señal clara de que las rabietas también estaban supeditadas al refuerzo. Planteó que los padres habían condicionado sin querer a sus hijos a ser cada vez más autistas al recompensar su mala conducta con una atención desmedida. Ferster extrajo una lección funesta de tales experimentos: la mejor manera que los padres tenían de lidiar con los actos de sus vástagos, afirmaba, era hacer caso omiso de su aflicción hasta que el comportamiento indeseable desapareciera por sí solo.[57]

A pesar de que Lovaas tenía poca paciencia para la psicología freudiana, sospechaba que los padres de los niños autistas desempeñaban algún papel decisivo en la génesis de su trastorno y le impresionó el análisis despojado de sentimentalismo de Ferster. Con el tiempo, Lovaas filmaría películas de jóvenes autistas en instituciones como el Camarillo State Hospital, emplazado en el norte de Los Ángeles (el lugar real que retrataba el *thriller* psicológico con tintes de cine negro protagonizado por Olivia de Havilland *Nido de víboras*), quienes se habían roto la nariz con sus propias rodillas y comido sus propios brazos hasta los huesos.[58] En apariencia inmunes a cualquier medicamento que la industria farmacéutica pudiera proporcionarles, Lovaas concebía a aquellos niños como esencialmente inhumanos, si bien con un cierto margen de potencial redentivo. «Lo que me resultaba más fascinante era observar a personas con ojos, orejas, dientes y uñas en los dedos de los pies deambulando por allí sin presentar prácticamente ninguno de los comportamientos que denominaríamos sociales o humanos —escribió—. Se me presentó la oportunidad de construir el lenguaje y otras conductas sociales e intelectuales donde no existía ninguna, un buen ensayo para averiguar el grado de ayuda que podía proporcionar un enfoque basado en el aprendizaje.»[59]

Lovaas explicó a *Psychology Today*: «Digamos que, con un niño autista, uno empieza prácticamente de cero. Se tiene una persona en sentido físico, puesto que tiene cabello, nariz y boca, pero no es una persona en el sentido psicológico. Una manera de pensar en ayudar a los niños autistas es contemplarlos como el material para construir a una persona. Tienes la materia prima, pero has de construir a la persona».[60]

VI

Para frustración de Lovaas, la clínica sólo remitió a un sujeto de estudio a su laboratorio en la UCLA durante su primer año de empleo: una niña regordeta, morena y con ojos azules de nueve años de edad llamada Beth que hablaba básicamente en ecolalia y tenía cicatrices en todo el cuerpo de golpearse contra las paredes y el mobiliario.[61] Para justificar su uso del laboratorio y los servicios de un equipo de alumnos de posgrado, Lovaas empezó a pasar días enteros con Beth; la recogía en su casa a las nueve de la mañana y la devolvía a las tres de la tarde, cinco días a la semana.[62] Le avergonzaba admitir que pasaba más tiempo con Beth que con sus propios hijos.[63] Durante un año, la niña se convirtió en el tema de un experimento épico con un *n* de 1. El psicólogo acondicionó una serie de estancias con vidrios de visión unilateral y micrófonos ocultos, junto con un dispositivo de botones de pulsación que permitían a sus ayudantes grabar la frecuencia y la duración de los comportamientos de Beth. En este panóptico de última generación, Lovaas creó su legado duradero: un estilo de intervención intensiva llamado «análisis conductual aplicado» (ACA).

Su genialidad consistió en descomponer actividades cotidianas como vestirse, ir al aseo y cepillarse los dientes en una secuencia de acciones más reducidas y sencillas que podían condicionarse mediante la mera repetición. Denominó su método *entrenamiento por ensayo discreto*, porque cada sesión de condicionamiento se desglosaba en una serie de compases con un principio y un final únicos. De este modo, el terapeuta se aseguraba de que cada estímulo (llamado *impulso*) se asociase de manera nítida con un comportamiento específico y se estableciese un potente vínculo entre causa y consecuencia. Si bien este proceso puede sonar mecánico y predecible, lo que Lovaas intentaba hacer era enseñar a aquellos niños habilidades para mantenerse alejados de lugares como Camarillo y poder vivir de manera semiindependiente. El corpulento psicólogo nórdico acabó por concebir el análisis conductual aplicado no sólo como una ciencia, sino también como un arte. Algunas personas tenían una aptitud innata para realizarlo (incluido, por supuesto, el propio Lovaas) y otras no.[64] Pero lo más importante era que se trataba de un arte que podía enseñarse.

¿Qué aspecto tenía este arte en la práctica? He aquí la descripción que el propio Lovaas dio de enseñar a un niño a dar un abrazo. (El *desvanecimiento* significa ofrecer un estímulo con una regularidad decreciente hasta que ya no se requiera para lograr la conducta buscada.)

Paso 1: Di: «Abrázame» e impulsa (por ej.: desplaza) al niño para que su mejilla roce de manera momentánea la tuya. Recompénsalo con comida en cuanto ambas mejillas establezcan contacto.

Paso 2: Desvanece poco a poco el impulso a la par que continúas dando la instrucción («Abrázame») de manera clara y alta.

Paso 3: Retira de forma paulatina la recompensa en función de la duración de los abrazos. Avanza poco a poco, de un abrazo de un segundo hasta un abrazo de entre cinco y diez segundos de duración. En paralelo, exige un abrazo más sincero, que no consista meramente en rodear con sus brazos tu cuello, sino en apretarte más y más, etc. Estimula estos comportamientos adicionales si es preciso.

Paso 4: Extrapola este aprendizaje a múltiples comportamientos y personas. Poco a poco rebaja el programa de recompensas de modo que cada vez obtengas más abrazos a cambio de menos recompensas.[65]

Lovaas solía decir que lo más importante era establecer al principio de todo entrenamiento por ensayo discreto que «Quien manda eres tú». Y para dejar claro que su planteamiento despojado de sentimentalismo no radicaba en mostrarse complaciente y comprensivo, añadía: «Las personas con voz tierna, con dificultades para imponerse u obsesionadas con lo que está bien y lo que está mal no son buenos maestros para niños con trastornos del desarrollo». Describía al terapeuta de análisis conductual aplicado ideal como una persona «asertiva, segura de sí misma y extrovertida», adjetivos todos ellos que podían sin duda aplicarse a Lovaas.

Los protocolos del análisis conductual aplicado, en su concepción inicial, estaban interrelacionados de manera inextricable con la personalidad de Lovaas, un hombre dominante a la par que encantador. El condicionamiento operante se conocía con el nombre popular de *modificación conductual*, pero a él eso le sonaba demasiado blando. En su opinión, lo que hacía con aquellos niños con dificultades era *ingeniería conductual.* (La mayoría de los padres se referían al análisis conductual aplicado simple y llanamente como «el método Lovaas».) Esquiador de toda la vida tan competitivo en las laderas como en el laboratorio, encandilaba a sus estudiantes con versiones paródicas de modismos, como cuando describió a sus detractores como «viejos caballos de batalla» o reprendió a una estudiante de posgrado que le hacía de asistente diciéndole: «Estás encogiendo tus responsabilidades». En lugar de evitar la confrontación, las críticas lo cargaban de energía y le traía sin cuidado la corrección política. Cuando sus alumnos lo proclamaron el mayor «cerdo chauvinista» del departamento, se mostró encantado.[66]

Ahora bien, si Lovaas impresionaba a sus alumnos era, sobre todo, por ser un hombre que nunca «encogía» su sentido de la responsabilidad con los niños que tenía a su cuidado. Se convirtió en mentor de una generación de psicólogos, terapeutas y profesores de la UCLA y creía tanto en el poder redentor del análisis conductual aplicado que en una ocasión alardeó ante un periodista de la revista *Los Angeles* asegurándole: «Si Hitler hubiera sido paciente mío en la UCLA con cuatro o cinco años de edad, podría haberlo convertido en una buena persona».

La primera vez que oyó hablar del método de Lovaas, Rimland se mostró escéptico: «La técnica parecía más adecuada para adiestrar perros o morsas que personas», comentó.[67] Sin embargo, después de visionar el metraje grabado por el psicólogo de los niños que se mutilaban antes y después de someterse a análisis conductual aplicado, aparcó sus dudas y empezó a urdir planes para exportar la técnica del laboratorio al mundo real. Si los estudiantes de posgrado podían aprender a poner en práctica aquel método, ¿por qué no iban a poder hacerlo los padres?

«Para espanto de mi esposa, empecé a aplicar las técnicas de Lovaas con nuestro propio hijo autista de ocho años de edad, un niño muy difícil —recordaba Rimland en 1987—. Constaté que la actitud permisiva e indulgente en exceso hacia los niños autistas que habían postulado las autoridades anteriores en el ámbito del autismo en realidad resultaba terriblemente nociva para los niños. Apliqué la modificación del comportamiento para "modular" a mi hijo. La autoestimulación dejó de estar tolerada. Y usé las técnicas de Lovaas para asegurarme de que Mark prestara atención a lo que se le decía y a lo que acontecía a su alrededor.»[68]

Incluso solicitó la presencia de uno de los alumnos de posgrado de Lovaas, David Ryback, quien estimuló a Mark a establecer contacto visual e imitar fonemas usando M&Ms y Coca-Cola a modo de recompensa. La autoestimulación se castigaba con un «¡No!» estentóreo y una bofetada que Ryback se daba a sí mismo. «Mark era un niño muy agradable y atento, y muy consciente de su entorno —recuerda Ryback—. Progresó muy rápidamente.»[69] Al cabo de poco tiempo, Mark había aprendido a distinguir entre «abuelita» y «abuelito».[70]

Lovaas comenzaba a plantearse recabar la opinión de los padres para abordar el punto débil de su método que reflejaron sus primeros estudios: las lecciones aprendidas en el análisis conductual aplicado a menudo no se extrapolaban más allá de la situación artificial creada en el laboratorio. (Ello solía achacarse a la incapacidad de los niños de aprender y generalizar antes que a un defecto del método.) La mejor esperanza para estimular un cambio conductual duradero era entrenar al niño en su entorno natural: su hogar. Un colega de Lovaas llamado Todd Risley ya había enseñado a la madre de uno de sus pacientes a convertirse en la terapeuta de análisis conductual aplicado de su hijo y moldear su comportamiento con cucharadas de helado.[71]

En una cena que Rimland organizó con un par de parejas que le escribieron tras leer su libro, Lovaas comparó la ingeniería conductual con las técnicas empleadas por Anne Sullivan para enseñar a hablar a Helen Keller. Sobre platos colmados de espaguetis y cantidades copiosas de vino tinto,[72] explicó a los padres que el análisis conductual aplicado les brindaba su mejor oportunidad de rescatar a sus hijos de quedar atrapados para siempre tras sus «corazas autistas».[73] Antes de que concluyera la cena, todos suplicaban a Lovaas que los formara en su método. Lovaas le comentó a Rimland que aquella velada había sido una de las más importantes de su vida.[74]

Por el hecho de trabajar en soledad, ambos hombres eran vulnerables al tipo de marginación que afronta cualquier investigador que intente subvertir los paradigmas predominantes en su campo. Al formar una alianza y comunicarse directamente con los padres, obtuvieron un nivel de credibilidad e influencia muy superior al que habrían conseguido esperando la confirmación de sus teorías mediante los canales especializados habituales. Juntos levantarían un imperio propio: una infraestructura en la sombra para la investigación sobre el autismo en la que serían los padres, en lugar de profesionales médicos, las máximas autoridades en el bienestar de sus hijos.

La magnífica envergadura de las ambiciones de Rimland quedaba reflejada en una solicitud que rellenó para una beca de un año en el Center for Advanced Study in the Behavioral Sciences de la Stanford University en 1964. Cada año, el centro extendía una invitación a cincuenta especialistas destacados, y se sintió halagado al recibir la suya.

Su máxima prioridad para una residencia en la prestigiosa universidad, escribió al fundador y director del centro, sería ampliar la investigación de su libro acerca de cómo las raíces genéticas del autismo arrojan luz sobre «la naturaleza de la percepción, motivación, pensamiento e inteligencia». Aquello habría bastado para mantener ocupados a la mayoría de los especialistas becados durante un año, pero Rimland no se detuvo ahí. Atacó de pleno los cimientos de la psiquiatría, con el objetivo de demostrar que la idea de que trastornos como el autismo y la esquizofrenia podían estar «provocados» (las comillas son suyas) por factores psicológicos «no era más que una leyenda muy extendida que se ha creído con tenacidad, una superstición desmentida científicamente en el presente». Se ofreció a organizar un simposio en Stanford titulado: «¿Dónde yerra la psicología?».

El segundo punto de su programa era igual de idealista: explorar métodos para aumentar la inteligencia humana manipulando las hormonas maternas y otros factores perinatales en el útero. «El ser humano vive en la era atómica con un cerebro evolucionado durante la Edad de Piedra y épocas anteriores. Y no basta», declaró Rimland.

Huelga decir que obtuvo la beca. Una vez Rimland se acomodó en la vida académica en Palo Alto con su familia, cayó bajo el hechizo de Linus Pauling, una de las auténticas figuras renacentistas de la ciencia del siglo XX. Pauling era un tipo ingenioso y con una memoria fotográfica fantástica, y su curiosidad insaciable abarcaba cualquier campo, desde la química hasta la biología molecular, la mecánica cuántica o la inmunología. Efectuó una serie de descubrimientos acerca de la naturaleza del enlace químico que le merecieron el Premio Nobel de Química en 1954. Al aplicar conocimientos de las ciencias físicas a la biología, descubrió la anemia falciforme y alumbró el camino para el campo de la medicina molecular. En el punto álgido de la guerra fría, ganó un segundo Premio Nobel por su papel en la negociación de una prohibición mundial de los ensayos con armas atómicas en la atmósfera, si bien en este caso se trató del Premio Nobel de la Paz.

En 1941, Pauling se estaba embarcando en un estudio de los anticuerpos cuando tuvo que abandonarlo debido a una inflamación crónica de los riñones conocida como enfermedad de Bright (hoy llamada nefritis) que puede desencadenar multitud de afecciones, incluidas entre ellas la hepatitis C, la mononucleosis y la diabetes de tipo 2. Fue remitido a un especialista renal llamado Thomas Addis, quien defendía la adherencia a una dieta estricta baja en sales y en proteínas para dar a los riñones la oportunidad de «descansar» y sanar.[75] Siguiendo la severa dieta de Addis, que incluía tomar complementos vitamínicos y minerales y beber agua en abundancia, Pauling quedó aliviado de manera permanente de sus síntomas debilitantes en sólo cuatro meses.

Sus consultas con Addis tuvieron lugar en la ajetreada clínica del médico en Stanford, donde los pacientes podían observarlo realizar sus experimentos. Trataba a las esposas y madres de sus pacientes como «colegas» mientras de fondo sonaba música de cámara de Brahms y Beethoven en un fonógrafo. Cada tarde, a la hora designada, toda la clínica hacía una pausa para tomar el té.[76]

La estrategia de Addis para tratar la enfermedad fue una revelación para Pauling. En lugar de atiborrarlo a fármacos, aquel médico sabio lo había curado manipulando niveles de los compuestos (agua, vitaminas, minerales, proteínas y sal) presentes en su organismo. Pauling bautizó este planteamiento con el nombre de «medicina ortomolecular» (de la raíz griega *orthos*, «honesta» o «correcta») y se convenció de que tenía el potencial de curar un amplio espectro de enfermedades, desde la esquizofrenia hasta el cáncer.

Pauling se convirtió en el principal defensor de la idea de que megadosis de vitamina C podían evitar el resfriado común, ralentizar el proceso de envejecimiento y mejorar el humor. Escribió tres libros superventas sobre este tema y recibió una amplia cobertura por sus teorías en el *New York Times* y en otros medios de comunicación prestigiosos.[77] Un mes después de la aparición de su exitoso libro de 1970 *Vitamina C, resfriado común y gripe*, las parafarmacias de todo el país informaron de una demanda sin precedentes de comprimidos y el portavoz de la industria lamentó que la producción fuera incapaz de satisfacer la demanda.[78] La credibilidad de Pauling como uno de los escasos ganadores de dos premios Nobel en la historia contribuyó a transformar el negocio de los suplementos de una empresa marginal que proveía a tiendas de alimentos naturistas en una fuerza motriz de las medicinas alternativas con unas ventas anuales que rivalizan con la industria farmacéutica y exenta de las inoportunas regulaciones de la Food and Drug Administration (FDA).

En ensayos controlados con placebo, las extravagantes afirmaciones sobre la vitamina C de Pauling arrojaron resultados mixtos en el mejor de los casos.[79] Sin embargo, él tenía un motivo de peso para creer que las vitaminas desempeñaban alguna función en la enfermedad mental. En 1926, su madre, Belle, había fallecido en un manicomio de Oregón, trastocada por un tipo de anemia provocada por una deficiencia crónica de vitamina B_{12}. Justo después de su deceso, la ciencia descubrió que la enfermedad que le arrebató la vida podría haberse evitado fácilmente comiendo hígado crudo. Una década y media después, dos colegas de Pauling, Karl Folkers y Alexander Todd, aislaron los cristales de color fucsia de la vitamina en su estado puro.[80] Pauling especulaba con que determinados tipos de discapacidad intelectual eran una forma de «escorbuto cerebral» provocado por un declive general de la nutrición en la era moderna, incluida la adopción generalizada de alimentos altamente procesados.

El concepto de Pauling de la psiquiatría ortomolecular encajaba a la perfección con las ideas de Rimland sobre la PKU y el autismo. Entre tanto, Rimland había empezado a recibir correspondencia de padres que estaban llevando a cabo sus propios experimentos ortomoleculares con sus hijos e informaban de resultados prometedores. Una madre canadiense le explicó que el autismo de su hijo había mejorado de manera notable desde que le administraba elevadas megadosis de vitaminas B inspirada por la investigación en esquizofrenia de Abram Hoffer y Humphry Osmond en un sanatorio mental de Saskatchewan. Osmond no era un desconocido en materia de investigación polémica: acuñó el término *psicodélico* en 1957 tras suministrar a Aldous Huxley la dosis de mescalina que le inspiró a escribir *Las puertas de la percepción*. De acuerdo con aquella madre, las enfermeras del hospital tenían la sensación de que sus pacientes habían realizado grandes progresos siguiendo el régimen de vitaminas B de Hoffer y Osmond, mientras que los psiquiatras sénior de la institución «se negaban a ver lo que resultaba evidente a todo el mundo», en palabras de Rimland.[81]

Y si bien al principio Rimland se mostró escéptico con respecto a que algo tan inocuo como unos comprimidos vitamínicos pudieran tener un impacto significativo en el autismo, cada vez eran más los padres que mencionaban los mismos suplementos (en concreto, las vitaminas B y el magnesio). ¿Podía ser todo mera coincidencia?

Para el otoño de 1965, Rimland recibía cartas y listas de comprobación procedentes de todo el planeta. Antes de asistir a una conferencia de la Marina en Washington, contactó con familias de toda la zona metropolitana de Nueva York para ofrecerse a explicarles en persona un nuevo tipo de terapia conductual para el autismo muy prometedora.[82] Una de las madres de su lista de correo era Ruth Christ Sullivan, una joven enfermera que se puso en contacto con él tras ver a su hijo Joe reflejado en uno de los primeros especiales televisivos acerca del autismo.

Cuando Joe nació, Sullivan y su familia vivían en Lake Charles, Luisiana, cerca del área de Cajún.[83] Durante sus dieciocho primeros meses de vida, Joe parecía un niño excepcionalmente brillante y simpático, pero poco a poco fue retrayéndose del mundo. En las fotografías instantáneas de la familia, solía aparecer bajándose del regazo de alguien. Tras empezar a hablar según un desarrollo normal, dejó de usar palabras de manera abrupta. Un día se aparcó delante de una puerta para montar un puzle cuando, sin querer, su madre salió por la puerta sin verlo y desmontó las piezas. Mientras Sullivan lo observaba, asombrada, el pequeño volvió a ensamblar el rompecabezas con las piezas del revés, sin necesidad de usar el dibujo que formaban como pista para colocarlas debidamente. Al cabo de poco empezó a dibujar mapas de los Estados Unidos mientras tatareaba el himno nacional.

Y luego, de manera tan inexplicable como había dejado de hacerlo, Joe empezó a hablar de nuevo y era capaz de nombrar al instante el día de la semana correspondiente a prácticamente cualquier fecha del pasado o el futuro. Asombraba a su madre recordando con un grado detalle fotográfico cosas que la familia había hecho años antes. Además, era extraordinariamente ágil y valiente y construía pirámides de mesas y sillas al estilo Tetris para alcanzar la parte más alta de las estanterías. Un día, un vecino llamó a casa de los Sullivan para informarles de que su hijo estaba gateando por el tejado. Un joven médico de una clínica de la seguridad social les comentó que sospechaba que Joe tenía autismo, pero el médico murió de manera repentina y nadie más en la zona supo aportarles más información acerca del trastorno de su hijo.

Entonces los Sullivan se mudaron a la zona norte de Nueva York para que el padre de Joe, William, trabajara como maestro en un instituto local. Allí Ruth encontró a dos psiquiatras infantiles que habían trabajado codo con codo con Kanner en el Johns Hopkins y confirmaron el diagnóstico de Joe. Le aconsejaron que se uniera a una terapia en grupo para «madres excesivamente ansiosas». En la primera reunión, el auxiliar de psicología solicitó a Ruth que repartiera unas hojas de papel para que el resto de las madres de la sala pudieran inscribirse en sesiones futuras. En su lugar, Ruth pasó de manera subrepticia una nota en la que invitaba a las presentes a reunirse en privado. Sus encuentros rotativos en sus propias casas en Albany marcaron el nacimiento del movimiento de padres de niños con autismo en los Estados Unidos.

Organizar una comunidad no era nada nuevo para Sullivan. «La primera vez que me eligieron para un cargo —ríe— cursaba séptimo de primaria.» Siendo estudiante de enfermería en el sur profundo de los Estados Unidos en la era de Jim Crow, presentó una moción por integrar la Asociación de Enfermeras de Luisiana, que se aprobó por unanimidad. También se convirtió en una activista de la Liga de Mujeres Votantes, inspirada por su madre, una mujer fuerte e independiente para su época. En la correspondencia que intercambió con Rimland, le propuso formar un grupo nacional para defender las necesidades de los niños autistas. Él le contestó que se estaba planteando algo en esa línea.

El 14 de noviembre de 1965, Sullivan realizó un trayecto de cuatro horas por carreteras secundarias llenas de curvas previas a la inauguración de las autopistas interestatales, para desplazarse desde Albany hasta Teaneck, en Nueva Jersey, donde treinta y cinco madres y padres se apiñaban en el salón de una pareja llamada Herbert y Rosalyn Kahn. «Nos entendimos de fábula —recuerda Sullivan—. Fue una experiencia memorable para nosotros. Por primera vez, albergábamos esperanza.»[84]

La reunión dio comienzo a las ocho de la tarde y duró hasta medianoche. Rimland habló acerca de la necesidad de poner en marcha una organización nacional e hizo publicidad acerca del potencial del método de Lovaas, impartiendo una charla que repetiría multitud de veces en los años venideros. Explicó a los allí reunidos que Lovaas estaría dispuesto a enviar a alumnos licenciados de la UCLA a ofrecer sesiones de formación y repartió listas de actividades que los padres podían hacer con sus hijos para mejorar su comportamiento en el ínterin.

A continuación, una pediatra llamada Mary Goodwin, de Cooperstown, Nueva York, dio una presentación que se anticipó a su tiempo, como una transmisión con un futuro a treinta años vista.[85] Goodwin narró sus experiencias enseñando a docenas de niños que no hablaban a utilizar un dispositivo experimental llamado ERELS (siglas de Edison Responsive Environment Learning System o «sistema de aprendizaje del entorno reactivo Edison»), conocido familiarmente como la «máquina de escribir parlante». El ERELS era la creación de un inventor del Edison Research Laboratory llamado Richard Kobler y un sociólogo de Yale con el espléndido nombre de Omar Khayyam Moore. Entre los logros de Kobler figuraba el diseño del primer teléfono que almacenaba los números a los que se telefoneaba con más frecuencia y un artilugio llamado Voicewriter que permitía a las enfermeras dictar informes médicos.[86] Moore tenía la teoría de que si el aprendizaje se planteaba más como un juego, los niños serían capaces de aprender a leer, escribir y mecanografiar por sí solos a una edad muy temprana. En colaboración con Kobler, concibió un aparato que combinaba un teclado, una pantalla de televisor, una grabadora de cintas y un procesador analógico, en suma: una suerte de prototipo de un ordenador moderno.

La interfaz del ERELS estaba diseñada para que resultara lo menos desalentadora posible. Cuando un niño se sentaba frente a la máquina, una fotografía a color, por ejemplo, de un velero, aparecía en pantalla. «Esto es un barco», anunciaba una agradable voz grabada. «*Barco* se deletrea B-A-R-C-O. Ahora teclea B.» Entonces una ventana de mensaje en la pantalla guiaba el dedo del niño hasta la tecla B, la única tecla que funcionaba en ese momento. De este modo, era imposible que el niño cometiera un error. Cuando pulsaba la B, la máquina decía: «¡Muy bien! Ahora teclea la A». Una vez se escribía correctamente toda la palabra, la máquina decía «¡Excelente!» e invitaba al niño a pronunciar la palabra en voz alta y, a continuación, la reproducía con la voz del niño. Existían juegos sencillos para el ERELS, los cuales brindaban a los pequeños oportunidades adicionales de familiarizarse con el uso de la máquina. Moore creía que «no hay nada que disuada más el aprendizaje que el miedo a equivocarse. Así el niño descubre que no pasa nada por cometer un error. La máquina nunca le regaña, nunca se impacienta».[87]

Tras ver una de las máquinas de escribir parlantes de Moore en uso en una escuela de New Haven, Goodwin se esperanzó con que pudiera proveer una valiosa oportunidad de aprendizaje a los niños con autismo. Junto con su esposo, Campbell, que también era pediatra, recaudó treinta y cinco mil dólares para dotar de una al hospital en el que trabajaban en Cooperstown y establecer una instalación de investigación. En el transcurso de los dos años siguientes, probaron el ERELS con sesenta y cinco niños autistas y obtuvieron resultados muy positivos.[88] Uno de los primeros niños que se sentó frente a la máquina fue un muchacho de seis años que jamás había pronunciado una palabra y a quien habían recomendado internar debido a su comportamiento violento. Tras explorar el teclado durante un rato, empezó a teclear nombres de marcas que había escuchado en la televisión. Al poco se presentaba en el hospital tres veces a la semana y sus padres lograron encontrarle una plaza en una escuela municipal. Otros niños registraron un progreso similar, incluido un muchacho de catorce años que había regresado a un estado cercano a la catatonia. Por desgracia, el precio de las máquinas de escribir parlantes era prohibitivo y el experimento con amplitud de miras de los Goodwin concluyó a finales de 1966. Con todo, la presentación de Mary permitió anticipar el potencial de la tecnología para transformar las vidas de los niños a quienes se había tachado de incapaces de todo tipo de comunicación.

Gran parte del debate aquella noche en Teaneck giró en torno a cómo podían colaborar los padres de manera eficaz para exigir el acceso a la educación y otros servicios para sus hijos. Cuando la velada concluyó, el grupo tenía un presidente, un comité de asesores, un editor de su boletín informativo y un nombre: National Society for Autistic Children (NSAC). «Deberíamos tejer una tela tan potente que nadie pueda desgarrarnos», aconsejó Rimland al grupo.[89]

Dos noches después, Rimland apareció en otra reunión de los National Institutes of Health de Bethesda. En los años venideros, padres de todo el país establecerían centenares de sucursales de la NSAC por todos los Estados Unidos. «Desembarazar a los padres de los niños autistas del peso de la vergüenza y la culpabilidad —escribió Rimland— desencadenó un enorme estallido de productividad y creatividad en nombre de aquellos niños.»[90] Él y Sullivan habían alzado a un poderoso ejército. La batalla por el futuro de sus hijos se hallaba finalmente en camino.

Fue un grupo atrevido y radical desde el principio, espoleado por la ira de los padres a quienes se había acusado de provocar la aflicción de sus hijos. «La NSAC se fundó porque los padres de niños con autismo sabían que muchos aspectos que afectaban de manera íntima a sus vidas eran profundamente erróneos —explicó un miembro de larga duración de la asociación llamado Frank Warren—. Sabían que sus hijos necesitaban ayuda, que nadie entendía qué les sucedía y que la clase dominante en todas las profesiones los culpaba a ellos de la discapacidad de sus hijos [...] Y es natural que estuvieran enfadados. Y también es natural que aquella sociedad recién creada fuera muy emotiva y parcial.»[91]

El espíritu combativo y la experiencia haciendo *lobby* de padres como Sullivan permitieron a la NSAC anotarse grandes logros en un lapso de tiempo relativamente breve. Sullivan concebía a los otros padres activistas como «formadores» de los supuestos expertos que, con frecuencia, sabían muy poco o nada acerca del trastorno de sus hijos. En West Virginia, la NSAC estableció una biblioteca médica con préstamo de libros que se promocionó entre quinientos pediatras, psiquiatras, médicos de cabecera y otorrinolaringólogos con un mensaje que rezaba: «El próximo niño que entre en su consulta podría ser autista. ¿Qué le explicará a la familia?». La sociedad fundó una red de bibliotecas similares en todo el país, a través de las cuales se ofrecía información actualizada sobre educación, legislación y alojamiento.[92]

En 1967, Clarence y Christine Griffith buscaron en vano por todo el estado de Georgia una escuela que aceptara a su hijo Joseph. Cayeron entonces en la cuenta de que sólo haciendo causa común con otros padres conseguirían algo, de manera que establecieron una filial de la NSAC llamada la Georgia Society for Autistic Children. Durante los pocos meses siguientes, convencieron al comité escolar del condado de DeKalb de lanzar un programa piloto para niños autistas con financiación estatal.[93] El Women's Club en Sandy Springs organizó clases de preescolar y la Primera Iglesia Baptista de Decatur empezó a explorar modos de introducir a niños autistas en guarderías generales. Según los Griffith, un aspecto crucial para poder llevar a cabo todas aquellas misiones estribó en organizarse en red con otros grupos, como la League of Women Voters y los Jaycees. Asimismo, recalcaron la importancia de concienciar al público acerca del autismo mediante retransmisiones en cadenas de televisión y emisoras de radio, establecimiento de contacto con asociaciones de padres y profesores y también con iglesias. Algo más tarde, aquel mismo año, cuando la Cámara de Georgia debatía una ley para financiar la educación especial llamada Exceptional Child Act, un representante estatal que había visto una de las primeras retransmisiones de los Griffith en una cadena de televisión social se alzó y propuso añadir servicios para niños autistas en la ley, afirmando: «"Autista" es una etiqueta que en el pasado se ha utilizado para denegar la educación a niños; yo quiero que, por una vez, se utilice a favor de un niño autista». La ley se aprobó.

Para conseguir sus objetivos legislativos, la NSAC también forjó alianzas estratégicas con otros grupos defensores de los discapacitados, incluidos entre ellos la United Cerebral Palsy Association, la Epilepsy Foundation of America y la Association for Retarded Citizens (también conocida como Arc). Al alinearse con estos grupos, la NSAC contribuyó a reubicar el autismo en las mentes de los profesionales, de tal modo que dejara de considerarse una forma de «perturbación emocional» infantil y empezara a contemplarse como una discapacidad innata que exigía cuidados y apoyo de por vida. En 1967, la sociedad criticó con ferocidad las recomendaciones de la Comisión Conjunta sobre Salud Mental Infantil del Congreso y deploró que la comisión situara como presuntos factores responsables de trastornos como el autismo el papel de los hogares desestructurados y las familias infelices.

Aquel mismo año, la integrante de la junta directiva de la NSAC Amy Lettick inauguró una escuela llamada Benhaven en Connecticut donde se implantaba una gama ecléctica de enfoques progresistas de la educación especial.[94] Albergada en una mansión de estilo Tudor con veintidós estancias situada en una ladera de New Haven, la escuela se concibió como un refugio para niños como el hijo de la propia Lettick, Ben, que había sido excluido y expulsado de otras escuelas. En una época en la que los adolescentes autistas seguían siendo invisibles para la literatura clínica, se alentaba a los alumnos a asistir a la escuela hasta la edad adulta, tomar clases, nadar en la piscina y trabajar en la granja de quince hectáreas de la escuela, dotada de huertos, invernaderos, establos y un corral.[95]

En su conjunto, el entorno de Benhaven se configuró atendiendo a las necesidades y la comodidad del alumnado.[96] Así, se diseñaron aulas espaciosas para reducir las vistas y los sonidos distrayentes, y se proyectaron cocinas, aseos y lavanderías extragrandes, con el fin de que las instrucciones en los cuidados personales también pudieran llevarse a cabo allí. Además de las lecciones académicas, los estudiantes aprendían a hornear pan, construir mobiliario, cultivar hortalizas y flores ornamentales, mecanografiar con auriculares y encuadernar libros. Benhaven ofrecía asimismo cursos de educación sexual para adolescentes y adultos, algo hasta entonces impensable en escuelas para personas con discapacidades del desarrollo.

En 1972, la escuela matriculó a sus primeros estudiantes, autistas sordos. A fin de facilitarles la adaptación, todo el personal aprendió lenguaje de signos. De hecho, el lenguaje de signos acabó por convertirse en un medio de comunicación popular en Benhaven incluso entre los alumnos con capacidad de audición.[97] Lettick constató que se ponía demasiado énfasis en enseñar a los niños autistas a *hablar,* cuando lo esencial era permitirles *comunicarse.* Mediante los signos, los estudiantes que hasta entonces habían sido incapaces de aprender a leer y escribir pudieron al fin comunicarse. «Es fascinante *ver* los procesos de pensamiento que expresan los niños mediante el lenguaje de signos mientras trabajan —escribió Lettick—. Con frecuencia vemos a estos niños hablándose a sí mismos durante el día y autocomplacerse con el lenguaje de signos tal como los niños que hablan se recrean hablando para sí mismos en voz baja.»

A Sullivan le emocionó ver a otros padres de la NSAC emerger de las sombras y reclamar su fuerza para cambiar el mundo.[98] «Pese a que son pocos los padres bien informados acerca de este grave trastorno de baja incidencia en el momento en que diagnostican a sus hijos, es *habitual* encontrar a padres de niños mayores que están muy documentados —escribió—. Creo que la recompensa más dulce de ser formadora de padres es ver a un padre herido, atemorizado, tímido, frustrado y desesperanzado o enojado florecer y transformarse en un defensor de su hijo elocuente, bien informado, asertivo, enérgico y con éxito.»

Tras trasladarse a Huntington, West Virginia, fundó sucursales locales y estatales de la NSAC y lanzó el Servicio de Información y Referencia de la sociedad desde su propio hogar, ofreciendo a través de él un amplio abanico de servicios y recursos tanto a padres como a profesionales. En lugar de delegar en una operadora de una centralita o en un contestador automático, ella misma atendía las llamadas telefónicas. Recibía peticiones de ayuda las veinticuatro horas del día, de una madre de Nueva York a cuyo hijo habían expulsado de la escuela; de un padre que telefoneaba desde una habitación de motel en Alabama buscando a otros padres en la zona; de un pediatra japonés que requería a uno de los asesores profesionales de la sociedad para que hablara con padres de niños autistas en Tokio, o de una madre de Florida que intentaba excarcelar a su incomprendido hijo. El Servicio de Información y Referencia acabó por recibir financiación federal y estableció su propia oficina en Washington. Durante años, el boletín bimensual de la sociedad fue la única fuente de noticias actualizadas sobre el autismo disponible para las familias.[99]

En colaboración con Mary Coleman, directora de la Children's Brain Research Clinic de Washington, Rimland y otros padres de la NSAC posibilitaron un estudio en profundidad de la biología del autismo en 1974 que se adelantó mucho a su tiempo, al igual que las máquinas de escribir parlantes de los Goodwin.[100] Mediante exámenes exhaustivos de setenta y ocho niños que miembros de la NSAC procedentes de todo el país llevaron a la clínica, el equipo de investigación pudo inferir la hipótesis de que el autismo no es una única entidad clínica, sino que se compone de múltiples subtipos distintos, una visión que la ciencia general acepta de manera generalizada sólo desde hace pocos años.

Rimland también acometió un estudio innovador sobre las habilidades de los autistas prodigio basándose en datos recabados de sus cuestionarios, que le permitieron redescubrir los mismos conjuntos de habilidades extraordinarias para la música, la memoria, el arte, la matemática, la ciencia y la tecnología que Asperger bautizó con el nombre de «inteligencia autista». Rimland describió a niños muy pequeños capaces de hablar y escribir en varios idiomas, con una memoria absoluta para distintos tipos de estadísticas, capaces de identificar al instante una nota tocada en un piano y de calcular mentalmente raíces cuadradas, niños con habilidades precoces para dibujar y tan conscientes de aspectos sutiles de su entorno que parecían tener percepción extrasensorial. (En cambio, prácticamente todos ellos habían sido catalogados como «profundamente retrasados».) Un informe de una madre acerca de su hijo demostraba el potencial sin explotar de estos niños:

> Lee y comprende libros sobre electrónica y utiliza las teorías para construir aparatos. [...] Entiende conceptos de electrónica, astronomía, música, navegación y mecánica. Tiene unos conocimientos extraordinarios acerca de cómo funcionan las cosas y conoce los términos técnicos. A los doce años de edad era capaz de recorrer toda la ciudad en bicicleta orientándose con ayuda de un mapa y una brújula. Lee textos de Bowditch sobre navegación. Supuestamente, Joe tiene un coeficiente intelectual de 80. Trabaja como montador en un establecimiento Goodwill.[101]

Basándose en estos informes, Rimland fue abriéndose cada vez más a la idea de que el autismo era una continuidad. Planteó la hipótesis de que los logros de genios como Einstein, Newton y el campeón mundial de ajedrez Bobby Fischer estaban relacionados con el hecho de que estos hombres «manifestaban síntomas (en ocasiones, varios de ellos) de autismo». Y aventuraba: «Tal vez no sea descabellado sugerir que algunos individuos autistas son genios incipientes cuyas excentricidades son tan severas e incapacitantes que sólo pueden tener una participación mínima en el mundo "normal"».[102]

En medio de una era de oscuridad, la NSAC colocó los cimientos de un futuro mejor y lo consiguió gracias a sus miembros, reducidos en número pero con un alto grado de compromiso.[103] «Son tantos los niños [...] que necesitan tanto [...] en todo el mundo —escribió Clara Claiborne Park en el boletín informativo de la sociedad—. Cuando las horas (y el dinero) que dedicas a la NSAC parecen excesivas, piensa que las olas que tú agitas pueden llegar a orillas situadas a miles de kilómetros de distancia y llevar la esperanza a familias a quienes nunca conocerás.»[104]

Aquel movimiento ecléctico debutó en el panorama nacional en el Primer Congreso Anual de la NSAC, celebrado en Washington en julio de 1969. El tema, en un reflejo del espíritu rebelde del evento y de la terminología empleada a la sazón, era «Un *todo* mejor para los niños con enfermedades mentales».[105]

En el pasado, invitar a las familias de los pacientes a una conferencia sobre el autismo habría sido tan inconcebible como invitar a los propios «pacientes». Pero aquella conferencia organizada por padres era distinta: entre las sesiones de talleres formales, los ponentes y participantes se mezclaban en los pasillos y el comedor y compartían información en igualdad de condiciones.[106] Terapeutas logopedas, psicólogos y bioquímicos conversaban de manera informal con familiares acerca de sus investigaciones. La mayoría de los participantes estaban demasiado concentrados en lo que sucedía a su alrededor como para prestar demasiada atención al otro hito histórico que tuvo lugar aquella semana: el alunizaje del *Apollo 11*.

En el Sheraton Palace se respiraba un ambiente eléctrico mientras los padres formaban espontáneamente grupos de apoyo para abordar temas que la literatura médica desatendía, como los desafíos de criar a niñas autistas o de criar a niños ciegos, además de autistas.[107] Rimland y Lovaas figuraban entre los ponentes, y también Eric Schopler, un exalumno de posgrado de Bettelheim en la Universidad de Chicago que se había enfrentado cara a cara con él por convertir a los padres en chivos expiatorios.[108] Schopler acabaría por poner en funcionamiento la División TEACCH (Tratamiento y Educación de Niños Autistas y con Dificultades de Comunicación) en Carolina del Norte, el primer programa educativo sobre el autismo a escala estatal implantado en los Estados Unidos y el modelo en el que se han inspirado muchos otros programas progresistas desde entonces.

El conferenciante estrella era el propio Kanner, que desplegó su característica grandiosidad combinada con modestia. «Damas y caballeros, no tengo palabras para expresar cuánto me complace y conmueve que hablen de mí con tanto afecto y respeto. Por descontado hay algunas cosas que, dados sus buenos sentimientos hacia mí, se exageran un poco. Yo no descubrí el autismo. El autismo ya existía», explicó con frialdad. (Georg y Anni Frankl podrían haber confirmado la veracidad de tal afirmación, pero nadie los había invitado a aquella fiesta.)

A continuación, Kanner desvió su atención hacia el libro de Bettelheim *La fortaleza vacía.* «No necesito mencionarles "el libro" —señaló—. Un libro vacío, lo llamo yo.» (La multitud aplaudió.) Añadió que, mientras lo leía, contó ciento cincuenta veces en las que el autor había empleado expresiones como «"quizá", "tal vez" y "podría ser sólo mera especulación" [...] ¡Ciento cincuenta veces!»

A continuación, Kanner pronunció las palabras que todo el mundo en aquel auditorio necesitaba desesperadamente oír, pronunciadas con la formalidad de una proclamación real: «Y mediante este acto los absuelvo en tanto que padres».[109] (La agradecida concurrencia se puso en pie y le brindó una sonora ovación.) Frente a una respuesta tan entusiasta, Kanner no pudo resistirse a absolverse a título personal. «Se me ha citado de manera errónea en numerosas ocasiones —prosiguió—. Desde la primerísima publicación hasta la última, he indicado que este trastorno es "innato" en unos términos que no admiten confusión. Sin embargo, por el hecho de haber descrito algunos de los atributos de los padres en tanto que personas, a menudo se me ha atribuido que inculpaba a los padres. Aquellos de entre vosotros que habéis acudido con vuestros hijos a mi consulta sabéis que eso no es lo que yo he dicho [...]. Una vez más, os doy las gracias. Continuad con esta gran labor.»

Alejado de las entusiastas multitudes, Kanner continuaría refiriéndose al autismo como «psicosis de la infancia» en su trabajo y, en 1973 reeditó una recopilación de sus ensayos en la que describía a los padres de sus pacientes como «perfeccionistas fríos y sin humor» carentes de «auténtica calidez», todo ello sin ninguna nota editorial.[110]

Lo cierto era que Kanner había perdido ya de manera irreversible su preponderancia en la narrativa sobre el autismo. De regreso a Albany, Sullivan se sentó frente a un televisor en el aeropuerto para ver a Neil Armstrong salir de su módulo lunar y dar los primeros y torpes pasos sobre la superficie polvorienta de un nuevo mundo. Ella y los otros padres de la NSAC también habían cruzado el umbral hacia un nuevo mundo, un mundo en el que ayudarían a que las voces largamente silenciadas de sus hijos e hijas se oyeran por primera vez.

El siguiente congreso de la NSAC, celebrado en San Francisco en 1970, hizo efectiva su promesa de invitar por primera vez en la historia a un joven autista a subirse al estrado para dirigirse a un público formado por padres y profesionales. Tras una breve presentación a cargo de su madre, el joven de veintiún años William Donovan dejó claro que era perfectamente consciente de su entorno, incluso cuando las personas presuponían que era ajeno a éste. «En tanto que niño autista, me sentía muy incómodo —empezó a decir—. Rompía diarios, arrancaba las sábanas de las camas, sacaba los libros de las estanterías, arrojaba al suelo latas y jugaba a hacer girar sus tapas, y lo rompía todo. Me gustaría aprovechar esta oportunidad para explicarles que destruía cosas *porque no podía hablar*. Hacía girar objetos porque no podía hablar. Y, desde luego, también porque me gustaba.»

No había hecho más que empezar. «Detestaba ir a la escuela porque me sentía confinado en las aulas. No me gustaba la idea de que otros niños se rieran de mí y tampoco quería que nadie me juzgara por lo bueno o malo que era.» Describió cómo sus profesores lo habían golpeado con reglas, lo habían encerrado en un cuarto de material y habían hablado sobre él como si no estuviera presente. Alguien de entre el público le preguntó si había hablado sólo en ecolalia hasta los diez años de edad porque «no podía» o porque «no quería» hablar con normalidad. Donovan contestó sin titubear: «*No podía*».

Además de ser autista, Donovan tenía unas cataratas graves y, tras recibir formación vocacional en una escuela para invidentes, había sido contratado por una empresa de embalaje. Su primer día de trabajo, explicó, había sido el día más feliz de su vida. También habló de su pasión por Charlie Brown y por tocar música y concluyó diciendo: «Me siento de maravilla estando hoy aquí. Me siento como el presidente del país. Espero que todos los niños autistas acaben por convertirse en adultos socialmente aceptables».

Existían dos vías para alcanzar dicho objetivo, reflejadas en los dos tipos de sesiones que abarcaba el programa de la conferencia. Un tipo se centraba en las maneras de cambiar la sociedad para convertirla en un lugar que aceptara y acomodara mejor a personas como Donovan, con ponencias con títulos como: «La escuela es para todos los niños», «Cómo manejar la legislatura de tu estado» y «Ayuda a tu comunidad a ayudar a tu hijo discapacitado». En su presentación, la madre de Donovan habló acerca de cómo finalmente había reunido el valor para llevar a su hijo a todas partes, en lugar de esconderlo en su casa (o internarlo en Bellevue, tal como les habían aconsejado a ella y a su marido). Recomendaba lo siguiente a otros padres:

> No os avergoncéis nunca de llevarlo con vosotros adonde vayáis. Cuando Judy Garland actuó en Nueva York, reservamos un palco para llevar a Bill a un concierto porque le encantaban sus discos. ¡Que Dios bendiga a Judy! ¡Estuvo maravillosa! Bill la veía justo por encima de su cabeza y tuvo un berrinche, tal como yo había anticipado que haría. Ella miró hacia nosotros y preguntó: «¿Qué pasa, cariño?». Y ese gesto de reconocimiento por parte de ella marcó toda la diferencia. Mi hijo se tranquilizó y disfrutó del resto del espectáculo.[111]

La senda alternativa consistía en intentar cambiar a los propios niños para hacerlos más «aceptables socialmente», la senda que Lovaas había iniciado con el análisis conductual aplicado y que Rimland exploraba en su búsqueda de una cura ortomolecular para el autismo. En las reuniones de la NSAC, Sullivan realizaba encuestas informales en las que solicitaba que levantaran la mano las personas que creían que la organización debería concentrarse en buscar una cura en lugar de presionar para obtener servicios. «Casi todos los padres preferían exigir servicios», recuerda.

En 1974, West Virginia se convirtió en el primer estado de la Unión en incluir de manera específica el autismo en sus leyes de educación pública obligatoria, a resultas de lo cual se abrieron las puertas de las aulas a centenares de niños por primera vez en la historia. Sullivan fue una de las principales defensoras de la Ley para la Educación de Todos los Niños con Discapacidades, también conocida como Ley Pública 94-142, que estipulaba que los niños con discapacidades matriculados en todas las escuelas de Estados Unidos tenían derecho a recibir una educación pública «gratuita y adecuada» y a ser educados en el «entorno menos restrictivo» posible, alentando la normalidad en los casos pertinentes. (Antes de que se aprobara la ley, las escuelas municipales de la mayoría de los estados podían elegir si querían educar a niños con discapacidades o no, y más de un millón de niños habían quedado excluidos de la educación pública.) La ley, rubricada por el presidente Gerald Ford en 1975, se convirtió en la precursora de la Ley para la Educación de Personas con Discapacidades (IDEA por sus siglas en inglés) vigente en la actualidad. Aquella ley también autorizaba a los padres a presentar reclamaciones en caso de que las necesidades de sus hijos no se vieran colmadas.

Tras la aprobación de la Ley para la Educación de Todos los Niños con Discapacidades, Sullivan se concentró en solicitar servicios para adultos autistas. «No había nada para adultos, nada de nada —recuerda—. Tuvimos que empezar de cero.» Se trataba de una labor de especial relevancia, puesto que las cuidadoras tradicionales de los adultos autistas que no estaban institucionalizados eran las madres que permanecían en sus hogares y, en la década de 1960, cada vez eran más las mujeres que se incorporaban al mundo laboral y emprendían su propia carrera profesional. Las familias que buscaban ayuda en organismos privados y públicos se enfrentaban a un confuso laberinto de opciones limitadas presidido por gestores de casos infrapagados y desbordados de trabajo que con frecuencia ocupaban sus puestos sólo durante un breve lapso. «No podemos permitir que otra generación de nuestros hijos adultos carezca de los servicios vitales que cualquier sociedad humana necesita para disfrutar de una vida digna y valiosa», escribió Sullivan.[112]

Con el paso del tiempo, ambas corrientes representadas por los fundadores de la NSAC (la de Sullivan, centrada en los servicios, y la de Rimland, en la búsqueda de una cura) divergirían y sus discrepancias se saldarían con la expulsión de Rimland de la junta directiva de su propia organización. Un primer indicio de tal desavenencia fue la polémica que estalló en 1965 después de que una serie de artículos publicados por la prensa general aclararan hasta dónde estaba dispuesto a llegar Lovaas para conseguir que los niños autistas fueran «socialmente aceptables».

VII

Uno de los primeros experimentos que Lovaas realizó con Beth podría equipararse a una clase de apreciación musical en el infierno. Durante meses, el psicólogo y su ayudante tocaron para ella canciones infantiles en una guitarra a la par que reforzaban el comportamiento social adecuado sonriendo y afirmando «¡Buena chica!» cuando aplaudía y cantaba con ellos.[113] Lovaas estaba poniendo a prueba la hipótesis de que el comportamiento autolesivo de Beth se limitaría si la pequeña era más consciente de la sociedad que la rodeaba.

Y, en efecto, Beth fue una buena niña: en un plazo de dos meses, aplaudía siguiendo el ritmo y cantaba los conmovedores coros de «Los niños en el autobús se contonean, contonean». Cuanto más se dejaba llevar por la música, menos se golpeaba la cabeza en el mobiliario y agitaba las manos, tal como había predicho Lovaas.

Aquel fue el primer *ensayo de adquisición.* A continuación dio comienzo el primer *ensayo de extinción.* En esta ocasión, los experimentadores dejaron de sonreír y elogiarla incluso cuando Beth empezaba a cantar de manera espontánea y meneaba las caderas en el momento de la canción en el que «los niños se contonean». Al principio, la pequeña respondió al repentino enfriamiento del ambiente aplaudiendo y cantando con más vigor aún. Pero, transcurrida más de una semana de no obtener respuesta, empezó a golpearse con más contundencia que nunca. Los ensayos continuaron en esta línea durante meses en que se alternaron adquisición y extinción. El equipo de Lovaas modificaba los parámetros del diseño experimental de manera metódica y algunos días recitaba la letra de las canciones a Beth en un tono llano, sin rastro de melodía. Durante los ensayos de adquisición, el comportamiento de la pequeña mejoraba de manera espectacular, mientras que, durante los de extinción, se autolesionaba de manera tan atroz que Lovaas abortó el experimento.

Un patrón similar afloró cuando enseñaron a Beth a presionar una barra mientras los experimentadores la animaban con comentarios efusivos como «Te quiero mucho» o «Eres un cielo». Entonces seguía el momento de extinción, y Beth debía enfrentarse de nuevo a una habitación llena de adultos que, sin venir a cuento, habían dejado de responderle. Una vez más, empezó a golpearse con tal violencia que Lovaas dio por concluido el experimento.

Las teorías psicoanalíticas del momento sostenían que la fuente de la conducta autolesiva de Beth eran sus sentimientos interiorizados de culpa (una «introversión hostil» en términos freudianos). Para curarse en salud, los ayudantes de Lovaas decían a Beth «No creo que seas mala» cuando la pequeña se hacía daño. Sin embargo, su repetición de aquella frase tan poco natural sólo la hacía agitar las extremidades con más ímpetu si cabe. La posibilidad de que Beth respondiera de un modo comprensible al extraño comportamiento de las personas que la rodeaban no entraba en la cabeza de Lovaas.

Extinguir el comportamiento autolesivo de Beth ignorándola habría sido «un procedimiento lento que exigiría varias sesiones o días», había predicho Lovaas.[114] Tenía buenos motivos para temer que su único paciente experimental, del cual dependía la financiación del National Institute of Mental Health (NIMH), pudiera lastimarse tan gravemente que sus experimentos no pudieran proseguir su curso. De manera que Lovaas buscó una solución más diligente, que se le ocurrió un día en el laboratorio.

Se encontraba hablando con un colega cuando Beth empezó a golpearse la cabeza contra el borde afilado de un armario metálico. Como buen conductista, Lovaas rara vez se aventuraba a especular acerca de los estados mentales de sus pacientes, pero en este caso hizo una excepción. Tenía la sensación de que la relación casi parental que había establecido con Beth le ofrecía una ventana única para asomarse al interior de la pequeña que acechaba tras su «coraza autista» y lo que vio lo encolerizó: aquella niña de nueve años estaba maquinando e intrigando contra él.

«Sólo se golpeaba con armarios de acero y sólo lo hacía en los cantos porque quería hacerse sangre», explicó Lovaas a Paul Chance en *Psychology Today*. De manera que Lovaas «reaccionó automáticamente», como habría hecho con sus propios hijos. «Me dirigí a ella y le rompí un armario en la espalda», explicó. El psicólogo se mostró aliviado por no tener que afinar la puntería, porque Beth «era una niña alta y gorda» que suponía «un blanco fácil». Hablando de sí mismo en tercera persona, explicó a Chance:

> Dejó de golpearse durante unos treinta segundos, durante los cuales asimiló la situación, urdió su estrategia y luego volvió a golpearse. Pero, en aquellos treinta segundos, mientras estaba tramando su plan, el profesor Lovaas también urdía el suyo. Al principio pensé: «¡Dios, ¿qué he hecho?!», pero luego me di cuenta de que había dejado de golpearse. Me sentía culpable, pero también me sentía bien. Entonces volvió a golpearse y la sacudí más fuerte. [...] De ese modo le dejé claro que, si era necesario, la mataría si ella volvía a golpearse otra vez, y prácticamente con eso bastó. Se golpeó unas cuantas veces más, pero eliminamos el problema.[115]

De acuerdo con la legislación de la Universidad de California, se exigía a Lovaas que presentara sus propuestas de investigación ante el Comité de Temas Humanos para solicitar su aprobación, y explicar que había «sacudido más fuerte» a sus pacientes no resultaría aceptable. Pero existía un modo alternativo de decir básicamente lo mismo con la jerga conductual que sí resultaba admisible. Así fue como empezó a explorar el uso del *estímulo aversivo*, también conocido en el sector como «castigo», como un modo más rápido de eliminar las autolesiones.

El uso de castigo en seres humanos era un tema polémico entre los colegas de Lovaas. En su manual clásico *Science and Human Behavior*, Skinner explicaba que, si bien podía parecer que los aversivos suprimen con celeridad una conducta indeseable, dicha conducta suele reaparecer y con más violencia una vez cesa el castigo, porque a la persona no se le han enseñado modos más adaptativos de comportarse. También destacaba que el castigo genera miedo, culpa y vergüenza, lo cual redunda en un menor aprendizaje general. (En otras palabras, un niño a quien se obliga a tocar el piano bajo amenaza de unos azotes no tiende a convertirse en un virtuoso, sino que, en su lugar, acaba odiando la música.) Skinner advertía asimismo que el uso de estímulos aversivos tiene consecuencias negativas en el investigador, además de presentar el potencial de convertir la situación experimental en un juego de poder sádico. «A largo plazo —observó—, el castigo, como el refuerzo, actúa en detrimento tanto del organismo castigado como del castigador.»

Pero Lovaas desoyó su consejo, en parte porque estaba convencido de que los niños como Beth no aprenderían a desenvolverse en sociedad a menos que su comportamiento autolesivo desapareciera primero. Al poco amplió la esfera de comportamientos punibles, que pasaron a englobar: aleteo de manos, balanceos y otras formas de autoestimulación. Basándose en sus propios experimentos, concluyó que la autoestimulación hacía a los niños autistas menos sensibles a la recepción auditiva, lo cual interfería en su aprendizaje.[116] En el laboratorio, se refería a la autoestimulación como «comportamiento basura»,[117] porque, si los niños se implicaban en una actividad más productiva, dejaban de autoestimularse.

También opinaba que extinguir aquel comportamiento aparentemente sin sentido limitaría en gran medida el estigma que pendía sobre las personas autistas y sus familias. «Dado que el énfasis de nuestro programa de tratamiento se sitúa en que el niño presente el aspecto más aseado y adecuado posible, intentamos suprimir las formas más severas o grotescas de conducta autoestimulatoria mediante el uso de estímulos aversivos —explicó a los padres de la NSAC—. Obviamente, a las personas les resulta bochornoso estar en compañía de un niño que no deja de dar brincos y que agita de manera ritual los brazos delante de la cara: tal comportamiento aísla socialmente al niño y avergüenza a sus padres.»[118]

Con el tiempo, los investigadores descubrieron que las personas autistas se autoestimulan para mitigar su ansiedad y también porque les da placer, sencillamente. De hecho, las formas indoloras de autoestimulación (como agitar los brazos y moverse nerviosamente) pueden facilitar el aprendizaje, al liberar los recursos de funcionamiento ejecutivo del cerebro que, de otro modo, se emplearían en suprimir tal comportamiento.[119] No obstante, para Lovaas las autolesiones, la autoestimulación y la ecolalia eran una misma cosa y debían erradicarse en su conjunto. A solas en su laboratorio con su equipo de estudiantes de posgrado volcados en sus estudios y los sujetos experimentales lejos de estar en posición de quejarse, empezó a explorar métodos punitivos que pudieran ser admisibles ante la junta de revisión.

Tras su trabajo con Beth, realizó una serie de experimentos con un par de gemelos de cinco años llamados Mike y Marty.[120] Calculó que los hermanos pasaban el setenta por ciento de sus horas de vigilia «meciéndose, acariciándose a sí mismos y moviendo manos y brazos de modos repetitivos y estereotipados»[121] mientras desplegaban «una cantidad considerable de comportamientos de pataleta, como gritar, lanzar objetos y pegarse». Jamás habían pronunciado una palabra y seguían llevando pañal. Durante una de sus primeras rondas de experimentos con Mike y Marty, el castigo que escogió fue un sonido estruendoso. Colocó altavoces «muy por encima de los cien decibelios»[122] orientados a los niños, un ruido comparable al de una motosierra a corta distancia. Su objetivo era inculcar en los gemelos «dolor o terror» para que, en comparación, la presencia de los adultos les resultara «significativa» y «reconfortante», tal como un niño típico buscaría seguridad durmiendo al lado de su madre tras tener una pesadilla.

Los resultados de tales experimentos fueron decepcionantes. Incluso sometidos a niveles de decibelios capaces de provocar daños físicos en el tímpano,[123] Mike y Marty «permanecían imperturbables, sobre todo tras las dos o tres primeras exposiciones». Lovaas redobló esfuerzos y apostó entonces por un método punitivo que tenía un largo historial en los experimentos conductuales con animales: los electrochoques. Para disipar críticas por el empleo de métodos tan rigurosos en niños en edad preescolar, añadió: «Es importante tener en cuenta, a la vista de las razones morales y éticas que puedan descartar el uso de electrochoques, que el futuro de aquellos pequeños era una institucionalización certera».

Adhirió tiras de papel de aluminio al suelo de una sala de su laboratorio y las conectó a un dispositivo de nombre respetable llamado Harvard Inductorium,[124] una espiral de Faraday modificada que ofrecía una precisión de generación eléctrica total. Las cintas se dispusieron por todo el suelo, espaciadas a dos centímetros y medio, de tal modo que cualquier niño que entrara en la estancia estableciera contacto de manera ineludible con al menos dos de ellas y completara el circuito. Para certificar el efecto aversivo de este aparato, los estudiantes de posgrado de Lovaas lo comprobaron en propia piel: «La descarga se fijó a un nivel en el que los tres *Es* (experimentadores), descalzos en el suelo, convinieron en que resultaba sin duda dolorosa y atemorizadora».

En una ronda típica de ensayos, Mike o Marty se colocaban entre investigadores separados a menos de un metro de distancia. Entonces un investigador decía: «Ven aquí» y extendía los brazos hacia el niño. Si no se aproximaba al investigador en menos de tres segundos, recibía una descarga. Luego se repetía el mismo procedimiento con el otro gemelo, y así, una y otra vez, durante cientos de ensayos. Si Mike y Marty intentaban escaparse de las descargas «sentándose, acercándose a la ventana para trepar al alféizar, etc.», recibían otra descarga del Inductorium de Lovaas.

En contraste con sus experimentos con sonido, Lovaas consideraba estos últimos un éxito asombroso. En apenas un puñado de sesiones, Mike y Marty aprendieron prácticamente a saltar en brazos de los experimentadores para evitar las punzantes descargas. En una ronda posterior de ensayos, en lugar del suelo electrificado, Lovaas empleó un dispositivo accionado con control remoto llamado Lee-Lectronic Trainer (una caja del tamaño de un cajetín de cigarrillos usada en pruebas de adiestramiento caninas)[125] enganchado a las nalgas de los pequeños. Un investigador miraba a Mike o a Marty, decía «Abrázame» o «Dame un beso» y aplicaba una descarga si el niño no se movía en menos de tres segundos. Los gemelos, destacó Lovaas con satisfacción, «se volvieron mucho más afectuosos». Añadió que los beneficios terapéuticos de tal procedimiento excedían sus expectativas (*S* y *E* aludían a *sujeto* y *experimentador*, respectivamente):

> Una vez se había formado a los S para evitar las descargas, sonreían y reían con frecuencia y manifestaban otras señales de felicidad o tranquilidad. Por ejemplo, se «amoldaban» al cuerpo de los E como los bebés se acoplan al de sus padres. Tales comportamientos no se habían observado antes de realizar estos experimentos.

Se atrevió a especular con que estas conductas indicaban que el «hecho de que los gemelos evitaran el dolor generaba alegría». No era una especulación irrazonable.

Lovaas no fue el primero en emplear dispositivos concebidos para su uso en perreras y unidades de engorde con el fin de demostrar que los niños autistas eran capaces de aprender. Tal mérito recaía en Todd Risley, su colega en la Universidad de Kansas. En 1963, Risley readaptó «un dispositivo comercialmente disponible para suministrar descargas eléctricas a ganado»[126] fabricado por una empresa llamada Hot Shot Products de Minneapolis con el fin de disuadir de encaramarse a una estantería a una niña de seis años que no hablaba y era propensa a sufrir ataques epilépticos. Junto con Skinner, uno de los pioneros en el ámbito de los antiaversivos, Lovaas y Risley corrían el riesgo de ser percibidos como casos aparte. Pero en 1964, Richard L. Solomon, uno de los máximos expertos en el instinto de los animales para rehuir el dolor (reacción conocida técnicamente como «aprendizaje por evasión») expuso un caso en *American Psychologist* que vino como anillo al dedo a Lovaas.[127]

Pese a contemplar las tendencias cambiantes en la psicología, la lectura del artículo de Solomon resulta alarmante, pues describe una verdadera arca de Noé de animales inanes, sometidos a descargas eléctricas y estrangulados que padecen los tormentos de los condenados en el nombre del avance de las teorías de un hombre relativas al aprendizaje. Solomon explicaba que el apetito puede erradicarse por completo en perros y gatos cableando sus platos de comida para que les suministren descargas eléctricas. Los monos araña dejaban de comer por completo si un investigador los sorprendía con serpientes de juguete mientras lo hacían, si bien en algunos casos a continuación se daban «extraños comportamientos sexuales, tics y largos períodos de chillidos». Los cachorros de perro a los que se golpeaba con diarios mientras comían carne de caballo iniciaban una huelga de hambre permanente antes de volver a probar dicha carne, y las ratas entrenadas para presionar una barra con el fin de obtener comida quedaban petrificadas, respiraban hondamente, defecaban y orinaban si, en su lugar, la barra, de manera inesperada, les suministraba una descarga eléctrica. Incluso el instinto más primordial, la necesidad de aparearse, podía erradicarse aplicando un grado suficiente de estímulos aversivos, se maravillaba Solomon.

Sólo realizaba una sugerencia útil: demasiados teóricos sobre el aprendizaje seguían utilizando la vieja y clásica técnica de las descargas eléctricas. «Quizá nuestra falta de inventiva responda, en parte, a que somos un poco blandos de corazón —reflexionaba—. ¡Los inquisidores, los bárbaros y los puritanos podrían habernos dado algunos consejos útiles!»

Convenientemente agradecido a su distinguido colega de la Universidad de Pensilvania, Lovaas caracterizaba la obra de Solomon como un triunfo de la razón por encima del sentimentalismo. «La psicología y las profesiones relacionadas han evitado el uso del dolor con fines terapéuticos y, cuando lo han utilizado, se las ha condenado por ello —escribió—. Convenimos con Solomon en que tales objeciones al uso del dolor tienen una base más moral que científica [...] El castigo puede ser una herramienta muy efectiva para modificar comportamientos.»[128]

En la búsqueda de otros métodos innovadores para fomentar el aprendizaje, Lovaas probó a impedir que los niños de su laboratorio comieran antes de realizar un experimento.[129] Inmediatamente después de las pruebas con la instrucción «Abrázame», Lovaas sometió a Mike y Marty a una dieta conductual estricta: nada de comida, siete días a la semana, salvo los tentempiés que recibían si adquirían la habilidad de realizar una tarea social compleja mientras presionaban una barra para evitar una descarga eléctrica. La privación de agua también se aplicó de manera estricta, si bien Lovaas señaló que «para evitar la deshidratación», se ponía a disposición de los niños agua *ad libidinum* a partir de las seis de la tarde. Uno de los gemelos no respondió bien a esta ronda porque no dejó de autoestimularse en ningún momento, pero el psicólogo mantenía la esperanza en que la inanición proporcionara un potente incentivo para los sujetos de sus experimentos futuros.

«Permítanme decirles que es un placer trabajar con un niño al que se ha sometido a una suave privación de alimento —explicó Lovaas ante una sala llena de padres de la NSAC—, en especial si por lo común ha sido un niño que ha comido bien, porque es un niño motivado a aprender.»[130]

Preocupado por el hecho de que algunas de sus técnicas pudieran parecer poco ortodoxas, Lovaas invitó a miembros de la prensa a su laboratorio para verlo en acción. Como de costumbre, hizo un prólogo a su demostración proyectando metraje de los niños que habían intentado devorar sus propias extremidades o arrancarse las uñas con los dientes. (Cuando proyectaba aquella cinta ante padres, explicaba que la pequeña que aparecía en la pantalla «nunca se golpeaba la cabeza con esquinas redondas. Lo que pretendía era hacerse sangre».)[131] Su mensaje era claro: «*Éste es el aspecto que presenta el autismo si no se trata*».

Incluso los periodistas que normalmente se habrían espantado al ver a un niño de cinco años descalzo recular ante un suelo electrificado quedaron convencidos por los solemnes pronunciamientos de Lovaas, según los cuales, una vez uno asume lastimar físicamente a un niño, es moralmente responsable de su destino. «No castiga nadie que no esté preparado para consagrar una parte importante de su vida a ese niño. No hay nadie que castigue a un niño que no quiera a ese niño —explicó a un periodista—. Una vez le pones la mano encima a un niño, ello te obliga moralmente a trabajar con él. Ésa es justamente una de las razones por las que las personas no castigan, porque no quieren comprometerse. Después de pegar a un niño, no puedes levantarte y marcharte sin más; estás enganchado a él.» El reportero quedó tan impresionado que calificó a Lovaas de visionario, un «poeta con un bastón eléctrico».[132]

La apuesta de Lovaas por la transparencia demostraría ser más polémica de lo que había previsto. La revista *Life* dio fama internacional al psicólogo dedicándole un perfil con el memorable título de «Gritos, bofetadas y amor». El artículo, que ensalzaba el trabajo de Lovaas como «un sorprendente tratamiento de choque que ayuda a los casos perdidos de tullidos mentales», y el cual iba acompañado de una doble página con fotografías anunciada como «una abominable galería de la locura», moldeó la percepción pública del autismo durante las décadas venideras.

Cuesta imaginar una exposición más inquietante del tema. La primera página está dominada por fotografías de un estudiante de posgrado que abofetea a un niño de siete años llamado Billy por «no prestar atención durante su sesión de logopedia». El niño aparece llorando en la segunda página, mientras el estudiante le grita a escasos centímetros del rostro. Entre tanto, otro niño, con la espalda contra la pared, tiene la mirada perdida «como un frágil Buda [...] que contempla la nada». La evidente ausencia de juguetes y juegos en estas salas infantiles se explicaba alegando que «estos niños no juegan».

En una columna lateral, el periodista de *Life* Don Moser describía la aterradora existencia de Pat, la madre de Billy, «a la merced de un crío tan astuto y tan violento que prácticamente le provocaba ataques de nervios». El niño, que sólo comía hamburguesas de una única cadena de comida basura, obligaba a su padre a comprar hamburguesas «baratas y grasientas» a montones cada mañana en una franquicia local. Un día, Billy arrojó una de las muñecas de su hermana al inodoro. «Era como vivir con el demonio», afirmaba su madre. Lo único que atemorizaba a aquel niño poseído era el hosco rostro de Alfred Hitchcock,[133] de manera que Pat colgó retratos del cineasta en diversos puntos de la casa, incluida la puerta del cuarto de baño, para poder bañarse en paz. Pero había esperanza. Era ahí donde entraba Lovaas, como Max von Sydow en *El exorcista,* pero blandiendo un bastón eléctrico en lugar de un crucifijo. Tras noventa mil sesiones de ensayo discreto, informaba *Life,* Billy ahora «pide todos los alimentos por su nombre».

Justo después de que se publicara aquel artículo, en las reuniones de la NSAC empezaron a alzarse manos cuando Rimland solía dar su charla sobre condicionamiento operante, que hasta entonces se había recibido con calidez. «He visto el artículo publicado en *Life* —comentaba alguna madre o algún padre preocupado—. ¿No se está tratando con brutalidad a esos niños en la UCLA?» Para sofocar aquel levantamiento imprevisto, Rimland preparó una respuesta tajante: «Si creen que los niños que se mencionan en ese artículo han sido maltratados, deberían ver lo que les hacen a los niños dos pisos más abajo en el mismo edificio. No sólo les gritan o los abofetean muy de vez en cuando. En ese mismo edificio, hay personas que gasean a niños y les hacen cortes con cuchillos afilados».[134] Los padres reunidos en la sala contenían la respiración al unísono. Tras una pausa enfática, Rimland pronunciaba la frase clave: «¿Cómo, si no, se practica una apendicectomía o una tonsilectomía?».

Para instar al uso de potentes estímulos aversivos en el hogar, Rimland equiparaba las descargas eléctricas proporcionadas por dispositivos como el Lee-Lectronic Trainer a las inofensivas descargas estáticas producidas al «tocar un pomo de una puerta o pulsar el botón del ascensor en un día seco». Y con el fin de que los bastones eléctricos parecieran menos temibles los bautizó como «bastones de hormigueo».[135]

Por suerte, el desgarbado estudiante de posgrado enviado por UCLA a las ramas de la NSAC de todo el país para formar a los padres en el método de Lovaas, un joven de pelo rizado y voz suave que había sido el logopeda de Mark Rimland, David Ryback, se centraba menos en el castigo y más en la recompensa y premiaba a los niños que realizaban la tarea que se les demandaba con elogios y M&Ms.[136] Golpearse su propio muslo al grito de «¡No!» era lo más aversivo que estaba dispuesto a llegar. Ryback volaba a una ciudad durante una semana para ofrecer presentaciones en las escuelas, y tales presentaciones se canalizaban a través de un sistema de PA o retransmisión por televisión de circuito cerrado. Tales sesiones contaban con un prefacio que adoptaba la forma de grupos de debate para padres, con el fin de que desde el comienzo quedara claro que debían desempeñar un papel crucial en el proceso, en tanto que «coterapeutas» de sus hijos. Tras años de ser tratados como parias por los profesionales médicos, los padres se sintieron agradecidos de que por fin se los reconociera como potentes aliados en el tratamiento de sus hijos.

La actitud respetuosa de Ryback también se extendía a los niños. En lugar de contemplarlos como cimientos apenas adecuados sobre los cuales «construir una persona», le maravillaban sus habilidades y talentos extraordinarios. «Eran capaces de oír sirenas a varias manzanas de distancia y una aguja de un fonógrafo haciendo clic dos plantas por debajo», recuerda. Un día, mientras esperaba a que diera comienzo una sesión en un aula, un niño de once años bien vestido e incapaz de hablar llamado Mickey se puso en pie y dibujó un paisaje meticulosamente detallado en la pizarra, sin boceto ni deliberación preliminares. «No había en él ni rastro de duda, ningún cambio de opinión. La imagen fue perfecta desde el primer trazo», explica Ryback.[137]

Pese a la incansable defensa que Rimland hacía de los estímulos aversivos, muchos padres de la NSAC se negaban a emplearlos, incluida Ruth Sullivan. «No, yo jamás dejé a nadie hacerle eso a Joe —afirma—. Mi instinto me decía que no era buena idea.»[138] La presidenta de la sucursal de Manhattan, Anita Zatlow, también declinó subirse a ese tren. «En la actualidad hay una plaga de experimentalistas que se hacen llamar "terapeutas" y que ponen en práctica diversas técnicas aversivas de cosecha propia con niños vulnerables —escribió en respuesta a uno de los editoriales de Rimland a favor de las descargas eléctricas—. ¿Quién los protegerá de esos "matasanos" agresivos? ¿Qué mensaje recibe realmente el niño autista, ya de por sí desorientado, al que se somete a estos aversivos? ¿Pueden los aversivos provocar ansiedad y, en tal caso, no podría el "tratamiento" agravar el comportamiento patológico? Nadie lo sabe a ciencia cierta.»[139] La respuesta de Rimland fue calificar a los padres como Zatlow de «irracionales» y «santurrones».[140]

Un debate paralelo cobraba fuerza entre los conductistas. Basándose en su propia teoría de que los niños autistas no serían capaces de aprender a menos que antes se extinguieran sus comportamientos autistas, Lovaas logró convencer a Skinner de que ellos eran la excepción a la regla de no utilizar el castigo en sujetos humanos. En 1988, el psicólogo experto se vio obligado a emitir una declaración aclarando su posición. «Si la aplicación de estímulos aversivos breves e indoloros —escribió Skinner— supeditados de manera explícita al comportamiento autodestructivo o desmedido lo erradican y liberan a los niños para desarrollarse de otro modo, creo que su uso está justificado. —Pero tuvo la precaución de añadir—: Darse por satisfecho con el castigo sin explorar alternativas no punitivas es el verdadero error.»[141]

Sin embargo, se trataba de un error que los administradores de hospitales desbordados de trabajo y los auxiliares de enfermería demasiado entusiastas estaban dispuestos a arriesgarse a cometer. Pese a que Lovaas promocionaba el uso de los estímulos aversivos como un modo de liberar a los niños de las instituciones, las duras técnicas que él mismo legitimó en la UCLA fueron adoptadas con entusiasmo en los hospitales estatales de todos los Estados Unidos como modo de hacer entrar en vereda a los pacientes problemáticos. Se inició así la moda de la «modificación de comportamientos», apremiada por una falta de ética y estándares profesionales que guiara la conducta de los terapeutas conductistas.

En algunos estados, era posible colgar el cartel de «experto conductista» tras asistir a un taller de un día de duración en el salón de bailes de un hotel. Se espoleaba a los auxiliares de enfermería a ser «creativos» a la hora de idear castigos innovadores,[142] y personas disciplinadas en unidades conductuales de reciente creación se armaban con botellas de salsa picante para empapar los labios y las lenguas de los pacientes poco colaboradores.

VIII

En 1966, un joven neurólogo empezó a trabajar en una planta hospitalaria residencial del Bronx Psychiatric Center tras hacer las prácticas en Mt. Zion, en San Francisco, y ocupar un puesto de residente en la UCLA. Ya sabía que, además de ser médico, quería ser escritor, como Freud o Darwin, un observador objetivo del mundo que escribía literatura pero con precisión científica. Llenaría centenares de páginas de sus cuadernos de notas (con algún estímulo esporádico de metanfetamina), pasando las noches en vela en transportes de inspiración. En la escena independiente nocturna de San Francisco donde se juntaba con los Ángeles del Infierno, poetas y bohemios de toda índole, aquel barbudo y fornido doctor en ciernes, que estableció el récord estatal de levantamiento de peso en posición de cuclillas en doscientos setenta y dos kilos, se hacía llamar por su segundo nombre, Wolf. Pero ahora que se había mudado al este y había dejado sus días como drogadicto a sus espaldas, volvió a utilizar el nombre con el que había nacido en Londres: Oliver Sacks.

En el deprimente depósito para casos sin esperanza conocido como Ala 23 conoció a un par de gemelos idénticos llamados George y Charles Finn, a quienes habían diagnosticado como autistas, esquizofrénicos y retrasados mentales. Sin embargo, pese al empobrecimiento de su entorno, los gemelos tenían fama por la simetría numérica de sus cabezas. «¡Dinos una fecha!», gritaban al unísono, y eran capaces de calcular al instante del día de la semana de cualquier fecha en un espectro de varios miles de años. Mientras ejecutaban estas deliberaciones en apariencia imposibles, se reconcentraban en sí mismos, moviendo los ojos adelante y atrás tras las gruesas lentes de sus gafas, como si estuvieran consultando un calendario interno que abarcara al menos varias docenas de milenios.

Esta capacidad de los gemelos para calcular calendarios no era más que un aspecto de sus extraordinarios dones cognitivos. La siguiente vez que Sacks vio a los gemelos, estaban enfrascados en una conversación que consistía sólo en números. George pronunicaba una serie de dígitos y Charles los invertía mentalmente y asentía; entonces Charles respondía de un modo similar y George sonreía con aprobación. En el relato de un caso médico publicado veinte años más tarde en *El hombre que confundió a su mujer con un sombrero,* Sacks escribió que los hermanos (llamados John y Michael en el libro) parecían «dos entendidos catando vinos, compartiendo sabores extraños, apreciaciones sutiles».[143] Al principio, Sacks no tenía ni idea de lo que hacían, pero de todos modos tomó notas de aquellos crípticos intercambios. «Me intrigaba su asombrosa similitud como gemelos, su unión gemelar», explicó, y añadió que sentía una afinidad especial por los Finn porque a él mismo «le gustaban los números».[144] Tras consultar un libro de tablas matemáticas en casa, le sorprendió descubrir que los gemelos estaban calculando al instante números primos de seis dígitos, una proeza que a la sazón incluso le habría costado realizar a un ordenador. En su siguiente visita a los gemelos, se aseguró de llevar consigo aquel libro de matemáticas, para elevar el baremo dejando caer como si tal cosa un número primo de ocho dígitos en la conversación. Sorprendidos y deleitados, los Finn lo invitaron a unirse a su etéreo intercambio, dirigiéndose a él y proponiéndole números primos incluso más largos. En cambio, George y Charles eran incapaces de realizar una multiplicación simple, de leer o de atarse los cordones de los zapatos.

Entonces Sacks conoció a José, un hombre autista de veintiún años afligido por frecuentes ataques epilépticos. Un vigilante del hospital se refería a él sin tapujos como «idiota» y afirmaba que era incapaz de entender el lenguaje y conceptos rudimentarios como el paso del tiempo. Pero cuando Sacks le entregó al joven su reloj y le dijo: «Dibújalo», José lo miró muy concentrado y sacó su lápiz. El neurólogo quedó asombrado por lo que sucedió a continuación:

> José dibujó el reloj con una fidelidad destacable, incluyendo todos los detalles (al menos los esenciales; no reflejó el «WESTCLOX, RESISTENTE A GOLPES, FABRICADO EN EE. UU.»), no sólo «la hora» [...]. Plasmó la sensación general del artilugio con un realismo fascinante, sobre todo si, tal como aseguraba el vigilante, José carecía de noción del tiempo. Por lo demás, había una extraña mezcla de una precisión íntima, rayana en lo obsesivo (y a mis ojos divertida), con curiosas elaboraciones y variaciones.[145]

«Nunca en mi vida había visto una habilidad parecida —recordaba Sacks—. José sentía pasión por el mundo no humano y, en especial, por el botánico, como yo mismo.

Como su dibujo de mi reloj, sus imágenes de dientes de león y otras plantas rebosaban sensibilidad, además de presentar una gran precisión.»[146] Inspirado por sus experiencias con José y los gemelos, Sacks empezó a explorar otras vías de forjar vínculos con los pacientes del Ala 23. Empezó a llevarlos de excursión al Jardín Botánico de Nueva York, los invitó a jugar con él al billar en la mesa que había en la sala de día y trasladó al hospital su propio piano para entretenerlos con música. «Se reunían a mi alrededor cuando me sentaba a tocar, y escuchaban, sonreían, bailaban y cantaban —explicaba—. Algunos de ellos tenían talento para la música y, en ocasiones, tocaban algunas notas, como si me preguntasen: "¿Sabes tocar ésta?".»

Durante uno de sus paseos con pacientes por el jardín botánico, Sacks vio a un niño llamado Steve recoger una flor, observarla y pronunciar la primera palabra que un médico del hospital le escuchó decir en toda su vida: «Diente de león».

Desplegando su perspicaz poder de observación, Sacks constató que, lejos de no ser comunicativos, sus pacientes se comunicaban en todo momento, pero no mediante palabras, sino mediante gestos y otras formas no verbales de afirmación, sobre todo entre ellos mismos. Escribió un ensayo titulado «Cultura y comunidad entre los discapacitados mentales» para la publicación hospitalaria con el fin de que sus colegas estuvieran más atentos a las formas sutiles de interacción que se manifestaban en torno a ellos.

Pero una vez empezó a plantear objeciones a lo que se conocía como «castigo terapéutico» entre el personal, sus días en aquella ala hospitalaria estaban contados. «Finalmente expresé mi opinión en una de nuestras reuniones de los miércoles, donde dejé claro que lo consideraba moralmente reprobable —explicó Sacks—. Recalqué que no quería que me asociaran con aquello y que me alegraba de haber encontrado modos alternativos de establecer contacto con los pacientes.» Alrededor de aquella mesa sólo encontró un corro de rostros adustos. Unos días después, un administrador del hospital lo despidió.

Durante la semana siguiente, Sacks se consoló escribiendo su primer libro: una recopilación de historias que tituló *Ward 23*. No obstante, en un arranque de dudas sobre su valía, arrojó el único ejemplar del manuscrito a la chimenea. «Jonathan Swift había tirado *Los viajes de Gulliver* al fuego y su amigo Alexander Pope lo sacó de entre las llamas —explica Sacks con una mueca de dolor por el recuerdo—. Pero yo no tenía ningún Pope.»

Aquella noche tuvo un sueño vívido en el que escuchó pasajes de música vocal melancólica en alemán, un idioma que no entendía. Aquellas melodías inoportunas continuaron resonando con estridencia en su mente durante todo el día siguiente.[147] Tras escuchar a Sacks tararear unos cuantos compases por teléfono, un amigo identificó la partitura: era *Kindertotenlieder* de Mahler, canciones de lamento por los niños muertos.

IX

La cruzada de Lovaas por «normalizar» las aberraciones no se circunscribía a los niños autistas. En la década de 1970 prestó su experiencia a una serie de experimentos denominados de manera colectiva «Proyecto del Niño Afeminado», una idea del psicólogo de la UCLA Richard Green. Tras entrevistar a cien hombres y mujeres que solicitaban cirugía de cambio de sexo, Green se interesó por retrotraer las raíces de la identidad sexual a la infancia. Formó equipo con Lovaas con el fin de comprobar si el condicionamiento operante podía emplearse como una intervención precoz en casos de confusión de género para evitar la necesidad de cirugía de cambio de sexo en el futuro.[148]

El caso de éxito más célebre del proyecto fue Kirk Andrew Murphy, a quien sus padres inscribieron en la UCLA a los cinco años de edad. Brillante y precoz, Kirk pedía sus alimentos preferidos por la marca comercial en el supermercado. Pero, tras ver una entrevista con Green en la televisión acerca del «síndrome del niño afeminado» (el término que él utilizaba para describir la disforia de género de aparición precoz), a los padres de Kirk les preocupó que su hijo estuviera exhibiendo un comportamiento inadecuado para un niño pequeño. Un día, su padre lo sorprendió posando en la cocina con una camiseta larga y diciendo: «¿Te gusta mi vestido?». Los niños con este síndrome, afirmaba Green, solían ser transexuales u homosexuales de mayores. Lovaas asignó a un joven estudiante de posgrado llamado George Rekers como terapeuta conductista de Kirk.

En un expediente médico que acabaría por convertirse en un clásico de los cursos de licenciatura de psicología, Rekers y Lovaas escribieron que Kirk (llamado «Kraig») poseía «una capacidad destacable para imitar todos los comportamientos femeninos sutiles de una mujer adulta».[149] Enmarcaron su «ofrecimiento de "ayudar a mamá" llevando su bolso» como un ejemplo de la taimada manipulación del niño a su madre con el fin de «satisfacer sus propios intereses femeninos». Sus descripciones del comportamiento del niño, en comparación con las transcripciones de las entrevistas de inscripción que Green realizó a los padres de Kirk, eran a todas luces más extremas, como si el niño fuera una *drag queen* en ciernes a los cinco años de edad.[150] Afirmaban que presentaba un largo «historial como travestido», el cual incluía saquear el neceser de maquillaje de su abuela en busca de cosméticos y «pavonearse por su casa y por la clínica disfrazado de mujer, con un vestido largo, peluca, pintaúñas, hablando con voz aguda y chirriante, [y] con torpes miradas seductoras». (En las fotografías familiares, Kirk recuerda más a un mosquetero.)

Comulgando de boquilla con la idea de la tolerancia en una época en la que los defensores de la liberación gay habían empezado a manifestarse en las calles, Lovaas y Rekers aseguraban que «la sociedad desde luego podía permitirse ser más tolerante con las personas con desviaciones de género», pero insistían en que «la realidad indica lo contrario. Para ser realistas, es más difícil modificar el comportamiento de la sociedad que el de Kraig».

Para atajar el comportamiento inadecuado del pequeño de raíz, concibieron un programa de inmersión total basado en el trabajo de Lovaas con el autismo. En esta ocasión, en lugar de aleteos de manos, mirada esquiva y ecolalia, las conductas que debían extinguirse incluían «dejar las muñecas muertas», «el aplauso sumiso», los célebres «andares con contoneo», la «hiperextensión» femenina de las extremidades en momentos de exuberancia y expresiones melindrosas como «por todos los cielos» o «¡qué monada!».

En casa, los comportamientos «masculinos» de Kirk se recompensaban con unas fichas azules que podía canjear por golosinas y otros caprichos, mientras que sus comportamientos «femeninos» se castigaban con fichas rojas que se sustraían del total. En entrevistas realizadas al bloguero Jim Burroway, quien llevó a cabo una exhaustiva investigación del caso en 2011, el hermano de Kirk, Mark, recordaba cómo su padre castigaba a Kirk, con la aprobación de Rekers, convirtiendo cada ficha roja en un «bofetón». Mark rompió en sollozos al confesar que escondía fichas rojas de la pila de su hermano para que Kirk no tuviera que soportar aquel maltrato.[151]

Entre tanto, en la UCLA se exponía a Kirk a mesas llenas de juguetes, mesas «adecuadas», repletas de objetos adecuados para su género, como cascos de fútbol americano, cinturones militares con trabilla para un hacha, esposas, pistolas de dardos, guantes de caucho y cuchillas eléctricas, y también mesas «inadecuadas», con joyas, cosméticos, Barbies, talco para bebés y tendederos en miniatura. (En estudios piloto, los investigadores quedaron consternados al descubrir que «sujetos normales solían mezclar juguetes de ambas mesas en sus juegos, lo cual complicaba asignarles una puntuación».) Antes de abandonar la estancia, el experimentador daba a Kirk la instrucción de jugar sólo con los juguetes «adecuados». A continuación, su comportamiento se evaluaba a través de vidrios de visión unilateral. Si formulaba preguntas no relacionadas con las instrucciones, se desoían. Transcurrido un tiempo, solicitaron a la madre de Kirk que se sentara con él en la misma sala y lo premiara sonriéndole y diciéndole que era un buen chico si se colocaba un casco de fútbol americano o blandía un cuchillo de juguete, o, por el contrario, que lo castigara fingiendo leer si se sentaba con las piernas cruzadas o se ponía una pulsera. («Si juega con Barbies a los cinco, dormirá con hombres a los veinticinco»,[152] advirtió en tono agorero Green en televisión.)

Tras sesenta sesiones en el laboratorio, Rekers y Lovaas declararon su victoria sobre el comportamiento «afeminado» de Kirk. «No cabe duda de que la intervención de nuestro tratamiento produjo un cambio profundo» en el niño, escribieron, y presentaron como prueba el hecho de que ya «no "jugara" a combinar por color su ropa», hubiera dejado de inquietarse cuando tenía el pelo revuelto y manifestara su deseo de ir de acampada con su padre. Defendían que el éxito de sus experimentos proyectaba dudas acerca de la idea según la cual la preferencia sexual es el producto de «determinantes neurológicos y bioquímicos irreversibles» y publicitaban el potencial de su modelo para el tratamiento de otros niños desviados.

El Proyecto del Niño Afeminado se convirtió en la gallina de los huevos de oro para la universidad, que recibió becas de seis cifras del NIMH y la Playboy Foundation hasta 1986.[153] Colocaban a los niños unos contadores en las muñecas para supervisar cuándo intentaban jugar con juguetes «inadecuados» e instruían a sus padres para que revisaran sus armarios, mantuvieran a los niños alejados de la cocina y a las niñas lejos del garaje.

A efectos prácticos, Kirk se convirtió en la Beth de Rekers, el caso que hizo despegar su carrera. El psicólogo publicó cerca de veinte artículos relacionados con la supuesta metamorfosis del niño, varios de ellos coescritos por Lovaas. Además, le permitió acceder a puestos docentes en la Universidad de Miami, la Kansas State University y otras instituciones, y recibió más de un millón de dólares en becas procedentes del NIMH y de la National Science Foundation. También se convirtió en un codiciado ponente en el tema de cómo tratar las desviaciones sexuales ante comisiones del Senado y la Cámara de Representantes de los Estados Unidos.

En 1983 cofundó el Family Research Council, un influyente grupo de presión cristiano que ayudó a dar forma a la plataforma nacional republicana de 2012 que exigió la aprobación de una enmienda a la Constitución para definir el matrimonio como la unión entre un hombre y una mujer. La ubicuidad de Rekers en salas de tribunales de costa a costa, donde aportaba testimonio experto contra el matrimonio homosexual y la adopción por parte de homosexuales en juicios paradigmáticos, inspiró al periodista del *New York Times* Frank Rich a bautizarlo como «el Zelig de la homofobia».[154] Por su parte, a su paciente estrella la vida no le sonrió: Kirk se ahorcó en 2003, a los treinta y ocho años de edad, tras décadas de depresión.

La lucrativa carrera de Rekers en tanto que testigo experto conoció un fin abrupto a finales de 2010, cuando dos fotoperiodistas le tendieron una emboscada en el Miami International Airport, a su regreso de unas vacaciones en Madrid con un joven que resultó ser un acompañante de pago contratado a través de la red de gigolós Rentboy.com. En medio del escándalo que siguió, Rekers informó a la prensa que había contratado a su apuesto «asistente de viaje» para que transportara su equipaje mientras él se recuperaba de una cirugía por hernia y aseguró que habían pasado su tiempo juntos en España «compartiendo información científica acerca de la pertinencia de abandonar las relaciones con penetración entre homosexuales». Cuando el periodista de la CNN Anderson Cooper le informó del final de Kirk, Rekers desestimó la afirmación de los Murphy de que las experiencias de su hijo en la UCLA habían contribuido a su desazón, calificándola de «una hipótesis» que requeriría pruebas empíricas.[155]

Pese a que Rekers le atribuía el mérito de ser la mente pensante tras el tratamiento de Kirk, Lovaas restó importancia a su papel en el Proyecto del Niño Afeminado y aseguró que sólo había participado como parte de una comisión.[156] En el contexto de su trabajo con el autismo, su papel en el tratamiento del «síndrome del niño afeminado» sin duda no fue más que una nota a pie de página. No obstante, ambos proyectos se cimentaban en la misma idea fundamental: que es más fácil cambiar el comportamiento de un niño que desestigmatizar dicho comportamiento en la sociedad, ya se trate de unas muñecas flojas o de aletear las manos.

A pesar del entusiasmo sistemático por los estímulos aversivos expresado por Lovaas, en la comunidad general del análisis conductual aplicado se avivó un debate ético en torno a si infligir de manera intencionada dolor en nombre de un tratamiento es manera de tratar a seres humanos, por mucho que éstos sean autistas y se autolesionen. «Podría defenderse, por ejemplo, que una máscara de hierro cerrada con llave podría evitar que un niño se mordiera las uñas, pero la ley y el sentido común impedirían una intervención tan intrusiva»,[157] escribieron el experto en análisis conductual aplicado Gary LaVigna y la investigadora del autismo Anne Donnellan en un libro titulado *Alternatives to Punishment.* Dos años más tarde, en 1988, la junta directiva de la Autism Society of America (ASA) aprobó una resolución que exigía la prohibición de las técnicas aversivas.[158] Pese a ello, la ASA continuó promocionando el uso de los aversivos mucho después y algunos expertos en análisis conductual aplicado siguen empleando técnicas como la privación de alimentos y la administración de castigos físicos para modificar conductas en el presente.[159] Siguen administrando dolorosas descargas eléctricas para castigar a los niños autistas en una institución denominada Judge Rotenberg Educational Center, en Massachusetts, desoyendo la indignación pública que comporta su uso.[160]

Con todo, a finales de la década de 1970, Lovaas había cambiado de parecer con respecto a una serie de cosas. Ya no estaba tan convencido de que enseñar a un niño a hablar liberase al niño normal que vivía atrapado en su interior. Dentro de cada «coraza autista» había una *persona* autista. «Nos sentimos decepcionados —admitió—. No hubo despertares repentinos. No parecían darse grandes reorganizaciones internas. ¿No habría sido fantástico que el niño hubiera dicho: "Ahora que sé hablar, comprendo que estaba enfermo, pero ya estoy bien"? Nadie lo dijo.»[161]

Tal como Sacks había descubierto en el Ala 23, Lovaas averiguó que los niños que se autolesionaban se comunicaban a su propio modo. El uso exuberante de la ecolalia resultó ser un modo característicamente autista de adquirir el lenguaje: los niños que imitan como loros sus películas favoritas de Disney y los dibujos animados de Pokémon aprenden a utilizar el lenguaje expresivo con más celeridad. Y también reconoció que muchos de los comportamientos para cuya extinción había torturado a niños eran en realidad intentos de hallar vías de expresarse. En una entrevista de una franqueza inusitada concedida en 1989, Lovaas explicó al psicólogo Richard Simpson que había acabado identificándose con los niños que se habían mostrado más resistentes a sus brutales métodos:

> Cuando pienso en los niños a quienes intenté tratar en la década de 1960, niños que se provocaban lesiones extremas, me digo: «¡Caramba, qué resistentes eran!». Lo que en realidad pretendían comunicarme era: «No me has enseñado bien, no me has dado las herramientas para que pueda comunicarme y controlar mi entorno». La agresividad que manifiestan esos niños, tanto si va dirigida contra ellos mismos como contra los demás, es una expresión de la ignorancia de la sociedad y, en ese sentido, los contemplo como unos manifestantes nobles. Siento un enorme respeto por ellos.[162]

No obstante, algo acerca de lo cual Lovaas nunca cambió de opinión era que la mejor esperanza para estos niños era aspirar a ser «normales», purgados de todos los rastros visibles de comportamiento autista.

Durante gran parte de su carrera, Lovaas defendió que conseguir la plena recuperación del autismo quedaba fuera del alcance incluso de la ingeniería conductista más intensiva. «El programa no devuelve niños normales —advirtió a los padres asistentes al Segundo Congreso de la NSAC—. En caso de que un niño se volviera normal mientras lo tratamos, sin duda alguna ello respondería al hecho de que tenía ya mucho ganado antes de empezar el tratamiento.»[163] En un popular manual del análisis conductual aplicado titulado *Enseñanza de niños con trastornos de desarrollo,* aconsejaba a los padres y a los terapeutas no esperar una curación total: «Disfruten de los pequeños progresos. Deberían alegrarse de conseguir una serie de objetivos pequeños, en lugar de esperar y luchar por alcanzar un ideal de normalidad absoluta e inasequible».[164]

Con todo, en 1987, Lovaas lanzó bombazo al afirmar que casi la mitad de los niños del grupo experimental de la UCLA habían alcanzado «un funcionamiento educativo e intelectual normal»[165] tras someterse a un análisis conductual aplicado intensivo a partir de los tres años de edad. Describió un programa inmersivo total que exigía la participación de «todas las personas relevantes en todos los entornos relevantes», inclusive padres, profesores y equipos de alumnos de posgrado que trabajaban en los hogares. En esencia, Lovaas reemplazó el mundo en el que el niño no encajaba por uno en el que se le entrenaba para hacerlo. «Debemos asumir que los niños normales aprenden en sus entornos cotidianos durante la mayoría de sus horas de vigilia —escribió—. En cambio, los niños autistas no aprenden en entornos similares. Nuestra hipótesis es que la construcción de un entorno de aprendizaje especial, intenso y global para niños pequeños autistas les permitiría ponerse al día con los niños de su edad normales.»

El estudio de Lovaas, que se reseñó con términos elogiosos en la prensa general y con un reportaje especial en la CBS, fue el descubrimiento que muchos padres habían estado esperando: la prueba empírica de que sus hijos podían acabar siendo indistinguibles de los niños típicos de su edad si se les dedicaban devoción, esfuerzos y capital suficientes. Pese a que Lovaas tuvo el cuidado de eludir la palabra *cura* y optó por el término más neutro de *recuperación* en su artículo, su significado no dejaba margen a la duda: «Si los conociera ahora [a los niños] [...] no podría saber que antes les pasaba algo malo —aseguró Lovaas al *New York Times*—. Ahora estoy convencido de que el autismo no es necesariamente crónico».[166]

Parte de su estrategia para demostrar que la neurología no era la solución consistió en separar al niño del diagnóstico. A algunos maestros de preescolar no se les explicó que los niños experimentales de Lovaas eran autistas. («Cuando fue preciso admitir que el niño tenía algún problema, nos limitamos a indicar que tenía un "retraso lingüístico"», aclaró Lovaas.) Además, dio el paso insólito de cambiar el nombre de su laboratorio en la UCLA de Autism Clinic a Clinic for the Behavioral Treatment of Children para evitar poner en sobreaviso a los directores de las escuelas. Si pese a todo se filtraba algún diagnóstico, se instaba a los padres a cambiar al niño a otro centro. Asimismo, Lovaas consideraba esencial aislar a sus pacientes de «los efectos nocivos de la exposición a otros niños autistas». La mera presencia de otro niño así en un aula, declaró en *Times*, era «el beso de la muerte».

Además de realizar de promedio catorce mil horas de sesiones de ensayo discreto con cada niño, sus incansables alumnos de posgrado ayudaban a los padres a gestionar las plazas educativas y las tareas domésticas y daban la cara por los niños y sus familias en multitud de modos adicionales. En el caso de un niño que no tenía amigos con quien jugar, celebraban fiestas en su hogar con los niños del vecindario, «convirtiéndolo así en una estrella social». Huelga decir que el programa de Lovaas conllevaba un nivel de compromiso y de apoyo que quedaba fuera del alcance de la mayoría de las familias, pero, en comparación con el coste de un internamiento de por vida, que el propio Lovaas estimaba en unos dos millones de dólares, era una ganga, aseguraba.

Los partidarios del psicólogo elogiaron el estudio como todo un hito. «En caso de ser ciertos, estos resultados son rotundamente extraordinarios», comentó Leon Eisenberg al *Times*. Rimland lo imitó con un titular a todo lo ancho en el boletín informativo que enviaba a los padres. Un año más tarde, el trabajo de Lovaas se convirtió en el tema de un documental premiado que aseguraba que, sin el análisis conductual aplicado, «más del 95 por ciento [de los niños autistas] requerirían cuidados bajo custodia durante el resto de sus vidas».[167]

En cambio, otros expertos de largo recorrido en la materia encontraban motivos para mostrarse más escépticos. El fundador de TEACCH, Eric Schopler, acusó a Lovaas de concentrar sus datos excluyendo a los niños «de bajo funcionamiento» de su muestra e inclinándose por aquellos que presentaban un coeficiente intelectual inusitadamente elevado. También señaló que las familias del grupo experimental de Lovaas tenían acceso a más recursos en general que las familias del grupo de control, cosa que Lovaas intentó explicar alegando que contaba con un número insuficiente de ayudantes de posgrado para satisfacer las necesidades de ambos grupos. Schopler destacó asimismo que decir que los niños autistas eran «el beso de la muerte» en un aula podría conllevar que a niños de todo el país se les denegara el acceso a la educación.

Rimland contraatacó con una defensa de Lovaas que ocupaba toda una página de su boletín informativo. «No es extraño que la humanidad trate a sus pioneros con hostilidad»,[168] escribió. Sin embargo, incluso la antigua colega de Lovaas Catherine Lord, también pionera en la investigación sobre el autismo, acabó admitiendo que el psicólogo «intentaba estructurar las cosas de un modo que [...] no reflejaba lo que sucedía en realidad y, desde luego, no puede emplearse como evidencia científica».[169] Equipos de investigación independientes no han sido capaces de replicar nunca los extraordinarios hallazgos recogidos en el artículo de Lovaas de 1987.[170]

La espectacular naturaleza de sus afirmaciones incluso ocasionó problemas a otros investigadores de la UCLA, cuyos teléfonos empezaron a sonar día y noche con llamadas de padres desesperados por hallar una cura para sus hijos. «En el Medical School Neuropsychiatric Institute no prometíamos una cura —recordó el psiquiatra y experto en autismo Ed Ritvo—. Quien lo hacía era Ivar Lovaas, del Departamento de Psicología.»[171]

En breve también lo haría Rimland, si bien su senda hacia la recuperación difería en gran medida de la ingeniería conductista intensiva.

X

Poco después de publicar *Infantile Autism*, Rimland empezó a recibir cartas de padres que afirmaban que sus hijos e hijas se habían vuelto mucho más tranquilos e implicados tras tomar megadosis de determinados nutrientes. En particular, dos clases de vitaminas, la B y la C, aparecían con mucha frecuencia.

No podía decirse que lo tomara por sorpresa: en sus libros superventas, Pauling publicitaba la ingesta de cantidades hiperbólicas de ácido ascórbico como panacea, y los experimentos de Hoffer y Osmond con vitaminas B y la esquizofrenia ya formaban parte de la sabiduría tradicional de la medicina alternativa, en rápida expansión. En un principio, Rimland se mostró escéptico, pero a medida que fue conociendo a los padres de su red a través de los encuentros de la NSAC, le parecieron personas perceptivas, cariñosas y de fiar. (De hecho, muchos de ellos eran también psicólogos.) Tras hablar con médicos que estaban convencidos del valor terapéutico de un régimen multivitamínico, Rimland decidió que «su conciencia no le permitía seguir ignorando aquella pista».[172] Tras colgar en su consulta en San Diego el rótulo de Institute for Child Behavior Research (posteriormente rebautizado como Autism Research Institute), lanzó un ambicioso estudio recurriendo a la red de padres como fuente de voluntarios.

Rimland empezó a administrar a los niños una potente pastilla de multivitaminas B y varios gramos de vitamina C al día. Tras dos semanas, se añadieron más vitaminas B (niacinamida y piridoxina) en dosis varios centenares de veces más altas que la cantidad mínima recomendada. Y luego se sumó a la mezcla el ácido pantoténico, otra vitamina. (Con el tiempo, añadiría a las vitaminas magnesio, por consejo de la célebre nutricionista Adelle Davis.) En cada fase, un médico reclutado por los padres evaluaba el comportamiento de los niños mientras los propios padres proporcionaban informes bisemanales acerca de su capacidad de habla, patrones de alimentación, berrinches y estado de alerta. Por último, tales datos se transfirieron de formularios impresos a tarjetas perforadas de IBM para someterlos a análisis informático.

En la industria farmacéutica, el patrón oro del desarrollo de fármacos es el llamado ensayo de doble ciego controlado con placebo. Se asignan voluntarios de manera aleatoria para recibir o bien el fármaco activo o bien un placebo inerte, y ni los voluntarios ni los experimentadores saben quién está recibiendo el fármaco real y quién el equivalente a unas pastillas de azúcar. De manera inevitable, ambos grupos de pacientes muestran una cierta mejora a causa de un fenómeno conocido como «efecto placebo».

En la raíz del efecto placebo se sitúa el hecho de que la atención de los profesionales médicos, en un entorno de cuidado, provoca cambios beneficiosos en la mente y el cuerpo del paciente, incluso en la ausencia de un fármaco activo. Investigadores como Ted Kaptchuk en Harvard y Fabrizio Benedetti en la Universidad de Milán han descubierto que el mero hecho de tragarse una píldora desencadena cascadas de hormonas y neurotransmisores que pueden paliar el dolor y la inflamación, potenciar la coordinación motora, impulsar la actividad cerebral, mejorar el humor y ayudar a la digestión. Tales efectos son generalizados, como si el cuerpo contuviera un sistema de autosanación que se activa sólo con saber que se están recibiendo cuidados. (El ejercicio y la meditación también ponen en funcionamiento esta red.) Si bien nadie ha curado nunca un cáncer o una neumonía con una píldora de azúcar, sí se han observado potentes efectos placebo en un abanico asombrosamente amplio de trastornos, desde la enfermedad de Parkinson hasta la hipertensión, la depresión crónica y la enfermedad de Crohn. En ensayos controlados con placebo, si los voluntarios del grupo de placebo y el grupo experimental muestran cantidades comparables de beneficios, la FDA considera el fármaco ineficaz, a menudo a costa de las decenas de millones de dólares que la farmacéutica ha invertido en su desarrollo en el transcurso de varios años.[173]

Pero Rimland decidió no utilizar este modelo consolidado de ensayo con fármacos en su estudio. En su lugar, empleó su pericia con la psicometría para idear una forma casera de análisis de datos que denominó «agrupación informática»[174] y que, en esencia, consistía en una búsqueda algorítimica de ondas clínicamente significativas en un mar de datos masivos. Insistía en que los métodos estándar de realizar ensayos presuponen que los pacientes sometidos a estudio padecen un mismo trastorno unificado, cosa que los hacía inadecuados para abordar un trastorno compuesto por distintos subtipos como el autismo. Su analogía recurrente era la discapacidad intelectual y la PKU. «Hasta que fue posible fraccionar la masa de "retrasados" en grupos más reducidos como PKU, cretinismo, galactosemia, mongolismo, etc., no tenía sentido intentar diseñar medios de prevención o tratamiento —observó—. Creo que los niños incluidos bajo el paraguas de términos como *autismo* o *esquizofrenia* en realidad representan al menos una docena de enfermedades o trastornos, cada uno de ellos con su propia causa.»[175]

Frente al cuarenta y cinco por ciento de los padres que aseguraban que las vitaminas «definitivamente ayudaban» a sus hijos, Rimland se sintió emocionado con los resultados de su experimento. «No existe una explicación razonable para estos hallazgos, salvo que las vitaminas ayudan a algunos niños»,[176] escribió en el *Journal of Orthomolecular Psychiatry*. Y acto seguido incluyó relatos de los padres que daban fe de una espectacular regresión en los niños cuando se les dejaban de administrar las vitaminas.

No obstante, reconocía que, por el hecho de no haber utilizado un grupo de control con placebo, había sido duramente criticado por otros investigadores de este ámbito. «Algunos de nuestros críticos han sugerido que nuestros descubrimientos sólo reflejan la ilusión de los padres —comentó—. Afirman que nuestros resultados positivos podrían derivar del hecho de que muchos padres se inclinarían a sobreestimar las vitaminas porque desean fervientemente que sus hijos mejoren.» Rimland desestimaba tales críticas de un plumazo, asegurando que las personas que las hacían «no entendían el diseño experimental» e insistía en que la acusación de ser una mera ilusión «no era válida, pues las expectativas de los padres no podían influir en la agrupación informática».

Pero el suyo no era un argumento con solidez científica, puesto que todos los datos tabulados en sus tarjetas perforadas se derivaban de los informes subjetivos presentados por padres y médicos entusiasmados con el proyecto. De hecho, tres análisis independientes del conjunto de datos revelaron más problemas de los que sugería Rimland. Un analista estadístico de la Marina con acceso a los datos puros concluyó que era inviable obtener información fidedigna acerca de la reacción a las vitaminas de los diversos subtipos incluidos en la población de muestra utilizando el programa de agrupación informática de Rimland.

Más aún, el diseño del experimento, en el cual los propios padres evaluaban los cambios de comportamiento de sus hijos, era todo menos «ciego», en el sentido estadístico, y una incubadora perfecta para que se dieran efectos placebo. Rimland sabía que calibrar con precisión la eficacia de los nuevos tratamientos para el autismo es peliagudo porque se trata de un trastorno sumamente volátil. «Los niños dan acelerones y luego vuelven a descomponerse sin motivo aparente —explicó—, y el tratamiento que se esté utilizando en cada momento es el que se lleva el mérito o la culpa.» No obstante, ni siquiera Rimland era inmune a los obstáculos de la ilusión.

Su libro recogía un relato velado de sus experimentos con el fármaco Deaner que aludía a un «niño autista de cuatro años que pertenecía incuestionablemente a la categoría de Kanner». Escribió que el mutismo de Mark «desapareció» tras tomar el medicamento. Por primera vez, añadía, «entendió y obedeció órdenes simples como "Tráelo" o "Cierra la puerta". Y más adelante tareas sencillas como abrir la puerta al gato para que saliera o dejar las botellas de leche en el porche le proporcionaban un placer evidente». Informaba de que los efectos del Deaner fueron tan espectaculares e inmediatos que la hermana sin nombre del niño pidió a sus padres que le administraran otra dosis cuando éste mostró un «comportamiento perturbador».

Si la descripción que Rimland hacía en el libro del Deaner como un «nuevo energizante psíquico» sonaba sospechosamente a un término de marketing extraído de un folleto, era porque ésa era justo la expresión que los Riker Laboratories utilizaban para promocionar el fármaco en sus anuncios en revistas médicas.[177] El Deaner se comercializó de manera agresiva entre pediatras y psicólogos infantiles para un amplio abanico de síntomas vagamente definidos, como una conducta «problemática», inestabilidad emocional, hiperactividad y bajo rendimiento escolar. Supuestamente, el medicamento tenía unos índices de tolerancia tan elevados que la farmacéutica recomendaba suministrarlo a niños que ya tomaban tranquilizantes para compensar sus efectos depresivos.

La American Medical Association (AMA) no se dejó impresionar. Meses antes de que Rimland proclamara ante Kanner su entusiasmo por los efectos beneficiosos que el fármaco había tenido en su hijo, el consejo de farmacología de la AMA emitió una nota de precaución acerca del Deaner en su publicación. La letanía de «dolencias vagas» para las que solía prescribirse, prevenía la AMA, «se caracterizan por ser difíciles de evaluar, debido a sus fluctuaciones espontáneas y a su enorme susceptibilidad a la sugestión».[178]

En otras palabras, el Deaner era el placebo perfecto. Y fue una mina de oro para los Riker Laboratories hasta que finalmente fue retirado del mercado por la FDA en 1983, después de que una concienzuda revisión por parte de estudios independientes concluyera que el fármaco ni siquiera se consideraba como «posiblemente efectivo»[179] y, además, entrañaba un mayor riesgo de sufrir crisis generalizadas tónico-clónicas para los niños epilépticos.[180] Los fabricantes de suplementos no tardaron en dar un paso al frente para ocupar el vacío y publicitar un producto análogo al fármaco con «sabor a frutas del bosque» llamado DMAE, que se combinaba con ácidos grasos, soja y otros alimentos saludables, y se anunciaba con el eslogan de «Si por mucho que le grites y le supliques, tu hijo no hace los deberes, prueba con esto».[181]

La decepcionante respuesta de sus colegas a su experimento con megavitaminas fastidiaba a Rimland. Pese a que antaño había anhelado convertirse en un miembro destacado de la clase médica establecida, convencido de que sus innovadoras ideas serían acogidas con entusiasmo como claramente superiores, cada vez desestimaba más la idea.

El punto de inflexión en su pensamiento fue una pregunta que Humphry Osmond le formuló después de que publicara dos gráficos en su boletín informativo. Uno de ellos comparaba los resultados de suministrar a niños megadosis de diversas vitaminas y el otro comparaba los efectos de medicamentos con receta médica como el Dexedrine y el Mellaril. Al ver ambos gráficos uno junto a otro, Osmond le preguntó: «¿Por qué no comparaste los fármacos con las vitaminas directamente?».[182] Consciente de los graves efectos secundarios de los fármacos con receta médica, Rimland concluyó que el futuro de su trabajo no tenía cabida en la medicina convencional. Además, aquellos gráficos lo convencieron de que no podía pasar por alto el papel de los efectos placebo en sus estudios, a tenor de los pésimos resultados arrojados por los medicamentos en comparación con las vitaminas, pese a las altas expectativas de los padres en ambos casos. Rimland acabaría por espolear a su creciente ejército de padres experimentadores a simultanear diversos tratamientos, de modo que resultaba del todo imposible discernir los beneficios y los efectos secundarios de ninguno de ellos por separado. «No estáis acometiendo un experimento científico para publicar un artículo en una revista profesional —les advertía—, sino intentando ayudar a vuestro hijo, y sabéis que no hay tiempo que perder.»[183] Una de sus consignas era «Primero ayuda al niño y luego preocúpate por saber exactamente qué le está ayudando».

Esta idea de probar todos los tratamientos de manera simultánea infundió en los padres de su red una tremenda sensación de esperanza y ánimo en un momento en el que la ciencia avanzaba a paso de tortuga en el campo del autismo. Sin embargo, había algo irónico en el hecho de que la búsqueda de Rimland de una cura para el autismo en la medicina ortomolecular se hubiera inspirado en el descubrimiento de Følling de la PKU. Si el precavido doctor no hubiera indicado a Borgny Egeland que dejara de administrar de inmediato a Liv y Dag todos los tónicos, infusiones de hierbas y otras panaceas que habían estado tomando antes de realizar los análisis químicos de su orina, tal vez nunca se habría concentrado en los cristales del ácido fenilpirúvico que le proporcionaron la clave para resolver el enigma.[184]

El desdén de Rimland por los ensayos controlados con placebo, el proceso de revisión por parte de la profesión y otras salvaguardas tradicionales impedían a otros investigadores tomar su trabajo en serio, incluso cuando estaba en lo cierto. A resultas de ello, cada vez se fue encontrando más aislado de sus colegas y empezó a considerárselo una voz solitaria en la jungla de los padres de su red.

Para Ruth Sullivan, la obsesión de Rimland por encontrar una cura para el autismo suponía una distracción del enorme desafío de construir un mundo mejor para sus hijos. «Bernie se volcó mucho en el tema de las vitaminas. Siempre estaba probando algo —recuerda—. Y creo que eso lo hizo descarrilar.» En la NSAC (por entonces llamada Autism Society of America) se vivió un momento decisivo cuando Rimland presentó una moción que exigía a todos los miembros someter a sus hijos a un régimen de altas dosis de vitamina B_{12} de inmediato tras el diagnóstico. Ed Ritvo se puso en pie y dijo: «Ésta es una organización de padres. No existen pruebas de que la vitamina B_{12} funcione y no queremos someternos a ese régimen». En lugar de recular, Rimland anunció: «Si están de acuerdo con Ritvo, dimito».[185]

Pero para entonces ya no tenía la influencia para lanzar una jugada agresiva de tal calibre y fue expulsado por votación de la junta directiva de su propia organización. La tela antaño bien entretejida de la NSAC se había desgarrado en dos.

Para planificar su movimiento siguiente, Rimland puso pies en polvorosa hacia su oficina en Kensington, donde forjó una alianza productiva con el único alumno de licenciatura del laboratorio de Lovaas, un estudiante de psicología y sociología de diecinueve años llamado Steve Edelson. Al igual que Rimland, Edelson era agnóstico pero de cultura judía, un larguirucho fan de los Ramones con melena rizada que podía escaquearse de una conferencia sobre desarrollo infantil para asistir a una firma de libros de Andy Warhol.[186] Durante su infancia en Oregón, la madre y la hermana de Edelson se habían convertido a la Ciencia Cristiana, una secta fundada en 1875 por una sedicente profeta llamada Mary Baker Eddy, quien creía que las enfermedades no se curaban con medicina, sino mediante el sometimiento a Dios. Por tradición, los científicos cristianos rehuían la mayoría de los aspectos de la medicina moderna, incluidos los fármacos, los análisis, los hospitales y las vacunas. Pese a que Edelson nunca se convirtió, su madre se negó a vacunarlo de niño tras firmar el equivalente a una exención por conciencia religiosa.

La primera vez que Edelson oyó la palabra *autismo* fue en la UCLA, mientras visionaba un documental titulado *The Invisible Wall* con entrevistas a Rimland, Lovaas y los Sullivan. Rimland estaba en plena forma y aportó una opinión matizada de la biología de la enfermedad que se avanzó en décadas a su tiempo. Reiteró su convicción de que existía una conexión entre el autismo y la genialidad e insinuó que los niños con este síndrome heredan «una dosis doble de capacidad extrema para concentrarse, para acotar su atención en un punto muy definido, como un foco reflector, e iluminar con mucha intensidad una materia minúscula».

A Edelson se le ocurrió que su comportamiento autolesivo podía ser un intento de mediar un torrente de sensaciones abrumadoras procedentes del entorno. Escribió un artículo sobre este tema que atrajo la atención de Lovaas, quien lo invitó a ayudarlo a recopilar datos en el Camarillo State Hospital.[187] Mientras revisaba los expedientes médicos del hospital, Edelson percibió que los pacientes autistas reaccionaban de modo inusual a la anestesia y empezó a pensar en el papel que la serotonina desempeñaba en el cerebro autista. Lovaas le sugirió que visitara a su amigo Bernie y le dibujó un mapa para llegar a ARI que Edelson ha conservado todos estos años. Su curiosidad acerca de la neuroquímica del autismo encajó a la perfección con el interés de Rimland en la medicina ortomolecular, y Edelson desempeñaría un papel capital en el estudio de la ARI de las intervenciones biomédicas. En colaboración, ambos escribieron el libro *Recovering Autistic Children*, que se convirtió en una de las biblias del movimiento de la biomedicina, junto a títulos como el de Jacqueline McCandless *Children with Starving Brains*.

Tal empresa culminaría en la fundación de Defeat Autism Now!, la red de médicos y practicantes de medicina alternativa a la que Shannon Rosa recurrió en busca de consejo sobre la dieta GFCF y otros tratamientos después de que Leo fuera diagnosticado en 2002. En los eventos patrocinados por DAN! en todo el país, niños «recuperados» desfilaban ante multitudes entusiastas en un ambiente propio de una secta religiosa. Se pasaba por alto el hecho de que algunos niños que mostraron los clásicos síntomas del autismo infantil precoz —como los pacientes de Kanner Donald T. y Richard S.— hubieran logrado crecer y convertirse en adultos autistas felices y bien adaptados a la sociedad sin tener que someterse a complejas dietas de depuración e ingesta de fármacos vendidos en el mercado gris como la secretina (una hormona digestiva muy publicitada por Rimland cuya eficacia no se ha demostrado en ningún estudio controlado mediante placebo).[188] También se desoía la observación de Kanner según la cual uno de los factores decisivos en la determinación del futuro de sus pacientes era una «recepción compasiva y tolerante» por parte de sus maestros.[189]

Para entonces, la prevalencia estimada de autismo aumentaba de manera espectacular. Las décadas de trabajo de Rimland en la medicina ortomolecular lo llevaron a indagar fuera de la genética en busca de una explicación de tal aumento oculta en algún punto del tóxico mundo en el que vivimos. Finalmente se concentraría en las vacunas y el mercurio como los desencadenantes más probables de lo que parecía ser una epidemia en rápida aceleración del trastorno antaño infrecuente de Kanner. Se desataría así una enardecida guerra contra el autismo.

Desde su perspectiva privilegiada en el nexo central de una red de padres comprometidos con la recuperación de sus hijos, Rimland ocupaba una posición ideal para rastrear la explosión inicial de diagnósticos en la última década del siglo XX. Pero su distanciamiento de la medicina tradicional le impedía ver otras cosas, como las maquinaciones entre bambalinas de la American Psychiatric Association que condujeron a una transformación radical de los criterios diagnósticos para el autismo, impulsada por la madre de una niñita inglesa que guardaba una gran semejanza con su hijo Mark.

8

Las líneas borrosas de la naturaleza

Nada existe hasta que tiene un nombre.

LORNA WING

Para los padres de niños recién diagnosticados como los Rosa, el nuevo milenio deparaba grandes miedos y grandes esperanzas. Miedo a que sus hijos les hubieran sido arrebatados por un trastorno misterioso y aterrador desencadenado por eventos rutinarios como tomar un medicamento recomendado durante el embarazo o vacunarlos contra el sarampión. Y esperanza en que intervenciones intensivas como las del protocolo del análisis conductual aplicado o DAN! pudieran hacerlos lo bastante normales como para que se les retirara el diagnóstico y pudieran acceder a una escolarización general. Es más, la aparición de nuevas tecnologías, como la secuenciación del ADN de alto rendimiento, se anunciaba en la prensa general como el descubrimiento largamente esperado que al fin desvelaría el esquivo «gen del autismo» y convertiría este incomprensible trastorno en cosa del pasado.

Peter Bell acababa de licenciarse por la Northwestern University cuando su mujer, Liz, se quedó embarazada.[1] En realidad, era su segundo embarazo; el primero había concluido con un aborto espontáneo, de manera que Liz acató los consejos del ginecólogo y tomó progesterona durante el primer trimestre. Cuando nació su hijo, Tyler, Peter trabajaba en el departamento comercial de Johnson & Johnson, situado en la periferia de Filadelfia, promocionando medicamentos sin receta médica como el Motrin y el Tylenol.

Tyler nació en enero de 1993. Al principio parecía «el bebé perfecto», recuerda Peter. Era un niño muy sociable, dormía toda la noche y, pese a que no hablaba tanto como otros niños de su grupo de juegos, tenía un amplio repertorio de onomatopeyas de animales que le encantaba reproducir, como *mú* y *miau*. Un par de años más tarde, los Bell tuvieron un segundo hijo, otro niño, Derek, quien presentó un retraso evidente con el lenguaje desde el principio. No obstante, durante la revisión de los dos años de Tyler, el pediatra del pequeño restó importancia a sus preocupaciones porque no hablara demasiado y les aseguró que los niños suelen empezar a hablar más tarde que las niñas.

Entonces ambos niños contrajeron una varicela leve. Los Bell habían decidido no vacunar a sus hijos contra esta enfermedad porque la vacuna acababa de introducirse en los Estados Unidos y sus amigos les aconsejaron que era mejor no probar una vacuna relativamente nueva en sus hijos.

Los efectos de la varicela en Tyler parecieron catastróficos. Estallaba en berrinches constantes, empezó a tirar juguetes al suelo, perdió la poca comunicación oral que tenía, y se recluyó y refugió de manera clara en sí mismo. También tuvo unos terribles episodios de diarrea. Liz le comentó a Peter que su hijo parecía estar poseído.

Los Bell lo sometieron a la ronda habitual de pruebas de audición y otras evaluaciones y, en 1996, Tyler fue diagnosticado con un *trastorno generalizado del desarrollo sin especificar*, una de las varias tonalidades del espectro autista que se habían añadido al *Diagnostic and Statistical Manual of Mental Disorders* en los años precedentes. Cuando la experta en diagnóstico expuso los resultados de la evaluación de Tyler, marcó una crucecita en el lado izquierdo de una campana de Gauss que representaba el espectro total. Fue consciente de la tristeza que invadió a los Bell, quienes ni siquiera se habían planteado que Tyler pudiera tener autismo. Intentó tranquilizarlos diciéndoles: «No he dicho que su hijo tenga autismo, sino un trastorno generalizado del desarrollo sin especificar, que es muy distinto». Aquella noche, Peter y Liz telefonearon a sus familias hechos un mar de lágrimas, convencidos de que habían perdido al niño que conocían.

Como los Rosa, los Bell apenas encontraron información a disposición de los padres, y la mayor parte de ella era horripilante, basada en la escasa investigación que se había llevado a cabo durante la época de Kanner. Incluso la biblioteca médica de Johnson & Johnson sólo contenía un puñado de artículos sobre el trastorno generalizado del desarrollo sin especificar, descubrió Peter. Pero finalmente encontró el libro de Catherine Maurice *Let Me Hear Your Voice*, que infundió a los Bella la esperanza en que, si invertían el tiempo, el esfuerzo y el dinero suficientes, Tyler acabaría superando el diagnóstico. Un mes más tarde habían organizado a un equipo de terapeutas para someterlo a análisis conductual aplicado cara a cara en casa durante cuarenta horas a la semana, además de logopedia y terapia ocupacional.

Peter empezó a asistir a conferencias de DAN! y Tyler parecía beneficiarse de algunos de los tratamientos alternativos recomendados por los miembros de la red de Rimland. Sin embargo, estaba lejos de estar «recuperado». En 1997, Peter asistió a una conferencia en Nueva York donde escuchó a Portia Iversen, cofundadora de un nuevo grupo llamado Cure Autism Now (CAN), exponer los pasos que estaban dando por erradicar el autismo en las generaciones venideras. Peter y Liz fundaron una división local en Filadelfia. Tras recaudar un millón de dólares para la organización auspiciando una marcha por la cura, junto con un torneo de golf y un desayuno empresarial con una remuneración similar, CAN ofreció a Peter un puesto en su junta directiva. En 2004 se convirtió en el director ejecutivo.

CAN fue uno de los diversos grupos de padres surgidos en las postrimerías de la década de 1990 con nombres similares (Talk About Curing Autism, fundado en 2000, fue otro) que se concentraban sobre todo en las intervenciones biomédicas y la investigación genética antes que en mejorar el acceso a los servicios para las familias. Para padres como los Bell, priorizar la necesidad de servicios equivalía a admitir una derrota, en una época en la que la posibilidad de vencer al autismo parecía estar siempre a la vuelta de la esquina.

En 2012, cuando visité a los Bell en su hogar en Princeton, Peter era el vicepresidente de programas y servicios de Autism Speaks, la mayor organización de recaudación de fondos para el autismo del mundo. Mientras conversaba con el matrimonio en su soleado salón, Tyler, que se había convertido en un adolescente larguirucho y guapo, giraba con elegancia alrededor de un lienzo, pintando en una inmersión silenciosa mientras su hermana tocaba el piano. Las paredes del sótano estaban forradas con el arte del muchacho, en el que a menudo aparecen los automóviles y las motos que le fascinan, plasmados en vivos colores luminiscentes. También había una enorme gráfica de forma libre en la pared titulada «El mapa de Tyler», dibujado por su padre, donde se señalaban los postes indicadores en el camino hacia una vida adulta satisfactoria: arte, educación, expresión personal, apoyo, empleo y tener una influencia positiva en las vidas de otras personas.

Cuatro décadas después de que una joven psiquiatra británica llamada Lorna Wing se embarcara en una búsqueda por descubrir los tipos de ayuda y servicios que resultarían más útiles a las familias de niños como su hija, los padres siguen intentando rellenar los huecos en el mapa.

A finales de la década de 1960, Lorna decidió ayudar a su esposo, John, un investigador de la esquizofrenia en la Universidad de Londres, a recopilar una base de datos de expedientes médicos en un distrito denominado Camberwell con el fin de determinar si el National Health Service británico estaba proporcionando a las familias de niños con discapacidades cognitivas los recursos adecuados. El hecho de que la hija de los Wing fuera un caso clásico del síndrome de Kanner les permitía conocer de primera mano los desafíos que afrontaban estas familias a diario. Distintas fuerzas históricas conspiraban por situar los problemas de aquellos niños largamente olvidados en primer plano.

Las dificultades emocionales de una generación de niños y niñas evacuados del centro de Londres durante los bombardeos aéreos alemanes y, por ende, apartados de sus padres durante cierto tiempo, suscitó una oleada de interés en la psicología del desarrollo en la década de 1950, ejemplificada por el trabajo de John Bowlby acerca de la teoría del apego. Otro ímpetu para esta labor fue la aprobación de la Ley de Salud Mental en 1959, en respuesta a una serie de escándalos acerca de las condiciones de hacinamiento e inhumanidad que se vivían en los hogares para «subnormales» y en las instituciones mentales del país.

En el Exminster Hospital de Devon, hasta 1.400 pacientes se amontonaban en una instalación construida para acoger a 440. Las camas se habían juntado para poderlas encajar en el espacio disponible. Más del ochenta por ciento de los pacientes eran «certificados», lo cual significaba que habían sido internados en contra de su voluntad.[2] En el patio de ejercicios, se encadenaba a los pacientes en grupos de tres para disudirlos de intentar escapar.

La Ley de Salud Mental desmanteló el aparato legal que supervisaba este proceso de certificación y delegó en las autoridades locales la responsabilidad de los cuidados de muchas personas que en el pasado habrían sido internadas.[3] Miles de niños que habrían sido invisibles en las generaciones previas se devolvieron a comunidades que disponían de pocos recursos y servicios preparados para ellos. De repente, entender los problemas emocionales y la prognosis de aquellos niños se convirtió en una necesidad social apremiante.

Una de las personas más destacadas en este campo emergente fue Mildred Creak, una psiquiatra del Great Ormond Hospital, situado en el centro de Londres. Fundado durante la era victoriana con el nombre de Hospital for Sick Children, fue la primera instalación de su especie en Gran Bretaña que ofreció cuidados médicos vanguardistas a las familias con medios limitados. (Entre tanto, un ejército de criados, enfermeras, niñeras y médicos a domicilio consentían a los vástagos enfermos de las familias adineradas.) En sus albores, esta venerable institución contó como su patrón más ilustre con Charles Dickens, quien conocía bien las penurias de las familias menos afortunadas de Londres.

Para recaudar fondos para la adquisición de una sede para la nueva instalación, el autor de *Casa desolada* y *Oliver Twist* escribió un artículo titulado «Drooping Buds» («brotes marchitos») en la popular revista *Household Words*. En él informaba de que de cada cien niños nacidos en la gris ciudad, sólo sesenta y cinco sobrevivían para celebrar su octavo cumpleaños. «Piénsenlo, de todos los ataúdes que se fabrican en Londres, uno de cada tres es para un niño pequeño, un niño cuya edad no alcanza las dos cifras», escribió con un dramatismo inimitable. Cuando sus lectores acaudalados de Knightsbridge y Belgravia acabaran de enjugarse las mejillas y resucitaran de sus sofás tras desmayarse, enviarían una donación a Great Ormond Street. El autor también realizó una lectura benéfica de *Un cuento de Navidad* en St. Martin's Hall, con ocasión de la cual recaudó más de tres mil libras esterlinas en una sola noche.[4]

A finales de la década de 1800, un médico del hospital llamado William Howship Dickinson describió con un detalle meticuloso a docenas de niños con trastornos neurológicos. El estudioso de la medicina Mitzi Waltz ha identificado varios casos probables de autismo en los informes de Dickinson, incluido entre ellos el de un niño llamado Ralph Sedgwick que pasaba sus horas de vigilia caminando en círculos, tensando sus diminutos puños, frotándose y golpeándose los ojos, arqueando el cuello, sacudiendo la cabeza y moviendo los dedos delante de su cara.[5] En los dos años y medio que pasó en la Tierra sólo pronunció una palabra: «Mamá».

Cuando Creak estableció el primer departamento de psicología pediátrica del país en el hospital en 1946, tuvo que demostrar a sus colegas que la «psicosis» infantil no era algo infrecuente. La constelación de rasgos que compartían muchos de aquellos niños, como la falta de «conciencia social», la «rigidez» de comportamiento e irregularidades en el habla, podría haberse extraído directamente de Kanner:

> Una vez se inicia una acción, se continúa de manera indefinida. Palabras, expresiones, comportamiento motor e incluso patrones reactivos como el sueño y el apetito tienden a estereotiparse. Un ejemplo de ello lo dio un niño psicótico a quien le gustaba el chocolate pero sólo lo ingería cortado en onzas. En cambio, rechazaba las galletas de chocolate redondas.[6]

El diagnóstico y el cuidado de estos niños se veía muy dificultado por la confusión de etiquetas dispares que empleaban los distintos médicos. No estaba claro si debían clasificarse como casos del síndrome de Kanner, la esquizofrenia infantil de Despert, el trastorno de apego reactivo de Bowlby, la psicosis simbiótica de Margaret Mahler o ninguno de ellos. Un psicoterapeuta infantil llamado James Anthony resumió el absurdo de tal situación con ironía en 1958, al escribir: «El culto a los nombres añadió más caos a una situación ya de por sí caótica, puesto que no parecían existir suficientes síntomas para diferenciar entre los distintos prospectores sin que se diera un alto grado de solapamiento».[7] Kanner admitió: «Parece que hemos llegado a un punto en el que un médico [...] puede afirmar con honestidad: es esquizofrénico, porque de acuerdo a mi esquema así debo llamarlo, y otro clínico igual de honesto puede asegurar: no es esquizofrénico, porque mi esquema no me permite catalogarlo así».[8]

Para deshacer este embrollo, Lauretta Bender instó a Creak a convocar a un grupo de trabajo integrado por expertos a fin de diseñar el primer conjunto de criterios estandarizados para el diagnóstico de lo que denominó «síndrome esquizofrénico en la infancia». Tales criterios, que pasaron a conocerse como «Los nueve puntos»,[9] se adoptaron en la investigación sobre el autismo a gran escala:

1. Impedimento grave y sostenido para mantener relaciones emocionales con personas.
2. Aparente falta de conciencia de su identidad personal en un grado inapropiado para su edad.
3. Preocupación patológica por objetos concretos o ciertas características de éstos, al margen de sus funciones establecidas.
4. Resistencia sostenida al cambio en el entorno y esfuerzo por mantener o restaurar la unicidad.
5. Experiencia perceptiva anormal (en ausencia de una anormalidad orgánica discernible).
6. Ansiedad aguda, excesiva y aparentemente ilógica como fenómeno frecuente.
7. Capacidad del habla perdida o nunca adquirida o muestras de trastorno en el desarrollo más allá de un nivel apropiado para una edad inferior.
8. Distorsión en los patrones de movilidad.
9. Historial de grave retraso en el que aparecen islotes de habilidades o funcionamiento intelectual normal, rayano en la normalidad o excepcional.

La lista se alejaba de manera significativa del modelo de Kanner, sobre todo en lo tocante a la idea de que la discapacidad intelectual y las condiciones orgánicas como la esclerosis tuberosa también podían formar parte de la imagen clínica. A todas luces, Kanner perdía el control del alcance de su síndrome, si bien los nueve puntos de Creak resultaron difíciles de aplicar en la práctica.[10] ¿Cómo se suponía que un médico podía determinar la «falta de conciencia de identidad personal» de un niño? Precisamente ése era el tipo de neblina que John Wing se esforzaba por disipar. En los días previos a la informática, extraía una calculadora manual en las reuniones en el Institute of Psychiatry para procesar los datos. Los psiquiatras llevaban décadas proponiendo teorías acerca de la psicosis infantil que no se sometían a escrutinio empírico.

John no tardaría en cambiar esa situación. En Lorna encontró a algo más que un par intelectual que funcionaba en su misma longitud de onda. Encontró un alma gemela.

II

Lorna, que creció en un pueblecito llamado Gillingham, en el extremo sudeste de Inglaterra en la década de 1930, estaba aburrida de cocinar, de coser y de encargarse del resto de las tareas domésticas que se suponía que correspondían a las niñas.[11] En su lugar, prefería imitar a su padre, ingeniero de profesión. A los seis años de edad decidió que quería ganarse la vida averiguando cómo funcionan las cosas. En lugar de matricularse en clases de arte, como se esperaba de ella, estudió biología y química y se inscribió en cursos de física en la escuela para chicos del lugar.

Para cuando estalló la guerra, su familia se había mudado al norte, a Mitcham, una zona residencial del centro de Londres. Su padre se embarcó con la Marina y Lorna leía sus cartas con avidez, fascinada por sus relatos acerca de la vida en un buque en el escenario de una guerra. Le horrorizaba el metraje de los noticieros de Alemania que empezó a proyectarse en los cines locales, a la par que la hipnotizaban los intrépidos jóvenes estadounidenses que, de súbito, parecían estar en todos sitios y salían de parranda por los bares y comercios locales. Eran mucho más extrovertidos que las personas a quienes Lorna estaba acostumbrada y le encantaba oírlos llamándose por el nombre a voces en la calle principal, con sus extraños y variopintos acentos.

Lorna tenía dieciséis años cuando decidió estudiar medicina en el University College London, que otorgaba un mayor énfasis a la ciencia que a la práctica clínica. Los profesores de la institución eran conocidos por ser hospitalarios con las estudiantes femeninas, en una época en la que los prejuicios de toda la vida contra las médicas empezaban por fin a desvanecerse. (Dos décadas antes, Mildred Creak se licenció en medicina por la misma universidad, solicitó sin éxito más de noventa empleos en Londres y finalmente asumió un puesto en un hospital mental regentado por cuáqueros en York.)[12]

En comparación, John tuvo una infancia más difícil.[13] Cuando tenía cinco años, su padre, propietario de una librería, murió de una neumonía provocada por los efectos retardados de haber sido gaseado en la Primera Guerra Mundial. Su madre falleció de un ataque al corazón pocos meses después. John y su hermana mayor, Barbara, fueron trasladados a un internado para huérfanos, donde él se esforzó por sobresalir, cosa que le permitió trasladarse a una escuela mejor. A los trece años decidió hacerse médico, pero ninguno de sus tíos y tías podía costearse enviarlo a la universidad. Cuando estalló la Segunda Guerra Mundial, se alistó en la Marina con la esperanza de conseguir una beca gubernamental para una escuela médica si sobrevivía al combate. Pasó gran parte de su servicio militar en Australia, liderando bombardeos contra las líneas marinas enemigas y, al regresar a Inglaterra, obtuvo una beca para estudiar en el University College London. Allí conoció a su futura esposa en un aula de disección. «Fue muy romántico —me explicó Lorna—. Nos asignaron a ambos el mismo cadáver.» Lorna vio en John a un joven galante y brillante, y poco después contrajeron matrimonio.

Después de que Lorna realizara una residencia de un año en el hospital universitario como médico general, ella y John decidieron tener un hijo, con suerte el primero de muchos. Estaban entusiasmados cuando Susie nació en 1956, pero casi de inmediato quedó claro que tenía problemas para alimentarse. Se negaba a mamar, de manera que Lorna tuvo que meterle el biberón a la fuerza en la boca a su hija y apretarlo para que tragara. A Lorna se le retiró la leche, un recuerdo tan doloroso que todavía ponía gesto de dolor al explicármelo transcurridos más de cincuenta años. Sin embargo, cuando habló con los médicos y las enfermeras del hospital, no parecieron darle demasiada importancia. Con el tiempo, su hija empezó a comer alimentos sólidos y a coger peso y Lorna intentó aparcar sus preocupaciones.

No era fácil. Susie permanecía toda la noche gritando, así que Lorna y John decidieron alternarse para cuidarla y así poder dormir al menos una noche de cada dos. Nada en su educación médica los había preparado para aquella experiencia. La palabra *autismo* nunca se había mencionado en ninguna de sus clases.

Seis meses más tarde, Lorna se subió a un tren y se sentó en un asiento con Susie en su regazo. Otra joven madre, que llevaba a un niñito más o menos de la misma edad que su hija, se sentó en el asiento de enfrente. A medida que el tren recorría la exuberante campiña, el niño se emocionó al divisar al otro lado de la ventana a ovejas y vacas. El pequeño no dejaba de buscar la mirada de su madre, expectante y risueño, asegurándose de haber atraído su atención antes de dirigirla hacia lo que el veía, mientras señalaba con el dedo por la ventana y reía.

Lorna notó un escalofrío recorrerle el cuerpo y pensó: «Susie nunca ha hecho eso». Jamás había señalado nada para captar la atención de su madre y dirigirla. En su lugar, cuando quería algo, agarraba la mano de Lorna y la depositaba sobre el objeto en cuestión.

Susie tenía un osito panda al que adoraba: lo llevaba consigo a todas partes y se entristecía si no lo tenía. Lo olía, se frotaba las mejillas con él y disfrutaba de la sensación de acariciar el peluche con los dedos. Pero lo que nunca hacía, cosa que Lorna había constatado, era fingir que el panda fuera un oso de verdad. También tenía un pequeño juego de té que le había regalado Lorna y, esporádicamente, organizaba mesas de té imaginarias, pero nunca invitaba a otros niños. Siempre bebía a sorbitos su té imaginario sola.

Un día, John regresó a casa del trabajo y le dijo a Lorna que creía saber lo que le sucedía a su hija. Había asistido a una conferencia de Creak acerca de una forma de psicosis de la infancia denominada autismo infantil precoz y había tenido la sensación de que estaba describiendo a Susie. Los Wing acordaron que Creak evaluara a Susie. Ella confirmó el diagnóstico.

John y Lorna no tardaron demasiado tiempo en averiguar que apenas existían recursos para ayudar a las familias con niños como su hija y garantizar que tuvieran un futuro fuera de una institución. Los niños psicóticos se consideraban ineducables, de manera que quedaban excluidos del sistema escolar y se los derivaba a unos talleres protegidos denominados Centros de Formación Júnior para Subnormales Profundos, donde se los empleaba en proyectos como tejer cestas. Nadie parecía saber qué sucedía con aquellos niños cuando crecían. Como los Rimland tras conocer el diagnóstico de Mark, los Wing se sentían muy solos. Pero no estaban solos.

En 1958, una secretaria escolar llamada Sybil Elgar que estaba tomando un curso por correspondencia para convertirse en profesora del método Montessori, visitó una institución para «niños con graves deficiencias emocionales» llamada Marlborough Day Hospital que había cerca de su casa, en St. John's Wood, Londres.[14] Pese a que la instalación se anunciaba como un lugar progresista y basado en los principios psicoanalíticos, la conmocionó lo que presenció en aquel lugar, donde sin lugar a dudas los niños estaban tristes.

Dispuesta a mejorar la situación, Elgar empezó a impartir clases para un grupo reducido de niños autistas en el sótano de su casa en St. John's Wood, Londres, por petición de dos madres, Helen Allison y Peggie Everard.[15] Durante sus dos primeras semanas en la escuela, el hijo de Helen, Joe, rompió todas las bombillas y prácticamente destrozó el espacio. Pero Elgar no desistió en su empeñó de encontrar modos para comunicarse con él.[16] Pese a que apenas sabía nada acerca del autismo cuando inició su labor, era una mujer formidable y tenía una percepción extraordinaria para interpretar lo que sus alumnos sentían y pensaban. Bajo su tutela firme más compasiva, Joe Allison se calmó y aprendió a hablar.

Susie Wing también se convirtió en una de sus primeras alumnas y exclamaba con entusiasmo «¡Señorita Elgar!» cuando era la hora de ir a la escuela. A medida que se fue difundiendo el éxito de Elgar entre los padres, quedó claro que su sótano no era lo bastante amplio para acomodar a todos los niños que había en su lista de espera.

En 1961, Joe y Helen Allison aparecieron en un episodio de un célebre programa de la BBC titulado *Women's Hour.* Tras la retransmisión, la emisora recibió un aluvión de llamadas y cartas. El enero siguiente, un grupo de padres, muchos de los cuales habían escuchado el programa de la BBC, se reunieron en una casa privada para constituir la Society for Psychotic Children, cuyo nombre se cambió por el de Autistic Children's Aid Society of North London siguiendo el consejo de Lorna. (Hoy se la conoce simplemente como National Autistic Society.) Como la NSAC, fundada en los Estados Unidos dos años más tarde, el grupo consideraba que llegar a los medios de comunicación era esencial para ampliar su base de afiliados y poder ejercer presión en las autoridades locales para conseguir sus objetivos. Un año después, la sociedad apareció a página completa en el diario *Evening News* (bajo el desafortunado titular de «Niños encadenados»), noticia que produjo otra avalancha de cartas y llamadas telefónicas.

El logotipo adoptado por la sociedad, una pieza de puzle dibujada por un padre llamado Gerald Gasson, se convertiría en el símbolo universal de las organizaciones de padres de niños autistas de todo el mundo.

Cuando el grupo hubo recaudado dinero suficiente para convertir un viejo albergue ferroviario en Ealing en la Sybil Elgar School, incluso los Beatles se apuntaron a la inauguración. Pese a que los cuatro miembros de la banda prometieron dejarse caer por allí sólo una hora, se pasaron toda la tarde rodando alegremente por el suelo con los niños.[17]

John Lennon se convirtió en uno de los principales donantes de la escuela y atrajo a otras celebridades a la causa.

Cuando los alumnos del grupo inicial de Elgar llegaron a la adolescencia, la maestra centró su atención en la necesidad de cuidar y apoyar a adultos autistas, reconociendo con ello que, si bien los niños habían hecho tremendos progresos, no estaban «curados» y requerirían un entorno habitable adecuado a sus requisitos durante el resto de sus vidas. «Estos niños necesitan elogios y estímulo —explicó—, pero lo que más necesitan es la oportunidad de continuar su educación y formación para poder mantener y ampliar sus capacidades educativas [...] y adquirir habilidades ocupacionales.»[18] En 1972, la sociedad inauguró la Somerset House,[19] la primera escuela e instalación residencial en Europa para adultos autistas. Elgar y su marido se mudaron a un apartamento en la planta superior.

Tales logros situaron a Lorna y sus colegas profesionales a años luz de sus colegas estadounidenses en el entendimiento del autismo. En 1973, cuando Kanner admitió al fin que el autismo podía manifestarse con diversos grados de gravedad, tal conocimiento estaba ya extendido en Londres. Además, Elgar no llevaba sobre sus hombros la pesada carga de la culpabilidad que Kanner, Eisenberg y Bettelheim depositaban en los padres estadounidenses. «Cuando leí los artículos posteriores de Kanner —me explicó Lorna—, me parecieron una estupidez sin paliativos. Yo sabía que no era ninguna madre nevera.»

Una de las almas del grupo de Londres fue Michael Rutter, también del Institute of Psychiatry. Rutter llevó a cabo el primer estudio del autismo en gemelos con la también investigadora Susan Folstein, el cual aportó pruebas de la base genética del trastorno por vez primera. Además, la obra temprana de Rutter desenmarañó el autismo de la esquizofrenia y demostró que eran trastornos separados que rara vez aparecían juntos.[20]

A pesar de la multitud de pruebas anecdóticas de lo contrario acumuladas por los padres, la gran pregunta empírica que permaneció sin respuesta hasta bien entrada la década de 1960 fue si el autismo era una enfermedad tan infrecuente como Kanner defendía. Dado que la provisión de los servicios dependía de este hecho, el momento de someter a examen sus afirmaciones hacía tiempo que se había superado. Dar respuesta a interrogantes como aquél fue la misión principal de la Social Psychiatry Unit of the Medical Research Council (MRC), dirigida por John Wing y con sede en el Maudsley Hospital de Camberwell.

III

En 1964, Guy Wigley, el funcionario médico de salud del condado de Middlesex, que abarcaba una zona inmensa que se extendía hasta el norte del río Támesis y el oeste de la City de Londres, acudió al MRC con un problema. No tenía ni idea de cómo calcular cuántos niños con autismo podían vivir en el condado, porque jamás se había realizado un estudio sobre la prevalencia del trastorno.

John encargó a un alumno de posgrado llamado Victor Lotter que emprendiera tal estudio. Mediante el envío de miles de cuestionarios a maestros de escuela, supervisores de centros de formación, enfermeras y padres, Lotter logró investigar a casi toda la población de niños de ocho, nueve y diez años de Middlesex. Lotter, que basó sus criterios de selección para el autismo en los nueve puntos de Creak, acabó con un grupo de cincuenta y cuatro niños de los cuales existían historiales médicos y sociales. Calculó una prevalencia aproximada de 4,5 casos de autismo en cada 10.000 niños,[21] lo cual equivale a treinta y dos niños, un número ciertamente muy reducido. Después de que otros investigadores que aplicaban criterios igual de restrictivos replicaran sus resultados, dicha cifra se convirtió en la línea de base habitual con la cual se cotejarían los cálculos de prevalencia del autismo en las décadas venideras.

No obstante, un examen pormenorizado de tales cifras plantea diversos problemas. Pese a que Kanner insistía en un principio en que el autismo infantil precoz era aparente en el nacimiento, casi la mitad de los niños identificados en el estudio experimentaron un «retroceso definido y reconocible en el desarrollo» en algún punto temprano en sus vidas. (Los activistas antivacunas afirmarían más tarde que el «autismo regresivo» era un fenómeno nuevo relacionado con la vacuna combinada del sarampión, las paperas y la rubeola, si bien la vacuna triple vírica no se introdujo en Gran Bretaña hasta 1988.) Nueve de los niños del grupo también presentaban evidencias de anormalidades neurológicas que con toda probabilidad los habrían descalificado de ser diagnosticados por Kanner.

Además, las encuestas de Lotter pusieron al descubierto la crudeza con la que los profesionales médicos trataban a los padres en aquella época. Un pediatra espetó a una madre de un niño de tres años: «Tiene un defecto mental. No hay esperanza para él». Tras solicitar guía adicional acerca de sus cuidados, le aconsejaron que «lo dejara jugar en el jardín con una pelota». En torno a la mitad de los niños no habían recibido educación de ningún tipo. «Los servicios dejan mucho que desear», concluyó Lotter, que citaba la Elgar School como una excepción rara y prometedora.

Pocos investigadores del MRC eran más conscientes de las consecuencias de aquello que Lorna Wing. Recelosa de la validez empírica de los criterios de Kanner tras una década de hablar con otros padres, decidió adoptar un enfoque distinto siguiendo el estudio de Middlesex de principios de la década de 1970. En lugar de usar un método de arriba abajo como había hecho Lotter, —*partiendo* de la definición del autismo de Kanner para luego buscar ejemplos reales—, Lorna decidió emplear un método de abajo arriba, investigando los aspectos del comportamiento autista entre niños de Camberwell identificados como con discapacidades cognitivas.

Lorna y otra investigadora del MRC llamada Judith Gould consultaron a pediatras, psicólogos, maestros, empleados del sistema sanitario y directores de clínicas de la zona, así como a cualquiera cuyo empleo pudiera ponerlas en contacto con un niño con necesidades especiales. Con vistas a localizar a las familias que más ayuda precisaban, incluyeron sólo a niños con coeficientes intelectuales inferiores a setenta en su muestra y los analizaron en busca de síntomas de autismo mediante un cuestionario concebido por Lorna llamado programa Hándicaps, comportamiento y habilidades. Durante meses realizaron llamadas telefónicas y escribieron cartas al tiempo que visitaban hospitales, clínicas, hogares comunitarios y escuelas especiales para escarbar en los polvorientos archivos de expedientes. Aunque Lorna es una mujer bastante reservada, no se amedrentó a la hora de utilizar los recursos necesarios para recabar los datos que necesitaba.

«Yo había tirado la toalla con un psiquiatra en concreto que se mostraba muy reacio —explica Gould—. Pero Lorna desplegó todos sus encantos y artimañas femeninas, porque estaba decidida a obtener aquella información, y lo consiguió.»

Tal como había predicho el estudio en Middlesex, sólo encontraron a un puñado de niños en Camberwell (4,9 de 10.000) que cumplieran los criterios de Kanner. Pero Lorna y Judith no se detuvieron ahí. Mientras hacían sus rondas por el vecindario, no pudieron evitar detectar a un conjunto más amplio de niños que presentaban claros rasgos reminiscentes de su síndrome, pero que no habrían sido diagnosticados como autistas bajo las directrices de Kanner. Aquellos niños exhibían el distanciamiento social, el comportamiento repetitivo y la insistencia en lo mismo que presentaban los pacientes de Kanner en Baltimore, pero con una gama de manifestaciones más diversas y variopintas.

Vieron a niños que aleteaban las manos e invertían los pronombres, pero nunca alineaban los juguetes en fila.[22] Conocieron a adolescentes que realizaban elaborados rituales repetitivos y a quienes aterraban los cambios de rutina, pero que ayudaban a sus madres a despejar la mesa antes de retirarse a un rincón a escuchar sus canciones preferidas en el fonógrafo. Algunos de esos niños no hablaban en absoluto, mientras que otros se entusiasmaban perorando acerca de su fascinación con la astrofísica, los dinosaurios o la genealogía de la realeza.

Mientras Lorna intentaba entender lo que veía, cayó en sus manos un artículo de Dirk Arn Van Krevelen publicado en el *Journal of Autism and Childhood Schizophrenia* en el que defendía que el autismo de Kanner y el síndrome de Asperger eran trastornos diferenciados. En cambio ella, en su lectura, vio reflejos de los niños de Camberwell en las descripciones de ambos síndromes. Y ello a pesar de que en su estudio había excluido de forma específica a los niños de las escuelas generales y con toda seguridad había dejado fuera a la mayoría de los niños que caerían en el lado del Asperger. En otras palabras, afirma Gould, «aquellos niños no podían encasillarse de manera clara».

Como el artículo de Asperger aún no se había traducido al inglés, Lorna pidió a John que se lo tradujera. Al leerlo, Lorna descubrió que Asperger había detectado en su clínica de Viena lo mismo que ella estaba detectando en Camberwell.

A Lorna le resultó más evidente incluso la validez del modelo de Asperger una vez sus colegas empezaron a enviarle a «niños con quienes nadie sabía qué hacer», según su propia expresión. Al no encajar en la limitada casilla de Kanner, a la mayoría de ellos se les había diagnosticado esquizofrenia. Eran a todas luces niños muy inteligentes, pero parecían ingenuos, como si fueran incapaces de interpretar las sutiles señales sociales que enviaban las personas con quienes hablaban.

A un muchacho la policía lo había «pescado» en el Támesis tras saltar de un puente y lo había trasladado a Maudsley. Lorna se dio cuenta de que llevaba dos relojes de pulsera. El chaval le explicó que llevaba uno ajustado con la hora del meridiano de Greenwich y el otro con la hora local, incluso cuando ambas coincidían. Lo consternaba que la hora de Londres se hubiera ajustado en el pasado reciente al equivalente británico de la hora de ahorro de luz diurna. Aquel joven no había aprendido a hablar hasta los tres años y no había tenido amigos hasta los catorce. Disfrutaba leyendo libros de física y química y había memorizado un gran número de datos relacionados con ambas disciplinas. Vestía con ropas anticuadas y siempre mantenía sus cosas ordenadas y seguía una estricta rutina diaria. Pero le dolía ser consciente de que no solía caer bien a los demás. Su padre tenía la intuición de que le pasaba algo raro, pero no había sabido determinar qué era.

Solían burlarse de él por ser torpe, rudo y vestir pasado de moda, pese a que se esforzaba mucho por ser educado. Era un muchacho muy elocuente, pero tendía a incluir detalles disonantes en la conversación. Por ejemplo, cuando Lorna le preguntó acerca de la relación con su padre, respondió: «Mi padre y yo nos llevamos bien. Es un hombre a quien le gusta la jardinería». Después de que su intento de suicidio saltando de un puente resultara frustrado por el hecho de ser un excelente nadador, intentó estrangularse. Era evidente que aquel joven necesitaba ayuda y apoyo para transitar por la vida cotidiana, pero no existía en los libros una etiqueta diagnóstica que le permitiera acceder a servicios psiquiátricos. Lorna sabía que los padres de jóvenes como aquel tenían pocas probabilidades de aceptar con facilidad un diagnóstico de autismo, pues solía vincularse de manera irrevocable con niños de edad preescolar que no hablaban. Y aunque las discapacidades de aquellos jóvenes eran reales y merecían idéntica atención profesional, resultaban más arduas de ver.

En su artículo de 1979 sobre el estudio realizado en Camberwell, Wing y Gould informaban: «El patrón de comportamiento descrito por Kanner podría identificarse de manera fiable, pero los hallazgos del presente estudio ponen en cuestión la utilidad de contemplar el autismo infantil como un trastorno específico». Desde la perspectiva de la misión del MRC de asesorar al Gobierno acerca de las directrices para la provisión de servicios, tal afirmación era especialmente aplicable, porque era obvio que había más personas como aquéllas, de todas las edades, luchando por salir adelante sin contar con ayuda ni con ninguna explicación de sus dificultades, que niños con el síndrome de Kanner.

IV

Lorna inició una campaña tranquila pero determinada por ampliar el concepto de autismo de tal modo que incluyera a las personas que habían quedado excluidas de forma sistemática del jardín amurallado de Kanner. Su estrategia consistió en trabajar en dos frentes simultáneamente.

En primer lugar, intentaría convencer a sus colegas de que el autismo no era un diagnóstico *categórico*, sino *dimensional* (no un «sí» o un «no», sino más bien un «¿de qué tipo?»). Para reemplazar el síndrome unificado de Kanner, propuso el término de *continuum autista*. Pese a que existían claramente muchas tonalidades y tonos dentro de ese *continuum*, todas las personas autistas parecían beneficiarse de unos métodos educativos muy estructurados y comprensivos, tal como había predicho Asperger.

Asimismo, era evidente que una persona podía ocupar un punto del *continuum* en un momento determinado de su vida y otro más adelante. Algunos niños, como Susie, retenían un grado de discapacidad profunda más allá de la mediana edad, mientras que otros florecían de modos inesperados cuando sus maestros les brindaban una consideración especial en un entorno propicio (como algunos de los pacientes de Kanner, incluidos Donald T. y Richard S.). Un estudiante que concluyó los estudios con Elgar llamado David Braunsberg, por ejemplo, se licenció en bellas artes por la universidad y se convirtió en un reputado pintor y estampador de textiles.

A continuación, Lorna incorporó una nueva etiqueta diagnóstica, consciente del estigma social que se atribuía a la palabra *autismo.* En el sentido estricto de la palabra, no fue tanto una decisión empírica por su parte como una estrategia de marketing inteligente. Según escribió ella misma:

> Los padres sin una experiencia especial tienden a desoír o rechazar la idea de que su hijo ingenuo, elocuente, torpe y cohibido socialmente, ya sea niño o adulto, con un interés ávido en las horas en que se producen las mareas alrededor del litoral de Gran Bretaña, la necesidad de abolir el huso horario estival británico o de conocer los nombres y las relaciones de todos los personajes que han aparecido alguna vez en una serie televisiva, como *Coronation Street,* sea autista. La sugerencia de que su hijo pueda presentar un trastorno interesante llamado síndrome de Asperger les resulta más aceptable.[23]

Lorna no fue la primera persona en proponer el término *síndrome de Asperger,* que el pediatra vienés nunca utilizó. En 1970, un psicólogo alemán llamado Gerhard Bosch publicó un libro titulado *Infantile Autism* en el que se refería a los «síndromes de Asperger y Kanner». «De nuestra experiencia se infiere que existe un espacio intermedio entre ambos síndromes que no resulta fácil de atribuir con claridad a uno u otro lado», concluía. Tal como Kanner había hecho con el autismo infantil precoz, Lorna codificó el trastorno redactando una serie de casos propios con el título global de «Síndrome de Asperger: un informe clínico», en el cual incluyó descripciones del muchacho con los dos relojes de muñeca y otros cinco adultos jóvenes. Se publicó en 1981.

Resucitar el nombre de Asperger de un tiempo y lugar que nadie quería recordar no resultó una empresa fácil. Cuando a finales de la década de 1980 la psicóloga cognitiva alemana Uta Frith finalmente realizó una elegante traducción al inglés del artículo de Asperger como parte de un libro suyo, el editor rechazó el manuscrito. (Cambridge University Press acabó publicándolo.) La propuesta de Lorna también recibió duras críticas por parte de Eric Schopler, por el hecho de añadir otra etiqueta a un campo que empezaba a recuperarse de la confusión entre el autismo y la esquizofrenia. (Él se inclinaba por el término *autismo de alto funcionamiento.*) Entre bambalinas corría el rumor persistente de que Asperger había colaborado con los nazis... ¿Merecía un hombre así de verdad tal reconocimiento?

Con el tiempo, a Lorna dejaría de gustarle el término *continuum* porque sugería un grado de gravedad creciente, de menos grave a más severo, cuando lo que ella pretendía describir era algo más individualizado, matizado y multidimensional. Mientras intentaba pensar en una designación más acertada, le reverberó en la mente una frase de Winston Churchill: «La naturaleza nunca dibuja una línea sin emborronarla». Tal afirmación se antojaba especialmente pertinente en el caso del autismo. Uno de los aspectos más subversivos del concepto de Lorna era su sugerencia de que el *continuum* se desdibuja de manera imperceptible en una excentricidad común y silvestre. («Todos los rasgos que caracterizan el síndrome de Asperger —observó— pueden detectarse en diversos grados en la población normal.»)

Al final se inclinó por el término *espectro autista.* Le gustaba como sonaba, pues evocaba imágenes agradables de arcoíris y otros fenómenos que atestiguan la creatividad infinita y variada de la naturaleza.[24] La profesión médica adoptó rápidamente la expresión, pues le ayudaba a explicar lo que llevaba viendo en el mundo real desde hacía décadas. Era un meme destinado a hacerse viral, por decirlo de algún modo, con la ayuda de una conjura de fuerzas culturales que Lorna no había barruntado, incluida entre ellas una película que convertiría el antiguo trastorno de Kanner en un término familiar prácticamente de la noche a la mañana.

9

El efecto *Rain Man*

Recuerda cosas, cosas insignificantes.

CHARLIE BABBITT

Barry Morrow condujo su Studebaker de 1954 hacia la parte posterior del Minikahda Club en Minneapolis para recoger a su reciente esposa, Beverly, que terminaba su turno como camarera.[1] Mientras esperaba aterido en el coche, observó a los aparcacoches correr para ir a recoger los Cadillac y Lincoln que llenaban la zona de estacionamiento situada delante del elegante club de estilo colonial. Con sus treinta y tres años y cantante de una banda de *rock and roll*, Morrow, que desempeñaba todo tipo de empleúchos, no iba a poder arreglar la calefacción de su cacharro en el futuro próximo. En su segundo (y último) día como vendedor de enciclopedias puerta a puerta, convenció a una pobre ancianita de cancelar su pedido explicándole que podía encontrar una enciclopedia mejor en la biblioteca que había al final de la calle.

Mientras esperaba a que su esposa se quitara el exiguo uniforme de camarera, Morrow llamó la atención de un tipo que, desde la ventana de la planta superior, le sonrió y lo saludó con la mano. Morrow le devolvió el saludo. La noche siguiente volvió a suceder lo mismo, y de nuevo la noche después. Aquel pequeño ritual se prolongó durante meses. Morrow empezó a sentirse algo inquieto con respecto a aquella misteriosa figura que parecía esperar a que él apareciera cada noche. Lo bautizó «el Saludador». Beverly informó a su esposo de que su nombre era Bill y se dedicaba a limpiar los hornos del club durante el turno de noche. También le dijo que Bill era «retrasado» y añadió que era la persona más feliz y amigable que había conocido en toda su vida.

En la fiesta de Navidad para el personal del Minikahda de aquel año, los Morrow vieron a Bill sentado en una mesa solo al otro lado de la estancia. Mientras un cuarteto de cuerdas itinerante interpretaba villancicos y camareras con corbata negra circulaban portando bandejas de canapés, él permanecía arropado en su parka de invierno, con un vaso de agua en la mano y una peluca morena brillante al estilo Beatles colocada de manera precaria en la cabeza. Incapaz de contener su curiosidad por más tiempo, Morrow se acercó a la mesa de Bill y le deseó unas felices Navidades. El hombre, mayor que él, se puso en pie, se quitó con ceremonia la peluca con la mano izquierda y le tendió la derecha. Morrow se sentó y ambos se sirvieron varias copas de champán de la casa, que se les subió a la cabeza.

Mientras compartían risas, Morrow no pudo evitar notar que los pocos dientes que le quedaban a Bill en la boca estaban marrones de tanto fumar y que tenía el cuello hinchado por el bocio. Además, había rociado con tanta laca la peluca que estaba rígida y reluciente como una bola de boliche. De naturaleza inquisitiva, Morrow comenzó a interrogarle sobre su vida. Bill no era tímido, pero su conversación abarcaba una variedad de temas tan extensa y aleatoria que a Morrow le costaba seguirle el hilo. «Era como si quisiera tejer una historia épica para mí —observó Morrow—, pero no recordara las particularidades.»[2]

Morrow averiguó que existía un dilatado período de la vida de Bill acerca del cual no le gustaba hablar demasiado. Se trataba de los cuarenta y cuatro años que había pasado en un lugar al que llamaba «aquel agujero infernal», el Faribault State Hospital, situado a ochenta kilómetros de distancia. Lo habían internado allí en 1920, a los siete años de edad. Sus padres, Sam y Mary Sackter, eran unos judíos rusos emigrados que regentaban una tienda de comestibles. Cuando Sam falleció de manera inesperada de un ataque al corazón a los treinta y cinco años de edad, el negocio se vino abajo y Bill empezó a registrar un bajo rendimiento escolar a causa de sus «cochinos hábitos», según los describió una maestra en un informe.

El director de la escuela insistía en que Bill era retrasado mental y no tenía cabida en el sistema escolar público. Su madre combatió por el derecho de su hijo a asistir a clases tanto como pudo, pero al final las autoridades de salud mental locales consideraron que Bill presentaba el riesgo de convertirse en una carga para la comunidad. Quedó bajo tutela estatal y fue enviado al psiquiátrico, que por entonces se conocía como Escuela Estatal Faribault para Retrasados Mentales y Epilépticos.

Durante sus cinco primeros años allí, recibió cartas y paquetes con comida y ropa de su madre, pero, como lo habían diagnosticado como «imbécil», nadie le enseñó a leer ni a escribir, y sólo de manera esporádica un miembro del personal de la institución respondió a las cartas de Mary y, además, escribió mal su apellido en las respuestas. En 1925, Mary solicitó al director del hospital si podía dejar a Bill «en libertad condicional» (el término que se utilizaba en el Faribault, donde los residentes se denominaban «reclusos») brevemente para visitar durante una semana a su familia. Cuando le informaron de que se lo consideraba demasiado «subnormal» para abandonar los dominios del hospital, Mary envió al director una última petición: una fotografía de su hijo.

Temerosa de que el estigma de que hubiera una enfermedad mental en la familia impidiera a sus hijas encontrar marido, Mary les dijo que debían darlo por muerto.[3] Volvió a contraer matrimonio, se trasladó a Canadá y nunca más intentó contactar con él.

La mala salud y el aspecto desaseado de Bill eran el resultado de casi medio siglo de negligencia y maltrato institucional. No le habían enseñado ni a dar la hora ni a manejar dinero, y nunca le habían proporcionado cuidados dentales adecuados. Como a los otros reclusos, le pagaban el equivalente a entre treinta centavos y un dólar y medio al mes —canjeables exclusivamente por artículos de la tienda del hospital— por deslomarse empujando carritos de comida por los kilómetros de túneles fríos y húmedos que conectaban las distintas zonas de las instalaciones.[4] Además, Bill trabajó como voluntario dando de comer y cuidando a otros residentes con un grado de discapacidad más profundo que el suyo. «Sabes, amigo —dijo Bill a Morrow (Bill llamaba "amigo" a todo el mundo, incluso a su periquito)—, estuve tanto tiempo allí que no sabía que existía otro lugar.» Las altas vallas del contorno de la instalación delimitaban los horizontes de su universo.

Una noche, uno de los hombres de su ala hospitalaria tuvo un ataque epiléptico. Temiendo por la vida del hombre, Bill despertó a un camillero que estaba durmiendo la mona. El camillero enfureció de tal manera que arrojó a Bill por las escaleras mientras lo sujetaba con fuerza del cabello, y lo dejó calvo. Por eso Bill llevaba peluca. También tenía una úlcera en la pierna izquierda que nunca le habían curado como era debido. En la década de 1960, un grupo de padres de la sucursal de Minnesota de la Association for Retarded Citizens exigieron un mayor escrutinio de las condiciones de vida en las instalaciones de cuidados asistenciales del estado. (Un grupo de esposas de senadores decidió suspender su visita a Faribault porque sintieron demasiada repugnancia para continuar.)[5] En la estela de las reformas liberales que siguieron, se consideró a Bill un candidato prometedor para su reinserción en la comunidad. Solo por primera vez en su vida, se subió a un tren rumbo a Minneapolis y encontró una habitación en una casa de huéspedes local, donde convivió con otros antiguos residentes de instituciones durante varios años, realizando trabajos de jardinería, quitando nieve a paladas y limpiando en un taller mecánico. Al cabo de un tiempo, un trabajador social le encontró el empleo en el Minikahda.

Pese a todas las tribulaciones que había vivido, Morrow vio en Bill a un hombre increíblemente alegre. («¡Soy la alegría de la casa!», exclamaba con frecuencia.) Le encantaba estar rodeado de gente, incluso aunque la mayoría de las personas lo ignorasen. Al final de la velada, Bill se había guardado la peluca en el bolsillo y había sacado la armónica (que había heredado de un amigo que falleció en el psiquiátrico) y había transformado el ambiente bastante soso que reinaba en el lugar en una fiesta estridente tocando docenas de estribillos de una polka. Al final de la noche, Morrow garabateó su número y le dijo a Bill que si alguna vez necesitaba algo, no dudara en llamarlo.

Bill no dudó. A las seis de la madrugada siguiente, Morrow se despertó con un dolor de cabeza punzante al oír el teléfono. Una mujer al otro lado del hilo se identificó como «la operadora» antes de pasarle el auricular a Bill. Bill indicó a su nuevo amigo que necesitaba que lo llevara a la parafarmacia porque se había quedado sin dentífrico. Cuando dos horas más tarde Morrow aparcó su Studebaker frente al club, Bill estaba sentando en la escalera de entrada, cubierto por varios centímetros de nieve, como un muñeco de nieve, porque tras colgar había salido de inmediato a esperar a Morrow. Fue el principio de una bella e improbable amistad que cambiaría el curso de la historia del autismo.

II

Bill no era autista, aunque la esquizofrenia infantil era un diagnóstico habitual en las hacinadas salas hospitalarias de Faribault. Era justo lo contrario: una persona con labia y complaciente por naturaleza que saludaba a los extraños en la calle si intuía que podían ser gente amable. En Faribault, el personal se refería sin ambages a los residentes como Bill como «lerdos». Ni siquiera le habían comprobado el coeficiente intelectual hasta que llevaba trece años internado.

En lugar de aceptar a Bill como un acto de caridad, Morrow y su esposa lo aceptaron como un amigo, tan excéntrico a su propio modo como los demás integrantes de su círculo, una multitud desaliñada de artistas, escritores y músicos. Al poco, los recados para ir a buscar pasta de dientes y «laca para pelucas» se convirtieron en placenteras excursiones por la ciudad con los monólogos infinitos de Bill como banda sonora.

«Volvía la cabeza a un lado y a otro, observando todo lo que sucedía a nuestro alrededor —recuerda Morrow, e imitando la voz rasposa de Bill, resultado de décadas de fumar Old Rip, el áspero tabaco que vendía la tienda del psiquiátrico, prosigue—: *¡Qué autobuses tan bonitos! ¡Mira qué autobuses, son muy grandes, cabe mucha gente! Los escolares estudian y los hombres trabajan. Tienen que trabajar. Un hombre tiene que tener un trabajo.*» Morrow añade: «Tardé tiempo en darme cuenta de que Bill estaba describiendo el mundo que estaba viendo por primera vez».

Durante sus años como estudiante en la Universidad de Minnesota, Morrow quedó fascinado por tecnologías emergentes como el Super 8 y el Sony Portapak, el primer sistema de vídeo portátil, que utilizó para filmar a Bill y a sus amigos en sus aventuras por la ciudad. Bill doblaba la edad a todos los miembros de aquella pandilla de bohemios del Medio Oeste norteamericano, pero encajó a la perfección en el grupo, donde su maravilla perpetua se consideraba sólo otro estado alterado de la conciencia. «Bill no era el elefante rosa —comenta Morrow entre risas—. Había un montón de elefantes rosas y la mitad de ellos estaban colocados.»

Cuando los Morrow tuvieron a su primer hijo, Clay, Bill se convirtió en su «abuelo» extraoficial y en un invitado frecuente a las cenas de pollo de los domingos por la noche, junto con los abuelos reales de Clay. Las noches en las que la banda de Morrow, los Blue Sky Boys, tocaban en bares y salas de hotel, «el Salvaje Bill» tenía su propio momento estelar de avivar al público con su querida armónica. A los sesenta años, por primera vez desde que era niño, volvía a tener una familia.

Bill le devolvió la amabilidad a Morrow granjeándole el acceso a su santuario personal: un pequeño cuartucho en la parte posterior del Minikahda, contiguo al cobertizo donde se aparcaban los cortacéspedes, amueblado con poco más que una cama y una taquilla metálica llena de latas de laca para pelucas. Entre susurros de reverencia, Bill mostró a Morrow su soporte para el postizo, la pieza central de su altar personal, decorado con fotografías de niños jugando, perros saltando y soles amaneciendo que había recortado de revistas. En un rincón de la habitación había un viejo televisor en blanco y negro para ver su programa favorito, *I Dream of Jeannie*. Bill rara vez se perdía un episodio y solía preguntar a los amigos de Morrow: «¿Tú también has soñado con Jeannie?».

Morrow confiesa que su honda sensación de conexión con Bill resultaba inexplicable para los extraños. Sus conversaciones eran una suerte de intercambios zen a base de bromas amables:

Bill: Mira, para ser un buen tipo, amigo, se necesitan tres cosas en la vida: un empleo, eso es lo que yo creo, y un buen amigo.

Morrow: Pero sólo has dicho dos cosas, Bill. ¿Cuál es la tercera?

Bill: Pelo, como el que tú tienes. Por eso eres un buen tipo, ¿entiendes?

Tras años de inmersión continua en laca, un día la peluca de Bill «se rompió» y Morrow lo convenció de dejarse crecer una barba que le diera un aire más distinguido. También concertó una visita con el dentista para Bill con el fin de que le implantaran un par de dientes falsos. A medida que Bill fue cuidando más su aspecto, la gente empezó a tratarlo con más respeto y su seguridad en sí mismo aumentó. Era un círculo vicioso. «Yo no era amigo de Bill para hacerle un favor. No creo en el altruismo puro —afirma Morrow—. Si no me hubiera divertido ser su amigo, no lo habría sido.»

Aun así, era inevitable que el joven cineasta pronto se viera asediado por la necesidad de ganarse la vida para mantener a su creciente familia. Cuando le ofrecieron trabajar como especialista en multimedia para la School of Social Work de la Universidad de Iowa, decidió aceptar el empleo. Le rompió el corazón dejar atrás a su amigo, pero no tenía alternativa. Al estar bajo la tutela del Estado, Bill no podía abandonar Minnesota sin la aprobación del tribunal de competencia mental. En el otoño de 1974, los Morrow hicieron las maletas, se despidieron entre lágrimas y se mudaron a una granja en Kalona, a escasa distancia de la universidad.

Unos meses más tarde, el teléfono de Morrow volvió a sonar. Un trabajador social le telefoneaba porque habían encontrado a Bill en la cuneta de una carretera, desmayado a causa del dolor que le provocaba la úlcera de la pierna, que había dejado de curarse después de que los Morrow se marcharan de la ciudad. Sintiéndose abandonado, había retomado sus viejas costumbres y solía vegetar a solas en su habitación mientras soñaba con Jeannie en las reposiciones. Era probable que hubiera que amputarle la pierna, y el trabajador social solicitó la ayuda de Morrow para prepararlo para la operación. Durante el largo trayecto de regreso a Minneapolis, Morrow ensayó el discurso que pronunciaría cuando llegara allí, acerca de lo mal que se sentía por lo ocurrido con la pierna de Bill, pero, al fin y al cabo, él mismo se había causado tal sufrimiento al desoír las sencillas instrucciones que los médicos le habían dado para mantener la salud. O perdía la pierna o perdería la vida.

Al llegar al hospital, Morrow consultó al equipo médico acerca de las opciones postoperatorias de Bill, que suponía que incluirían colocarle una pierna protésica e iniciar un programa de rehabilitación para poder reintegrarse al trabajo. En su lugar, informaron a Morrow de que, dado el estado de incompetencia mental del paciente, no tenía derecho a prótesis ni a rehabilitación y casi con toda probabilidad lo enviarían de vuelta a Faribault para finalizar sus días como un inválido postrado en cama. Cuando Morrow entró en la habitación de Bill, en lugar de pronunciar el discurso que había preparado, anunció: «Tenemos que sacarte de aquí, amigo. ¿Quieres venir a vivir con nosotros en Iowa?». Bill no cabía en sí del júbilo. Juntos, ambos hombres pusieron rumbo al sur.

Morrow ayudó a Bill a curarse la pierna, le encontró una habitación en una casa de huéspedes local y consiguió que un compasivo asesor de la universidad, Thomas Walz, contratara a Bill para que lo asesorara en temas de discapacidades de desarrollo y le aportara ideas acerca de cosas productivas que hacer. Pero surgió un problema legal inesperado. Desde el punto de vista de las autoridades de Minnesota, Morrow había transgredido la ley al sacar a Bill del estado y podían acusarlo de secuestro. Ambos hombres deberían regresar a Minneapolis y presentarse ante el tribunal de competencia mental para exponer un caso convincente y conseguir que declararan a Morrow el tutor legal de Bill pese al hecho de no tener siquiera ni la mitad de su edad.

El día de la audiencia, Morrow se recogió la larga melena rubia en una coleta y se la ocultó por dentro del cuello de la camisa. Además, se vistió con americana y llevó consigo un maletín (vacío) para completar la imagen de un tutor de una competencia irrefutable. Para evitar arrebatos inesperados durante la vista, instruyó a Bill para que mantuviera la boca cerrada: «Esta gente es puñetera, amigo; déjame hablar a mí».

Pero el disfraz de Morrow no coló. Sentados alrededor de una larga mesa, los miembros del tribunal empezaron a acribillarlo con preguntas para las cuales no se había preparado y se sorprendió cayendo en un lenguaje legal ambiguo que incluso a él le sonaba absurdo. Los hombres que decidirían el destino de Bill no parecían darle crédito. Básicamente, sus cuestiones se centraban en un único aspecto: ¿por qué aquel veinteañero pretendía convertirse en el tutor legal de un hombre anciano retrasado y enfermo?

De repente, Bill interrumpió el sombrío pleito y se hizo cargo de la situación. «¡Oremos!», declaró. Por instinto, los miembros del tribunal agacharon la cabeza con respeto. «Padre Nuestro, que estás en el arte, santificada sea tu rodilla —empezó a recitar y prosiguió con la cadencia del padrenuestro, pero relatando la historia de su vida—. Gracias, Señor, por traerme a mi amigo, el señor Barry, quien cuida de mí. Tuve un pájaro llamado Chubby, ahora tengo una buena vida y no quiero volver bajo ningún concepto a aquel agujero infernal, bien lo sabes, Señor.» Y continuó en esta vena hasta el «amén» final.

Tras un breve silencio, el hombre sentado a la cabecera de la mesa se aclaró la garganta y sentenció: «Bueno, supongo que ya está todo dicho». Firmó un formulario oficial y lo deslizó hacia el otro extremo de la mesa. Bill bautizó aquel formulario como los «documentos para volver en mí». Era oficialmente un hombre libre.

III

Con ayuda de Morrow y de Walz, Bill se convirtió en el propietario de su propia cafetería en la Universidad de Iowa, la Wild Bill's Coffeeshop, que continúa abierta en la actualidad y sigue empleando a adultos con discapacidades del desarrollo. Nunca acabó de entender cómo utilizar la caja registradora (en ocasiones, una taza de café costaba veinticinco centavos y otras, doscientos cincuenta dólares), pero el asunto acabó cuadrando y se convirtió en un miembro muy apreciado de la comunidad. En 1978, Bill fue declarado el Habitante Discapacitado de Iowa del Año y el presidente estadounidense Jimmy Carter lo invitó a la Casa Blanca. Le llovieron cartas de felicitación de todas partes, incluida una de la propietaria de una peluquería local, quien se ofreció a hacerle una nueva y elegante peluca entrecana que Bill lució orgulloso durante el resto de su vida.

Morrow había comenzado a filmar vídeos para la universidad sobre temas como el envejecimiento y el maltrato infantil, y se le ocurrió que la historia de Bill podría ser el tema de un documental cautivador. Empezó a vender la idea para buscar financiación, pero nadie estaba interesado en financiar una película acerca de la vida de un hombre con discapacidad intelectual. Aun así, en 1980 lo invitaron a proyectar su bobina ante un representante de la empresa Mobil Oil en Nueva York. Varios ejecutivos de la NBC también asistieron a la proyección y le comunicaron que estaban interesados en producir una película para la televisión basada en la historia del viaje de Bill hacia la independencia.

Bill, protagonizada por Mickey Rooney, con un apuesto y por entonces desconocido Dennis Quaid en el papel de Morrow, se emitió en 1981, el año de *Rojos*, *En el estanque dorado* y *Carros de fuego*. La película ganó un premio Emmy, un premio Peabody y dos Globos de Oro. Rooney hizo una interpretación magistral que captó la característica mezcla de fascinación infantil y enternecedora dignidad de Bill, rodando escenas durante el día mientras por la noche aparecía en la obra teatral *Sugar Babies* en Broadway. En la ceremonia de los Globos de Oro, invitaron a Bill a aceptar el premio al Mejor Actor en nombre de Rooney, si bien le arrebataron la armónica por precaución. Pero, en el último momento, Bill volvió a tomar las riendas del asunto y se sacó una miniarmónica que llevaba en el bolsillo para casos de emergencia. Jane Fonda empezó a aplaudir al ritmo de la música y el evento, por lo común encorsetado, se vio interrumpido por un estallido espontáneo de autenticidad.

Dos años después, Morrow escribió una secuela, *Bill: On His Own*. Para entonces, Morrow se había trasladado a Hollywood con el fin de probar suerte como guionista. «Quiero quedarme aquí —le aseguró Bill antes de que se marchara de Iowa—. Éste es mi hogar.» A pesar de que lo habían declarado incapaz de aprender a los siete años, Bill evolucionó de manera espectacular en la cincuentena y la sesentena, espoleado por el respeto de quienes le habían hecho un hueco en sus vidas. La mañana del 16 de junio de 1983, la propietaria de la casa de huéspedes de Bill lo encontró desplomado en su butaca favorita, recién duchado y vestido, con una fiambrera al lado, listo para tomar el autobús de costumbre hacia la cafetería. Bill había muerto en paz por causas naturales. Lo enterraron con su armónica y sus documentos «para volver en mí» en el bolsillo.

«Bill me enseñó que no sólo las personas como él necesitan a la sociedad, sino que la sociedad necesita a personas como Bill», afirma Morrow.

En los años posteriores a la muerte de Bill, Morrow fue incapaz de apartar esa idea de su pensamiento. Al tiempo que se labraba una carrera en Hollywood, se convirtió en un defensor activo de organizaciones como Arc, la red de padres y adultos discapacitados que había luchado por las reformas que habían conducido a la liberación de Bill de Faribault.

Una noche de 1984, en una conferencia de Arc en Arlington, Texas, Morrow conoció a un hombre que tenía una de las cabezas más extraordinarias de la Tierra. Los huesos del cráneo de Kim Peek no se habían soldado adecuadamente en el útero, de manera que, al nacer, parte de su tejido cortical le había sobresalido y le había formado una ampolla del tamaño de una pelota de béisbol en la nuca.[6] Además, su cerebro carecía de cuerpo calloso, el grueso fardo de materia blanca que se encarga de coordinar la comunicación entre los hemisferios izquierdo y derecho. A los nueve años de edad, un neurólogo que tenía prisa por irse a jugar al golf explicó a sus padres que Peek tenía un retraso irreversible, que nunca llegaría a ser nada en la vida y que donde mejor podía estar era en una institución.[7] Pero su padre y su madre, Fran y Jeanne, se negaron a abandonarlo y se volcaron en cuidarlo en casa lo mejor que pudieran.

De bebé, Peek empezó a desarrollar capacidades cognitivas tan extraordinarias que sólo podían describirse como prodigiosas. A los dieciocho meses memorizaba todos los libros que sus padres le leían, palabra por palabra, y les daba la vuelta en la estantería para que no perdieran el tiempo leyéndoselos otra vez. A los tres años era capaz de buscar palabras en el diccionario y pronunciarlas fonéticamente. Y era igual de brillante con los números. Repetía los listines telefónicos por diversión y sumaba los números de las matrículas de los coches que pasaban por su lado. Con el tiempo fue capaz de leer dos páginas de un libro de manera simultánea, una con el ojo derecho y otra con el izquierdo, incluso aunque estuvieran invertidas o reflejadas en un espejo.

Excluido de manera permanente de la escuela por ser un elemento perturbador, a los catorce años de edad ya dominaba el currículo escolar de secundaria con la ayuda de maestros personales, aunque la junta directiva de la escuela local declinó extenderle un certificado de convalidación. Asumió entonces un empleo en un taller protegido para discapacitados, donde se encargó de efectuar complejos cálculos de nóminas sin calculadora; uno de sus apodos era «la Kimputadora». Por otro lado, no sabía vestirse solo y era incapaz de cubrir muchas de sus necesidades básicas sin ayuda. Cuando por fin aprendió a afeitarse, cerraba los ojos delante del espejo, porque no soportaba ver la imagen de su rostro invertida.

Peek era un autista prodigio: una versión moderna de los «sabios idiotas» con un talento prodigioso descritos por médicos decimonónicos como Édouard Séguin y John Langdon Down, el director del Royal Earlswood Asylum de Surrey.[8] Uno de los pacientes de Langdon Down era un niño deficiente mental que había memorizado *Auge y caída del Imperio romano* tras leerlo una sola vez y era capaz de recitarlo palabra por palabra, si bien de un modo mecánico, por mera repetición. (Tras haberse saltado una línea en la lectura original, la revisó y se corrigió, pero luego, cada vez que llegaba a ese pasaje en su memoria, reproducía el mismo torpe proceso.) Otro niño recordaba la dirección de todas las confiterías de Londres donde había comido dulces, así como las fechas de todas sus visitas. Un tercer niño era capaz de multiplicar al instante dos números de tres dígitos en su cabeza incluso antes de que el doctor tuviera tiempo de anotarlos, pero le costaba recordar el nombre de Down, aunque hablaba con él casi a diario. Langdon Down también recordaba ver «muchos ejemplos de niños que habían hablado bien y con entendimiento, pero habían perdido el habla en la fase de la segunda dentición, cuando también se había suspendido su desarrollo mental»,[9] una descripción que se anticipó en un siglo a los relatos de los padres modernos acerca de la pérdida de habilidades abruptas de sus hijos autistas.

No obstante, a diferencia de los autistas prodigio del Earlswood Asylum, las habilidades especiales de Peek no se circunscribían a uno o dos dominios acotados. Era, además, capaz de recordar partituras de música clásica nota por nota, asesoraba a directores de orquesta acerca de los errores que la orquesta había cometido y, en una ocasión, interrumpió una obra teatral de Shakespeare al grito de: «¡Detengan la obra!». Cuando uno de los actores le preguntó qué sucedía, Peek le informó de que había omitido varias palabras en una frase previa. El actor contestó que no creía que nadie se hubiera percatado o, en caso de haberlo hecho, que le importara demasiado. A lo que Peek replicó: «¡A Shakespeare sí le habría importado!».[10]

Tras ver las películas de *Bill*, el padre de Peek, director de comunicaciones de Arc, invitó a Morrow a Arlington para reclutarlo en la causa de concienciar al público general acerca de la discapacidad intelectual. Peek se presentó con la espectacular declaración: «Piense en usted, Barry Morrow». Fran le explicó que, cuando su hijo se emocionaba, utilizaba mal los pronombres; lo que había querido decir era: «Pienso en usted, Barry Morrow». El guionista no atinaba a entender por qué Peek había estado pensando en alguien a quien no conocía, pero encontró la respuesta cuando éste recitó los créditos finales de *Bill* literalmente. Mientras revisaban las listas de correo, Peek fue corrigiendo códigos postales erróneos al vuelo y era capaz de enunciar paso por paso las indicaciones para viajar en coche entre dos puntos cualesquiera de los Estados Unidos y Canadá. Además, era una fuente inagotable de cultura general deportiva. Para su familia y un reducido círculo de amistades,

Peek era un excéntrico maravilloso que se pasaba la mayor parte del tiempo solo en su habitación. En cambio, a ojos de Morrow era un protagonista extraordinario en busca de un argumento. En el avión de regreso a Los Ángeles, empezó a anotar ideas para su siguiente película.

El agente de Morrow le advirtió que no se involucrara en más proyectos acerca de discapacidades, pero a él le costaba dejar de pensar en su encuentro con Peek, «un hombre con más información en su cabeza que las enciclopedias que yo vendía», en sus propias palabras. La idea de una película de Hollywood con un protagonista «retrasado» era insólita, por decirlo suavemente, pero se había probado con éxito en una ocasión anterior: Cliff Robertson ganó un Oscar en 1969 por su emotivo retrato de un panadero con discapacidad intelectual en *Charly*, una adaptación de la sobrecogedora novela corta de Daniel Keyes *Flores para Algernon.*

La buena acogida de la película se había beneficiado de su giro a lo Pigmalión de ciencia ficción, pues narraba un experimento que había convertido de manera temporal al caótico Charlie Gordon en un genio. Sólo después del experimento, el personaje se había vuelto completamente humano, capaz de amar, sentir deseo, ambición, pena e ira. En el caso de Peek, la naturaleza se había encargado de realizar la operación que lo había convertido en un genio, pero ¿aceptaría el público a un protagonista con una discapacidad permanente como humano?

La idea original de Morrow para el personaje a quien bautizaría como Raymond Babbitt era una mezcla de Peek y Bill: un hombre con capacidades de genio a quien habían «secuestrado» de una institución que era el único mundo que conocía. Para intensificar la tensión dramática, Morrow creó al hermano menor de Raymond, Charlie, como su opuesto. Lejos de ser un tipo ingenuo y bien intencionado del Medio Oeste norteamericano, Charlie era un intermediario desagradable y egoísta del mercado gris de los automóviles deportivos de lujo que entablaba amistad con su excéntrico hermano, a quien no conocía, para hacerse con el control de su fondo fiduciario de tres millones de dólares.

En una escena calculada para emocionar al público general, Morrow hacía que Charlie se aprovechara de las geniales habilidades de su hermano llevándolo a un casino de Las Vegas, donde Raymond se imponía al crupier del *blackjack* contando las cartas. (Por ironías de la vida, cuando el guionista llevó a Peek a Reno para comprobar si algo así era plausible, Peek se negó a seguirle el juego y lo reprendió con un: «Esto no es justo, Barry Morrow».)

Morrow también le dio la vuelta a la idea del Pigmalión. En lugar de que Raymond se volviera humano al curarse de su discapacidad, Charlie aprendería qué era lo realmente importante en la vida interactuando con él, tal como Morrow lo había aprendido de Bill. Además, situó a la improbable pareja de hermanos en la carretera y los hizo vivir una serie de peligrosas aventuras con prestamistas tiburones y supervivencialistas en el desierto. Al final del guion, los dos hermanos decidían vivir felices y comer perdices.

A pesar de la buena acogida de las películas sobre Bill, Morrow seguía teniendo tan poca confianza en su capacidad para escribir guiones que en los epígrafes de los formularios impositivos declaraba que su profesión era «mecanógrafo».[11] Pero en el otoño de 1986 recibió un *feedback* alentador de United Artists: «Este guion es una tragicomedia maravillosamente escrita y extremadamente conmovedora que describe un tipo de personalidad rara vez, si es que alguna, explorado en el formato de largometraje —escribió un ayudante de producción de la United Artists—. Se trata de un primer guion asombroso que ofrece dos suculentos papeles que podrían atraer a varios dúos de actores de renombre. [...] Es el tipo de guion original, emotivo y cautivador que podría convertirse en un clásico del cine».[12]

Anticipando una comedia ligera y llena de acción para su estreno en Navidad, la UA presentó la opción a compra del guion, con la condición de que Morrow añadiera una secuencia al estilo «anillo de fuego» en la que los supervivencialistas atrapaban a los hermanos en un establo rodeado por un foso lleno de gasolina en llamas. Para escapar, Raymond empleaba sus superpoderes de genio para montar una moto con las piezas almacenadas en un anaquel de heno.

El entusiasmo del asistente de producción resultó ser clarividente, pero no antes de que el guion pasara por las manos de varios directores de categoría A, incluidos entre ellos Martin Brest (*Superdetective en Hollywood*), Sydney Pollack (*Tal como éramos*) y Steven Spielberg (*E.T.*). Por suerte para Morrow, su borrador aterrizó en el escritorio del superagente Michael Ovitz, quien se lo envió a uno de los nombres más candentes en las marquesinas de los cines en aquellos momentos: Dustin Hoffman, quien acababa de realizar su actuación magistral en *Tootsie* encarnando a un actor que se transformaba en actriz para conseguir un codiciado papel. La idea de Ovitz era que Hoffman interpretara a Charlie y Bill Murray a Raymond.

A Hoffman le encantó el guion. Pero no quería dar vida al inmaduro hermano menor de Raymond; quería interpretar a Raymond. Unos años antes, había visto un documental de *60 Minutos* donde se trazaba un perfil de tres autistas genios: un escultor negro con discapacidad intelectual llamado Alonzo Clemons que creaba representaciones de caballos de un realismo pasmoso sin tener formación artística; una genio musical con parálisis cerebral llamada Leslie Lemke que desarrolló de manera espontánea la capacidad de interpretar complejas composiciones al piano tras escucharlas una única vez, y George Finn, uno de los gemelos calculadores que Oliver Sacks conoció en el Bronx Psychiatric Center y describió en su libro superventas de 1985 *El hombre que confundió a su mujer con un sombrero*. Cuando Morley Safer le preguntó a Finn qué tiempo había hecho en su ciudad natal el 3 de noviembre de 1958, éste respondió con acierto y sin titubear: «Estuvo nublado. Era lunes. Ráfagas de viento aquella mañana, mucho frío. Y algunos chubascos aislados». En un abrir y cerrar de ojos, determinó que el 6 de junio del año 91360 caerá en un viernes. Y, sin embargo, era incapaz de multiplicar siete por cinco.

Aunque no cabe duda de que Murray podría haber encarnado el peliagudo papel de Raymond con estilo, Hoffman ya había demostrado ser un actor con un espectro inimitable, después de haber interpretado de manera memorable a un intelectual ansioso seducido por una mujer mayor casada (*El graduado*), a un timador de Times Square hastiado de la vida (*Cowboy de medianoche*) y a un ejecutivo publicitario motivado (*Kramer contra Kramer*). Lo que Ovitz no sabía era que mucho antes de su papel rompedor en *El graduado*, Hoffman había estado puliendo las habilidades que precisaría para interpretar al primer miembro de la tribu perdida de Asperger que la mayoría del mundo conocería.

IV

Poco después de llegar a Nueva York procedente de Los Ángeles en 1958, Hoffman se trasladó a un edificio de seis plantas en el número 109 de la West Street con Broadway junto a otro actor que se elevaría a la estratosfera de su profesión: Robert Duvall. Entablaron amistad con el también talentoso Gene Hackman y se convirtieron en un trío inseparable. Los tres resolvieron alcanzar la perfección de su arte con la intensidad de unos fanáticos religiosos. (Su objetivo, según lo describió Duvall en una ocasión, era ser capaces de «vivir de verdad en un conjunto imaginario de circunstancias [...] de un modo relajado».)[13] Entre frías lecturas en salas negras como boca de lobo y reverberantes de las audiciones abiertas, aceptaron cualquier empleo que se les pusiera por delante y se dedicaron a imitar la forma de hablar y el comportamiento, los ritmos y gestos de las personas que los rodeaban con el fin de poder emplearlos para dar cuerpo a sus papeles en los escenarios. Hoffman hizo de guardarropas en Broadway, ensartó orquídeas en alambres para una empresa que vendía guirnaldas hawaianas, se disfrazó de Paul Revere para anunciar a voz en grito titulares en Times Square y trabajó como mecanógrafo para las Páginas Amarillas. Para cultivar su acento francés, sirvió mesas en un bistró, donde se hizo pasar por hablante nativo.[14] (Si por casualidad acudía al lugar un comensal nativo, le explicaba que necesitaba practicar su inglés.)

Sin embargo, el empleo que más material le dio para trabajar fue el de ayudante de una enfermera en el New York Psychiatric Institute (NYPI), a un breve trayecto en tren desde su apartamento. A partir de las seis y media de la madrugada, realizaba un turno diario de ocho horas que consistía en jugar al ping-pong, Scrabble y otros juegos con los pacientes, acompañarlos a sesiones de hidroterapia, lavar su ropa de cama manchada y sujetarlos mientras los sometían a tratamientos de choque. (Tal técnica se introdujo en Estados Unidos en 1939 con una demostración pública en el NYPI en un niño diagnosticado con esquizofrenia infantil.)[15] «Toda la vida había querido visitar una cárcel o un psiquiátrico, tal como la mayoría de los niños quieren ir al zoo —recordaba Hoffman—. Me interesaba entrar en esos lugares donde el comportamiento, el comportamiento humano, queda tan expuesto. Todo lo que el resto de nosotros sentíamos y nos frenábamos de demostrar, a aquellas personas les salía por los poros.»[16]

El paciente que más impresión le causó fue un anciano conocido simplemente como «el Doctor». Antaño había sido un brillante patólogo en el NYPI, pero había sufrido una serie de apoplejías que lo habían dejado prácticamente inmovilizado. Su devota esposa, también médico, lo visitaba cada día a la hora de comer. A aquellas alturas, el hombre sólo farfullaba palabras, y el joven actor le respondía también en jerigonza. Tal como Oliver Sacks hacía en el Bronx Psychiatric, Hoffman tocaba el piano para entretener a los pacientes, y, en particular, al Doctor le encantaba cuando entonaba *Goodnight, Irene*. Un día empezó a cantarla con él cuando su mujer entró en la estancia. De repente, el Doctor se puso en pie, fue a buscar a su esposa al medio de la sala y rompió en sollozos. «¿Qué sucede? —preguntó ella, y al instante añadió con ternura—: Venga, comamos y charlemos.» Un momento de cruda lucidez veló el rostro del Doctor. «No puedo, no puedo», gimió.[17]

Hoffman también rompió a llorar y al cabo de poco dejó la institución. Cuando leyó el guion de Morrow para *Rain Man*, le vinieron de golpe recuerdos de aquel momento.

Se concertó una reunión en Hollywood con Hoffman, Peek, el padre de Peek, Morrow y Brest, que seguía vinculado al proyecto. Al actor lo acompañaba su amigo de toda la vida, Murray Schisgal, un dramaturgo galardonado y el coautor de *Tootsie*, que le hacía de consejero. Entusiasmado ante la idea de conocer a un actor de Hollywood famoso, Peek había añadido conocimientos de historia cinematográfica a su banco de memoria. Mientras daba vueltas por la habitación aleteando las manos por la emoción, Hoffman se colocó detrás de él. «Recuerdo claramente a Dustin caminando detrás de Kim, imitando su forma de andar, su lenguaje corporal, los movimientos de sus manos y la inclinación de su cabeza, como si se estuviera poniendo a Kim por abrigo —explica Morrow—. Pensé que todo estaba yendo rodado. ¿A quién podía no fascinar conocer a una persona como Kim? Entonces Murray se me acercó furtivamente y me dijo algo parecido a: "Esto no va a funcionar. Dustin no interpretará a Kim. Es demasiado complicado y raro".»

Aquel encuentro poco prometedor fue el primero de una larga serie de contratiempos que casi echan por tierra el proyecto. En los años siguientes, Hoffman despuntaría como el defensor más incansable de *Rain Man*, poniéndose al mando del timón y guiándolo por las turbulentas aguas que habrían hecho naufragar muchas otras películas. Su compromiso inquebrantable con el proyecto también atrajo el interés de un joven y apuesto exseminarista llamado Tom Cruise, que a la sazón medraba con celeridad por las filas del estrellato gracias a sus papeles protagonistas en *Top Gun (Ídolos del aire)* y *El color del dinero*. Cruise idealizaba a Hoffman y se entusiasmó ante la posibilidad de encarnar a su lisonjero hermano menor.

Morrow no había oído nunca la palabra «autismo» cuando escribió el primer borrador de *Rain Man*. Hoffman resultó decisivo para construir a Raymond como un personaje no sólo con discapacidad intelectual, sino específicamente autista. De no haber sido por una conversación fortuita entre la productora asociada de Hoffman, Gail Mutrux, y un psicoterapeuta llamado Bruce Gainsley, la película que presentó la idea de los adultos autistas al mundo posiblemente ni siquiera habría tocado el tema.

Un día, Mutrux mencionó por casualidad a Gainsley que necesitaba hacer indagaciones acerca del síndrome de los autistas sabios. Gainsley la remitió a dos psicólogos que aceptaron leer el guion de Morrow y darle su opinión. Uno era Peter Tanguay, un investigador de comunicación social de la UCLA con financiación del NIMH. Y el otro era Bernie Rimland. La idea de convertir el trastorno de su hijo en el tema de una película taquillera de Hollywood fue la oportunidad de oro que Rimland había estado esperando.

Tanto Tanguay como Rimland llegaron a la misma conclusión: las posibilidades de encontrar a un «idiota sabio» real que pudiera batir a un crupier de *blackjack* en Las Vegas eran estadísticamente exiguas. Pero la posibilidad de que un «autista sabio» fuera capaz de tal hazaña eran mucho más probables. En los expedientes que tenía en su despacho, Rimland almacenaba los nombres de una docena de jóvenes que podían hacerlo. Además, tenía la sensación de que las excentricidades del autismo (como la dificultad para expresar emociones) dotarían de mayor interés la película. Tanguay estuvo de acuerdo: «Le dije a Gail: "este tipo es autista"».

Para Hoffman, la idea de encarnar un papel que le negara los modos habituales de conectar con otros actores y el público representaba un desafío irresistible. Y la idea de interpretar a Raymond lo tenía encandilado. A aquellas alturas, Brest había embarcado en el proyecto al guionista Ron Bass para reescribir el guion de Morrow. Hoffman dijo a Brest y Bass que la esencia de la película era una historia de amor entre dos hermanos separados. «Quizá es demasiado fácil querer a este tipo, porque es muy dulce —añadió—. ¿Qué sucedería si el tipo fuera autista, si fuera un incordio?» Brest cambió el tema y, en privado, le dijo a Bass que él se encargaría de que Hoffman abandonara aquella idea descabellada. La conversación, como es evidente, no salió según lo previsto, Brest se apeó del proyecto por «desavenencias creativas» poco después y, a efectos prácticos, la película quedó aparcada.

Sin embargo, unos meses después, Ovitz telefoneó a Bass con buenas noticias: Steven Spielberg, que acababa de triunfar con *El color púrpura*, había decidido resucitar *Rain Man*. La primera vez que habló con Bass, Spielberg le expresó sin dobleces que estaba a favor de que Raymond fuera autista: «Dustin Hoffman tiene razón; eres tú quien se equivoca —dijo Spielberg—. ¿Y sabes por qué?». Bass se le anticipó: «Claro que sé por qué. La historia de amor sólo funciona como obstáculo. Y, si el tipo es autista, es un obstáculo mucho más insalvable. Creo que es una idea interesante, vamos a probarla». Otro motivo por el que Bass apoyó la idea era que su hermana trabajaba con personas autistas en la UCLA. Con todo, meses después de la lluvia de ideas, Spielberg abandonó el proyecto para dirigir *Indiana Jones y la última cruzada*.

Y cuando parecía que *Rain Man* iba a quedar descartada para siempre, Barry Levinson, en racha después de *Diner*, *El mejor* y *Good Morning, Vietnam*, dio un paso al frente y accedió a dirigir la película. Creía que tratar el tema de la discapacidad del desarrollo de una manera desenfadada, en lugar de adoptar el tono sombrío de un especial extraescolar, haría que el público sintiera «más empatía».[18] Finalmente, las estrellas se alinearon y el autismo se preparó para hacer su debut en la gran pantalla.

V

En 1986, Bass y Mutrux visitaron la consulta de Rimland en Kensington, de donde salieron cargados con montones de libros y artículos. Hoffman leyó el libro de Temple Grandin

Emergence y buscó a la autora, quien le confesó que lo que lo que más anhelaba en el mundo era que alguien la abrazara, pero que, cuando alguien lo hacía, le resultaba insoportable. «Aquella frase me destrozó», explicó Hoffman.

Hoffman también hizo un peregrinaje a la casa de Oliver Sacks en City Island, un caserío al estilo de Nueva Inglaterra en una manzana del Bronx. Tras visitar a uno de los pacientes de Sacks en el hospital, se dirigieron al Jardín Botánico de Nueva York, donde Hoffman se rezagó unos cuantos metros mientras el neurólogo charlaba con un miembro del séquito del actor. «De repente me pareció oír a mi paciente —recordaba Sacks—. Me desconcertó y, al volver la vista, vi a Dustin pensar para sus adentros, pero pensar con el cuerpo, pensar interpretando, pensar en el joven autista que acababa de ver.»

Rimland puso en contacto a Mutrux con varios de los padres de su red, incluida Ruth Christ Sullivan, cuyo hijo Joe aparecía en *Portrait of an Autistic Young Man*. Cuando Ruth y su hija llegaron a California para disfrutar de unas muy merecidas vacaciones, Mutrux envió un coche a recogerlas para conducirlas al estudio. Sullivan sentía una gran responsabilidad acudiendo a aquella reunión, como si tuviera que hablar por las madres de los niños autistas de todo el mundo. Pero Hoffman, en vaqueros y zapatillas deportivas, la hizo sentirse cómoda y le pidió que le contara anécdotas sobre su hijo.

Cuando llevaban una hora reunidos, el actor pareció retirarse de manera abrupta de la conversación. Empezó a removerse en su silla mientras una expresión seria le velaba el rostro. «*Traaaagedia*», alargando la vocal y captando a la perfección el modo pícaro que Joe tenía de pronunciar una de sus palabras preferidas. A Sullivan la conmovió en lo más hondo que el actor hubiera estudiado el comportamiento de su hijo tan en detalle. Las escenas de Raymond multiplicando mentalmente números infinitos, alineando de manera compulsiva el salero y el pimentero y tomando fotografías instantáneas con una camarita en el coche se inspiraron en Joe.

Peek pasó a la historia como «el verdadero Rain Man» (el título de un libro escrito por su padre), si bien aquella fue una mentira piadosa que permitió a los cineastas mantener la identidad de una segunda familia de la red de Rimland en secreto. En realidad, Raymond era una mezcla de Joe Sullivan y un joven de Nueva Jersey llamado Peter Guthrie, cuyos característicos andares arrastrando los pies, su inclinación de cabeza en gesto de desconcierto y sus tics verbales («Uh-ho», «desde luego» y «definitivamente») se convirtieron en elementos centrales para la concepción del personaje de Hoffman. Mientras que Peek se deleitaba en toda la atención que recibió tras el estreno de la película, Peter no tenía ningún interés en convertirse en una celebridad. Cuando Mutrux contactó con su familia, les dijo a sus padres: «No quiero que mi nombre se convierta en una palabra familiar. Sobre todo, no quiero que mi nombre aparezca en *USA Today*». Sin embargo, accedió a participar en la exploración de Hoffman y Mutrux prestó a su hermano Kevin una videocámara para que pudiera filmar a Peter en casa.

Robert y Becky Guthrie encajaban con las descripciones de Kanner de padres inteligentes y consagrados, salvo por lo que concierne a la falta de afecto hacia sus hijos. Robert era un general de cuatro estrellas que ejerció como jefe de proyecto del Ejército para el lanzamiento del primer satélite estadounidense, el *Explorer 1*, en 1958. Luego supervisó la concepción del helicóptero Black Hawk y de los mísiles Patriot. Becky fue una «madre combatiente» de un niño autista de primera generación: en el cargo de presidenta de la sucursal de Virginia de la NSAC en la década de 1970, luchó por el derecho de los niños autistas a tener una educación pública en una época en la que no se los consideraba aptos para asistir a escuelas generales. Kevin, unos años más joven que Peter, era una estrella de fútbol universitario con un parecido más que casual con Tom Cruise. Después de *Rain Man*, lanzó JSTOR, un archivo digital de publicaciones y otros materiales de investigación que en la actualidad proporciona servicios a ochenta mil instituciones de más de 160 países.

Los Guthrie sospecharon que Peter era distinto de los demás niños cuando apenas tenía unos meses. Al mirar a su madre, ella tenía la sensación de que la atravesaba con la mirada. Varios médicos le diagnosticaron un retraso grave, pero justo después de cumplir los dos años, mientras sus hermanos y hermanas desenvolvían los regalos en la mañana de Navidad, Peter agarró una pizarra con letras magnéticas y escribió bien *Esso, Grecian Bread* y *Smirnoff Vodka.*[19] Al cabo de poco montaba rompecabezas con las piezas del revés, dibujaba mapas de los Estados Unidos a escala a mano alzada y recortaba letras con un ancho idéntico en papel de construcción sin necesidad de usar una regla. Se comunicaba con sus padres deletreando las palabras, en lugar de decirlas, por ejemplo «C-e-r-e-a-l-e-s». (Durante dos años se alimentó exclusivamente de cereales.) Un psiquiatra infantil del Walter Reed Army Medical Center acabó por diagnosticarle autismo.

En lugar de tratar la pasión de Peter por las letras, los números y el orden como una patología, Becky la estimuló. A los diez años de edad, el niño había aprendido cirílico de manera autodidacta con ayuda de un diccionario de bolsillo; con el tiempo, fue capaz de leer, escribir y hablar francés, árabe, hebreo, español e inglés antiguo. Cuando destinaron a su padre a Tokio, Peter desarrolló una fascinación por la estadística de la lucha sumo. Durante años después de que su familia regresara a los Estados Unidos, siguió la puntuación de los certámenes en diarios japoneses y copió los resultados en el archivo de cuadernos con anilla y carpetas de papel de manila que llenaba su habitación. Además de ser una enciclopedia con patas de la historia deportiva y una impresionante calculadora de fechas de calendario, memorizó las gráficas de ventas récord de *Billboard* hasta la década de 1950. Y una década antes de que la mayoría de personas se planteara comprarse un ordenador personal, él ya utilizaba uno para reducir el desorden de su dormitorio.[20]

Hoffman y Cruise convocaron a los hermanos Guthrie en el Carlisle Hotel de Manhattan el día de San Valentín de

1987. Pese a que Peter, como Peek, se preparó para la cita con los actores memorizando todos los detalles de sus filmografías, no se le daba bien reconocer rostros. Cuando Cruise le tendió la mano, Peter le preguntó: «¿Cuál es su nombre de pila?». Y luego le repitió lo mismo a Hoffman. Tras una tensa reunión de dos horas de duración, Kevin aconsejó a los actores: «Miren, si les interesa ver a Peter relajado, tendrán que llevarlo a una bolera. Le encanta jugar a los bolos».

Unos días después, los hermanos quedaron con Hoffman y Cruise en la bolera Bowlmor Lanes de Union Square. Mientras los actores se sumían en una embriagadora discusión sobre la estrategia dramática para sus roles, Peter fue lanzando bolos. Cuando le tocaba el turno a Cruise, le gritaba: «¡Top Gun, Top Gun, te toca!».

El proceso de ayudar a Hoffman a perfilar el personaje y el hecho de que no sólo su familia sino otras personas lo contemplasen con respeto tuvo un efecto positivo en Peter. «La gente empezó a tratarlo con más seriedad, como si fuera algo más que un bicho raro —recuerda Kevin—. Y él se mostró más dispuesto a socializar. Lo vi buscar en su interior y sacar reacciones emocionales de las cuales no lo sabía capaz. Disfrutaba presumiendo de lo que sabía hacer.»[21]

Para garantizar que los diálogos de la película no desentonaran con la realidad, Hoffman telefoneaba a Kevin para leerle las escenas del día y le preguntaba qué diría su hermano. Mutrux también tenía a Ruth Sullivan grabada en las opciones de marcado rápido de su teléfono. La escena culminante en la que a Raymond lo asusta la estridente alarma de un detector de humos, el momento clave en el que Charlie se da cuenta de que su hermano tendrá que regresar a la institución, se inspiró en su descripción de la reacción que tuvo Joe al ver una papelera en llamas. «Todo eso salió de las llamadas que efectué diez minutos antes de empezar a rodar»,[22] recuerda Mutrux.

El punto principal en el que la película se alejaba de la realidad era que Joe Sullivan y Peter Guthrie, como Bill Sackter y Kim Peek, eran perfectamente capaces de vivir fuera de las instituciones con ayuda de sus familias. De hecho, es improbable que hubieran desarrollado unas capacidades tan impresionantes de haber estado condenados en un lugar como Wallbrook, la institución descrita en la película. Peter vivía en su propio apartamento en Princeton con un compañero de piso, hacía la compra y se cocinaba, gestionaba su cuenta bancaria y tomaba el tren de manera regular para visitar a sus padres en Virginia. Durante las últimas cuatro décadas ha trabajado tranquilamente como bibliotecario de referencia en la universidad. Joe nunca vivió en una institución, porque sus padres batallaron con contundencia por hacerle un hueco en la comunidad.

Pero los expertos de Mutrux insistieron en que pocas personas autistas serían capaces de vivir fuera de instituciones. «El "final feliz" del guion original sencillamente no es realista —escribió el psiquiatra de Wisconsin Darold Treffert, el principal experto mundial en el síndrome de los autistas sabios, en su libro *Islands of Genius*—. No existe una cura universal para el autismo.» Si bien Rimland nunca se planteó siquiera internar a su hijo Mark en una institución, insistía en que las instituciones estatales como Wallbrook eran los únicos lugares apropiados para alojar a personas como Raymond Babbitt.

Irónicamente, mientras que la prensa en general describió a Raymond como una persona «de alto funcionamiento» y «uno de los afortunados» cuando se estrenó la película, se lo retrató como alguien menos capaz de vivir de manera independiente que ninguno de los modelos de la vida real en los que se inspiró su personaje. Levinson, quien hizo aparición en la película como psiquiatra de Raymond, sin figurar en los créditos, aseguraba que la conmoción de tener que regresar a Wallbrook imprimiría una calidad dramática que complacería al público. Pese a que Morrow se aseguró de que Sackter no volviera a Faribault, ha hecho las paces con el final de *Rain Man*. «Políticamente me sentí traicionado, pero, en términos artísticos, fue un triunfo», afirma.

El éxito de la película no se daba en absoluto por sentado en las semanas previas a su estreno. Las respuestas a las proyecciones de prueba fueron variadas debido a que el público no estaba familiarizado con el autismo. («¿Por qué pierde los papeles de repente ese tipo bajito?», escribió uno de los espectadores.) Ruth Sullivan convenció a Hoffman de que estrenara *Rain Man* de manera encubierta en el Autism Services Center (ASC) de Huntington, a modo de acto benéfico, dos noches antes de su estreno oficial en Nueva York. La gala se celebró en un antiguo y elegante teatro de vodevil llamado Keith-Albee Theater, y las entradas se agotaron con mucha anticipación, lo cual permitió al ASC adquirir su primera propiedad, la Pelican House, el hogar comunitario donde el hijo de Sullivan continúa residiendo. Hoffman presentó la película diciendo:

> Hemos hecho una película que se proyectará durante uno o dos meses, o el tiempo que sea, en ciudades de todo el mundo, se grabará en una cinta y se guardará en las estanterías una vez se haya visto. Pero Joe formará parte de su comunidad durante el resto de sus vidas, y yo me quedaría con eso cada día de la semana. [...] La primera vez que vi el metraje [de Joe en *Portrait of an Autistic Young Man*], me dije: «Adoro a ese hombre». Y los adoro a ustedes por permitirle que forme parte de su comunidad.[23]

A continuación tomó asiento detrás de Joe para observar sus reacciones. Ruth recuerda: «Joe me dijo que lo que más le gustaron fueron las partes sobre él, como la escena en la que Raymond come buñuelos de queso con mondadientes». En cambio, Ruth tuvo que visionar una segunda vez la cinta para darse cuenta de que Charlie también se comía los buñuelos con palillos, un tributo sutil a los modos en que las familias de los niños autistas aprenden a adaptarse a su comportamiento.

Los críticos más destacados discreparon de la película por motivos que guardaban más relación con las ideas preponderantes sobre el autismo que con *Rain Man.* Richard Schickel, de *Time,* la comparó de manera favorable con la habitual «cinta de televisión sobre la enfermedad del mes», al tiempo que admiraba el retrato de Hoffman «de un caso sin esperanza» que sólo tenía dos opciones: acabar internado en una institución o convertirse en «una especie de marioneta viva para su hermano, aleteando las manos y repiqueteando tras él». Pauline Kael también se dedicó a vituperar en el *New Yorker,* donde escribió que había abandonado el cine «aturdida».

En cambio, al público le encantó la película, que recaudó cerca de trescientos cincuenta y cinco millones de dólares brutos en todo el mundo y se convirtió en uno de los estrenos de Hollywood más rentables de todos los tiempos. Además de alzarse con las estatuillas a la Mejor Película, el Mejor Actor Principal, el Mejor Director y el Mejor Guion, *Rain Man* ganó una retahíla de galardones y distinciones adicionales, incluidos varios Globos de Oro y un premio People's Choice. Incluso engendró fans. Por las paredes de todo Tokio aparecieron carteles pintados a mano tras su estreno en la ciudad y, cuando los robles de la parte delantera del convento de Kentucky donde se filmaron los exteriores de Wallbrook se talaron en 2007, los aficionados se congregaron allí para reencarnar la liberación de Raymond del hospital.

Morrow tuvo un primer atisbo del fenómeno que había creado al leer una carta de una madre poco después de estrenarse la película. En ella, la mujer le explicaba que llevar a su hijo de compras era un calvario porque casi de manera invariable el niño acababa teniendo una pataleta y las otras madres la castigaban por tener un hijo tan incontrolable. Sin embargo, hacía poco, cuando una mujer le lanzó una mirada fulminante en el mercado, se atrevió a preguntarle: «¿Ha visto *Rain Man*?». «Y tanto —le respondió la mujer—. Me encantó.» «Pues mi hijo Johnnie es como

Raymond Babbitt», la atajó ella. El rostro de la mujer se suavizó. «Vaya, Johnnie —replicó—. ¿Tienes autismo? Ahora lo entiendo.»

Phyllis Terri Gold, una de las cofundadoras del NSAC, confesó a Hoffman que su madre se había negado a reconocer siquiera la existencia de su nieto ante sus amistades hasta que vio la película.[24] Los padres de otro niño le relataron en una carta cómo, cuando regresaban del cine a casa, su hijo, que rara vez hablaba, había declarado orgulloso: «¡Soy autista!». Al haber colocado a una persona autista en pantalla, los cineastas habían hecho visibles a un sinnúmero de ellos tanto para sus seres queridos como para sus vecinos, profesores, médicos... y también para sí mismos.

El teléfono de Rimland empezó a sonar sin parar. Una de las personas que le telefoneó fue un hombre de unos cuarenta años llamado Jerry Newport que se había pasado toda la vida preguntándose por qué nunca se sentía a gusto entre otras personas. De niño descubrió que era capaz de sumar columnas de cifras de cuatro dígitos y factorizar raíces cuadradas mentalmente. Al principio utilizó tales habilidades para impresionar a sus compañeros de clase, pero acabó sintiéndose como si fuera el bicho raro en una barraca de feria. Incapaz de conseguir un empleo tras licenciarse en la universidad, había ejercido como taxista durante veinte años y había acabado tan deprimido que intentó suicidarse. Entonces vio *Rain Man* y se reconoció en la pantalla. Rimland lo remitió a la UCLA para que lo diagnosticaran.

El personaje de Raymond Babbitt convirtió el autismo en un trastorno reconocible y familiar incluso para aquellas personas que no tenían una conexión personal con el tema. En su gira promocional, Hoffman se esforzó por retratar el trastorno en términos humanos universales. En una rueda de prensa en Nueva York, el actor rompió a llorar al afirmar que la película «conecta con algo profundo en todos nosotros que no sé explicar. Todos pasamos por la vida sin abrazar tanto como nos gustaría. Algo nos desconecta. [...] Nos dedicamos a tapar siempre nuestro propio autismo».[25] Al cabo de poco, Ruth Sullivan recibía llamadas de padres de Inglaterra, Francia, Japón, Italia, Suecia y Australia, quienes acudían a ella en busca de estrategias prácticas para formar grupos como el NSAC.

Una ola de interés por el autismo sin precedentes sacudió los medios de comunicación convencionales. «Se diría que *Rain Man* ha estimulado a casi todos los diarios y revistas del país a publicar un artículo» sobre el tema, observó Rimland.[26] Exageraba, pero no mucho. En el año previo al estreno de la película, apenas se habían publicado cien artículos sobre el autismo en Estados Unidos. Al año siguiente, la cifra se cuadruplicó. Y ya no volvería a declinar. Después de que Hoffman diera las gracias a Peter Guthrie en la ceremonia de los Oscar, el *Washingtonian* publicó un artículo en profundidad sobre él titulado «Dustin y yo».[27] (Ya se había hecho a la idea de que su nombre se convirtiera en una palabra familiar.) De manera inevitable, Peter se presentaba como la excepción a la regla, el más raro entre los raros, uno de los pocos afortunados capaces de llevar una «vida relativamente normal», cosa que «rara vez solía ocurrir entre personas autistas».

People publicó un artículo a doble página sobre Joe Sullivan en el que narraba la lucha de su madre por garantizarle una educación. El apuesto joven de voz pausada apareció también en los programas televisivos *Oprah* y *The Larry King Show*, donde realizó hazañas de cálculos instantáneos para estupefacción de los presentadores. En 1993, la Disney Company añadió un reportaje sobre Joe a la presentación multimedia «Fronteras de la Medicina» del Epcot Center, que cuenta con más de un millón de visitantes al año.[28]

En breve, otros personajes autistas empezaron a infiltrarse en la imaginación popular. Al cabo de pocos meses del estreno de *Rain Man*, Ann Martin publicó *Kristy y el secreto de Susan*, la trigésimosegunda entrega de *The Baby-Sitters Club*, una de las series literarias para adolescentes más vendidas de la historia. El «secreto» de Susan era el autismo y, si bien no era un personaje destacable y prácticamente se limitaba a aletear las manos y entorpecer la vida a su madre, la novela tuvo el mérito de retratar el autismo de manera que una persona de doce años pudiera entenderlo.

Pocos meses después del estreno de la película, Ruth Sullivan asistió a una boda familiar en Pittsburgh. Sólo se había invitado a las tías y los tíos a la cena de ensayo, de manera que Joe tuvo que cenar solo en una ciudad desconocida, cosa que por lo común habría provocado un gran nerviosismo a Ruth.

Ruth le preguntó al portero del hotel si podía ayudar a su hijo a buscar un restaurante cercano donde cenar y añadió que, dado que Joe era autista, podía parecer que no escuchaba sus indicaciones. Al portero se le iluminaron los ojos: «¡Como *Rain Man*!», exclamó. Ruth contempló a los dos hombres cruzar la calle en un mundo que se había visto transformado en un lapso muy breve. «Todo eso lo hizo una sola película. Una película hizo más por el autismo de lo que habíamos conseguido nosotros en veinticinco años trabajando juntos a nivel mundial», afirma.

Y *Rain Man* fue sólo el principio.

10

La caja de Pandora

Es una cuestión de diagnóstico.

LORNA WING

Mientras el autismo calaba rápidamente en la conciencia general en la estela de *Rain Man*, una serie de revisiones estratégicas del manual *Diagnostic and Statistical Manual of Mental Disorders* impulsadas por Lorna Wing y sus colegas en Londres hacían implosionar el edificio monolítico de Kanner.

Gracias a tales revisiones se diagnosticó a niños como Tyler Bell trastorno generalizado del desarrollo sin especificar, una de las diversas ramas nuevas del trastorno del espectro autista añadidas al manual en 1994, junto con el síndrome de Asperger. Por descontado, eso era justo lo que Lorna tenía en mente cuando emprendió su campaña por reformular los criterios del *DSM*: posibilitar que niños que habían quedado excluidos de los servicios de ayuda pudieran acceder a ellos. Con todo, cuando la década tocaba su fin, el desconcertante auge de diagnósticos y las alarmas en los medios de comunicación de que el autismo se había convertido en una epidemia tomaron a Lorna por sorpresa. «Desde la publicación de mi artículo sobre el trabajo de Asperger —admitió— me he sentido como Pandora después de abrir la caja.»[1]

El autismo se reseñó por primera vez en la primera edición de la biblia de la psiquiatría, el *DSM-I*, en 1952, como «reacción esquizofrénica de tipo infantil». La definición del trastorno resultaba poco útil, pues sólo aludía a lo que no era: «La imagen clínica puede diferir de las reacciones esquizofrénicas que acontecen en otros períodos de edad debido a la inmadurez y la plasticidad del paciente en el momento en que se produce la primera reacción». El aspecto que aquella imagen clínica adoptaba en términos humanos se delegaba a la imaginación del médico.

El ímpetu original por crear una guía estandarizada de nomenclatura diagnóstica para psiquiatras fue la guerra. Antes de la década de 1940, la única guía de tales características que existía era el *Statistical Manual for the Use of Hospitals for Mental Diseases*, concebido para su uso por parte del personal de grandes instituciones con el fin de ayudar a recopilar datos clínicos. Sin embargo, a los psiquiatras de la Veterans Administration (VA) dicha guía les resultaba de escasa ayuda para diagnosticar y tratar los problemas que presentaban los jóvenes que regresaban de Europa y Asia traumatizados por lo que habían presenciado. Los veteranos incapaces de zafarse del recuerdo de las ciudades bombardeadas y los cuerpos inanes en los campos de concentración acabaron siendo diagnosticados como personalidades «psicópatas» o «psiconeuróticas» porque eran las únicas etiquetas disponibles.

El *DSM-I* añadió un par de categorías alternativas a la lista, «reacción general al estrés» y «reacción situacional adulta», de manera que estos jóvenes pudieran recibir los beneficios de la VA sin ser catalogados como psicópatas de por vida. La idea de que los sucesores de aquel modesto documento de 132 páginas (repleto de términos como *vagabundeo, impulso a decir palabrotas* y *pánico sexual agudo*) algún día se emplearan para determinar el acceso de un niño a educación, terapia conductual, reembolso de seguros y otros servicios habría parecido improbable.

La descripción de «esquizofrenia de tipo infantil» en el *DSM-II*, publicado en 1968, cuando Bettelheim estaba en boga, era más específica, pero iba en la dirección errónea, pues mencionaba un «comportamiento autista, atípico y retraído» y una «desigualdad general» como muestras de la «incapacidad de desarrollar una identidad separada de la materna». Si bien esta descripción seguía siendo vaga y la teoría en la que se sustentaba era una sandez, el impacto del *DSM* seguía siendo limitado. Pocos ejemplares del delgado segundo volumen, con una longitud similar a la de su predecesor, lograron abrirse camino fuera de las cuatro paredes de los psiquiátricos, donde se emplearon para etiquetar a los pacientes a fin de identificarlos ante los directores y guardas, quienes, con una frecuencia creciente, solían carecer de licenciatura médica.

En cambio, el diseño del *DSM-III*, publicado en 1980, corrió a cargo de Robert Spitzer, de la APA, quien tenía una misión de mayor envergadura en mente: salvar a la psiquiatría de la extinción. Llegados a aquel punto, las fuerzas reunidas en contra de la profesión eran potentes y variadas, incluidos investigadores académicos decepcionados, lobistas de las compañías de seguros bien conectados y una falange emergente de grupos «antipsiquiatría» como el Insane Liberation Front. (En 1975, otra cinta taquillera hollywoodense dio un impulso significativo a este movimiento: *Alguien voló sobre el nido del cuco.*) Las presiones ejercidas por estos grupos y la mente idiosincrásica del propio Spitzer reenmarcaron el *DSM* de un modo tal que reinventó la psiquiatría como la fachada de la industria farmacéutica antes que como el arcano arte de la sanación de almas, similar al chamanismo, que había sido hasta entonces.

La palabra clave en la mente de Spitzer al acometer la revisión de 1974 era *fiabilidad*, la capacidad de producir resultados coherentes y replicables. Era un secreto a voces que dos pacientes que presentaran los mismos síntomas en los despachos de dos psiquiatras distintos podían acabar diagnosticados con trastornos diferentes. Tal flexibilidad, por llamarla de algún modo, estaba entretejida en el sistema y reflejaba la influencia duradera del mentor de Kanner, Adolf Meyer. Para los meyerianos, el comportamiento atípico no era más que la manifestación superficial de una «reacción» subyacente provocada por la lucha del paciente para adaptarse a una situación vital determinada. La labor del psiquiatra era entender dicha situación interpretando los síntomas y sondeando la historia del paciente mediante las herramientas de la escuela teórica que cada terapeuta suscribiera. Las dos primeras ediciones del *DSM* se concibieron para ser colocadas discretamente junto a los tomos monumentales de Freud, Otto Rank, Alfred Adler y otros maestros cartógrafos de la mente.

Pero Spitzer era menos tolerante que sus predecesores a los enfoques de la terapia que prometían mucho y proporcionaban poco en términos de mejora práctica de la vida de sus pacientes. Durante su etapa como residente en el Columbia Center for Psychoanalytic Training and Research, Spitzer tuvo una experiencia mediocre en su intento de tratar a pacientes mediante psicoanálisis. «Siempre me sentía inseguro de si los estaba ayudando —confesó—. No me sentía incómodo escuchando y creo que era capaz de empatizar con ellos, pero no sabía qué demonios hacer.»[2] Se obsesionó con el problema de la escasa fiabilidad de los diagnósticos y, en 1965, cuando pocos psiquiatras habían visto un ordenador, concibió un programa de software para emitir diagnósticos con ayuda de la informática llamado DIAGNO.

En la década de 1970, su frustración era ampliamente compartida y gran parte de la culpa de ello se atribuía al *DSM*. Los investigadores bregaban con descripciones de trastornos como «personalidad inadecuada», «desajuste social» y «otras neurosis» (con síntomas que incluían el calambre del escritor), tan mal definidas y tan dependientes del contexto que había poca esperanza de hallar pruebas empíricas incluso de su existencia. Fármacos potentes como la clorpromacina estaban demostrando ser más efectivos que la terapia oral para apaciguar a pacientes «difíciles» y «agitados» y las empresas farmacéuticas atisbaban oportunidades superventas de atacar aflicciones como la «neurosis histérica» y la «reacción de ajuste en la adolescencia» (descrita como «irritabilidad y depresión vinculada al fracaso escolar y manifestada mediante arrebatos de irascibilidad, comportamiento taciturno y desaliento»).

El pago de la psicoterapia recaía cada vez más en las compañías aseguradoras y el programa federal Medicaid de los Estados Unidos, lo cual explica comprensiblemente que los encargados de tomar decisiones contemplaran con recelo canalizar el dinero de los accionistas y contribuyentes a expediciones de pesca. Las horas en el diván no se traducían de manera fácil en hojas de cálculo que posibilitaran un análisis de costes y beneficios; incluso la promesa tradicional de confidencialidad entre cliente y terapeuta se concebía como una barrera frente a la transparencia y la responsabilidad, las palabras de moda del momento en los debates sobre salud mental en Capitol Hill. «En comparación con otros tipos de servicios [médicos], existe menos claridad y uniformidad en la terminología correspondiente a los diagnósticos mentales, las modalidades de tratamiento y los tipos de instalaciones que proporcionan cuidados —expuso el vicepresidente de Blue Cross, Robert J. Laur, en 1975—. Una dimensión de este problema surge de la naturaleza latente o privada de muchos servicios; sólo el paciente y el terapeuta tienen conocimiento directo de qué servicios se proporcionaron y por qué.»[3] El senador Jacob Javits convino: «Por desgracia, comparto el consenso del Congreso en que el sistema de provisión de cuidados mentales que tenemos no aporta líneas claras de transparencia y responsabilidad».[4]

Durante décadas, especialistas en psicoanálisis como Bettelheim habían ocupado una posición prominente en la cultura estadounidense, equiparable a la de sacerdotes seculares, pero los psicólogos y trabajadores sociales empezaban a infiltrarse, y con peso, en la base de clientes de la APA. ¿Qué valor añadía una licenciatura médica si la psiquiatría en verdad no era medicina?

Entre tanto, la propia razón de ser del *DSM* era atacada por apóstatas y herejes como Thomas Szasz, psiquiatra y autor de libros populares como *La fabricación de la locura*, quien declaraba que la enfermedad mental era una leyenda empleada con brutalidad para establecer límites al comportamiento aceptable en sociedad. «Nuestros adversarios no son demonios, brujas, un trágico destino o la enfermedad mental —escribió en 1960—. No tenemos un enemigo al cual enfrentarnos, a quien podamos exorcizar o disipar con una "cura". Lo que tenemos son *problemas para vivir*, sean biológicos, económicos, políticos o sociopsicológicos.»[5] De manera inesperada, estos críticos encontraron un oído empático en Spitzer, quien había escrito acerca del efecto estigmatizador de las etiquetas en relación con la esquizofrenia y desempeñó un papel fundamental en la erosión del aura de infalibilidad de la psiquiatría al frente del equipo de trabajo que, de manera abrupta, «eliminó de la lista» de enfermedades mentales la homosexualidad en la séptima impresión del *DSM-II*, en 1974.

La estrategia de Spitzer era anclar esta guía práctica remodelada de la enfermedad mental en la investigación empírica en la medida de lo posible. Formó veinticinco comisiones para establecer descripciones detalladas de los trastornos de cada categoría, priorizando a los psiquiatras que se consideraban más científicos que médicos. Los miembros de las comisiones pasaron a conocerse como POD: «personas orientadas a los datos».[6] Los profesionales que carecían de trasfondo médico se incluyeron sólo después de haber establecido un marco básico. (Una comisión de supervisión de la APA tuvo que intervenir e insistir en que involucrara a más psicoanalistas en el proceso.) El objetivo general de Spitzer era «convertir en operativos» los criterios del *DSM*, es decir: hacerlos indispensables para los médicos e investigadores, al tiempo que se alineaban con los estándares de la *Clasificación internacional de enfermedades* (*ICD*), el manual diagnóstico utilizado en la mayor parte del mundo.

Como es de suponer, Spitzer era un POD redomado. Trabajó en el *DSM-III* durante seis años, a menudo dedicándole entre setenta y ochenta horas semanales en un aislamiento relativo, incluso cuando se hallaba en un salón de conferencias abarrotado.

Su extraordinaria habilidad para mantenerse al margen de la crispación se atribuía a un cierto distanciamiento personal. En Columbia, donde Spitzer ejerció de profesor de psiquiatría, se hizo tristemente famoso por no saludar nunca a nadie, por no conseguir reconocer los rostros de sus colegas, por no identificar siquiera a las personas que le hablaban cara a cara y por caminar a zancadas por los atestados pasillos sin prestar atención a nadie. Para ser un hombre que se convirtió en la punta de lanza de la creación del mapa más detallado de los estados psicológicos jamás creado, no parecía especialmente ducho en percibir los estados internos del prójimo. Le resultaba difícil meterse en la piel de los demás, incluso en asuntos tan triviales como comprar un regalo para un colega.

Su criterio principal para rubricar la adopción de un nuevo diagnóstico era establecer si funcionaba en el contexto del todo: «Si encajaba. Lo primordial era que tuviera sentido. Tenía que ser lógico». Este planteamiento propio del doctor Spock le valió pocos amigos a Spitzer, si bien le permitió descargar a la psiquiatría del equipaje que la había lastrado desde la Viena de principios de siglo.

En suma, mientras que las excentricidades de Spitzer podrían haber estado a un paso de satisfacer los criterios del síndrome de Asperger, el *DSM-III* fue el producto de una mente que exhibía muchos de los atributos clásicos de la inteligencia autista. Estos rasgos permitieron a Spitzer cumplir su misión con las mínimas preocupaciones por si ofendía o no a sectores diversos de la profesión. Allen Frances, un colega de Spitzer que lo describió como un «idiota sabio de la diagnosis» y que presidió el equipo de trabajo que creó el *DSM-IV*, observó: «No entiende las emociones de las personas. Y sabe que es así. Pero, en realidad, eso resulta útil para etiquetar los síntomas, porque interfiere menos».[7]

La inclusión del «autismo infantil» en el *DSM-III*, publicado en 1980, marcó el momento triunfal de Kanner. Finalmente su «síndrome único» se extrajo de la ciénaga de la esquizofrenia y se estableció como el núcleo de una nueva categoría de «trastornos generalizados del desarrollo». El autismo se circunscribió en términos de sus dos puntos cardinales: «la falta general de reacción a otras personas», combinada con la «resistencia al cambio». La edad de aparición indicada fue «antes de los treinta meses», en sintonía con su teoría de que este síndrome estaba presente desde el nacimiento, lo cual a efectos prácticos descartaba a todos los niños que posteriormente se diagnosticarían con síndrome de Asperger.

Y lo más importante, la lista de verificación de rasgos clínicos que debían estar presentes antes de establecer el diagnóstico, incluidos los «déficits generalizados de desarrollo lingüístico» y las «reacciones extrañas al entorno», no era negociable. Todos los rasgos debían estar presentes, tal como habría exigido Kanner. (En términos técnicos, esta lista de comprobación era *monotética*, pues describía a una clase supuestamente idéntica en todos los aspectos sobresalientes.) La descripción del autismo también recalcaba que «en apariencia se daba con más frecuencia entre las clases socioeconómicas altas», una descripción precisa de las familias de la red de referencias de Kanner, cuando menos.

Cada una de aquellas calificaciones incrementaba la probabilidad de que el autismo permaneciera para siempre tal como Kanner lo había descrito, como un trastorno poco frecuente. Más aún, la palabra *infantil* garantizaba que siguiera considerándose ante todo un trastorno de la primera infancia. Para los Temple Grandin maduros del mundo, el único diagnóstico ofrecido era «autismo infantil, estado residual», un torpe parche inventado para describir a las personas que satisfacían los criterios del síndrome completo en la infancia y seguían manifestando «dificultades de comunicación e incomodidad social».

Para acomodar a los niños que padecían una pérdida de habilidades después de los treinta meses de vida se incluía el «trastorno generalizado de desarrollo con aparición en la infancia» (COPDD por sus siglas en inglés), caracterizado por una «falta de respuesta social apropiada» (una descripción bastante somera), «vinculación inadecuada» (junto con «asociabilidad», un saco donde todo cabía), «hiper o hiposensibilidad a los estímulos sensoriales» (tomando todas las precauciones) y la «insistencia en hacer las cosas del mismo modo todas las veces». El COPDD se describía como un trastorno aún menos frecuente que el autismo, lo cual no era sorprendente si se tiene en cuenta que *también* se caracterizaba por fantasías «extrañas» y pensamientos e intereses «morbosos». (¿Pueden considerarse morbosos las fechas de calendario, las multiplicaciones, la química y el clima?) En la práctica real, a pocos médicos les preocupaba aquel diagnóstico mal concebido. Un médico informó de un único caso de un niño que reunía los criterios del COPDD en cinco años.[8]

No obstante, en términos generales, la reinvención que Spitzer hizo del *DSM* fue un éxito que superó las expectativas de la APA. En comparación con sus predecesores esbeltos y encuadernados con anilla, era un tomo colosal, con descripciones de 265 trastornos mentales (frente a los 182 del *DSM-II*) en 494 páginas, casi cuatro veces más extenso que su edición previa. Sólo su peso ya transmitía autoridad. El *DSM-III* «parece muy científico —recordaba Spitzer—. Si lo hojeas, parece que saben algo».[9]

En breve, todo el mundo sabría algo. El grupo de lectores de aquella nueva edición se extendía mucho más allá del personal habitual compuesto por guardianes y empollones de datos nosológicos. Psiquiatras que no se habían planteado darle una segunda oportunidad al *DSM* de repente se interesaron vivamente por él y lo utilizaron como hoja de ruta para trazarse un futuro con viabilidad económica (que conducía de manera ineludible a las grandes farmacéuticas). Asimismo, se convirtió en una lectura de rigor para psicólogos, educadores, trabajadores sociales, administradores de prisiones, desarrolladores de fármacos, jueces, corredores de seguros, funcionarios gubernamentales, proveedores de servicios y prácticamente cualquiera implicado en el mundo de la investigación y los cuidados sanitarios.

Spitzer había hecho algo más que revisar un manual. Había convertido la psiquiatría en un tema candente en cualquier conversación nacional, en el ámbito académico y en los proyectos de investigación. El *DSM-III* se convirtió en un superventas internacional que generó «unos ingresos increíbles para la APA», según Spitzer. En los años venideros, las ventas del *DSM* gigante, y de toda una industria subordinada de *merchandising* relacionada con éste, incluidas «guías de bolsillo», se convertirían en la gallina de los huevos de oro para aquella organización que hasta entonces había tenido que esforzarse para sobrevivir.

Pese a que pocas personas al margen de la APA lo sabían a la sazón, el *DSM-III* albergaba un oscuro secreto. Aún siendo un documento creado por POD, gran parte de los datos en que se sustentaba eran provisionales. Allen Frances admitió a título posterior que «existían muy pocas pruebas científicas disponibles para guiar» las decisiones adoptadas por parte de las comisiones de Spitzer. Y donde más se evidencia es en la descripción de los trastornos generalizados del desarrollo, con su extraña mezcolanza de vaguedades («música de todo tipo puede despertar un interés especial en el niño») y su especificidad excesiva (el punto de corte arbitrario entre autismo infantil y COPDD).

La popularidad del *DSM-III*, sobre todo en lo relacionado con el autismo, fue breve y se caracterizó por una sarta de quejas por parte de la profesión médica debido a la dificultad de aplicar los criterios en la práctica. Con el fin de prepararse para la siguiente revisión, Spitzer designó a tres de los médicos científicos más avezados del sector para que revisaran la literatura y esbozaran un conjunto improvisado de criterios: Lorna Wing y dos psicólogas estadounidenses, Lynn Waterhouse y Bryna Siegel. Se formó un equipo de trabajo destinado a refinar sus esbozos y a llevar a cabo pruebas de campo. Los frutos de aquella labor se publicaron en 1987, en la siguiente revisión importante del manual, el *DSM-III-R*.

La nueva edición era incluso más extensa y ambiciosa que su predecesora, con veintisiete nuevos trastornos y setenta y tres páginas adicionales de descripción de la taxonomía de la desgracia. Las modificaciones en los criterios para diagnosticar los trastornos generalizados del desarrollo fueron atrevidas y globales, un reflejo de la profundidad de la investigación cognitiva que se había estado realizando en Londres mientras Bettelheim parloteaba acerca de madres nazis en programas de entrevistas de los Estados Unidos.

El adjetivo *infantil* finalmente se descartó para siempre y el síndrome de Kanner se rebautizó con el nombre de «trastorno autista», que se entendía que persistía desde la cuna (o poco después) hasta la tumba. La edad de corte para la aparición se modificó y pasó a ser una sugerencia que el médico podía tener en cuenta al aparecer los primeros síntomas, mientras que el concepto de «estado residual» se suprimió de manera definitiva. El diagnóstico de COPDD también se descartó.

Y un factor crucial, la lista de comprobación innegociable se sustituyó por un auténtico banquete de opciones entre las cuales el técnico en diagnósticos podía escoger: «Al menos ocho de los dieciséis elementos siguientes deben estar presentes y deben incluir al menos dos elementos de A, uno de B y uno de C». Esto garantizaba que menos niños quedaran fuera de la red diagnóstica porque no exhibían un comportamiento u otro el día de la evaluación. Las descripciones de estos comportamientos también se formularon en términos menos absolutos. En la lista A, por ejemplo, la «falta generalizada de reacción a otras personas» de Kanner pasó a ser el «impedimento cualitativo de interacción social recíproca» de Wing. Se delegaba en el médico decidir si el grado de impedimento era suficiente para emitir el diagnóstico. Los elementos de la lista B abarcaban un terreno igual de vasto e incluían desde «no tener ningún modo de comunicación» (incluida la ausencia total de gesticulación y expresión facial) a efectuar «comentarios irrelevantes frecuentes (por ejemplo, si empieza a hablar acerca de horarios de trenes durante una conversación sobre puertos)». Del mismo modo, los elementos de la lista C, que describían un «repertorio restringido de actividades», englobaban desde «aleteo o giros de manos hasta golpes con la cabeza» o «recopilar datos sobre meteorología». Cuesta imaginar otro trastorno compuesto por extremos en apariencia tan oximorónicos.

Algo que salta a la vista es que los nuevos criterios podían aplicarse a una población mucho más extensa y diversa que los recogidos en el *DSM-III*. Un niño de seis años que no hablaba y se dedicaba a mecerse todo el día en un rincón encajaría en el diagnóstico, como también lo haría una mujer que rozara la treintena y que apartara la vista por reflejo mientras hablaba y se calmara tejiendo mientras para sus adentros imaginaba que era el equivalente en la vida real de Sarah Jane Smith en *Doctor Who*. El potencial del *DSM-III-R* para desencadenar un auge significativo de diagnósticos no se les escapaba a Wing y sus colegas. De hecho, sus pruebas prácticas habían demostrado ya que así sería. Estudios posteriores confirmaron que los criterios revisados eran mejores para detectar casos de autismo en todos los niveles de capacidad, incluidos niños a quienes se habría diagnosticado sólo «retraso mental» en generaciones previas. Wing y compañía habían hecho bien su trabajo.

Ahora bien, los nuevos criterios encerraban un éxito inesperado que nadie había contemplado: «El trastorno generalizado del desarrollo sin especificar». Básicamente, el trastorno generalizado del desarrollo sin especificar era un autismo de umbral bajo, con rituales, intereses muy concretos y comportamientos repetitivos a la carta. («Algunas personas con este diagnóstico —asesoraba el *DSM*— exhibirán un repertorio restringido de actividades e intereses, mientras que otras no lo harán.») Partiendo de los datos recabados en las pruebas prácticas y en investigaciones adicionales, el equipo de trabajo supuso, de manera razonable, que el trastorno generalizado del desarrollo sin especificar seguiría siendo una humilde nota al pie de la etiqueta principal. Pero resultó que se convirtió en un trastorno muy popular y en breve eclipsó al trastorno autista y devino en el diagnóstico de PDD empleado con más frecuencia. Como el síndrome de Asperger, era una diagnóstico de autismo que no contenía el término *autismo* y, por consiguiente, gozaba de más aceptación tanto entre los padres como entre los empleados sanitarios.

En la vanguardia, los médicos usaron las etiquetas un poco a la ligera. Judy Rapoport, la antigua directora de psiquiatría infantil en el NIMH, confesó al antropólogo Roy Richard Grinker: «Soy muy disciplinada en las clasificaciones diagnósticas en mi investigación, pero en mi práctica privada, sería capaz de catalogar a un niño como "cebra" si fuera preciso para que pudiera optar a los servicios educativos que considero que necesita».[10]

El *DSM-III-R* fue un éxito aún mayor que la edición anterior. En el transcurso de seis años y dieciocho impresiones, se vendieron medio millón de ejemplares de *DSM-III*, una cifra inconcebible en términos del *DSM*, mientras que el *DSM-III-R* vendió doscientas ochenta mil copias sólo en sus dos primeros años.[11]

En la APA hubo ciertas dudas en torno a las «fronteras desdibujadas» de los criterios de Wing, pero en todo caso suponían una mejora con respecto al último lote, de manera que dichas vacilaciones se pospusieron hasta la próxima edición. Hacia finales del proceso, el autismo se había transformado en algo que Kanner apenas habría reconocido. Y Wing todavía no había acabado.

II

Las cifras de prevalencia del autismo comenzaron a aumentar en todo el mundo tras la publicación del *DSM-III* y el *DSM-III-R.* Para Wing y su colega sueca Christopher Gillberg no fue ninguna sorpresa: la conciencia del autismo entre los profesionales estaba aumentando de manera espectacular en paralelo a la ampliación de las delimitaciones del trastorno. Las nuevas cifras reflejaban que los cálculos se estaban alineando de nuevo con la realidad del espectro.

Esta teoría se estaba viendo refrendada por un puñado de estudios emprendidos en la estela del informe de Wing y Gould en Camberwell. Las cifras resultantes variaban enormemente, en función de la amplitud del informe, pero la tendencia general era clara: cuanto más recientes eran los criterios empleados, más elevada era la cifra. «Los trastornos del espectro autista (es decir: el autismo y ostros trastornos parecidos) pueden tener una prevalencia de uno entre cada cien niños —aventuraban Wing y Gillberg—. El autismo no debería seguir concibiéndose como un trastorno sumamente infrecuente. [...] La mayor tasa de prevalencia debe comunicarse a los administradores, proveedores de servicios y juntas de financiación de investigación para destinar los recursos pertinentes.»[12] Con todo, muchos profesionales médicos y especialistas en cuidados infantiles no recibieron tal notificación.

Uno de los primeros médicos del mundo que hizo sonar las alarmas acerca del número creciente de casos de autismo fue Martin Bax, un pediatra extravagante de Londres que fundó una revista de arte vanguardista, poesía y arte erótico titulada *Ambit* (de la que J. G. Ballard, Ralph Steadman y David Hockney fueron colaboradores habituales.)[13] En la década de 1970 había escrito una novela distópica titulada *The Hospital Ship* acerca de un brote mundial de psicosis que provocaba que muchos niños se volvieran autistas.[14] En 1994 empezó a temer que su visión apocalíptica se hiciera realidad.

«Las cifras de autismo parecen ir en aumento en el mundo occidental», alertaba Bax a los lectores de *Developmental Medicine and Child Neurology*. ¿Cómo lo sabía? Porque había estado «deambulando por Europa y Estados Unidos preguntando a colegas si estaban detectando más casos y, casualmente, la respuesta había sido siempre "sí"». Como prueba adicional de tal temible aumento, Bax indicaba que el registro de casos de autismo en el Family Fund, un proveedor de becas para familias de bajos ingresos con niños discapacitados en el Reino Unido, «ha ido en aumento año tras año en el pasado reciente».[15]

En ese aspecto, Bax estaba en lo cierto. Entre 1990 y 2000, los casos de autismo en la base de datos del Family Fund habían aumentado en un asombroso veintidós por ciento de media cada año. Hacia finales de la década, los trastornos relacionados con el autismo representaban una cuarta parte de las discapacidades entre las familias de niños de hasta dieciséis años que recibían becas, frente a un incremento de un mero cinco por ciento en 1990. ¿Qué demonios estaba sucediendo? Refiriéndose a sí mismo como un «marginado» de la investigación sobre el autismo, Bax no abordaba temas sutiles de nosología y epidemiología en su editorial, sino que, en su lugar, centraba su atención en la teoría de un colega según la cual, en determinados casos, el autismo es «en todo o en parte la expresión en una edad temprana» del trastorno bipolar, otra enfermedad supuestamente en auge.

De hecho, lo que en realidad estaba sucediendo era justo lo que Wing y Gillberg habían anticipado, concluyó PricewaterhouseCoopers, el gigante de las auditorías que acometió un análisis global de la base de datos del Family Fund para el Departamento de Educación y Capacidades del Reino Unido. El aparente aumento del autismo y los trastornos relacionados entre los escolares del Reino Unido que recibían becas era, casi con toda certeza, el «resultado de una mejor identificación del trastorno», de lo cual se infiere que una «mejora en el diagnóstico y la identificación han conllevado cifras más elevadas de niños con discapacidades específicas».

En paralelo, en Inglaterra se registraba un cambio fundamental en los patrones de referencia, el cual produciría un auge en los diagnósticos de autismo que nunca más volvería a contrarrestarse. Antes de la década de 1970, la mayoría de los niños con discapacidades de aprendizaje se matriculaban en escuelas especiales, centros de formación profesional e instituciones, sin remitirse a un especialista con el fin de que emitiera un diagnóstico específico. En cambio, en la década de 1990, la derivación al especialista antes de solicitar servicios se había convertido más en la regla que en la excepción.[16] Frente a la catalogación de «deprimentes» que Bax había hecho de los datos, el aumento de las cifras en el Family Fund indicaba que el sistema por fin estaba funcionando.

Una evolución similar tenía lugar en Estados Unidos, impulsada por una serie de enmiendas a la Ley para la Educación de Personas con Discapacidades (IDEA), el nuevo nombre de la Ley para la Educación de Todos los Niños con Discapacidades por la que tan duramente habían luchado Ruth Sullivan, Becky Guthrie y otros padres de la NSAC durante quince años. En 1991, el autismo se incluyó en la IDEA como una categoría aparte de discapacidad por vez primera, lo cual permitió a los niños con este diagnóstico acceder a una instrucción individualizada y otros servicios. Las repercusiones de este cambio suscitaron una marea nacional y motivaron a los médicos a aplicar el diagnóstico con más frecuencia, al tiempo que se concienciaba al profesorado y al personal sanitario acerca del autismo. La nueva normativa de la IDEA exigía asimismo a las escuelas que presentaran al Ministerio de Educación un informe anual del número de niños atendidos.[17] El autismo finalmente salía de las sombras estadísticas a nivel federal.

En tándem con la promesa de la IDEA «de una educación gratuita y adecuada» para todos, los legisladores estatales aprobaron leyes que ponían fondos públicos a disposición de las familias para poder realizar terapia de intervención precoz, gracias a la presión ejercida por los padres y alentada por las afirmaciones de Lovaas de que cuarenta horas semanales de análisis conductual aplicado podían propiciar una recuperación total. Sólo las familias más acaudaladas podían costearse cuarenta horas semanales de intervención individual sin ayuda financiera, y los temores generalizados de que los padres pudieran «perder la oportunidad» de que sus hijos se desarrollaran en el momento en el que una formación conductual tendría más efecto indicaban que no había tiempo que perder. En una época en la que la prognosis estándar para el autismo era una vida en una institución, los médicos sentían la obligación ética de emitir un diagnóstico lo antes posible en las vidas de sus jóvenes pacientes.

En paralelo, los primeros instrumentos clínicos estandarizados para monitorizar el autismo empezaban a estar ampliamente disponibles.[18] Antes de los años ochenta, en Estados Unidos la tendencia general era considerar a los niños autistas «no sujetos a evaluación».[19] Los psiquiatras los diagnosticaban en base a los conceptos que estuvieran en boga en su escuela de psiquiatría. Un psiquiatra podía diagnosticar a un niño autismo infantil precoz, mientras que otro podía diagnosticarle esquizofrenia y un tercero, daño cerebral mínimo. (A ello se suma que los niños negros o pobres tenían más probabilidades de acabar clasificados como retrasados mentales.) Tal era precisamente el problema que Spitzer se disponía a resolver «haciendo operativo» el *DSM,* si bien sin un conjunto de herramientas para el diagnóstico y la evaluación, los criterios revisados sólo proporcionaban otro perfil conductual enmarcado en términos de déficits e impedimentos.

El primer intento de idear y popularizar una herramienta de tales características fue el formulario conductual E-1 de Rimland y su sucesor, el E-2. Si bien sus listas fueron efectivas por el hecho de alentar a los padres a pensar que el trastorno de su hijo o hija finalmente podía ser entendido por un médico compasivo, adolecían de graves defectos metodológicos a nivel práctico. Dependían por entero de la memoria de los padres, en lugar de la observación clínica directa, y la puntuación de un niño podía variar sobremanera en función de qué progenitor rellenara el formulario.[20] Análisis independientes de la validez de los datos arrojaron unos resultados muy dispares. Esta labor se vio obstaculizada por el hecho de que Rimland se negó a hacer pública su clave de puntuación; por lo que a otros investigadores concernía, su algoritmo era una caja negra.[21]

A lo largo de los años hubo varios intentos de inventar herramientas de evaluación más fiables y versátiles que las listas de comprobación de Rimland, pero el gran avance se produjo en 1980, cuando Eric Schopler y sus colegas del TEACCH presentaron la escala CARS (siglas en inglés de Child Autism Rating Scale o COPDD), que resultó ser especialmente atinada para diferenciar el autismo de otras formas de retrasos del desarrollo, como la discapacidad intelectual.[22] Tras observar la involucración del niño en una interacción estructurada a través de un espejo unidireccional, el evaluador lo puntuaba en una escala del uno al siete en diversas dimensiones, inclusive la comunicación verbal y no verbal, la interacción con personas y objetos, la reacción sensorial, el funcionamiento intelectual, el movimiento corporal, la adaptación al cambio, etc. Al evaluar estas conductas en una escala de gravedad, CARS se anticipó al modelo del espectro autista del *DSM-III-R*. Análisis independientes demostraron que la escala ofrecía una fiabilidad y una coherencia elevadas, y que sus puntuaciones encajaban con la evaluación por otros medios. Y lo mejor de todo era que los nuevos evaluadores podían formarse en una única sesión de una hora.

Asimismo, CARS proporcionaba una imagen precisa de los puntos fuertes del niño, factor crucial para concebir un plan apropiado para su educación. Schopler opinaba que aplicar un enfoque del autismo que tuviera en cuenta las potentes capacidades de memorización y procesamiento visual no sólo redundaría en una enseñanza más efectiva, sino además en una investigación neurológica más precisa.[23] En 1988, Schopler y sus colegas lanzaron una segunda edición de CARS incluso más fácil de utilizar. Tras leer el manual y visionar un vídeo de treinta minutos, estudiantes de medicina, logopedas y profesores de educación especial eran capaces de presentar puntuaciones de una precisión equiparable a la de observadores clínicos expertos.[24] Además, la nueva versión de CARS podía emplearse para diagnosticar a adolescentes y adultos. Gracias a todo ello, se convirtió en una herramienta muy popular, superando con creces las expectativas de Schopler y sus colegas.[25]

Diagnosticar el autismo había dejado de ser el dominio exclusivo de una reducida y elitista red de especialistas. En el momento histórico en que el autismo se posicionó para irrumpir en la conciencia pública, se pusieron a disposición a una escala masiva herramientas fiables para detectarlo, y también para distinguirlo de otras formas de discapacidad. La demanda de diagnóstico y los medios clínicos para satisfacerla estaban perfectamente calibrados.

Entonces, seis meses después del estreno de *Rain Man,* un equipo internacional de investigadores dirigido por Catherine Lord y Michael Rutter presentó una herramienta global para evaluar problemas de comunicación, interacción social y juego en niños de entre cinco y doce años de edad conocida como el ADOS (siglas inglesas de Autism Diagnostic Observation Schedule o Programa de Observación Diagnóstica de Autismo). Cimentado en los criterios que aparecerían en el siguiente *DSM-IV,* que ampliaba el espectro aún más, el ADOS y una herramienta complementaria conocida como la Entrevista Diagnóstica del Autismo se asimilaron al instante como el patrón oro tan largamente ansiado para evaluar el autismo. Al poco se introdujeron una serie de revisiones a ambas herramientas con el fin de ampliar su alcance a niños menores de dos años, adolescentes y adultos. A medida que se difundió la información, los padres empezaron a presentarse en sus citas portando voluminosos cuadernos de notas con observaciones, el equivalente a la carta de treinta y tres páginas sobre Donald que Beaman Triplett le había enviado a Kanner. No obstante, en esta ocasión, los médicos recibieron con los brazos abiertos la información de los padres, puesto que la colaboración había pasado a entenderse como una clave esencial del proceso.

Mientras que la población clínica cambiaba de manera radical, el futuro que los médicos auguraban para sus jóvenes pacientes apenas sufría modificaciones. «El cincuenta por ciento de la población autista es muda y seguirá siéndolo el resto de su vida»,[26] declaraba un autor en una antología de 1994 para profesionales titulada *Autism in Children and Adults*. «Incluso los adolescentes autistas con un coeficiente intelectual elevado establecen relaciones sociales rudimentarias y parecen retener la característica falta de empatía y un afecto superficial», aseguraba otro.

La definición clínica del autismo estaba mutando, se ramificaba y se expandía en un arcoíris de millones de colores. Pero la concepción de las vidas y el potencial de las personas autistas continuaba siendo de una monocromía implacable.

III

El director de la subcomisión de la APA encargada de establecer un nuevo conjunto de criterios para el *DSM-IV* era un hombre afable y ajado con bigote de cepillo llamado Fred Volkmar, presidente del programa de investigación del autismo en el Yale Child Study Center. Entre los elementos que figuraban en su lista de tareas pendientes se contaba analizar la propuesta de Wing de incluir el síndrome de Asperger como diagnóstico aparte en la próxima revisión. La fructífera presión que Wing había ejercido para que se incluyera en la décima edición del *ICD*, publicado por la Organización Mundial de la Salud (OMS) en 1990, hacía prácticamente inevitable que el diagnóstico también apareciera en el *DSM*. No obstante, el estudio del trastorno se encontraba aún en su infancia. La primera conferencia internacional sobre el Asperger se celebró en 1988, una vez el proceso de revisión se hallaba ya en curso, y el primer borrador de un conjunto de criterios para definirlo tardó otro año en aparecer.[27]

El hecho de que aquel síndrome hubiera quedado relegado a la excentricidad subclínica planteaba la cuestión que atravesaba la médula de toda aquella empresa psiquiátrica: ¿era el síndrome de Asperger realmente un trastorno mental o un tipo de personalidad común en su forma más extrema? La descripción dada por Asperger en 1944 apuntaba a una visión más holística: se trataba de un tipo de personalidad que podía resultar profundamente incapacitante en ausencia de una adaptación adecuada por parte del paciente y las personas de su entorno. Volkmar advirtió a sus colegas: «Los comportamientos extravagantes e insólitos no constituyen, en sí mismos, un "trastorno", a menos que estén relacionados con una manifestación de una grave disfunción en el interior del individuo».[28] Pese a ello, incluso en la clínica de Volkmar en Yale, la naturaleza de lo que constituía una «grave disfunción» estaba mucho más abierta a interpretación que un nivel elevado en un indicador de un análisis de sangre o una forma de onda anómala en un EEG.

Tómese como ejemplo a Robert Edwards, un niño de once años a quien Volkmar y su colega Ami Klin describieron como un caso «relativamente clásico» de trastorno de Asperger.[29] Robert pronunció sus primeras palabras en su primer cumpleaños y devoró la epopeya de fantasía de siete volúmenes de C. S. Lewis *Las crónicas de Narnia* mientras se hallaba en la guardería. Pese a sus prodigiosas habilidades verbales, a los tres años de edad se había convertido «en una grave causa de preocupación» para sus padres, ambos médicos, porque no parecía hacer amigos en la escuela.

Klin y Volkmar atribuían los «problemas sociales» de Robert a su fascinación precoz por la astronomía. «Ampliaba sus conocimientos sobre este tema a la menor oportunidad que se le presentaba —informaban—. Su fascinación permeaba todos los aspectos de su vida. Por ejemplo, en cualquier interacción con sus amigos, encauzaba de forma inevitable la conversación o el juego a las estrellas y los planetas o bien al tiempo y su medición.» Sus intereses «excéntricos» también incluían «juegos de ordenador: sus reglas, programadores y las empresas que los fabricaban». (Al cabo de pocos años, tales intereses por parte de un niño de once años no se considerarían extravagantes ni excéntricos en modo alguno.)

Para cuando Klin y Volkmar vieron a Robert, el niño se había pasado casi toda su vida bajo observación clínica. A los cinco años de edad, sus padres hicieron que lo evaluara un terapeuta ocupacional por su «bajo tono motor». Tres años más tarde lo enviaron a un psiquiatra, quien le diagnosticó un trastorno de ansiedad. A los once años lo sometieron a una batería de pruebas debido a su mala caligrafía y su «aislamiento social». Una vez su profesor «empezó a hacer algunas acomodaciones» para él (que Klin y Volkmar nunca describieron), Robert fue aceptado en un programa de matemáticas aceleradas. Sin embargo, se lo seguía considerando profundamente enfermo.

A Klin y Volkmar los desconcertó «su estilo de comunicación bastante formal y pedante». Cuando le pidieron a Robert que les dijera un sinónimo de «llamar», respondió «hacer señas», lo cual podría no sonar fuera de lugar en los mundos de *El león, la bruja y el armario.* Y cuando le pidieron que les dijera un sinónimo de «delgado», respondió «con desafíos dimensionales», pero los examinadores no supieron a qué atribuir esta ocurrencia. Apreciaron que las amistades de Robert parecían «basarse de manera casi exclusiva en su interés común en los ordenadores», como si hubiera que recelar clínicamente de que la amistad se basara en intereses compartidos. A Klin y Volkmar tampoco los impresionó el resumen autobiográfico que solicitaron a Robert y que mencionaron como otro ejemplo de cómo sus intereses especiales «permeaban» otros aspectos de la vida del muchacho.

> Me llamo Robert Edwards. Soy una persona inteligente, insociable pero adaptable. Me gustaría disipar los rumores inciertos acerca de mí. No soy comestible. No sé volar. Y no sé usar la telequinesia. Mi cerebro no es lo bastante grande para destruir todo el mundo si se desplegara. Y no le enseñé a mi peluda cobaya Cronos a comer todo lo que tuviera a la vista (las cobayas peludas lo hacen por naturaleza).

Extrapolada del contexto de un expediente psiquiátrico, la historia de un niño que lee los libros de *Narnia* en la guardería, hace chistes sobre «desafíos dimensionales» y en los años de la escuela elemental se junta con otros críos raritos podría ser la biografía de prácticamente cualquier persona destinada a convertirse en un empresario de éxito en Silicon Valley. De ahí que los informes clínicos del síndrome de Asperger tendieran a redefinir los aspectos neutrales o incluso positivos de esta conducta como manifestaciones de déficit e impedimentos. La curiosidad intensa se convertía así en «perseverancia». La capacidad de habla precoz se convertía en «hiperlexia». Y una puntuación media en una prueba se convertía en un «déficit relativo» que demostraba un «perfil cognitivo desigual».

Si Robert representaba un caso clásico de síndrome de Asperger, era evidente que se trataba de un trastorno con grados, y calibrar el grado de impedimento social depende en gran medida del contexto social. «Tal como les explico a los padres, la cura para el síndrome de Asperger es muy sencilla. No pasa ni por cirugía, ni por medicación ni por una terapia intensiva —explica Tony Attwood, una de las autoridades más destacadas en este tema—. Pasa por llevar a tu hijo o a tu hija a su dormitorio, salir del dormitorio y cerrar la puerta. Uno no puede tener déficit social cuando está solo. Ni puede presentar un problema de comunicación si está solo. Tu comportamiento repetitivo no molesta a nadie si estás solo. Todos los criterios diagnósticos se diluyen en la soledad. Por eso a los adolescentes con Asperger les cuesta salir de su dormitorio para ir a la escuela: las señales del autismo y los grados de tensión y retraimiento son proporcionales al número de personas presentes.»[30]

Si le hubieran permitido apañárselas solo, es posible que Robert no se hubiera considerado una persona mentalmente enferma, aunque sí podría haber desarrollado un trastorno de ansiedad por el hecho de que lo interrogaran sin cesar hombres con portapapeles. Si se hubiera puesto a su disposición una tecnología que le hubiera permitido comunicarse con otros jóvenes parecidos a él, podría haberlos alentado a pensar que sus problemas no se originaban en ellos, sino en el sistema que los había calificado como enfermos e inferiores.

En psiquiatría, las consideraciones como ésta suelen dejarse a los sociólogos, pero regresarían para acechar a los editores del *DSM-IV* una vez se dieran alas a los criterios para determinar el síndrome de Asperger. Pocos miembros de la subcomisión de Volkmar podrían haber predicho que el término *Aspie* se convertiría en una medalla de honor y orgullo en menos de una década, incluso entre quienes carecían de un diagnóstico oficial. El genio de la inteligencia autista se hallaba en disposición de escapar de la lámpara en la que llevaba atrapado treinta años.

El presidente del grupo de trabajo del *DSM-IV*, Allen Frances, contemplaba con recelo la proliferación desenfrenada de etiquetas y le perturbaba la aparente voluntad de sus colegas de convertir la excentricidad en una patología. Sin embargo, dado que consideraba que su trabajo era actuar como «experto de consenso», en el tema del autismo prefirió deferir a la experiencia de Volkmar y sus colegas, quienes le aseguraron que los cambios previstos para la cuarta edición no comportarían ningún revuelo importante. Al final, acabó imponiéndose el argumento pragmático de Wing según el cual la adición del diagnóstico conllevaría que más familias obtuvieran acceso a servicios. De los noventa y cuatro diagnósticos nuevos propuestos para la cuarta edición del manual, sólo dos, el síndrome de Asperger y el trastorno bipolar de tipo II, serían seleccionados.

Con todo, quedaba un aspecto inconcluso por tratar: los rumores de que Asperger, que había fallecido en 1980, era un nazi. «Era una locura. Tardé semanas en solventar aquel asunto»,[31] confesó Volkmar. Al final resolvió telefonear a Wing y preguntarle a bocajarro si aquellos rumores encerraban algo de verdad. Ella le ofreció la respuesta perfecta, una respuesta irrelevante, pero que tenía posibilidades de convencer a Volkmar de rubricar el nuevo diagnóstico. «Claro que no —lo tranquilizó desde Londres—. Asperger era un hombre hondamente religioso.»

Y si el *DSM-III* convirtió a Spitzer y a sus obsesos de los datos en «estrellas del rock» (tal como lo expresó su esposa, Janet Williams), la cuarta edición fue el *Thriller* de Michael Jackson. El *DSM-IV* fue un éxito internacional que recaudó dieciocho millones de dólares sólo en los diez primeros meses de impresión y cien millones de dólares en global, al tiempo que lanzó una floreciente industria de asuntos relacionados y filiales lucrativas. Repertorios de casos, guías de estudio, cintas de vídeo y programas informáticos sobre el *DSM-IV* inundaron el mercado y los lectores interesados en su proceso de manufactura pudieron saciar su curiosidad hojeando una obra de cuatro volúmenes titulada *DSM-IV Sourcebook.*[32] Detectar los signos del autismo, otrora una habilidad arcana circunscrita a los pocos iniciados, pasó a ser una labor que podía realizar casi cualquier persona involucrada en la medicina pediátrica, la psicología y la educación.

En catorce años y un puñado de revisiones, el *DSM* había pasado de ser un delgado volumen que permanecía sin leerse en las polvorientas estanterías de las instituciones a convertirse en un mamotreto de novecientas páginas que se utilizaba en aulas, tribunales, clínicas comunitarias, laboratorios de investigación, audiciones en el Congreso estadounidense, reuniones de los accionistas de las farmacéuticas, organismos de servicios sociales y despachos de consejeros escolares. Toda la infraestructura clínica del autismo se había transformado de un canal para informar de manera opcional acerca de los casos aislados detectados en una red para la supervisión activa de la población general. Como era inevitable, cuanto más buscaban los médicos y educadores este trastorno, más lo identificaban. La tendencia alcista que se inició en la estela del *DSM-III-R* se convirtió en una bola de nieve tras la publicación del *DSM-IV.*

De hecho, las cifras aumentaban de manera excesivamente abrupta porque los editores del *DSM-IV* habían cometido un error pequeño pero crucial en el período final previo a la publicación.[33] En lugar de solicitar que un niño mostrara deficiencia en la interacción social, la comunicación y el comportamiento antes de emitir un diagnóstico de trastorno generalizado del desarrollo sin especificar, en los criterios se sustituyó la «y» por una «o». (En otras palabras, el médico podía ofrecer todo el banquete eligiendo un elemento de la columna A.) Aquella errata funesta se pasó por alto durante seis años y no se identificó en la literatura hasta que el revisor del *DSM-IV Text Revision*, Michael First, la abordó en un artículo cuya publicación en un diario poco conocido en 2002 pasó casi desapercibida.[34]

Por supuesto, ello no significa que todos los niños diagnosticados con trastorno generalizado del desarrollo sin especificar en los años comprendidos entre 1994 y 2000 se diagnosticaran erróneamente, pero el impacto de aquella chapuza lingüística podía ser significativo. Al volver a analizar los datos de las pruebas prácticas con la redacción errónea, Volkmar detectó que «en torno a un setenta y cinco por ciento de los niños a quienes los médicos habían clasificado como exentos del trastorno (verdaderos negativos) se habían identificado de manera incorrecta como autistas de acuerdo con el *DSM-IV*».[35] Para los epidemiólogos que calibraban la repercusión del *DSM-IV* en el período crucial que pasaría a la historia como los años en que se vivió una misteriosa «epidemia de autismo», fue una pesadilla estadística. Con todo, hasta que Roy Richard Grinker no llamó la atención sobre la errata en su libro de 2008 *Unstrange Minds*, prácticamente nadie ajeno al habitual círculo reducidísimo de expertos tenía conciencia de ella.

IV

Lejos de las subcomisiones de la APA que debatían aspectos de nosología mientras comían emparedados de pastrami y bebían refrescos, cobraba forma una explicación del aumento de las cifras que no tenía nada que ver con los criterios diagnósticos, los instrumentos de detección o el auge de la psiquiatría medicalizada. Lo que se barajaba era una aterradora historia de envenenamiento de niños inocentes por parte de grandes empresas despiadadas.

Enclavada entre huertos de manzanos setenta y dos kilómetros al noroeste de Boston, Leominster es una ciudad industrial típica de Nueva Inglaterra, con austeros campanarios blancos y polígonos comerciales en expansión concentrados en torno a un núcleo central. Celebrada como la población natal de Johnny Appleseed, Leominster se valió otra distinción en la década de 1940, cuando uno de cada cinco de sus habitantes trabajaba para fabricantes de plástico como Foster Grant, la empresa que convirtió las gafas de sol, un producto hasta entonces asociado con inválidos, en un accesorio de moda para pasear por el malecón de Atlantic City.[36] Con el fin de fabricar sus elegantes monturas, Foster Grant edificó una enorme fábrica de inyección de plástico a lo largo del río Nashua.[37] Las orgullosas autoridades de la población instalaron rótulos a lo largo de la autopista bautizando Leominster como «la Ciudad del Plástico».[38]

No tardó demasiado en convertirse en la Ciudad de la Contaminación. Una neblina verde que olía a huevos podridos unas veces y a disolvente para pintura otras impregnaba el ambiente. Los lugareños solían decir que podía saberse qué tono de gafas de sol se estaba fabricando aquel día en función de las nubes que escupían las chimeneas de la fábrica. Las aguas del Nashua fluían rojas, blancas y azules. Los jardineros locales se acostumbraron a que partículas de PVC escarcharan sus arriates como azúcar, y las amas de casa tomaban gotas Vicks para el resfriado para paliar la sensación de irritación que notaban en la garganta.[39] Entonces, un conglomerado internacional adquirió Foster Grant y deslocalizó la producción de monturas a México. Y las autoridades estatales declararon la difunta fábrica una zona de desechos peligrosos.

Un par de años después del cierre de la fábrica, una pareja de Leominster llamados Lori y Larry Altobelli tuvieron a su segundo hijo, Joshua. Al poco fue aparente que el pequeño presentaba graves retrasos en el desarrollo. Sus padres no conseguían enseñarle a controlar los esfínteres y sólo aprendió a decir un puñado de palabras.

Corría describiendo círculos sin parar y hacía carreras por el salón mientras sostenía con fuerza su juguete preferido. A los tres años de edad le diagnosticaron trastorno generalizado del desarrollo sin especificar, que su madre rebautizó como «autismo júnior». Con el tiempo, a su hermano pequeño, Jay, también le diagnosticarían trastorno generalizado del desarrollo sin especificar.

El logopeda de Joshua preguntó a Lori y Larry si les importaría aconsejar acerca de los servicios y recursos locales a otra pareja a cuyo hijo también habían diagnosticado recientemente trastorno generalizado del desarrollo sin especificar, Melanie y Ralph Palotta. Mientras las parejas se explicaban su caso, Ralph no dejaba de pensar que Larry le sonaba de algo; entonces recordó ver su rostro en el bus escolar por la mañana cuando cursaban quinto curso. Unos meses después, en una reunión de la Association for Retarded Citizens, Ralph conoció a Rich Frenette, el padre de otro niño a quien recientemente habían diagnosticado dentro del espectro. Ralph recordó que de pequeños habían jugado en el mismo equipo de la Liguilla y vivían a sólo una manzana de distancia. El hecho de que los tres hombres vivieran en el mismo vecindario parecía demasiado indicativo para ser una mera coincidencia, como también ocurría con sus recuerdos compartidos de haber crecido a la sombra nociva de Foster Grant.

A los Altobelli les inquietaba una cadena similar de acontecimientos registrados una década antes sesenta y cinco kilómetros al norte por la autopista, en una población de clase obrera llamada Woburn.[40] Jimmy Anderson tenía sólo cuatro años cuando le diagnosticaron una rara forma de cáncer llamada leucemia linfoblástica aguda.[41] Mientras su madre, Anne, miraba a su alrededor en la sala de espera del hospital Massachusetts General de Boston, reconoció los rostros de mujeres que había visto en el supermercado de su vecindario. Entonces empezó a oír a hablar de otros niños del barrio que también habían contraído aquella rara enfermedad. ¿Qué estaba sucediendo?

Anne tuvo un destello de intuición de madre. Era el agua, aquella agua apestosa, con sabor acre y teñida a perpetuidad de Woburn. Los médicos y los funcionarios municipales desestimaron sus inquietudes e incluso sus amistades consideraban que estaba un poco loca. No obstante, era innegable que la salud de los habitantes de East Woburn empeoraba cada día: sufrían cefaleas, visión borrosa y unos espantosos sarpullidos que no desaparecían con nada. ¿De verdad era normal que tantas jóvenes tuvieran abortos espontáneos? Con el tiempo, Anne dejó de parecer una loca. Organizó a los padres del barrio en un frente unido para exigir respuestas a las autoridades municipales. Un periodista de un diario local sacó a la luz que se habían enterrado barriles de sustancias químicas industriales conocidas por ser carcinogénicas y neurotóxicas cerca de dos de los pozos de East Woburn. La investigación de Anne sirvió de base para el libro superventas de Jonathan Harr titulado *Acción civil*, que fue llevado a la gran pantalla y se alzó con varios premios de la Academia.

Lori, licenciada en administración de salud pública, empezó a preguntar a los padres que asistían a las reuniones del grupo de apoyo al autismo si habían vivido alguna vez en el antiguo vecindario de su marido. La abrumó la cantidad de respuestas positivas que obtuvo. Colgó con alfileres un mapa del vecindario en la pared y marcó con una X los puntos en los que habían vivido la madre o el padre de algún niño autista. Al cabo de poco, docenas de X se amontonaban en el mapa.

El 25 de marzo de 1990, Lori envió una carta a la sede del Centro para el Control de Enfermedades de Atlanta exigiendo una investigación. También envió una copia al alcalde. Los funcionarios del Centro para el Control de Enfermedades reenviaron su carta al Departamento de Salud Pública de Massachusetts (MDPH) y un par de meses después un epidemiólogo llegó a la ciudad y empezó a recopilar datos. Para evitar que cundiera el pánico entre la población, los funcionarios del MDPH solicitaron a Lori que mantuviera la investigación en secreto hasta que se detectara una conexión definitiva con la fábrica. Y así lo hizo, al menos hasta que tuvo noticia de que el Ayuntamiento planeaba construir un parque infantil adyacente a la ubicación de la antigua fábrica. Furiosa, Lori telefoneó al alcalde, Steve Perla, y le gritó: «¡No puede construir un parque infantil a doscientos metros de un vertedero de residuos tóxicos!».

Perla pospuso la inauguración del parque alegando en falso que faltaba un perno en unos columpios, pero una llamada anónima puso sobre aviso a los periodistas locales. Los Altobelli y un activista medioambiental llamado Matt Wilson respondieron convocando una rueda de prensa a la sombra de la antigua fábrica y fundando una organización llamada Leominster Citizens for a Safe Environment. Los Altobelli recibieron llamadas telefónicas a mansalva de padres asustados. El vínculo con la fábrica de Foster Grant parecía innegable; al menos un estudio de la literatura sugería que un número desproporcionado de padres de niños autistas, uno de cada cuatro, había padecido exposición ocupacional a sustancias químicas tóxicas.[42] (Se trató del estudio realizado en 1974 por Mary Coleman con la ayuda de Rimland y otros padres del NSAC.) La exposición a la talidomida, un medicamento sin receta médica utilizado en la década de 1960 para aliviar las náuseas matinales en embarazadas, que derivó en el nacimiento de diez mil bebés con graves malformaciones en las extremidades, se había vinculado con el autismo en numerosos estudios en el transcurso de los años.[43]

Los Altobelli decidieron dar a conocer su caso a escala nacional. Contactaron al editor médico en jefe de *ABC News*, Timothy Johnson, que en el pasado había trabajado como reportero para el Channel 5 en Boston y ya estaba familiarizado con el asunto.[44] El 13 de marzo de 1992, el veterano presentador de noticiarios Hugh Downs preparó a los millones de espectadores del galardonado programa *20/20* para una retransmisión emblemática. «Empezamos con un reportaje que creemos que sorprenderá al mundo de la medicina. De hecho, la información que ofrecemos esta noche es novedosa —anunció Downs—. Además de ustedes, muchos expertos la escucharán por primera vez en su vida.»[45]

El bloque informativo de ABC titulado «La calle donde viví» causó sensación. «Piénsenlo —dijo Johnson—. Sólo quince niños de cada diez mil presentan síntomas de autismo o PDD y, sin embargo, hasta la fecha Lori ha conectado cuarenta y dos casos de autismo y PDD con el pequeño vecindario de unos seiscientos hogares que rodea la fábrica de Foster Grant.» El presentador reconocía que costaba encontrar pruebas inapelables del papel de la toxicidad, lo cual resultaba frustrante: «La comunidad científica desconoce qué provoca el autismo, aunque se barajan múltiples teorías, desde el trauma craneal hasta la crianza y motivos hereditarios». Barbara Walters elogió a Lori por embarcarse en una «cruzada solitaria» para poner en evidencia la ignorancia del estamento médico dirigente.

Entonces llegó el turno de los padres de testificar. «Éramos una familia normal que hacía cosas normales. Estábamos muy ilusionados con la llegada del bebé», declaró un padre. «Nuestros hijos parecen perfectamente normales —añadió Lori—. Todos parecen perfectos.» Otra madre comparó Leominster con la Dimensión Desconocida.

Larry recordaba haber jugado a hockey sobre hielo de niño en el río, que se congelaba de manera irregular debido al gran volumen de toxinas industriales que se habían vertido en su cauce. También se dio voz a un antiguo empleado de Foster Grant, quien admitió haber vertido «varios miles de galones de estireno [...] donde juegan los niños». Los Johnson pintaron una imagen vívida de «veintisiete chimeneas escupiendo un potente derivado del cloruro de vinilo conocido por provocar cáncer y otras enfermedades graves». ¿Incluido el autismo? Los productores del programa ocultaron con astucia la ausencia de un vínculo contrastado enfocando las cámaras hacia una madre aterrorizada que aseguraba estar convencida de la existencia de tal conexión debido a que los niveles de autismo se habían «disparado» en Leominster.

Pero las anécdotas no son estadísticas, y los productores de *20/20* no mencionaron que no existían estadísticas que demostraran la prevalencia histórica del autismo en Leominster, porque jamás se habían realizado estudios para establecer los niveles habituales de la línea de base. De hecho, el diagnóstico del trastorno generalizado del desarrollo sin especificar era demasiado nuevo para determinar siquiera si su incidencia estaba aumentando. Las cámaras de ABC enfocaron de nuevo a Johnson, quien realizó la escalofriante declaración de que los «abortos espontáneos» y «ciertos cánceres asociados con la exposición ambiental» estaban descontrolados en la Ciudad del Plástico. Y concluyó con una advertencia agorera: «Hay un largo trecho entre la coincidencia y la demostración de una causa, pero sin duda se trata de una teoría que merece la pena investigar», antes de dar paso a la siguiente noticia.

El teléfono de los Altobelli sonó sin descanso tras la emisión del programa y el mapa de su pared se fue ensombreciendo a medida que fueron añadiéndole X. La historia se retomó en el programa *Sally Jessy Raphael* y, una semana después, *20/20* emitió un reportaje de seguimiento aún más sensacionalista. Johnson declaró que padres de todo el país habían contactado con el canal expresando «su alivio al averiguar que formaban parte de un panorama más amplio, que no estaban solos y que posiblemente no eran responsables de lo ocurrido» (como si alguien hubiera insinuado que lo fueran).[46] Lori se mostró desafiante: «Esta mañana, cuando Larry ha salido para el trabajo, me ha dicho: "¿Sabes que has abierto la caja de Pandora?", a lo que yo le he contestado: "Y ahora que está abierta, no voy a permitir que nadie la cierre"».[47] Predijo que ella y los otros padres «reescribirían el libro sobre el autismo».

Un equipo de genetistas se había desplazado desde Stanford para tomar muestras de sangre y analizarlas en busca de mutaciones potencialmente dañinas. Una unidad toxicológica del MDPH tomó muestras del suelo cercano a la extinta planta en busca de solventes, metales pesados y otros contaminantes persistentes. Una estudiante de posgrado llamada Martha Lang pasó tres años trabajando con los Altobelli y otras familias de Leominster para su tesis doctoral presentada en la Brown University acerca del liderazgo de las madres en las luchas comunitarias contra poderosas empresas contaminantes.[48]

La investigación de Lang se vio obstaculizada por otro contaminante persistente: el estigma social de tener un hijo con autismo. Muchas familias declinaron participar en su proceso de recopilación de datos. Con todo, un examen de los expedientes médicos de los niños que figuraban en los archivos de Lori indicaba que el número de casos confirmados de autismo en la población era inferior al que ella había inducido a creer. De los veinticuatro niños cuyos expedientes estudió el MDPH, seis «estaba bastante claro que no cumplían los criterios» ni del autismo ni del trastorno generalizado del desarrollo sin especificar, mientras que los datos de otros siete no resultaron concluyentes.[49] En algunos casos, la proximidad de los padres a la fábrica de Foster Grant era relativa en el mejor de los casos; de hecho, algunos padres de los archivos de Lori nunca habían vivido en Leominster. Al no encontrar pruebas de anormalidades cromosómicas en la comunidad, el equipo de Stanford sugirió que el incremento de las cifras se debía más a los «cambios seculares en la definición del autismo» que a un aumento real de su prevalencia. Lang llegó a la conclusión de que la historia de la «concentración de autismo en Leominster» no era tan clara como había creído. Pero el circo mediático hacía tiempo que se había olvidado del asunto.

Uno de los periodistas que publicó en primicia la noticia en un periódico local, David Ropeik, ejerce hoy como asesor en ciencia de percepción del riesgo. Tras contemplar de primera mano cómo se desarrollaban los acontecimientos en la Ciudad del Plástico, afirma entender por qué tantas personas allí y también entre el público espectador de *20/20* se dejaron convencer por la explicación de que los residuos tóxicos de la población habían envenenado a sus hijos.

«Como padre, tu misión en la vida es cuidar de tus hijos. Cuando te sientes indefenso ante un riesgo grave, sientes una honda necesidad de hallar respuestas —explica—. Tu mente está abierta a las sugerencias ("¿Podría ser el plástico?"), porque esas sugerencias encierran un atisbo de esperanza. Lori, que es una persona muy sensata, aceptó a regañadientes que lo sucedido en realidad era más complejo. Pero se notaba que le dolía hacerlo, porque estaba desesperada por tener un cierto sentido de control sobre el sufrimiento de sus hijos.»[50]

V

En la estela del escándalo de Leominster, empezaron a brotar otras «concentraciones de autismo» por todo Estados Unidos, con especial mención a la de Brick Township, en Nueva Jersey, donde se habían vertido sesenta y tres millones de galones de residuos sépticos en un vertedero entre 1969 y 1979. Nadie llevaba un seguimiento más de cerca de estos eventos que Bernard Rimland, quien empezó a cubrir la noticia de Leominster en su boletín dos años antes de las emisiones de *20/20.*

Al principio se mostraba reticente a aceptar que las tasas de diagnóstico estuvieran cambiando de manera acelerada bajo su atenta vigilancia. Cuando se publicó el *DSM-IV* en 1994, Rimland afirmó sin rodeos: «No es razonable creer que la población de niños [autistas] haya cambiado tanto» entre las décadas de 1920 y 1990. Sin embargo, al poco su postura con respecto a este tema cambió de manera radical y su posición como la autoridad de máxima confianza entre la comunidad de padres de niños autistas le proporcionó una enorme influencia.

En paralelo, su alienación de la medicina general iba en aumento. La década de 1990 fue un período frustrante para Rimland, dado que el centro de gravedad en la investigación sobre el autismo se alejó de su despacho en Kensington para aproximarse a Wing y el grupo de Londres. Apenas abordó en su boletín informativo el impacto potencialmente enorme de las revisiones que Wing hizo del *DSM* y, en su lugar, prefirió centrarse en una controversia interna acerca del uso por parte de la APA del término *generalizado.* (Tildó la etiqueta de «trastorno generalizado del desarrollo sin especificar» de «pseudocientífica» y predijo que era demasiado torpe y confusa como para que se instaurara.)[51] Además, la ARI luchaba por mantenerse a flote económicamente. En un raro vuelco de los acontecimientos, un cheque por valor de setenta y cinco mil dólares que los productores de *Rain Man* extendieron a nombre de Rimland acabó yendo a parar a la Autism Society of America, y ni siquiera una carta escrita por Dustin Hoffman y la demanda presentada por Rimland consiguieron convencer a esta organización de devolverlo.[52]

En 1995, tras un torrente de preguntas de padres, Rimland incluyó un titular a todo lo ancho en su boletín informativo que preguntaba: «¿Hay una epidemia de autismo?». Su respuesta era afirmativa: «Creo que el aumento es real y que no se debe tan sólo a una mayor concienciación». Para justificarse, incluyó una gráfica que demostraba que, entre 1965 y 1969, sólo el uno por ciento de los padres de su red había solicitado un diagnóstico para un niño menor de tres años. En la década de 1980 (tras la publicación del *DSM-III* y el *DSM-III-R*), esa cifra aumentó a un cinco por ciento. Y tras la edición del *DSM-IV,* se disparó a un diecisiete por ciento. No obstante, en lugar de centrarse en los cambios aplicados a los criterios diagnósticos, planteó la aterradora posibilidad de que la contaminación, los antibióticos y las vacunas estuvieran desencadenando un *tsunami* de casos nuevos, y mencionaba la «concentración» de Leominster como un ejemplo paradigmático. La versión de Rimland de los acontecimientos de la población se hizo fuerte de manera permanente entre la comunidad de los padres de niños con autismo y pasó a formar parte de la sabiduría popular sobre la epidemia.[53]

Evaluar la posible repercusión de factores medioambientales en el autismo no era ninguna novedad para Rimland. En 1967, tras recibir una serie de informes de padres que afirmaban que sus hijos se habían visto afectados negativamente por la vacuna contra la difteria, la tos ferina y el tétano, añadió una pregunta sobre ello a sus formularios de evaluación del ARI. Y tenía motivos para hacerlo: en los anuarios de Sanidad se indicaba que la forma original de la vacuna DPT, la única inoculación basada en células bacterianas enteras muertas ampliamente distribuida en los Estados Unidos, era la vacuna más «reactogénica» de la historia en el país.[54] Episodios adversos como ataques epilépticos, desmayos, fiebres, hinchazón, conmoción y llanto agudo durante horas no eran infrecuentes. También se achacaban a la DPT de células enteras fallos en el proceso de control de calidad, una potencia poco fiable y otros problemas graves, incluidos lotes individuales (conocidos como «lotes calientes») que desencadenaron incidencias de efectos secundarios más elevadas de lo habitual antes de que el Centro para el Control de Enfermedades retirara su distribución. La DPT de células enteras se descartó en los Estados Unidos a favor de una forma «acelular» mucho más segura en 1971.

Uno de los factores clave en el giro radical que dio Rimland con respecto al tema del aumento de las cifras fue un libro titulado *DPT: A Shot in the Dark*, escrito por Harris Coulter y Barbara Loe Fisher. A principios de la década de 1980, Fisher trabajaba como asesora de relaciones públicas en Virginia cuando administraron a su hijo de dos años y medio, Christian, la cuarta inyección de la vacuna de DPT y una vacuna oral contra la polio.[55] Hasta aquel día, según Fisher, había sido un niño alegre y sociable que formulaba frases enteras, leía con avidez y era capaz de contar hasta veinte. Pero tras inyectarle la tercera dosis de la DPT le había aparecido un bulto duro y rojo en el brazo, que una enfermera había atribuido a un «lote malo» de la vacuna.[56]

A las pocas horas de recibir la cuarta inyección, según Fisher, había encontrado a Christian en una silla mirando al vacío, con el rostro pálido y los labios azulados. Al llamarlo por su nombre, parpadeó, puso los ojos en blanco y pareció quedarse dormido. Lo llevó a la cama, donde durmió seis horas de un tirón. Fisher lo despertó, pero Christian parecía desorientado y volvió a dormirse durante otras seis horas. Con el tiempo su madre describiría aquellos eventos como una reacción clásica a una vacuna. En los días y las semanas que siguieron, «Chris se convirtió en un niño totalmente distinto», testificó ante una comisión del Congreso en 1999. Dejó de sonreír, parecía tener problemas para enfocar la vista, perdió el interés en sus queridos libros y sufrió una serie de infecciones debilitantes. Finalmente le diagnosticaron múltiples discapacidades de aprendizaje, incluido THDA.

Dos años más tarde, Fisher vio un especial en la cadena NBC titulado *DPT: la ruleta de las vacunas* y todas las piezas encajaron. Por el programa desfilaban expertos que restaban importancia a los riesgos de la tos ferina (que se había cobrado la vida de siete mil quinientos niños sólo en 1934, de doscientos sesenta y cinco mil casos) a la par que recalcaban los riesgos de la vacuna, todo ello intercalado con conmovedoras imágenes de niños con daño cerebral al cuidado de sus padres.[57] Gordon Stewart, identificado como miembro de la Comisión de Seguridad de los Medicamentos del Reino Unido, describía la vacuna como «una vulgar infusión, literalmente, de todas las bacterias y sus productos brutos». Bobby Young, anunciado como un antiguo investigador de las vacunas de la FDA, advertía que las inyecciones de DPT eran capaces de transformar a un niño sano en un «vegetal», mientras que la productora Lea Thompson apuntaba que el descenso en picado de las tasas de mortalidad de enfermedades como la tos ferina tras la adopción generalizada de las vacunas era una coincidencia provocada por unas mejores condiciones higiénicas. Asimismo, Thompson sugería que las diestras madres británicas, armadas con el conocimiento de que «la vacuna es peor que la enfermedad», estaban optando por no inmunizar a sus hijos. Como hija de una enfermera, mientras visionaba aquel programa Fisher se sintió «traicionada por una profesión médica que había reverenciado toda mi vida».[58]

Para ser honestos, Thompson, que recibió un Emmy por el documental *DPT: la ruleta de las vacunas*, había exagerado o distorsionado de manera consistente las credenciales de los «expertos» seleccionados.[59] Young, por ejemplo, nunca había investigado vacunas bacterianas para la FDA, y Stewart únicamente había proporcionado datos a la comisión y era conocido en el Reino Unido como un destacado activista antivacunas.[60]

Tras su emisión a través de WRC-TV en Washington, *DPT: la ruleta de las vacunas* fue retransmitido en las filiales locales de costa a costa de los Estados Unidos y se emitieron varios extractos en el programa *Today*. Los pediatras informaron de altos niveles de temor entre los padres, no vistos desde el pánico a la polio en la década de 1950,[61] y los votantes asediaron a los congresistas exigiéndoles cambios inmediatos en la política de vacunas nacional.[62] WRC-TV sacó jugo al escándalo en ciernes proporcionando a los espectadores que telefoneaban a la cadena las cifras de llamadas que habían recibido. Fisher fue una de las madres que llamó, y otra fue Kathi Williams, cuyo hijo también experimentó una reacción adversa a una inyección de la DPT. Junto con otro padre, Jeff Schwartz, fundaron un grupo denominado Dissatisfied Parents Together, y posteriormente rebautizado National Vaccine Information Center (NVIC), que se convirtió en la fuerza motriz organizadora del movimiento. (El NVIC tiene la precaución de no identificarse como «antivacunas» en sus materiales publicitarios y, en su lugar, se califica como «la organización de consumidores más antigua y extensa que aboga por la institución de la seguridad de las vacunas y las protecciones mediante consentimiento informado en el sistema de sanidad pública».)

Para escribir *DPT: A Shot in the Dark*, Fisher formó equipo con Harris Coulter, un enemigo de los programas gubernamentales de vacunación obligatoria de largo recorrido con un pasado complicado. Si bien a menudo se lo describe en los sitios web antivacunas como un historiador médico formado en Yale, lo cierto es que no estudió medicina en Yale. De hecho, nunca asistió a ningún curso de biología, fisiología o química y no tenía intención alguna de convertirse en historiador de esta materia durante sus estudios de licenciatura.[63] A decir verdad, estudiaba filología rusa.

En el punto álgido de la guerra fría, a principios de la década de 1960, Coulter trabajaba en Moscú traduciendo los pronunciamientos oficiales del Kremlin para el Departamento de Estado estadounidense.[64] (Durante las audiencias de la Comisión Warren acerca del asesinato de John F. Kennedy, ejerció como intérprete oficial para Marina Oswald, la esposa de Lee Harvey Oswald, acusado del magnicidio.) Durante unas vacaciones en París, la esposa de Coulter, Catherine, tuvo un ataque de alergia. En lugar de acudir a ver a un médico, decidieron visitar a un homeópata, porque la medicina tradicional nunca le había servido de mucho. El homeópata le dio un remedio «mágico», recordaba Coulter.[65] Tras una única dosis, pudo volver a comer pescado, que siempre le había provocado urticaria.

Coulter regresó a los Estados Unidos fascinado con la homeopatía. Y cuando su tesis sobre estudios rusos en Columbia se vino abajo, convenció a su supervisor de que le permitiera escribir una disertación sobre la historia de la homeopatía.[66] Se había convencido de que la homeopatía era superior a la medicina general («alopática»), pero había perdido la batalla como paradigma dominante en el siglo XIX a causa de la corrupción generalizada en la American Medical Association. Su disertación se convirtió en el tercer volumen de una serie de libros titulada *Divided Legacy*, que se autoeditó.

Durante la fase de investigación previa a la escritura de *DPT: A Shot in the Dark*, Fisher se dedicó a entrevistar a familias mientras Coulter aportaba el trasfondo histórico. Es un libro aterrador que describe la medicina pediátrica como un *show* de los horrores con doctores negligentes, fabricantes de vacunas cobardes, investigadores oportunistas, funcionarios gubernamentales ruines, padres afligidos y niños enfermos y desesperados a quienes supuestamente se ha dejado mudos, incontinentes y discapacitados de manera permanente administrándoles vacunas que, en principio, debían protegerlos. A lo largo de todo el libro, los bebés retroceden al ver las agujas de los entusiastas médicos y emiten gritos primigenios de terror cuando las dosis causan estragos en sus cerebros.

DPT: A Shot in the Dark era mucho más que una exposición de los riesgos de una vacuna, era una crítica feroz al aparato de la medicina general en su conjunto, incluido el proceso de revisión de pares y el uso de ensayos controlados con placebo para demostrar la eficacia de los fármacos. Salta a la vista que, para Coulter, el libro suponía la merecida venganza de la homeopatía contra la AMA y un llamamiento a las armas contra una sociedad inhumana que pone el bien de muchos por encima del destino de los pocos vulnerables que padecen reacciones violentas a las vacunas. «Sé que Dios me dio un niño perfecto. Fui tan feliz cuando nació... —comenta una madre—. Era tan bonito, con sus diez deditos en las manos y los pies. Dios me dio un hijo perfecto y el hombre, con su proceder, deterioró la obra perfecta de Dios.»

La idea de que los niños con problemas de aprendizaje son bienes dañados atraviesa el libro de cabo a rabo; los autores aluden a ellos como «dañados por las vacunas» en lugar de «disléxicos» o «autistas», y los retratan como personas indefensas sepultadas en su propio cuerpo. «Lo entiende todo, pero no sabe expresarse —explica otra madre—. Se le ve en los ojitos. Está todo ahí, pero no sabe expresarlo como quiere. A veces le tiembla la voz de tanto empeño como pone. Lo tiene, pero está atrapado.»

La publicación del libro causó una gran indignación pública, que culminó en una serie de audiencias en el Congreso y una oleada de reformas. En 1986 se aprobó la Ley Nacional de Lesiones por Vacunas en la Infancia, que estableció un programa federal de compensación por los daños provocados por las vacunas, a la par que creaba un Sistema de Información de Efectos Adversos de las Vacunas (VAERS por sus siglas en inglés) con el fin de permitir a las autoridades sanitarias y a los consumidores llevar un seguimiento de los problemas provocados por los programas de inmunización a escala nacional. En este sentido, el libro consiguió lo que se había propuesto. Pero Coulter no había hecho más que empezar con la labor de su vida. En los años posteriores a la publicación de *A Shot in the Dark*, su opinión se radicalizó aún más.

En el punto álgido de la epidemia del sida, Coulter planteó la teoría de que el virus de inmunodeficiencia adquirida (VIH) no era el responsable de la enfermedad, sino que el creía que se trataba de una forma de sífilis que ataca específicamente a los drogadictos y las personas con «un estilo de vida homosexual [...], el cual implica un consumo muy potente de drogas».[67] Y mientras que el autismo apenas se mencionaba en *A Shot in the Dark*, se convirtió en el tema central de su siguiente libro, *Vaccination, Social Violence, and Criminality*, en el que proponía que los niveles crecientes de autismo, homosexualidad, obesidad, dislexia, THDA, drogadicción, epilepsia, delincuencia juvenil y matanzas eran todo expresiones de una epidemia de encefalitis provocada por los programas de vacunas obligatorias. Más aún, aseguraba que tales hechos eran perfectamente conocidos por la comunidad médica, pero se ocultaban como parte de una gran conspiración, una conspiración de tal calibre que «no resulta fácil discernir los contornos del íncubo que el programa de vacunación ha lanzado sobre nosotros», añadía.

Una noche de febrero de 1995, Rimland se hallaba en su hogar viendo un programa de entrevistas acerca de los riesgos de la vacunación cuando cayó en la cuenta de que varias de las madres a quienes estaban entrevistando hacían referencia a Coulter y su trabajo.[68] Tras consultarlo, se convenció de que Coulter había hallado la solución al rompecabezas del aumento en las cifras de autismo que tan elusiva se había mostrado hasta entonces. Aquel otoño publicó su primer editorial a página completa. En él expresaba su convicción en que existía una epidemia de autismo.

El respaldo de Rimland brindó a las teorías marginales de Coulter sobre el autismo, la encefalitis y las vacunas un alcance que no habrían tenido de otra manera, al tiempo que las despojaron de sus aspectos más repugnantes, como la asociación del autismo con la delincuencia. Para entonces, Coulter ya había avanzado a la siguiente fase de su carrera profesional, que consistía en ayudar a un inmunólogo ruso a desarrollar una vacuna derivada de la placenta humana para tratar el cáncer. El resultado de los ensayos experimentales, realizados en pacientes de Moscú y las Bahamas, fue a todas luces mixto, ya que varios de los pacientes fallecieron de todos modos.[69] Pero Coulter no se amedrentó y vio en las reacciones de los pacientes a la vacuna (que incluían fiebre, cefaleas y un dolor más punzante en los puntos donde les habían realizado operaciones quirúrgicas en el pasado) demostraciones claras de los principios homeopáticos.

VI

Si bien Rimland contribuyó decisivamente a la difusión de las ideas de Coulter entre la comunidad de padres de niños autistas, un joven gastroenterólogo inglés llamado Andrew Wakefield fue el responsable de exponérselas al público general, al afirmar haber descubierto un mecanismo potencial mediante el cual la combinación de la vacuna del sarampión, las paperas y la rubeola (la vacuna triple vírica) provoca lesiones cerebrales.

El 28 de febrero de 1998, Wakefield dio una rueda de prensa en el Royal Free Hospital de Hampstead, en el norte de Londres. El motivo era la publicación de su nueva serie de casos en *Lancet*, una de las revistas médicas más prestigiosas de Gran Bretaña. Para asegurarse de que la rueda de prensa fuera todo un acontecimiento, el personal de relaciones públicas del hospital había dado el paso insólito de enviar un vídeo promocional de veinte minutos a los periodistas de antemano, donde aparecía metraje gráfico de niños sometidos a una agonía evidente. El vídeo iba acompañado de una nota de prensa que en parte decía: «Investigadores de la Royal Free Hospital School of Medicine podrían haber descubierto un nuevo síndrome que engloba una nueva enfermedad inflamatoria de los intestinos y autismo». A resultas de ello, la sala estaba abarrotada de reporteros.

Wakefield parecía bien situado para realizar un avance rompedor en la gastroenterología pediátrica. En 1987 había asumido el cargo de director del grupo de estudio de la enfermedad inflamatoria intestinal del Royal Free Hospital, donde su labor se enfocó en investigar los vínculos entre los virus y la enfermedad de Crohn. En una serie de estudios publicados en la década de 1990, Wakefield y sus colegas aislaron el virus del sarampión como un posible causante de la enfermedad de Crohn y la enfermedad inflamatoria intestinal. Dichos estudios se consideraron innovadores en la fecha de su publicación y atrajeron la atención de los medios de comunicación sobre la escuela médica del Royal Free Hospital, que intentaba zafarse de su imagen como páramo de la investigación intrascendente.[70] No obstante, con el tiempo recibieron duras críticas, pues otros investigadores, o bien no consiguieron replicar los resultados de Wakefield, o bien los refutaron sin más.

Impertérrito, Wakefield continuó buscando una conexión entre el sarampión y la enfermedad de Crohn y acabó por publicar un estudio en *Lancet* que parecía validar su teoría. Tras revisar veinticinco mil expedientes de pacientes del Hospital Universitario de Uppsala, Suecia, de la década de 1940, Wakefield y el coautor Anders Ekbom encontraron tres casos de niños nacidos de madres infectadas por el sarampión que habían desarrollado enfermedad de Crohn a lo largo de su vida. En base a estos casos, Wakefield y Ekbom extrajeron una conclusión tan excesiva como drástica: «Nuestro estudio sugiere que la exposición al virus del sarampión en el útero es un importante factor de riesgo para la aparición de la enfermedad de Crohn en una época ulterior de la vida; tal exposición precoz parece conllevar un riesgo de una enfermedad generalizada y agresiva».[71]

A continuación, Wakefield centró sus investigaciones en la vacuna triple vírica, que se formula con virus vivos en un estado debilitado para activar la respuesta inmunitaria del organismo. En este punto fue cuando su trabajo empezó a suscitar duras críticas por parte de los funcionarios de la sanidad pública británica, quienes eran conscientes del peligro potencialmente catastrófico de hacer tambalear la confianza del público en la seguridad de una vacuna que evita millones de muertes en todo el mundo cada año. (La Organización Mundial de la Salud calcula que, sólo en 2000, entre treinta y cuarenta millones de personas contrajeron sarampión, con un saldo total de 777.000 muertes, la mayoría de ellas en el África subsahariana, donde los índices de vacunación y los estándares de los cuidados sanitarios son inferiores.)[72] Al final, el decano de Wakefield en la escuela médica, Arie Zuckerman, expresó en privado su preocupación acerca de la «inoportuna polémica» que estaba suscitando el trabajo de Wakefield sobre el Crohn y la vacuna triple vírica al consejero médico en jefe del Reino Unido, Kenneth Calman.[73] En retrospectiva, dicha polémica se queda en agua de borrajas en comparación con la tormenta que se perfilaba en el horizonte.

En 1995, Wakefield recibió una llamada telefónica de la madre de un niño autista que lo dejó muy atribulado. Al principio no sabía por qué le telefoneaba a él, un gastroenterólogo. «Yo no sabía nada sobre el autismo», admitió más adelante.[74] De acuerdo con Wakefield, la madre le explicó que su hijo tenía graves problemas intestinales, incluidos diarrea e incontinencia hasta doce veces al día.[75] También parecía tener dolor, era violento y se autolesionaba. Le explicó que el pequeño había tenido un desarrollo «perfectamente normal» hasta que le administraron la vacuna triple vírica. Poco después de la inyección, explicó la madre, tuvo una fiebre alta y a partir de ese punto se deterioró de manera acelerada y perdió la capacidad de hablar. Wakefield afirmaría más adelante que se sintió moralmente obligado a ahondar en su investigación sobre el autismo tras recibir «cinco llamadas como aquélla en dos días». Resulta que su polémico trabajo sobre la enfermedad de Crohn lo había convertido en una figura respetada entre los activistas antivacunas y las madres que le habían telefoneado pertenecían a la red antivacunas.

Como el estudio de Uppsala, las series de casos de 1998 de Wakefield dependían de una muestra muy reducida de pacientes; en esta ocasión, una docena de niños. En unos términos precavidos y cualificados, su equipo informó de que «los padres habían asociado» la aparición de los «síntomas conductuales» del autismo con la administración de la vacuna triple vírica en ocho de los doce casos.[76] Los investigadores afirmaban que todos los niños mostraban evidencias de anomalías intestinales, que iban desde «una inflamación crónica puntual» hasta «ulceración». En la mayoría de estos casos, informaban, «tras un período de aparente normalidad», los niños habían experimentado una regresión drástica al recibir la vacuna.

A partir de las investigaciones previas de Wakefield en materia de virus, vacunas e inflamación intestinal, así como del trabajo de otros científicos, el equipo de investigación postuló que las proteínas parcialmente digeridas de cereales y productos lácteos se estaban filtrando en los torrentes sanguíneos de los niños a través de las paredes de sus intestinos dañados. Una vez allí, teorizaban, aquellas proteínas, conocidas como péptidos opioides, se transportaban hasta el cerebro en desarrollo, donde provocaban una disrupción de la regulación y el crecimiento neuronal y provocaban una pérdida de habilidades repentina y drástica. Con el tiempo, Wakefield bautizó este síndrome como «enterocolitis autista».

La idea de que los péptidos opioides alteraran el desarrollo cerebral no era nueva, sobre todo entre los médicos y padres expertos en ciencias de la red de Rimland, quien había denominado a aquel mismo fenómeno «síndrome del intestino permeable». Todos ellos llevaban años de frustración acumulada por el hecho de que los médicos desestimaban sus observaciones acerca del malestar gastrointestinal de sus hijos y sus preferencias quisquillosas en cuanto a alimentación calificándolas de otro aspecto inexplicable de un trastorno misterioso. Muchos padres, siguiendo el consejo del libro de Karyn Seroussi, habían comprobado que la eliminación de los cereales y la leche (fuentes de gluten y de caseína, respectivamente) de la dieta de sus hijos no sólo les aliviaba los retortijones, la diarrea y la inflamación, sino que además parecía propiciar el nivel de participación social de los pequeños. Quizá no sorprenda que niños a quienes hacía felices comer siempre el mismo plato en cada comida (como el muslo de cordero de Henry Cavendish, las virutas de queso de Joseph Sullivan o el pan naan de Leo Rosa) acabaran por experimentar molestias gastrointestinales.

Asimismo, los episodios de fiebre, sarpullidos, convulsiones y otras reacciones generalmente transitorias a las vacunas (y que con toda la lógica asustan a los padres) están bien documentados en los anuarios de inmunología, tal como Coulter y Fisher señalaban por activa y por pasiva en su libro. En muy rara ocasión, estas reacciones negativas no son leves o transitorias y pueden derivar en una incapacidad de por vida o incluso en la muerte. El hecho de que la medicina moderna se construya sobre compensaciones de riesgos aceptables por la sociedad (los fármacos que más vidas salvan tienen graves efectos secundarios, y cualquier intervención quirúrgica importante o la anestesia pueden ser letales) es precisamente el motivo por el que Coulter se inclinaba por la homeopatía. Si bien puede no curar, tampoco mata nunca a nadie de manera directa. El aspecto más novedoso del artículo de Wakefield era la suprema confianza con que convertía aquella confluencia de fenómenos dispares en una teoría sobre la causa del autismo.

Después de que revisores profesionales de un primer borrador manifestaran su inquietud acerca del lenguaje y el impacto potencial del estudio, el editor de *Lancet* solicitó su reescritura y estampó con un sello de «informe preliminar» el artículo impreso, con lo cual recalcaba su naturaleza especulativa.[77] El equipo de investigación tuvo a bien explicitar en el apartado de exposición: «No hemos demostrado que existiera relación entre la vacuna del sarampión, las paperas y la rubeola y el síndrome descrito. Existen estudios virológicos en curso que podrían ayudar a resolver este tema. Si existe un vínculo causal entre la vacuna del sarampión, las paperas y la rubeola y este síndrome, podría anticiparse un aumento de la incidencia del último tras la introducción de la vacuna en el Reino Unido en 1988. Las evidencias publicadas no permiten demostrar si se ha registrado un cambio en la incidencia o si existe alguna vinculación con la vacuna del sarampión, las paperas y la rubeola».[78]

No obstante, tanto en el vídeo promocional como en la rueda de prensa, Wakefield no se mostró en absoluto tan vacilante o precavido. En cambio, insinuó que su estudio no era más que la última evidencia que ponía en tela de juicio la seguridad de la vacuna triple vírica. Wakefield, un hombre con una constitución formidable, profundos ojos azules y unas formas serias e impecables, se comportó como alguien que estaba por encima de la crispación.[79] En la rueda de prensa aprovechó hasta el último ápice de su seriedad para extender un velo de duda sobre la vacuna triple vírica, aventurándose mucho más en el ámbito de la conjetura de lo que sugería la redacción de su artículo.

«Para mí, se trata de un asunto moral —entonó Wakefield con gravedad—. Ahora que se ha suscitado un debate en torno a la vacuna triple vírica, debo declarar que no puedo dar mi apoyo al uso continuado de tres vacunas que se administran juntas.» Y adoptó un tono igual de agorero en el vídeo promocional, donde insistía en que el estudio «sin duda abre un interrogante» sobre la vacuna, al tiempo que reconoce que «no existe una asociación comprobada», antes de añadir: «Sospechamos que podría haberla. [...] Y debo confesar que personalmente tengo serias dudas acerca de su seguridad».[80]

Como era previsible, la mayoría de los periodistas congregados en la sala restaron importancia o directamente desoyeron la advertencia de los colegas de Wakefield y activaron el modo de película de terror. «Científico advierte sobre los riesgos de la vacuna del sarampión», clamaba el titular del *London Evening Standard*. «Los médicos avisan de un nuevo peligro de las vacunas infantiles», anunciaba por todo lo alto el *Independent*. «Una enfermedad intestinal no detectada produce malestar en bebés», lamentaba el *Guardian*. «La vacuna del sarampión convirtió a mi hijo en un niño autista», aullaba el *Daily Record*. Y, en su línea, el hiperbólico *Daily Mail*, que llevaba meses sembrando las semillas del pánico masivo con titulares como «Mis dos niñitos son autistas y mi matrimonio de ensueño está hecho trizas. Nuestras vidas, arruinadas por una vacuna», salió con un «Prohíban la vacuna triple, instan los médicos tras nuevos temores», como si el Colegio de Pediatras hubiera emitido una alarma por emergencia.

Tal cobertura en la prensa desencadenó oleadas de conmoción mucho más allá de la comunidad de padres de niños autistas. Para Rimland, el estudio de Wakefield fue el arma humeante que había estado esperando. En los años venideros, muchos miembros de su red se convencerían de que el autismo era el producto de múltiples agravios a los cerebros en desarrollo de los niños causados por las vacunas, los conservantes de las vacunas o ambas cosas. Activistas como Fisher se fijaron la meta de eliminar el uso de un conservante específico de las vacunas, el timerosal, que se convirtió en objeto de un encendido debate en todo el mundo. Mientras las autoridades sanitarias públicas se apresuraban a tranquilizar a los aterrorizados padres asegurándoles que la vacuna era segura, Rimland bramó en una nota de prensa: «Es ridículo afirmar que la vinculación entre múltiples casos de autismo y la vacunación es mera coincidencia. El grupo del doctor Wakefield ha ampliado sobremanera nuestra comprensión de un posible mecanismo».[81]

Tras el clamor en contra surgido de organizaciones como el National Vaccine Information Center de Fisher, los Centros para el Control de Enfermedades (CDC) de

Atlanta y la American Academy of Pediatrics solicitaron a los fabricantes de vacunas que retiraran el timerosal de sus productos, y el conservante se eliminó de manera gradual pero rápida de la mayoría de las vacunas en Estados Unidos y Europa. Si bien estudios ulteriores demostrarían que no tuvo ninguna repercusión en el auge en las cifras de diagnóstico del autismo, este paso preventivo tuvo el efecto no intencionado de parecer proporcionar un imprimátur oficial a las inquietudes de los padres acerca del mercurio.[82] Las noticias acerca del vínculo entre el autismo y las vacunas se propagaron por los listados de correspondencia y los sitios web de padres que proliferaban en Internet,[83] atizados por una cascada infinita de reportajes «equilibrados» en los principales medios de comunicación a cargo de periodistas a quienes esta revisión de la historia de David contra Goliat —un médico visionario respaldado por un ejército de madres guerreras que se oponían a una conspiración entre las grandes farmacéuticas y las autoridades gubernamentales— se les antojaba irresistible.[84] En noviembre de 2000, Wakefield apareció en el programa de reportajes *60 Minutos* culpando a la vacuna triple vírica de desencadenar una epidemia de autismo, y lo hizo tras las aterradoras imágenes del antes y el después de un niño que, según él, se había vuelto autista después de ser vacunado.

Las tasas de inmunización frente al sarampión, las paperas y la tos ferina empezaron a descender en todo el mundo. A los padres en cuyos países estas enfermedades contagiosas tienen escasa incidencia, cuidar a un crío durante la semana que tarda en pasarse el sarampión se les antojaba un bajo precio que pagar frente a la posibilidad de un trastorno del desarrollo de por vida. Empezaron a brotar como setas libros autoeditados, como *Melanie's Marvelous Measles*, descrito por su autora, Stephanie Messenger, como un relato «que transporta a los niños de entre cuatro y diez años en un viaje de descubrimiento acerca de la ineficacia de las vacunas, al tiempo que les enseña a aceptar la enfermedad en la infancia». En la misma línea, algunos padres empezaron a convocar «fiestas de contagio», donde exponían de forma deliberada a sus hijos a enfermedades como la varicela.[85]

La serie de casos de Wakefield se convirtió en uno de los artículos más influyentes de la historia de la sanidad pública, un logro considerable para quien admite que no sabía nada acerca del autismo hasta que acometió el estudio. Pero también se convertiría en uno de los artículos más extensos y absolutamente refutados.[86] Investigaciones y consultas iniciadas en los años posteriores a su publicación por parte del periodista Brian Deer, el General Medical Council, el *British Medical Journal* y otros comités de vigilancia destaparon numerosos problemas tanto en su metodología como en sus valores éticos y en sus informaciones.

Los niños descritos en el estudio como «normales» antes de ser vacunados en realidad ya habían sido marcados por presentar síntomas de desarrollo indebido, como aleteo de manos y retraso en el lenguaje. A dos niños que supuestamente contrajeron enterocolitis autista tras la administración de la vacuna triple vírica nunca les habían diagnosticado autismo. Wakefield también había dado alas a la creatividad al calcular el tiempo entre la administración de la vacuna y la aparición de la regresión, con vistas a que pareciera que los niños habían presentado los síntomas a los pocos días de administrárseles la vacuna triple vírica, cuando sus propios informes indicaban que habían transcurrido semanas o incluso meses entre ambos sucesos. El padre de un niño incluido en el estudio dijo a Deer: «Si realmente mi hijo es el paciente número once, entonces el artículo de *Lancet* es un puro invento».[87]

Más irrecusable aún es el hecho de que Deer averiguó que Wakefield no había revelado a los editores de *Lancet* un sustancial acuerdo económico al que habían llegado unos abogados que planeaban presentar una demanda colectiva contra los fabricantes de vacunas. Mientras éstas y otras irregularidades salían a la luz, diez de los coautores del estudio solicitaron que su nombre se borrara del artículo y *Lancet* acabó por revocar el estudio en su conjunto en 2004.[88] En 2010, el General Medical Council retiró la licencia médica a Wakefield en Inglaterra y los editores del *British Medical Journal* denunciaron su estudio como «un fraude elaborado» en 2011.[89]

Múltiples intentos de confirmar la existencia de un vínculo entre el autismo y la vacuna triple vírica realizados por investigadores independientes han resultado fallidos. En 2003, un equipo de investigación que escribía para los *Archives of Pediatrics and Adolescent Medicine* realizó un metaanálisis sistemático de una docena de estudios epidemiológicos y concluyó que: «La literatura actual no sugiere que exista ninguna relación entre el ASD y la vacuna triple vírica. Mientras que el riesgo de que la vacuna triple vírica cause autismo continúa siendo teórico, las consecuencias de no vacunar son reales».[90]

Desde sus despachos en el Lorna Wing Centre for Autism, situado a las afueras de Londres, Lorna y Judith contemplaban la controversia en torno a las vacunas con una sensación de trágica inevitabilidad. No les cabía duda de que los cambios que habían introducido en los criterios del *DSM* eran el principal factor responsable del aumento de las cifras de autismo. Conversar mientras tomaban un té con los dos investigadores sénior en 2011, contemplando el tranquilo jardín que habían plantado para deleite de los niños del centro, era como estar sentadas en el ojo calmo de un huracán que había sacudido todo el mundo.

«Es una cuestión de diagnóstico», comentó Lorna con firmeza.[91] Al ampliar la acotada definición de Kanner de su síndrome para incluir a niños y adultos con una incapacidad más leve, había previsto que las cifras de prevalencia del autismo aumentarían. Eso era justo lo que pretendían: que el diagnóstico englobara a más personas, para que ni éstas ni sus familias tuvieran que lidiar con la situación sin ayuda tal como ellas habían tenido que hacer en la década de 1960. «Estas personas siempre han existido», sentenció.

Judith concordó con ella: «No nos sorprendió que empezara a decirse que había una epidemia —confesó—. Era evidente que al ampliar el espectro las cifras iban a aumentar. Lo hemos dicho siempre, pero se han limitado a desdeñarnos».

Lorna insinuó que la difuminación de las fronteras entre el autismo y la excentricidad también había contribuido de manera inevitable a la percepción generalizada de que el trastorno iba al alza. Tras su definición del concepto del síndrome de Asperger, Lorna y Judith comenzaron a detectar algunas características del síndrome entre las personas que las rodeaban, en concreto en los familiares de los niños que llevaban al centro para su evaluación y en personas que trabajaban en temas técnicos. «Es muy difícil establecer líneas divisorias nítidas, sin duda entre el síndrome de Kanner y el de Asperger —comentó Lorna—, pero también entre el de Asperger y la normalidad.»

Otro motivo por el que las personas autistas se han vuelto más visibles, planteaba Judith, es que los roles de género se han diluido en décadas recientes. «Por tradición, en Gran Bretaña los hombres trabajaban y los cuidaban sus mujeres, que no trabajaban. Ellas eran las cuidadoras y los hombres eran el sostén de la familia —argumentó—. Veo a muchos, muchos hombres que acuden a que los diagnostiquen y que en tiempos pasados nunca habrían pensado que tenían ningún problema, porque los protegían la familia y la sociedad.» Lorna añadió que si «ser un poco autista» es esencial para tener éxito en el ámbito de la ciencia y el arte, como sugería Asperger, quizá el advenimiento de Internet haya acelerado «una tendencia evolutiva en esa dirección».

Con todo, Judith no se engañaba con respecto a lo incapacitantes que pueden ser los rasgos nucleares del autismo, incluso aunque se reciban los mejores cuidados. Cuando hablé con ella, Lorna y su esposo, John, habían enterrado a su querida Susie, fallecida en 2005 a los cuarenta y nueve años de edad después de que las tormentas hormonales de la menopausia le provocaran una compulsión a beber cantidades excesivas de agua. Había fallecido de un ataque de corazón. John murió de la enfermedad de Alzheimer cinco años más tarde, después de que Lorna lo cuidara fielmente en casa hasta las fases finales de su enfermedad. Y ella falleció en 2014, a los ochenta y cinco años de edad.

El día que visité su clínica, Lorna lucía un aspecto asombrosamente juvenil y alegre con su vestido floreado de colores vivos. Recordó haber tomado el té con Asperger una tarde en la cafetería del Maudsley Hospital, justo antes del deceso de éste en 1980. (Lo describió como un «hombre encantador, educado y que sabía escuchar».) Con la ayuda de su artículo, ella y otros padres que habían fundado la National Autistic Society en la década de 1960 habían cambiado el mundo y lo habían convertido en un lugar mejor para sus hijos.

La repercusión más insidiosa del estudio del caso de Wakefield y la tormenta de polémica que suscitó fue que secuestró el movimiento creado por padres como Lorna y Ruth Sullivan y lo desvió de su misión original de exigir servicios y adecuaciones en la educación para convertirlo en un debate rencoroso en torno a las vacunas. En el fragor de las guerras del autismo, prácticamente todos los demás temas, como la necesidad imperiosa de programas para ayudar a los adolescentes autistas a prepararse para acceder al mercado laboral, se barrieron del panorama.

Los temores a una epidemia también sesgaron la dirección de la investigación sobre el autismo. La mayoría de los estudios respaldados por el NIMH y otros organismos federales y organizaciones privadas como Autism Speaks se centran en una búsqueda infinita de los factores de riesgo y las causas potenciales, mientras que los proyectos destinados a mejorar la calidad de vida de las personas autistas adolecen de una financiación insuficiente perpetua.

Sin embargo, la situación está empezando a cambiar. Al aprovechar la tecnología que sus predecesores de generaciones previas les han legado, las personas autistas están asumiendo las riendas de su propio destino, con la ayuda de unos padres que ya no creen que lo que más necesitan sus hijos sea una cura.

11

En el espacio autista

> Toda la vida hemos estado solos en un mundo de personas extrañas. Encontrar almas gemelas al fin comporta una alegría especial.
>
> A. E. Van Vogt, *Slan*

En mayo de 1989, una desgarbada diseñadora industrial de pelo rubio vestida de vaquera del Oeste y con corbata de bolo subió al podio en una conferencia para educadores y profesionales del autismo que se celebraba en Chapel Hill, Carolina del Norte. El tema de la reunión, impulsado por el estreno de *Rain Man* cinco meses antes, era «personas con autismo de alto funcionamiento» y la oradora encajaba en tal descripción. «Soy una mujer autista de cuarenta y cuatro años que se ha forjado una exitosa carrera profesional internacional diseñando instalaciones para ganado —empezó a decir—. Me doctoré en Ciencia Animal en la Universidad de Illinois en Urbana y hoy ejerzo como profesora adjunta de Ciencia Animal en la Colorado State University.»[1] Su nombre era Temple Grandin y todavía no era ampliamente conocida fuera de los círculos del autismo.

Unos cuantos años antes, Ruth Sullivan había divisado a Grandin en una terminal del St. Louis Airport mientras se hallaba de camino a una conferencia, escuchando a hurtadillas desde un lugar apartado mientras los padres intercambiaban impresiones acerca de la crianza de sus hijos. Pese a que el NSAC tenía ya dos décadas de antigüedad a aquellas alturas, Sullivan nunca había visto a una mujer madura que se describiera como autista; de hecho, la idea ni siquiera se le había pasado por la mente mientras el autocar los conducía hasta su hotel. «Si entonces hubiera sabido lo que sé ahora, me habría dado cuenta —recuerda Sullivan—. Pero Temple sólo era un poco tímida, iba bien vestida y hablaba muy bien. Cuando se fue a su habitación fue cuando caí en la cuenta.»[2] Al invitar a la diseñadora industrial a moderar una mesa redonda, a efectos prácticos Sullivan lanzó la carrera de Grandin como conferenciante.

«Había unas veinte mesas redondas en marcha en aquel gran salón de banquetes, pero cuando empecé a hablar, de repente todo el mundo guardó silencio —explica Grandin—. Las personas de las otras mesas empezaron a volver la cabeza para escucharme.»[3] (Dos décadas más tarde, la escena se recreó para el *biopic* ganador de varios premios Emmy *Temple Grandin,* protagonizado por Clare Danes.) «Podías formularle preguntas a Temple y era como hablar con todos nuestros hijos —recuerda Sullivan—. Nadie podía explicarnos lo que ella podía explicarnos.»

Al relatar la historia de su vida ante el público de profesionales congregado en Chapel Hill con su inimitable manera de hablar brusca y franca, Grandin arrojó más luz sobre la realidad cotidiana del autismo de la que habrían proyectado décadas de observación clínica y especulación. El hecho de que aquella diseñadora industrial consagrada y elocuente no hablara hasta los tres años de edad y hubiera bregado con varios problemas conductuales durante la adolescencia sugería que etiquetas como «alto funcionamiento» y «bajo funcionamiento» eran demasiado simplistas. Había logrado que no la internaran sólo gracias a que el neurólogo que primero la examinó le diagnosticó daño cerebral en lugar de autismo.

Para empezar, Grandin aclaró que describir a los niños sin capacidad del habla como voluntariamente ajenos a las personas que los rodeaban era un craso error. «Si un adulto me hablaba directamente, yo entendía todo lo que me decía, pero no era capaz de formular ninguna palabra —aclaró—. Mi madre y mis profesores se preguntaban por qué gritaba. Gritar era el único modo que tenía de comunicarme.» Luego señaló la inadecuación de los métodos empíricos existentes para captar las sensibilidades sensoriales nucleares a la experiencia autista. Las pruebas auditivas que le realizaron de niña no revelaron nada inusual en su audición, pero Grandin describió el haber sido bombardeada con determinados sonidos como «llevar un audífono colocado con el volumen a toda potencia». El motivo por el cual se comportaba mal en la iglesia tan a menudo de pequeña, explicó, era porque los domingos le obligaban a llevar enaguas, falda y medias y el roce con la piel le molestaba.

Se refirió de manera explícita a su autismo como una «minusvalía», en lugar de como una enfermedad mental, invocando con ello el uso de un lenguaje humanizador de la discapacidad frente a la jerga estigmatizadora de la psiquiatría. Además de arrojar luz sobre los desafíos que afrontaban las personas con autismo, también describió los modos en que la naturaleza visual de su proceso de pensamiento y su memoria le habían otorgado ventajas prácticas en su carrera profesional. «Si alguien pronuncia la palabra *gato* —explicó—, yo veo imágenes individuales de los gatos que he visto o sobre los que he leído. No pienso en un gato neutro. Mi carrera como diseñadora de instalaciones para ganado maximiza mis áreas de talento y minimiza mis déficits. [...] Para un diseñador de equipamiento, el pensamiento visual es un activo. Yo soy capaz de "ver" cómo encajan todas las piezas de un proyecto y detectar los problemas potenciales.» Citó el tristemente famoso caso de una pasarela que se hundió en el vestíbulo de un hotel Hyatt Regency en 1981 y provocó un centenar de víctimas mortales como una catástrofe que podría haberse evitado si una pensadora visual como ella hubiera formado parte del equipo de diseño.

A continuación trazó las raíces de sus dones creativos a través de las ramas de su árbol genealógico: describió a su bisabuelo paterno como un inconformista que puso en funcionamiento la granja de trigo corporativa más grande del mundo y a su abuelo materno como un tímido ingeniero que ayudó a inventar el piloto automático para los aviones.[4] Señaló asimismo que sus tres hermanos tienen pensamiento visual y que una de sus hermanas, una talentosa interiorista, es disléxica. Su énfasis en las virtudes de las mentes atípicas marcó un punto de partida de la concepción de la mayor parte de los psicólogos, quienes enmarcaban los puntos fuertes de los perfiles cognitivos de sus pacientes como meras «habilidades escindidas», islotes de capacidades conservadas en mares de incompetencia general. En su lugar, Grandin planteó que las personas con autismo, dislexia y otras diferencias cognitivas podían realizar aportaciones a la sociedad que las consideradas personas normales eran incapaces de realizar.

Concluyó su charla rindiendo homenaje a sus mentores, empezando por su madre, Eustacia Cutler, que nunca perdió la fe en su potencial y libró numerosas batallas para garantizar a Temple una educación. También dio las gracias a William Carlock, el profesor de ciencias del instituto que canalizó su fascinación adolescente por las vacas hacia una carrera profesional en el ámbito de la ciencia animal. Explicó que el punto de inflexión en su joven vida tuvo lugar un verano en el rancho de su tía Ann, cuando apreció que los temerosos becerros se calmaban cuando se los metía en manada en un dispositivo de inmovilización mecánica que los mantenía seguros en su sitio. Como muchas personas autistas, Grandin padece ansiedad crónica y se preguntó si ella también se tranquilizaría si la metieran en aquel dispositivo inmovilizador. Con ayuda de su tía, lo comprobó y la sensación de contención que experimentó al notar las cuatro paredes del dispositivo presionándola por todas partes alivió sus «ataques de nervios». Más adelante, con el aliento de Carlock, ideó un aparato similar para sí misma fabricado con restos de madera.

Como era previsible, el psicólogo escolar desaprobó su invento y le dijo que no atinaba a determinar si se trataba de «un prototipo de un útero o de un féretro». («No pensaremos que somos vacas o algo así, ¿no?», le preguntó a Grandin, quien le espetó: «¿Piensa usted que es una vaca?».)[5] La dirección escolar intentó convencer a Eustacia de que el dispositivo que había inventado su hija demostraba una fijación «enfermiza» que precisaba cura. Pero Grandin tenía la sensación de estar en la senda correcta. Resguardada en los brazos de su máquina de inmovilización, no sólo disminuyó su grado de ansiedad, sino que se sintió más conectada emocionalmente con las personas que la rodeaban. «Por primera vez en la vida —dijo— tuve ganas de aprender.»[6]

Como uno de los primeros adultos que se identificó en público como autista, Grandin ayudó a poner fin a décadas de vergüenza y estigma. Sin embargo, un aspecto casi olvidado de su «salida del armario» ilustra la rapidez con la que se movía el suelo bajo sus pies. Para la mayoría de los médicos del momento, la idea de que existiera una autista adulta con un doctorado universitario y una carrera profesional consagrada parecía, cuando menos, implausible. De manera que Grandin se presentó en Chapel Hill como alguien que se había «recuperado» del autismo, a instancias de Rimland, quien prologó su autobiografía de 1986, *Emergence*, como «el primer libro escrito por una persona autista recuperada».[7]

No obstante, al poco se hizo evidente que Grandin no se había recuperado, sino que había aprendido, con notable esfuerzo, a adaptarse a las normas sociales de las personas que la rodeaban. «En aquel entonces, cuando me describía así, no me di cuenta de que pensaba de un modo muy distinto —explica Grandin—. A principios de los años noventa estaba ocupada en diversos proyectos de construcción y era capaz de dibujar algo y someter a pruebas ese aparato en mi mente. Empecé a pedirles a otros diseñadores que me describieran cómo pensaban y me dijeron que ellos dibujaban la disposición de la línea de despiece de la carne, pero no eran capaces de hacer mover las cintas transportadoras. Y yo sí podía.»[8]

Tuvo una revelación similar cuando le preguntó a una logopeda qué le venía a la mente tras escuchar la expresión «aguja de iglesia». «Me sorprendió que contestara: "una cosa puntiaguda" —recuerda Grandin—. Lo que yo veía eran imágenes de campanarios específicos.» Empezó a pensar que tenía un potente terminal de trabajo digital en su cabeza, capaz de efectuar búsquedas instantáneas en una impresionante biblioteca de imágenes almacenadas y de generar vídeos 3-D a partir de los bocetos que tenía en su mesa de dibujo.

Asimismo, Grandin se apercibió de que muchos de los padres que acudían a las conferencias sobre el autismo eran personas consagradas en campos técnicos. «Muy al principio conocí a una familia que tenía dos hijos profundamente autistas incapaces de hablar. El padre era programador informático y la madre, química. Ambos eran superinteligentes —afirma—. Vi montones y montones de casos como aquél. Empecé a pensar que los rasgos autistas formaban parte de un continuo. Cuantos más rasgos tenías por ambas vías genealógicas, más se concentraba la genética. Tener sólo unos rasgos someros te concedía cierta ventaja; en cambio, si esos rasgos abundaban, se acababa con un autismo muy severo.» Advirtió que los esfuerzos por erradicar el autismo del acervo genético ponían en riesgo el futuro de la humanidad, pues purgaban las mismas cualidades que habían hecho progresar la innovación cultural, científica y tecnológica durante milenios. Es probable que el creador de la primera lanza de piedra, aventuró, fuera un autista solitario que permanecía al fondo de la cueva, analizando con perseverancia las sutiles diferencias entre los distintos tipos de rocas, no uno de los «parlanchines» que estaban de cháchara junto a la hoguera.

> A los adultos autistas conscientes y a sus padres suele enojarles que exista el autismo. Muchos se preguntan por qué la naturaleza o Dios crearon trastornos tan espantosos como el autismo, la depresión maníaca y la esquizofrenia. No obstante, si se eliminaran los genes que provocan estos trastornos, pagaríamos un precio muy elevado. Es posible que las personas con fragmentos de estos rasgos sean más creativas, incluso genios. Si la ciencia eliminara estos genes, quizá todo el mundo caería en manos de contables.[9]

Dos años después apareció por el despacho de Grandin, en el Departamento de Ciencias Animales de la Colorado State University, un visitante destacado: Oliver Sacks, que había volado desde Nueva York, como parte de su investigación, para trazar el perfil del joven artista autista prodigio Stephen Wiltshire. La visión que Sachs tenía del autismo estaba sufriendo una rápida evolución, sobre todo gracias a los profundos conocimientos de Lorna Wing, Uta Frith y el resto de integrantes del grupo de Londres. La primera vez que leyó *Emergence*, sospechó que la coautora del libro de Grandin, Margaret Scariano, debía de haberle hecho de negra en su redacción. «La mente autista, o eso se suponía a la sazón, era incapaz de entenderse a sí misma o de entender a otras personas y, por consiguiente, incapaz de una auténtica introspección y retrospección —explicó—. ¿Cómo podía una persona autista escribir una autobiografía? Parecía una contradicción en sus propios términos.»[10] Sin embargo, tras leer docenas de artículos descubrió que el característico personaje de Grandin, una observadora externa de la sociedad con una curiosidad insaciable, una «antropóloga en Marte», según ella misma se describía, era perfectamente coherente. Estaba claro que escribía con su propia voz.

Tras décadas en las sombras, la tribu perdida de Asperger al fin se abría camino hacia la luz. Antes de conocer a Grandin, Sacks había pasado el verano visitando campamentos para niños autistas y entablando amistad con una pareja de California a quienes denominaba «los B», los cuales habían convertido su hogar en un refugio para extraterrestres expatriados. Tras coincidir en la universidad, el señor y la señora B tuvieron la sensación de que hacía un millón de años que se conocían. Ambos eran aficionados a la serie *Star Trek* y les gustaba decir que se habían teletransportado juntos. Tuvieron dos hijos autistas, uno de ellos no verbal y el otro con Asperger, de manera que instalaron una cama elástica en el patio trasero para que toda la familia pudiera saltar y aletear cuanto quisiera. Tenían las paredes adornadas con dibujos surrealistas, las estanterías repletas de ciencia ficción, y las notas pegadas en la cocina recogían instrucciones de una precisión meticulosa para cocinar y poner la mesa. En un principio, Sacks dio por supuesto que aquellas indicaciones detalladas eran una expresión de la necesidad de orden y rutina de los B, pero con el tiempo averiguó que eran una broma interna de la familia a expensas de quienes creían que las personas autistas eran incapaces de «entender» el humor.

Los B eran perfectamente conscientes de que los protocolos y las convenciones de la sociedad no autista eran opacos a ellos y de que en el trabajo debían «imitar el comportamiento humano como monos», en palabras del señor B, para evitar causar alarma entre sus colegas de profesión. Pero Sacks informó de que habían llegado a creer que su autismo, «pese a poderse considerar un trastorno médico y tratarse como una patología, descrito como un síndrome, también debe contemplarse como una manera de ser en su conjunto, un modo o una identidad profundamente distinta que necesita ser consciente y sentirse orgullosa de sí mismo».[11] En casa, con los otros miembros de su tribu, en un entorno diseñado para su comodidad, no se sentían discapacitados, simplemente se sentían diferentes de sus vecinos.

Ávido por observar a Grandin en su elemento nativo, Sacks pasó varios días recorriendo las granjas de ganado y fábricas de envasado de carne que la diseñadora había ayudado a planificar, compartió una comida a base de costillas y cerveza con ella en un restaurante con temática vaquera y la visitó en su hogar, donde, por jugar, se metió en su máquina de inmovilización para probarla en su propia piel y notó una sensación «de dulce sosiego» en su abrazo mecánico.[12] Además, realizaron varias caminatas juntos por las montañas, donde a Sacks le impresionaron los conocimiento en ornitología, fauna autóctona y formaciones rocosas de Grandin, y también que ésta pareciera no sentirse impresionada por la sensación de sublimidad y sobrecogimiento que provocaban en él. A su vez, a Grandin le divirtió descubrir que el eminente neurólogo era casi tan excéntrico como ella. «Era como un profesor amable y distraído que se quedaba alelado con frecuencia —recuerda—. Al sobrevenirle ganas de orinar en el bosque, anunció que iba a "abonar la tierra". Y me hizo detener el coche para nadar en un lago, pero no se daba cuenta de que la corriente lo habría precipitado por una presa. Probablemente le salvé la vida.»

Sus interacciones causaron una impresión tan profunda en Sacks que convirtió lo que había concebido como una mera nota al pie de la historia de Wiltshire en un perfil en profundidad que devino en la pieza central de su siguiente libro superventas, *Un antropólogo en Marte.* Tras cincuenta años de informar de casos que describían a las personas en términos de robots adecuados o «imbéciles», Sacks presentó a Grandin en toda su humanidad, capaz de disfrutar, extravagante, tierna, apasionada con su trabajo, exuberante, anhelante, reflexiva en términos filosóficos acerca de su legado y capaz de subterfugios ladinos (lo coló a hurtadillas en una fábrica colocándole un casco y diciéndole que fingiera ser un ingeniero sanitario). Sacks sustentaba la teoría prevaleciente de que el autismo es «ante todo, un trastorno del afecto, de la empatía», pero también exploró la sensación de fraternidad de Grandin con otras personas discapacitadas y con los animales, cuyos destinos ella consideraba entrelazados en una sociedad que los considera igualmente infrahumanos.

En un estudio para la universidad, Grandin analizó los factores sociales y medioambientales que influyen en las actitudes de los empleados del sector ganadero con el ganado en las unidades de engorde, los mercados de subastas y los mataderos. En unas instalaciones mal diseñadas donde los animales patinaban con frecuencia en los suelos resbaladizos o quedaban atrapados tras puertas que se cerraban con portazos, observó, los trabajadores tendían a volverse menos sensibles a su sufrimiento y utilizaban látigos y bastones eléctricos a troche y moche. Apreció que, en los estados donde se maltrata de manera rutinaria al ganado, las personas discapacitadas afrontan altos niveles de maltrato y discriminación.[13]

Grandin acabó por concebir su honda conexión emocional con los animales como esencialmente autista y crucial para su trabajo. «Si pudiera chasquear los dedos y no ser autista, no lo haría, porque dejaría de ser yo —le dijo a Sacks—. El autismo forma parte de quien soy.»[14] Para entonces, se hallaba ya encaminada a convertirse en la persona autista más famosa de la Tierra. Tras la publicación de *Un antropólogo en Marte*, la consulta de Sacks recibió un aluvión de cartas de lectores que veían aspectos de sí mismos, sus familiares y sus colegas de trabajo en las descripciones de una persona madura dentro del espectro con una vida interior compleja. «Fue sobrecogedor, como abrir una esclusa —recuerda Kate Edgar, la ayudante y revisora de toda la vida del neurólogo—. Había un inmenso deseo contenido de poner un nombre a aquel conjunto de rasgos en las personas adultas y de escuchar a alguien hablar acerca del autismo desde la perspectiva de la aceptación.»

Con todo, las posibilidades de que la perspectiva de Grandin arraigara entre los profesionales del autismo o las organizaciones de defensa tradicionales eran exiguas. La idea de que el diagnóstico del autismo era un destino peor que la muerte demostró ser difícil de disipar incluso entre la profesión médica. En una fecha tan tardía como 2001, una de las figuras más respetadas de la epidemiología moderna, Walter Spitzer, de la McGill University, describió el autismo como «una enfermedad terminal [...] un alma muerta dentro de un cuerpo vivo».[15]

De hecho, la expansión del diagnóstico inspiró la creación de toda una nueva serie de estereotipos deshumanizadores en los medios de comunicación. La primera mención del síndrome de Asperger en un diario anglófono, en el *Toronto Star* en 1989, describía a los diagnosticados como personas «raras» y «torpes» que leían libros de forma compulsiva sin entenderlos, eran incapaces de entablar lazos de amistad y rompían en llanto y carcajadas sin motivo aparentes, «como pacientes de una apoplejía que hubieran sufrido daños cerebrales».[16] La segunda mención, en el *Sydney Morning Herald*, arrancaba con la frase: «Es la plaga de las personas incapaces de sentir».[17]

Incluso había discrepancias en el seno de la comunidad del autismo. Cuando las organizaciones de defensa lideradas por padres dieron el salto a Internet en la década de 1990, continuaron mostrando exclusivamente imágenes de niños en sus sitios web, como si no existieran adultos autistas. Las presentaciones en las conferencias versaban de manera inevitable acerca de los déficits y las discapacidades habituales, en lugar de indagar en los talentos atípicos que Grandin encontraba tan útiles en su trabajo.

Un joven que asistió a la charla de Chapel Hill el día en que Grandin hizo su presentación se propuso cambiar tal situación. Y al hacerlo, asentó las bases de algo que habría sido inimaginable en las generaciones previas: un santuario donde las personas del espectro pudieran relajarse, ser ellas mismas y celebrar sus peculiares modos de ser sin sentir la presión de socializar, sofocar su comportamiento autista o «actuar como si fueran normales».

II

Jim Sinclair había conducido dos mil kilómetros para llegar a Carolina del Norte, con la esperanza de conocer a personas como él tras ser diagnosticado. Nunca había tenido el lujo de sentirse parte de la mayoría: además de estar dentro del espectro, había nacido con las características físicas de ambos sexos. Sus padres lo habían criado como una mujer siguiendo el consejo de su médico, pero él nunca se había sentido así. Su primer acto de autodefinición fue saltar del regazo de su padre y gritar «¡No!» cuando su padre lo acurrucó y le dijo que era «¡La nenita de papá!».

En tercer curso, Sinclair leyó un libro sobre gusanos. Al descubrir que los gusanos son hermafroditas, resolvió llevarlos a un lugar seguro cuando quedaran varados en los arcenes tras la lluvia. «Las lombrices de tierra fueron los primeros seres vivos con los que me identifiqué», afirma.[18]

A una edad muy temprana también empezó a identificarse con otras personas discapacitadas. Un día, Sinclair vio a un invidente con un bastón paseando por la calle. «Me fascinó verlo caminar con tal confianza —explica—. No se parecía en nada a como yo había pensado que caminaría una persona ciega.» Tras descubrir un bastón en el sótano de sus padres, cerró los ojos y lo utilizó para desplazarse por la estancia. Pero su abuela lo sorprendió y empezó a gritarle que debería avergonzarse de comportarse así. Sinclair no entendió por qué se enojaba tanto. Luego, a los seis años de edad, a él y a su hermano les regalaron un juego de figuras de acción Johnny West. Si por casualidad se le desprendía un brazo a una de aquellas figuritas de vaqueros de plástico, Sinclair se lo sujetaba en su sitio, convirtiendo su «lazo de vaquero» en un cabestrillo improvisado. Un día, un muñequito perdió una pierna y Sinclair le hizo una sillita de ruedas. «Desde muy pronto —explica— tuve la sensación de que a las personas no hay que descartarlas por estar rotas.»

Un año después vio una película titulada *Salvaje y libre*, protagonizada por Mark Lester en el papel de un niño llamado Philip que dejó de hablar súbitamente a los tres años de edad a resultas de los traumas provocados por su dominante madre, una visión típica del autismo en aquella época.[19] Sinclair sintió una profunda conexión con Philip, a quien finalmente sacó de su aislamiento su paciente mentor, un hombre mayor, así como su afecto por un potro blanco salvaje.

Entre tanto, los padres de Sinclair lo llevaban a una serie de médicos y terapeutas para determinar por qué le costaba tanto expresarse. Era un niño brillante y elocuente, de hecho, «demasiado» brillante y elocuente para diagnosticarle autismo, les aseguraron en repetidas ocasiones. Aún así, cuando se tensaba o algo lo abrumaba y empezaba a aletear las manos o a mecerse, le gritaban: «¡Deja de hacerte el autista!». Aprendió a reprimir tales comportamientos, cosa que sólo agravó su ansiedad. Sus profesores insinuaron que los niños superdotados suelen ser unos marginados y se dedican a observar a sus compañeros interactuar mientras calibran cuál es el momento adecuado para intervenir. En cambio, Sinclair no esperaba para intervenir; en su lugar, prefería retraerse a un rincón y ocuparse de sus asuntos.

Lo único que Sinclair sabía era que, hasta los doce años, habló fundamentalmente en ecolalia. «Primero me tenían que dar las palabras —recuerda— y luego yo podía seleccionar las que necesitaba en un contexto concreto. Era capaz de extraer palabras de un libro de texto o de las lecciones de un profesor y repetirlas como un loro, de manera que sacaba buenas notas. Pero no se me daba bien montar frases por mí mismo.» Una de las primeras ideas originales que articuló a sus padres fue «No soy una niña», lo cual no hizo sino enojarlos más. Se negó a celebrar su *bat mitzvah*, la ceremonia judía que marca la entrada en la edad adulta de las mujeres, hecho que precipitó una gran escisión con su familia. «No se celebró la ceremonia porque me negué a hacerla con falsos pretextos —afirma—. Y tomé una decisión inamovible.»

A medida que Sinclair y sus compañeros entraron en la adolescencia, las reglas de complejidad creciente del mundo social se le antojaron incomprensibles. Cuando los otros niños lo acosaban, cosa que ocurría con frecuencia, su madre le decía: «Sé amable con ellos y serán tus amigos». Pero él era incapaz de determinar por qué se esperaba de él que quisiera ser amigo de personas que lo trataban con tanta crueldad.

Cuando Sinclair empezó a estudiar en la escuela de posgrado, sus empeños por pasar como una persona no autista saltaron por los aires. Una vez alejado de las reconfortantes estructuras familiares y las rutinas de su vida en casa, dejó que volvieran a aflorar las conductas que tanto se había esforzado por reprimir. «Empecé a autoestimularme mucho en público, que era algo que me había esforzado por dejar de hacer a los once años, porque me di cuenta de que, si no dejaba de mecerme en casa, acabarían por internarme en una institución —explica—. Cuando tuve que ir a la escuela, conservar un empleo a media jornada, tener mi propia vivienda, hacer la compra, la colada y todo lo demás, tuve que escoger entre reprimir los mecanismos de autoestimulación en el supermercado o comprar. Y descubrí que no podía hacer ambas cosas. Durante un tiempo, los médicos pensaron que estaba teniendo ataques epilépticos, porque me obligaba a hacer todas aquellas cosas y finalmente me quedaba callado y era incapaz de responder.»

Con el tiempo perdió su empleo en la universidad y pasó una temporada vagabundeando en la calle. Mientras intentaba entender por qué su vida estaba haciendo implosión, leyó un folleto informativo sobre el autismo editado por la UCLA, pero la descripción no parecía aplicable a su caso. «Yo no me consideraba alguien sin empatía, incapaz de establecer vínculos emocionales o sin interés por relacionarme con los demás», explica Sinclair. Pero entonces vio el documental *Portrait of an Autistic Young Man*. Al ver a Joseph Sullivan interactuar con otras personas, se sintió profundamente identificado. «Por primera vez en toda mi vida fui capaz de interpretar el lenguaje corporal de alguien a quien estaba viendo», recuerda. Más aún, tuvo la sensación de poder ver algo que ni Rimland ni otros expertos en la película sabían ver: que Joseph intentaba comunicarse mediante su comportamiento. «No dejaban de decir cosas como: "Ven, no hace caso de nada". Pero a mí no me parecía que Joseph no hiciera caso. Me parecía que estaba escuchando y pidiendo que le aclarasen las cosas porque no entendía los términos.»

Sinclair empezó a buscar a otros adultos autistas, pero no eran fáciles de localizar en los años previos a la adopción generalizada de Internet. Se suscribió a una publicación trimestral titulada *Residual Autism Newsletter* y posteriormente rebautizada *MAAP* (siglas en inglés de More Able Autistic People o personas autistas más capaces), y empezó a enviar poemas y cartas al editor con la esperanza de que sus iguales contactaran con él.

Aquel boletín informativo lo había lanzado en 1984 Susan Moreno, la madre de una niña llamada Beth, junto con un colectivo de padres a quienes había conocido en una conferencia de la Autism Society of America dos años antes. Como tantos padres de los llamados niños de alto funcionamiento, Susan y su esposo, Marco, pelearon durante años por dar con un médico dispuesto a diagnosticar a su hija.[20] La mayoría de los psicólogos a quienes habían visitado habían descartado de inmediato el autismo porque Beth era capaz de hablar, si bien su vocabulario expresivo era muy limitado. «No sabía decir cosas como: "Me duele la garganta", "Tengo miedo" o "La niñera me ha tratado mal"», recuerda Susan. Se limitaba a repetir sustantivos.

Los Moreno ni siquiera se habían dado cuenta de que su hija sabía leer hasta que un día espetó: «Chicago, carril de la izquierda», cuando pasaron junto a una señal en la autopista. Cuando Susan explicó a una de las maestras de Beth que su hija sabía leer, ésta respondió con frialdad: «Señora Moreno, en ocasiones queremos tanto a nuestros hijos que fantaseamos acerca del mundo real y sus verdaderas capacidades. Pero no es algo que ayude al niño, y tampoco al padre». Dos semanas más tarde, la misma maestra la telefoneó para disculparse, después de que Beth leyera en voz alta para toda la clase los pies de foto de unas diapositivas. Finalmente, Lovaas y Ed Ritvo diagnosticaron a Beth en la UCLA tras pasar tres meses en una lista de espera para su evaluación.

No obstante, incluso con un diagnóstico en mano, Susan tuvo que lidiar con el escepticismo de la comunidad que había esperado que le brindara apoyo: los otros padres y profesionales de la Autism Society of America. «En las conferencias, tomaba apuntes e intentaba adaptar el material al estilo de aprendizaje y las necesidades de mi hija —recuerda—. Cuando me atrevía a formular una pregunta, si hacía alusión al hecho de que Beth sabía hablar, me atajaban: "Usted no tiene una hija autista. No sé qué problema tiene su hija, pero no es autismo".» Un experto en la materia, recuerda, «me acompañaba hasta la puerta y me decía: "Permítame explicarle por qué su hija no tiene autismo". Aprendí a sentarme en las filas de atrás y esconderme».

Finalmente, en una reunión de la ASA en Omaha en 1982, vio una nota en un tablón de anuncios que invitaba a los padres de niños «de alto funcionamiento» a charlar. Susan esperaba entrar en la estancia y encontrar a los autores de la nota sentados en una sala vacía. En su lugar, se presentaron una docena de parejas tan ávidas de conectar con otros padres que al final las expulsaron de la sala por excederse del tiempo asignado. Susan lanzó el boletín dos años más tarde. Ella misma se encargó de mecanografiarlo, fotocopiarlo y enviarlo por correo.

El *MAAP* abrió la brecha a incluir artículos y poemas escritos por colaboradores autistas. Sin embargo, el hecho de que se publicaran de manera anónima impedía a los autores ponerse en contacto entre sí, algo que Sinclair señaló a Moreno. Un poema que envió a Moreno atrajo la atención del cofundador de TEACCH, Gary Mesibov, quien le ofreció una beca para asistir a la conferencia en Chapel Hill y escribir un ensayo acerca de sus experiencias. Junto con Grandin, entre los ponentes figuraba Lorna Wing, quien expuso allí mismo el concepto del continuo autista a los médicos estadounidenses.[21]

El ambiente bullicioso y ajetreado de la conferencia abrumó a Sinclair. Una madre le comentó que quería presentarle a su hijo, pero estaba frustrada porque se había «escondido» en la habitación del hotel. Sinclair le confesó que a él también le daban ganas de esconderse. Otra madre explicó que su hijo formaba parte de la sociedad de honor de estudios de historia, pero un psicólogo había resuelto que carecía de las habilidades sociales para convertirse en historiador y, en su lugar, debía dedicarse a ser bibliotecario. ¿Cómo iba a explicárselo? Sinclair le respondió que su hijo era un adulto y que debería dejarlo adoptar sus propias decisiones.

En aquella conferencia entabló amistad con una muchacha llamada Anne Carpenter. Anne, que no había hablado hasta los cinco años, había sido objeto de la gama habitual de diagnósticos erróneos, incluido retraso mental, lo cual no había obstado para que se licenciara. Tras ser despedida de varios empleos de categoría progresivamente inferiores (incluidos entre ellos introducción de datos, limpieza de placas de circuitos y tejido de cinturones) por cometer infracciones como formular demasiadas preguntas, le denegaron ayudas por discapacidad porque no encajaba en ninguna de las categorías disponibles.[22] Fue al leer la autobiografía de Grandin, *Emergence,* cuando por fin pudo poner nombre a lo que le sucedía: «Toda mi personalidad parecía contenida en las páginas de aquel libro».

Sinclair también conoció a otros dos adultos autistas que le enseñaron una lección valiosa. Eran compañeros de piso y compartían una pasión por los mapas a pesar de no saber conducir. Cuando le preguntaron qué ruta había cogido para llegar a Chapel Hill desde Lawrence, Sinclair contestó que había consultado el itinerario en Internet y había seguido las indicaciones. «Empezaron a preguntarme qué autopistas había escogido, si había tomado tal o cual carretera, y me di cuenta de que sabían mucho más de la ruta que yo», recuerda. Al día siguiente, uno de ellos recitó una lista de condados epónimos en Carolina del Norte y Kansas. Entonces Sinclair cayó en la cuenta de que el hombre estaba utilizando su interés especial para intentar conectar con él, aplicando un modo característicamente autista de intercambio cultural.

El artículo de Sinclair sobre la conferencia se reimprimió en una antología de TEACCH junto con colaboraciones de Lorna Wing y Catherine Lord. Le resultó gratificante que le solicitaran que ofreciera una opinión del autismo «desde dentro» a los expertos que habían definido los términos de las vidas autistas durante medio siglo. «Ser autista no significa ser inhumano. Pero sí implica que lo que es normal para otras personas no lo es para mí y lo que es normal para mí no lo es para otras personas»,[23] escribió. Y se comparó con un «extraterrestre varado sin un manual de orientación».

Un año después de su viaje a Chapel Hill, la Autism Society of America invitó a Sinclair a formar parte de una comisión en California. Mientras lo acribillaban a preguntas, no se sintió como un experto en autismo «desde dentro», sino como «una atracción de zoo que explicaba su vida», afirma, pues tuvo que compartir detalles íntimos de su biografía con un público entrenado para contemplar cada aspecto de su vida a través del prisma de la patología. No fue una experiencia que le apeteciera repetir.

En lugar de convertirse en la ficha autista de una comisión en una conferencia en Indianápolis, Sinclair conspiró con otros miembros de la lista del *MAAP* para dar visibilidad a su presencia de manera activa. «Se me ocurrió que debíamos intentar que al menos uno de nosotros formara parte del público del máximo de presentaciones posible —explica—. Uno de nosotros levantaría la mano durante el turno de preguntas y respuestas, nos identificaría como personas autistas y luego formularía una pregunta o haría un comentario relevante para que los asistentes tuvieran en cuenta que estábamos presentes.»

En una ponencia acerca de la sexualidad, un tema que se habría considerado irrelevante en un simposio sobre el autismo apenas unos años atrás, una madre alzó la mano y explicó que un psicólogo le había aclarado que su hijo no precisaba educación sexual porque las personas autistas no soportaban que se las tocara. Anne Carpenter se levantó de su asiento, asió el micrófono y replicó: «Eso no es cierto. Soy una mujer autista de treinta y cuatro años y espero casarme y tener hijos algún día».

En sí, el hecho de que Carpenter fuera mujer ya era insólito, porque las mujeres del espectro prácticamente habían sido invisibles a los médicos desde los días de Asperger. Cuando apenas era una bebé, a los padres de otra mujer del grupo, Kathy Lissner, les habían asegurado que su coeficiente intelectual estaba dentro del rango de la «deficiencia» y que probablemente nunca aprendería a leer, escribir ni hablar. Lissner tenía veinticuatro años, estudiaba en la universidad, vivía en su propio apartamento e inventaba relatos de ciencia ficción con nombres como «1945 menos 19». En lugar de avergonzarse de sus excentricidades, se deleitaba en ellas. «Si ser normal significa ser egoísta, deshonesto, matar, usar armas y luchar en guerras, no me interesa serlo», sentenció.[24]

III

En 1992, Donna Williams, una suscriptora de la lista del *MAAP*, visitó los Estados Unidos procedente de Australia para promocionar su autobiografía, *Nadie en ningún lugar*. Como Grandin, durante toda su vida se había sentido como una antropóloga que observaba las interacciones humanas desde la distancia, esforzándose por encontrar sentido a un confuso torrente de impresiones sensoriales enmarañadas. El libro, que se incubó a modo de diario personal, se convirtió en un superventas. El *New York Times* describió a su autora como una mujer «mentalmente enferma» cuyo autismo «se había apaciguado con el tiempo».[25]

Para descansar unos días del estrés de la gira promocional, Williams voló hasta St. Louis para conocer a Lissner y Sinclair. Ninguno de los tres había pasado tiempo con otros adultos autistas fuera del contexto de una conferencia y la experiencia resultó una revelación de modos impredecibles.

Visto desde el exterior, no sucedió gran cosa. Se prepararon tazas de té que permanecieron olvidadas horas después, ya frías, en el suelo, porque de repente se les olvidó qué hacer con el té o porque se distrajeron con algo más interesante. Apenas cocinaron ni comieron, y el resto de las tareas domésticas rutinarias también quedaron al margen. Compartieron los bromistas términos privados que habían concebido para cartografiar sus experiencias subjetivas y descubrieron que muchos de ellos se solapaban, y sacaron a los tres perros de Sinclair a dar paseos. Pero lo más divertido de todo fue autoestimularse juntos.

En las cartas a los miembros de la lista de *MAAP*, Williams solía incluir algo brillante o de vivos colores a modo de regalo visual. Mientras permanecía sentada en el suelo de casa de Lissner en St. Louis, se dedicó a disponer objetos de purpurina formando bonitos patrones y contemplarlos extasiada a través de un caleidoscopio. Luego invitaba a sus compañeros a observarlos también. «Por el hecho de ser autista, supuestamente no entiendo estas cosas —reflexionaba Sinclair—, pero lo que yo interpreté es que allí había una persona que quería compartir una actividad agradable con sus amigos.»[26] Tras constatar cuánto se había emocionado Williams al ver las luces reflejadas en una lata de Coca-Cola, Sinclair le envió más adelante un cinturón de lentejuelas rojas que encontró en un supermercado Kmart. Y cayó en la cuenta de que los comportamientos que durante tanto tiempo se habían considerado inherentemente antisociales podían convertirse en sociales en un grupo de adultos autistas, sobre todo si no había médicos rondando que los describieran como patológicos.

En su siguiente libro, *Somebody Somewhere*, Williams comparaba su visita a St. Louis con hallar un hogar por fin. «Juntos, nos sentimos como una tribu perdida. "Normal" es estar en compañía de otros como tú —escribió—. Todos tuvimos una sensación de pertenencia, de ser comprendidos, todas las cosas que generalmente no obtenemos cuando estamos con el resto de personas. Fue tan triste tener que separarnos.»[27]

Para Sinclair, el entorno relajado de sus interacciones marcó su primera experiencia de encontrarse en un «espacio autista», según lo expresa él.[28] No tardaría mucho en empezar a construir un espacio seguro para autistas en una frontera tan nueva que la mayoría de las personas apenas conocían su existencia: Internet.

Sinclair se convirtió en uno de los primeros adultos autistas confesos en poblar el ciberespacio, tras unirse a una lista de correo digital gestionada por la St. John's University en Nueva York y frecuentada sobre todo por padres y profesionales. Su fundador, Ray Kopp, era el padre de una niña oficialmente ciega llamada Shawna que durante años había buscado sin éxito un diagnóstico más específico para ella que «con retrasos en el desarrollo».[29] Kopp lanzó la lista de preguntas frecuentes en 1992 con un experto en dislexia del St. John llamado Robert Zenhausern.[30] En el preámbulo de la incorporación del síndrome de Asperger al *DSM*, una de las preguntas que se formulaba de manera más habitual en aquel foro era si el síndrome de Kanner podía persistir en la edad adulta.

Junto con Williams y Lissner, Sinclair también lanzó la primera organización dirigida por autistas de la historia, a la cual bautizaron Autism Network International. Desde muy al principio, sus fundadores decidieron que la ANI defendería los derechos civiles y el derecho a la autodeterminación de las personas de todo el espectro, no sólo de las consideradas de alto funcionamiento, como los miembros de la lista del *MAAP*. Todos los fundadores originales de la ANI habían sido clasificados como de bajo funcionamiento en la infancia y, pese a ello, habían logrado licenciarse por la universidad. Entendían que los niveles de funcionamiento cambian no sólo a lo largo de la vida, sino de día en día. Incluso un adulto «más capaz» y conversador podía perder de manera temporal el habla. Además, el término «bajo funcionamiento» solía camuflar talentos y habilidades que podían aflorar si se proporcionaba un entorno más adecuado o medios alternativos de comunicación.

Como cualquier subcultura incipiente, aquella comunidad emergente dio origen a su propia jerga interna. El neologismo más duradero de la ANI fue el término *neurotípico*,[31] aplicado por primera vez para etiquetar a las personas no autistas en el boletín informativo del grupo. De aspecto claramente clínico, el término, que en ocasiones se abrevia a «NT», centraba la mirada diagnóstica en la clase psiquiátrica establecida y registraba el hecho de que las personas en el espectro eran plenamente capaces de comunicarse con ironía y sarcasmo en una época en la que se daba por sentado que no «entendían» el humor.

Llevando el meme hasta su extremo lógico, una mujer autista llamada Laura Tisoncik lanzó un sitio web de apariencia oficial en 1998 acreditado al Instituto para el Estudio de la Neurotipia. «El síndrome neurotípico es un trastorno neurobiológico caracterizado por preocupaciones sociales, aires de superioridad y obsesión con la conformidad —se explicaba en la sección de preguntas frecuentes de la web—. No existe una cura conocida.»[32]

Tomando el testigo a la radical comunidad de los sordos, los miembros de la ANI empezaron a referirse a sí mismo como «autistas» en lugar de describirse como personas «con autismo». «Decir "persona con autismo" insinúa que el autismo es algo malo, tan malo que ni siquiera es coherente con ser una persona —observó Sinclair—. Hablamos de personas zurdas, no de "personas con *zurdismo*" y de atletas o músicos, no de "personas con atletismo" o "personas con musicalidad". [...] Sólo cuando alguien ha determinado que la característica a la cual se alude es negativa de repente se siente la necesidad de escindirla de la persona.»[33]

La aparición del correo electrónico, los boletines informativos electrónicos, los grupos de noticias de Usenet, los chats por Internet Relay Chat, America Online y, en última instancia, la World Wide Web proporcionaron un hogar natural para la comunidad creciente de adolescentes y adultos recién diagnosticados, un lugar donde podían interactuar a su propio ritmo y mediante un lenguaje que en ocasiones se les antojaba más innato que la palabra hablada. Carolyn Baird, una madre de cuatro hijos que se ocupó de gestionar la lista del St. John, habló en nombre de sus muchos iguales cuando explicó a un periodista holandés:

> Las personas autistas parecen tener una afinidad especial con los ordenadores y muchas de ellas ya trabajaban en campos relacionados con la informática antes de la llegada de Internet. El atractivo de un ordenador radica en que sólo hay una manera correcta de indicarle que haga algo: nunca malinterpreta lo que le dices y ejecuta algo distinto, cosa que sí hacemos las personas.
>
> A muchos de nosotros, este medio nos ha brindado la oportunidad de ser aceptados por primera vez en nuestras vidas como otra persona más, y nos aporta una primera pista de qué se siente al ser aceptado por la calidad de tus pensamientos, en lugar de tu oratoria.[34]

La cuadrilla del ANI empezó a realizar apariciones regulares en conferencias, donde instalaban cabinas y entregaban boletines informativos y chapas con eslóganes como: «No soy RARO, soy AUTISTA» o «He sobrevivido a la modificación del comportamiento». Sus mesas informativas se convirtieron en pequeños oasis de espacio autista donde las personas podían descansar de las miradas inquisidoras, las espirales de perfume, el desagradable contacto piel con piel, los estallidos de aplausos impredecibles y los recordatorios constantes de que su existencia era un rompecabezas trágico. Mientras que los asistentes NT se alineaban para disfrutar de copiosos banquetes y vitrinas con celebridades cómicas, los autistas se emparejaban para charlar y autoestimularse en pasillos o guardarropías tranquilos, acampaban en los suelos de las habitaciones de hotel de sus iguales por la noche o dormían en sus coches, como los aficionados a la ciencia ficción pobres que acudían a las convenciones mundiales en la década de 1940.

En una conferencia en St. Louis, un padre del grupo consiguió obtener acceso a toda la planta superior vacía de un edificio de oficinas en renovación situado cerca del centro de convenciones.[35] En medio de montones polvorientos de yeso y pladur, los autistas desplegaron sus esterillas y sacos de dormir, instalaron un par de lámparas de pie y colocaron unos cuantos embalajes de frigoríficos para cualquiera que necesitara retirarse a un espacio cerrado durante un rato. Después de que padres y psicólogos los acribillaran a preguntas durante todo el día, era un alivio regresar a un lugar con miembros de su tribu, en lo que se les antojaba una cueva encantada cuando caía la oscuridad. Cuando alguien señaló por la ventana hacia una vieja torre de radio y apuntó que estaba a la venta, Sinclair respondió que, puesto que los alienígenas ya estaban reunidos en un mismo lugar, podían emitir la solicitud a la nave nodriza para que viniera a por ellos y los llevara por fin a casa.

Todo movimiento con aspiraciones necesita un manifiesto, y Sinclair presentó uno en 1993 en la primera conferencia internacional sobre el autismo que cambiaría el curso de la historia. Un par de años antes había escuchado a Susan Moreno exponer en una charla los desafíos que había entrañado criar a su hija Beth.[36] Entre ellos destacaban encontrar la escuela adecuada, el aula adecuada y el maestro adecuado, un calvario que comparaba con la búsqueda del Santo Grial.

A continuación habló acerca del impacto que tiene en los padres el diagnóstico de su hijo, basándose en el trabajo del psicólogo Kenneth Moses, un ponente habitual de las conferencias del NSAC que era un destacado defensor de la idea de que los padres de un niño discapacitado necesitan hacer el luto por el hijo o la hija perfectos que no han tenido. «Es como si el niño con el que habían soñado de súbito desapareciera, reemplazado por un niño con un futuro muy distinto —explicó Moreno—. Desde luego, así nos sentimos Marco y yo. Se nos rompió el corazón; nos sentíamos enfadados, culpables y temerosos. Este duelo único no es una experiencia que siga unos estadios exactos y luego se desvanezca. Los padres lo experimentan de manera intermitente y en distintos grados el resto de sus vidas.»[37]

El pesar y la confusión no son sentimientos infrecuentes en los padres de niños discapacitados, sobre todo durante los primeros años de vida de los pequeños, pero Moses llevó esta idea al paroxismo y se hizo eco, en términos psicológicos modernos, de las supersticiones medievales según las cuales los niños discapacitados eran niños a quienes los demonios dejaban en las cunas tras cambiarlos por niños humanos. En un influyente artículo titulado «El impacto de la discapacidad en la infancia: la lucha parental», publicado en 1987, investigaba los sentimientos de decepción, depresión y enojo entre los padres que acudían a su consulta. Para aquellos clientes, afirmaba, el nacimiento de un niño «impedido» representa la muerte de su esperanza en el futuro de la familia.

> Los padres, todos los padres, se vinculan a sus hijos mediante sueños, fantasías, ilusiones y proyecciones de futuro. Los hijos son nuestra segunda oportunidad, los «productos de la vida» por excelencia, el reflejo y la extensión de nuestro mismo ser.
>
> La discapacidad arruina esos sueños largamente acariciados.[38]

Como parte de este proceso, Moses alentaba a los padres que acudían a sus talleres a expresar en voz alta sus sentimientos de rabia y desilusión hacia el niño. Describía a los progenitores que intentan tener una actitud positiva hacia sus hijos e hijas discapacitados como sumidos en una forma «magnífica» de negación, y vendía sus ideas como los frutos de su propia experiencia cosechados con dureza. Su segundo hijo, un niño, nació con parálisis cerebral, y Moses experimentó su llegada al mundo como una decepción demoledora. «Supuestamente», aquél iba a ser el niño, les dijo a sus colegas, que le enseñaría a disminuir el ritmo y dejar de trabajar tan duramente. «Tras diez años dedicado a esta materia, tuve un hijo discapacitado. [...] Había soñado con que aquel niño iba a hacer algo por mí que sería capital para mi vida, pero, en lugar de ello, tuvimos un hijo incapacitado y ocurrió justo lo contrario.»[39]

Moses no era el único que defendía la teoría de que los niños discapacitados podían ser psicológicamente tóxicos para sus padres. «Existe un límite más allá del cual los padres no pueden involucrarse sanamente a nivel emocional con un niño discapacitado»,[40] escribió Mary A. Slater, la vicedirectora de un centro para el estudio de la discapacidad intelectual de la Universidad de Wisconsin.

A la conclusión de su ponencia, Moreno planteó una verdad más matizada: que su vida se había visto enriquecida de una forma que jamás habría previsto por el hecho de tener que afrontar los desafíos de criar a Beth. Al hipotecarse plenamente en el bienestar de su hija, su corazón se había abierto de modos que los padres de los niños normales nunca conocerían.

> Esperé cinco años a que mi hija me mirara a los ojos. Aquel momento, en abril de 1977, fue un milagro absoluto. Era la hora de irse a dormir, le había leído ya el cuento y justo tras decirle, como cada día: «Y Beth se durmió sabiendo que su mamá y su papá la quieren muchísimo», añadí: «¡Beth, ojalá alguna vez me dijeras que me quieres!». De repente, ella abrió los ojos, me miró de hito en hito y dijo: «Quiero, mamá». Fue la experiencia más intensa, alegre y milagrosa que he vivido en toda mi vida. Por primera vez en su joven vida supe que «algo iba bien». Sólo quienes han convivido o han trabajado codo con codo con personas autistas entenderán a qué me refiero. Nunca, nunca daré nada por supuesto cuando me mire, y ahora me mira mucho.

Nunca daré por supuesto que mi hija se lava las manos. Tardé seis años en enseñarle a hacerlo. Ahora creo que lavarse las manos es una de las cosas más asombrosas y maravillosas que existen. [...] Lo que intento decir es que he descubierto una alegría exquisita en las cosas más nimias.[41]

Para Sinclair, que estaba sentado entre el público tomando apuntes, la insinuación de Moreno de que el nacimiento de un hijo autista era una ocasión para el lamento fue como una traición de alguien a quien consideraba una aliada. Sinclair conservó una copia de sus apuntes y los transformó en una presentación propia, que envió a la comisión de la ASA que planificaba la próxima convención nacional. La comisión la rechazó, alegando que Grandin había presentado una propuesta similar. Un año después, Sinclair envió el texto de su charla, titulada «No lloréis por nosotros», a la Autism Society of Canada para su inclusión en una conferencia sobre el autismo auspiciada en Toronto, y se la aceptaron.

Para entonces, la concienciación pública sobre el tema del autismo se extendía a toda velocidad, así como el número de diagnósticos. Aquella primavera, Lorna Wing publicó un artículo acerca del impacto potencial del espectro en la investigación, en el cual concluía que las cifras de prevalencia tradicionales basadas en variaciones de los criterios de Kanner (cinco de cada diez mil niños) deberían ser revisadas al alza y multiplicarse por diez.[42]

La ANI también se extendía a buen ritmo y la palabra «internacional» no tenía nada de arrogante: una de sus primeras integrantes fue Sola Shelly, una investigadora y madre de un niño autista que con el tiempo lanzaría la Autistic Community of Israel.[43] En julio, una caravana de vehículos puso rumbo al norte hacia una conferencia que atrajo a dos mil trescientos delegados procedentes de cuarenta y siete países, incluidos entre ellos Noruega y Australia. Sinclair viajaba con un adolescente autista a quien hacía de mentor. Por primera vez se encontraba en el papel de padre, responsable en exclusiva de la seguridad del niño. «Aquella experiencia me permitió entender lo que viven los padres —afirma—. Recuerdo mirar a aquel chaval y sentirme aterrado por lo que iba a ocurrirle en este mundo.»

Al subirse al estrado, Sinclair pretendía disipar algunas leyendas de antaño, empezando por la idea de Lovaas de que había un niño normal atrapado en el «caparazón autista», a la espera de ser rescatado. En su lugar, Sinclair describió el autismo como «una manera de ser [...] que tiñe cada experiencia, cada sensación, percepción, pensamiento, emoción y encuentro, cada aspecto de la existencia».[44]

Reconoció que era natural sentir un cierto pesar, pero recalcó la importancia de que los padres separaran sus expectativas de un hijo idealizado del niño que tenían ante sus ojos y que necesitaba desesperadamente su amor y su apoyo. Señaló que si ese pesar se prolonga, transmite un mensaje peligroso al niño: que no es adecuado tal como es.

> Eso es lo que entendemos cuando os lamentáis de nuestra existencia. Eso es lo que entendemos cuando rezáis porque llegue una cura. Eso es lo que sabemos cuando nos habláis de las esperanzas y los sueños que atesoráis para nosotros: que vuestro mayor deseo es que un día dejemos de ser quienes somos y unos desconocidos a quienes podáis amar salgan de detrás de nuestros rostros.[45]

Admitió que el autismo supone un desafío especialmente importante para los padres, porque el niño habita en un mundo de experiencia subjetiva distinto del que ellos dan por supuesto. Pero subrayó el hecho de que gran parte del sufrimiento relacionado con el autismo responde a la denegación de los servicios que requieren tanto las personas autistas como sus familias. Alentó a los padres a enojarse por ello y a utilizar su fuerza colectiva para cambiar la situación. «Os necesitamos. Necesitamos vuestra ayuda y vuestra comprensión —dijo—. Sí, el autismo conlleva una tragedia: pero no por lo que somos, sino por las cosas que nos suceden. [...] Llorad si tenéis que hacerlo, por vuestros sueños perdidos. Pero no lloréis por nosotros. Estamos vivos. Somos reales. Y estamos aquí esperándoos.»

La ponencia de Sinclair fue recibida con calidez y los padres se apiñaron en torno a la caseta del ANI durante el resto de la conferencia, incluida una cantautora llamada Connie Deming que se dejó caer por allí para regalar a Sinclair una copia de una canción titulada *Butterflies* que había escrito para su hijo David. «Aprendí más acerca de mi hijo hablando con aquellas personas durante una hora de lo que averigüé hablando con nadie más —sostiene Deming—. Eran más compasivos, precisos y comprensivos.»[46]

No obstante, en los días posteriores hubo una oleada de respuestas negativas por parte de los padres que figuraban en la lista de la St. John, quienes aseguraban que los autistas «desperdiciaban ancho de banda» por el hecho de seguir hablando de la conferencia que tanto les había emocionado. Dicho conflicto de intereses se intensificó en el transcurso de los meses siguientes y acabó por conseguir que los autistas que se habían prestado a responder las preguntas de los padres se sintieran traicionados.

La ANI decidió lanzar su propio foro en Internet, la ANI-L, en 1994. Se aceptaba a padres y profesionales como miembros, si bien se estableció un conjunto de políticas y principios para garantizar que la lista fuera un espacio seguro para los autistas. «Estamos aquí para afirmar que las vidas autistas son significativas y merecen la pena —se anunciaba en la sección de preguntas frecuentes—. Los debates acerca de cómo hacer que las personas autistas sean "menos autistas", cómo "curar" el autismo para lograr que las personas autistas sean indiferenciables de las no autistas o cómo evitar el nacimiento de personas autistas en el futuro menosprecian y devalúan nuestras vidas como personas autistas. Estos temas no se consideran adecuados en este foro.»

Como un nicho ecológico especializado, la ANI-L funcionó como incubadora de la cultura autista y aceleró su evolución. En 1995, una organización para padres de niños «de alto funcionamiento» solicitó a Sinclair que organizara una serie de ponencias para una conferencia próxima. Sinclair extendió el proceso a los miembros de la ANI-L, quienes exploraron modos de convertir el simposio en su conjunto en un evento más accesible y cómodo para las personas en el espectro. Solicitaron que se reservara una sala especial silenciosa para las personas que necesitasen relajarse o recluirse durante un rato. Y también idearon una ingeniosa solución de tecnología rudimentaria para un problema complejo. Incluso a los adultos autistas elocuentes les costaba en ocasiones procesar y producir lenguaje, sobre todo en el ambiente caótico y por lo general abrumador de una convención. Para salvar este obstáculo se proporcionó a los asistentes etiquetas con el nombre para prendérselas de la solapa y trozos de papel rojos por una cara y amarillos por la otra con el fin de permitir a los autistas comunicar sus necesidades y deseos sin tener que articularlos en la presión del momento. Cuando se mostraba la cara roja significaba: «Que nadie intente interactuar conmigo», mientras que cuando se mostraba la cara amarilla quería decir: «Sólo los conocidos pueden interactuar conmigo; los extraños, no». (Más adelante se añadieron chapas verdes que indicaban: «Quiero interactuar, pero tengo problemas para iniciar la comunicación; por favor, empiece usted la interacción».) Estas «chapas de señal de interacción» con código de colores resultaron tan útiles que desde entonces se han adoptado de manera generalizada en los eventos organizados por autistas de todo el mundo, y chapas verdes con etiquetas del estilo de Autreat (de «*autistic retreat*» o «retiro autista») se han empleado recientemente en conferencias para programadores de Perl con el fin de indicar que quien la lleva está abierto a aproximaciones sociales espontáneas.[47]

La involucración de la ANI propició un nuevo nivel de representación autista en un evento para padres y profesionales. Ahora bien, entre bambalinas afloraron múltiples problemas. Uno de los organizadores indicó a Sinclair que instruyera a los autistas «de bajo funcionamiento» para que no asistieran a la conferencia, ni siquiera acompañados por sus padres, directriz que Sinclair desoyó. Cada vez estaba más claro que intentar crear islotes de espacios autistas en conferencias organizadas por neurotípicos presentaba limitaciones implícitas que nunca podrían remediarse apiñándose en guardarropas y pasando chapas con códigos de colores. Había llegado el momento de que los autistas celebraran su propia conferencia.

El primer Autreat se celebró en Camp Bristol Hills en Canandaigua, Nueva York, a finales de julio de 1996. Silencioso y aislado, emplazado en la esplendorosa naturaleza de la región de los Finger Lakes, el campamento brindó a la ANI la oportunidad de crear un entorno relativamente libre de los asaltos sensoriales inevitables en la mayoría de centros de convenciones urbanos.

El tema de la conferencia era «Celebración de la cultura autista» y acudieron en torno a sesenta personas. El grupo era tan diverso como el propio espectro, e incluía tanto a adultos no verbales que utilizaban los tablones de anuncios para comunicarse como a un planificador urbanista que trabajaba en el aeropuerto internacional de Los Ángeles y al difunto fotógrafo Dan Asher, que retrató los primeros tiempos del *punk* y el *reggae* en la ciudad de Nueva York mientras pasaba el rato con el novelista William Burroughs en el búnker de este último en la zona de Lower East Side.[48] El programa incluía ponencias sobre «autodefensa» (un término que tomaron prestado del movimiento a favor de los derechos civiles de los discapacitados), la educación del personal encargado de velar por la aplicación de la ley y la historia de la cultura de los sordomudos, que ofrecía instructivos paralelismos para la cultura que se estaba engendrando en Autreat.

La conferencia se inauguró con una sesión de orientación en la cabaña principal a cargo de Sinclair, quien explicó las pautas que se habían establecido para mantener y conservar el entorno en tanto que espacio autista. Sólo se podían tomar fotografías y vídeos previa solicitud de autorización y únicamente en exteriores, para que el flash no provocara convulsiones. Estaba prohibido fumar y usar perfume. El respeto por la soledad y el espacio personal de los demás era esencial, y las chapas de interacción permitían a todo el mundo saber a simple vista quién estaba dispuesto a hablar. Todos los eventos de la conferencia eran opcionales, incluida la propia orientación; el principio regulador era «oportunidad sin presión».

Para una profesora del Bard College llamada Valerie Paradiz, asistir al primer Autreat con su hijo de seis años, Elijah, fue un mojón crucial en su viaje hacia la comprensión tanto de su pequeño como de sí misma. Mientras realizaban el trayecto en coche desde Woodstock, escucharon cuatro veces seguidas la banda sonora de la película favorita de Elijah, *Pinocho*, cosa que hizo que el pequeño mantuviera la calma cuando se adentraron por carreteras desconocidas hacia un lugar desconocido. Valerie decidió en la sesión de orientación que dejaría que fuera su hijo quien dirigiera sus actividades: «Enseguida me quedó claro que Elijah y yo nos involucramos en un magnífico experimento. Yo iba donde él quería que fuese y jugaba a los juegos que quería jugar hasta que se cansaba. Me tumbaba con él en nuestra cabaña durante horas, escuchando *Pinocho*. No había responsabilidades adicionales».[49]

Mientras paseaban por los terrenos del campamento, Valerie y Elijah vieron a personas de todas las edades que parecían satisfechas tanto estando solas como en grupo. Algunas leían libros bajo el sol mientras otras tocaban instrumentos musicales. Algunas caminaban con brío por los senderos mientras otras lo hacían junto a sus animales de servicio o en silla de ruedas. Algunas hablaban en voz alta, aleteando las manos, mientras otras tamborileaban los dedos en silencio en sus pizarras. Por pura necesidad, en el espacio autista se toleraba un amplio abanico de comportamientos, porque los autistas son incluso más distintos entre sí de lo que lo son de los neurotípicos. Todas y cada una de las personas que acudieron al Autreat tenía su propio conjunto de habilidades e intereses especiales, al que se habían dedicado durante años en soledad con una devoción monástica. «Cada uno era una estrella en el firmamento —reflexionaba Valerie— y Elijah formaba parte de ese universo.»[50]

Autreat se convirtió en un evento anual y sirvió de patrón para conferencias similares en otros países, incluidas entre ellas Autscape en Inglaterra y Projekt Empowerment en Suecia.[51] La experiencia más apreciada en estos encuentros era que los participantes «no se sentían» discapacitados, pese a que su neurología no había cambiado.

IV

Una nueva idea se cocía en eventos como Autreat y en la miríada de espacios autistas que arraigaban en Internet. Resultó ser una idea tan antigua como la noción de Asperger de que las personas con rasgos de su síndrome siempre han formado parte de la comunidad humana, si bien se han mantenido al margen y han convertido tácitamente el mundo que las ridiculiza y las rehúye en un lugar mejor. En las postrimerías de la década de 1990, una estudiante de antropología y sociología australiana llamada Judy Singer, quien posee muchos de esos rasgos, acuñó un nombre para esa idea: *neurodiversidad*.

Unos años antes, su rabino le había asignado un encargo que invitaba a la reflexión: desarrollar una versión de los Diez Mandamientos que superara la de Dios.[52] La ocasión era la conmemoración anual de la entrega de la Torá a Moisés y el pueblo judío en el monte Sinaí, Shavuot. Singer, que pertenece a la cultura judaísta, pero no acata la religión organizada, afirma que dudó si aceptar el encargo del rabino porque temía que «se amañara a favor de la omnisciencia».[53] Sin embargo, hizo acopio del suficiente desparpajo para idear un Primer Mandamiento que reflejara su compromiso con la conservación del entorno: «Honra la diversidad o acabarás siendo un cactus en el desierto».

El rabino desestimó su sugerencia, explica Singer. No obstante, ella estaba acostumbrada a tales fallos de comunicación en su vida. Siempre lo había estado. El extraño comportamiento de su madre había sido una fuente continua de confusión y vejación cuando crecía.[54] Incluso su lenguaje corporal resultaba inexplicable a Singer y, pese a ello, cuando le había rogado a su padre que llevara a su madre a ver a un psiquiatra, él había negado que existiera ningún problema con un: «Todo el mundo es diferente. Hay que aceptar a la gente como es». No obstante, con el tiempo, incluso él acabó exasperándose por la incapacidad de su mujer para empatizar con los sentimientos de los demás. Casi a diario, algún miembro de la familia espetaba a su madre: «¿Por qué no puedes ser normal por una vez en tu vida?».

Las excentricidades de la madre de Singer solían achacarse a factores externos, sobre todo al hecho de que había logrado sobrevivir a Auschwitz, un hecho preponderante acerca del cual supuestamente ni su propia hija podía formularle preguntas. A medida que fue haciéndose mayor, Singer empezó a devorar manuales de psicología en un intento por entender el «caso» de su madre.

Con el tiempo, Singer tuvo una hija. A los dos años de edad, era ya evidente que no se estaba desarrollando de un modo típico. Singer leyó un artículo acerca del autismo infantil precoz que describía con precisión el comportamiento de su hija en muchos aspectos, si bien existía una diferencia crucial. La primera señal cardinal que Kanner daba para describir su síndrome era una ausencia absoluta de «contacto afectivo» con los demás, mientras que su hija era una niñita cariñosa. Pese a ello, los paralelismos eran ineludibles. Singer le confesó sus sospechas a una amiga. Era mucho más probable, le dijo ésta, que Singer estuviera transmitiéndole las inadaptaciones de su propia familia a la siguiente generación. La única manera de romper dicho ciclo era que Singer confesara su propia culpa, le asesoró. Pero Singer sabía que era una madre cálida y atenta, y al poco se encontró exiliada de su círculo de amistades.

A medida que su hija fue haciéndose mayor, los rasgos que compartía con su abuela se volvieron más evidentes. Sin embargo, en lugar de pensar en términos de neurosis y disfunciones, Singer lo atribuyó a temas hereditarios. Ella siempre había hablado muy despacio y con frecuencia se había sentido alienada de sus compañeros y de la sociedad en general. Quizá existiera algún tipo de diferencia orgánica que iba transmitiéndose por las ramas de su árbol genealógico.

El punto de inflexión en el entendimiento de Singer fue la lectura de un libro titulado *Disability: Whose Handicap?* de Ann Shearer, una analista jungiana de Londres que investigaba los modos como las personas con diferencias físicas y cognitivas suelen verse sistemáticamente discapacitadas, excluidas y demonizadas por la sociedad. Singer lloró mientras leía relatos de personas discapacitadas a quienes se había sometido a un trato brutal a lo largo de los siglos, al tiempo que cobró conciencia de su propia participación en tal marginación, incluso en el seno de su propia familia. Shearer observaba: «El grado de incapacidad que conllevan las limitaciones de la discapacidad depende de lo bien o mal que se adapte el entorno a la diversidad de personas que lo utilizan, a las oportunidades que éstas hayan tenido de aprender a manejarse en dicho entorno, o a ambas cosas».[55] A lo largo de todo este proceso, Singer contó con la ayuda de una colega terapeuta que había sobrevivido a la polio y la instó a ver sus conflictos con su madre a la luz de una dinámica social más amplia, en lugar de como una suerte de maldición familiar.

Después de que a su hija le diagnosticaran síndrome de Asperger a los nueve años de edad, Singer empezó a identificar rasgos autistas en sí misma. Al leer el libro de Williams *Nadie en ningún lugar* y el perfil de Sacks de Grandin, entendió que ser autista no significa carecer de empatía y que el espectro engloba una amplia gama de capacidad intelectual. Tuvo la sensación de que por fin había encontrado a «su gente».

Singer se inscribió en una lista de correo llamada Independent Living on the Autism Spectrum (InLv), dirigida por un programador informático de los Países Bajos llamado Martijn Dekker. Las conversaciones de aquella lista abarcaban un amplio abanico de temas, desde preguntas acerca de empleo hasta reflexiones sobre cómo los neurotípicos calibran el momento oportuno para mirar a alguien a los ojos mientras conversan. (Los miembros de la lista concluyeron que era obligatorio hacerlo al principio y al final de la conversación, pero opcional durante su transcurso.) Muchas de las personas que solían publicar en ella eran mujeres.[56] La InLv fue otra marisma rica en nutrientes que aceleró la evolución de la cultura autista.

Personas con dislexia, THDA, discalculia y un sinnúmero de trastornos adicionales (bautizadas como «primas» en los primeros tiempos de la ANI) también tenían las puertas abiertas a participar en aquel foro. El etos colectivo de InLv, explicó el escritor y suscriptor Harvey Blume en el *New York Times* en 1997, era la «pluralidad neurológica». Él fue el primer periodista de la prensa general que entendió el significado de las comunidades en línea para las personas con diferencias neurológicas. «Algún día, el impacto de Internet en los autistas —auguró Blume— podría compararse en magnitud con la difusión del lenguaje de signos entre los sordos.»[57]

En conversaciones telefónicas surgidas a raíz de sus intercambios en la lista, Blume y Singer ahondaron en el concepto de la pluralidad neurológica, una expresión tan pertinente como engorrosa. Singer también había cavilado acerca de los paralelismos entre los autistas y la comunidad de los sordos y acerca de cómo ambos grupos se estaban dotando de poder recalcando sus diferencias con respecto a la cultura dominante, en lugar de intentar hacerse pasar por personas normales. Fue durante estas charlas con Blume cuando se le ocurrió el término *neurodiversidad.*

Singer albergaba la esperanza de que la idea de celebrar la neurodiversidad se extendería entre la comunidad de defensa de los derechos para los discapacitados como un grito de guerra, tal como eslóganes como «Lo negro es bello» o «La homosexualidad es buena» y «La solidaridad entre mujeres es poderosa» habían ayudado a movilizar a movimientos de masas en las décadas de 1960 y 1970. «Me interesaban los aspectos liberadores y activistas que la expresión podía tener entre las personas con diferencias neurológicas tal como el feminismo y la defensa de los derechos de los homosexuales los habían tenido entre sus bases», explicó Singer al escritor Andrew Solomon en 2008.[58] En su tesina presentada ante la Universidad de Tecnología de Sídney, titulada *Odd People In*, aseguraba que las bases «ocultas» para una rebelión de los neurodivergentes eran mucho mas extensas de lo que sugerían las estimaciones tradicionales de la prevalencia del autismo:

> Piensen en todas esas «personas raras», las personas que «parecen proceder de otro planeta», que «van a otro ritmo». Son los niños empollones pero socialmente ineptos en las escuelas, los pedantes que desafían todos los intentos de apartarlos de sus intereses especiales. Piensen en todas las personas que se quedan paralizadas y parpadean en los márgenes de las conversaciones, inseguras acerca del momento en el que tomar la palabra, como si operasen en una escala temporal distinta a la de todos los demás.[59]

Blume fue la primera persona en utilizar el término en la prensa; lo hizo en un artículo que escribió en el diario *Atlantic* en 1998: «La neurotipia sólo es un tipo de circuito cerebral y, cuando se trata de utilizar altas tecnologías, posiblemente sea bastante inferior. [...] La neurodiversidad puede ser tan crucial para la raza humana como la biodiversidad lo es para la vida en general. ¿Quién puede decir qué circuito resultará mejor en un momento determinado?».[60]

A su parecer, no sucedía sólo que cada vez los autistas tuvieran más visibilidad en el mundo, sino que el mundo en sí se estaba volviendo más autista... y eso era algo positivo. La venganza de los diferentes empezaba a cobrar forma a modo de sociedad en la que cualquiera que tuviera acceso a un ordenador y un módem podía sentirse menos discapacitado por las limitaciones del tiempo y el espacio.

El autismo había recorrido un largo camino desde los días en que Kanner pudo pronunciar desde su sede pontifical en el Johns Hopkins que sólo había visto ciento cincuenta casos auténticos en toda su carrera. Ahora era el mundo de los Asperger.

En 2004, dos adolescentes llamados Alex Plank y Dan Grover lanzaron Wrong Planet, uno de los primeros espacios autistas en la World Wide Web. Ambos eran expertos digitales duchos en el manejo de las herramientas que sus primos neurológicos de las generaciones previas habían construido para ellos.[61] Programador de Linux ya durante sus estudios en el instituto, Plank había colaborado con docenas de artículos y más de diez mil ediciones a la Wikipedia antes de cumplir los dieciséis años de edad, escribiendo acerca de santos católicos, abolicionistas afroamericanos, misioneros de Oregón, especies ficticias, los Scottsboro Boys, el sufragio femenino, Banana Yoshimoto, los Artículos de la Confederación, nudibranquios, mitología griega, Thoreau, la cábala y criptozoología, entre un sinfín de temas.[62] También había sufrido el mismo tipo de acoso, ridiculización y exclusión que muchos de sus compañeros atípicos.

Al crecer, Plank se había convencido de que su estatus social como cretino era el efecto secundario inevitable de tener una inteligencia superior. Descubrió que le habían diagnosticado Asperger un día rebuscando en los cajones de sus padres. «Siempre me habían dicho que era especial y extraordinario —explica Plank—, y luego me pusieron aquella etiqueta que me hizo sentir como un perdedor. Así que decidí demostrar a todo el mundo que se equivocaba.»

Tras forrar las paredes de su habitación con los carteles de Apple «*Think Different*» («Piensa diferente») protagonizados por sus ídolos personales, como Einstein, Jim Henson y Miles Davis, se dispuso a navegar por el ciberespacio en busca de otros jóvenes autistas, pero encontró muy pocos sitios web dedicados a ellos entre los múltiples recursos para los padres. Con todo, fue a dar con un sitio web llamado Aspergia que se anunciaba como una isla encantada para las personas con autismo. «Allí conocí a un chaval de mi edad que vivía en Vermont. Le dije algo como: "Esta web es una basura". Y él me respondió: "Sí, podríamos hacer otra mejor". Era Dan. Decidimos hacer un nuevo sitio web.»[63]

Colaborando a través de mensajería instantánea, utilizaron herramientas de código abierto para hablar en foros comunitarios acerca de habilidades sociales, acoso escolar y ansiedad, brindando a los miembros la oportunidad de aportar sus propias historias y poesías. Tras cazar de manera furtiva a los mejores moderadores de Aspergia y llenar los foros de Internet con comentarios acerca de su nuevo sitio web (que hizo que Aspergia quedara obsoleta casi al instante), publicaron por todo lo grande una nota de prensa que subrayaba el hecho de que los creadores de Wrong Planet eran un par de chavales de quince y diecisiete años (Grover y Plank, respectivamente).[64] «El objetivo es aliviar a las personas con Asperger de la presión que se ejerce sobre ellas para que se adecuen a la normalidad —explicaba Grover en la nota de prensa—. Lo mejor es aprender a emplear tu unicidad en tu propio beneficio y encontrar tu lugar en el mundo.» (Posteriormente, Grover se convirtió en un empresario programador de software de éxito que vendió su aplicación musical con páginas interactivas, Etude, a Steinway & Sons, la venerable empresa de pianos, mientras que Plank se convirtió en asesor de la célebre serie televisiva *The Bridge*, donde ayudó a la actriz Diane Kruger a desarrollar el personaje de Sonya Cross, una detective con síndrome de Asperger.)[65]

Para tratarse de dos jóvenes tan tímidos como para no atreverse a citar a una chica para ir a los multicines un sábado por la noche, demostraron ser unos hachas en la promoción de su creación en las redes sociales, cosa que lograron mediante la adquisición de posicionamiento en AdSense y

AdWords de Google, de manera que cualquier periodista que investigara el autismo recalara de manera ineludible en Wrong Planet al tiempo que se generaba un flujo de ingresos saludable para el sitio web. La comunidad fue creciendo de forma lenta y constante hasta que Slashdot, el sublime agregador de noticias tecnológicas, publicó un enlace a la entrevista de Plank con Bram Cohen,[66] el creador autista de BitTorrent, un protocolo de compartición de archivos entre iguales que se calcula que canaliza un tercio de todo el tráfico de Internet en los Estados Unidos.[67] Entonces los suscriptores se multiplicaron por miles.

Jóvenes en el espectro se suscribieron en masa a comunidades en línea como Wrong Planet para anunciar su diagnóstico como un motivo de celebración, en lugar de lamento, porque por fin habían encontrado un sentido a sus vidas. Sin embargo, faltaba por ver si un puñado de chavales talentosos que tecleaban en sus ordenadores podían evolucionar y convertirse en una fuerza social lo bastante formidable como para plantar cara a la retórica de la enfermedad y el trastorno que se había intensificado tras la publicación del estudio de Wakefield. ¿Podía la acumulación de solitarios convertirse en un movimiento?

V

En diciembre de 2007 aparecieron en esquinas y cabinas telefónicas de las calles de Manhattan una serie de fatídicas vallas publicitarias. Con el aspecto de una nota de rescate, uno de los anuncios rezaba: «Tenemos a su hijo. Nos aseguraremos de que no sea capaz de cuidarse por sí mismo o interactuar socialmente mientras viva. Esto es sólo el principio».[68] Otro advertía: «Tenemos a su hijo. Estamos destruyendo su habilidad para la interacción social y conduciéndolo a una vida de completo aislamiento. Todo depende de usted». El primero llevaba la firma: «Autismo»; el segundo, «Síndrome de Asperger». Los anuncios, producidos de manera altruista por

BBDO, la agencia de publicidad en la que se inspiró *Mad Men*,[69] no eran más histriónicos o estigmatizantes que los mensajes que habían estado bombeando durante años organizaciones de recaudación de fondos como Autism Speaks, comparando el autismo con el cáncer, la fibrosis quística u otras enfermedades potencialmente mortales. (De hecho, BBDO había hecho un trabajo similar para Autism Speaks.)[70] Sin embargo, en este caso, los anuncios estaban esponsorizados por el prestigioso Child Study Center de la NYU y la nueva campaña pretendía alertar al público de la «silenciosa epidemia de salud pública» de enfermedades mentales infantiles. Según recogía la nota de prensa del centro, doce millones de niños en Estados Unidos eran «rehenes de un trastorno psiquiátrico».[71] «Ocurre como con el sida —explicó el director del centro, Harold Koplewicz, al *New York Times*—. Todo el mundo debe estar preocupado e informado.»[72]

Pero entonces sucedió algo inesperado. Una organización bisoña llamada Autistic Self-Advocacy Network (ASAN), junto con otros padres indignados, lanzaron una tormenta de correos electrónicos y blogs contra la NYU, objetando la degradante redacción de los anuncios. Se les sumaron en la causa destacados grupos de defensa de los derechos civiles. Aquella ofensiva bien coordinada pareció surgir de la nada y, al principio, Koplewicz pensó que se disolvería por sí sola. Presumió ante la prensa de que el tráfico en el sitio web de Child Study Center se había duplicado en los primeros diez días tras la aparición de la campaña.[73] Tras consultar con sus colegas, indicó a los periodistas que no tenía intención de recular y anunció que los anuncios no tardarían en aparecer en otras ciudades, además de en *Newsweek* y otras publicaciones nacionales.[74] «La idea era combatir la ignorancia —aclaró—, no enfrentarnos a pacientes adultos.»

De hecho, lo que había sucedido era que, por primera vez en la historia, los autistas estaban planteando un debate acerca del autismo en los medios generales sin la ayuda de una organización dirigida por padres que afirmase hablar en su nombre. El arquitecto de la protesta no era un niño, un padre o un «paciente adulto», sino un analista político inteligente, versado en tecnología y decidido llamado Ari Ne'eman, el confundador de diecinueve años de la Autistic Self-Advocacy Network.

Ne'eman, un joven fornido y apuesto que parecía un rabino en ciernes, había recorrido un largo trayecto desde los tiempos en los que se había visto obligado a ir en furgoneta durante una hora y media en ambas direcciones, para asistir a clases en una escuela segregada para niños con necesidades especiales, en lugar de acudir caminando a la escuela situada a cinco minutos de su hogar familiar en Nueva Jersey.

La primera palabra que dijo fue *Abba*, «padre» en hebreo. De adolescente, su madre se trasladó a Israel para convertirse en paracaidista del ejército. Allí conoció al que sería su esposo, un diseñador de tecnología de tarjetas con circuitos integrados que luchó en la guerra del Yom Kippur. Cuando Ne'eman tenía dos años y medio, se enamoró de los dinosaurios, como muchos niños; pero, a diferencia de la mayoría de los críos de su edad, era capaz de identificar correctamente como un pterodáctilo el esqueleto alado enorme del American Museum of Natural History, para asombro del vigilante de sala. Cuando él y su amigo Aryeh (la similitud de sus nombres les hacía gracia) estudiaban aún en la escuela primaria, decidieron que se convertirían en los contratistas de defensa más jóvenes del mundo. Compraron por Internet un tubo de vacío que emitía microondas y que, por suerte, fue entregado a una dirección incorrecta. Ne'eman estuvo varios meses castigado por aquella diablura. (En los años venideros, él y Aryeh aludirían a aquel episodio como «el incidente del Magnetrón».)

Su padre tenía una cinta grabada que solía escuchar en el coche mientras conducía. Una de las historias que contenía dejó mella en Ne'eman. Se trataba de un joven que renunciaba al judaísmo y a quien su abuelo advertía: «No pierdas el tiempo, no pierdas el tiempo». En la escuela de día judía, Ne'eman aprendió la expresión *tikkun olam*, que significa vivir de un modo que ayude a curar este mundo roto.

Después de que le diagnosticaran Asperger a los doce años de edad, tuvo que dejar aquella escuela que tanto le gustaba. Él no había cambiado, pero las actitudes de todas las personas que lo rodeaban parecieron transformarse de la noche a la mañana. «De repente pasé a ser alguien en cuyo potencial todo el mundo creía y me convertí en alguien que sorprendía a todo el mundo por cualquier atributo positivo que mostrara —recuerda Ne'eman—. Antes de aquello, todos se centraban en las cosas en las cuales destacaba, las cosas que quería aprovechar de la vida y los temas que me interesaban. Después de que me diagnosticaran, todo el mundo empezó a centrarse en las cosas con las que yo batallaba y en todo lo que me hacía diferente, que solían ser las mismas cosas que antes habían considerado positivas. De repente, las oportunidades a mi alcance cambiaron tremendamente.»[75]

En un intento por entender qué le estaba sucediendo, buscó en Internet y leyó el manifiesto de Sinclair «No lloréis por nosotros» y otros escritos de la primera oleada de activistas de la neurodiversidad. También empezó a investigar la historia del movimiento en defensa de los derechos de los discapacitados, porque le sorprendió saber que muchas de sus dificultades no eran «síntomas» de su autismo, sino problemas inherentes a los modos como la sociedad trata a las personas que no cumplen las expectativas estándar de lo «normal».

Leyó acerca de los pioneros en la defensa de los derechos de los discapacitados como Ed Roberts, que contrajo la polio de adolescente en 1953. Paralizado de cuello para abajo, tenía que dormir con un pulmotor. Lo aceptaron en la UC Berkeley pese a las objeciones de un decano, quien le aseguró: «Hemos tenido a tullidos en el pasado y no funciona».[76] La dirección del centro finalmente autorizó a Roberts a trasladar su pulmotor a un ala del Cowell Hospital, donde se instalaron una docena de tetrapléjicos que se bautizaron con el nombre de «The Rolling Quads»,* el primer colectivo

* Algo similar a «Los Tetra con Ruedas». *(N. de la T.)*

en el campus que defendía en nombre propio los intereses de los alumnos discapacitados.[77] El trabajo de defensa de Roberts y The Rolling Quads se convirtió en los cimientos del movimiento de vida independiente, amparado en los principios de que los verdaderos expertos en discapacidad son las personas con discapacidades, porque están en disposición de ofrecer consejos prácticos a sus iguales.

Ne'eman también halló inspiración en la historia de otra superviviente de la polio, Judy Heumann, quien demandó con éxito al Consejo de Educación del Ayuntamiento de Nueva York después de que le denegara un certificado de magisterio alegando que no podría guiar a sus alumnos fuera del edificio en caso de incendio. Heumann fundó un colectivo autorrepresentativo llamado Disabled in Action, una de las organizaciones clave que organizó protestas públicas con el objetivo de presionar al presidente Nixon para que firmara la Ley de Rehabilitación de 1973, la ley fundamental que prohibió la discriminación por discapacidad en los programas ofrecidos por organismos federales y dotados de financiación federal, así como en los empleos ofertados por contratistas federales.[78] La ley se convirtió en el modelo de docenas de leyes en defensa de los derechos civiles en todo el mundo, incluida la Ley de los Norteamericanos con Discapacidades aprobada por el Congreso estadounidense en 1990. Con el Gobierno del presidente Obama, Heumann ocupa el cargo de enviado especial para los derechos de los discapacitados del Departamento de Estado.

Para Ne'eman, personas como Roberts y Heumann eran claramente ídolos nacionales de la estatura de Martin Luther King Jr., pero tenía la sensación de que existía una extraña desconexión entre la comunidad autista y el movimiento de defensa de los derechos de los discapacitados más general. Aparte de las escasas referencias a la cultura de los sordomudos en la literatura inicial de la ANI, el autismo seguía siendo objeto de debate exclusivamente en términos médicos, en lugar de sociales. Así sucedió sobre todo en pleno apogeo de las guerras del autismo, cuando prácticamente toda la cobertura en los medios de comunicación giró en torno a la polémica sobre las vacunas.

«Indagué en busca de textos sobre el movimiento a favor de la neurodiversidad en gran medida porque tenía la sensación de que lo que me estaba sucediendo no era "correcto", pero no tenía un marco para entender por qué o cómo debía ser para considerarse "correcto" —recuerda Ne'eman—. Siempre tuve la sensación de que la situación no era propicia, no sólo para mí, sino para muchas personas. Pero mi intención no era sólo estar "fuera" de la situación, sino que quería acabar con el hecho de que existiera un "dentro".»

Para las personas con síndrome de Asperger, esos «dentro» y «fuera» resultaron ser incluso más complejos y poliédricos de lo que pensaban. Un día, en el instituto, Ne'eman le comentó a un amigo: «Estoy pensando en volverme activista, porque las personas autistas están siendo discriminadas como minoría y hay que hacer algo para revertir la situación. Tenemos que organizarnos». Su amigo lo miró y le replicó: «Ari, parece que no lo entiendes. Sois muy distintos. Es imposible que no tengas nada en común con otras personas autistas». La diversidad del espectro dificultaba la organización, pues planteaba temas sesgados que causaban escisiones entre las distintas facciones de la comunidad. Algunas personas «de alto funcionamiento» se complicaban la vida sólo para distanciarse de las personas «de bajo funcionamiento» y no querían que se las asociara con la palabra «discapacidad».[79] En cambio, Ne'eman rechazaba este planteamiento, tal como Jim Sinclair había hecho antes que él, porque todas las personas autistas saldrían beneficiadas de desestigmatizar el trastorno y mejorar el acceso a los servicios y la educación.

Ne'eman se las apañó para que lo readmitieran en la escuela general del vecindario durante un trimestre un día por la tarde, lo cual desplegó ante él un nuevo horizonte de actividades extraescolares. Se apuntó a todo lo que tenía que ver con la política y la legislación en general: Política de la ONU, Política del Congreso, Club de Debate, Simulación de Juicios y Futuros líderes empresariales de Estados Unidos. En el verano de 2006 había empezado a acudir a conferencias sobre autismo. Le decepcionaba el escaso interés que las personalidades del mundo del autismo parecían depositar en materia de política pública. De hecho, tal era su decepción que empezó a contemplarlas como «autistas profesionales». Los debates sobre política en tales eventos rara vez iban más allá de lanzar peticiones en línea y enviar correos electrónicos al Congreso estadounidense. Un día, sentado en un atrio en Manhattan, Ne'eman se encontró leyendo dos cartas consecutivas. Una era del gobernador de Nueva Jersey, Jon Corzine, quien lo designaba representante estudiantil de la Comisión de Educación Especial del estado, y la otra era de la Universidad de Medicina y Odontología, que invitaba a Ne'eman a ayudar a planificar un programa sobre el autismo para adultos. Entonces tuvo una idea: «Cuando voy a estos sitios, no debería ser sólo Ari. Debería representar a un grupo más extenso de personas y actuar como conducto para su acceso».

Decidió que ayudaría a fundar una organización que representara a los autistas en los debates de política pública. Una de las primeras personas a quienes solicitó ayuda fue Scott Robertson, un estudiante de posgrado a quien había conocido unos meses antes. «Yo me encargué de la política y de la legislación y Scott de la investigación. Formábamos un equipo fantástico. Ambos hablábamos de nuestra experiencia personal, pero la utilizábamos para aderezar la conversación acerca de los asuntos que nos ocupaban. Me parecía una opción muy respetable. Era evidente que Scott era un profesional autista, no un autista profesional.» ASAN se fundó en 2006 y al poco atrajo a otros miembros, incluida Paula Durbin-Westby, quien empezó a asistir a las reuniones del Interagency Autism Coordinating Committee en Washington, encargado de coordinar la política en el seno del Departamento de Salud y Servicios Humanos estadounidense y participar en la definición del programa de investigación federal.

La campaña de las notas de rescate era una iniciativa colectiva de ASAN, la prueba de que las personas antaño conocidas como «pacientes» podían redefinir los términos del debate público en torno al autismo que se desarrollaba en una institución poderosa.

El 6 de diciembre, un día después de que la campaña publicitaria del Child Study Center hiciera su debut en una cena de gala para ochocientas personas a la que asistieron celebridades de la talla de Hillary Clinton y la presentadora del telenoticias *CBS Evening News* Katie Couric,[80] el buzón de entrada de la ASAN empezó a llenarse de mensajes exigiendo una respuesta. Ne'eman envió un correo electrónico al Child Study Center en el que expresaba en términos educados sus inquietudes y dejó varios mensajes telefónicos, pero no obtuvo respuesta alguna. Dos días después, la ASAN emitió una alerta de acción indicando los números de contacto y las direcciones de correo electrónico del Child Study Center, el director del NYU Medical Center, BBDO y los dos donantes que proporcionaron financiación al Asperger Institute de la universidad.[81]

Los padres ofendidos por los anuncios incendiaron la blogosfera. Tras leer el anuncio firmado «Autismo», una bloguera que se hacía llamar MOM-NOS replicó:

> Querido Autismo,
>
> Tú no tienes a mi hijo; lo tengo yo.
>
> Me aseguraré de que nunca lo definan de forma exclusiva por su autismo y le ayudaré a entender que, aunque el autismo plantea algunos desafíos impresionantes, también comporta unos dones maravillosos. Y me aseguraré de salvar esos desafíos juntos. Y de celebrar sus dones.
>
> Esto es sólo el principio.

Kristina Chew, la antigua maestra de Literatura Clásica cuya aceptación de su hijo Charlie ayudó a Shannon Rosa a aceptar el autismo de Leo, escribió en su blog *Autism Vox*:

Se trata de una campaña de «concienciación pública» que sólo conciencia al público de un aspecto muy oscuro de ser autista y de criar a un hijo autista. Les invito a pasar un día en nuestro hogar y, si bien presenciarán muchos momentos de nerviosismo, inquietud y un poco de ruido, espero que sobre todo perciban el deseo ilimitado de mi hijo de esforzarse en la medida de sus posibilidades, de enfrentarse a sus preocupaciones y de sonreír y hablar en arranques de expresiones medio calcadas, su paciencia y su esfuerzo constante por mejorar. No es un hogar del que ni Charlie ni Jim ni yo creamos necesitar que nos rescaten.[82]

Ne'eman se pasó las veinticuatro horas de su vigésimo cumpleaños, el 10 de diciembre, coordinando la respuesta de la ASAN. Las posibilidades de éxito del colectivo parecían exiguas. La NYU era una institución poderosa y la campaña de BBDO representaba un trabajo gratuito valorado en cientos de miles de dólares. Por su parte, la ASAN ni siquiera había alquilado todavía un despacho ni abierto una cuenta bancaria. Para persuadir a otros grupos de defensa de los discapacitados de firmar una carta de protesta, Ne'eman convenció por teléfono a Bob Kafka, el director nacional de ADAPT, una de las principales organizaciones de defensa de los derechos de los discapacitados del país, con sucursales en treinta estados. Kafka accedió de inmediato a firmar la carta y otras trece organizaciones se apresuraron a añadir sus nombres al listado. Puesto que Ne'eman aún no había recibido una respuesta de la NYU, un representante de la ASAN entregó en mano la carta al recepcionista del Child Study Center, que parecía demacrado mientras de fondo el teléfono sonaba sin cesar. Para entonces, el *Wall Street Journal*, el *New York Times*, el *Daily News* y otros grandes medios de comunicación publicaban ya artículos sobre la polémica suscitada. Tras recibir miles de llamadas telefónicas, cartas y correos electrónicos procedentes de todo el país, el Child Study Center accedió al fin a retirar los anuncios.

Fue la primera de muchas victorias de la ASAN. En 2010, tras ser nominado por el presidente Obama, Ne'eman ocupó un asiento en el Consejo Nacional de Discapacidades (NCD por sus siglas en inglés).[83] En años recientes, la ASAN ha desempeñado un papel importante influyendo en la formulación de la política de discapacidad federal. En 2014, cuando Obama promulgó una orden ejecutiva que elevaba el salario mínimo de los contratistas federales, el Secretario de Trabajo anunció que decenas de miles de empleados con discapacidades que ganaban el salario mínimo, en ocasiones de apenas unos céntimos por hora, quedarían exentos de la nueva subida salarial. En respuesta, la ASAN fraguó una coalición de organizaciones diversas, entre las cuales figuraba la American Civil Liberties Union, la AFL-CIO y la National Association for the Deaf, con el fin de convencer a la Casa Blanca de revertir su decisión e incluir a los empleados discapacitados también en aquella orden, un esfuerzo de tendido de puentes que se saldó con un logro histórico al más alto nivel legislativo.[84]

Cuando la APA esbozó su nuevo conjunto de criterios para el *DSM-5*, el personal de la ASAN colaboró con la subcomisión para garantizar que las habilidades de superación empleadas por los adolescentes y adultos autistas para encajar en el mundo no se utilizaran para excluirlos de un diagnóstico, mientras que otras revisiones sugeridas por ellos recalcaron la necesidad de diagnosticar a grupos demográficos históricamente diagnosticados a la baja, como las mujeres y las personas de color. Casi ochenta años después del descubrimiento del *continuum* autista por parte del equipo de Asperger en la Unidad de Pedagogía Terapéutica, su alcance pleno por fin se reflejaba en los criterios de la APA.

Irónicamente, el síndrome que convirtió el nombre de Asperger en un término común en la década de 1990, tras pasar decenios en las tinieblas, también desapareció de la misma edición del manual, incluido en el paraguas del trastorno del espectro autista. Ahora bien, el hecho de que la APA englobara a las personas autistas en el proceso de adopción de decisiones era un tributo adecuado para un hombre que colaboró con estudiantes «ineducables» como Harro con vistas a desarrollar sus innovadores métodos de enseñanza.

A medida que el concepto de neurodiversidad arraiga en los campus universitarios, la ASAN se ha convertido en una incubadora de la siguiente generación de activistas de los derechos de los discapacitados, muchos de los cuales son mujeres. Lydia Brown, una exalumna del programa estival de formación de liderazgo de la organización, la cual testificó ante el Relator Especial sobre la Tortura de las Naciones Unidas, aumentó la presión pública sobre el uso continuado de los electrochoques en niños autistas en el Judge Rotenberg Educational Center.[85] Brown fue designada Abanderada del Cambio de la Casa Blanca en 2013. Otra exalumna, Kris Guin, lanzó una organización llamada Queerability con el fin de investigar la intersección entre la discapacidad y aspectos de LGBT (lesbianismo, homosexualidad, bisexualidad y transexualidad).

Julia Bascom, de la ASAN, publicó una antología esencial de ensayos escritos por personas del espectro titulada *Loud Hands*, que ofrecía una amplia gama de perspectivas autistas sobre temas como ser etiquetado como una persona «de bajo funcionamiento» y el daño infligido por organizaciones como Autism Speaks, que enmarcan a las personas autistas como una tragedia o una carga para la sociedad. «Una de las trampas más crueles que nuestra cultura tiende a las personas autistas es convertirnos en extraños para con nosotros mismos»,[86] escribió Bascom, y añadió que los autistas ya no desean ser «espectadores de sus propias historias».

VI

A padres como Craig y Shannon Rosa, la emergencia del movimiento de la neurodiversidad les ha ofrecido modos de luchar por un futuro mejor para sus hijos, un futuro que no dependa de la esperanza en una recuperación. Y también ha puesto a disposición de las personas jóvenes del espectro algo que las generaciones anteriores de personas autistas no tuvieron: modelos de vidas autistas felices, creativas y comprometidas socialmente.

En una conferencia celebrada en mayo de 2011, Shannon conoció a un profesor de la Adelphi University llamado Stephen Shore. Cuando Shore tenía dieciocho meses, perdió la capacidad del habla de manera repentina. Un año más tarde le diagnosticaron «desarrollo atípico con marcadas tendencias autistas» y sus médicos recomendaron que lo internaran en una institución. Sus padres se negaron a tirar la toalla con él y, en su lugar, diseñaron un programa de intervención general personalizado, poniendo un énfasis especial en la música, el movimiento y las técnicas para ayudarle a asimilar el confuso torrente de información procedente de sus sentidos. A los cuatro años recuperó el habla y acabó por doctorarse en educación especial en la Boston University.

En la conferencia, Shannon le confesó que le gustaría encontrar un profesor de música para Leo. Aquel octubre, Shore se presentó en casa de los Rosa para impartirle a Leo su primera lección. Hoy en la cincuentena, Shore es un hombre ingenioso y afable con una barba bien recortada que disfruta de sus excentricidades autistas. (Elogia las cosas que le gustan tildándolas de «muy estimulantes».) Al principio, Leo no parecía darse cuenta siquiera de que Shore había entrado en la estancia, pero enseguida se encariñó con él. En el caso de niños con un lenguaje expresivo limitado como Leo, Shore ha descubierto que la música puede ser un medio más natural de comunicación que el habla.

Al principio, Shore se sentó a una mesa con un bolígrafo, una hoja de papel, una regla y un librillo de Post-its y le indicó a Leo que podía sentarse con él si le apetecía. No se impacientó mientras Leo describía órbitas alrededor de la estancia, hasta que poco a poco fue disminuyendo el ritmo y acabó por sentarse en la silla situada junto a Shore. Entonces Shore pidió a Leo que dibujara una línea recta en el papel con la regla y luego tres líneas perpendiculares, de manera que se creara una retícula. Shore preguntó a Leo cuál era la primera letra del alfabeto y éste contestó: «¡A!». Entonces lo animó a escribir una *A* en el primer cuadrante de la retícula, cosa que hizo bien. Al final, Leo había llenado la retícula con las primeras siete letras del alfabeto, que en inglés se corresponden con las notas musicales y en este caso se correspondían con las teclas del teclado electrónico de la hermana de Leo, Zelly. A continuación, Shore tomó una pila de notas adhesivas que había etiquetado con dichas letras y las pegó en la parte superior de las teclas correspondientes del teclado. Leo comprendió enseguida el patrón y lo completó por sí solo, lo cual le mereció el elogio de Shore.

Shore no obligó en ningún momento a Leo a hacer nada que no le apeteciera. Si Leo se ponía a dar brincos durante un minuto porque se emocionaba, no había ningún problema. Shore actuaba como si tuvieran todo el tiempo del mundo. Las pequeñas tareas que le asignó a Leo no tardaron en resultar gratificantes para el propio niño, porque se basaban en uno de los puntales clásicos del autismo: el reconocimiento de patrones. Juntos, convirtieron las ochenta y ocho teclas del teclado en un mapa que Leo pudo explorar tocando las notas. Shannon nunca había visto a nadie «acceder» tan rápidamente a Leo. (Shore confiesa que le resulta más difícil enseñar a niños neurotípicos, porque no entiende cómo les funciona la mente.) Hacia el final de la lección de una hora, Leo era capaz de interpretar una secuencia simple y agradable de notas… y también había aprendido que podía dársele bien hacer algo que no había probado antes.

Una de las lecciones más importantes que han aprendido Shannon y Craig a lo largo de su periplo con Leo es la paciencia. En lugar de cotejar el arco de desarrollo de su hijo con un conjunto idealizado de hitos, han aceptado que está evolucionando a su propio ritmo. Dos pasos adelante y tres atrás y luego, un día, un salto de trampolín hacia su futuro, como si hubiera estado reuniendo fuerzas para hacerlo.

Y para que los padres que inician el viaje con sus hijos no tengan que pasar el calvario que ellos atravesaron, Shannon y su círculo de amistades lanzaron un sitio web llamado Thinking Person's Guide to Autism. La gama de materias que abordan es extensa (desde «Excursiones, viajes y autismo» hasta «¿Cuándo es la medicación la elección idónea para tu hijo?»), y no se trata de ninguna tapadera ni pretende promocionar tratamientos dudosos. Sólo recoge vivencias de personas que llevan una cierta delantera en la carrera.

Algunos de los colaboradores habituales del sitio web son personas en el espectro y también hay padres autistas de niños autistas, como Carol Greenberg. Visité a Carol, su esposo, John Ordover, y su hijo Arren en su hogar en Brooklyn, que estaba decorado con artefactos que reflejaban su pasión compartida por la ciencia ficción, incluida una réplica de un cerebro en un acuario burbujeante. Los Greenberg se conocieron en una convención de *Star Trek* siendo adolescentes, se casaron años más tarde y con el tiempo se convirtieron en los editores de la franquicia editorial de *Star Trek*.

Cuando Carol era niña, *Star Trek* la sedujo porque veía en la tripulación multirracial y multiespecies de la *Enterprise* una metáfora de una sociedad inclusiva. «No había nadie que quedara fuera del universo de *Star Trek*, nadie condenado al ostracismo, nadie demasiado raro. De hecho, cuanto más raro eras, más interesante, porque tenías más cosas que aportar —explica—. Y para una niña a quien acosaban en la escuela por ser distinta, un mensaje como ése suponía un salvavidas. Por ejemplo, a Geordi, que tenía una discapacidad visual, se le brindaba acceso a una tecnología que le permitía convertir esa carencia en un don y le permitía ver cosas que otras personas no eran capaces de ver. Yo soñaba con vivir en la *Enterprise*.»

Como es previsible, el miembro de la tripulación con el que más se identificaba Carol era el doctor Spock, que parecía mucho más *guay* que los humanos confabuladores y crónicamente moderados que lo rodeaban. (Cuando sus amigas la ridiculizaban en la escuela, ella se preguntaba: «¿Qué haría Spock?».) Cuando diagnosticaron a Arren, Carol empezó a hacer búsquedas sobre el autismo en Internet y leía, uno tras otro, mensajes de padres del estilo de: «Prepárate para entrar en un mundo completamente diferente para entender a tu hijo». Sin embargo, al leer las descripciones, lo único que a ella le venía a la mente era: «¿Diferente, en qué sentido?».

A Carol la diagnosticaron dos años más tarde, a los cuarenta y cuatro años de edad. Ahora trabaja como defensora de la educación especial para familias y les presta asistencia a todo lo largo del proceso de evaluación de sus hijos y el desarrollo de un programa educativo individualizado, además de acompañarlas a reuniones del IEP.

Cuando nuestra entrevista estaba a punto de concluir, la oscuridad se cernía sobre Brooklyn. Arren bajó de la planta superior y dijo: «Encender velas, encender velas». La primera vez que manifestó aquel comportamiento, a Carol y a John les preocupó su repentino interés en el fuego. Pero luego lo escucharon susurrar «*Baruch*», la primera palabra de la bendición hebrea del *sabbath*. Pese a que no era el *sabbath*, Carol y Arren se dirigieron a la cocina, encendieron unas candelas en los fogones y cantaron las viejas pregarias juntos. «Cuando miro a mi hijo —explica Carol—, pienso: "No está enfermo. Simplemente está sobrepasado neurológicamente, como yo".»

En una tarde lluviosa y ventosa de 2012, un típico día primaveral en San Francisco, Shannon y Leo visitaron la California Academy of Sciences con Julia Bascom y Zoe Gross de la ASAN. La Cal Academy, emplazada en el Golden Gate Park, es uno de los lugares preferidos de Leo, porque alberga un acuario envolvente (que permite a Leo tumbarse en un banco y contemplar cómo pasan por encima bandadas de peces resplandecientes) y un planetario («¡Quiero ir al *espacio*!», exclama).

Amigos como Julia y Zoe saben traducir el mundo de Leo en términos que Shannon es capaz de entender. Tras publicar un vídeo de su hijo caminando describiendo círculos furiosos en el nivel superior de un elaborado gimnasio con forma de jungla en un parque, Zoe comentó:

> ¡Caramba! ¡Qué maravilla de vídeo! Esa forma de caminar parece *deliciosa* («delicioso» es un término que se aplica a la comida, pero lo utilizo porque me refiero a un componente agradable y nutriente de la dieta sensorial de uno). Cuando describes círculos caminando, hay una medida determinada (y lo que Leo está haciendo aquí parece perfecto con relación a su altura) que transmite la sensación de notar presión en el cuerpo cuando te inclinas hacia dentro para seguir girando.[87]

Salta a la vista que Leo también disfruta estando rodeado de personas que operan en su misma longitud de onda. Cuando Zoe se sienta en el acuario envolvente, Leo se sienta junto a ella. (Ella lleva unos cascos para limitar el barullo de los espacios públicos.) Él le acaricia el antebrazo con dulzura mientras mordisquea una de sus omnipresentes cañitas entre los labios y ella le devuelve la caricia. Luego él se tumba en el banco adoptando una cómoda forma de tilde para mirar hacia arriba a los pececillos mientras apoya la cabeza en el regazo de Zoe, y a ella le parece bien. Transcurrido un rato, Leo se tumba bocabajo y mira al suelo a través de los estrechos tablones del banco, disfrutando de un momento tranquilo consigo mismo. Y a ella también le parece bien. Finalmente, él se endereza, queda cara a cara con Zoe, entrelaza con dulzura sus dedos con los de ella y empieza a mecerse adelante y atrás, de tal modo que parecen una especie de balancín humano. Sólo cuando un escandaloso grupo de niños irrumpe con su bullicio en su pequeño santuario deciden que ha llegado el momento de continuar con la excursión.

Leo se enfada un poco cuando su madre decide que no tienen tiempo para «ir al espacio» ese día, pero enseguida se queda flipado delante del cristal del acuario, lo recorre caminando de punta a punta, va haciendo pausas y apoyándose en el vidrio periódicamente, como si esa frontera invisible lo apaciguara. (Más tarde, mientras Leo, Zoe y Julia caminan por una sala, tocan como si tal cosa el mismo punto en la pared al pasar, como si les proporcionara una coordenada útil para situar sus cuerpos en el espacio.)

Cuando nos dirigimos a la salida del museo, Leo divisa un gran dinosaurio mullido con una bufanda a rayas naranja que le atrae de manera irresistible. Coloca su cara a la altura del rostro de aquella criatura improbable (que en realidad es un guía disfrazado de dinosaurio) y la mira fijamente desde unos centímetros de distancia. Los empleados de la Cal Academy son conscientes de que a los niños como Leo les encantan los dinosaurios y nadie pestañea siquiera. Cuando salimos paseando bajo la llovizna, Shannon agacha la cabeza, le da un beso en la coronilla a su hijo y le dice: «Lo has hecho muy bien, amiguito».

12

Construyendo la *Enterprise*: diseños para un mundo neurodiverso

Necesitamos todas las manos a bordo
para enderezar el buque de la humanidad.

ZOSIA ZAKS

¿Qué es el autismo? Ocho décadas después de que la abuela de Gottfried se plantara con él en la puerta de la clínica de Asperger intentando entender su comportamiento, muchos aspectos de este interrogante continúan sin resolverse. No obstante, hay algunos puntos en los que los médicos, los padres y los defensores de la neurodiversidad coinciden.

En la actualidad, la mayoría de los investigadores creen que el autismo no es una única entidad unificada, sino un cúmulo de trastornos subyacentes. Dichos trastornos producen una peculiar constelación de conductas y necesidades que se manifiesta de modos diversos en distintos estadios del desarrollo de una persona. Abordar de manera adecuada tales necesidades requiere toda una vida de apoyo por parte de los padres, educadores y la comunidad, tal como Asperger predijo ya en 1938. También fue clarividente al recalcar que los rasgos del autismo «no son en absoluto raros». De hecho, a juzgar por las cifras actuales de prevalencia, las personas autistas constituyen una de las minorías más extensas del mundo. Hay aproximadamente tantas personas en el espectro en Estados Unidos como judíos.[1]

Una revisión a fondo de la historia también justifica la idea de Asperger de que las personas autistas siempre han formado parte de la comunidad humana, si bien a menudo han quedado relegadas a los márgenes de la sociedad. Durante gran parte del siglo XX quedaron ocultas bajo un maremágnum de etiquetas conflictivas: el «trastorno de la personalidad esquizoide» de Sukhareva, «la esquizofrenia infantil» de Despert y Bender, los «niños con intereses circunscritos» de Robinson y Vitale, el diagnóstico inicial de «daño cerebral mínimo» de Grandin y muchas otras etiquetas que no se mencionan en este libro, como «trastorno de la personalidad múltiple», que han quedado en desuso. No obstante, en la estela de la polémica en torno a las vacunas, la sociedad continúa insistiendo en enmarcar el autismo como una aberración contemporánea, el único trastorno de los tiempos trastornados sin parangón en los que vivimos, provocado por una trágica convergencia de predisposición genética y factores de riesgo ocultos en algún lugar del tóxico mundo moderno, como la contaminación del aire, una sobredosis de videojuegos y los alimentos altamente procesados.

Nuestro ADN revela una historia distinta. En el pasado reciente, la investigación ha determinado que la mayoría de los casos de autismo no arraigan en escasísimas mutaciones *de novo,* sino en genes muy antiguos que comparte la mayoría de la población general, si bien se concentran más en unas familias que en otras.[2] Sea lo que sea el autismo, no es sólo un producto de la civilización moderna. Es un extraño regalo de nuestro pasado más hondo, transmitido a través de millones de años de evolución.

Los defensores de la neurodiversidad proponen contemplarlo como un don, en lugar de como un error de la naturaleza —un rompecabezas que debe resolverse y eliminarse mediante técnicas como pruebas prenatales y abortos selectivos—. La sociedad debería concebirlo como una parte valiosa del legado genético de la humanidad, a la par que debe mejorar los aspectos del autismo que pueden resultar profundamente incapacitantes en ausencia de un apoyo adecuado. Sugieren que, en lugar de invertir millones de dólares al año en descubrir las causas del autismo en el futuro, deberíamos estar ayudando a las personas autistas y a sus familias a disfrutar de vidas más felices, sanas, productivas y seguras en el presente.

Este proceso apenas ha dado comienzo. Imagine que la sociedad hubiera pospuesto el tema de la defensa de los derechos civiles hasta haber resuelto la genética de las razas o que hubiera negado a los usuarios de sillas de ruedas el acceso a los edificios públicos alegando que algún día, con la ayuda de la ciencia, todo el mundo podría caminar. Visto como una forma de discapacidad relativamente frecuente en lugar de como un enigma desconcertante, el autismo no resulta tan incomprensible. Diseñar formas adecuadas de apoyo y acomodación no está fuera de nuestro alcance en cuanto a sociedad, tal como demuestra la historia del movimiento en defensa de los derechos de los discapacitados. Pero primero tenemos que aprender a pensar de un modo más inteligente acerca de las personas que piensan de un modo distinto.

Una manera de entender la neurodiversidad es concebirla en términos de *sistemas operativos humanos*, en lugar de aplicarle etiquetas diagnósticas como *dislexia* y THDA. El cerebro es, ante todo, un organismo con una capacidad de adaptación maravillosa, capaz de maximizar sus posibilidades de éxito incluso frente a limitaciones desmoralizantes.

Por el hecho de que un ordenador no funcione con Windows no significa que esté roto. No todos los rasgos de los sistemas operativos humanos atípicos son errores. Medido por los estándares autistas, el cerebro «típico» se distrae con facilidad, es obsesivamente sociable y adolece de un déficit de atención al detalle y a la rutina. De ahí que las personas en el espectro experimenten el mundo neurotípico como un lugar de una impredictibilidad y un caos implacables que funciona a un volumen de ruido desmedido y repleto de personas con poco respeto por el espacio personal.

El principal motivo por el que Internet pudo transformar el mundo en una sola generación es que se construyó de manera específica para ser «agnóstica en materia de plataformas». A Internet le da igual si un ordenador o dispositivo móvil funciona con Windows, Linux o la última versión del iOS de Apple. Sus protocolos y estándares se diseñaron para operar con todos ellos con el fin de aprovechar al máximo el potencial de innovación en los márgenes.

En años recientes, una alianza cada vez más extensa de autistas que hablan en nombre propio, padres y educadores de autistas que han adoptado el concepto de la neurodiversidad han propuesto una serie de innovaciones que podrían asentar los cimientos de un mundo abierto diseñado para funcionar con una amplia gama de sistemas operativos humanos.

La disposición física de dicho mundo ofrecería diversos *entornos sensoriales aptos* basándose en los principios desarrollados en espacios autistas como Autreat. Una escuela inclusiva, por ejemplo, se dotaría de zonas tranquilas específicas donde un alumno que se sintiera momentáneamente abrumado pudiera refugiarse y evitar sufrir un colapso. En las aulas, la información sensorial distrayente, como el zumbido de las luces fluorescentes, se mantendría a niveles mínimos. Y se permitiría a los alumnos personalizar su espacio sensorial llevando cascos de reducción de sonido, gafas de sol para evitar destellos y otro material adaptativo fácilmente asequible y mínimamente perturbador.

En 2011, una empresa sin ánimo de lucro llamada Theatre Development Fund de Nueva York lanzó una iniciativa para alentar a los productores de Broadway a ofrecer actuaciones «para autistas» de sus espectáculos más destacados, como *Mary Poppins* y *El Rey León*. En tales eventos, el uso de luces estroboscópicas y de pirotecnia en los escenarios se limitó, se reservaron zonas tranquilas en el vestíbulo del teatro y se facilitó a los padres de antemano un programa de la actuación para que sus hijos supieran qué esperar. Estas funciones tuvieron tanto éxito que todas las grandes cadenas de cines, como AMC, han empezado a ofrecer proyecciones respetuosas con los sentidos de películas como *Frozen* de Disney en las salas de cine de todo el país. No se trata sólo de una idea humana, es también una estrategia de marketing, porque las familias de los niños autistas suelen dudar acerca de si llevarlos o no al cine y a restaurantes por temor a perturbar la experiencia de otros clientes. Estas proyecciones especiales cuentan invariablemente con una demanda elevada.

La aparición de la tecnología digital ha inaugurado nuevos horizontes en la educación para adaptar los materiales educativos a alumnos con una gama muy diversa de estilos de aprendizaje. Algunos estudiantes aprenden más leyendo, mientras que a otros les van mejor las lecciones orales; gracias a las tabletas y al software personalizable, el mismo currículo escolar puede cubrir ambas necesidades. El líder en esta materia ha sido el National Center on Universal Design for Learning, que ofrece pautas y recursos gratuitos para ayudar al profesorado a adaptar su currículo para estudiantes con diferencias en el aprendizaje.

Educadores como Thomas Armstrong, autor de *Inteligencias múltiples en el aula*, sugieren que debería ponerse más énfasis en la educación en la primera infancia, cuando el estilo de aprendizaje individual del niño aflora por vez primera, porque las experiencias de un niño en la escuela pueden proyectarlo hacia el éxito o el fracaso más adelante en la vida. Armstrong señala que, con excesiva frecuencia, el proceso de negociar un programa de educación individualizado se centra exclusivamente en abordar los déficits del niño, a expensas de potenciar sus puntos fuertes, que los maestros podrían aprovechar para suscitar su interés y ayudarle a ganar confianza en sí mismo.

Muchas personas autistas se benefician de un aprendizaje empírico. El auge del movimiento Maker, que celebra eventos llamados Maker Faires, donde se estimula a inventores de garaje de todas las edades a exhibir sus últimos proyectos, ha sido una bendición para los jóvenes del espectro. En la Feria de la Ciencia de la Casa Blanca de 2012, el presidente Obama apareció disparando un «cañón de nubes extremo» que había diseñado y construido con sus propias manos un niño autista de catorce años llamado Joey Hudy.

La neurodiversidad también se está adoptando en el entorno laboral. Así ocurre, por ejemplo, en empresas como Specialisterne, con sede en Dinamarca, que emplea a personas en el espectro para aprovechar su inteligencia autista en el sector de las tecnologías. Specialisterne ha tenido tanto éxito que ha abierto oficinas satélite en el Reino Unido y los Estados Unidos y, recientemente, forjó una alianza estratégica con la empresa de software alemana SAP para satisfacer las necesidades de la industria de las tecnologías en rápida expansión en la India. En lugar de someter a los candidatos potenciales a los puestos de trabajo a extenuantes entrevistas cara a cara, Specialisterne les deja desinhibirse en una mesa llena de Lego Mindstorm Robots, pequeñas máquinas que pueden programarse para realizar tareas sencillas. Así, los candidatos tienen ocasión de demostrar sus habilidades, en lugar de tener que explicarlas.

Los activistas de la neurodiversidad también han conseguido infiltrar de manera creciente la representación de los autistas en el proceso legislativo, esgrimiendo el eslogan «Nada sobre nosotros sin nosotros». Organizaciones de recaudación de fondos como Autism Speaks se han mostrado reticentes a la incorporación de adultos autistas, que probablemente sean quienes ocupan la mejor posición para decidir qué tipos de investigación beneficiarían más a las personas autistas y sus familias.

«Nada sobre nosotros sin nosotros» también se extiende al proceso de hacer ciencia en sí. En el pasado reciente, un psiquiatra de la Universidad de Montreal, Laurent Mottron, ha producido una serie de estudios novedosos sobre el autismo con la ayuda de su principal colaboradora, una investigadora autista llamada Michelle Dawson. Dawson desempeña una serie de funciones esenciales en el laboratorio, inclusive mantener actualizado a Mottron acerca de los avances de la investigación en el sector («Ella lo lee todo y no se olvida de nada», afirma Mottron), revisar diseños experimentales en busca de errores y sesgos sutiles y defender la aplicación de unos estándares científicos más elevados en el campo en general. «Muchos autistas, creo yo, están preparados para trabajar en la ciencia académica —escribió Mottron en *Nature* en 2011—. Y considero que su aportación a la ciencia se debe a su autismo, en lugar de producirse a pesar de éste.»[3]

Un colectivo llamado Academic Autistic Spectrum Partnership in Research and Education (AASPIRE) colabora con autistas que se autorrepresentan para definir su programa de investigación. En 2014, AASPIRE editó un kit de herramientas global diseñado para informar a los pacientes y proveedores de las necesidades únicas de las personas autistas en el sistema de sanidad pública estadounidense. El programa de formación de liderazgo de la ASAN ha demostrado el potencial de los autistas para instruir a jóvenes del espectro. En el pasado reciente, Zoe Gross ha completado un mandato como legisladora en materia de discapacidad para la Comisión de Salud, Educación, Trabajo y Pensiones del Senado estadounidense, y en la actualidad trabaja en la Administration on Community Living del HHS. Al igual que Lydia Brown, fue proclamada Abanderada del Cambio por la Casa Blanca en 2013. Además, la ASAN ha puesto en marcha un programa de prácticas con la Federal Home Loan Mortgage Corporation.

El proceso de construir un mundo adecuado a las necesidades y habilidades especiales de todos los tipos de mentes apenas ha echado a rodar, pero —a diferencia de los proyectos de largo recorrido como desentrañar los factores genéticos y ambientales que contribuyen a trastornos complejos como el autismo— los beneficios para las personas autistas y sus familias son prácticos e inmediatos. Estas innovaciones suelen ser, además, mucho más económicas que los proyectos que requieren millones de dólares de financiación federal.

Ahora que la generación de personas autistas diagnosticadas en la década de 1990 está llegando a la edad adulta, la sociedad no puede seguir permitiéndose fingir que el autismo ha surgido de repente de la nada, como el monolito negro de *2001: Una odisea en el espacio.* Aún queda mucho trabajo por hacer.

Epílogo

El alcalde de Kensington

El escritorio de Bernie Rimland permanece en gran medida tal cual lo dejó, enterrado bajo montones de carpetas de expedientes y cartas de padres enviadas desde todos los rincones del mundo. En la estancia que antaño resonó con el sonido de su voz infundiendo confianza en una madre o un padre que había marcado su número telefónico en plena noche hoy reina un silencio inquietante, como si Rimland acabara de salir a hacer un recado. Las oficinas centrales del Autism Research Institute, con sus recuerdos autografiados de *Rain Man* y estantes de folletos polvorientos, están un poco adormecidas en la actualidad.

Pero, de repente, la puerta se abre y un hombre apuesto con el rostro aniñado y el cabello gris por las sienes entra y me da un apretón de manos. Es Mark, el hijo de Bernie, que ha venido a la oficina para ultimar los preparativos finales para su inauguración de arte en la galería contigua a la oficina. Antes de hacerlo, nos sentamos a conversar en su banco preferido en un parque soleado. Incluso los lugareños ajenos al papel que Mark y su padre desempeñaron en la historia del autismo sonríen y saludan con la mano al hombre que apodan «el alcalde de Kensington».

A pesar de los agoreros pronósticos acerca del futuro de Mark que emitieron cuando era un niño, en la mediana edad lleva una vida creativa y gratificante. Y aunque su padre se oponía de puertas para fuera a sacar a los niños autistas de las instituciones, lo cierto es que Mark nunca ha vivido en una. Reside en una casa cerca de la oficina con su madre, Gloria, su hermano menor, Paul, y sus dos queridos gatos.[1] Los días entre semana asiste a un programa diario para adultos en el St. Madeleine Sophie's Center de El Cajon, fundado en 1966 por monjas y familias que rechazaban la convicción popular de que los niños con trastornos del desarrollo no podían educarse. A los veintiún años de edad, Mark sorprendió a su madre un día regresando a casa con una luminosa acuarela de un águila. «¿De dónde la has sacado?», le preguntó Gloria. «Ahora soy artista», contestó él.

Tras ver una de sus pinturas, su hermana Helen se inspiró a escribir un libro infantil titulado *The Secret Night World of Cats*, acerca de un gato atigrado que se escapa por la ventana de un dormitorio y vive una serie de aventuras en la jungla urbana, seguido por su curiosa dueña, una niñita llamada Amanda. Mark trabajó con su maestro de arte durante un año para crear ilustraciones utilizando medios tradicionales y digitales y aprender cómo espolvorear sal sobre acuarelas húmedas para simular estrellas en el cielo nocturno. Las figuras de las pinturas de Mark relucen con un resplandor sobrenatural, como si no sólo hubiera captado sus formas y contornos, sino también la fuerza de su vida interior.

En la piscina del St. Madeleine Sophie's, aprendió a canalizar al deportista que lleva dentro, competir en cinco deportes (natación, esquí, baloncesto, voleibol y hockey sobre pista) y alzarse con cintas azules en las Olimpiadas Especiales. También consiguió un empleo en la tienda de regalos y galería del centro, donde algunas personas suelen dejarse caer sólo para charlar un rato con él. Por la noche escucha música y lee sobre las bandas musicales que le gustan (en su mayoría, grupos de la década de 1960 como los Beatles, los Beach Boys y los Doors) antes de dirigirse al Kensington Café, donde las camareras le sirven un té helado en cuanto lo ven entrar por la puerta. Un joven pintor llamado Ryan Dean que conoció a Mark en una cafetería lo ayuda a gestionar sus asuntos del día a día y siempre tiene un cuaderno a mano para anotar sus observaciones de la vida, que con frecuencia son de una profundidad divertida, una especie de *Tao de acuerdo con Mark Rimland,* con reglas infalibles como «Crea con vagancia».

Mientras sentados en el banco conversamos sobre su gata, Sierra («Llora como un bebé cuando no la acariciamos, porque lo único que conoce son las caricias»), su pasión por *Los Simpson* y el zoológico de San Diego («Me da la sensación de que en el zoo no hay tantos monos araña como había antes»), y su recuerdo indeleble de subir en un ascensor en Beverly Hills para conocer a Dustin Hoffman («Era el 17 de marzo de 1988, un jueves»), resulta evidente que Mark todavía es profundamente autista, pero también que se siente bien en su piel. Sabe exactamente cuántos pasos dará para llegar desde la puerta de su casa hasta la cafetería y, en ocasiones, cuando no está seguro de si su interlocutor está siendo tan sincero como él, espeta: «Me estás tomando el pelo», como cuando me equivoco y hablo de *Algo para olvidar* en lugar de *Algo para recordar.* Cuando le pregunto si se pone nervioso antes de impartir una charla en una conferencia, me responde: «Yo nunca permito que el nerviosismo interfiera en mi felicidad».

Agotados por las luchas internas dentro de la comunidad del autismo, su madre y él rara vez conceden entrevistas en la actualidad, pero Gloria accede a citarse conmigo en el Kensington Café para un desayuno con Steve Edelson. A punto de cumplir los noventa años, sigue estando llena de vida y mantiene la cabeza lúcida, unos ojos azules centelleantes y una risa picante. Mientras tomamos unos bagels y un té, le pregunto si hay algo que le gustaría haber sabido cuando Mark era joven.

—¡Cómo iba a ser de mayor! —exclama Gloria orgullosa—. Una de las cosas más importantes que aprendí de sus maestros fue a potenciar sus puntos fuertes en lugar de intentar corregir sus déficits. Bernard y yo siempre nos habíamos centrado tanto en lo que Mark *no sabía* hacer. Decíamos:

«¡Ojalá hablara!». Y cuando aprendía a hablar, entonces nos lamentábamos: «¡Ojalá leyera!». Sin embargo, cuando Mark descubrió que su pasión era el arte, todo lo demás vino rodado, porque sienta bien hacer algo que sabes que haces bien.

Tras ayudar a Rimland a lanzar Defeat Autism Now! en la década de 1990, en la actualidad Edelson asesora a padres a «salir corriendo en dirección opuesta»[2] si un especialista biomédico les promete una cura. Durante años estuvo casado con Valerie Paradiz, que llevó a su hijo Elijah al primer Autreat. Ahora ella diseña currículums para enseñar a jóvenes cómo defenderse por sí mismos de manera eficiente en la escuela.

Poco antes de que Rimland falleciera en 2006, le dijo a un periodista de un diario local que su mayor deseo era convertir a su hijo en una persona «normal». Pero él y Gloria ya le habían dado a su hijo algo mejor que la normalidad: una comunidad que lo celebra precisamente por cómo es. A medio recorrido del viaje de su vida, Mark tiene lo más preciado y esquivo que alguien puede esperar. Se siente en casa en la Tierra.

Agradecimientos

No habría escrito este libro sin el aliento, el apoyo y la paciencia de mi esposo, Keith Karraker; mi editora, Megan Newman; mi agente, Beth Vesel, y mi madre y mi difunto padre, Leslie y Donald Silberman. Deseo dar las gracias a las personas autistas y sus seres queridos y aliados que me permitieron asomarme a sus vidas, incluidas entre ellas: Shannon, Craig, Leo, Zelly e India Rosa; el personal y los miembros de la Asperger/Autism Network; Alysia Abbott, Jeff Howe y Finn; Julia Bascom; Peter, Liz y Tyler Bell; Samantha Bodwell; Lydia Brown; Michael Buckholtz; Laura Butler; Matt Carey; Kerima Cevik; Kristina Chew; Rachel Cohen-Rottenberg; Liz Ditz; Todd, Erika y Sam Drezner; Adam Feinstein; Lee Felsenstein; Chen Gershuni; Temple Grandin; Dan Grover; Carol Greenburg, John Ordover y Arren; Zoe y Rob Gross; Scott Holman; Janet Lawson y Autistry Studios; Russell Lehmann; Karla McLaren; Colin Meloy, Carson Ellis y Hank; Ari Ne'eman y los afiliados a ASAN; Jennifer Byde Myers; Alex Plank; Barbara Platt; Dora Raymaker; Mark y Gloria Rimland; Scott Robertson; John Elder y Jack Robison; Marc Rosen; Jason Ross; Jim St. Leger; Ralph y DJ Savarese; Sola Shelly; Rudy Simone; Jim Sinclair; Lynne Soraya; Ruth Christ Sullivan; Nick Walker; Michael Forbes Wilcox, y Emily Willingham.

También deseo expresar mi gratitud a los médicos, investigadores, educadores, escritores y profesionales que tuvieron la generosidad de compartir su tiempo y conocimeintos conmigo para dar forma a este libro, incluidos entre ellos Thomas Armstrong; Tony Attwood; Simon Baron-Cohen; Jon Brock; Geraldine Dawson; Steve Edelson y el Autism Research Institute; Brock y Fernette Eide; Graham Farmelo; Al Filreis; Uta Frith; Morton Ann Gernsbacher; Judith Gould; Roy Richard Grinker; Bennett Leventhal; Susan Moreno; Barry Morrow; Laurent Mottron; Christina Nicolaidis; Sally Ozonoff; Valerie Paradiz; Samantha Pierce; David Ropeik; Mark Roithmayr; Oliver Sacks; Marc Sirkin; Darold Treffert; Garret Westlake; el personal de la Willliams Syndrome Association y los campistas de Whispering Trails, y Lorna Wing. Gracias también a quienes me ayudaron a transcribir entrevistas y traducir textos, incluidos entre ellos Abby Royle y Eric Jarosinski.

En recuerdo de Lorna Wing (1928-2014).

Notas

Puede consultarse una bibliografía completa en el sitio web del autor: stevesilberman.com.

Introducción
Más allá del síndrome *geek*

1. Silberman, Steve. «Scripting on the Lido Deck». En: *Wired*, 8.10, octubre de 2000.

2. Sheppard, Doug «Beginner's Introduction to Perl». Perl.com, 2000. En: http://www.perl.com/pub/2000/10/begperl1.html.

3. Larry Wall, entrevista con el autor, 2000.

4. Wall, Larry; Orwant, Jon; Christiansen, Tom. *Programming Perl*. O'Reilly Media, 3.ª ed., 2000, p. xix.

5. Estrin, Judy. *Closing the Innovation Gap: Reigniting the Spark of Creativity in a Global Economy*. McGraw-Hill, 2008.

6. Sacks, Oliver. *Un antropólogo en Marte*. Anagrama, 2015.

7. Baron-Cohen, Simon; Wheelwright, Sally; *et al.* «Is There a Link between Engineering and Autism?» En: *Autism*, vol. 1, n.º 1, julio de 1997, pp. 101-109.

8. Bishop; Dorothy. «Which Neurodevelopmental Disorders Get Researched and Why?». En: *PLoS ONE*, vol. 5, n.º 11, 2010.

9. Simons Foundation, sección «About Us». En: https://www.simonsfoundation.org/about-us/.

10. «Partnership Aims to Sequence 10,000 Autistic Genomes.» Nota de prensa, *Autism Speaks*, 13 de octubre de 2011.

11. Willingham, Emily. «This Just In... Being Alive Linked to Autism». The Biology Files, 27 de octubre de 2011. En: http://biology-files.fieldofscience.com/2011/10/this-just-in-being-alive-linked-to.html.

12. Scherer, Stephen; Pinto, Dalila; *et al.* «Functional Impact of Global Rare Copy Number Variation in Autism Spectrum Disorders.» En: *Nature*, vol. 466, julio de 2010, pp. 368-372.

13. Szabo, Liz. «Researchers Find Genes Related to Autism.» En: *USA Today*, 10 junio de 2010.

14. Baggs, Amanda (Amelia). «In My Language.» En YouTube: https://www.youtube.com/watch?v=JnylM1hI2jc.

1
El mago de Clapham Common

1. Wilson, George. *The Life of the Hon. Henry Cavendish: Including Abstracts of His More Important Scientific Papers, and a Critical Inquiry into the Claims of All the Alleged Discoverers of the Composition of Water.* Impreso para la Cavendish Society, 1 de enero de 1851.

2. Barrow, sir John. *Sketches of the Royal Society and the Royal Society Club.* Murray, 1849.

3. Jungnickel, Christa; McCormmach, Russell. *Cavendish: The Experimental Life.* Bucknell, 2001.

4. Schiffer, Michael Brian. *Draw the Lightning Down: Benjamin Franklin and Electrical Technology in the Age of Enlightenment.* University of California Press, 2006, p. 119.

5. Harris, W. S. *On the Nature of Thunderstorms; and on the Means of Protecting Buildings and Shipping against the Destructive Effects of Lightning.* Parker, 1743.

6. Cavendish, Henry. *The Electrical Researches of the Honourable Henry Cavendish, F.R.S.: Written between 1771 and 1781.* Ulan Press, ed. repr., 2011.

7. Jungnickel, Christa; McCormmach, Russell. *Cavendish (Memoirs of the American Philosophical Society).* American Philosophical Society, diciembre de 1996.

8. Seitz, Frederick. «Henry Cavendish: The Catalyst for the Chemical Revolution». En: *Notes and Records of the Royal Society*, 2005, p. 59.

9. Brougham, Lord Henry. *Lives of Men of Letters and Science Who Flourished in the Time of George III.* Filadelfia, 1845.

10. *The Life of the Hon. Henry Cavendish*, p. 167.

11. Ibíd., p. 166.

12. Ibíd., p. 167.

13. Ibíd.

14. Ibíd., p. 185.

15. Ibíd., p. 186.

16. Ibíd., p. 167.

17. Jungnickel, Christa; McCormmach, Russell. *Cavendish: The Experimental Life.* Bucknell, 2001.

18. Wolff, Barbara; Goodman, Hananya. «The Legend of the Dull-Witted Child Who Grew Up to Be a Genius.» Albert Einstein Archives. En: http://www.albert-einstein.org/article_handicap.html.

19. *The Life of the Hon. Henry Cavendish*, p. 186.

20. McCormmach, Russell. *The Personality of Henry Cavendish.* Archimedes, vol. 36. Springer, 2014, p. 100.

21. Ibíd., p. 8.

22. Ibíd., p. 270.

23. Ibíd., p. 75.

24. Ibíd., p. 7.

25. Timbs, John. *English Eccentrics and Eccentricities: Volume 1.* Bentley, 1866.

26. «Henry Cavendish: The Catalyst for the Chemical Revolution», p. 59.

27. *The Life of the Hon. Henry Cavendish*, p. 172.

28. *The Personality of Henry Cavendish*, p. 100.

29. Andrews, Jonathan. *The History of Bethlem.* Psychology Press, 1997, p. 272.

30. Farmelo, Graham. *The Strangest Man: The Hidden Life of Paul Dirac, Mystic of the Atom.* Basic Books, 2009, pp. 10-19.

31. *The Strangest Man*, p. 58.

32. Ibíd., p. 60.

33. Ibíd.

34. Sacks, Oliver. «Henry Cavendish: An Early Case of Asperger Syndrome?» En: *Neurology*, vol. 57, n.º 7, 9 de octubre de 2001, p. 1347.

35. Ruth Christ Sullivan, entrevista con el autor, 2012.

36. *The Strangest Man*, p. 422.

37. Graham Farmelo, comunicación personal, 4 de marzo de 2013.

38. Dyson, Freeman. «Silent Quantum Genius». *New York Review of Books*, 25 de febrero de 2010.

39. Cowen, Tyler. *Create Your Own Economy.* Dutton, 2009.

40. Macatee, Rebecca. «Daryl Hannah Breaks Her Silence about Her Autism Struggle». E! Online, 27 de septiembre de 2013. En: http://www.eonline.com/news/464173/daryl-hannah-breaks-her-silence-on-autism-struggle.

41. Singh, Simon. «Interview with Richard Borcherds.» *Guardian*, 28 de agosto de 1998.

42. «Jerry Seinfeld to Brian Williams: "I Think I'm on the Spectrum".» NBC News, 6 de noviembre de 2014. Tras la tormenta desatada en los medios de comunicación, Seinfeld se retractó de sus comentarios, alegando que sentía «empatía» por un relato dramático de las vidas de las personas en el espectro. En: http://www.nbcnews.com/nightly-news/jerry-seinfeld-brian-williams-i-think-im-spectrum-n242941.

2
El niño de las cañitas verdes

1. «Language Development.» Amanda C. Brandone *et al. Children's Needs III: Develop- ment, Prevention, and Intervention.* National Association of School Psychologists, 2006.

2. Des Roches Rosa, Shannon. «The Agents of L.U.S.T.» BlogHer, 19 de mayo de 2009. En: http://www.blogher.com/agents-l-u-s-t-1.

3. «80 Percent Autism Divorce Rate Debunked in First-of-Its Kind Scientific Study.» Kennedy Krieger Institute, 19 de mayo de 2010.

4. Sea, Scot. «Planet Autism.» Salon.com, 27 de septiembre de 2003. En: http://www.salon.com/2003/09/27/autism_8/.

5. Tran, Mai; Anton Mike. «Stress Pushed Man to Kill Son, Himself, Family Says.» *Los Angeles Times*, 31 de julio de 2002.

6. Maurice, Catherine. *Let Me Hear Your Voice.* Ballantine Books, repr. ed., 1994.

7. Tinbergen, N.; Tinbergen, E. A. *Niños autistas: nuevas esperanzas de curación* [trad. de Tomás R. Fernández]. Madrid: Alianza Editorial, 1987.

8. Tinbergen, Nikolaas. «Ethology and Stress Diseases.» Discurso de aceptación del Premio Nobel, 12 de diciembre de 1973.

9. Ibíd.

10. Ibíd.

11. Welch, Martha. «Introducción al método de la terapia del apego Welch.» En YouTube: http://www.youtube.com/watch?v=OdWhcyz6KbY&feature=player_embedded#!

12. Lovaas, O. I. «Behavioral Treatment and Normal Intellectual and Educational Functioning in Children with Autism.» En: *Journal of Consulting and Clinical Psychology*, vol. 55, 1987, pp. 3-9.

13. *Urinary Peptides Final Report*. Great Plains Laboratory, formulario revisado, 24 de octubre de 2001.

14. Bortfield, Holly. «What Is Yeast Overgrowth?» Conferencia acerca de cómo curar el autismo. En: http://www.tacanow.org/family-resources/what-is-yeast-overgrowth/.

15. Cutler, Ellen. «The BioSET System: Three Basic Treatments. Organ-Specific Detoxification, Enzyme Therapy, and Desensitization.» En: http://www.drellencutler.com/pages/articles/?ArticleID=215.

16. Lester, Amy. «Mom: Son Recovers from Autism.» News 9. En: http://www.news9.com/story/8341532/mom-son-recovers-from-autism.

17. «The Use of Complementary and Alternative Medicine in the United States: Cost Data.» Centro Nacional de Medicina Complementaria y Alternativa. Departamento de Servicios Humanos y de Sanidad estadounidense, 2007. En: http://nccam.nih.gov/news/camstats/costs/costdatafs.htm.

18. Passarelli, Tonya. «Complementary and Alternative Medicine in the United States.» Case Western Reserve University, abril de 2008.

19. Levy, Susan E.; Hyman, Susan L. «Complementary and Alternative Medicine Treatments for Children with Autism Spectrum Disorders.» En: *Journal of Child and Adolescent Psychiatry*, vol. 17, n.º 4, 2008.

20. Honda, Hideo; Shimizu, Yasuo; Rutter, Michael. «No Effect of MMR Withdrawal on the Incidence of Autism: A Total Population Study.» En: *Journal of Child Psychology and Psychiatry*, vol. 46, n.º 6, junio de 2005.

21. Ip, P.; Wong, V.; *et al.* «Mercury Exposure in Children with Autistic Spectrum Disorder: Case-Control Study.» En: *Journal of Child Neurology*, junio de 2004.

22. Chivers, Tom. «MMR—Autism Scare: So, Farewell Then, Dr. Andrew Wakefield.» En: *Telegraph*, 24 de mayo de 2010.

23. «Behavioral Consequences of Congenital Rubella.» S. Chess *et al. Journal of Pediatrics*, vol. 93, n.º 4, 1978, pp. 699–703.

24. *Treatment Options for Mercury/Metal Toxicity in Autism and Related Developmental Disabilities: Consensus Position Paper.* Autism Research Institute, febrero de 2005.

25. *Leo Rosa: Summary Progress Report*, 3 de junio de 2004.

26. Kristina Chew, entrevista con el autor, 2014.

27. Kanner, Leo. «Autistic Disturbances of Affective Contact.» En: *Nervous Child*, vol. 2, 1943, pp. 217-250.

28. McCarthy, Jenny; Kartzinel, Jerry. *Healing and Preventing Autism: A Complete Guide.* Dutton, 2009.

29. Kugel, Allison. «Jenny McCarthy on Healing Her Son's Autism and Discovering Her Life's Mission.» PR.com, 9 de octubre de 2007. En: http://www.pr.com/article/1076.

3
Lo que sabía la hermana Viktorine

1. «Autistic Psychopathy in Childhood.» Hans Asperger. Traducido al inglés por Uta Frith. *Autism and Asperger Syndrome.* Cambridge University Press, 1991, p. 39.

2. Anni Weiss. «Qualitative Intelligence Testing as a Means of Diagnosis in the Examination of Psychopathic Children.» En: *American Journal of Orthopsychiatry,* vol. 5, n.º 2, abril de 1935, pp. 154-179.

3. Asperger-Felder, Maria. «Hans Asperger (1906-1980): His Life and Work.» Traducido al inglés para el autor por Kenneth Kronenberg.

4. «News and Comment.» En: *American Journal of the Diseases of Children,* vol. 52, n.º 3, 1936, p. 674.

5. Gruber, Helmut. *Red Vienna: Experiment in Working Class Culture, 1919–1934.* Oxford University Press, 1991.

6. «I See Psychoanalysis, Art and Biology Coming Together: An Interview with Eric Kandel.» En: *Der Spiegel,* 11 de octubre de 2012.

7. Starr, Alexandra. «Vienna: Trapped in a Golden Age.» En: *American Scholar,* invierno de 2008.

8. Bruck, Valerie; Frankl, George; Weiss; Anni; Zak, Viktorine. *Erwin Lazar und sein Wirken.* Traducido al inglés para el autor por Eric Jarosinski. Springer, 1932.

9. Fried, Ingegärd. «Mellansjö School-Home: Psychopathic Children Admitted 1928-1940, Their Social Adaptation over 30 Years: A Longitudinal Prospective Follow-up.» En: *Acta Paediatrica,* vol. 84, supl. s408, 1995.

10. Aichhorn, August. *Juventud desamparada.* Barcelona: Gedisa, 2008.

11. Chick, Harriette. «Clemens Pirquet and His Work: Director of the Vienna University Kinder-Klinik, 1911-1929.» En: *Lancet,* vol. 213, n.º 5508, marzo de 1929.

12. Véase la referencia al documento de 1936 de Jekelius «Encopresis.» En: *Acta Paediatrica,* vol. 55, supl. s169, 1966.

13. Frith, Uta. «Asperger and His Syndrome.» En: *Autism and Asperger Syndrome.* Cambridge University Press, 1991.

14. Archivo biográfico de George Frankl, Alan Mason Chesney Medical Archives, Johns Hopkins University.

15. «Hans Asperger: His Life and Work.»

16. «Hans Asperger: His Life and Work.»

17. Michaels, Joseph J. «The Heilpedägogical Station of the Children's Clinic at the University of Vienna.» En: *American Journal of Orthopsychiatry*, 1935.

18. Ibíd.

19. Ibíd.

20. Weiss-Frankl, Anni. «Play Interviews with Nursery School Children.» En: *American Journal of Orthopsychiatry*, vol. 11, n.º 1, enero de 1941, pp. 33-39.

21. Klein, Melanie. «The Importance of Symbol-Formation in the Development of the Ego.» En: *International Journal of Psychoanalysis*, vol. 9, 1930, p. 5.

22. Weiss-Frankl, Anni. «Play Interviews with Nursery School Children.» En: *American Journal of Orthopsychiatry*, vol. 11, n.º 1, enero de 1941, p. 35.

23. Ibíd., p. 34.

24. «The Heilpedägogical Station of the Children's Clinic at the University of Vienna.»

25. «Asperger and His Syndrome.»

26. «Qualitative Intelligence Testing as a Means of Diagnosis in the Examination of Psychopathic Children», p. 165.

27. Ibíd., p. 168.

28. «Autistic Psychopathy in Childhood», p. 84.

29. Ibíd., p. 61.

30. Ibíd., p. 82.

31. Ibíd., p. 73.

32. Ibíd., p. 37.

33. Sukhareva, G. E. «Die schizoiden Psychopathien im Kindesalter» [traducido al alemán por Sula Wolff]. En: *Monatsschrift für Psychiatrie und Neurologie*, 1926.

34. Bleuler, Eugen. *Dementia Praecox oder Gruppe der Schizophrenien.* Deuticke, 1911.

35. «Mellansjö School-Home.»

36. «Autistic Psychopathy in Childhood», p. 74.

37. Ibíd., p. 85.

38. Baron-Cohen, Simon, *et al. Prenatal Testosterone in Mind: Amniotic Fluid Studies.* MIT Press, 2004.

39. «The Extreme Male Brain Theory of Autism and the Potential Adverse Effects for Boys and Girls with Autism.» Krahn, Timothy M.; Fenton, Andrew. En: *Journal of Bioethical Inquiry*, vol. 9, n.º 1, marzo de 2012.

40. «Asperger Syndrome Fact Sheet.» National Institutes of Health. En: http://www.ninds.nih.gov/disorders/asperger/detail_asperger.htm.

41. «Qualitative Intelligence Testing as a Means of Diagnosis in the Examination of Psychopathic Children.»

42. «Autistic Psychopathy in Childhood», p. 72.

43. Véase la nota al pie de página de Uta Frith en «Autistic Psychopathy in Childhood», p. 72.

44. «Autistic Psychopathy in Childhood», p. 71.

45. Asperger, Hans. «Problems of Infantile Autism.» En: *Communication: Journal of the National Autistic Society*, vol. 13, 1979.

46. Séguin, Édouard. «New Facts and Remarks Concerning Idiocy: Being a Lecture Delivered Before the New York Medical Journal Association, October 15, 1869.» En: *American Journal of the Medical Sciences*, vol. 59, n.º 120, 1870.

47. «Qualitative Intelligence Testing as a Means of Diagnosis in the Examination of Psychopathic Children.»

48. «Autistic Psychopathy in Childhood», p. 47.

49. Asperger, Hans. *Heilpädagogik.* Fragmentos traducidos para el autor por Uta Frith. Springer, 1953.

50. Asperger-Felder, Maria. «Hans Asperger (1906-1980): His Life and Work.» Traducido para el autor por Kenneth Kronenberg.

51. Ibíd.

52. Ibíd.

53. Ernst, Edzard. «A Leading Medical School Seriously Damaged: Vienna 1938.» En: *Annals of Internal Medicine*, vol. 122, n.º 10, mayo de 1995.

54. Black, Edwin. *War Against the Weak: Eugenics and America's Campaign to Create a Master Race.* Four Walls Eight Windows, 2003.

55. *Scientific Monthly*, vol. 13, n.º 2, agosto de 1921.

56. Plano de planta de la exposición del Segundo Congreso Internacional de Eugenesia, extraído del archivo sobre eugenesia de Cold Spring Harbor.

57. Little, C. C. «The Second International Congress of Eugenics.» Carnegie Institution of Washington, 1921.

58. Plano de planta de la exposición del Segundo Congreso Internacional de Eugenesia, extraído del archivo sobre eugenesia de Cold Spring Harbor.

59. Gregory, William K. «Memoria biográfica de Henry Fairfield Osborn (1857-1935).» Presentada en la convención de otoño de la Academia Nacional de Ciencias estadounidense, 1937.

60. McKie, Robin. «Piltdown Man: British Archaeology's Greatest Hoax.» En: *Observer*, 4 de febrero de 2012.

61. Osborn, Henry Fairfield. «The Second International Congress of Eugenics Address of Welcome.» En: *Science*, New Series, vol. 54, n.º 1397, 7 de octubre de 1921.

62. *War Against the Weak.*

63. Graham Bell, Alexander. «Sobre la formación de una variedad sorda de la raza humana.» Ponencia ante la Academia Nacional de Ciencias estadounidense, 13 de noviembre de 1883.

64. *War Against the Weak.*

65. «The Second International Congress of Eugenics.»

66. Eugenics Record Office Records, 1670-1964. American Philosophical Society.

67. Barr, Martin W. «Some Notes on Asexualization.» En: *Journal of Nervous and Mental Disease*, vol. 1, 1920.

68. Ibíd.

69. Burleigh, Michael. *El Tercer Reich: una nueva historia* [trad. José Manuel Álvarez Flórez]. Barcelona: Taurus, 2013.

70. Aly, Götz; Chroust, Peter; Pross, Christian. *Cleansing the Fatherland: Nazi Medicine and Racial Hygiene.* Johns Hopkins University Press, 1994.

71. Mostert, Mark P. «Useless Eaters: Disability as a Genocidal Marker in Nazi Germany.» En: *Journal of Special Education*, vol. 36, n.º 3, 2002.

72. *War Against the Weak.*

73. Grant, Madison. *The Passing of the Great Race: or, the Racial Basis of European History.* Scribner, 4.ª ed. rev., 1922.

74. Ibíd.

75. Géza Hoffman. *Die Rassenhygiene in den Vereinigten Staaten von Nordamerika.* Lehmann, 1913.

76. Calic, Edouard. *Hitler sin máscara. (Conversaciones secretas.)* Barcelona: Plaza & Janés, 1972.

77. Ley para la Prevención de Descendencia con Enfermedades Hereditarias. Entrada en vigor: 14 de julio de 1933. Reichsdruckerei, 1935.

78. Black, Edwin. *IBM and the Holocaust.* Crown, 2001.

79. Proctor, Robert. *Racial Hygiene: Medicine under the Nazis.* Harvard University Press, 1988.

80. «Hans Asperger: His Life and Work.»

81. Ibíd.

82. «Austria: Death for Freedom.» En: *Time,* 6 de agosto de 1934.

83. Ronen, Gabriel M.; *et al.* «From Eugenic Euthanasia to Habilitation of "Disabled" Children: Andreas Rett's Contribution.» En: *Journal of Child Neurology,* vol. 24, n.º 1, enero de 2009.

84. «Hans Asperger: His Life and Work.»

85. Luža, Radomír. *The Resistance in Austria: 1938-1945.* University of Minnesota Press, 1984.

86. Spitzer, Leo. *Hotel Bolivia: The Culture of Memory in a Refuge from Nazism.* Hill & Wang, 1998.

87. Ibíd.

88. «A Leading Medical School Seriously Damaged.»

89. «Encopresis.» En: *Acta Paediatrica,* vol. 55, 1966.

90. «The Medical Club—Billrothhaus: Epoch-Making Lectures in Medical History.» American-Austrian Foundation. En: http://www.aaf-online.org/.

91. «National Socialism and Medicine: Address by Dr. F. Hamburger to the German Medical Profession.» En: *Wiener Klinische Wochenschrift,* n.º 6, 1939.

92. Recuerdo biográfico de Eric Kandel pronunciado durante su discurso de aceptación del Premio Nobel de Medicina, 2000.

93. *Fallen Bastions,* Gedye, G. E. R. Faber & Faber, 1939.

94. «Mit den deutschen Soldaten im befreiten Österreich.» En: *Die Wehrmacht,* vol. 2, n.º 6, 1938.

95. Ibíd.

96. *Fallen Bastions.*

97. Ibíd.

98. «From Eugenic Euthanasia to Habilitation of "Disabled" Children.»

99. Fotografía de la conferencia de Eduard Pernkopf ante la Facultad de Medicina de la Universidad de Viena. «La guerra contra los inferiores: sobre la historia de la medicina nazi en Viena.» En: http://gedenkstaettesteinhof.at/en/exibition/04-persecuted-and-expelled.

100. Neugebauer, Wolfgang. «Racial Hygiene in Vienna 1938.» En: *Wiener Klinische Wochenschrift,* marzo de 1998.

101. «A Leading Medical School Seriously Damaged.»

102. «La Universidad del "Reich" (1938-1945).» Un recorrido histórico por la Universidad de Viena. En: http://www.univie.ac.at/archiv/tour/19.htm.

103. Ibíd.

104. «A Leading Medical School Seriously Damaged.»

105. Hildebrandt, Sabine. «How the Pernkopf Controversy Facilitated a Historical and Ethical Analysis of the Anatomical Sciences in Austria and Germany: A Recommendation for the Continued Use of the Pernkopf Atlas.» En: *Clinical Anatomy*, vol. 19, n.º 2, 2006, pp. 91-100.

106. Feinstein, Adam. *A History of Autism: Conversations with the Pioneers.* Wiley, 2010.

107. Ibíd.

108. «The Mentally Abnormal Child.» Asperger, Hans. En: *Wiener klinische Wochenzeitschrift*, n.º 49, 1938. Traducción al inglés provista por Tony Atwood y adaptada por el autor.

109. «Hans Asperger: His Life and Work.»

110. «Autistic Psychopathy in Childhood», p. 39.

111. *Fallen Bastions.*

112. Lifton, Robert J. *The Nazi Doctors: Medical Killing and the Psychology of Genocide.* Da Capo Press, 1988.

113. Ibíd.

114. Ibíd.

115. Evans, Susanne E. *Forgotten Crimes: The Holocaust and People with Disabilities.* Dee, 2004.

116. Ibíd.

117. Ibíd.

118. Nicosia, Francis R.; Huener, Jonathan (ed.). *Medicine and Medical Ethics in Nazi Germany: Origins, Practice, Legacies.* Berghahn Books, 2002.

119. Friedlander, Henry. *The Origins of Nazi Genocide: From Euthanasia to the Final Solution.* University of North Carolina Press, 1995.

120. *Cleansing the Fatherland.*

121. *The Origins of Nazi Genocide.*

122. Martin, George R. «Electroconvulsive Shock in a Rural Setting.» Presentación en PowerPoint, James A. Quillen VA Medical Center, Mountain Home, TN.

123. Connolly, Kate. «Unquiet Grave for Nazi Child Victims.» En: *Guardian*, 29 de abril de 2002.

124. *Forgotten Crimes.*

125. Por ejemplo, Kalmenhof, una antigua *Idiotenanstalt* («Instalación para deficientes») en la provincia alemana de Hesse-Nassau. Kaelber, Lutz. «Child Murder in Nazi Germany: The Memory of Nazi Medical Crimes and Commemoration of "Children's Euthanasia" Victims at Two Facilities (Eichberg, Kalmenhof).» En: *Societies*, vol. 2, n.º 3, 2012.

126. Totten, Samuel; Parsons, William S.; Charny, Israel W. (ed.). *Century of Genocide: Eyewitness Accounts and Critical Views*. Garland, 1997.

127. Ibíd.

128. Czech, Herwig. *Nazi Medical Crimes at the Psychiatric Hospital Gugging*. Executive Committee of the Institute of Science and Technology, Austria, 2007.

129. «A Leading Medical School Seriously Damaged.»

130. Feinstein, Adam. *A History of Autism: Conversations with the Pioneers*. Wiley, 2010.

131. Ibíd.

132. Entrevista del autor con Tony Atwood, quien confirmó la anécdota con Maria Asperger-Felder.

133. Asperger, Hans. «Die «Autistischen Psychopathen» im Kindesalter.» En: *Archiv für Psychiatrie und Nervenkrankheiten*, vol. 117, 1944, pp. 76-136.

134. «Hans Asperger: His Life and Work.»

135. *A History of Autism*.

4
Peculiaridades fascinantes

1. Penrose, Roger. *El camino a la realidad* [trad. Javier García Sanz]. Barcelona: Debate, 2006.

2. Listing, Johann Benedict. *Vorstudien zur Topologie*. En: *Göttinger Studien*, 1847.

3. Li, Ming. *An Introduction to Kolmogorov Complexity and Its Applications*. Springer, 3.ª ed., 2008.

4. Kanner, Leo. «Early Infantile Autism: S. Spafford Ackerly Lecture.» University of Louisville, 16 de mayo de 1972.

5. *Freedom from Within*. Autobiografía inédita de Leo Kanner. Melvin Sabshin Library and Archives, American Psychiatric Association, Arlington, VA.

6. Ibíd.

7. *A History of Autism*, p. 19.

8. *Freedom from Within.*

9. Ibíd.

10. Ibíd.

11. Ibíd.

12. Sanua, Victor.«Leo Kanner (1894-1981): The Man and the Scientist.» En: *Child Psychiatry and Human Development*, vol. 21, n.º 1, otoño de 1990.

13. *Freedom from Within.*

14. Ibíd.

15. Ströhle, Andreas, *et al.* «Karl Bonhoeffer (1868-1948).» En: *American Journal of Psychiatry*, 2008.

16. Neumärker, K. J. «Leo Kanner: His Years in Berlin, 1906–24. The Roots of Autistic Disorder.» En: *History of Psychiatry*, vol. 14, 2003.

17. *Freedom from Within.*

18. Ibíd.

19. «Leo Kanner: His Years in Berlin, 1906-24.»

20. *Freedom from Within.*

21. Dourmashkin, R. R. «What Caused the 1918–30 Epidemic of Encephalitis Lethargica?» En: *Journal of the Royal Society of Medicine*, vol. 90, septiembre de 1997.

22. *Freedom from Within.*

23. Ibíd.

24. Ibíd., p. 269.

25. Ibíd., p. 269.

26. Kanner, Leo. «A Psychiatric Study of Ibsen's *Peer Gynt.*» En: *Journal of Abnormal Psychology and Social Psychology*, vol. 19, n.º 4, enero de 1925, pp. 373-382.

27. «General Paralysis in Primitive Races.» En: *British Medical Journal*, vol. 2, n.º 3439, 1926, p. 1064.

28. *Freedom from Within*, p. 300.

29. Adams, G. S.; Kanner, Leo. «General Paralysis among the North American Indians: A Contribution to Racial Psychiatry.» En: *American Journal of Psychiatry*, 1926.

30. Harper, K. N., *et al.* «On the Origin of the Treponematoses: A Phylogenetic Approach.» En: *PLoS Neglected Tropical Diseases*, vol. 2, n.º 1, p. e148. En: http://www.plosntds.org/article/info%3Adoi%2F10.1371%2Fjournal.pntd.0000148.

31. Spaulding, John M. «The Canton Asylum for Insane Indians: An Example of Institutional Neglect.» En: *Journal of Hospital and Community Psychiatry*, vol. 37, n.º 10, 1986, pp. 1007-1011.

32. Ibíd.

33. Ibíd., p. 1009.

34. «Hiawatha Diary»: http://hiawathadiary.com/hiawatha-asylum-for-insane-indians/.

35. Perkins, Anne. «Psychoses of the American Indians Admitted to Gowanda State Hospital.» En: *Psychiatric Quarterly*, vol. 1, n.º 3, 1927, pp. 335-343.

36. *Freedom from Within.*

37. Ibíd.

38. Brieger, Gert H. (ed.) *Medical America in the Nineteenth Century: Readings from the Literature.* Johns Hopkins University Press, 1970.

39. «Psychobiology, Psychiatry, and Psychoanalysis: The Intersecting Careers of Adolf Meyer, Phyllis Greenacre, and Curt Richter.» En: *Medical History*, 2009.

40. Ibíd.

41. Ebaugh, Frank G. «Adolf Meyer's Contribution to Psychiatric Education.» En: *Bulletin of the Johns Hopkins Hospital*, 1951.

42. Logan, Cheryl A. «The Altered Rationale for the Choice of a Standard Animal in Experimental Psychology: Henry H. Donaldson, Adolf Meyer, and "the" Albino Rat.» En: *History of Psychology*, vol. 2, n.º 1, febrero de 1999.

43. *Freedom from Within.*

44. «Psychobiology, Psychiatry, and Psychoanalysis.»

45. Muncie, W. *Psychobiology and Psychiatry*, Mosby, 2.ª ed., 1948.

46. Prácticamente todas las imágenes de Kanner captadas durante su vida, en fotografías, metraje y arte, dan fe de su desconsolado aspecto. Véase, por ejemplo, el metraje de Kanner archivado en YouTube: http://www.youtube.com/watch?v=Hr1HF6a0w40.

47. *Freedom from Within.*

48. Ibíd.

49. Park, Edward A. «A Child Psychiatric Clinic in a Paediatric Department.» En: *Canadian Medical Association Journal*, vol. 38, n.º 1, enero de 1938, pp. 74-78.

50. *Freedom from Within*, p. 363.

51. *Freedom from Within.*

52. Jackson, Mark. *Allergy: The History of a Modern Malady.* Reaktion Books, 2007, p. 35.

53. Kanner, Leo. «Outline of the History of Child Psychiatry.» En: Kagan, Solomon R. (ed.). *Victor Robinson Memorial Volume: Essays on the History of Medicine.* Froeben Press, 1948, p. 171.

54. *Freedom from Within.*

55. *Child Psychiatry*, Leo Kanner. Thomas, 1947.

56. Virginia Kirk, RN. «*Child Psychiatry* by Leo Kanner» (reseña literaria). En: *American Journal of Nursing*, vol. 36, n.º 5, mayo de 1936, p. 545.

57. Kanner, Leo. *Child Psychiatry*. Thomas, 3.ª ed., 1966.

58. Charles C. Thomas, editor, comunicación personal.

59. «Spare the Rod, but Don't Spoil the Child: Psychiatrist's Advice.» En: *Washington Post*, 4 de diciembre de 1935.

60. Sammond, Nicholas. *Babes in Tomorrowland: Walt Disney and the Making of the American Child, 1930-1960.* Duke University Press, 2005, p. 109.

61. Watson, John B. *Psychological Care of Infant and Child.* Norton, 1928.

62. Kanner, Leo. *En defensa de las madres.* Buenos Aires: Ediciones Hormé (Paidós).

63. *Freedom from Within*, p. 387.

64. Joseph, Jay. «The 1942 "Euthanasia" Debate in the American Journal of Psychiatry.» En: *History of Psychiatry*, vol. 16, n.º 171, 2005.

65. Ibíd.

66. «The Voyage of the St. Louis» (materiales de lectura complementarios). United States Holocaust Memorial Museum. En: http://www.ushmm.org/museum/exhibit/online/stlouis/teach/.

67. *Freedom from Within*, quinta parte.

68. Edsall, David L.; Putnam, Tracy. «The Emigré Physician in America, 1941.» En: *Journal of the American Medical Association*, vol. 117, n.º 22, 29 de noviembre de 1941, pp. 1881-1888.

69. *Freedom from Within*, quinta parte.

70. Ibíd., p. 378.

71. «The Rise and Fall of Brody.» Ukraine.com. En: http://www.ukraine.com/lviv-oblast/brody/.

72. «Growth of the Lumber Industry (1840 to 1930)». En: *Mississippi History Now.* Mississippi Historical Society. En: http://mshistorynow.mdah.state.ms.us/articles/171/growth-of-the-lumber-industry-1840-to-1930.

73. Olmsted, Dan; Blaxill; Mark. *The Age of Autism.* St. Martin's Press, 2010.

74. «Trastornos autistas del contacto afectivo.»

75. *The Age of Autism.*

76. «Early Infantile Autism: S. Spafford Ackerly Lecture.»

77. Ibíd.

78. Donvan, John; Zucker, Caryn. «Autism's First Child.» En: *Atlantic*, octubre de 2010.

79. Calder, Marvin R. *Mississippi State Sanatorium: Tuberculosis Hospital, 1916–1976*. Messenger Press, 1986.

80. «Autism's First Child.»

81. Ibíd.

82. Kanner, Leo. «Follow-up Study of Eleven Autistic Children First Reported in 1943.» En: *Childhood Psychosis: Initial Studies and New Insights*. Winston, 1973, p. 162.

83. «Autism's First Child.»

84. *The Age of Autism*, p. 170.

85. Carta a Adolf Meyer enviada por Leo Kanner, 3 de marzo de 1939. Alan Chesney Medical Archives, Johns Hopkins University.

86. Por ejemplo: «Podemos dar por seguro que ninguno de ellos conocía la labor del otro»: Van Krevelen, D. Arn. «Early Infantile Autism and Autistic Psychopathy.» En: *Journal of Autism and Childhood Schizophrenia*, vol. 1, n.º 1, enero-marzo de 1971, pp. 82-86. Kanner era el editor del *Journal of Autism and Childhood Schizophrenia*.

87. Los Frankl residían en el número 5.793 de Clearspring Road, según una carta enviada a Anni Weiss-Frankl por Adolf Meyer y guardada en los Alan Chesney Medical Archives con fecha de 5 de diciembre de 1940. El Child Study Home se hallaba en el número 721 de Woodbourne Avenue.

88. Por ejemplo: «Mental Clinic Held at Winchester Hall.» En: *Frederick Post*, 18 de mayo de 1939.

89. Carta de Anni Weiss-Frankl a Adolf Meyer, 4 de diciembre de 1940. Alan Chesney Medical Archives, Johns Hopkins University.

90. Carta de Leo Kanner a Adolf Meyer, 3 de marzo de 1939. Alan Chesney Medical Archives, Johns Hopkins University.

91. «News and Notes.» En: *American Journal of Psychiatry*, vol. 96, n.º 3, 1939, pp. 736-746.

92. «Trastornos autistas del contacto afectivo.»

93. Ibíd.

94. Kanner, Leo. *Child Psychiatry*. Thomas, 3.ª ed., 1966, p. 537.

95. «Early Infantile Autism: S. Spafford Ackerly Lecture.»

96. «Trastornos autistas del contacto afectivo.»

97. *En defensa de las madres*.

98. «Autism's First Child.»

99. Potter, Howard. «Schizophrenia in Children.» En: *American Journal of Psychiatry*, vol. 89, n.º 6, mayo de 1933, pp. 1253-1270.

100. Despert analiza el caso de S. K. en «Schizophrenia in Children». En: Despert, J. Louise; Brunner, Robert. *Schizophrenia in Children*, 1968, pp. 1-7, y también en «Prophylactic Aspect of Schizophrenia in Childhood», en el mismo volumen, pp. 54-87.

101. «Schizophrenia in Children», p. 1.

102. Hartwell, Carol Eadie. «The Schizophrenogenic Mother Concept in American Psychiatry.» En: *Psychiatry*, vol. 59, n.º 3, otoño de 1996, pp. 274-297.

103. «Schizophrenia in Children», p. 4.

104. «Trastornos autistas del contacto afectivo.»

105. «Autism's First Child.»

106. *The Age of Autism*, p. 173.

107. Ibíd., pp. 173-174.

108. «The Conception of Wholes and Parts in Early Infantile Autism.» Kanner, Leo. Publicado originalmente en 1953 y reimpreso en Kanner, Leo. *Childhood Psychosis: Initial Studies and New Insights*. Winston, 1973, pp. 63-68.

109. Eyal, Gil, *et al. The Autism Matrix*, Polity Press, 2010, p. 85.

110. *The Age of Autism*, pp. 147-149.

111. Extraído de «Der grüne Heinrich», de Gottfried Keller. Citado por Leo Kanner en «Emotionally Disturbed Children: A Historical Review». En: *Child Development*, vol. 33, n.º 1, marzo de 1962, pp. 97-102.

112. *The Age of Autism*, pp. 173-174.

113. Despert, Louise. «Prophylactic Aspect of Schizophrenia in Childhood.» En: *Nervous Child*, n.º 1, 1942, pp. 199-231.

114. «Trastornos autistas del contacto afectivo.»

115. Ibíd.

116. Kanner, Leo. «Early Infantile Autism.» En: *Journal of Pediatrics*, vol. 25, n.º 3, septiembre de 1944, pp. 211-217.

117. «Trastornos autistas del contacto afectivo.»

118. Frankl, George. «Language and Affective Contact.» En: *Nervous Child*, vol. 2, n.º 3, 1943.

119. Ibíd.

120. Sahin, Mustafa. «Insights for Autism from Tuberous Sclerosis Complex.» Simons Foundation Autism Research Initiative, 24 de julio de 2012. En: http://sfari.org/news-and-opinion/viewpoint/2012/insights-for-autism-from-tuberous-sclerosis-complex.

121. «Risk of Epilepsy in Autism Tied to Age, Intelligence.» Geggel, Laura. SFARI.org, 19 de agosto de 2013. En: http://sfari.org/news-and-opinion/news/2013/risk-of-epilepsy-in-autism-tied-to-age-intelligence.

122. Muncie, Wendell. «Review of *The 1944 Year Book of Neurology, Psychiatry and Endocrinology*.» En: *Quarterly Review of Biology*, vol. 21, n.º 2, junio de 1946, pp. 205-206.

123. *The Age of Autism.*

5
La invención de la crianza tóxica

1. Kanner, Leo. «Problems of Nosology and Psychodynamics of Early Infantile Autism.» En: *American Journal of Orthopsychiatry*, vol. 19, n.º 3, julio de 1949, pp. 416-426.

2. Carta de Anni Weiss-Frankl a Adolf Meyer, 4 de diciembre de 1940. Alan Chesney Medical Archives, Johns Hopkins University.

3. Carta de Leo Kanner a Adolf Meyer, 3 de marzo de 1939. Alan Chesney Medical Archives, Johns Hopkins University.

4. Kanner, Leo. «The Birth of Early Infantile Autism.» En: *Journal of Autism and Childhood Schizophrenia*, vol. 3, n.º 2, abril-junio de 1973, pp. 93-95.

5. «Autistic Psychopathy in Childhood.»

6. *The Age of Autism.*

7. *Census Atlas of the United States.* Oficina del Censo de Estados Unidos, 2000, p. 158.

8. «Dr. Theodore Lidz, a Noted Specialist on Schizophrenia, Dies.» En: *Yale Bulletin and Calendar*, vol. 29, n.º 21, 2 de marzo de 2001.

9. Weinstein, Deborah. *The Pathological Family: Postwar America and the Rise of Family Therapy.* Cornell University Press, 2013, p. 31.

10. «Trastornos autistas del contacto afectivo.»

11. Eisenberg, Leon. «Preface.» En: Kanner, Leo. *Childhood Psychosis: Initial Studies and New Insights.* Winston, 1973, p. ix.

12. «Trastornos autistas del contacto afectivo.»

13. *The Age of Autism*, p. 182.

14. «Review of *The 1944 Year Book of Neurology, Psychiatry and Endocrinology*.»

15. «Trastornos autistas del contacto afectivo.»

16. «Early Infantile Autism.»

17. «A Child Psychiatric Clinic in a Paediatric Department.»

18. *The Age of Autism*, p. 186.

19. «Schizophrenia in Children», p. 4.

20. «Early Infantile Autism (1943-1955).» Kanner, Leo; Eisenberg, Leon. En: Kanner, Leo. *Childhood Psychosis: Initial Studies and New Insights*. Winston, 1973, p. 93.

21. *Childhood Psychosis*, pp. 77-90.

22. Goldfarb, W.; Dorsen, M. M. *Annotated Bibliography of Childhood Schizophrenia*. Basic Books, 1956.

23. Bender, Lauretta. «Childhood Schizophrenia: Clinical Study of One Hundred Schizophrenic Children.» En: *American Journal of Orthopsychiatry*, vol. 17, n.º 1, enero de 1947, pp. 40-56.

24. Kanner, Leo. «Infantile Autism and the Schizophrenias.» En: *Behavioral Science*, vol. 10, n.º 4, 1965, p. 418.

25. Bomberg, Dorothy; Szurek, S. A.; Etemad, Jacqueline. «A Statistical Study of a Group of Psychotic Children.» En: *Clinical Studies in Childhood Psychoses*. Brunner/Mazel, 1973, pp. 303-345.

26. Ibíd.

27. Mosse, Hilde L. «The Misuse of the Diagnosis Childhood Schizophrenia.» En: *American Journal of Psychiatry*, vol. 114, marzo de 1958, pp. 791-794.

28. «Problems of Nosology and Psychodynamics of Early Infantile Autism.»

29. «Frosted Children.» En: *Time*, 26 de abril de 1948.

30. Eisenberg, Leon. «The Fathers of Autistic Children.» En: *American Journal of Orthopsychiatry*, vol. 27, n.º 4, octubre de 1957, pp. 715-724.

31. Kanner, Leo; Eisenberg, Leon. «Early Infantile Autism (1943-1955).» En: *American Journal of Orthopsychiatry*, vol. 26, 1956, pp. 55-65.

32. Fleck, Christian; Müller, Albert. «Bruno Bettelheim and the Concentration Camps.» En: *Journal of the History of the Behavioral Sciences*, vol. 33, n.º 1, invierno de 1997, pp. 1-37.

33. Bettelheim, Bruno. *El peso de una vida: la «Viena de Freud» y otros ensayos autobiográficos* [trad. Camprodón Alberca, Teresa]. Barcelona: Editorial Crítica, 1991.

34. Sutton, Nina. *Bettelheim: A Life and a Legacy*. Westview Press, 1996, p. 80.

35. Ibíd.

36. «Bruno Bettelheim and the Concentration Camps.»

37. Boxer, Sarah. «The Man He Always Wanted to Be.» En: *New York Times*, 26 de enero de 1997.

38. Bettelheim, Bruno. «Individual and Mass Behavior in Extreme Situations.» En: *The Journal of Abnormal and Social Psychology*, vol. 38, n.º 4, octubre de 1943, pp. 417-452.

39. Sanders, Jacqueline Seevak. «Autism at the Orthogenic School and in the Field at Large (1951-1985).» En: *Residential Treatment for Children & Youth*, vol. 14, n.º 2, 1996.

40. Ibíd.

41. *Bettelheim: A Life and a Legacy*, p. 265.

42. Pollak, Richard. *The Creation of Dr. B.* Touchstone, 1997, p. 332.

43. Angres, Ronald. «Who, Really, Was Bruno Bettelheim?» En: *Commentary*, octubre de 1990.

44. Bettelheim, Bruno. *La fortaleza vacía: autismo infantil y el nacimiento del yo* [trad. Abad Silvestre, Ángel]. Barcelona: Paidós Ibérica, 2001.

45. «Autism at the Orthogenic School and in the Field at Large (1951-1985).»

46. Bender, Lauretta. «Theory and Treatment of Childhood Schizophrenia.» En: *Acta Paedopsychiatrica*, vol. 34, 1968, pp. 298-307.

47. Ibíd.

48. Por ejemplo: «Hasta finales de la década de 1970, los niños con autismo solían etiquetarse como niños con "esquizofrenia de aparición en la infancia"». «Multiplex Developmental Disorder.» Programa de Autismo en Yale. En: http://childstudycenter.yale.edu/autism/information/mdd.aspx.

49. Ekstein, Rudolf; Wright, Dorothy. «The Space Child: A Note on the Psychotherapeutic Treatment of a "Schizophrenoid" Child.» En: *Bulletin of the Menninger Clinic*, 1952.

50. Nota sobre una fotografía de 2011 de las instalaciones abandonadas obra de Patrick Emerson: http://www.flickr.com/photos/kansasphoto/7341230726/.

51. Kansapedia. Kansas Historical Society: http://www.kshs.org/portal_kansapedia.

52. Hacker, Frederick J.; Geleerd, Elisabeth R. «Freedom and Authority in Adolescence.» En: *American Journal of Orthopsychiatry*, vol. 15, n.º 4, octubre de 1945.

53. Robinson, J. Franklin; Vitale, Louis J. «Children with Circumscribed Interest Patterns.» En: *American Journal of Orthopsychiatry*, vol. 24, n.º 4, octubre de 1954, pp. 755-766.

54. Herskovitz, Herbert, presidente. «Childhood Schizophrenia: Round Table, 1953.» En: *American Journal of Orthopsychiatry*, vol. 24, n.º 3, julio de 1954, pp. 484-528.

55. Frankl, George. «Autism in Childhood: An Attempt of an Analysis.» Cortesía de la Spencer Library, University of Kansas Archives.

56. Kanner, Leo; Eisenberg, Leon. «Notes on the Follow-up Studies of Autistic Children.» Publicado originalmente en 1955 y reimpreso en: Kanner, Leo. *Childhood Psychosis: Initial Studies and New Insights.* Winston, 1973, pp. 77-90.

57. Ibíd., p. 86.

58. Kanner, Leo. «Follow-up Study of Eleven Autistic Children Originally Reported in 1943.» En: *Journal of Autism and Childhood Schizophrenia*, vol. 1, n.º 2, 1971, p. 163.

59. Kanner, Leo; Eisenberg, Leon. «Early Infantile Autism (1943-1955).» En: *American Journal of Orthopsychiatry*, vol. 26, n.º 3, julio de 1956, pp. 55-65.

60. Corcoran, David. «Thiells Journal: Graves without Names for the Forgotten Mentally Retarded.» En: *New York Times*, 9 de diciembre de 1991.

61. Kanner, Leo. «Follow-up Study of Eleven Autistic Children Originally Reported in 1943.» En: *Journal of Autism and Childhood Schizophrenia*, vol. 1, n.º 2, 1971, pp. 119-145.

62. Ibíd., p. 185.

63. «Early Infantile Autism and Autistic Psychopathy.»

64. Kanner, Leo. «Review: *The Autistic Child*, by Isaac Kugelmass.» En: *Journal of Nervous and Mental Disease*, vol. 152, n.º 5, 1971, pp. 370-371.

65. Kanner, Leo; Eisenberg, Leon. «Childhood Problems in Relation to the Family: Summary of a Seminar.» En: *Pediatrics*, vol. 20, n.º 1, 1957, pp. 155-164.

66. *A History of Autism*, p. 47.

6
Príncipes del aire

1. Véase la nota al pie de página de Uta Frith en «Autistic Psychopathy in Childhood», p. 72.

2. Ashley, Mike; Lowndes, Robert A. W. *The Gernsback Days.* Wildside Press, 2004, p. 16.

3. Raser, Ed. «The Gernsback Story.» Reimpreso en *QST*, abril de 2008.

4. Thompson, Andrea. «The Dirt on Mars Lander Soil Findings.» Space.com, 2 de julio de 2009. En: http://www.space.com/6918-dirt-mars-lander-soil-findings.html.

5. Washam, Erik. «Lunar Bat-men, the Planet Vulcan and Martian Canals.» En: *Smithsonian*, diciembre de 2010.

6. Lowell, Percival. *Mars as the Abode of Life*. Macmillan, 1908.

7. Moskowitz, Sam. *Explorers of the Infinite: Shapers of Science Fiction*. World, 1963.

8. *The Gernsback Days*, p. 17.

9. Ibíd., p. 18.

10. «The Gernsback Story.»

11. *The Gernsback Days*, p. 20.

12. Ibíd.

13. Stashower, Daniel. «A Dreamer Who Made Us Fall in Love with the Future.» En: *Smithsonian*, 1984, reimpreso el 1 de agosto de 1990.

14. Electro Importing Company: *Catalogue No. 7*, 1.ª ed., 1910, prefacio.

15. «A Dreamer Who Made Us Fall in Love with the Future.»

16. *The Gernsback Days*, p. 20.

17. Ibíd.

18. Bleiler, Everett Franklin. *Science-Fiction: The Gernsback Years*. Kent State University Press, 1998.

19. «Hugo Gernsback Is Dead at 83; Author, Publisher, and Inventor.» *New York Times*, 20 de agosto de 1967.

20. Tesla, Nikola. «My Inventions.» En: *The Electrical Experimenter*. Experimenter Publishing, 1919.

21. Kennedy, John B. «When Woman Is Boss: An Interview with Nikola Tesla.» En: *Collier's*, 30 de enero de 1926.

22. «My Inventions.»

23. Tesla, Nikola. *My Inventions*. Martino Fine Books, ed. reimp. en 2011, p. 13.

24. Grandin, Temple. *Pensar con imágenes: mi vida con el autismo*. Barcelona: Alba Editorial, 2006.

25. *Science-Fiction: The Gernsback Years*.

26. *The Gernsback Days*, p. 117.

27. Kilgore, De Witt Douglas. *Astrofuturism: Science, Race, and Visions of Utopia in Space*, University of Pennsylvania Press, 2003.

28. Malmont, Paul. «Without You, There's No Future.» Tor.com. En: http://www.tor.com/blogs/2011/07/without-you-theres-no-future.

29. Warner, Harry. *All Our Yesterdays.* Advent, 1969.

30. «British Scientists Now Read Wonder.» En: *Fantasy Review*, vol. 2, n.º 9, junio-julio de 1948.

31. Wallis, Victor. «Introduction.» En: *Socialism and Democracy Journal*, 6 de abril de 2011.

32. Aldiss, Brian W. *The Detached Retina: Aspects of SF and Fantasy.* Syracuse University Press, 1995.

33. *Science-Fiction: The Gernsback Years*, p. xiv.

34. Speer, Jack. «Investigation in Newcastle.» 1944.

35. Ibíd.

36. *All Our Yesterdays.*

37. Coger, Dal. «The Legendary Slan Shack.» En: *Mimosa* 22, junio de 1998.

38. *All Our Yesterdays.*

39. Westfahl, Gary. «*Homo aspergerus*: Evolution Stumbles Forward.» En: *Locus Online*, 6 de marzo de 2006.

40. *All Our Yesterdays.*

41. Ellison, Harlan. «La ciudad al fin de la eternidad.» *Star Trek*, temporada 1, episodio 28.

42. Williams, David B. «Looking for Degler.» En: *Mimosa* 30, agosto de 2003.

43. *All Our Yesterdays.*

44. Katz, Arnie. «Those Fabulous "Handicapped" Fans.» En: *Fanstuff*, n.º 33, 17 de marzo de 2013.

45. Kepner, Jim. *Rough News, Daring Views.* Haworth Press, 1998.

46. Gary Westfahl, comunicación personal, 2013.

47. Gernsback, Hugo. «The Future: Electronic Mating.» En: *Sexology*, febrero de 1964.

48. Gernsback, Hugo. «How to Write "Science" Stories.» En: *Writer's Digest*, febrero de 1930. Reimpreso en *Science Fiction Studies*, julio de 1994.

49. Westfahl, Gary. *The Mechanics of Wonder: The Creation of the Idea of Science Fiction.* Liverpool University Press, 1998, p. 131.

50. Steckler, Larry (ed.). *Hugo Gernsback: A Man Well Ahead of His Time.* BookSurge, 2007, p. 191.

51. O'Neil, Paul. «Barnum of the Space Age: The Amazing Hugo Gernsback, Prophet of Science.» En: *Life*, 9 de septiembre de 1963.

52. Ibíd.

53. «Nikola Tesla, 86, Prolific Inventor.» En: *New York Times*, 8 de enero de 1943.

54. Berger, Meyer. «About New York.» En: *New York Times*, 6 de enero de 1958.

55. Gernsback, Hugo. «Your Boy and Radio.» En: *Radio News*, diciembre de 1924.

56. DeSoto, Clinton. *Calling CQ*. Doubleday, Doran, 1941.

57. «Bob Hedin to Be Awarded the 2013 GRASP Distinguished Spectrumite Medal.» Sitio web de GRASP: http://grasp.org/profiles/blogs/bob-hedin-to-be-awarded-the-2013-grasp-distinguished-spectrumite.

58. Robert Hedin, comunicación personal, 2013.

59. Gorski, Judith C. «From a Female Viewpoint.» En: *QST*, enero de 1978.

60. «Lenore Jensen; Actress, Ham Radio Operator.» En: *Los Angeles Times*, 8 de mayo de 1993.

61. Goodman, Mark Morris. «I Am a Survivor.» Asperger's Association of New England: http://www.aane.org/asperger_resources/articles/adults/i_am_a_survivor.html.

62. Ibíd.

63. DeSoto, Clinton. *Calling CQ*. Doubleday, Doran, 1941.

64. Goodman, Mark Morris. «I Am a Survivor.» Asperger's Association of New England: http://www.aane.org/asperger_resources/articles/adults/i_am_a_survivor.html.

65. National Space Science Data Center: http://nssdc.gsfc.nasa.gov/nmc/spacecraftSearchdo?launchDate=1967&discipline=All.

66. Levy, Steven. *Hackers: Heroes of the Computer Revolution*. O'Reilly Media, 2010, p. 11.

67. McCarthy, J.; Minsky, M. L.; Rochester, M. L.; Shannon, C. E. «A Proposal for the Dartmouth Summer Research Project on Artificial Intelligence.» 31 de agosto de 1955.

68. Hilts, Philip. *Scientific Temperaments*. Simon & Schuster, 1982, p. 203.

69. Ibíd.

70. Zerbe, J. S. *The Project Gutenberg EBook of Electricity for Boys*: http://www.gutenberg.org/files/22766/22766-h/22766-h.htm.

71. McCarthy, John. «The Home Information Utility.» En: *Man and Computer: Proceedings of the International Conference, Bordeaux, France, 1970. Basel*. S. Karger, 1972, pp. 48-57.

72. Véanse las descripciones de los *hackers* de TMRC en: Levy, Steven. *Hackers: Heroes of the Computer Revolution*. O'Reilly Media, 2010.

73. Jenkins, Henry. «Spacewars and Beyond: How the Tech Model Railroad Club Changed the World.» http://henryjenkins.org/2007/10/spacewars_and_beyond_how_the_t.html#sthash.vNI7iDoK.dpuf.

74. *Scientific Temperaments*, p. 266.

75. Markoff, John. «John McCarthy, 84, Dies; Computer Design Pioneer.» En: *New York Times*, 25 de octubre de 2011.

76. Jean Hollands, comunicación personal.

77. Ibíd.

78. *The Senior Class Book*, recopilado por la clase de 1906, Cornell University, 1906, p. 147.

79. Lee Felsenstein, comunicación personal.

80. Crosby, Kip. «Oral History of Lee Felsenstein.» Editado por Dag Spicer. 7 de mayo de 2008. Computer History Museum, p. 2. En: http://www.computerhistory.org/collections/catalog/102702231.

81. Lee Felsenstein, comunicación personal.

82. Lee Felsenstein, entrevista con el autor, 2014.

83. «An Interview with John Markoff: What the Dormouse Said.» En: *Ubiquity*, agosto de 2005.

84. Illich, Iván. *La convivencialidad* [trad. de Gossmann, Matea P. de] Barcelona: Virus Editorial, 2012.

85. Brand, Stewart. «Spacewar: Fanatic Life and Symbolic Death among the Computer Bums.» En: *Rolling Stone*, 7 de diciembre de 1972.

86. Crosby, Kip. «Convivial Cybernetic Devices: An Interview with Lee Felsenstein.» En: *Analytical Engine* (boletín de noticias de la Computer History Association of California), vol. 3, n.º 1, noviembre de 1995.

87. «Spacewar.»

88. Fahlman, Scott. «Smiley Lore.» En: https://www.cs.cmu.edu/~sef/sefSmiley.htm.

89. «Convivial Cybernetic Devices.»

90. Folleto de Community Memory, cortesía de Mark Szpakowski y Loving Grace Cybernetics. En: http://www.well.com/~szpak/cm/cmflyer.html.

91. «The First Community Memory», entrevista con Lee Felsenstein, Jon Plutte. Computer History Museum, 2011. En: http://www.computerhistory.org/revolution/the-web/20/377/2328.

92. Lee Felsenstein, entrevista con el autor, 2014.

7
La lucha contra el monstruo

1. Buckley, Patricia Morris. «Dr. Bernard Rimland Is Autism's Worst Enemy.» En: *San Diego Jewish Journal*, octubre de 2002.

2. Rimland, Bernard. «The Modern History of Autism: A Personal Perspective.» En: Matson, Johnny L. (ed.). *Autism in Children and Adults*. Brooks/Cole, 1994, p. 1.

3. Gloria Rimland, entrevista con el autor, 2012.

4. Ibíd.

5. Dolnick, Edward. *Madness on the Couch*. Simon & Schuster, 1998, p. 219.

6. Ibíd., p. 219.

7. Gloria Rimland, entrevista con el autor, 2012.

8. Grove, Lloyd. «A World unto Himself: One Family's Agonizing Fight to Help Their Autistic Child.» En: *Washington Post*, 5 de agosto de 1984.

9. Gloria Rimland, entrevista con el autor, 2012.

10. Edelson, Steve. «Bernard Rimland's *Infantile Autism*: The Book That Changed Autism.» Autism Research Institute, 2014.

11. «The Modern History of Autism.»

12. Ibíd.

13. Carta sin fechar (comienzos de la década de 1960) de Bernard Rimland a Leo Kanner. Cortesía del Autism Research Institute.

14. Ibíd.

15. Ibíd.

16. Ibíd.

17. «Aparente» no porque cuestionara la agudeza diagnóstica de Kanner, sino porque Rimland empleaba el término «autismo» en el sentido antiguo, para describir un comportamiento, en lugar de designar un trastorno.

18. Rimland, Bernard. «Application for Fellowship at the Center for Advanced Study in the Behavioral Sciences.» Stanford University, 23 de julio de 1964.

19. En una carta con fecha de 23 de julio de 1964 dirigida a Ralph W. Tyler, director del Center for Advanced Study in the Behavioral Sciences de la Stanford University, Rimland afirmaba que los cuarenta documentos técnicos y artículos sobre psicometría que había escrito para la Marina «no se considerarían importantes fuera de su contexto inmediato».

20. Rimland, Bernard. «Preface.» En: *Infantile Autism: The Syndrome and Its Implications for a Neural Theory of Behavior.* Appleton-Century-Crofts, 1964.

21. Ibíd.

22. Gloria Rimland, entrevista con el autor, 2012.

23. *Infantile Autism,* p. 13.

24. Ibíd., p. 108.

25. Ibíd., p. 43.

26. Freitag, C. M. «The Genetics of Autistic Disorders and Its Clinical Relevance: A Review of the Literature.» En: *Molecular Psychiatry,* vol. 12, n.º 1, enero de 2007, pp. 2-22.

27. *Infantile Autism,* p. 127.

28. «The Modern History of Autism», p. 6.

29. Hippler, Kathrin; Klicpera, Christian.«A Retrospective Analysis of the Clinical Case Records of "Autistic Psychopaths" Diagnosed by Hans Asperger and His Team at the University Children's Hospital, Vienna.» En: *Philosophical Transactions: Biological Sciences,* vol. 358, n.º 1430, *Autism: Mind and Brain* (28 de febrero de 2003), pp. 291-301.

30. Clarke, T. K.; Lupton, M. K., *et al.* «Common Polygenic Risk for Autism Spectrum Disorder (ASD) is Associated with Cognitive Ability in the General Population». En: *Molecular Psychiatry,* avance de publicación en línea, 10 de marzo de 2015.

31. *Infantile Autism,* p. 40.

32. Ibíd., p. 57.

33. «Race Differences in the Age at Diagnosis among Medicaid-Eligible Children with Autism.» Mandell, D. S.; Listerud, J., *et al.* En: *Journal of the American Academy of Child and Adolescent Psychiatry,* vol. 41, n.º 12, diciembre de 2002, pp. 1.447-1.453.

34. *Infantile Autism,* p. 19.

35. Los datos de este apartado se han extraído de: Centerwall, Siegfried A.; Centerwall, Willard R. «The Discovery of Phenylketonuria: The Story of a Young Couple, Two Retarded Children, and a Scientist.» En: *Pediatrics,* vol. 105, n.º 1, 1 de enero de 2000, pp. 89-103.

36. «Diagnostic Check List for Behavior-Disturbed Children (Form E-1).» Proporcionado por Steve Edelson, del Autism Research Institute.

37. *Infantile Autism,* p. 18.

38. Steve Edelson, comunicación personal.

39. Steve Edelson, comunicación personal, basado en una conversación con Gloria Rimland.

40. Steve Edelson, comunicación personal.

41. *Infantile Autism*, p. 16.

42. Eisenberg, Leon. «The Autistic Child in Adolescence.» En: *American Journal of Psychiatry*, vol. 112, n.º 8, febrero de 1956, pp. 607-612.

43. *Infantile Autism*, p. 64.

44. Chance, Paul. «Poet with a Cattle Prod.» En: *Psychology Today*, enero de 1974.

45. Ibíd.

46. Ito, Robert. «The Phantom Chaser.» En: *Los Angeles Magazine*, abril de 2004.

47. Larsson, Eric V.; Wright, Scott. «In Memoriam: O. Ivar Lovaas (1927-2010).» En: *Behavior Analyst*, vol. 34, n.º 1, primavera de 2011, pp. 111-114.

48. «Poet with a Cattle Prod.»

49. Gloria Rimland, entrevista con el autor.

50. Simpson, Richard. «An Interview with O. Ivar Lovaas.» En: *Focus on Autistic Behavior*, vol. 4, n.º 4, octubre de 1989.

51. «The Phantom Chaser.»

52. «Poet with a Cattle Prod.»

53. Wesolowski, Michael D. «Pioneer Profiles: A Few Minutes with Sid Bijou.» En: *Behavior Analyst*, vol. 25, n.º 1, primavera de 2002, pp. 15-27.

54. Smith, Tristram; Eikeseth, Svein. «O. Ivar Lovaas: Pioneer of Applied Behavior Analysis and Intervention for Children with Autism.» En: *Journal of Autism and Developmental Disorders*, vol. 41, n.º 3, marzo de 2011, pp. 375-378.

55. Lovaas, O. Ivar. «The Development of a Treatment-Research Project for Developmentally Disabled and Autistic Children.» En: *Journal of Applied Behavior Analysis*, vol. 26, n.º 4, invierno de 1993, pp. 617-630.

56. Ferster, Charles B. «Positive Reinforcement and Behavioral Deficits of Autistic Children.» En: *Conditioning Techniques in Clinical Practice and Research*. Springer, 1964, pp. 255-274.

57. Lovaas, O. Ivar. «Strengths and Weaknesses of Operant Conditioning Techniques for the Treatment of Autism.» En: *Research and Education: Top Priorities for Mentally Ill Children. Proceedings of the Second Annual Meeting and Conference of the National Society for Autistic Children*, 1971.

58. Ibíd.

59. «The Development of a Treatment-Research Project for Developmentally Disabled and Autistic Children», p. 620.

60. «Poet with a Cattle Prod.»

61. *Behavioral Treatment of Autism.* Documental de Edward L. Anderson y Robert Aller. Focus International, 1988.

62. «O. Ivar Lovaas.»

63. «Poet with a Cattle Prod.»

64. Lorna Wing, entrevista con el autor, 2011.

65. Lovaas O. Ivar. *Enseñanza de niños con trastorno de desarrollo.* Madrid: Martínez Roca, 1991.

66. «Memories of Ole Ivar Lovaas.» En: http://www.psychologicalscience.org/index.php/publications/observer/2010/november-10/memories-of-ole-ivar-lovaas.html.

67. Rimland, Bernard. «In Defense of Ivar Lovaas.» Boletín informativo de Autism Research Institute International, vol. 1, n.º 1, 1987.

68. Ibíd.

69. David Ryback, entrevista con el autor, 2013.

70. Gloria Rimland, entrevista con el autor, 2012.

71. Risley, Todd; Wolf, Montrose M. «Experimental Manipulation of Autistic Behaviors and Generalization into the Home.» Documento presentado en la American Psychological Association, Los Ángeles, septiembre de 1964.

72. «Strengths and Weaknesses of Operant Conditioning Techniques for the Treatment of Autism.»

73. «An Interview with O. Ivar Lovaas.»

74. «The Modern History of Autism.»

75. «Thomas Addis (1881-1949): A Biographical Memoir.» Lemley, Kevin B.; Pauling, Linus S. National Academy of Sciences, 1994.

76. Ibíd.

77. *Vitamina C, resfriado común y gripe* (1970), *Vitamin C and Cancer* (1979) y *Cómo vivir más y sentirse mejor* (1986).

78. Brody, Jane E. «Vitamin C Sales Booming Despite Skepticism on Pauling.» En: *New York Times*, 5 de diciembre de 1970.

79. Hemilä, H.; Chalker, E. «Vitamin C for Preventing and Treating the Common Cold.» The Cochrane Collaboration, 31 de mayo de 2013.

80. Lawson, Stephen. «Linus Pauling and the Advent of Orthomolecular Medicine.» En: *Journal of Orthomolecular Medicine*, vol. 23, 2.º trimestre, 2008. Folkers compartió el crédito de aislar la B_{12} con su colega Mary Shaw Shorb.

81. Edelson, Stephen M.; Rimland, Bernard (ed.) *Recovering Autistic Children.* Autism Research Institute, 2.ª ed., 2006.

82. «The Modern History of Autism.»

83. Ruth Christ Sullivan, entrevista con el autor, 2012.

84. Warren, Frank. «The Role of the National Society in Working with Families.» En: Schopler, Eric; Mesibov, Gary B. (ed.). *The Effects of Autism on the Family*. Plenum Press, 1984.

85. Ruth Christ Sullivan, entrevista con el autor, 2012.

86. Messenger, Robert. *The World of Typewriters (1714-2014)*. Australian Typewriter Museum. En: http://oztypewriter.blogspot.com/.

87. «How to Teach Infants to Read.» En: *Saturday Evening Post*, 20 de noviembre de 1965.

88. Goodwin, Mary. «Autism, Brain Damage, Mental Retardation: Observations with the Talking Typewriter.» En: *Research and Education: Top Priorities for Mentally Ill Children. Proceedings of the Second Annual Meeting and Conference of the National Society for Autistic Children*, 1971.

89. Ruth Christ Sullivan, entrevista con el autor.

90. «The Modern History of Autism.»

91. «The Role of the National Society in Working with Families.»

92. Sullivan, Ruth Christ. «Parents as Trainers of Legislators, Other Parents, and Researchers.» En: Schopler, Eric; Mesibov, Gary B. (ed.). *The Effects of Autism on the Family*. Plenum Press, 1984.

93. Griffith, S. Clarence; Griffith, Christine. «How to Work with Your State Legislature.» En: *Proceedings of the Second Annual Meeting and Conference of the National Society for Autistic Children*, 1971.

94. Rudley, Stephen; Lynes, Cynthia. «Benhaven: A School That Works for the Autistic.» En: *New York*, 8 de octubre de 1969.

95. Ibíd.

96. Lettick, Amy. «Benhaven.» En: Schloper, Eric; Mesibov, Gary (ed.). *Autism in Adolescents and Adults*. Plenum Press, 1983, pp. 355-379.

97. Lettick, Amy. «Pre-Vocational Training Program at Benhaven.» En: *Proceedings of the Fourth Annual NSAC Congress*, 1972.

98. «Parents as Trainers of Legislators, Other Parents, and Researchers.»

99. Documentado en las opiniones incluidas en «The Role of the National Society in Working with Families.»

100. Coleman, Mary (ed.). *The Autistic Syndromes*, North-Holland, 1976.

101. Rimland, Bernard. «Savant Capabilities of Autistic Children and Their Cognitive Implications.» En: Serban, George (ed.). *Cognitive Defects in the Development of Mental Illness*. Brunner/Mazel, 1978, p. 44.

102. Ibíd., p. 44.

103. La NSAC contaba sólo con dos mil miembros en 1970. Eyal, Gil, *et al.* En: *The Autism Matrix.* Polity Press, 2010, p. 186.

104. Ibíd.

105. Claiborne Park, Clara. «Special Report on the First NSAC Congress.» Citado en: *Research and Education: Top Priorities for Mentally Ill Children. Proceedings of the Second Annual Meeting and Conference of the National Society for Autistic Children,* 1971.

106. «The Role of the National Society in Working with Families.»

107. «Special Report on the First NSAC Congress.»

108. Homenaje a Eric Schopler (1927-2006). En: http://www.youtube.com/watch?v=D_THeWH0ox4.

109. Transcripción del discurso pronunciado por Kanner en el Primer Congreso Anual de la NSAC proporcionada por Ruth Christ Sullivan.

110. *Childhood Psychosis.*

111. *Research and Education: Top Priorities for Mentally Ill Children. Proceedings of the Second Annual Meeting and Conference of the National Society for Autistic Children,* 1971.

112. «Autism Society of America Position Paper on the National Crisis in Adult Services for Individuals with Autism.» Junta Directiva de ASA, adoptada el 17 de julio de 2001 y actualizada en mayo de 2007.

113. Lovaas, O. Ivar, *et al.* «Experimental Studies in Childhood Schizophrenia: Analysis of Self-Destructive Behavior.» En: *Journal of Experimental Child Psychology,* vol. 2, 1965, pp. 67-84.

114. Ibíd.

115. «Poet with a Cattle Prod.»

116. Lovaas, O. Ivar; Litrownik, Alan; Mann, Ronald. «Response Latencies to Auditory Stimuli in Autistic Children Engaged in Self-Stimulatory Behavior.» En: *Behaviour Research and Therapy,* vol. 9, n.º 1, febrero de 1971, pp. 39-49.

117. «Strengths and Weaknesses of Operant Conditioning in the Treatment of Autistic Children.»

118. Ibíd.

119. Kim, Cynthia. «A Cognitive Defense of Stimming.» En: http://musingsofanaspie.com/2013/06/18/a-cognitive-defense-of-stimming-or-why-quiet-hands-makes-math-harder/.

120. Lovaas nunca menciona los nombres de los gemelos en sus estudios publicados, pero su dedicatoria en el *Enseñanza de niños con trastornos de desarrollo* parece ser una lista de los primeros sujetos experimentales en el Young Autism Project de la UCLA, empezado

por Beth. Lovaas, O. Ivar. *Enseñanza de niños con trastornos de desarrollo.* Madrid: Martínez Roca, 1990.

121. Lovaas, O. Ivar; Schaeffer, Benson; Simmons, James Q. «Building Social Behavior in Autistic Children Using Electric Shock.» En: *Journal of Experimental Research in Personality*, vol. 1, 1956, pp. 99-109.

122. Ibíd.

123. «Acerca de la pérdida de audición» (en inglés). Centros para el Control y la Prevención de Enfermedades. En: http://www.cdc.gov/healthyyouth/noise/signs.htm#3.

124. Geddes, L. A. «The First Stimulators—Reviewing the History of Electrical Stimulation and the Devices Crucial to Its Development.» En: *Engineering in Medicine and Biology Magazine*, n.º 4, vol. 13, agosto-septiembre de 1994.

125. *Mansfield News Journal*, 31 de marzo de 1963.

126. Risley, Todd R. «The Effects and Side Effects of Punishing the Autistic Behaviors of a Deviant Child.» En: *Journal of Applied Behavioral Analysis*, n.º 1, 1968. (Nota: Risley afirma en el artículo que los experimentos descritos dieron comienzo en 1963.)

127. Solomon, Richard L. «Punishment.» En: *American Psychologist*, vol. 19, n.º 4, abril de 1964, pp. 239-253.

128. Lovaas, O. Ivar; Schaeffer, Benson; Simmons, James Q. «Building Social Behavior in Autistic Children by Use of Electric Shock.» En: *Journal of Experimental Research in Personality*, vol. 1, n.º 2, 1965, pp. 99-109.

129. Lovaas, O. Ivar; Freitag, Gilbert, *et al.* «Establishment of Social Reinforcers in Two Schizophrenic Children on the Basis of Food.» En: *Journal of Experimental Child Psychology*, vol. 4, n.º 2, octubre de 1966, pp. 109-125.

130. «Strengths and Weaknesses of Operant Conditioning in the Treatment of Autistic Children.»

131. Ibíd.

132. «Poet with a Cattle Prod.»

133. Moser, Don. «The Nightmare of Life with Billy.» En: *Life*, 7 de mayo de 1965.

134. Sullivan, Ruth Christ. «Risks and Benefits in the Treatment of Autistic Children.» En: *Journal of Autism and Childhood Schizophrenia*, vol. 8, n.º 1, marzo de 1978.

135. Ibíd.

136. David Ryback, entrevista con el autor, 2012.

137. Ibíd.

138. Ruth Christ Sullivan, entrevista con el autor, 2012.

139. «Risks and Benefits in the Treatment of Autistic Children.» Sullivan, Ruth Christ.

140. Ibíd., p. 101.

141. Griffin, James C., *et al.* «B. F. Skinner's Position on Aversive Treatment.» En: *American Journal of Mental Retardation*, vol. 93, n.º 1, 1988, pp. 104-105.

142. Bailey, Jon; Burch, Mary. *Ethics for Behavior Analysts.* Taylor & Francis, 2011.

143. Sacks, Oliver. «Los Gemelos.» En: *El hombre que confundió a su mujer con un sombrero.* Barcelona: Anagrama, 2014.

144. Oliver Sacks, entrevista con el autor, 2013.

145. «El artista autista.» En: *El hombre que confundió a su mujer con un sombrero.* Barcelona: Anagrama, 2014.

146. Oliver Sacks, entrevista con el autor, 2013.

147. Sin identificar el contenido del libro, Sacks escribió acerca de este sueño en *Musicofilia: relatos de la música y el cerebro.* Barcelona: Anagrama, 2013.

148. Green, Richard. *The «Sissy-Boy Syndrome» and the Development of Homosexuality.* Yale University Press, 1987.

149. Rekers, George; Lovaas, O. Ivar. «Behavioral Treatment of Deviant Sex-Role Behaviors in a Male Child.» En: *Journal of Applied Behavior Analysis*, vol. 7, n.º 2, verano de 1974, pp. 173-190.

150. *The «Sissy-Boy Syndrome» and the Development of Homosexuality.*

151. Burroway, Jim. «What Are Little Boys Made Of?» En: *Box Turtle Bulletin*, 2011. En: http://www.boxturtlebulletin.com/what-are-little-boys-made-of-main.

152. BrianKate, Cynthya. «The Feminine Boy Project Still Threatens Gender Expression.» Stony Book Press, 30 de marzo de 2010. En: http://sbpress .com/2010/03/feminine-boy-project/.

153. *The «Sissy-Boy Syndrome» and the Development of Homosexuality.*

154. Rich, Frank. «A Heaven-Sent Rent Boy.» En: *New York Times*, 16 de mayo de 2010.

155. Cooper, Anderson. «The "Sissy Boy" Experiment: Uncovering the Truth.» En: *AC 360*, junio de 2011. En: http://www.youtube.com/watch?v=A-irAT0viF0 .

156. Rekers, George. «Treatment of Gender Identity Confusion in Children: Research Findings and Theoretical Implications for Preventing Sexual Identity Confusion and Unwanted Homosexual

Attractions in Teenagers and Adults.» Presentación en Keynote, Convención de NARTH de 2009, West Palm Beach, Florida.

157. LaVigna, Gary W.; Donnellan, Anne M. *Alternatives to Punishment: Solving Behavior Problems with Non-aversive Strategies.* Ardent Media, 1986, p. 6.

158. Silverman, Chloe. *Understanding Autism.* Princeton University Press, 2012, p. 111.

159. Brown, Fredda; Michaels, Craig, *et al.* «Personal Paradigm Shifts Among ABA and PBS Experts: Comparisons in Treatment Acceptability.» En: *Journal of Positive Behavioral Interventions*, vol. 10, n.º 4, octubre de 2008, pp. 212-227.

160. Vogell, Heather; Waldman, Annie. «Sending $30 Million a Year to a School with a History of Giving Kids Electric Shocks.» En: *Pacific Standard,* 5 de enero de 2015. En: http://www.psmag.com/politics-and-law/sending-30-million-year-school-history-giving-kids-electric-shocks-97501.

161. Lovaas, O. Ivar. «The Autistic Child: Language Development through Behavior Modification.» Irvington, 1977, p. 119.

162. «An Interview with O. Ivar Lovaas.»

163. «Strengths and Weaknesses of Operant Conditioning in the Treatment of Autistic Children.»

164. *Enseñanza de niños con trastornos de desarrollo.*

165. Lovaas, O. Ivar. «Behavioral Treatment and Normal Educational and Intellectual Functioning in Young Autistic Children.» En: *Journal of Consulting and Clinical Psychology*, vol. 55, n.º 1, febrero de 1987, pp. 3-9.

166. Goleman, Daniel. «Research Reports Progress against Autism.» En: *New York Times,* 10 de marzo de 1987.

167. *Behavioral Treatment of Autism.*

168. «In Defense of Ivar Lovaas.»

169. *A History of Autism*, p. 134.

170. Ibíd., p. 135.

171. Ibíd.

172. Rimland, Bernard. «An Orthomolecular Study of Psychotic Children.» En: *Journal of Orthomolecular Psychiatry*, vol. 3, 1974, pp. 371-377.

173. Silberman, Steve. «The Placebo Problem.» En: *Wired*, septiembre de 2009.

174. «The Modern History of Autism.»

175. «An Orthomolecular Study of Psychotic Children.»

176. Richardson, Earnest Wells. «A Hierarchical Clustering Technique.» Tesis de doctorado, United States Naval Postgraduate School, 1971, p. 58.

177. Anuncio de Deaner. *Canadian Medical Association Journal*, vol. 80, n.º 12, junio de 1959, p. 73.

178. «Council on Drugs: New and Nonofficial Drugs.» En: *JAMA*, vol. 172, n.º 14, 2 de abril de 1960, pp. 1518-1519.

179. *Natural Organics, Inc. v. Gerald A. Kessler*, Docket n.º 9294, 2001.

180. Moriarty, J. D.; Mebane, J. D. «Clinical Uses of Deanol (Deaner): A New Type of Psychotropic Drug.» En: *American Journal of Psychiatry*, vol. 115, n.º 10, 1959, pp. 941-942.

181. *Natural Organics, Inc. v. Gerald A. Kessler.*

182. Rimland, Bernard. «Progress in Research.» En: *Proceedings of the 4th Annual Meeting of the National Society for Autistic Children*, 1972.

183. Edelson, Stephen; Rimland, Bernard. *Recovering Autistic Children.* Autism Research Institute, 2006, p. 23.

184. Centerwall, Siegried A.; Centerwall, Willard R. «The Discovery of Phenylketonuria: The Story of a Young Couple, Two Retarded Children, and a Scientist.» En: *Pediatrics*, vol. 105, n.º 1, 1 de enero de 2000, pp. 89-103.

185. *A History of Autism.*

186. Steve Edelson, entrevista con el autor.

187. Ibíd.

188. «A Systematic Review of Secretin for Children with Autism Spectrum Disorders.» Krishnaswami, S.; McPheeters, M. L.; Veenstra-VanderWeele, J. En: *Pediatrics*, vol. 127, n.º 5, 1 de mayo de 2011, pp. e1322–e1325.

189. Kanner, Leo; Eisenberg, Leon. «Early Infantile Autism (1943-1955).» En: *American Journal of Orthopsychiatry*, vol. 26, n.º 3, julio de 1956, pp. 55-65.

8
Las líneas borrosas de la naturaleza

1. Peter Bell, entrevista con el autor, 2012.

2. King, David. *Moving On from Mental Hospitals to Community Care: A Case Study of Change in Exeter.* Nuffield Trust, 1991.

3. Evans, Bonnie. «How Autism Became Autism: The Radical Transformation of a Central Concept of Child Development in Britain.» En: *History of the Human Sciences*, vol. 26, n.º 3, julio de 2013, pp. 3-31.

4. Reed, Aline. «Heart and Soul: Charles Dickens on the Passion and Power of Fundraising.» SOFII. En: http://www.sofii.org/node/829.

5. Waltz, Mitzi. *Autism: A Social and Medical History*. Palgrave Macmillan, 2013.

6. Creak, Mildred, *et al.* «Discussion: Psychoses in Childhood.» En: *Proceedings of the Royal Society of Medicine*, vol. 45, n.º 11, 1952.

7. «An Experimental Approach to the Psychopathology of Childhood Autism.» Anthony, E. J. En: *British Journal of Medical Psychology*, vol. 21, 1958, pp. 211-225.

8. Kanner, Leo. «Infantile Autism and the Schizophrenias.» En: *Behavioral Science*, vol. 10, n.º 4, 1965.

9. *A History of Autism*, p. 168.

10. «The History of Ideas on Autism: Legends, Myths, and Reality.» Wing, Lorna. En: *Autism*, vol. 1, n.º 13, julio de 1997, pp. 13-23.

11. Lorna Wing y Judith Gould, entrevista con el autor, 2011.

12. Graham, Philip. «Obituary: Dr. Mildred Creak.» En: *Independent*, 6 de noviembre de 1993.

13. «Contribution and Legacy of John Wing (1923-2010).» En: *British Journal of Psychiatry*, vol. 198, 2011, pp. 176-178.

14. Goldman, Lawrence (ed.) *Oxford Dictionary of National Biography 2005–2008*. Oxford University Press, 2013, pp. 344-346.

15. *A History of Autism*, p. 88.

16. Allison, Helen. «Perspectives on a Puzzle Piece.» National Autistic Society, 1987.

17. *A History of Autism*, p. 89.

18. *Oxford Dictionary of National Biography, 2005–2008*, p. 344.

19. *A History of Autism*, p. 162.

20. Thomas, Richard. «Today's Neuroscience, Tomorrow's History: A Video Interview with Sir Michael Rutter.» History of Modern Biomedicine Research Group, 2007.

21. «Autistic Conditions in Early Childhood: A Survey in Middlesex.» Wing, J. K.; O'Connor, N.; Lotter, V. En: *British Medical Journal*, vol. 3, 1967, pp. 389-392.

22. Wing, Lorna. «The Continuum of Autistic Characteristics.» En: Schopler, Eric; Mesibov, Gary B. (ed.). *Diagnosis and Assessment in Autism*. Plenum Press, 1988.

23. Wing, Lorna. «Asperger's Syndrome and Kanner's autism.» En: *Autism and Asperger Syndrome*. Cambridge University Press, 1991.

24. Lorna Wing y Judith Gould, entrevista con el autor, 2011.

9
El efecto *Rain Man*

1. Barry Morrow, entrevista con el autor, 2013.

2. Morrow, Barry. «Everybody's Bill.» En: *School of Social Work Newsletter.* University of Iowa, verano de 1977.

3. El trasfondo familiar de Sacker y sus años en Faribault están relatados en: Walz, Thomas *The Unlikely Celebrity: Bill Sackter's Triumph over Disability.* Southern Illinois University Press, 1998.

4. Cuestionario enviado por un miembro del personal de Faribault a la Southbury Training School, Departamento de Salud del Estado de Connecticut, 15 de agosto de 1966.

5. «Parents Fight for Children with Developmental Disabilities.» Birks, Jane. Minnesota Historical Society Library, 1999.

6. Treffert, Darold. *Islands of Genius.* Kingsley, 2010, pp. 120-122.

7. *The Real Rain Man.* Documental de Focus Productions. Bristol, Inglaterra, 2006.

8. Wright, David. *Mental Disability in Victorian England: The Earlswood Asylum, 1847–1901.* Oxford, Oxford University Press, 2000.

9. Treffert, Darold. «Dr. J. Langdon Down and "Developmental" Disorders.» Wisconsin Medical Society. En: https://www.wisconsinmedicalsociety.org/professional/savant-syndrome/resources/articles/dr-j-landon-down-and-developmental-disorders/.

10. *Islands of Genius,* p. 126.

11. Barry Morrow, comunicación personal.

12. Brand, Anne. «Cobertura» de UA-Project del guión original de *Rain Man.* Cortesía de Barry Morrow, 18 de septiembre de 1986.

13. Meryman, Richard. «Before They Were Kings.» En: *Vanity Fair,* marzo de 2004.

14. Ibíd.

15. Van de Water, Marjorie. «Electric Shock, a New Treatment.» En: *Science News-Letter,* vol. 38, n.º 3, 20 de julio de 1940, pp. 42-44.

16. Meryman, Richard. «Playboy Interview: Dustin Hoffman.» En: *Playboy,* vol. 22, n.º 4, 1975.

17. Hertzberg, Hendrik. «Tales of Hoffman.» En: *New Yorker,* 21 de enero de 2013.

18. Simon, Alex. «Barry Levinson: Making Out Like Bandits.» En: *Venice,* octubre de 2001.

19. Dalfonse, Sherri. «Dustin and Me.» En: *Washingtonian,* julio de 1992.

20. Ibíd.

21. Kevin Guthrie, entrevista con el autor, 2014.

22. Gail Mutrux, entrevista con el autor, 2014.

23. Treffert, Darold. «*Rain Man*, the Movie/*Rain Man*, Real Life.» En: https://www.wisconsinmedicalsociety.org/professional/savant-syndrome/resources/articles/rain-man-the-movie-rain-man-real-life/

24. Reilly, Sue. «"Rain Man" validates the feelings of many touched by autism.» En: *Los Angeles Daily News*, 15 de enero de 1989.

25. Guthmann, Edward. «The Real Press Junket.» En: *San Francisco Chronicle*, 15 de julio de 2001.

26. Rimland, Bernard. «*Rain Man* and the Savants' Secrets.» En: *Autism Research Review International*, vol. 2, n.º 3, 1988.

27. «Dustin and Me.»

28. «Joseph's Story.» Autism Services Center. En: http://www.autismservicescenter.org/about/josephs_story.

10
La caja de Pandora

1. Klin, A.; Volkmar, F.; Sparrow, S. (ed.). Wing, Lorna. «Past and Future Research on Asperger Syndrome.» En: *Asperger Syndrome*. Guildford Press, 2000, p. 418.

2. Spiegel, Alix. «The Dictionary of Disorder.» En: *New Yorker*, 3 de enero de 2005.

3. Decker, Hannah S. *The Making of DSM-III: A Diagnostic Manual's Conquest of American Psychiatry*. Oxford University Press, 2013, p. 27.

4. Wilson, M. «DSM-III and the Transformation of American Psychiatry: A History.» En: *American Journal of Psychiatry*, vol. 150, n.º 3, marzo de 1993, pp. 399-410.

5. Szasz, Thomas. *The Myth of Mental Illness*. Harper & Row, 1961.

6. «The Dictionary of Disorder.»

7. Ibíd.

8. Green, W. H.; Campbell, M., *et al.* «A Comparison of Schizophrenic and Autistic Children.» En: *Journal of the American Academy of Child and Adolescent Psychiatry*, vol. 23, n.º 4, julio de 1984, pp. 399-409.

9. Robert Spitzer, citado en: Greenberg, Gary. *The Book of Woe: The DSM and the Unmaking of Psychiatry*. Blue Rider Press, 2013, p. 41.

10. Grinker, Roy Richard. *Unstrange Minds*. Basic Books, 2008, p. 131.

11. G. Hollandworth, James. *The Physiology of Psychological Disorders.* Springer, 1990, p. 17.

12. Gillberg, Christopher; Wing, Lorna. «Autism: Not an Extremely Rare Disorder.» En: *Acta Psychiatrica Scandinavica,* vol. 99, 1999, pp. 399-406.

13. «Ambitious Outsider: An Interview with *Ambit* Editor Martin Bax.» En: *3 A.M.*, 2002.

14. Bax, Martin. *The Hospital Ship.* New Directions, 1976.

15. «Market for Disabled Children's Services–A Review.» PricewaterhouseCoopers LLP, 2006.

16. Wing, Lorna. «Autistic Spectrum Disorders.» En: *British Medical Journal,* 10 de febrero de 1996.

17. Gernsbacher, Morton Ann; Dawson, Michelle; Goldsmith, H. Hill. «Three Reasons Not to Believe in an Autism Epidemic.» En: *Current Directions in Psychological Science,* vol. 14, n.º 2, abril de 2005.

18. «Psychometric Instruments Available for the Assessment of Autistic Children.» Parks, Susan L. En: Schopler, Eric; Mesibov, Gary (ed.). *Diagnosis and Assessment of Autism.* Plenum Press, 1988, pp. 123-136.

19. Schopler, Eric. «The Anatomy of a Negative Role Model.» En: Brannagan, Gary; Merrens, Matthew. *The Undaunted Psychiatrist: Adventures in Research,* McGraw-Hill, 1993, p. 182.

20. Metcalfe, Aubrey W. «An Experience with the Rimland Checklist for Autism.» En: Szurek, S. A.; Berlin, I. N. (ed.). *Clinical Studies in Childhood Psychoses.* Brunner/Mazel, 1973, pp. 469-470.

21. Parks, Susan L. «Psychometric Instruments Available for the Assessment of Autistic Children.» En: Schopler, Eric; Mesibov, Gary (ed.). *Diagnosis and Assessment of Autism.* Nueva York y Londres: Plenum Press, 1988, pp. 123-136.

22. *A History of Autism,* p. 177.

23. «The Anatomy of a Negative Role Model», p. 183.

24. *The Autism Matrix,* p. 235.

25. *A History of Autism,* p. 177.

26. Charlop, Marjorie; Haymes, Linda. «Speech and Language Acquisition and Intervention: Behavioral Approaches.» En: Matson, Johnny (ed.). *Autism in Children and Adults.* Brooks/Cole, 1994, p. 213.

27. Attwood, Tony. *El síndrome de Asperger: una guía para la familia.* Barcelona: Paidós Ibérica, 2010.

28. Volkmar, Fred R.; Klin, Ami. «Clinical Case Conference: Asperger's Disorder.» En: *American Journal of Psychiatry,* vol. 157, 2000, pp. 262-267.

29. Ibíd.

30. Tony Attwood, comunicación personal, 2014.

31. Segmento inédito de la entrevista de Volkmar con Gary Greenberg para *The Book of Woe*, 1 de marzo de 2012.

32. Por ejemplo, Reed, William; Wise, Michael. *DSM-IV Videotaped Clinical Vignettes*, vol. 1 y 2, Brunner/Mazel Studios.

33. Grinker, Roy Richard. *Unstrange Minds*. Basic Books, 2008, p. 140.

34. First, Michael B.; Pincus, Harold Alan. «The *DSM-IV* Text Revision: Rationale and Potential Impact on Clinical Practice.» En: *Psychiatric Services*, vol. 53, n.º 3, marzo 2002.

35. Ibíd.

36. «Foster Grant, Inc. History.» Funding Universe. En: http://www.fundinguniverse.com/company-histories/fostergrant-inc-history/.

37. «Welcome to the Plastic City: Community Re- sponses to the Leominster Autism Cluster», disertación de Martha E. Lang. Guilford College, Brown University, mayo de 1998.

38. Tremblay, Gilbert P. *Combing through Leominster's History*. Leominster Historical Commission Book Committee, Oficina del alcalde, 2006, pp. 145-174

39. Lang, Martha E. «Welcome to the Plastic City: Community Responses to the Leominster Autism Cluster», disertación, Guilford College, Brown University, mayo de 1998.

40. «Welcome to the Plastic City.»

41. *Anderson v. W. R. Grace: Background/About the Case*. Seattle University School of Law. En: http://www.law.seattleu.edu/centers-and-institutes/films-for-justice-institute/lessons-from-woburn/about-the-case.

42. *The Autistic Syndromes*.

43. «Autism in Thalidomide Embryopathy: A Population Study.» Gillberg, C., *et al*. En: *Developmental Medicine and Child Neurology*, vol. 36, n.º 4, abril de 1994, pp. 351-356.

44. David Ropeik, entrevista con el autor.

45. «The Street Where They Lived.» *20/20*, ABC News, 13 de marzo de 1992.

46. «The Street Where They Lived», segunda parte. *20/20*, ABC News, 20 de marzo de 1992.

47. Ibíd.

48. «Welcome to the Plastic City.»

49. «Panel: Half of Leominster Autism Claims Verifiable.» Ranalli, Ralph. En: *Boston Herald*, 15 de mayo de 1992.

50. «The Modern History of Autism», p. 5.

51. Rimland, Bernard. «Plain Talk About PDD and the Diagnosis of Autism.» En: *Autism Research Review International*, vol. 7, n.º 2, 1993, p. 3.

52. «Hoffman Couldn't Retrieve Donation.» En: *Rome News-Tribune*, 13 de agosto de 1997.

53. Véase, por ejemplo: *Healing the New Childhood Epidemics: Autism, ADHD, Asthma, and Allergies*, Kenneth Bock and Cameron Stauth. Ballantine Books, 2008.

54. Mnookin, Seth. *The Panic Virus*, Simon & Schuster, 2011, p. 69.

55. Testimonio de Barbara Loe Fisher, Comisión de Reformas Gubernamentales de la Cámara de Representantes de Estados Unidos, Washington D.C., 3 de agosto de 1999.

56. Declaración de Barbara Loe Fisher, Comisión sobre la Seguridad de las Vacunas del Instituto de Medicina, Academia Nacional de Ciencias de los Estados Unidos, Washington, D.C., 11 de enero de 2001.

57. Huber, Peter. «Junk Science in the Courtroom.» En: *Forbes*, 8 de julio de 1991, p. 68.

58. Declaración de Barbara Loe Fisher, Comisión sobre la Seguridad de las Vacunas del Instituto de Medicina, Academia Nacional de Ciencias de los Estados Unidos, Washington, D.C., 11 de enero de 2001.

59. Extracto de *DPT: Vaccine Roulette*, WRC-TV, producido por Lea Thompson, 1982.

60. Gonzales, Elizabeth Rasche. «TV Report on DTP Galvanizes US Pediatricians.» En: *JAMA*, vol. 248, n.º 1, 2 de julio de 1982.

61. Ibíd.

62. Walsh, Elsa. «State Defends Vaccine.» En: *Washington Post*, 30 de junio de 1982

63. Bedayn, Greg; Winston, Julian. «Coincidental Man: An Interview with Harris Livermore Coulter.» En: *The American Homeopath*, vol. 2, 1995.

64. Reshetar, John S. Jr. «Review: *On Resolutions: Soviet Communist Party History and Politics as Reflected in Official Documents*, edited by Harris Coulter and Robert Ehlers.» En: *Slavic Review*, vol. 35, n.º 2, junio de 1976, pp. 321-325.

65. Berno, William.«Harris Coulter Interview: History, Vaccinations, and "Mongrel Prescribing".» Realizado en el crucero Homeopathy at Sea, octubre de 1995.

66. «An Interview with Harris Livermore Coulter.»

67. Coulter, Harris L. *AIDS and Syphilis: The Hidden Link.* North Atlantic Books, 1987

68. Rimland, Bernard. «Children's Shots: No Longer a Simple Decision.» En: *ARRI Newsletter,* vol. 9, n.º 1, 1995.

69. Coulter, Harris; Govallo, Valentin, *et al.* «VG-1000–A Therapeutic Vaccine for Cancer.» En: *Potentiating Health and the Crisis of the Immune System,* Springer, 1997, pp. 199-205.

70. En su libro *Callous Disregard,* Wakefield describía que la escuela médica llevaba «varios años sumida en el abatimiento académico». En: Wakefield, Andrew. *Callous Disregard.* Skyhorse, 2010.

71. Ekbom, Anders; Daszak, Peter; Kraaz, Wolfgang; Wakefield, Andrew J. «Crohn's Disease After In-Utero Measles Virus Exposure.» En: *Lancet,* vol. 348, n.º 9026, agosto de 1996, pp. 515-517.

72. «The Clinical Significance of Measles: A Review.» Orenstein, Walter A. En: *Journal of Infectious Diseases,* vol. 189, supl. 1, 2004, pp. S4-S16.

73. Largent, Mark A. *Vaccine: The Debate in Modern America.* Johns Hopkins University Press, 2012, pp. 102-103.

74. Golding, Alan. «Dr. Andrew Wakefield—In His Own Words.» Abril de 2010.

75. Wile, Anthony. «Dr. Andrew Wakefield on the Autism/Vaccine Controversy and His Ongoing Professional Persecution.» En: *Daily Bell,* 30 de mayo de 2010.

76. Wakefield, Andrew, *et al.* «Ileal-Lymphoid-Nodular Hyperplasia, Non-Specific Colitis, and Pervasive Developmental Disorder in Children.» En: *Lancet,* vol. 351, n.º 9103, 28 de febrero de 1998.

77. Mnookin, Seth. «The Vaccine-Autism Fraud's Surprising History.» En: *Daily Beast,* 13 de enero de 2011. En: http://www.thedailybeast.com/articles/2011/01/13/mmr-vaccine-scare-andrew-wakefields-fraudulent-study.html.

78. «Ileal-Lymphoid-Nodular Hyperplasia, Non-Specific Colitis, and Pervasive Developmental Disorder in Children.»

79. Dominus, Susan. «The Crash and Burn of an Autism Guru.» En: *New York Times,* 20 de abril de 2011.

80. Transcripción vía Deer, Brian. «Royal Free Facilitates Attack on MMR in Medical School Single Shots Videotape.» En: http://briandeer.com/wakefield/royal-video.html.

81. «Parent Groups and Vaccine Policymakers Clash over Research into Vaccines, Autism and Intestinal Disorders.» En: *PR Newswire,* 3 de marzo de 1998.

82. Madsen, K. M. *et al.* «Thimerosal and the Occurrence of Autism: Negative Ecological Evidence from Danish Population-Based Data.» En: *Pediatrics*, vol. 112, 2003, pp. 604-606.

83. Kata, Anna. «Anti-Vaccine Activists, Web 2.0, and the Postmodern Paradigm—An Overview of Tactics and Tropes Used Online by the Anti-Vaccination Movement.» En: *Vaccine*, 2011.

84. Brainard, Curtis. «Sticking with the Truth.» En: *Columbia Journalism Review*, 1 de mayo de 2013.

85. Moyer, Melinda Wenner. «What to Do if You Get Invited to a Chickenpox Party.» En: *Slate*, 15 de noviembre de 2013. En: http://www.slate.com/articles/double_x/the_kids/2013/11/chickenpox_vaccine_is_it_really_necessary.html.

86. «The Crash and Burn of an Autism Guru.»

87. Deer, Brian. «Exposed: Andrew Wakefield and the MMR-Autism Fraud.» En: http://briandeer.com/mmr/lancet-summary.htm.

88. McKee, Maggie. «Controversial MMR and Autism Study Retracted.» En: *New Scientist*, 4 de marzo de 2004.

89. «Retracted Autism Study an "Elaborate Fraud" British Journal Finds.» Cable de CNN. En: http://www.cnn.com/2011/HEALTH/01/05/autism.vaccines/.

90. Wilson, Kumanan, *et al.* «Association of Autistic Spectrum Disorder and the Measles, Mumps, and Rubella Vaccine: A Systematic Review of Current Epidemiological Evidence.» En: *Archives of Pediatric and Adolescent Medicine*, vol. 157, n.º 7, julio de 2003, pp. 628-663.

91. Lorna Wing y Judith Gould, entrevista con el autor, 2011.

11
En el espacio autista

1. Grandin, Temple. «An Inside View of Autism.» En: Schopler, Eric; Mesibov, Gary (ed.). *High-Functioning Individuals with Autism.* Plenum Press, 1992, pp. 105-125.

2. Ruth Christ Sullivan, entrevista con el autor, 2013.

3. Temple Grandin, entrevista con el autor, 2014.

4. Attwood, Tony. «In the Spotlight: Tony and Temple.» En: *Autism Asperger's Digest*, enero-febrero de 2000. En: http://www.fenichel.com/Temple-Tony.html.

5. Grandin, Temple. *Emergence: Labeled Autistic.* Arena Press, 1986, p. 91.

6. Ibíd.

7. Rimland, Bernard. «Foreword.» En: *Emergence*, p. 3.

8. Temple Grandin, entrevista con el autor, 2014.

9. Sacks, Oliver. «An Anthropologist on Mars.» En: *New Yorker*, 27 de diciembre de 1993.

10. Ibíd.

11. Ibíd.

12. Ibíd.

13. Grandin, Temple. «Commentary: Behavior of Slaughter Plant and Auction Employees toward the Animals.» En: *Anthrozoos*, vol. 1, n.º 4, 1998, pp. 205-213.

14. «An Anthropologist on Mars.»

15. Spitzer, Walter. «The Real Scandal of the MMR Debate.» En: *Daily Mail*, 20 de diciembre de 2001.

16. Dunlop, Marilyn. «"Odd Duck" Behavior in Families Perhaps Caused by Brain Disorder.» En: *Toronto Star*, 17 de febrero de 1989.

17. Juan, Stephen. «The Cruel, Heartless Victims of Asperger's; Only Human.» En: *Sydney Morning Herald*, 19 de julio de 1990.

18. Jim Sinclair, entrevista con el autor, 2013.

19. Rook, David. *Salvaje y libre.* Dutton, 1967.

20. Susan Moreno, entrevista con el autor, 2013.

21. Wing, Lorna. «Manifestations of Social Problems in High-Functioning Autistic People.» En: Schopler, Eric; Mesibov, Gary (ed.). *High-Functioning Individuals with Autism.* Plenum Press, 1992, pp. 129-141.

22. Carpenter, Anne. «Autistic Adulthood: A Challenging Journey.» En: Schopler, Eric; Mesibov, Gary (ed.). *High-Functioning Individuals with Autism.* Plenum Press, 1992, pp. 289-294.

23. Sinclair, Jim. «Bridging the Gaps: An Inside-Out View of Autism (Or, Do You Know What I Don't Know?).» En: Schopler, Eric; Mesibov, Gary (ed.). *High-Functioning Individuals with Autism.* Plenum Press, 1992, pp. 289-294.

24. Lissner, Kathy. «Insider's Point of View.» En: *High-Functioning Individuals with Autism.* Schopler, Eric; Mesibov, Gary (ed.). Plenum Press, 1992, pp. 303-306.

25. Goleman, Daniel. «A World of Her Own.» En: *New York Times*, 21 de febrero de 1993.

26. Sinclair, Jim. «Social Uses of Fixations.» En: *Our Voice*, vol. 1, n.º 1, 1992.

27. Williams, Donna. *Somebody Somewhere.* Three Rivers Press, 1994, p. 186.

28. Sinclair, Jim. «Autism Network International: The Development of a Community and Its Culture.» 2005. En: http://www.autreat.com/History_of_ANI.html.

29. Kopp, Ray. «My Affiliation with Autism.» En: http://www.syr.edu/~rjkopp/data/history.html, accessed through archive.org.

30. Preguntas frencuentes de Autism List. Archivada en: http://kildall.apana.org.au/autism/autismlistfaq.html.

31. Cousins, Steve. «Neural connections in Toronto.» En: *Our Voice*, vol. 1, n.º 3, 1993.

32. Institute for the Study of the Neurologically Typical. Muskie, 1998. En: http://isnt.autistics.org/.

33. Sinclair, Jim. «Why I Dislike Person-First Language.» Autism Network International, 1999.

34. Carolyn Baird, entrevistada por Wouter Schenk, 8 de enero de 1998. En: https://web.archive.org/web/19990128120401/http://web.syr.edu/~rjkopp/data/casinter.html.

35. «Autism Network International: The Development of a Community and Its Culture.»

36. Moreno, Susan. «A Parent's View of More Able Individuals with Autism.» En: Mesibov, Gary; Schopler, Eric (ed.) *High-Functioning Individuals with Autism.* Plenum Press, 1992.

37. Ibíd.

38. Moses, Kenneth. «The Impact of Childhood Disability: The Parents' Struggle.» En: *Ways Magazine*, primavera de 1987.

39. Moses, Kenneth. «Handicapping Conditions, Family Dynamics, and Grief Counseling.» En: Slater, Mary A.; Mitchell, Patricia (ed.). *Family Support Services: A Parent/Professional Partnership.* National Clearinghouse of Rehabilitation Training Materials, 1984, p. 22.

40. Slater, Mary A. «Handicapping Conditions and the Interplay of the Family, Professionals, and Community.» En: *Family Support Services: A Parent/Professional Partnership*, p. 9.

41. «A Parent's View of More Able Individuals with Autism.»

42. Wing, Lorna. «The Definition and Prevalence of Autism: A Review.» En: *European Child and Adolescent Psychiatry*, vol. 2, n.º 2, enero de 1993, pp. 61-74.

43. Gal, Limor. «Who Says Autism's a Disease?» En: *Haaretz*, 28 de junio de 2007.

44. Sinclair, Jim. «Don't Mourn for Us.» En: *Our Voice*, vol. 1, n.º 3, 1993.

45. Ibíd.

46. Connie Deming, entrevista con el autor, 2014.

47. «My Pro-Tips for YAPC First-Comers.» En: http://techblog.babyl.ca/entry/yapc-tips.

48. La asistencia de Dan Asher a Autreat 1996 se menciona en: Paradiz, Valerie. *Elijah's Cup: A Family's Journey into the Community and Culture of High-Functioning Autism and Asperger's Syndrome*, Kingsley, 2005. Su arte e historia se exploran en: Berlow, Ben. «Dan Asher by Ben Berlow.» En: *BOMB*, n.º 112, verano de 2010.

49. *Elijah's Cup*, p. 137.

50. Ibíd., p. 138.

51. Rosqvist, Hanna Bertilsdotter; Brownlow, Charlotte; O'Dell, Lindsay. «Mapping the Social Geographies of Autism–Online and Off-Line Narratives of Neuro-Shared and Separate Spaces.» En: *Disability & Society*, vol. 28, n.º 3, 2013.

52. Judy Singer, comunicación personal, 2013.

53. Ibíd.

54. Singer, Judy. «Why Can't You Be Normal for Once in Your Life?» En: Corker, Marian; French, Sally (ed.). *Disability Discourse*. Open University Press, 1999.

55. Shearer, Ann. *Disability: Whose Handicap?* Blackwell, 1981, p. 61.

56. Dekker, Martijn. «On Our Own Terms: Emerging Autistic Culture.» Autoedición, 2000. En: http://web.archive.org/web/20000928205753/http://trainland.tripod.com/martijn.htm.

57. Blume, Harvey. «Autistics Are Communicating in Cyberspace.» En: *New York Times*, 30 de junio de 1997.

58. Solomon, Andrew. «The Autism Rights Movement.» En: *New York*, 25 de mayo de 2008.

59. Singer, Judy. «Odd People In: The Birth of Community amongst People on the "Autistic Spectrum".» Tesina, Facultad de Humanidades y Ciencias Sociales, Universidad de Tecnología, Sídney, 1998.

60. Blume, Harvey. «Neurodiversity: On the Neurological Underpinnings of Geekdom.» En *Atlantic*, septiembre de 1998.

61. Alex Plank y Dan Grover, entrevistas con el autor, 2012.

62. En: http://en.wikipedia.org/wiki/User:AlexPlank.

63. Alex Plank, entrevista con el autor, 2012.

64. Plank, Alex; Grover, Dan. «Autistic Teens Create Website for People with Asperger's Syndrome.» En: *PRWeb*, 1 de julio de 2004.

65. «Steinway & Sons Debuts Etude 2.0 iPad App for Learning and Playing Piano.» Nota de prensa, 15 de septiembre de 2011.

66. Plank, Alex. «Asperger's Interviews: The Creator of BitTorrent.» En: http://wrongplanet.net/new-wrongplanet-net-aspergers-interviews-the-creator-of-bittorrent/.

67. Ernesto. «The "One Third of All Internet Traffic" Myth.» TorrentFreak. En: http://torrentfreak.com/bittorrent-the-one-third-of-all-internet-traffic-myth/.

68. Solomon, Andrew. «The Autism Rights Movement.» En: *New York*, 25 de mayo de 2008.

69. High, Kamau. «Matthew Weiner's No Madman.» En: *AdWeek*, 30 de julio de 2007. En: http://www.adweek.com/news/advertising/matthew-weiners-no-madman-89728.

70. Wright, Suzanne y Bob. «When PSAs Work: Autism Speaks.» En: *Advertising Age*, 17 de junio de 2009.

71. «Millions of Children Held Hostage by Psychiatric Disorders.» En: *Business Wire*, 3 de diciembre de 2007.

72. Kaufman, Joanne. «Campaign on Childhood Mental Illness Succeeds at Being Provocative.» En: *New York Times*, 14 de diciembre de 2007.

73. Wang, Shirley. «Ads about Kids' Mental Health Problems Draw Fire.» En: *Wall Street Journal*, 14 de diciembre de 2007.

74. «Ads Anger Parents of Autistic Children.» UPI. 14 de diciembre de 2007.

75. Ari Ne'eman, entrevista con el autor, 2012.

76. Kushner, Eve. «An Elegant Tribute.» En: *Monthly*, marzo de 2009. En: http://themonthly.com/feature-03-09.html.

77. «The Rolling Quads.» Klumpp, Rebecca. En: *Disability Bible*, abril de 2013. En: http://www.disabilitybible.com/disability-bible-listing/the-rolling-quads.

78. «Fact Sheet: Your Rights Under Section 504 of the Rehabilitation Act.» Departamento estadounidense de Salud y Servicios Humanos, revisado en junio de 2006. En: http://www.hhs.gov/ocr/civilrights/resources/factsheets/504.pdf.

79. Saner, Emine. «"It Is Not a Disease, It Is a Way of Life."» En: *Guardian*, 6 de agosto de 2007.

80. «NYU Child Study Center Raises $9 Million and Celebrates 10th Anniversary.» Nota de Prensa, NYU Child Study Center, 5 de diciembre de 2007.

81. «An Urgent Call to Action: Tell NYU Child Study Center to Abandon Stereotypes against People with Disabilities.» Nota de prensa, ASAN, 8 de diciembre de 2007.

82. Chew, Kristina. «Rescue Me: The NYU Child Study Center's Ransom Notes Ad Campaign.» Blisstree. 11 de diciembre de 2007. En: http://www.blisstree.com/2007/12/11/mental-health-well-being/rescue-me-the-nyu-child-study-centers-ransom-notes-ad-campaign/#ixzz3AgpNrbMn.

83. Elk, Mike. «Obama's Wage Hike For Federal Contractors Won't Apply to Disabled Workers.» En: *In These Times*, 30 de enero de 2014. En: http://inthesetimes.com/working/entry/16205/obamas_wage_hike_for_federal_contractors_wont_apply_to_disabled_ workers.

84. Elk, Mike. «After Outcry, White House Extends $10.10 Minimum Wage to Some Disabled Workers.» En: *In These Times*, 12 de febrero de 2014. En: http://inthesetimes.com/working/entry/16263/in_a_reversal_white_house_extends_10.10_minimum_wage_boost_to_some_disabled.

85. Brown, Lydia. «Compliance is Unreasonable: The Human Rights Implications of Compliance-Based Behavioral Interventions under the Convention Against Torture and Convention on the Rights of Persons with Disabilities.» En: *Torture in Healthcare Settings: Reflections on the Special Rapporteur on Torture's Thematic Report*. Center for Human Rights and Humanitarian Law, Washington College of Law, 2013.

86. Bascom, Julia. «Foreword.» En: Bascom, Julia (ed.). *Loud Hands: Autistic People, Speaking*. Autistic Self-Advocacy Network, 2012.

87. Comentario de Zoe Gross en: Rosa, Shannon. «Identifying and Accepting Happy Autistic Kids on the Playground.» Squidalicious. En: http://www.squidalicious.com/2012/04/identifying-accepting-happy-autistic.html.

12
Construyendo la *Enterprise*: diseños para un mundo neurodiverso

1. John Elder Robison, entrevista con el autor, 2014.

2. Gaugler, Trent; Klei, Lambertus; Sanders, Stephan J., *et al.* «Most Genetic Risk for Autism Resides with Common Variation.» En: *Nature Genetics*, vol. 46, 2014, pp. 881-885.

3. Mottron, Laurent. «The Power of Autism.» En: *Nature*, vol. 479, 3 de noviembre de 2011.

Epílogo
El alcalde de Kensington

1. Rimland, Bernard. «Beware the Advozealots: Mindless Good Intentions Injure the Handicapped.» En: *Autism Research Review International,* vol. 7, n.º 4, 1993, p. 7.

2. Rudy, Lisa Jo. «Biomedical Treatments for Autism from the Autism Research Institute: Interview with Steve Edelson.» About.com, 23 de septiembre de 2011. En: http://autism.about.com/od/treatmentoptions/a/DANQandA.htm.

Índice analítico